Kurzes Lehrbuch
der
Anorganischen Chemie

Von

Dr. Gerhart Jander und **Dr. Hans Spandau**

o. Professor an der Universität
Greifswald

Assistent am Anorgan.-Chemischen Institut
der Technischen Hochschule Braunschweig

Vierte Auflage

Mit 110 Abbildungen

Springer-Verlag

Berlin / Göttingen / Heidelberg

1949

ISBN 978-3-642-49392-8   ISBN 978-3-642-49670-7 (eBook)
DOI 10.1007/978-3-642-49670-7

Vorwort zur ersten Auflage.

Das vorliegende „Kurze Lehrbuch der anorganischen Chemie" ist entstanden aus Experimentalvorlesungen über anorganische und allgemeine Chemie, welche von dem Jahr 1935 an, alljährlich modifiziert und umgearbeitet, in Greifswald gehalten wurden. Dabei erwies es sich im Laufe der Jahre als nützlich, gegenüber der üblichen Stoffanordnung einige nicht unwesentliche Umstellungen vorzunehmen. Insonderheit sind der Kohlenstoff und seine einfachen Verbindungen sowie die wichtigsten Metalle in einem generellen Übersichtskapitel gleich nach der Besprechung des Wassers, des Wasserstoffs, des Sauerstoffs, des Stickstoffs, der Bestandteile der Atmosphäre und einiger wesentlicher allgemein-chemischer Grundtatsachen besprochen worden. Veranlassung hierzu war die überragende Rolle, welche die Kohle und Gase, wie Wasserstoff, Kohlenoxyd, Kohlendioxyd und Wasserdampf für sich oder im Gleichgewicht mit erhitzter Kohle, ferner aber auch viele Metalle in der modernen chemischen Industrie sowie im praktischen Leben spielen. Daher erfolgt die eingehende Behandlung der sich um die Begriffe Säure-Base-Salz gruppierenden Probleme ein wenig später, sie gestaltet sich aber zweifellos nunmehr anschaulicher, weil die vorhergehende Besprechung der Metalle und Metalloxyde eine große Auswahl an Basen und Salzen zwanglos zur Verfügung stellt; man ist nicht immer nur auf das Natrium- oder Calciumhydroxyd angewiesen.

Das Buch ist zunächst einmal gedacht für alle diejenigen, welche, wie Mediziner, Naturwissenschaftler und Techniker, die Chemie als Hilfswissenschaft benötigen. Um die Materie anschaulicher zu gestalten, haben wir eine besonders große Anzahl von schematischen und graphischen Darstellungen sowie von tabellarischen Übersichten gebracht. Das kurze Lehrbuch der anorganischen Chemie soll aber auch dem Berufschemiker bei seinen ersten Studiensemestern helfen und ihn nach Schaffung einer soliden Grundlage auf elementare Weise auch für die vielseitigen Probleme und mannigfaltigen Arbeitsgebiete der modernen anorganischen Chemie erstmalig interessieren. Deswegen haben wir im letzten Viertel Übersichtskapitel über Stoffklassen und Arbeitsrichtungen gegeben. Selbstverständlich gebot hier der zur Verfügung stehende Raum eine weitgehende Beschränkung. Nicht alles, was vielleicht wünschenswert gewesen wäre, konnte berücksichtigt werden. Wir wären aber den Fachkollegen für diesbezügliche Hinweise dankbar, ebenso natürlich auch für kritische Bemerkungen und Vorschläge hinsichtlich des ersten Teiles vom kurzen Lehrbuch. Bei einer etwa notwendig werdenden weiteren Auflage sollen sie soweit wie möglich berücksichtigt werden.

Bei der Fertigstellung des Lehrbuches unterstützten uns Herr Professor Dr. W. JANDER (Frankfurt), ferner Frl. TRAMITZ, die Herren HECHT, DREWS und SCHILLING (Greifswald). Allen Genannten danken wir hiermit herzlich. Bei der Anfertigung vieler unserer tabellarischen Übersichten und Figuren haben uns die „Tabellen aus der allgemeinen und anorganischen Chemie" von H. STAUDINGER als Grundlage gedient. Dem Verlag Julius Springer sind wir für das großzügige Entgegenkommen in jeder Beziehung und für die möglichst niedrige, im Interesse der Studierenden erfolgte Preisgestaltung zu besonderem Dank verpflichtet.

Greifswald, im März 1940.

G. JANDER.   H. SPANDAU.

Vorwort zur zweiten Auflage.

Schon nach verhältnismäßig kurzer Zeit war die Vorbereitung einer zweiten Auflage notwendig. Das darf uns wohl ein Zeichen dafür sein, daß das kurze Lehrbuch der anorganischen Chemie im großen ganzen den gedachten Zweck erfüllt und in weiteren Kreisen Anklang gefunden hat.

Die Zeitumstände haben leider das Erscheinen der zweiten Auflage nicht unbeträchtlich verzögert. Aus dem gleichen Grunde konnten wir nicht alle jene Abänderungen, Neubearbeitungen und Erweiterungen vornehmen, die wir für wünschenswert hielten und uns vorgenommen hatten. Gleichwohl haben die Abschnitte über intermetallische Verbindungen und intermetallische Phasen sowie über die Chemie der Hydrolyse und der höhermolekularen Hydrolyseprodukte (Polysäuren und Polybasen) und der hochmolekularen anorganischen Verbindungen eine nicht unbeträchtliche Umgestaltung erfahren. Hierbei unterstützten uns in entgegenkommender und weitestgehender Weise mit Rat und Tat die Herren Professor Dr. F. LAVES (Göttingen) und Dr. E. DREWS (Greifswald), denen wir zu großem Dank verpflichtet sind. Von einer völligen Umarbeitung des Abschnittes Geochemie haben wir einstweilen noch Abstand genommen, da die hierüber publizierten neueren Ansichten noch diskutiert werden.

Ferner danken wir herzlich den Herren Professoren Dr. R. FRICKE (Stuttgart), U. HOFMANN (Wien), E. LEHNARTZ (Münster), G. RIENÄCKER (Rostock), R. SCHWARZ (Königsberg), P. A. THIESSEN (Berlin-Dahlem) u. a. für ihr Interesse an dem Lehrbuch und für ihre wertvollen Anregungen, welche wir bei der zweiten Auflage soweit wie möglich berücksichtigt haben.

Insbesondere gebührt unser Dank auch Herrn Dr. H. HECHT, welcher sich in aufopfernder Weise und unermüdlich um die Besorgung der Neuauflage bemüht hat.

Greifswald, im Mai 1943.

G. JANDER.   H. SPANDAU.

Inhaltsverzeichnis.

Einleitung.

Die Chemie ist als Wissenschaft eine der jüngsten unter den naturwissenschaftlichen Disziplinen. Zwar hatte man bereits im Altertum eine Reihe von Beobachtungen gemacht und Erkenntnisse gesammelt, die in das Gebiet der Chemie gehören; so kannte man — um nur ein Beispiel zu nennen — den antiken Purpur als einen Farbstoff, man wußte ihn aus der Purpurschnecke zu gewinnen und Tuche und Gewänder damit zu färben. Im Mittelalter wurde die Zahl solcher Erkenntnisse und Erfahrungen weiter vermehrt, damals lag das Forschen in den Händen der „Alchemisten", die sich u. a. die Aufgabe gesetzt hatten, unedle Metalle in edlere, wertvollere umzuwandeln, z. B. auch künstlich Gold herzustellen, die nach dem „Stein der Weisen" suchten. Die eigentliche wissenschaftliche Chemie indessen beginnt erst gegen Ende des 18. Jahrhunderts. Und zwar sind es die experimentellen Untersuchungen und theoretischen Überlegungen einiger bedeutender Wissenschaftler — von ihnen seien der Deutsche SCHEELE, die Franzosen LAVOISIER und GAY-LUSSAC, die Engländer PRIESTLEY und BOYLE erwähnt —, jene grundlegenden Arbeiten, die es dann ermöglicht haben, daß die Chemie im 19. Jahrhundert ihren gewaltigen Aufschwung nehmen und zu der Bedeutung gelangen konnte, die sie heute besitzt.

Die Aufgabe und das Ziel der Chemie ist es, den stofflichen Aufbau und die stofflichen Veränderungen unserer gesamten Umwelt zu erforschen, die Vielheit der Formen und Erscheinungen übersichtlich zu ordnen und allgemeingültige Gesetzmäßigkeiten festzustellen. Die Methode, die dabei angewandt wird, ist wie bei jeder Naturwissenschaft die induktive: Allein das Experiment entscheidet, ob eine Theorie richtig ist oder falsch. Wenn die Chemie nun den stofflichen Aufbau unserer Umwelt aufklären will, so kennt sie dazu zwei verschiedene, grundsätzliche Untersuchungsverfahren, das der Zerlegung eines komplizierteren Stoffes in einfachere Aufbaubestandteile, die *Analyse,* und den Aufbau der komplizierteren Stoffe aus den einfachen, die *Synthese.*

Bei dem letzteren Verfahren gelangt man übrigens häufig auch zu Stoffen, die in der Natur nicht vorkommen; solche Kunststoffe, Stoffe also, die der Chemiker im Laboratorium und die chemische Industrie im großen synthetisieren, haben sich vielfach als überaus nützlich und zweckmäßig erwiesen und daher im Leben der Kulturvölker, in ihrem Streben nach Selbständigkeit und Unabhängigkeit vom Ausland eine außerordentliche Bedeutung erlangt. Hier sei nur kurz hingewiesen auf die Medikamente, auf die unzähligen synthetischen Farbstoffe und auf die in allerjüngster Zeit entstandenen Industrien, die Kunstfasern (Kunstseide, Zellwolle), Kunstharze und synthetischen Gummi herstellen.

Die Chemie wird in zwei Gebiete unterteilt, in die anorganische und die organische Chemie. Zur organischen Chemie zählt man die Verbindungen des Kohlenstoffs, zur anorganischen alle übrigen. Diese Einteilung ist historisch bedingt, sie wurde zu einer Zeit eingeführt, als man nóch davon überzeugt war, daß es unmöglich sei, organische Verbindungen, d. h. solche, die die Pflanzen- und Tierwelt aufbauen, im Laboratorium zu synthetisieren. Später erwies sich diese Auffassung zwar als irrig, die Einteilung wurde aber aus Zweckmäßigkeitsgründen beibehalten.

1. Grundbegriffe der Chemie und ihre Erklärung am Beispiel des Systems Wasser.

a) Homogene und heterogene Systeme.

Wenn wir den stofflichen Aufbau unserer Umwelt erforschen und in die vorliegenden Stoffe und Erscheinungsformen eine gewisse Ordnung bringen wollen, so werden wir zunächst analytisch vorgehen. Ist uns irgendein Stoff, den wir näher untersuchen sollen, vorgegeben, so ist die erste Frage, vor deren Beantwortung wir uns gestellt sehen, die folgende: Wie sieht der betreffende Stoff aus? Erscheint er uns seinem Aussehen nach als ein einheitlicher Körper, oder aber erkennt man bereits auf den ersten Blick, daß er aus verschiedenartigen Einzelteilen aufgebaut ist? Wir können somit eine erste Klassifizierung aller Stoffe vornehmen, nämlich in solche, die einheitlich erscheinen, die man auch „homogene Systeme" nennt, und in solche, die Diskontinuitäten aufweisen, die uneinheitlich erscheinen und die man „heterogene Systeme" nennt. In der folgenden Übersicht sind einige Beispiele für homogene und für heterogene Systeme zusammengestellt:

A. Beispiele für homogene Systeme:
1. Gasförmige homogene Systeme: Luft und andere Gase.
2. Flüssige homogene Systeme: Wasser, Lösungen.
3. Feste homogene Systeme: Gläser, Legierungen wie Messing bestimmter Zusammensetzung.

B. Beispiele für heterogene Systeme:
1. Gemische aus Gasen und Flüssigkeiten: Schäume, Nebel.
2. Gemische aus Gasen und festen Stoffen: Staube und Rauch.
3. Gemische aus Flüssigkeiten: Emulsionen, Milch.
4. Gemische aus Flüssigkeiten und festen Stoffen: Schlamm, Eis-Wasser.
5. Gemische aus festen Stoffen: Gesteine wie Granit.

An diesen Beispielen erkennen wir bereits, daß ein homogenes System nicht unbedingt aus einem einzigen Stoff zu bestehen braucht. Lösen wir z. B. Kochsalz in Wasser auf, so erhalten wir ein homogenes System: Salzwasser; es erscheint einheitlich, ist aber — wie die Herstellung zeigt — aus den beiden Stoffen Kochsalz und Wasser aufgebaut.

Andererseits muß ein heterogenes System nicht unbedingt aus untereinander verschiedenen Stoffen bestehen. So enthält z. B. das heterogene System Eis-Wasser nur einen einzigen Stoff; denn Eis und Wasser sind lediglich verschiedene Erscheinungsformen desselben Stoffes.

Ist nun das System, das wir untersuchen wollen, ein heterogenes, so wird es unsere erste Aufgabe sein, die einzelnen, verschiedenartigen Bestandteile, aus denen das System aufgebaut ist, voneinander zu trennen, d. h. das heterogene System in mehrere homogene Systeme zu zerlegen. Welche Möglichkeiten zur Trennung heterogener Systeme existieren zeigt die Tabelle 1:

Tabelle 1. Trennung heterogener Systeme.

1. Bei Gemischen aus Gasen und Flüssigkeiten:
> durch Absitzen,
> durch Filtrieren (Hindurchsaugen durch einen Wattebausch),
> durch Zentrifugieren.

2. Bei Gemischen aus Gasen und festen Stoffen:
> durch Absitzen,
> durch Filtrieren (Durchsaugen durch einen Wattebausch),
> durch Einwirkung eines elektrischen Feldes (elektrische Gasreinigung),
> durch Zentrifugieren.

3. Bei Gemischen aus mehreren Flüssigkeiten:
> durch Zentrifugieren (z. B. Milchzentrifuge).

4. Bei Gemischen aus festen und flüssigen Stoffen:
> durch Absitzen und Abgießen (Dekantieren),
> durch Zentrifugieren,
> durch Filtrieren (Papierfilter; Wasserreinigung durch Kiesfilter).

5. Bei Gemischen aus festen Stoffen:
> durch Auslesen,
> durch Herauslösen (Kaliindustrie),
> durch Schlämmen (Goldschlämmen),
> durch Flotation (Schaumschwimmverfahren).

Die meisten der in dieser Tabelle genannten Trennungsverfahren sind derartig einfache und bekannte Operationen, daß sie keiner weiteren Erklärung bedürfen; lediglich zwei von ihnen, die elektrische Gasreinigung und das Flotationsverfahren, sollen kurz erläutert werden.

Bei der elektrischen Entstaubung leitet man den Staub oder Rauch durch das elektrische Feld eines Kondensators. Dabei laden sich die feinen Teilchen des Staubsystems elektrisch auf, werden von den Platten des Kondensators angezogen und dort niedergeschlagen, während der gasförmige Bestandteil das elektrische Feld unbehindert durchströmt.

Die Trennung eines Gemisches fester Stoffe durch Schlämmen beruht auf der Verschiedenheit des spezifischen Gewichtes der einzelnen Bestandteile; die schwereren Teilchen (z. B. das Gold) sinken nach dem Aufschlämmen sofort zu Boden, die leichteren (Ton und Sand) dagegen erst nach einer gewissen Zeit. Gießt man die Flüssigkeit sofort nach dem Aufschlämmen ab, so ist im Rückstand der schwerere Bestandteil angereichert. Dieses Verfahren versagt natürlich bei Gemischen solcher fester Stoffe, die sich in ihrem spezifischen Gewicht nicht merklich unterscheiden. In diesen Fällen kann man oft das Schaumschwimmverfahren mit Erfolg verwenden: Man schüttelt das heterogene System — z. B. das fein zerkleinerte System aus viel wertlosem Ganggestein und wenig wertvollem sulfidischem Erz — mit einem Wasser-Öl-Gemisch kräftig durch; die einzelnen Bestandteile des Systems zeigen nun häufig eine verschiedene Benetzbarkeit gegenüber Wasser und Öl, so daß nach der Trennung des Wasser-Öl-Gemisches in eine Wasserschicht und eine schaumige Ölschicht der eine Bestandteil — z. B. das wertvolle sulfidische Erz — mit der Ölschicht obenauf schwimmt und leicht abgetrennt werden kann, während der andere in der Wasserschicht zu Boden sinkt.

Nachdem wir die Methoden zur Zerlegung heterogener Systeme in homogene kennengelernt haben, müssen wir uns jetzt mit den homogenen Systemen näher befassen und die Fragen untersuchen: Wie kann man feststellen, ob ein einheitlich erscheinendes System stofflich einheitlich oder uneinheitlich ist? Wie kann man ein homogenes System, das aus mehreren Stoffen besteht, in seine Bestandteile weiter trennen? Diese beiden Fragen sollen im nächsten Abschnitt an einem konkreten Beispiel, am Beispiel des Systems Wasser, beantwortet werden.

b) Der reine Stoff. Das Wasser.

Unter den Stoffen unserer Umwelt spielt das Wasser schon rein mengenmäßig eine besondere Rolle; über 70% der Oberfläche der Erde sind von Wasser bedeckt. Man begegnet dem Wasser als Meerwasser, als sog. Süßwasser der Flüsse und Seen, man kennt es als Regenwasser, als Grundwasser, als Leitungswasser; hierbei unterscheidet man ferner „weiches" und „hartes" Wasser. Aber nicht nur das verbreitete Vorkommen des Wassers, sondern auch seine besonderen Eigenschaften sind es, die die Bedeutung des Wassers für die Chemie bedingen und die es daher zweckmäßig erscheinen lassen, die Einführung in die Chemie mit der Besprechung des Wassers und seiner Eigenschaften zu beginnen.

Die Eigenschaften des Wassers haben zur Festlegung einer Reihe von wichtigen Begriffen geführt, von Begriffen, mit denen auch der naturwissenschaftlich weniger Geschulte täglich operiert, ohne sich allerdings über ihr Wesen und ihre Herkunft stets im klaren zu sein. Es sind dies die Begriffe: Gewicht und Temperatur. Es sei hier nur kurz daran erinnert, daß das Kilogramm als das Gewicht von 1000 ccm Wasser von $4°$ C definiert ist und daß zur Festlegung unserer Temperaturskala die beiden „Fixpunkte" des Wassers, sein Gefrierpunkt ($0°$ C) und sein Siedepunkt ($100°$ C), gedient haben. Außer mit diesen beiden Begriffen des täglichen Lebens operiert der Naturwissenschaftler noch mit einigen weiteren Definitionen, die mit den Eigenschaften des Wassers verknüpft sind, z. B. Dichte, Calorie, spezifische Wärme und andere mehr. Das spezifische Gewicht oder die Dichte eines Stoffes gibt an, in welchem Verhältnis das Gewicht der Volumeneinheit (ccm) des betreffenden Steffes zu dem Gewicht von 1 ccm Wasser von $4°$ C steht. Und die Einheit der Wärmemenge, die Calorie, definiert man als diejenige Wärmemenge, die man aufwenden muß, um 1 g (bzw. 1 kg) Wasser um $1°$ zu erwärmen.

Diese Beispiele mögen bereits genügen, um es als gerechtfertigt und sinnvoll erscheinen zu lassen, das Wasser als Ausgangspunkt für das Studium der Chemie zu wählen.

Wir erwähnten oben bereits verschiedene Arten des Wassers, Meerwasser, Süßwasser, Regenwasser, Mineralwasser usw. Es erhebt sich zunächst die Frage: Worin unterscheiden sich diese, mit verschiedenen Namen bedachten Arten des Wassers voneinander und was ist ihnen gemeinsam? Die Beantwortung verschaffen uns einige einfache Versuche. Wir benutzen dazu die abgebildete Destillationsapparatur, die aus einem Destillierkolben A, einem „Liebig"-Kühler B und einer Vorlage C besteht. In dem Kolbenhals ist mittels eines Stopfens ein Thermometer befestigt, an dem schräg absteigenden seitlichen Ansatz ist der Kühler angeschlossen, dessen äußerer Mantel von Leitungswasser durchflossen wird. Zunächst wird etwas Regenwasser in dem Kolben erhitzt. Sobald der Kolbeninhalt zum Sieden gekommen ist, zeigt das Thermometer (bei einem angenommenen Barometerstand von 760 mm) 100° C; der entweichende Wasserdampf wird in dem Kühler B wieder verflüssigt („kondensiert"), und aus dem offenen Ende des Kühlers beginnt das kondensierte Wasser in die Vorlage zu tropfen. Wird das Erhitzen genügend lange fortgesetzt, so kann die gesamte Flüssigkeit übergetrieben werden; im Kolben hinterbleibt kein

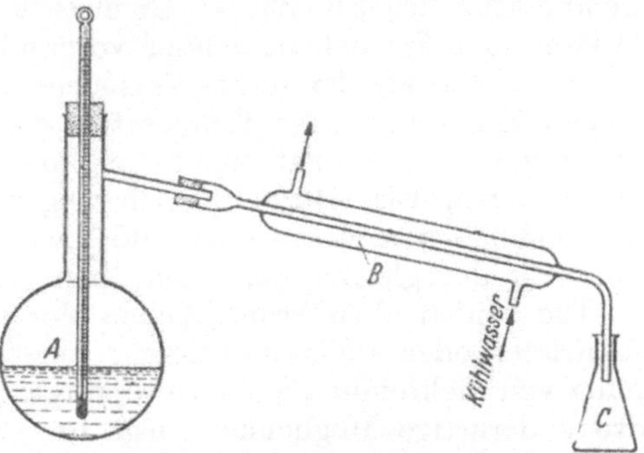

Abb. 1. Destillationsapparatur.

Rückstand. Während der Dauer der Destillation hat sich der Stand des Thermometers überhaupt nicht verändert, das Regenwasser besitzt also einen konstanten Siedepunkt bei 100°. Daß durch die Operation des Destillierens irgendeine Veränderung eingetreten ist, kann nicht beobachtet werden.

Ganz andere Feststellungen macht man, wenn man denselben Versuch mit Meerwasser oder Süßwasser wiederholt. Beim Sieden des Meerwassers zeigt das Thermometer eine Temperatur an, die oberhalb 100° C liegt, außerdem steigt die Temperatur während der Destillation — wenn auch langsam, so doch ständig — weiter an. Gegen Ende der Destillation erscheinen im Kolben weiße Kristalle, die schließlich zurückbleiben. Wenn man das in der Vorlage aufgefangene Meerwasserdestillat ein zweites Mal destilliert, so tritt jetzt kein Unterschied im Verhalten gegenüber dem Regenwasser auf, der Siedepunkt liegt wieder konstant bei 100°, ein Rückstand bleibt nicht mehr zurück.

Aus diesen beiden Versuchen ergibt sich: Das Meerwasser ist offensichtlich kein einheitlicher Stoff, sondern besteht aus mehreren Bestandteilen, die durch Destillation voneinander getrennt werden können. Der eine Bestandteil, der flüssige, ist identisch mit dem Regenwasser.

Diese Versuche führen zu dem **Begriff des reinen Stoffes.** Man bezeichnet eine Substanz als einheitlich, als rein, wenn man mancherlei

Operationen und Handhabungen wie Sieden und Wiederverflüssigen, Schmelzen und Wiedergefrierenlassen, Erhitzen und Abkühlen mit ihr vornehmen kann, ohne daß sie ihre Eigenschaften dabei verändert. Solche Eigenschaften, die man zur Prüfung der Reinheit heranzieht, sind neben der bereits erwähnten Konstanz des Siedepunktes die Konstanz des Schmelzpunktes, die Farbe bzw. das Absorptionsvermögen für Licht, die elektrische Leitfähigkeit, das Wärmeleitvermögen und ähnliche Eigenschaften mehr. Bezüglich der Lage des Schmelzpunktes gilt für einen reinen Stoff das gleiche, was wir beim Sieden beobachtet haben. Kühlt man Regenwasser von Zimmertemperatur allmählich ab, so fällt die Temperatur zunächst kontinuierlich bis auf 0°; nun bilden sich die ersten Eiskristalle, und trotz fortgesetzten stetigen Kühlens sinkt die Temperatur des Eis-Wasser-Gemisches nicht weiter ab, solange noch Wasser und Eis nebeneinander vorhanden sind.

Beim Wiederholen dieses Versuches mit Meerwasser beobachtet man keinen Haltepunkt der Temperatur, die Ausbildung und Abscheidung der Eiskristalle erfolgt nicht bei konstanter Temperatur. Die ausgeschiedenen Eiskristalle jedoch zeigen nach ihrer Abtrennung vom übriggebliebenen Meerwasser und nach erfolgtem Auftauen zu Wasser nunmehr das gleiche Verhalten beim Abkühlen wie Regenwasser.

Die beiden oben besprochenen Vorgänge, das Destillieren und das Ausfrieren oder Auskristallisieren, geben uns die Möglichkeit zur Trennung von nichteinheitlichen Stoffen und zu ihrer Reindarstellung. Eine dritte derartige Möglichkeit liegt im „Sublimationsvorgang". Einige Stoffe besitzen nämlich die Eigenschaft, beim Erwärmen direkt aus dem festen Zustand in den gasförmigen überzugehen, unter Überspringung der flüssigen Phase; analog verhalten sie sich beim Abkühlen: aus dem Gas entstehen sofort wieder Kristalle. Die Umwandlung einer Substanz aus der festen in die gasförmige Zustandsform nennt man Sublimation. Durch Sublimieren stellt man z. B. reinstes Jod dar.

Die physikalischen Eigenschaften des Wassers. Das Wasser ist eine farblose Flüssigkeit; in dickeren Schichten erscheint es allerdings schwach bläulich. Über das spezifische Gewicht und das spezifische Volumen von Wasser und Eis bei einigen Temperaturen gibt uns die Tabelle 2 Auskunft.

Auf Grund dieser Zahlen ist die schematische Darstellung (Abb. 2) gezeichnet. Die Skizze zeigt uns besonders gut die charakteristische Abhängigkeit des spezifischen Gewichtes des Wassers von der Temperatur. Man bemerkt: Das Wasser hat seine größte Dichte bei +4°C, definitionsgemäß gleich 1,00000 gesetzt. Mit Erhöhung der Temperatur nimmt das spezifische Gewicht des Wassers langsam ab. Erniedrigt man die Temperatur — von +4° ausgehend —, so wird das spezifische Gewicht gleichfalls kleiner. Eis von 0° hat eine wesentlich geringere Dichte als Wasser von 0°, es schwimmt auf Wasser gleicher Tem-

Tabelle 2. Spezifisches Gewicht und Volumen von Wasser und Eis.

	Temperatur	Spezifisches Gewicht	Spezifisches Volumen
Wasser . .	0°	0,99987	1,00013
	4°	1,00000	1,00000
	8°	0,99988	1,00012
	20°	0,99823	1,00177
	100°	0,95863	1,04343
Eis . . .	0°	0,91674	1,09083

peratur; läßt man also Wasser gefrieren, so nimmt das Eis ein größeres Volumen ein als vorher das Wasser. Diese Tatsache ist übrigens z. T. verantwortlich für das Verwittern der Gesteine und Gebirge, für jene ungeheuren Veränderungen, die die Erdoberfläche im Laufe der Jahrtausende allmählich unter der Einwirkung des Wassers erleidet. Das Wasser, welches im Herbst in die Spalten und Risse der Felsen und Gesteine eingedrungen ist, gefriert im Winter und erweitert dabei durch die Volumzunahme des Eises die Zwischenräume, bis die Gesteine zerbröckeln.

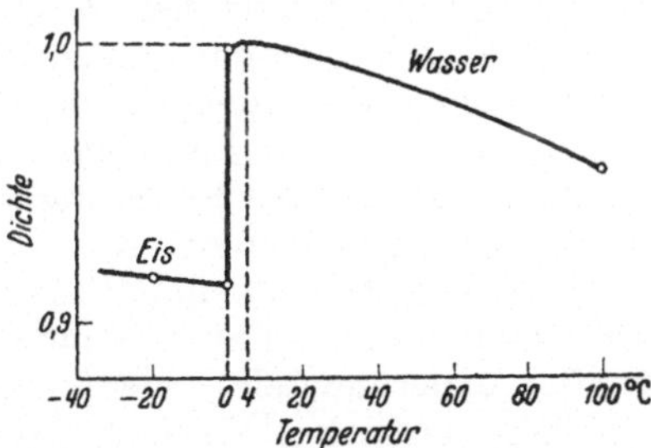

Abb. 2. Die Dichte von Wasser und Eis in Abhängigkeit von der Temperatur (schematisch).

Übrigens ist die Abhängigkeit der Dichte von der Temperatur keineswegs bei allen Flüssigkeiten und festen Stoffen eine ähnliche wie beim Wasser, vielmehr handelt es sich bei dem in der Abb. 2 dargestellten Verhalten um eine Besonderheit des Wassers. Die meisten Stoffe besitzen bei ihrem Schmelzpunkt im festen Zustand eine größere Dichte als im flüssigen Zustand, und sie verhalten sich in jedem der beiden Aggregatzustände gegenüber Temperaturänderungen derart, daß ihre Dichte mit

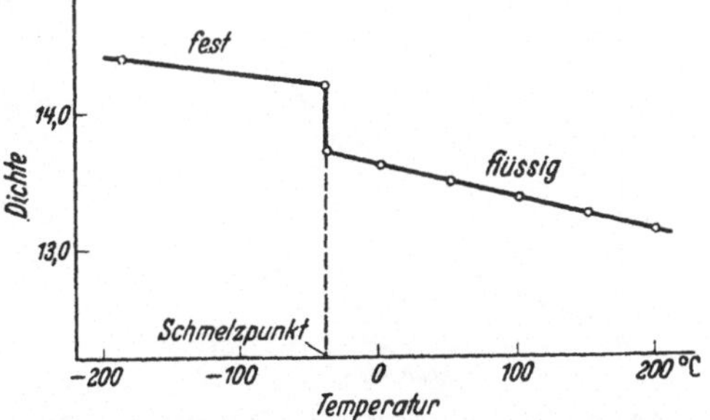

Abb. 3. Die Abhängigkeit der Dichte des Quecksilbers von der Temperatur.

steigender Temperatur stetig abnimmt. Der Normalfall ist in der Abb. 3 am Beispiel des Quecksilbers dargestellt.

Der Schmelzpunkt des Eises liegt bei $\pm 0°$ C, sofern auf dem Eis ein Druck von 1 at lastet. In der Abb. 4 ist auf Grund experimenteller Befunde die Abhängigkeit des Schmelzpunktes vom Druck graphisch dargestellt. Der Schmelzpunkt sinkt also mit Steigerung des Druckes langsam ab, bei 2000 at Druck gefriert das Wasser erst bei —20° C. Die Erniedrigung des Gefrierpunktes des Wassers bei Druckerhöhung er-

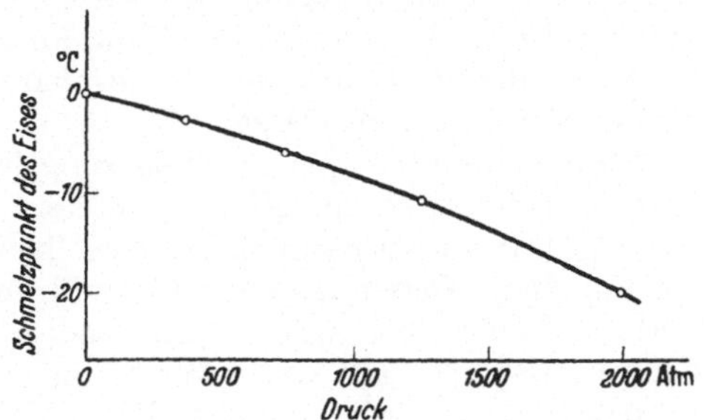

Abb. 4. Abhängigkeit des Schmelzpunktes des Eises vom Druck.

klärt sich auf Grund der Dichteunterschiede von Wasser und Eis, und zwar mit Hilfe des **Prinzips vom kleinsten Zwang**. Dieses Prinzip, das von Le Chatelier aufgestellt ist, ist ein Gesetz von recht allgemeiner Gültigkeit; es besagt: Wird auf ein im Gleichgewicht befindliches System irgendein Zwang ausgeübt, so verändert sich das System in dem Sinne, daß es dem Zwang auszuweichen versucht. Lastet auf einem System z. B. ein großer Druck, so trachtet das System danach, einen möglichst kleinen Raum einzunehmen. Angewandt auf den Fall des Systems Wasser-Eis: Wasser hat bei 0° ein kleineres spezifisches Volumen als Eis, bei Belastung wird Eis von 0° dem Druck nachgeben, wird ein kleineres Volumen einnehmen, also schmelzen.

Beim Gefrierpunkt hat Wasser und Eis einen Dampfdruck von 4 mm Quecksilbersäule. Man bestimmt bekanntlich den Dampfdruck eines Stoffes experimentell, indem man die zu untersuchende Substanz in ein TORICELLIsches Vakuum bringt und die dadurch bewirkte Änderung der Stellung des Quecksilbermeniscus abliest. Jeder Temperatur

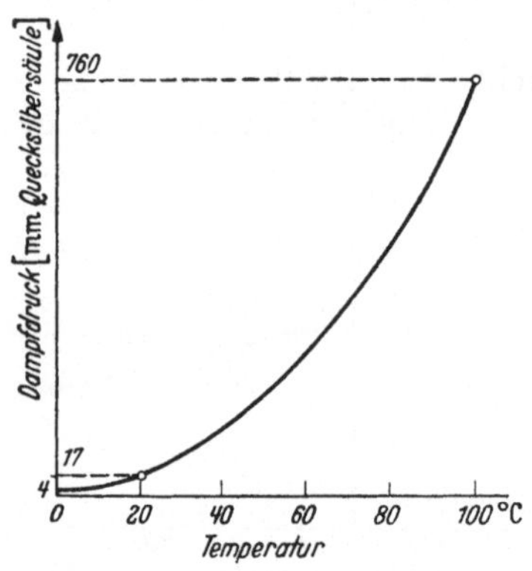

Abb. 5. Dampfdruckkurve des Wassers.

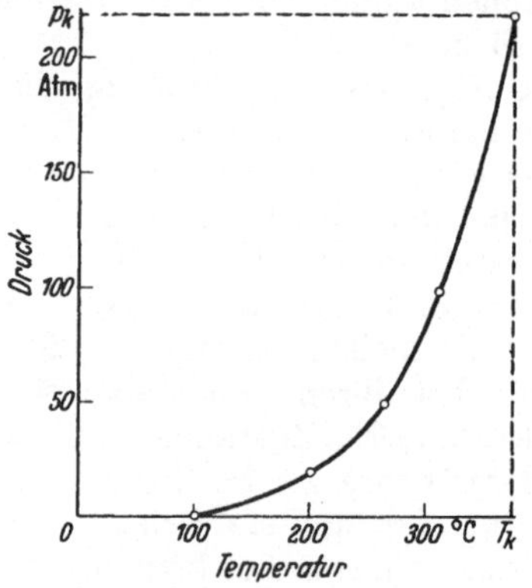

Abb. 6. Sättigungsdrucke des Wasserdampfes oberhalb 100°.

entspricht so ein ganz bestimmter Dampfdruck des Wassers. Die u. a. auf Grund experimenteller Feststellungen ermittelte Dampfdruckkurve des Wassers zeigt die Abb. 5. Mit Erhöhung der Temperatur steigt der Dampfdruck an, in der Nähe des Schmelzpunktes zunächst nur langsam, dann aber um so schneller, je weiter wir uns vom Schmelzpunkt entfernen. Bei 100° erreicht der Dampfdruck schließlich 760 mm, d. h. er ist dem äußeren Druck der Atmosphäre gleich geworden, das Wasser überwindet ihn und siedet.

Eine weitere Temperatursteigerung ist nur möglich, wenn man das Wasser nicht in einem offenen, sondern in einem geschlossenen Gefäß erhitzt. Dann wird nämlich in demselben Maße, wie Wasser verdampft, der auf dem Wasser lastende Dampfdruck erhöht, und somit wird das weitere Sieden bei ständig steigender Temperatur stattfinden. Die Kurve 6 ist eine auf diese Weise im geschlossenen Gefäß gewonnene Fortsetzung der Abb. 5. Der Dampfdruck, der bei 100° C 1 at beträgt, erreicht bei 200° einen Wert von 20 at, bei 365° sogar einen solchen von 200 at. Bei diesem Druck und dieser Temperatur bricht unsere Dampfdruckkurve ab. Man nennt den Endpunkt der Dampfdruckkurve den **kritischen Punkt,** die zugehörigen Koordinaten den „kritischen Druck" (p_k) und die „kritische Temperatur" (T_k). Dieser Punkt ist dadurch ausgezeichnet, daß zwischen der Flüssigkeit Wasser und dem Wasserdampf kein Dichteunterschied mehr besteht. Bei der Temperatursteigerung verdampft ständig Wasser, dadurch gelangt in den abgeschlossenen Dampfraum mehr und mehr Wasserdampf, die Dichte des Dampfes muß also zunehmen, bei der Temperatur von 365° ist sie schließlich gleich der des noch vorhandenen Wassers geworden, dessen Dichte mit steigender Temperatur immer mehr abnahm. Damit verschwindet die Trennungslinie zwischen Flüssigkeit und Dampfraum. Es existiert nunmehr oberhalb von 365° nur noch eine homogene Phase.

Das Wasser ist ein ausgezeichnetes Lösungsmittel für eine große Reihe von anorganischen wie organischen Substanzen. Darin unterscheidet es sich in auffälliger Weise von anderen Flüssigkeiten wie Benzin, Äther, Quecksilber usw. Für jeden Stoff und für jede Temperatur ist diejenige Menge, die in einem bestimmten Volumen Wasser, z. B. in 1 Liter maximal aufgelöst werden kann, eine charakteristische Konstante. Der Temperatureinfluß auf die Löslichkeit ist bei den verschiedenen Stoffen sehr verschieden, einige Substanzen sind in Wasser von höherer Temperatur in größerer Menge löslich, andere sind dagegen bedeutend schlechter löslich, wenn man die Temperatur steigert; man kennt auch Stoffe, deren Löslichkeit in Wasser fast unabhängig von

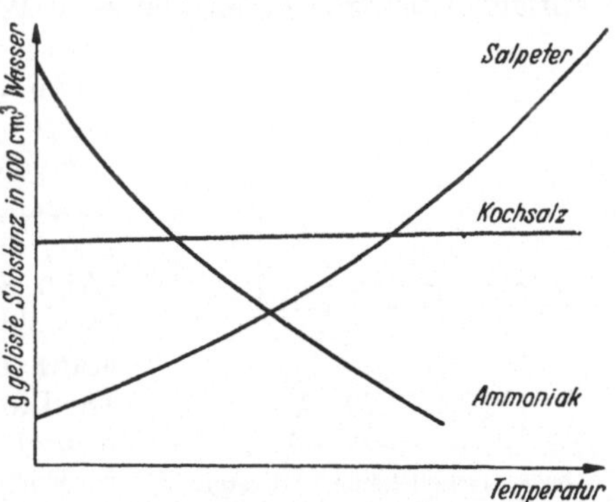

Abb. 7. Abhängigkeit der Löslichkeit einiger anorganischer Substanzen von der Temperatur.

der Temperatur ist, zu letzteren gehört das Kochsalz. Die Löslichkeitsverhältnisse einiger anorganischer Substanzen zeigt die Abb. 7.

Wenn man eine Substanz in Wasser auflöst, so beobachtet man stets gewisse Erscheinungen und Veränderungen, auf die bereits kurz hingewiesen sei. So stellt man fest, daß das Auflösen unter Änderung des Volumens der Lösung erfolgt, wobei sowohl eine Volumenvermehrung (Dilatation) als auch eine Verkleinerung des Volumens (Kontraktion) möglich ist. Häufig ist auch mit dem Prozeß des Lösens eine merkliche Temperaturänderung des Wassers verbunden, es kann eine Temperaturerhöhung oder auch eine Abkühlung eintreten. Ferner wird der Dampfdruck des Wassers herabgesetzt, wenn man irgendeine Substanz darin auflöst. Hiermit hängt eng zusammen die Siedepunktserhöhung einer wäßrigen Lösung gegenüber reinem Wasser (vgl. hierzu die beiden oben beschriebenen Destillationsversuche mit reinem Wasser und mit Meerwasser) sowie die Schmelzpunktserniedrigung, die ebenfalls bereits geschildert wurde.

Manche der in Wasser gut löslichen Stoffe zeigen eine derart große Neigung, in den gelösten Zustand überzugehen, daß sie begierig den

Wasserdampf der Luft anziehen, wenn man sie in einem offenen Gefäß an der Luft stehenläßt. Stellt man z. B. eine Schale mit Phosphorpentoxyd auf eine Waagschale und belastet die andere Waagschale mit einem gleich schweren Gewicht, so daß also die Zunge der Waage auf den Nullpunkt zeigt, so beobachtet man nach einigen Minuten, daß das Phosphorpentoxyd schwerer geworden ist; man kann die Gewichtsvermehrung nur durch die Annahme erklären, daß das Phosphorpentoxyd Wasser aus der Luft aufgenommen hat. Nach mehreren Stunden oder Tagen ist die Menge des angezogenen Wassers derartig groß, daß die anfänglich trockene, pulverige Substanz feucht und klebrig geworden ist oder sogar bereits als wäßrige Lösung vorliegt. Stoffe, die — wie das Phosphorpentoxyd — Wasserdampf aus der Luft aufnehmen, bezeichnet man als „hygroskopisch". Die Ursache der **Hygroskopie** ist offenbar die, daß die betreffenden Substanzen und ihre gesättigten wäßrigen Lösungen einen kleineren Wasserdampfdruck besitzen als die

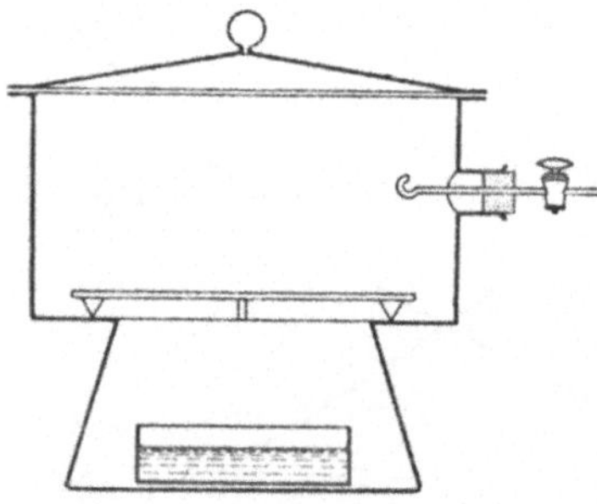

Abb. 8. Schwefelsäure-Exsiccator.

Luft. Hygroskopische Stoffe sind — außer dem bereits erwähnten Phosphorpentoxyd — ferner Calciumchlorid, konz. Schwefelsäure u. a. Man kann sie benutzen, um andere Substanzen zu trocknen; das geschieht in einem Exsiccator (Abb. 8), einem verschließbaren Gefäß, in welchem sich die zu trocknende Substanz und das Trockenmittel befinden. Die Luft, die im Exsiccator enthalten ist, nimmt von der feuchten Substanz Wasser in Form von Wasserdampf auf und gibt den Wasserdampf an die hygroskopische Substanz wieder ab. So geht allmählich die gesamte Feuchtigkeit von dem zu trocknenden Stoff über die Luft an das Trockenmittel über. Hierbei ist natürlich eine notwendige Voraussetzung, daß das Trockenmittel einen niedrigeren Wasserdampfdruck als die zu trocknende Substanz hat.

Die Stoffe, die man in Wasser gelöst hat, kann man wieder zurückgewinnen, indem man das Wasser abdestilliert; davon war bereits bei der Herstellung von reinem Wasser aus Meerwasser die Rede; der gelöste Stoff hinterbleibt als Rückstand. Nun ist es aber nicht notwendig, das gesamte Lösungsmittel zu entfernen, sondern es genügt, je nach der Konzentration der vorliegenden Lösung einen mehr oder weniger großen Anteil des Wassers abzudestillieren. Dadurch wird die Lösung konzentrierter, schließlich übersteigt die Konzentration den für eine gesättigte Lösung charakteristischen Grenzwert, folglich muß sich der gelöste Stoff teilweise ausscheiden und man kann ihn durch Filtration von der restlichen Lösung trennen. Dabei macht man häufig die Feststellung, daß die auf diese Weise aus der Lösung erhaltenen Kristalle wasserhaltig sind. Sie fühlen sich zwar vollständig trocken an, enthalten aber Wasser, was man daran erkennt, daß sie beim Erhitzen auf höhere Temperatur Wasserdampf abgeben. Solche wasserhaltigen

Kristalle bezeichnet man als **Hydrate**. Alle Hydrate zerfallen bei höherer Temperatur in Wasser und den wasserfreien Stoff; einige Hydrate sind bereits bei Zimmertemperatur unbeständig, sie haben einen größeren Wasserdampfdruck als die Luft und geben infolgedessen ihr Wasser ab, sie verwittern; z. B. kristallisierte Soda.

Die Analyse des Wassers. Bei unserer bisherigen Besprechung des Wassers waren wir von den verschiedenen, in der Natur vorkommenden Formen des Wassers ausgegangen und hatten untersucht, wie wir zu einem einheitlichen, reinen Stoff gelangen konnten. Wir haben mit dem reinen Wasser bereits viele Operationen vorgenommen, wir haben es destilliert, wir haben es gefrieren und das Eis wieder schmelzen lassen. Bei all diesen Manipulationen hat sich das Wasser in keiner Weise verändert, irgendeine Trennung in weitere Bestandteile trat nicht ein. Es muß nun die Frage untersucht werden: Ist es überhaupt unmöglich, das Wasser noch weiterhin zu zerlegen? Das ist nicht der Fall. Es gelingt z. B. mit Hilfe von elektrischer Energie, das Wasser in verschiedene Bestandteile aufzuspalten. Man benutzt dazu einen HOFMANNschen Wasserzersetzungsapparat. Er besteht aus drei miteinander kommunizierenden Röhren, zwei derselben sind graduiert und sind am oberen Ende durch einen Hahn verschlossen, die dritte nicht verschlossene Röhre besitzt am oberen Ende eine Erweiterung. In dem unteren Teil der beiden graduierten Rohre befindet sich je ein kleines Platinblech mit einer Metallzuführung nach außen. Man füllt den Apparat mit Wasser derart, daß die graduierten Rohre bis an die Hähne gefüllt sind. Dann verbindet man die beiden Bleche, die „Elektroden",

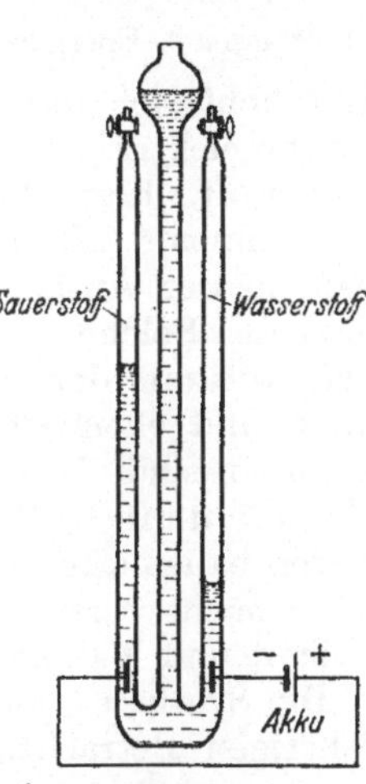

Abb. 9. HOFMANNscher Zersetzungsapparat.

mit den Klemmen eines Akkumulators. Sobald an den Elektroden eine genügend hohe Spannung liegt, beginnen kleine Bläschen, von den Blechen ausgehend, in den Röhren aufzusteigen: Es entstehen aus dem Wasser zwei farblose Gase. Nach einigen Minuten, wenn sich an den oberen Teilen der beiden Rohre genügend Gas angesammelt hat, stellt man fest, daß sich in dem einen Rohr doppelt so viel Gas befindet wie im anderen. Dabei handelt es sich um dasjenige Rohr, dessen Blech mit dem Minuspol des Akkumulators verbunden ist. Die beiden Gase heißen Wasserstoff und Sauerstoff. Der Wasserstoff, das Gas, welches sich in doppelter Menge gebildet hat, ist brennbar, er verbrennt beim Anzünden an der Luft mit schwach bläulicher Flamme. Das Sauerstoffgas ist nicht brennbar, es unterhält aber die Verbrennung. Öffnet man nämlich den Hahn desjenigen Rohres, in dem der Sauerstoff entstanden ist, und hält man ein glimmendes Stück Holz an die Öffnung, so entzündet sich das Holz.

Die Zersetzung des Wassers unter der Einwirkung des elektrischen Stromes, die **Elektrolyse des Wassers**, beobachtet man nur dann in nennenswerter Menge, wenn eine sehr hohe Spannung an die beiden Elektroden gelegt wird. Reines Wasser besitzt nämlich einen außerordentlich großen elektrischen Widerstand, so daß zur Erzielung einer geringen Stromstärke auf Grund des OHMschen Gesetzes bereits hohe Spannungen erforderlich sind. Man kann indessen eine reichlichere Zersetzung des Wassers schon bei bedeutend niedrigeren Spannungen erzielen, dadurch, daß man dem Wasser etwas Schwefelsäure zusetzt. Durch die Zugabe der Schwefelsäure wird nur der elektrische Widerstand des Wassers herabgesetzt, die übrigen Erscheinungen werden dagegen nicht verändert.

Das Ergebnis der Wasserzersetzung kann auf folgende Weise versinnbildlicht werden:

(1) Wasser + Energiezufuhr → 2 Raumteile Wasserstoff + 1 Raumteil Sauerstoff.

Es erhebt sich nun die Frage, ob die beiden aus dem Wasser durch Zufuhr elektrischer Energie erhaltenen Gase, der Wasserstoff und der Sauerstoff, ihrerseits weiter in verschiedene Bestandteile zerlegt werden können. Alle derartigen Versuche sind jedoch mißlungen, so daß man zu der Ansicht gekommen ist, eine weitere Zerlegung sei nicht möglich. Solche Stoffe der Materie wie der Wasserstoff und Sauerstoff, die mit den einfachen uns zur Verfügung stehenden physikalischen und chemischen Methoden nicht in verschiedene Bestandteile zerlegbar sind, bezeichnet man nach ROBERT BOYLE als *Grundstoffe* oder *Elemente*[1]. Man kennt heute 92 Elemente; aus diesen 92 Grundstoffen bauen sich sämtliche Substanzen unserer Umwelt auf, eine Zahl, die zunächst erstaunlich klein erscheinen mag, wenn man sich der Vielheit und Mannigfaltigkeit der existierenden Verbindungen erinnert.

Die Synthese von Wasser aus Wasserstoff und Sauerstoff. Bei den bisherigen Betrachtungen und Untersuchungen waren wir analytisch vorgegangen. Aus den Stoffgemischen wurden zunächst die reinen Stoffe gewonnen, und dann wurde der reine Stoff Wasser in die ihn aufbauenden Elemente zerlegt. Jetzt soll der umgekehrte Weg, der der Synthese, eingeschlagen werden. Es gilt nun zu untersuchen: Ist der durch die Gleichung:

(1)   Wasser + Energiezufuhr → Wasserstoffgas + Sauerstoffgas

dargestellte Vorgang umkehrbar? D. h. gilt auch die Gleichung:

(2)   Wasserstoffgas + Sauerstoffgas → Wasser + Energieabgabe?

Füllt man 2 Raumteile Wasserstoffgas und 1 Raumteil Sauerstoffgas bei Zimmertemperatur in ein Gefäß, z. B. in ein anfänglich ganz mit Quecksilber gefülltes Rohr, und läßt die Gase sich mischen, so läßt sich keine Reaktion oder irgendeine Veränderung feststellen, man beobachtet keine, auch noch so kleine gebildete Wassertröpfchen, man beobachtet keine Temperaturveränderung. Offensichtlich reagieren die bei-

---

[1] Wir wollen im folgenden die etwas primitive Definition des Elementenbegriffes, wie ihn ROBERT BOYLE vor etwa 250 Jahren gegeben hat, beibehalten, obwohl diese Definition nach unseren heutigen Erkenntnissen nicht mehr ganz zutreffend ist.

den Gase bei Zimmertemperatur nicht miteinander. Bringt man dagegen das Wasserstoff-Sauerstoff-Gas-Gemisch an einer Stelle auf eine
höhere Temperatur, z. B. dadurch, daß man das Rohr lokal erwärmt
oder dadurch, daß man einen kleinen elektrischen Funken erzeugt, so
findet eine äußerst heftige Vereinigung der beiden
Elemente unter Bildung von Wasser statt. Wegen
dieser explosionsartigen Reaktion bei Fremdzündung
nennt man das Gemisch aus Wasserstoff und Sauerstoff Knallgas.

Daß die Bildung von Wasser aus den Elementen
von einer Energieabgabe an die Umgebung begleitet
ist, folgt bereits aus der Heftigkeit der Reaktion.
Das tritt besonders stark bei dem Knallgasgebläse
in Erscheinung; ein Knallgasgebläse ist ein Brenner,
der zwei Gaszuführungen besitzt und dem man
Wasserstoff und Sauerstoff durch die beiden Zuführungen getrennt zuleitet. Zunächst wird nur die
Wasserstoffleitung geöffnet und der dem Brenner
entströmende Wasserstoff entzündet, dann wird
auch die Sauerstoffzufuhr angestellt. Mit der so
erzeugten Knallgasflamme werden Temperaturen
von mehr als 2000° C erreicht. Es ist daher möglich, in dieser Flamme sehr hoch schmelzende Substanzen wie Eisen, Platin, Porzellan, Quarz zum

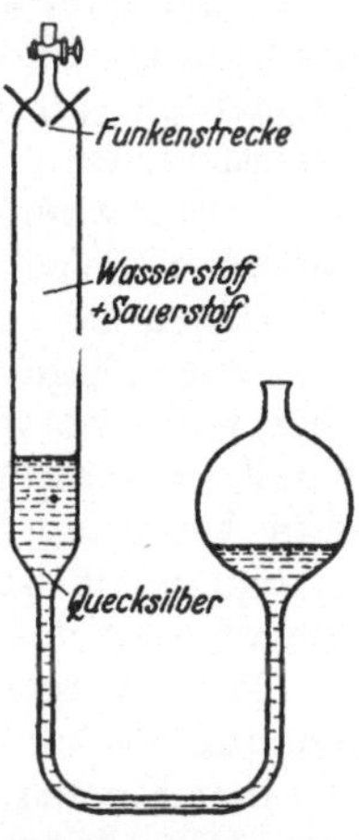

Abb. 10. Synthese des Wassers aus einem Knallgasgemisch mittels elektrischer Zündung.

Schmelzen zu bringen; es werden also beträchtliche Energien in Form
von Wärme bei der Vereinigung von Wasserstoff und Sauerstoff frei.

Die Entstehung von Wasser in der Knallgasflamme läßt sich leicht
nachweisen dadurch, daß man die Abgase der Flamme auffängt und in
ein mit Eis gekühltes Gefäß leitet, dort schlägt sich der wegen der
hohen Temperatur zunächst entstandene Wasserdampf als Wasser
nieder. Somit ist bewiesen, daß die obige Gleichung:

(2)   Wasserstoffgas + Sauerstoffgas → Wasser + Energieabgabe

zu Recht besteht.

Das Ergebnis, das man aus der Analyse und der Synthese des
Wassers ziehen muß, ist folgendes: Das Wasser läßt sich in die beiden
Elemente Wasserstoff und Sauerstoff zerlegen und aus diesen beiden
Elementen wieder aufbauen. Das Wasser besteht also aus Wasserstoff
und Sauerstoff. Diese letzte Behauptung trifft aber auch für das Knallgas zu; da Knallgas und Wasser indessen nicht miteinander identisch
sind — sie verhalten sich ja z. B. gegenüber einem Funken gänzlich
verschieden —, so erhebt sich die Frage: Worauf beruht der Unterschied zwischen diesen beiden Systemen? Wie wir gesehen haben, wird
bei der Wasserbildung Energie frei, demnach unterscheiden sich die
beiden Systeme durch ihren Energieinhalt: Das System Knallgas ist
bedeutend energiereicher als das System Wasser. Wenn ein System in
zwei durch ihren Energieinhalt verschiedenen Zuständen vorkommt, so
ist natürlich der energieärmere Zustand der beständigere, der stabile,

und der energiereichere der unbeständigere, der instabile Zustand. Wasser ist also ein stabiles, Knallgas ein instabiles System. Man nennt den Stoff Wasser eine „chemische Verbindung" und das Knallgas ein Elementengemisch und definiert folgendermaßen:

1. Ein *Elementengemisch* besitzt die Eigenschaften der Elemente, die in ihm vorkommen. Es ist immer möglich, aus einem Gemisch von Elementen auf Grund irgendwelcher unterschiedlicher Eigenschaften der Elemente die einzelnen Komponenten voneinander zu trennen.

2. Eine *chemische Verbindung* besitzt in den meisten Fällen völlig andere chemische und physikalische Eigenschaften als die Elemente, aus denen sie zusammengesetzt ist, und unterscheidet sich ferner von dem zugehörigen Elementengemisch durch ihren Energieinhalt. Es ist aber nicht notwendig, daß — wie beim obigen Beispiel Wasser und Knallgas — die Verbindung energieärmer ist als das Elementengemisch. Man kennt auch eine Reihe von Verbindungen, die einen größeren Energieinhalt besitzen als das Gemisch der Elemente; solche Verbindungen sind dann instabile Systeme.

Der Unterschied zwischen einem Gemisch und einer chemischen Verbindung soll an einem weiteren Beispiel, der Bildung von Schwefeleisen aus den Elementen Schwefel und Eisen, besprochen werden. Schwefel besitzt die Eigenschaft, sich in Schwefelkohlenstoff, einem organischen Lösungsmittel, zu lösen. Eisen ist magnetisch, es wird von einem Magneten angezogen. Stellt man eine Mischung von Eisenpulver und Schwefelpulver her, so ist es einerseits möglich, aus dem Gemisch mit Hilfe eines Magneten das Eisenpulver herauszuholen; andererseits gelingt eine Trennung in die Bestandteile des Gemisches auch durch Behandlung mit Schwefelkohlenstoff, der gesamte Schwefel geht in Lösung und das Eisenpulver bleibt zurück. Bringt man nun das Schwefel-Eisen-Gemisch an einer Stelle auf höhere Temperatur, so glüht es zunächst an dieser Stelle auf, das Aufglühen schreitet aber dann durch die ganze Masse fort. Es tritt also eine Reaktion ein, die mit einer Wärmeabgabe verbunden ist. Pulverisiert man das entstandene Produkt und versucht mit einem Magneten Eisen herauszuziehen, so mißlingt das. Ebensowenig ist es möglich, den Schwefel mit Hilfe von Schwefelkohlenstoff zu entfernen. Beim Aufglühen ist offensichtlich eine neue Verbindung mit anderen Eigenschaften entstanden, man nennt sie Schwefeleisen; ihre Bildung läßt sich durch die Gleichung ausdrücken:

(3)   Schwefel + Eisen → Schwefeleisen + Energieabgabe.

Die beiden Vorgänge der Analyse und Synthese des Wassers, die durch die Gleichungen (1) und (2) dargestellt wurden, verlaufen derart, daß sie in eine einzige Gleichung zusammengefaßt werden können:

(4)   Wasserstoff + Sauerstoff $\rightleftarrows$ Wasser + Energie.

Der von links nach rechts gerichtete Pfeil gibt den Vorgang der Synthese wieder: bei der Vereinigung der beiden Elemente entsteht die Verbindung Wasser, und es wird dabei Energie frei. Der andere, von rechts nach links gerichtete Pfeil charakterisiert die Analyse: Führe ich dem Wasser Energie — in geeigneter Form — zu, so entsteht das

Knallgasgemisch. In der Gleichung (4) haben wir also eine **umkehrbare Reaktion** vor uns, eine Reaktion, die je nach den vorliegenden Bedingungen die Verbindung Wasser oder das Gemisch der Elemente sich bilden läßt. Es muß nun genauer untersucht werden, unter welchen Bedingungen der eine Vorgang und unter welchen Bedingungen der andere eintritt. Dabei stellt man fest, daß stets beide Reaktionen nebeneinander stattfinden und daß daher nach Beendigung der Reaktion keineswegs 100% der Stoffe, die auf einer Seite der Gleichung stehen, entstanden sind, sondern im Reaktionsprodukt auch die Stoffe der anderen Gleichungsseite zu einem gewissen, wenn auch meist sehr kleinem Bruchteil vorliegen. D. h. es handelt sich um· einen **Gleichgewichtszustand,** durch den Eintritt der Reaktion hat sich ein Gleichgewicht zwischen den Reaktionspartnern ausgebildet. Die Lage dieses Gleichgewichts ist lediglich abhängig von den äußeren Bedingungen, von Druck und Temperatur, ist hingegen unabhängig davon, welche Stoffe als Ausgangsstoffe gewählt wurden, die der rechten oder die der linken Gleichungsseite. Welcher Art ist nun der Einfluß der Temperatur auf die Gleichgewichtslage der Wasserbildung bzw. -zersetzung? Eine qualitative Aussage hierüber kann bereits auf Grund des LE CHATELIERSCHEN Prinzips vom kleinsten Zwang gegeben werden: Bei Zuführung von Wärmeenergie wird der Vorgang bevorzugt verlaufen, der die Wärme verbraucht, der unter Wärmeaufnahme erfolgt, d. h. bei Temperaturerhöhung wird die Wasserzersetzung stärker in Erscheinung treten. Diese zunächst theoretisch abgeleitete, qualitative Aussage ist durch Versuche bestätigt und zu einer quantitativen erweitert. Das Ergebnis der Experimente ist in der Abb. 11 wiedergegeben; in ihr ist die **thermische Dissoziation** (Zersetzung durch Wärme) des Wassers in Abhängigkeit von der Temperatur graphisch dargestellt. Auf der Abszisse ist die absolute Temperatur aufgetragen, auf der Ordinate der Dissoziationsgrad in Prozenten, d. h. der Prozentsatz des Wassers, der in die Elemente zerfallen ist. Man erkennt: für niedrige Temperaturen ist der Dissoziationsgrad eine sehr kleine Zahl, der Zerfall des Wassers in die Elemente ist nicht nennenswert, erst bei 2000° wird die Dissoziation merklich, der Dissoziationsgrad steigt dann mit Erhöhung der Temperatur schnell an; bei 3500° sind 40% des Wassers dissoziiert. Übrigens liegen die Verhältnisse nicht nur beim Wasser so; Gleichgewichtszustände und Gleichgewichtsreaktionen sind in der Chemie etwas ganz Allgemeines.

Mit dem Verlauf der Kurve scheint im Widerspruch zu stehen, daß

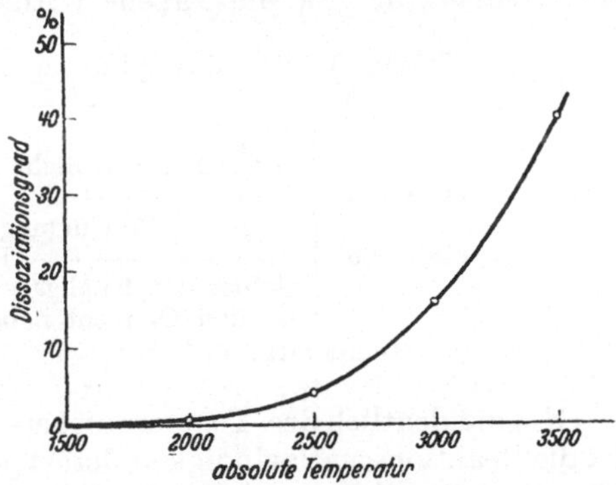

Abb. 11. Thermische Dissoziation des Wassers.

das Knallgasgemisch bei Zimmertemperatur beständig ist, d. h. bei einer Temperatur, bei der das Gleichgewicht praktisch ganz nach der Seite des Wassers verschoben ist. Daß nun trotz der Lage des Gleichgewichts keine Wasserbildung zu beachten ist, hat seinen Grund in der Tatsache, daß die Vereinigung von Wasserstoff und Sauerstoff bei Zimmertemperatur eine zu träge verlaufende Reaktion ist, so daß die Einstellung des Gleichgewichts zu langsam erfolgt. Man muß also neben der Lage des Gleichgewichts noch die *Reaktionsgeschwindigkeit* berücksichtigen, eine Größe, die ebenfalls von der Temperatur abhängig ist. Im allgemeinen kann man mit folgender Handregel rechnen: Eine Erhöhung der Reaktionstemperatur um 10° läßt die Reaktionsgeschwindigkeit auf den doppelten Wert ansteigen.

Über die Beständigkeit des Knallgasgemisches in Abhängigkeit von der Temperatur gibt die Tabelle 3 Auskunft.

Tabelle 3. Beständigkeit des Knallgasgemisches.

<pre>
    0° ______________________________
       |
       | 2 H₂ + O₂
       | verbinden sich nicht
etwa 200° ______________________________
       |
       | langsame Vereinigung
etwa 500° ___________________ Explosionstemperatur
       | Gebiet der Knallgasexplosion
     ↓ | H₂ und O₂ nicht nebeneinander existenzfähig.
Temperatur in ° C
</pre>

Es sind deutlich drei Temperaturbereiche zu unterscheiden. Bis 200° C ist die Reaktionsgeschwindigkeit derart gering, daß keine Vereinigung von Wasserstoff und Sauerstoff zu bemerken ist. Bei Temperaturen zwischen 200° und 500° C beobachtet man eine langsame Vereinigung. Erhitzt man das Knallgasgemisch auf über 500°, so tritt eine Explosion ein. Die Temperatur von 500° nennt man daher die Explosionstemperatur.

Nun besteht aber die Möglichkeit, auch in dem Temperaturbereich, der sich von 0° bis 500° erstreckt, eine schnellere Wasserbildung zu erzwingen. Man erreicht das durch Verwendung von sog. *Katalysatoren,* von Reaktionsbeschleunigern; es sind dies Stoffe, durch deren Anwesenheit die Reaktionsgeschwindigkeit erhöht wird, Stoffe, die nach Ablauf der Reaktion unverändert vorliegen, die also bei der Reaktion anscheinend überhaupt nicht beteiligt sind. In welcher Weise ihre reaktionsbeschleunigende Wirkung zu erklären ist, soll erst später besprochen werden; hier genügt es festzustellen, daß es möglich ist, mit Hilfe von Katalysatoren eine Reaktion zu beschleunigen oder auch zu verzögern (sog. negative Katalysatoren). Der Katalysator verändert also die Geschwindigkeit der Einstellung des Gleichgewichtes, nicht aber die Gleichgewichtslage. Für die Reaktion der Wasserbildung ist Platin als Katalysator geeignet. In dem betrachteten Beispiel bietet die Benutzung des Katalysators mehrere Vorteile:

1. Man kann bei relativ niedriger Temperatur arbeiten, ein Vorteil, der allgemein für katalytische Prozesse zutrifft.

2. Wasserstoff und Sauerstoff reagieren miteinander und bilden Wasser, ohne daß dabei eine Explosion erfolgt.

c) Der Aufbau der Stoffe. Atome und Moleküle.

Allgemeine Gesetzmäßigkeiten bei chemischen Reaktionen. Die bereits oben eingeführten beiden Begriffe, das Stoffgemisch und die chemische Verbindung, müssen noch etwas exakter definiert werden, insbesondere ist eine Ergänzung in quantitativer Hinsicht erforderlich. Es bedarf wohl keiner weiteren Erläuterung, daß es möglich ist, bei einem Stoffgemisch die einzelnen Komponenten in jedem beliebigen Verhältnis miteinander zu mischen. Wir können z. B. ein Eisen-Schwefel-Gemisch herstellen, das eine größere Menge Eisen als Schwefel enthält, also etwa aus 90 Gew.-% Eisen und aus 10 Gew.-% Schwefel besteht, und wir können ein anderes Gemisch herstellen, in dem die Menge des Schwefels überwiegt, in dem etwa 10 Gew.-% Eisen und 90 Gew.-% Schwefel vorliegen. Es ist nun die Frage zu untersuchen: Gilt das gleiche für die chemische Verbindung, d. h. können Verbindungen aus Schwefel und Eisen hergestellt werden, bei denen das Gewichtsverhältnis von Schwefel und Eisen in beliebigen Grenzen variiert werden kann? Das ist nicht der Fall. Erhitzt man nämlich jedes der beiden obigen Gemische aus Schwefel und Eisen und läßt die Reaktion zwischen den Elementen stattfinden, so stellt man fest, daß im Reaktionsprodukt neben der entstandenen Verbindung Schwefeleisen im ersten Fall noch elementares Eisen, im zweiten Fall Schwefel vorkommt. Das elementar vorliegende Eisen und der Schwefel lassen sich jeweils mit Hilfe eines Magneten bzw. durch Behandlung mit Schwefelkohlenstoff von der Verbindung Schwefeleisen trennen. Die Elemente Schwefel und Eisen haben sich also nicht in dem Gewichtsverhältnis des Gemisches miteinander verbunden; vielmehr ist in beiden Fällen eine Verbindung entstanden, in der das Verhältnis von Eisen und Schwefel das gleiche ist. Diese Behauptung ergibt sich aus der analytischen Untersuchung des Schwefeleisens; wie die Analyse im einzelnen durchzuführen ist, kann noch nicht besprochen werden. Hier interessiert nur das Ergebnis: Das entstandene Schwefeleisen besitzt immer ein und dieselbe Zusammensetzung, d. h. einen ganz bestimmten Prozentgehalt an Eisen, unabhängig davon, von welcher Mischung der Elemente man ausgegangen ist.

Analoge Untersuchungen sind an einer großen Zahl verschiedenartigster Verbindungen wiederholt worden. Dabei hat sich stets herausgestellt, daß für jede Verbindung das Gewichtsverhältnis der sie aufbauenden Elemente charakteristisch und konstant ist. Diese Tatsache hat DALTON (1808) zur Aufstellung seines *Gesetzes von den konstanten Proportionen* geführt. Es lautet: In einer chemischen Verbindung stehen die Massen der einzelnen Komponenten in einem bestimmten, festen Verhältnis.

Außer dem Gesetz von DALTON ist noch ein zweites Gesetz, das ebenfalls eine quantitative Aussage über den Ablauf einer chemischen Reaktion gibt, von Bedeutung: das *Gesetz von der Erhaltung der Masse.* Es besagt: Bei jeder chemischen Reaktion ist weder ein Massenverlust noch ein Massengewinn zu beobachten, das Gewicht sämtlicher Reaktionsprodukte ist gleich dem Gewicht aller Ausgangsstoffe. Angewandt auf die Bildung von Schwefeleisen: aus 32,06 g Schwefel und 55,84 g Eisen entstehen 87,90 g Schwefeleisen.

Der Atombegriff. Das Gesetz der konstanten Proportionen und das der Erhaltung der Masse haben den Anlaß dazu gegeben, Vorstellungen über den Aufbau der Elemente wie der Verbindungen zu entwickeln. Die beiden Gesetze zwangen DALTON zur Einführung des Atombegriffes. Alle festen Stoffe sind aus kleinsten unteilbaren Bausteinen, den Atomen, aufgebaut[1]. Diese kleinsten Teilchen eines Elementes sind unter sich alle gleichartig, und zwar hinsichtlich Substanz, Größe, Form und Gewicht. Dagegen sind die Atome verschiedener Elemente in ihren physikalischen Eigenschaften voneinander verschieden. Ein Schwefelatom ist etwas anderes als ein Eisenatom. Treten zwei oder mehrere Elemente zu einer Verbindung zusammen, so erfolgt eine Vereinigung entsprechender Atome. Bei der Bildung von Schwefeleisen z. B. reagiert ein Schwefelatom mit einem Eisenatom unter Bildung eines neuen Teilchens mit anderen Eigenschaften.

Um die Beschreibung chemischer Umsetzungen zu vereinfachen und abzukürzen, hat man jedes der 92 Elemente durch einen oder zwei Buchstaben gekennzeichnet. Diese Buchstaben sind meist die Anfangsbuchstaben der lateinischen Bezeichnungen des Elementes; Schwefel bezeichnet man mit S (Sulfur), Eisen mit Fe (Ferrum), Wasserstoff mit H (Hydrogenium), Sauerstoff mit O (Oxygenium) usw. Die Symbole sämtlicher Elemente sind in der 2. Spalte der Tabelle 5 (S. 22) enthalten. Die Symbole haben also eine stoffliche Bedeutung, darüber hinaus ist aber auch eine quantitative Aussage damit verbunden. Wenn in einer chemischen Gleichung das Symbol S vorkommt, z. B. in der Gleichung der Bildung von Schwefeleisen:

$$S + Fe = FeS,$$

so heißt das nicht nur, daß bei dieser Reaktion Schwefel mitwirkt, sondern es bedeutet gleichzeitig, daß ein Atom Schwefel mit einem Atom Eisen reagiert.

Die Gasgesetze. Nachdem wir festgestellt haben, daß die festen Stoffe aus Atomen aufgebaut sind, wollen wir jetzt die weitere Frage untersuchen, wie man sich den Aufbau der Gase vorzustellen hat. Zur Beantwortung dieser Frage ist es erforderlich, an einige Gesetze zu erinnern, die in das Gebiet der Physik gehören. Es sind dies die sog. Gasgesetze, das Gesetz von BOYLE-MARIOTTE und die Gesetze von GAY-LUSSAC. Sie behandeln die gegenseitigen Beziehungen, die zwischen den Größen Temperatur, Druck und Volumen eines Gases bestehen. BOYLE und MARIOTTE haben gefunden, daß bei konstanter Temperatur das Produkt aus Druck und Volumen einer bestimmten Gasmenge konstant ist, d. h. erhöht man den auf dem Gas lastenden äußeren Druck, so nimmt das Gas einen entsprechend kleineren Raum ein.

$$p_1 \cdot v_1 = p_2 \cdot v_2 = \text{konstant.}$$

GAY-LUSSAC hat einerseits den äußeren Druck konstant gehalten und

---

[1] Die Ergebnisse der neueren Physik zeigen, daß auch die von der Chemie zuerst für unteilbar gehaltenen Atome in kleinere Bausteine zerlegt werden können. Allerdings bleiben die charakteristischen, chemischen Eigenschaften der Atome bei ihrer weiteren Aufspaltung nicht erhalten (Vgl. S. 176 ff.).

dann die Volumenänderung des Gases in Abhängigkeit von der Temperatur untersucht; andererseits hat er bei konstant gehaltenem Volumen die durch Temperaturerhöhung bewirkte Druckänderung des Gases gemessen. Seine Experimente ergaben, daß ein Gas sich um $^1/_{273}$. seines Volumens bei $0°$ ausdehnt, wenn man seine Temperatur um $1°$ erhöht. Entsprechend steigt pro Grad Temperaturerhöhung der Gasdruck um $^1/_{273}$. seines Wertes von $0°$ an, falls man das Volumen konstant hält. Die beiden Gesetze von GAY-LUSSAC lauten:

bzw.

$$v_t = v_0(1 + \alpha \cdot t) = v_0\left(1 + \frac{1}{273}\,t\right)$$

$$p_t = p_0(1 + \beta \cdot t) = p_0\left(1 + \frac{1}{273}\,t\right).$$

Für diese Gesetze ist am bemerkenswertesten die Tatsache, daß der Ausdehnungskoeffizient α sowie der Spannungskoeffizient β für alle Gase den gleichen Wert hat. Diese Tatsache ist deswegen erstaunlich, weil feste und flüssige Stoffe auf Druck- und Temperaturänderungen keineswegs gleichartig reagieren.

Für alle gasförmigen Stoffe gelten dieselben Gasgesetze. Ferner sind die Gase vor den festen Körpern und den Flüssigkeiten durch ihr außerordentlich geringes spezifisches Gewicht ausgezeichnet. Man hat daraus bezüglich des Aufbaues der Gase den folgenden Schluß gezogen: Die Gase bestehen entsprechend den festen Substanzen aus kleinsten Teilchen, die untereinander gleich sind, falls es sich um ein einheitliches reines Gas handelt; die kleinsten Teilchen liegen aber nicht in enger, dichter Packung vor, sondern es ist im Gas außer den materiellen Teilchen sehr viel freier, unbesetzter Raum vorhanden. Die kleinsten Teilchen des Gases sind nun nicht irgendwie gleichmäßig im leeren Raum verteilt und an einen bestimmten Platz gebannt, sondern befinden sich in stetiger ungeordneter Bewegung. Durch den Anprall der bewegten Materieteilchen an den Wandungen des Gefäßes, in dem sich das Gas befindet, wird der Gasdruck bewirkt; er ist um so stärker, je mehr Teilchen in der Zeiteinheit mit der Wand zusammenstoßen.

Durch Erhöhung des äußeren Druckes wird die Zahl und Größe der materiellen Teilchen nicht verändert, sondern nur der den Teilchen zur Verfügung stehende freie Raum verkleinert.

Aus dem gleichen Verhalten aller Gase gegenüber Druck- und Temperaturänderungen zog AVOGADRO (1811) eine weitere Folgerung, bekannt als *Avogadrosche Hypothese:* Gleiche Raumteile verschiedener Gase, die unter denselben äußeren Bedingungen (gleichem Druck und gleicher Temperatur) stehen, enthalten die gleiche Anzahl kleinster Teilchen.

Der Molekülbegriff. Welcher Art sind nun diese kleinsten Teilchen eines Gases? Es ist naheliegend, die von DALTON für die festen Stoffe aufgestellte Atomtheorie auf die Gase anzuwenden und anzunehmen, daß jene in steter Bewegung befindlichen Materieteilchen die Atome des Gases seien. Diese einfachste Annahme führt aber zu gewissen Widersprüchen. Das soll am Beispiel der Reaktion der Wasserbildung gezeigt werden.

Weiter oben wurde bereits festgestellt, daß sich stets 2 Raumteile Wasserstoff mit 1 Raumteil Sauerstoff zu Wasser vereinigen. Unter normalen Bedingungen, d. h. bei Atmosphärendruck und Zimmertemperatur, erhält man das Reaktionsprodukt Wasser in flüssiger Form. Jetzt wollen wir die Reaktion so leiten, daß das Reaktionsprodukt in gasförmigem Zustand erscheint, wir müssen also dafür sorgen, daß das Gefäß, in dem sich die Reaktion abspielt, eine Temperatur von über 100° C hat. Es kann dann die Frage untersucht werden: Wie viele Raumteile Wasserdampf entstehen aus 2 Raumteilen Wasserstoff und 1 Raumteil Sauerstoff? Nach der AVOGADROschen Hypothese befinden sich unter gleichen äußeren Bedingungen in gleichen Raumteilen gleich viel kleinste Teilchen, also etwa in 10 ccm Sauerstoff und in 10 ccm Wasserstoff je x Teilchen. Lassen wir nun 10 ccm Sauerstoff und 20 ccm Wasserstoff zur Reaktion gelangen, so vereinigen sich x Sauerstoffteilchen mit 2x Wasserstoffteilchen, also 1 Sauerstoffteilchen mit 2 Wasserstoffteilchen. Unter der Annahme, daß die kleinsten Teilchen die Atome seien, würde daraus folgen, daß 1 Sauerstoffatom mit 2 Wasserstoffatomen sich verbindet und daß dabei 1 Wasserteilchen entsteht. Insgesamt sollten x Sauerstoffatome vorhanden sein, also müßten x Wasserteilchen gebildet sein, die gemäß der AVOGADROschen Hypothese einen Raum von 10 ccm einnehmen müssen. Bei der Wasserbildung müßten also folgende Volumenverhältnisse zu beobachten sein:

$$10 \text{ ccm Sauerstoff} + 20 \text{ ccm Wasserstoff} = 10 \text{ ccm Wasserdampf}$$

oder

$$1 \text{ Raumteil Sauerstoff} + 2 \text{ Raumteile Wasserstoff} = 1 \text{ Raumteil Wasserdampf.}$$

Das Experiment lehrt indessen, daß aus 1 Raumteil Sauerstoff und 2 Raumteilen Wasserstoff 2 Raumteile Wasserdampf gebildet werden. Es gilt also nicht:

$$x \text{ Sauerstoffteilchen} + 2x \text{ Wasserstoffteilchen} = x \text{ Wasserteilchen}$$

oder

$$1 \text{ Sauerstoffteilchen} + 2 \text{ Wasserstoffteilchen} = 1 \text{ Wasserteilchen,}$$

vielmehr muß es stattdessen heißen:

$$x \text{ Sauerstoffteilchen} + 2x \text{ Wasserstoffteilchen} = 2x \text{ Wasserteilchen}$$

oder

$$1 \text{ Sauerstoffteilchen} + 2 \text{ Wasserstoffteilchen} = 2 \text{ Wasserteilchen.}$$

Dieses Ergebnis zwingt uns dazu, unsere Annahme, daß die kleinsten Teilchen der Gase mit den Atomen identisch seien, fallen zu lassen, denn die Atome sind definitionsgemäß unteilbar, es müssen hingegen aus 1 Sauerstoffatom 2 Wasserteilchen entstehen. Wir sind somit genötigt anzunehmen, daß die kleinsten Sauerstoffteilchen aus mehreren Atomen aufgebaut sind, mindestens aus 2 Atomen.

Man hat nun eine ganze Reihe von derartigen Gasreaktionen untersucht und ist dabei zu dem Ergebnis gekommen, daß man alle diese Reaktionen ohne weitere Widersprüche erklären kann, wenn man voraussetzt, daß im Sauerstoffgas, im Wasserstoffgas und vielen anderen elementaren Gasen die kleinsten Teilchen aus 2 Atomen bestehen. Man nennt diese kleinsten Teilchen Moleküle. In der chemischen Formelsprache unterscheidet man die Moleküle von den Atomen dadurch, daß man an das jeweilige Elementsymbol einen Index anhängt, der die Zahl der Atome im Molekül angibt. Man schreibt also für ein Sauerstoffmolekül das Symbol O_2, für ein Wasserstoffmolekül H_2 usw.

Unser Versuch, der uns über die Volumenverhältnisse bei der Wasserbildung Auskunft geben sollte, hatte gezeigt, daß 1 Sauerstoffmolekül mit 2 Wasserstoffmolekülen reagiert und daß dabei 2 Wassermoleküle gebildet werden. Die Reaktionsgleichung ist daher folgendermaßen zu formulieren:

$$O_2 + 2\,H_2 = 2\,H_2O.$$

Es ergibt sich somit, daß das Wassermolekül aus 2 Atomen Wasserstoff und 1 Atom Sauerstoff aufgebaut sein muß.

Molekular- und Atomgewicht. Nach der Einführung des Molekülbegriffes kann die AVOGADROsche Hypothese exakter ausgesprochen werden: Bei gleichem Druck und gleicher Temperatur befinden sich in gleichen Raumteilen aller Gase die gleiche Anzahl Moleküle. Diese Aussage liefert die Voraussetzung dafür, die Gewichte der Moleküle, die sog. *Molgewichte* der Gase zu bestimmen. Es müssen nämlich die Molekulargewichte zweier Gase in demselben Verhältnis zueinander stehen wie die Gewichte gleicher Raumteile der Gase, sofern diese unter den gleichen äußeren Bedingungen gemessen wurden. In der Tabelle 4 sind die Litergewichte einiger elementarer

Tabelle 4.

1 Liter Gas	Gewicht in g
Wasserstoff	0,08995
Sauerstoff	1,429
Stickstoff	1,2508
Chlor	3,2

Gase zusammengestellt; sie sind bei einer Temperatur von 0° C und einem äußeren Druck von 1 Atmosphäre bestimmt. Nach AVOGADRO enthält 1 Liter Wasserstoff, 1 Liter Sauerstoff usw. die gleiche Anzahl von Molekülen. Das Gewicht von 1 Molekül Sauerstoff verhält sich also zu dem Gewicht von 1 Molekül Wasserstoff wie 1,429 : 0,08995 oder angenähert wie 15,9 : 1. Entsprechend beträgt das Gewicht des Stickstoffmoleküls das 14fache und das des Chlormoleküls das 35,6fache des Gewichts einer Wasserstoffmolekel.

Von allen Gasen hat der Wasserstoff das kleinste Litergewicht, seine Moleküle sind die leichtesten. Man hat daher den Wasserstoff als Bezugsgröße für die Atom- und Molekulargewichte gewählt und hat das Atomgewicht des Wasserstoffs gleich 1, das Molekulargewicht des Wasserstoffs also gleich 2 gesetzt. Durch diese Definition sind nun die Molekulargewichte aller anderen Gase zwangsläufig festgelegt. Ein Sauerstoffmolekül ist 15,9mal so schwer, ein Stickstoffmolekül 13,9mal so schwer wie ein Wasserstoffmolekül, folglich ist das Molekulargewicht des Sauerstoffs gleich 31,8 und das Molekulargewicht des Stickstoffs gleich 27,8. Die so gewonnenen Zahlen sind die relativen Molekulargewichte.

Später hat es sich als zweckmäßiger herausgestellt, an Stelle des Wasserstoffs den Sauerstoff als Bezugsstoff zu wählen und als relatives Atomgewicht des Sauerstoffs eine ganze Zahl, nämlich 16,0000 festzusetzen. Dann ist das Atomgewicht des Wasserstoffs natürlich nicht genau gleich 1, sondern hat den Wert 1,0081. Die relativen Atomgewichte aller Elemente enthält die Tabelle 5.

Tabelle 5. Die chemischen Elemente, ihre Symbole und Atomgewichte.

Element	Symbol	Atom-gewicht	Element	Symbol	Atom-gewicht
Aluminium	Al	26,97	Neon	Ne	20,183
Antimon	Sb	121,76	Nickel	Ni	58,69
Argon	Ar	39,944	Niob	Nb	92,91
Arsen	As	74,91	Osmium	Os	190,2
Barium	Ba	137,36	Palladium	Pd	106,7
Beryllium	Be	9,02	Phosphor	P	30,98
Blei	Pb	207,21	Platin	Pt	195,23
Bor	B	10,82	Praseodym	Pr	140,92
Brom	Br	79,916	Protaktinium	Pa	231
Cadmium	Cd	112,41	Quecksilber	Hg	200,61
Caesium	Cs	132,91	Radium	Ra	226,05
Calcium	Ca	40,08	Radon	Rn	222
Cassiopeium	Cp	174,99	Rhenium	Re	186,31
Cer	Ce	140,13	Rhodium	Rh	102,91
Chlor	Cl	35,457	Rubidium	Rb	85,48
Chrom	Cr	52,01	Ruthenium	Ru	101,7
Dysprosium	Dy	162,46	Samarium	Sm	150,43
Eisen	Fe	55,85	Sauerstoff	O	16,0000
Erbium	Er	167,2	Scandium	Sc	45,10
Europium	Eu	152,0	Schwefel	S	32,06
Fluor	F	19,000	Selen	Se	78,96
Gadolinium	Gd	156,9	Silber	Ag	107,880
Gallium	Ga	69,72	Silicium	Si	28,06
Germanium	Ge	72,60	Stickstoff	N	14,008
Gold	Au	197,2	Strontium	Sr	87,63
Hafnium	Hf	178,6	Tantal	Ta	180,88
Helium	He	4,003	Tellur	Te	127,61
Holmium	Ho	163,5	Terbium	Tb	159,2
Indium	In	114,76	Thallium	Tl	204,39
Iridium	Ir	193,1	Thorium	Th	232,12
Jod	J	126,92	Thulium	Tm	169,4
Kalium	K	39,096	Titan	Ti	47,90
Kobalt	Co	58,94	Uran	U	238,07
Kohlenstoff	C	12,010	Vanadium	V	50,95
Krypton	Kr	83,7	Wasserstoff	H	1,008
Kupfer	Cu	63,57	Wismut	Bi	209,00
Lanthan	La	138,92	Wolfram	W	183,92
Lithium	Li	6,940	Xenon	X	131,3
Magnesium	Mg	24,32	Ytterbium	Yb	173,04
Mangan	Mn	54,93	Yttrium	Y	88,92
Molybdän	Mo	95,95	Zink	Zn	65,38
Natrium	Na	22,997	Zinn	Sn	118,70
Neodym	Nd	144,27	Zirkonium	Zr	91,22

Unter dem *Gramm-Mol* oder kurz Mol eines Stoffes versteht man diejenige Stoffmenge, deren Gewicht, gemessen in Gramm, gleich dem Molekulargewicht ist. 2,0162 g Wasserstoff sind also 1 Mol Wasserstoff, 32 g Sauerstoff 1 Mol Sauerstoff usw. Entsprechend ist der Begriff Gramm-Atom definiert. Der Avogadroschen Hypothese zufolge muß 1 Mol aller Gase unter Normalbedingungen das gleiche Volumen besitzen. Bei einem Druck von 1 Atmosphäre und bei 0° nimmt 1 Mol eines jeden Gases einen Raum von 22,4 Liter ein. Man kann das leicht durch eine kleine Rechnung mit Hilfe der oben angegebenen Litergewichte nachprüfen. 1.429 g Sauerstoff z. B. erfüllen unter Nor-

malbedingungen einen Raum von 1 Liter, also haben 32 g Sauerstoff
ein Volumen:

$$V_0 = \frac{32}{1{,}429} \cdot 1 \text{ Liter} = 22{,}4 \text{ Liter}.$$

Diesen Raum von 22,4 Liter nennt man das *Molvolumen*.

Es wurde oben gezeigt, wie man die relativen Atom- und Molekulargewichte ermitteln kann. Darüber hinaus ist es aber auch gelungen,
die *absoluten Atomgewichte* zu berechnen. Mit Hilfe physikalischer
Methoden, die im einzelnen hier nicht dargelegt werden können, hat
man festgestellt, wieviel Moleküle in einem Grammol, also in 22,4 Liter
enthalten sind. Die Zahl der Moleküle in einem Grammol, die Loschmidtsche Zahl, beträgt $6{,}06 \cdot 10^{23}$. Da ein Grammol Wasserstoff
2,0162 g wiegt, haben $6{,}06 \cdot 10^{23}$ Wasserstoffmoleküle ein Gewicht von
2,0162 g, ein Wasserstoffmolekül wiegt also: $\dfrac{2{,}0162}{6{,}06 \cdot 10^{23}} = 3{,}34 \cdot 10^{-24}$ g
oder ein Wasserstoffatom $1{,}67 \cdot 10^{-24}$ g. Damit man wenigstens ungefähr eine Vorstellung von dieser außerordentlich kleinen Zahl erhält, sei ein Vergleich durchgeführt. Die Erde hat ein Gewicht von
$6{,}16 \cdot 10^{24}$ kg. Es verhält sich also:

$$\frac{1 \text{ kg}}{\text{Gewicht der Erde}} = \frac{1 \text{ Atom Wasserstoff}}{11 \text{ g}}.$$

Die Aggregatzustände. Es sei noch einmal zusammengefaßt, was
wir bisher über den Aufbau der festen Stoffe und der Gase festgestellt
haben. In diese Gegenüberstellung soll auch gleichzeitig der dritte
Aggregatzustand, der flüssige, einbezogen werden.

Ein Gas ist dadurch ausgezeichnet, daß es jeden ihm vorgegebenen
Raum ausfüllt. Je größer der zu erfüllende Raum bei einer konstanten
Gasmenge ist, um so größer sind die Abstände der einzelnen Materieteilchen, der Moleküle. Die Moleküle des Gases befinden sich in ständiger ungeordneter Bewegung; die Bewegung ist der im Gasraum herrschenden Temperatur direkt proportional.

Die Flüssigkeiten unterscheiden sich von den Gasen dadurch, daß
sie ein ganz bestimmtes Volumen haben, sie können nicht jeden beliebigen Raum erfüllen. Sie vermögen sich aber jeder Gefäßform anzupassen. Daraus ergibt sich, daß die Materieteilchen, aus denen die
Flüssigkeit aufgebaut ist, nicht an einen festen Platz gebunden, sondern
in gewissem Maße beweglich sind — ähnlich den Molekülen des Gases.
Die Beweglichkeit der Flüssigkeitsteilchen geht auch daraus hervor,
daß jede Flüssigkeit einen bestimmten Dampfdruck besitzt, d. h. daß
ein Teil der Flüssigkeitsteilchen infolge ihrer Bewegung aus der Oberfläche der Flüssigkeit heraus in den Gasraum getreten ist. Alle Moleküle einer Flüssigkeit verdampfen nicht, sondern nur ein kleiner Bruchteil; daraus müssen wir folgern, daß Kräfte existieren, die die Teilchen
der Flüssigkeit zusammenhalten. Es sind dies Anziehungs- oder Kohäsionskräfte, die die Moleküle aufeinander ausüben.

Der feste Körper besitzt außer einem konstanten Volumen eine
bestimmte Form. Die Atome oder Moleküle, die den festen Körper

aufbauen, sind also nicht mehr frei beweglich. Vielmehr hat jedes Materieteilchen einen festen Platz im Kristallverband. Die gegenseitigen Anziehungskräfte der Atome oder Moleküle eines festen Stoffes sind bedeutend stärker als diejenigen der Flüssigkeit. Trotz dieser Ortsgebundenheit der Materieteilchen besitzen aber auch die festen Stoffe einen, wenn auch kleinen Dampfdruck, d. h. einige wenige Moleküle vermögen die im Kristall wirksamen Anziehungskräfte zu überwinden, sich aus dem Kristallverband zu lösen und in den Gasraum zu treten.

Der Bau der Kristalle. Mit Hilfe röntgenographischer Untersuchungen hat man den Aufbau der festen Stoffe, der Kristalle, vollkommen aufklären können. Wenn man nämlich Röntgenstrahlen durch einen Kristall fallen läßt, so beobachtet man ganz charakteristische Beugungserscheinungen. Zum Verständnis dieser Erscheinung sei an die Beugung von Lichtstrahlen durch ein Spaltgitter erinnert. Schickt man Licht durch ein Gitter und fängt dann die zum Teil gebeugten Lichtstrahlen auf einem Schirm auf, so beobachtet man Interferenzen.

Für den Abstand der Intensitätsmaxima A ist einerseits die Wellenlänge λ des benutzten Lichtes, andererseits die Gitterkonstante b, d. h. der Abstand der Gitterlinien voneinander, maßgebend. Es gilt die Formel:

$$A = n \cdot \frac{\lambda}{b} \cdot B,$$

wenn der Abstand B des Schirmes vom Gitter groß ist; n ist eine ganze Zahl $n = 0, 1, 2, 3, \ldots$ Zur Erzielung scharfer, stark genug abgelenkter Interferenzen ist es notwendig, daß die Gitterkonstante und die Wellenlänge des benutzten Lichtes von derselben Größenordnung sind. Man kann also aus der Wellenlänge und den beobachteten Interferenzen mit Hilfe der obigen Formel die Gitterkonstante be-

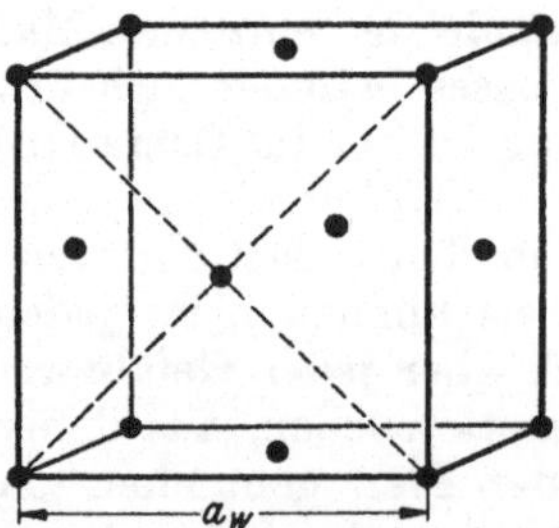

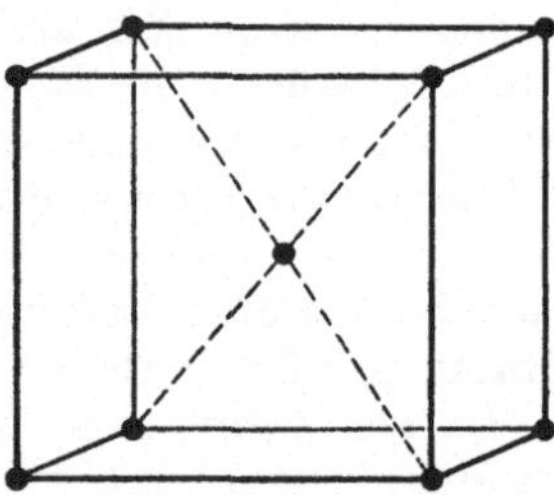

Abb. 12. Flächenzentriertes Würfelgitter.   Abb. 13. Raumzentriertes Würfelgitter.

rechnen. Ersetzt man nun das sichtbare Licht durch Röntgenstrahlen und das Gitter durch einen Kristall, so beobachtet man in gleicher Weise Interferenzen, d. h. der Kristall wirkt wie ein Gitter. Die Bauelemente des Gitters sind offensichtlich die kleinsten Teilchen des Kristalls, die Atome oder Moleküle; der Gitterkonstanten entspricht hier der Abstand zweier benachbarter Atome. Der Atomabstand im Kristall ist somit aus den Röntgeninterferenzen zu bestimmen. Auf diese Weise ist es also möglich, den Aufbau der Kristalle aufzuklären. So hat man z. B. festgestellt, daß in den Metallen Gold, Silber und

Kupfer die Anordnung der Atome eine derartige ist, wie sie die Abb. 12 zeigt. Jede Ecke eines Würfels ist mit einem Atom besetzt, außerdem befindet sich in der Mitte jeder Würfelfläche ein Atom[1]; man nennt dieses Gitter daher flächenzentriertes Würfelgitter. Beim Gold beträgt der Abstand der Atome, die in den Würfelecken stehen, d. h. die Kantenlänge des Würfels $a_W = 4{,}075$ Å (eine Ångström-Einheit ist bekanntlich gleich 10^{-8} cm). Ein anderer einfacher Gittertyp ist das raumzentrierte Würfelgitter, das in der Abb. 13 abgebildet ist. Es unterscheidet sich von dem zuerst besprochenen Typ darin, daß sich in der Mitte der Würfelflächen keine Atome befinden und daß stattdessen ein Atom in der Würfelmitte angeordnet ist.

Die Kristallsysteme. Wenn eine derartige regelmäßige Anordnung der Atome im festen Körper, im Kristall, vorliegt, so ist es nicht verwunderlich, daß die festen Stoffe durch eine bestimmte äußere Form mit charakteristischen Symmetrien und typischen Begrenzungsflächen ausgezeichnet sind. Man kann daher die Kristalle sowohl nach ihrem inneren Aufbau als auch nach ihrer äußeren Gestalt in Gruppen von in mancher Beziehung gleichartigen Kristallen einteilen. Im folgenden sollen die mathematisch denkbaren und in der Natur existierenden verschiedenen Kristallformen kurz besprochen werden.

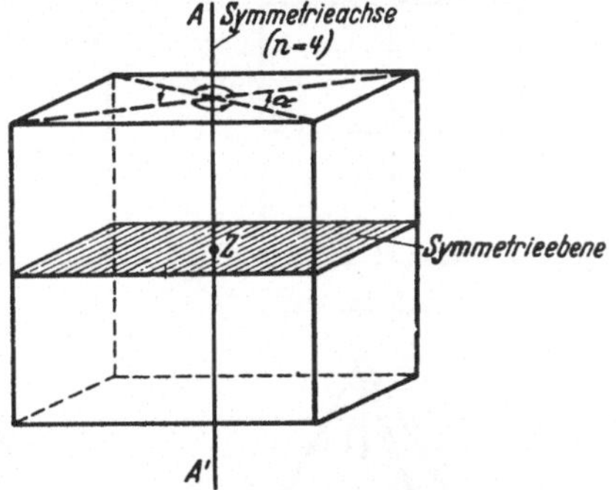

Abb. 14. Darstellung der Symmetrieelemente an einem Würfel.

Betrachtet man das Modell eines Kristalls, z. B. den Würfel der Abb. 14, so erkennt man an ihm eine Reihe von Symmetrieeigenschaften; er kann ein Symmetriezentrum, Symmetrieachsen und Symmetrieebenen besitzen. Unter einem *Symmetriezentrum* versteht man einen im Innern des Kristalls gelegenen Punkt Z, der die folgende Eigenschaft hat: Zieht man eine beliebige Gerade durch Z, so sind die Entfernungen nach den beiden Schnittpunkten der Geraden mit einander entsprechenden Gitterebenen gleich groß. Beim Würfel ist der Würfelmittelpunkt das Symmetriezentrum.

Kann man den Kristall mit sich selbst zur Deckung bringen, dadurch, daß man ihn um eine Achse um einen bestimmten Winkel α, der kleiner als 360° ist, dreht, so bezeichnet man diese Achse als *Symmetrieachse*. Für jede Symmetrieachse existiert stets eine ganze Zahl n, derart, daß $n \cdot \alpha = 360°$ ist; diese Zahl n heißt die Zähligkeit der Achse. Es gibt 2-, 3-, 4- und 6zählige Symmetrieachsen. Die in der Abb. 14 eingezeichnete Symmetrieachse AZA' ist 4zählig.

Eine *Symmetrieebene* ist eine Ebene im Innern des Kristalls, die den Kristall in zwei spiegelbildlich gleiche Teile zerlegt.

Auf Grund verschiedenartigster Kombinationen dieser Symmetrie-

---

[1] In den Abbildungen bedeuten die schwarzen Punkte die Mittelpunkte der Atome. Die eigentliche Raumbeanspruchung der Atome ist natürlich größer.

elemente gelangt man zu 32 verschiedenen Kristallklassen; jeder der zahlreichen, in der Natur vorkommenden Kristalle läßt sich eindeutig einer der 32 Kristallklassen zuordnen. Wir wollen hier nicht die 32 Kristallklassen im einzelnen besprechen, sondern nur die 7 Kristallsysteme; ein Kristallsystem faßt mehrere, untereinander verwandte Kristallklassen, die sich auf ein gleiches Koordinatensystem beziehen lassen, zusammen. Als Koordinatensystem wählt man drei oder vier Symmetrieachsen oder bei Kristallen geringer Symmetrie drei andere, für den Kristall typische Raumrichtungen aus. Man unterscheidet folgende 7 Kristallsysteme:

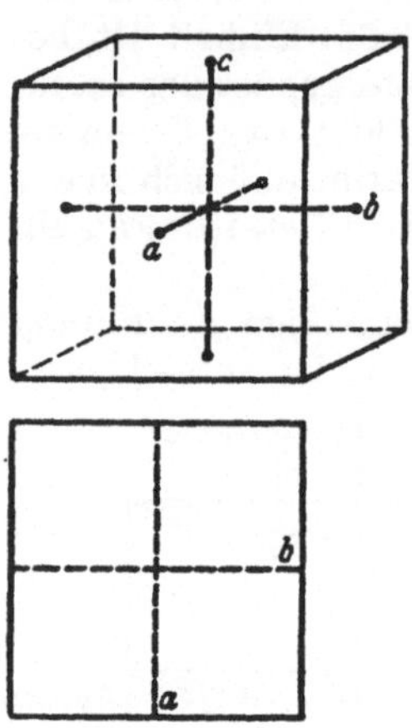

Abb. 15.

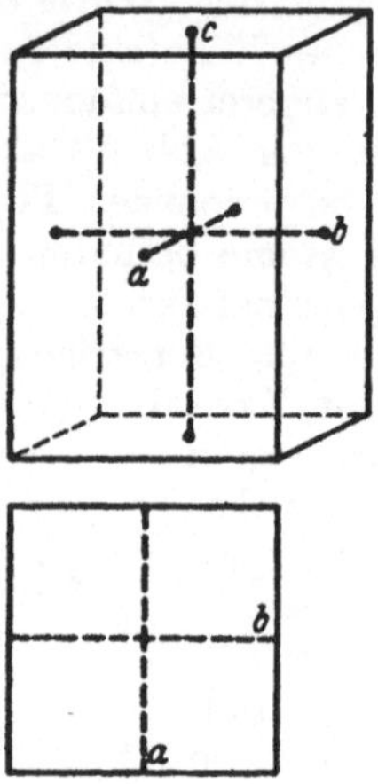

Abb. 16.

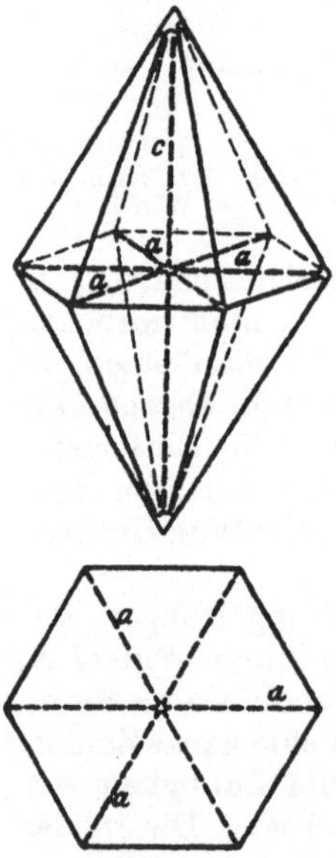

1. *Das reguläre oder kubische Kristallsystem.* Es ist dasjenige mit der größten Symmetrie. Die Koordinatenachsen sind drei Symmetrieachsen, die aufeinander senkrecht stehen und gleich lang sind ($a = b = c$). Ein Beispiel ist der Würfel (Abb. 15).

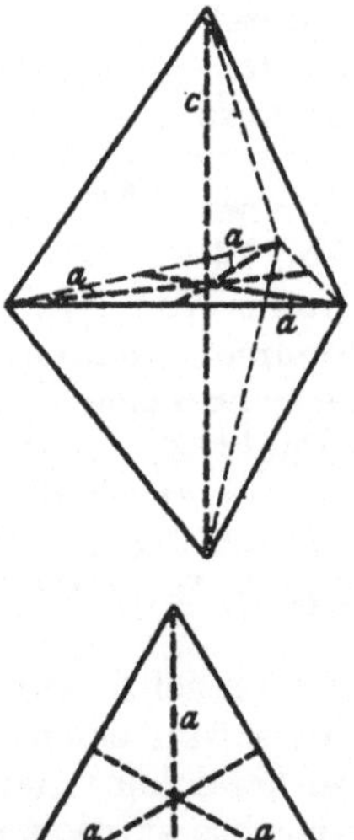

2. *Das tetragonale Kristallsystem* (Abb. 16). Von den drei Kristallachsen, die aufeinander senkrecht stehen, sind zwei gleich lang ($a = b$) und die dritte von abweichender Länge ($c \neq a$).

3. *Das hexagonale System* (Abb. 17) ist charakterisiert durch eine 6 zählige Hauptachse und drei unter sich gleich lange Nebenachsen, die in einer Ebene (Symmetrieebene) liegen, untereinander einen Winkel

Abb. 17.

Abb. 18.

von 120° bilden und auf der Hauptachse senkrecht stehen.

4. *Das trigonale oder rhomboedrische System* (Abb. 18) steht in naher Beziehung zum hexagonalen System und unterscheidet sich von diesem nur dadurch, daß die Zähligkeit der Hauptachse $n = 3$ (statt $n = 6$) beträgt.

5. *Das rhombische System* (Abb. 19). Die drei kristallographischen Achsen dieses Systems stehen aufeinander senkrecht, sind aber alle von verschiedener Länge ($a \neq b \neq c$, $a \neq c$).

6. *Das monokline System* (Abb. 20) hat drei Kristallachsen verschiedener Länge ($a \neq b \neq c$, $a \neq c$); zwei von ihnen stehen aufeinander senkrecht, die dritte bildet einen von 90° abweichenden Winkel mit ihnen.

7. *Das trikline System* (Abb. 21) ist dasjenige Kristallsystem mit der geringsten Symmetrie, es besitzt weder eine Symmetrieebene noch

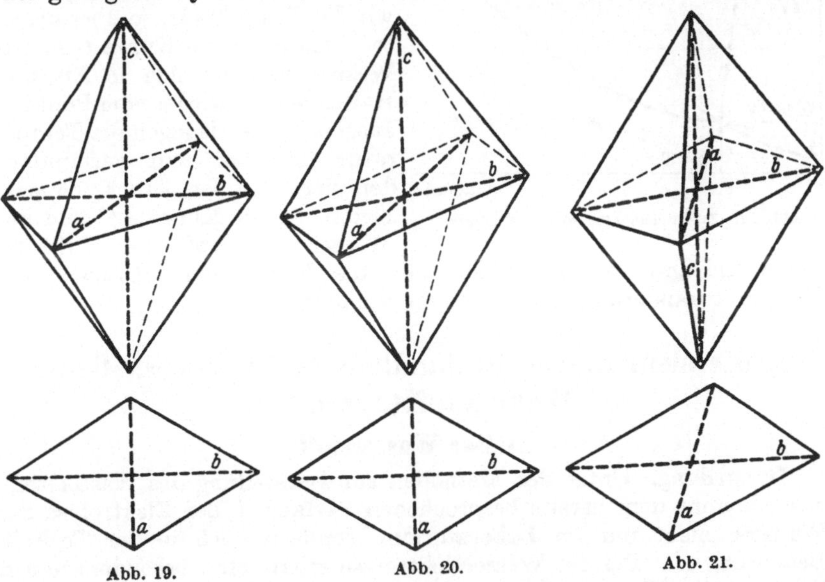

Abb. 19. Abb. 20. Abb. 21.

eine Symmetrieachse. Als kristallographische Achsen dienen drei Achsen von verschiedener Länge, die sich alle unter von 90° verschiedenen Winkeln schneiden.

Das Zustandsdiagramm des Wassers. Zwischen den drei Phasen eines Stoffes, der festen, der flüssigen und der gasförmigen Phase bestehen gewisse Beziehungen. Äußere Einflüsse bewirken eine Umwandlung der Phasen ineinander. Durch Temperaturerhöhung läßt sich ein fester Stoff zum Schmelzen bringen, also in eine Flüssigkeit verwandeln und diese läßt sich durch weitere Steigerung der Temperatur verdampfen. Umgekehrt kann man durch Temperaturerniedrigung jedes Gas verflüssigen und schließlich in den festen Zustand überführen. Auch durch Druckänderungen können Phasenumwandlungen erfolgen. Die Beziehungen der drei Phasen eines Stoffes zueinander übersieht man sehr gut auf Grund eines Zustandsdiagramms, wie es die Abb. 22 für den Fall des Wassers darstellt. Die drei Kurven, die die Phasen trennen, sind die Dampfdruckkurve des Wassers ($T - A$), die Dampfdruckkurve des Eises ($T - B$) und die Schmelzkurve des Eises ($T - C$). Innerhalb eines jeden Gebietes, z. B. im Punkt D des Gebietes ($C - T - A$) ist nur eine Phase beständig, auf jeder Kurve sind zwei Phasen nebeneinander beständig, auf der Kurve $(T-A)$ also Wässer neben Wasserdampf. Im Punkt T, dem sog. „Tripelpunkt",

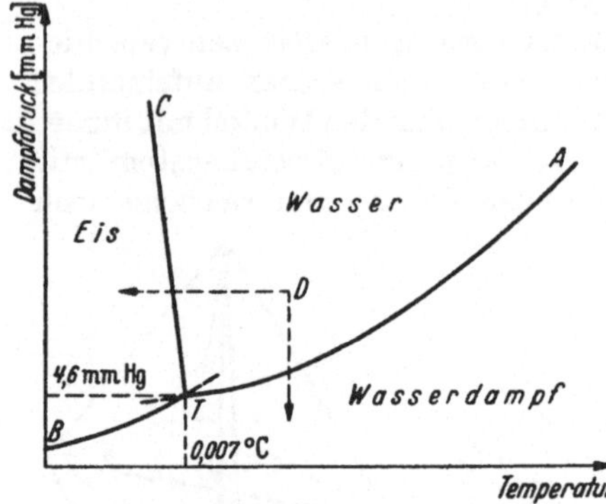

Abb. 22. Zustandsdiagramm des Wassers.

können alle drei Phasen nebeneinander vorliegen. Unser System Wasser möge sich in einem bestimmten Zustand befinden, etwa im Zustand des Punktes D. Lassen wir den Druck unverändert und erniedrigen wir die Temperatur, so überschreiten wir dabei die Kurve CT, das Wasser wandelt sich in Eis um. Halten wir — wieder vom Punkt D ausgehend — dagegen die Temperatur konstant und vermindern den herrschenden Druck, so passieren wir die Kurve AT und das Wasser verdampft. Mit Hilfe des Zustandsdiagramms lassen sich also die Folgen einer Druck- oder Temperaturänderung eines Systems voraussehen.

2. Die elementaren Bestandteile des Wassers. Ozon. Wasserstoffsuperoxyd.

a) Der Wasserstoff.

Darstellung. Unter den Methoden zur Darstellung des Wasserstoffgases kommt dem bereits besprochenen Verfahren, der Elektrolyse des Wassers, nicht nur im Laboratorium, sondern auch in der Technik Bedeutung zu. Bei der Wasserelektrolyse erhält man besonders reinen Wasserstoff. Ein zweites großtechnisches Verfahren benutzt eine Reaktion zwischen Wasserdampf und glühenden Kohlen. Leitet man nämlich einen Wasserdampfstrom über erhitzten Kohlenstoff, so verbindet sich der Kohlenstoff mit dem Sauerstoff des Wassers und der Wasserstoff des Wassers wird frei. Allerdings ist das Reaktionsgas kein reiner Wasserstoff, sondern ein Gemisch aus Wasserstoff und einem zweiten Gas, der Kohlenstoff-Sauerstoff-Verbindung. Je nach dem angewandten Mengenverhältnis von Kohlenstoff zu Wasser kann dabei eine sauerstoffärmere oder eine sauerstoffreichere Verbindung entstehen. Die erste, deren Molekül aus einem Atom Kohlenstoff und einem Atom Sauerstoff aufgebaut ist, heißt Kohlenmonoxyd, die andere, in der 1 Kohlenstoffatom mit 2 Sauerstoffatomen verbunden ist, heißt Kohlendioxyd. Das Symbol des Kohlenstoffs ist C, dem Kohlenmonoxyd und dem Kohlendioxyd kommen also die Formeln CO bzw. CO_2 zu. Die möglichen Reaktionen, die beide unter Energiezufuhr verlaufen, lassen sich folgendermaßen formulieren:

a)   Wasserdampf + viel Kohle = Wasserstoffgas + Kohlenmonoxydgas
$$H_2O + C = H_2 + CO - Q_1,$$

b)   Wasserdampf + wenig Kohle = Wasserstoffgas + Kohlendioxydgas
$$2\,H_2O + C = 2\,H_2 + CO_2 - Q_2.$$

Mit Q_1 und Q_2 bezeichnen wir die **Wärmetönungen** der Reaktionen,
d. h. die Energiemengen, die man zuführen muß, damit je ein Grammol
der Reaktionsteilnehmer miteinander sich umsetzen. Nach dieser
Methode wird also zunächst ein Gasgemisch gewonnen. Wie läßt sich
daraus der Wasserstoff isolieren? Das ist relativ einfach, wenn die
Reaktion nach der unter b) formulierten Gleichung verlaufen ist; dann
leitet man das Gasgemisch durch Wasser; in Wasser wird — besonders
unter Druck — das Kohlendioxydgas gelöst, nicht aber das Wasserstoffgas.

Ist hingegen Kohlenmonoxyd bei der Umsetzung zwischen Wasserdampf und Kohlenstoff entstanden, so muß man anders verfahren;
das Kohlenmonoxyd löst sich nämlich nicht in Wasser. In diesem Fall
führt man das Kohlenmonoxyd zunächst in Kohlendioxyd über, das
erfolgt durch Behandlung mit Wasserdampf, entsprechend der Gleichung:

$$\text{c)} \qquad CO + H_2O = CO_2 + H_2 + Q_3.$$

Wegen der positiven Wärmetönung ($+Q_3$) verläuft diese Reaktion c)
auf Grund des LE CHATELIERschen Prinzips bei niedrigen Temperaturen
von links nach rechts, bei hohen Temperaturen dagegen von rechts
nach links. Um das Kohlenoxyd möglichst quantitativ in Kohlendioxyd
umzuwandeln, muß man daher bei möglichst niedrigen Temperaturen
(etwa 500° C) arbeiten und die Reaktionsgeschwindigkeit, die bei dieser
Temperatur noch klein ist, durch Verwendung eines Katalysators
(Eisenoxyd) erhöhen. Das nun vorliegende Gemisch der
Gase Wasserstoff und Kohlendioxyd kann, wie oben beschrieben, getrennt werden.

Eine dritte Methode zur Darstellung von Wasserstoff,
die aber in der Technik nicht angewandt wird, beruht
auf der Einwirkung unedler Metalle wie Magnesium und
Calcium auf Wasser. Ähnlich dem Kohlenstoff vereinigt
sich das unedle Metall mit dem Sauerstoff des Wassers
unter Bildung eines Metalloxyds und unter Entwicklung
von Wasserstoffgas. Für den Fall des Calciums (Ca) sei
die Reaktion formuliert:

$$Ca + H_2O = CaO + H_2.$$

Einige andere unedle Metalle, wie Eisen und Zink, rea-
gieren zwar nicht mit Wasser, aber mit säurehaltigem
Wasser, unter Wasserstoffentwicklung. Nach dieser
Methode stellt man sich im Laboratorium bequem kleinere
Mengen Wasserstoff her; man benutzt dazu den abgebil-
deten Apparat, einen KIPPschen Gasentwickler. In der

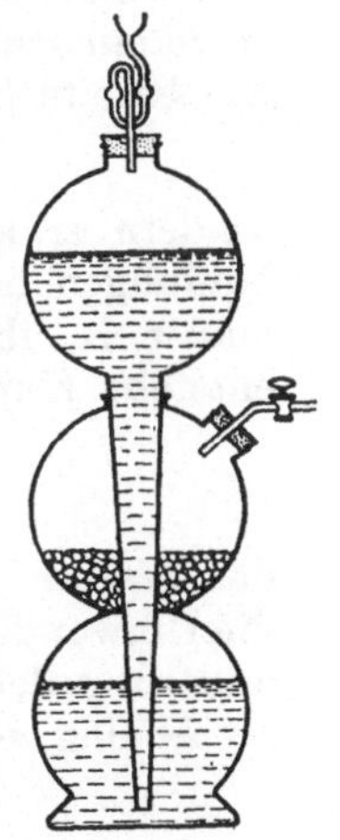

Abb. 23.
KIPPscher
Apparat.

mittleren der drei Kugeln befindet sich das Metall, die obere
und untere Kugel enthalten die Säure. Öffnet man den Hahn der mittleren
Kugel, so steigt die Säure in die mittlere Kugel hinein, kommt mit dem
Metall in Berührung und entwickelt Wasserstoff. Schließt man den
Hahn, so wird durch die zunächst noch fortdauernde Gasentwicklung
die Säure aus der mittleren Kugel wieder verdrängt und die Gasentwick-
ung kommt zum Stillstand. Man ist also in der Lage, jederzeit die
Wasserstoffentwicklung stattfinden und wieder aufhören zu lassen.

Physikalische Eigenschaften.

<pre>
Atomgewicht . . . . H = 1,0081
Molekulargewicht . . . . . H_2 = 2,0162
Dichte . . . . d = 0,0695
          (Dichte der Luft $d = 1$)
Schmelzpunkt . . . . . .   −257,3° C
Siedepunkt . . . .   −252,8° C
Kritische Temperatur . . .   −239,9° C
Kritischer Druck . . . . .   12,8 ·at
</pre>

Freier Wasserstoff (entdeckt von CAVENDISH 1766) ist ein farbloses und geruchloses Gas; es verbrennt mit schwach bläulicher Flamme; es ist das leichteste Gas, das wir kennen. Der Wasserstoff besitzt auf Grund seines geringen Molekulargewichts und seiner hohen Beweglichkeit ein sehr großes Diffusionsvermögen; daher dringt er durch die Poren von Tonröhren schnell hindurch, selbst durch einen Gummischlauch diffundiert der Wasserstoff.

Sein Schmelzpunkt liegt bei −257,3°, sein Siedepunkt bei −252,8°; der Temperaturbereich, innerhalb dessen der Wasserstoff bei Atmosphärendruck flüssig ist, umfaßt also nur etwa 5 Celsiusgrade. Die Löslichkeit in Wasser ist äußerst gering.

Chemische Eigenschaften. Das chemische Verhalten des Wasserstoffs wird völlig bestimmt durch seine Neigung, sich mit Sauerstoff zu Wasser zu vereinigen. Wasserstoff reagiert nicht nur mit elementaren Sauerstoff, wie bereits besprochen wurde, gemäß der Gleichung:

$$2\,H_2 + O_2 = 2\,H_2O + Q,$$

sondern er kann auch einer großen Zahl von sauerstoffhaltigen Verbindungen, besonders von Metalloxyden, den Sauerstoff entziehen. Leitet man z. B. über erhitztes Kupferoxyd einen Strom von Wasserstoff, so entsteht Kupfer und Wasser:

$$CuO \quad + \quad H_2 \quad \rightarrow \quad Cu \quad + \quad H_2O$$
Kupferoxyd + Wasserstoff → Kupfer + Wasser,

das Wasser schlägt sich an den kälteren Teilen der Apparatur nieder, die Umwandlung des Kupferoxydes im Kupfer erkennt man an der Farbänderung der Substanz von Schwarz nach Rot.

Analog verhält sich Eisenoxyd gegenüber Wasserstoff:

$$Fe_2O_3 \quad + \quad 3\,H_2 \quad \rightarrow \quad 2\,Fe \quad + \quad 3\,H_2O$$
Eisenoxyd + Wasserstoff → Eisen + Wasser.

Man nennt diesen Vorgang und alle ähnlichen, bei denen einer Sauerstoffverbindung der Sauerstoff mit Hilfe von Wasserstoff entzogen wird, eine *Reduktion*. Die erwähnten Metalloxyde werden zum Metall reduziert.

Mit einigen Elementen, z. B. dem Kohlenstoff und dem Stickstoff, verbindet sich der Wasserstoff. Diese Art der Vereinigung des Wasserstoffs mit Elementen oder Verbindungen — also ohne Entzug von Sauerstoff — bezeichnet man als *Hydrierung*. Die Hydrierung des Kohlenstoffs, die sog. Kohlehydrierung, ist ein überaus wichtiger und großtechnisch angewandter Prozeß, der synthetisches Benzin liefert.

Vorkommen und Verwendung. Wasserstoff kommt in der Natur in elementarer Form nicht vor, sondern nur in seinen Verbindungen, im Wasser, im Erdöl, einer Verbindung zwischen Wasserstoff und Kohlenstoff, sowie in fast allen organischen Substanzen, in denen er ebenfalls an Kohlenstoff gebunden ist.

Man verwendet den Wasserstoff wegen seines geringen spezifischen Gewichtes zur Füllung der Luftschiffe und Ballone. In der chemischen Technik benutzt man ihn in riesigen Mengen zu Hydrierungen. Neben der bereits erwähnten Kohlehydrierung sei hier noch auf die Hydrierung flüssiger Fette, die sog. Fetthärtung, hingewiesen: einige Öle haben die Eigenschaft, sich unter Aufnahme von Wasserstoff in feste Fette, die für den menschlichen Genuß geeigneter sind, umzuwandeln. Ferner werden außerordentlich große Mengen Wasserstoff bei der Ammoniaksynthese, der Herstellung künstlicher Düngemittel benötigt. Schließlich sei noch die Verwendung des Wasserstoffs zu Reduktionszwecken genannt.

b) Der Sauerstoff.

Darstellung. Der Sauerstoff kann, wie bereits besprochen, aus dem Wasser auf elektrolytischem Wege gewonnen werden. Die Wasserelektrolyse wird auch in der Technik zur Sauerstoffdarstellung angewandt. Das technisch wichtigste · Darstellungsverfahren ist die fraktionierte Destillation der verflüssigten Luft. Die Luft stellt ein Gasgemisch dar, in dem der Sauerstoff zu $\sim$21% vorhanden ist. Kühlt man die Luft auf etwa —200° C ab, so geht sie in den flüssigen Zustand über[1]. Jetzt erhöht man langsam wieder die Temperatur, dann wird der Bestandteil der Luft, der den niedrigsten Siedepunkt besitzt, zunächst abdestillieren; das ist der Hauptbestandteil der Luft, der Stickstoff, der bei —195° C siedet. Der Sauerstoff, dessen Siedepunkt bei —183° C liegt, wird also hinterbleiben.

Große Mengen von Sauerstoff werden täglich von den Pflanzen erzeugt, und zwar bei dem sog. Assimilationsvorgang des in der Luft vorhandenen Kohlendioxyds (CO_2) durch die grünen Pflanzen. Es handelt sich dabei um eine Reaktion, die nur unter Einwirkung des Lichtes erfolgt, um eine „photochemische" Reaktion.

Man kennt eine Reihe von Sauerstoffverbindungen, welche beim · Erhitzen ihren Sauerstoff abgeben. Zum thermischen Zerfall neigen besonders die Oxyde der edleren Metalle, z. B. das rote Quecksilber-

---

[1] Die Erzeugung derart tiefer Temperaturen gelingt mit einer LINDEschen Kältemaschine, deren Prinzip auf der Anwendung des Joule-Thomson-Effektes beruht. Wenn man ein Gas stark komprimiert, so daß die einzelnen Gasmoleküle einander sehr genähert sind, und wenn man dieses Gas plötzlich expandiert, z. B. dadurch, daß man es durch eine feine Öffnung in einen Raum niedrigen Druckes strömen läßt, so erfolgt hierbei eine Abkühlung des Gases. Bei der Expansion ist eine Arbeit gegen die Anziehungskräfte der Moleküle zu leisten; da wir von außen keine Energie zuführen, muß die zur Arbeitsleistung notwendige Energie von dem System selbst geliefert werden, d. h. das System kühlt sich ab. Es ist daher möglich, durch wiederholtes Komprimieren und Expandieren eines Gases zu immer tieferen Temperaturen zu gelangen und somit das Gas schließlich zu verflüssigen.

oxyd (HgO), es zerfällt bei höheren Temperaturen in metallisches Quecksilber und in Sauerstoff, der als Gas entweicht:

$$2\,HgO \rightarrow 2\,Hg + O_2.$$

Hier muß auch das Bariumsuperoxyd genannt werden, das bei hohen Temperaturen (800° C) einen Teil seines Sauerstoffs abgibt und ihn bei niedrigeren Temperaturen (500° C) aus der Luft wieder aufnimmt. Wenn man also Bariumsuperoxyd abwechselnd auf 800° erhitzt und auf 500° abkühlt, wobei man Luft darüber leitet, so ist man in der Lage, beliebig große Mengen Sauerstoff zu erzeugen. Dieses von BRIN stammende Verfahren der Sauerstoffdarstellung wurde früher in der Technik angewandt, ist aber jetzt durch die Methode der fraktionierten Destillation der Luft völlig verdrängt.

Physikalische Eigenschaften.

Atomgewicht	$O = 16{,}000$
Molekulargewicht	$O_2 = 32{,}000$
Dichte	$d = 1{,}105$
(Dichte der Luft $d = 1$)	
Schmelzpunkt	$-218°\,C$
Siedepunkt	$-183°\,C$
Kritische Temperatur	$-118{,}8°\,C$
Kritischer Druck	$49{,}7$ at

Der Sauerstoff (entdeckt unabhängig von einander von PRIESTLEY 1774 und SCHEELE 1777) ist ein farbloses und geruchloses Gas, das nicht brennt, aber die Verbrennung unterhält. Der verflüssigte Sauerstoff ist von bläulicher Farbe. Die Löslichkeit in Wasser ist gering, aber doch größer als die des Wasserstoffs in Wasser. In 100 ccm Wasser lösen sich 4 ccm Sauerstoff bei 0° und 3 ccm bei 20°, sofern über dem Wasser ein Sauerstoffdruck von 1 at lastet. Ist der Sauerstoffdruck geringer, so geht weniger Sauerstoff in Lösung. Die Löslichkeit eines Gases ist nämlich direkt proportional dem Druck des Gases, eine Beobachtung, die als *HENRYsches Gesetz* bekannt ist.

Chemische Eigenschaften. Der Sauerstoff ist ein außerordentlich reaktionsfähiges, aktives Element, das mit zahlreichen anderen Elementen unmittelbar Verbindungen bildet. Diese Verbindungsbildung verläuft teilweise sehr heftig, d. h. es werden große Energiemengen dabei frei. Darauf wurde bereits bei der Knallgasexplosion hingewiesen. Außer dem Wasserstoff seien die Elemente Schwefel, Kohlenstoff, Phosphor genannt als Stoffe, die leicht mit Sauerstoff reagieren. Den Vorgang der Vereinigung mit Sauerstoff nennt man *Oxydation*, die entstandenen Produkte *Oxyde*. Der Wasserstoff wird zu Wasser oxydiert, der Schwefel zu Schwefeldioxyd, einem Gas, dessen Moleküle aus 2 Atomen Sauerstoff und 1 Schwefelatom bestehen, das also als SO_2 zu formulieren ist. Die Oxydation des Kohlenstoffs führt zum Kohlendioxyd (CO_2), die des Phosphors zum Phosphorpentoxyd (P_2O_5).

$$2\,H_2 + O_2 = 2\,H_2O$$
$$S + O_2 = SO_2$$
$$C + O_2 = CO_2$$
$$4\,P + 5\,O_2 = 2\,P_2O_5$$

Das Schwefeldioxyd und das Kohlendioxyd sind bei Zimmertemperatur Gase, das Phosphorpentoxyd ist ein fester Stoff. Die gebildeten Oxyde des Schwefels, Kohlenstoffs und Phosphors lösen sich in Wasser auf und erteilen dem Wasser den Charakter einer sauren Flüssigkeit. Die charakteristischen Eigenschaften einer sauren Flüssigkeit sind der saure Geschmack sowie das Verhalten gegen gewisse organische Farbstoffe. So verändert z. B. der blaue Farbstoff Lackmus in einer sauren Flüssigkeit seine Farbe von Blau nach Rot.

Eine Reihe von Metallen läßt sich gleichfalls in einer Sauerstoffatmosphäre bequem oxydieren; dazu gehören das Eisen, Calcium, Magnesium u. a. m. Ihre Reaktionsprodukte, die Metalloxyde, sind zum Teil ebenfalls in Wasser löslich, erteilen aber dem Wasser — im Gegensatz zu den obengenannten Oxyden des Schwefels, Kohlenstoffs und Phosphors — einen alkalischen Charakter. Das zeigt sich z. B. wieder in ihrem Verhalten gegenüber Lackmuslösung: eine rote Lackmuslösung wird durch alkalisch reagierende Flüssigkeiten blau gefärbt.

Die besprochene Vereinigung des Eisens mit Sauerstoff unter Bildung von Eisenoxyd findet nicht nur in einer reinen Sauerstoffatmosphäre, sondern auch in einer verdünnten, wie sie die Luft darstellt, statt. Allerdings ist die Reaktionsgeschwindigkeit der Oxydation durch den Luftsauerstoff wesentlich herabgesetzt. Dieser langsam verlaufende Oxydationsprozeß ist als Rosten des Eisens bekannt.

Um Oxydationsprozesse handelt es sich auch bei allen *Verbrennungen*. Die verbrennbaren Stoffe vereinigen sich mit dem Sauerstoff der Luft. Entzündet man z. B. ein Stück Phosphor, das sich in einem abgeschlossenen Luftvolumen befindet, mit einem glühenden Draht, so verbrennt der Phosphor. Die Feuererscheinung hört sofort auf, wenn der gesamte in der Luft vorhandene Sauerstoff verbraucht ist, natürlich unter der Voraussetzung, daß die Menge des Phosphors in bezug auf den Sauerstoff im Überschuß angewandt wurde. Da bei dieser Verbrennung keine gasförmigen Stoffe entstehen, muß eine Verminderung des Gasvolumens eintreten. Aus der Volumenabnahme kann man dann die Menge des in der Luft enthaltenen Sauerstoffs bestimmen. Man beobachtet, daß das Gasvolumen um etwa ein Fünftel abgenommen hat.

Das Atmen der Tiere und Menschen ist ein weiteres Beispiel für eine Oxydation. Beim Einatmen gelangt der Luftsauerstoff über die Lunge ins Blut und wird durch dieses zu denjenigen Organen transportiert, in denen er die Nahrungsmittel, also organische wasserstoff- und kohlenstoffhaltige Verbindungen, oxydieren kann, den Wasserstoff zu Wasser, den Kohlenstoff zu Kohlendioxyd. Das Kohlendioxydgas atmen wir wieder aus. Die bei dem Oxydationsprozeß freiwerdende Wärmeenergie ist die Ursache unserer Körpertemperatur.

Vorkommen. Der Sauerstoff ist dasjenige Element, das auf der Erdoberfläche am verbreitetsten ist. In freier Form kommt er in der atmosphärischen Luft vor, und zwar — wie bereits erwähnt — zu 20,9 %. In gebundener Form ist er ein Bestandteil zahlreicher Verbindungen, wie z. B. des Wassers, der Oxyde und der meisten Gesteine.

c) Das Ozon.

Der Sauerstoff kann in einer zweiten, besonders aktiven Form auftreten. Während im gewöhnlichen Sauerstoffgas jedes Molekül (O_2) aus 2 Sauerstoffatomen zusammengesetzt ist, können auch 3 Sauerstoffatome zu einem Molekül (O_3) zusammentreten. Diese Form oder Modifikation des Sauerstoffs, die allerdings nicht sehr beständig ist, nennt man Ozon.

Darstellung. Durch stille elektrische Entladungen in einer reinen Sauerstoffatmosphäre bildet sich zu einem gewissen Prozentsatz Ozon, das man an seinem charakteristischen erfrischenden, aber etwas stechenden Geruch erkennt. Eine für die Darstellung von Ozon geeignete Apparatur ist der Ozonisator von W. von Siemens, der in der Abb. 24

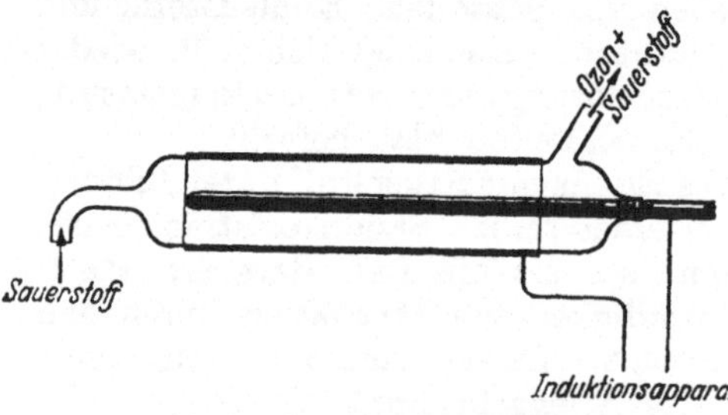

Abb. 24. Ozonisator von Siemens.

gezeichnet ist. In ein weites Rohr, das zwei Zuführungen besitzt, ist ein engeres Rohr mittels eines Schliffes eingesetzt. Beide Rohre sind auf ihrer Außenseite mit einem Stanniolbelag versehen. Die beiden Metallbelege sind isoliert voneinander mit der Sekundärseite eines Induktionsapparates verbunden. Im Innern des weiten Rohres, durch welches man den Sauerstoffstrom leitet, finden also stille elektrische Entladungen statt. Aus dem Ableitungsrohr strömt ein Ozon-Sauerstoff-Gemisch. Ferner entsteht etwas Ozon, wenn man durch Sauerstoffgas elektrische Funken schlagen läßt. Schließlich läßt sich auch Ozon nachweisen in einer Sauerstoffatmosphäre, die man mit ultraviolettem Licht bestrahlt hat. All diesen Darstellungsverfahren ist die Tatsache gemeinsam, daß man dem Sauerstoffgas besondere Energien (elektrische Energie, Lichtenergie) zuführen muß, damit das dreiatomige Molekül des Ozons gebildet wird. Offenbar stellt das Ozonmolekül einen energiereicheren Zustand als das normale zweiatomige Sauerstoffmolekül dar, es gilt also:

$$3\,O_2 + Q \rightarrow 2\,O_3.$$

Physikalische Eigenschaften.

Molekulargewicht	$O_3 = 48$
Dichte	$d = 1{,}65$
(Dichte der Luft $d = 1$)	
Schmelzpunkt . . . . , . .	$-251{,}0\,^\circ C$
Siedepunkt . . . . , . . .	$-112{,}3\,^\circ C$

Das Ozon ist ein Gas von blauer Farbe, das gegenüber Sauerstoff durch seinen charakteristischen Geruch ausgezeichnet ist.

Chemische Eigenschaften. Das chemische Verhalten des Ozons wird völlig bestimmt durch die Tatsache, daß das O_3-Molekül einen energiereicheren Zustand als das O_2-Molekül darstellt. Es handelt sich beim

Ozon also um ein instabiles System; es hat große Neigung, unter Energieabgabe in den stabilen Zustand der O_2-Molekel überzugehen. Die Spaltung des Ozonmoleküls hat man sich nun so vorzustellen, daß zunächst ein O_2-Molekül und ein Sauerstoffatom entsteht. In einer zweiten Phase der Reaktion lagern sich dann 2 Sauerstoffatome zu 1 Sauerstoffmolekül zusammen:

$$(1) \qquad\qquad O_3 \rightarrow O_2 + O + q_1,$$

$$(2) \qquad\qquad O + O \rightarrow O_2 + q_2.$$

Insgesamt ergibt sich also:

$$(3) \qquad\qquad 2\,O_3 \rightarrow 2\,O_2 + 2\,O \rightarrow 3\,O_2 + Q.$$

Der in den Gleichungen (1) bis (3) beschriebene Zerfall des Ozons, der bei Ozon-Sauerstoff-Gemischen kleiner Ozonkonzentration bei Zimmertemperatur nur langsam stattfindet, erfolgt bei erhöhter Temperatur ($200\,^\circ$ C) wegen der Steigerung der Reaktionsgeschwindigkeit fast momentan. In reinem, konzentriertem Zustand explodiert gasförmiges und flüssiges Ozon sehr leicht. Auf der ersten Teilreaktion beruht die stark oxydierende Wirkung des Ozons. Jenes zunächst gebildete Sauerstoffatom ist sehr unbeständig und kann natürlich, statt mit einem zweiten Sauerstoffatom zu einem O_2-Molekül zusammenzutreten, auch mit anderen leicht oxydierbaren Substanzen reagieren. So wird z. B. metallisches Silber, das mit gewöhnlichem Sauerstoff nicht reagiert, durch Ozon oxydiert; es entsteht schwarzgefärbtes Silberoxyd nach der Gleichung:

$$O_3 + 2\,Ag \rightarrow O_2 + O + 2\,Ag \rightarrow O_2 + Ag_2O.$$

Ebenso kann man metallisches Quecksilber mit Ozon zu rotem Quecksilberoxyd oxydieren:

$$Hg + O_3 \rightarrow HgO + O_2.$$

Leitet man ein Ozon-Sauerstoff-Gemisch durch eine Lackmuslösung, so wird der Farbstoff infolge Oxydation entfärbt, was mit Sauerstoff allein nicht eintritt.

Eine Substanz, die sich leicht oxydieren läßt, ist Kaliumjodid (KJ). Man benutzt sie daher vielfach als Reagens auf Oxydationsmittel, d. h. auf solche Stoffe, die andere Substanzen oxydieren können. Das O_2-Molekül ist kein sehr starkes Oxydationsmittel, es reagiert nicht mit wäßriger Kaliumjodidlösung. Beim Einleiten von Ozon in eine Kaliumjodidlösung hingegen beobachtet man eine Reaktion: es fällt ein brauner Niederschlag von Jod aus. Bei gleichzeitiger Anwesenheit von Kaliumjodidlösung und Stärke beobachtet man eine intensive Blaufärbung der Lösung.

Kautschuk wird von Ozon ebenfalls oxydiert. Ein Gummischlauch, durch den man einige Minuten lang Ozon leitet, wird infolge Oxydation brüchig und zerstört.

d) Das Wasserstoffsuperoxyd.

Wasserstoffgas und Sauerstoffgas treten nicht nur zu der Verbindung Wasser zusammen, sondern sie können auch eine zweite Verbindung, das Wasserstoffsuperoxyd, bilden. Das Wassermolekül, H_2O, enthält 2 Atome Wasserstoff und 1 Atom Sauerstoff; das Molekül des Wasserstoffsuperoxyds hat die Formel H_2O_2, es setzt sich also aus 2 Atomen Wasserstoff und 2 Atomen Sauerstoff zusammen. In ähnlicher Weise haben wir bei der Darstellung des Wasserstoffs gesehen, daß zwei gasförmige Oxyde des Kohlenstoffs, nämlich das Kohlenmonoxyd CO und das Kohlendioxyd CO_2, bestehen (vgl. S. 28). Das scheint zunächst im Widerspruch zu dem DALTONschen Gesetz von den konstanten Proportionen zu stehen. Dieses Gesetz sagte aus: Bei der Bildung einer Verbindung vereinigen sich die Elemente, die die Verbindung aufbauen, nicht in jedem beliebigen Mengenverhältnis; die gebildete Verbindung enthält die Elemente stets in demselben Gewichtsverhältnis. Jetzt erscheint in gewisser Hinsicht eine Erweiterung des Gesetzes von den konstanten Proportionen erforderlich; sie führt zu dem *Gesetz von den multiplen Proportionen,* das ebenfalls von DALTON ausgesprochen ist: Wenn zwei oder mehr Elemente mehrere Verbindungen zu bilden vermögen, so stehen in diesen Verbindungen die Gewichtsmengen eines der Elemente, die sich mit derselben Menge des anderen Elementes verbinden, im Verhältnis einfacher ganzer Zahlen. Prüfen wir die Richtigkeit der Behauptung am Fall des Wassers und des Wasserstoffsuperoxyds! Im Wasser sind 16 g Sauerstoff mit 2,016 g Wasserstoff verbunden, im Wasserstoffsuperoxyd kommen auf 2,016 g Wasserstoff 32 g Sauerstoff, d. h. auf dieselbe Wasserstoffmenge kommt die doppelte Menge Sauerstoff.

Darstellung. Das Wasserstoffsuperoxyd ist das erste Reaktionsprodukt des Sauerstoffs mit dem Wasserstoff, es bildet sich u. a. in der Knallgasflamme. Allerdings ist das Wasserstoffsuperoxyd bei den hohen, in der Knallgasflamme vorliegenden Temperaturen nicht beständig und zerfällt bald nach seiner Bildung. Will man H_2O_2 auf diese Weise gewinnen, so muß man dafür sorgen, daß die Reaktionsprodukte möglichst schnell auf tiefe Temperaturen gebracht werden; das erreicht man dadurch, daß man die Gebläseflamme auf ein Stück Eis brennen läßt. In dem Schmelzwasser des Eises läßt sich dann Wasserstoffsuperoxyd nachweisen.

Eine andere Darstellung geht von einem Gemisch von 3 Vol.-% Sauerstoff und 97 Vol.-% Wasserstoff aus. Wenn man dieses Gasgemisch unter starker Kühlung einer stillen elektrischen Entladung aussetzt, so entsteht Wasserstoffsuperoxyd.

Auch elektrolytisch entwickelter Wasserstoff, sog. Wasserstoff „in statu nascendi", vereinigt sich unter geeigneten Versuchsbedingungen mit zugeleitetem molekularen Sauerstoff zu Wasserstoffsuperoxyd.

Diese drei Verfahren sind dadurch gekennzeichnet, daß man auf irgendeine Weise besonders aktiven Wasserstoff, nämlich atomaren Wasserstoff, erzeugt — der molekulare Wasserstoff spaltet sich bei Zuführung sehr großer Energie zu einem Teil in Wasserstoffatome, und bei der Elektrolyse entstehen zunächst ebenfalls Wasserstoffatome. Dieser atomare Wasserstoff ist für die Bildung des Wasserstoffsuperoxyds maßgebend.

Größere Mengen H_2O_2 gewinnt man aus Abkömmlingen des Wasserstoffsuperoxyds, die bequem darzustellen sind. Zu solchen Stoffen gehört vor allem das bereits erwähnte Bariumsuperoxyd, eine Verbindung, die 2 Atome Sauerstoff und 1 Atom Barium (Ba) enthält, und die durch Oxydation des Bariummetalls bei einer Temperatur von 500° entsteht. Versetzt man nun unter Eiskühlung Bariumsuperoxyd mit Schwefelsäure, die die Formel H_2SO_4 besitzt, so findet eine Umsetzung statt, es entsteht schwefelsaures Barium und Wasserstoffsuperoxyd:

$$BaO_2 + H_2SO_4 \rightarrow BaSO_4 + H_2O_2.$$

Das schwefelsaure Barium ist in Wasser außerordentlich unlöslich, es setzt sich zu Boden, und die überstehende Flüssigkeit ist eine reine wäßrige Lösung von Wasserstoffsuperoxyd.

Physikalische Eigenschaften.

Molekulargewicht . . .	$H_2O_2 = 34{,}016$
Schmelzpunkt	$-1{,}7°$ C
Siedepunkt	80° C bei 47 mm Druck
Spezifisches Gewicht . .	1,463 bei 0°
(spez. Gew. des Wassers = 1)	

Das Wasserstoffsuperoxyd ist bei Zimmertemperatur und Atmosphärendruck eine wasserklare Flüssigkeit, es ist dichter als Wasser und weniger flüchtig als Wasser. Der in der Tabelle angegebene Siedepunkt ist bei stark vermindertem Druck gemessen; bei Atmosphärendruck kann der Siedepunkt nicht bestimmt werden, da das Wasserstoffsuperoxyd sich zersetzt, bevor man den Siedepunkt erreicht hat.

Wasserstoffsuperoxyd ist mit Wasser in jedem Verhältnis mischbar. Auf Grund der obigen physikalischen Daten ist es möglich, das Wasserstoffsuperoxyd, das bei allen Darstellungsverfahren in verdünnter wäßriger Lösung anfällt, durch Abdestillieren des Wassers zu konzentrieren.

Chemische Eigenschaften. Das Wasserstoffsuperoxyd ist in seinem chemischen Verhalten dem Ozon ähnlich, es zerfällt ganz analog unter Bildung von atomaren Sauerstoff als Zwischenprodukt:

$$2\,H_2O_2 \rightarrow 2\,H_2O + 2\,O \rightarrow 2\,H_2O + O_2 + Q.$$

Dieser Zerfall wird durch Erhitzen beschleunigt und auch dadurch, daß man der Lösung laugige Beschaffenheit — z. B. durch Zugabe von Soda — erteilt. Bei Zimmertemperatur ist die Zerfallsgeschwindigkeit recht klein, die Reaktion verläuft sehr langsam, sie läßt sich aber durch Katalysatoren, wie metallisches Platin, Braunstein, Staubteilchen, rauhe Stellen einer Glaswand, beschleunigen. Durch ein paar kleine Reagensversuche kann man einen tieferen Einblick in das Wesen des katalytischen Vorgangs gewinnen. Taucht man nämlich ein kompaktes Stück Platin, etwa ein Platinblech, in eine wäßrige Wasserstoffsuperoxydlösung, so beobachtet man, wie Sauerstoffblasen am Platinblech sich bilden und dann in der Lösung aufsteigen. Gibt man in einem zweiten Versuch zu einer gleich konzentrierten Wasserstoffsuperoxydlösung ein kleines Volumen einer sog. „kolloiden" Platinlösung[1] hinzu,

---

[1] Eine kolloide Platinlösung ist eine wäßrige Lösung, in der sich geringe Mengen metallischen Platins in äußerst feiner Verteilung befinden. Das metallische Platin ist so weitgehend aufgeteilt, daß es sich nicht absetzt. Über das Wesen und die Herstellung derartiger kolloider Lösungen vgl. S. 362.

so erfolgt sofort eine stürmische Sauerstoffentwicklung, es steigen unvergleichlich mehr Gasblasen auf als beim ersten Versuch, obwohl rein gewichtsmäßig beim zweiten Versuch noch nicht einmal 1% der Platinmenge des ersten Versuches verwendet wurde. Wie ist der Unterschied zu erklären? Die kolloide Platinlösung enthält Platin in einer besonders feinen Verteilung. Diese feine Verteilung schafft eine sehr große Platinoberfläche. An der Oberfläche des Platins findet nun die Zersetzung des Wasserstoffsuperoxyds statt; je größer also die Oberfläche ist, um so lebhafter wird der Zerfall sein.

Versetzt man Wasserstoffsuperoxyd mit ein paar Tropfen Blut, so tritt ebenfalls eine stürmische Sauerstoffentwicklung ein. In der Blutflüssigkeit — das gleiche gilt auch für andere tierische und pflanzliche Flüssigkeiten, z. B. Speichel und Milch — kommen Stoffe vor, die bezüglich des Wasserstoffsuperoxydzerfalls katalytisch wirksam sind. Diese organischen Katalysatoren nennt man „Katalasen".

Man kann die Wirksamkeit von Katalysatoren herabsetzen und auch völlig vernichten dadurch, daß man sie mit gewissen Stoffen zusammenbringt. Solche Katalysatoren-„Gifte" sind z. B. Kaliumzyanid, Schwefelwasserstoff, Schwefelkohlenstoff. Sie besetzen die aktiven Stellen der Oberfläche des Katalysators und verhindern so, daß der reagierende Stoff an die Katalysatoroberfläche gelangt.

Aus der Gleichung der Zerfallsreaktion, bei der atomarer Sauerstoff als Zwischenprodukt auftritt, folgt, daß das Wasserstoffsuperoxyd ein *Oxydationsmittel* ist. Ein Teil der beim Ozon besprochenen Oxydationen läßt sich auch mit Wasserstoffsuperoxyd ausführen. So lassen sich einige organische Farbstoffe durch H_2O_2 oxydieren und dadurch entfärben; dunkle Haare können durch Oxydation mittels Wasserstoffsuperoxyd gebleicht werden. Weiter scheidet Wasserstoffsuperoxyd aus einer angesäuerten Kaliumjodlösung Jod aus.

Ein charakteristisches Reagens auf H_2O_2 ist Titanylsulfat, welches man durch Auflösen von Titandioxyd (TiO_2) in Schwefelsäure als farblose Lösung erhält. Gibt man zu dieser Lösung H_2O_2, so färbt sie sich intensiv gelb bis braun, da ein Peroxyd des Titans (Peroxytitanylsulfat) von gelber Farbe entstanden ist.

Wasserstoffsuperoxyd kann auch als *Reduktionsmittel* wirken, d. h. es kann sauerstoffhaltigen Verbindungen den Sauerstoff entziehen. Als Beispiel hierfür sei Quecksilberoxyd (HgO) angeführt, es wird — namentlich bei laugiger Beschaffenheit der Lösung — zu metallischem Quecksilber reduziert:

$$HgO + H_2O_2 \rightarrow Hg + O_2 + H_2O.$$

Vorkommen und Verwendung. Wasserstoffsuperoxyd läßt sich in geringen Mengen im Regen und Schnee nachweisen; es ist offensichtlich in der Atmosphäre aus Wasser und Sauerstoff durch Einwirkung ultravioletter Strahlen entstanden. Wasserstoffsuperoxyd verwendet man als Mundspülwasser, als Antisepticum, zum Bleichen, also in Fällen, wo man seine Eigenschaft als Oxydationsmittel und Bakterienvernichter ausnutzt.

Wasserstoffsuperoxyd kommt in den Handel als 3- und 30 proz. wäßrige Lösung, letztere unter dem Namen „Perhydrol".

e) Wärmetönung und chemische Affinität.

Bei vielen der bisher betrachteten Reaktionen konnte man beobachten, daß ihr Ablauf von irgendwelchen Temperaturveränderungen begleitet ist, daß bei ihnen Wärme frei wird, die dann der Umgebung zugeführt wird. Eine solche Reaktion war z. B. die Bildung von Wasser aus den Elementen oder die Darstellung von Schwefeleisen aus Eisen und Schwefel. Demgemäß hatten wir die Gleichungen formuliert:

$$2\,H_2 + O_2 = 2\,H_2O + \text{Energie}$$
$$Fe + S = FeS + \text{Energie}.$$

Ganz allgemein können diese Reaktionen durch die folgende Gleichung beschrieben werden:

$$A + B = AB + Q,$$

d. h. die beiden Komponenten A und B bilden die Verbindung AB, wobei eine Energieabgabe — ausgedrückt durch den Buchstaben Q — an die Umgebung stattfindet. Man sagt, diese Reaktionen verliefen unter „positiver Wärmetönung", oder man sagt, die Reaktionen seien „exotherm". Das Reaktionsprodukt AB nennt man dann auch eine *exotherme Verbindung*.

Ein zweiter Typ von Reaktionen läßt sich dadurch charakterisieren, daß man den Ausgangsstoffen Wärme zuführen muß, damit sich das Reaktionsprodukt bilden kann. Das trifft z. B. für gewisse Stickstoff-Sauerstoff-Verbindungen zu. Sie lassen sich durch die folgende allgemeine Gleichung beschreiben:

$$C + D + \text{Energie} = CD$$

oder:

$$C + D = CD - Q.$$

Derartige Reaktionen bezeichnet man als „endotherm" und das Reaktionsprodukt CD als *endotherme Verbindung*.

Nun hat man sich nicht damit begnügt, für jede Reaktion festzustellen, ob sie exotherm oder endotherm ist, sondern man hat sich bemüht, die jeweils freiwerdende oder hineingesteckte Wärmemenge zahlenmäßig festzulegen. Man hat daher die zu untersuchende Reaktion in einem Kalorimeter stattfinden lassen und die in Freiheit gesetzte Wärmemenge dadurch gemessen, daß man mit ihr eine bestimmte Menge Wasser erwärmt. Die so ermittelte Reaktionswärme ist natürlich von den Mengen der Ausgangsstoffe abhängig, und zwar besteht eine direkte Proportionalität zwischen den Mengen und der gemessenen Wärme. Entsprechend den Reaktionsgleichungen bezieht man die Reaktionswärme stets auf 1 Mol der reagierenden Stoffe. Wenn wir also schreiben:

$$(1) \qquad 2\,H_2 + O_2 = 2\,H_2O + 136,6 \text{ kcal},$$

so bedeutet das, daß bei der Vereinigung von 4,031 g Wasserstoff mit 32 g Sauerstoff eine Wärmemenge von 136,6 großen Calorien frei wird

Es soll nun die Frage untersucht werden: Wie ist es zu erklären, daß die chemischen Reaktionen von Energieänderungen begleitet sind? Welches ist die Ursache der Wärmetönung einer Reaktion? Nach dem *Gesetz von der Erhaltung der Energie*, das von ROBERT MAYER aufgestellt ist und das besagt, daß die Energie eines abgeschlossenen Systems bei irgendwelchen Vorgängen innerhalb des Systems ihren Gesamtbetrag nicht ändert, kann die Reaktionswärme nur als Differenz zweier Energiemengen aufgefaßt werden, sie ist gleich dem Gesamtenergiegehalt der Ausgangsstoffe, vermindert um den Energiegehalt der Reaktionsstoffe. Demgemäß ist das Knallgasgemisch ein energiereicheres System als das System „Wasser". Endotherme Verbindungen sind dagegen energiereicher als das Gemisch der Komponenten.

Wir wollen jetzt die energetischen Verhältnisse bei den beiden Wasserstoff-Sauerstoff-Verbindungen, dem Dasser und dem Wasserstoffsuperoxyd, betrachten und vergleichen. Welches der beiden Oxyde des Wasserstoffs ist das energiereichere? Die Wärmetönung, die bei der Bildung von Wasser aus den Elementen auftritt, entnehmen wir der obigen Gleichung (1), die Bildungswärme, bezogen auf 1 Mol Wasser, hat den Wert 68,3 kcal. Es müßte also noch die Bildungswärme von Wasserstoffsuperoxyd ermittelt werden. Diese Wärmemenge läßt sich jedoch nicht experimentell bestimmen. Vielmehr muß man dazu einen Umweg einschlagen. Man mißt die Wärme, die bei der Zersetzung von Wasserstoffsuperoxyd frei wird, entsprechend der Gleichung:

$$2\,H_2O_2 = 2\,H_2O + O_2 + Q.$$

Man findet für Q den Wert 47,0 kcal. Wir kehren jetzt die Zerfallsgleichung um, indem wir uns vorstellen, daß wir aus Wasser und Sauerstoff Wasserstoffsuperoxyd herstellen, und erhalten dann:

$$(2) \qquad 2\,H_2O + O_2 = 2\,H_2O_2 - 47\ \text{kcal}.$$

Das in dieser Gleichung auftretende Wasser muß noch durch die Elemente ersetzt werden. Das erreicht man, indem man Gleichung (1) und (2) addiert:

$$(1) \qquad\qquad 2\,H_2 + O_2 = 2\,H_2O + 136,6\ \text{kcal}$$
$$(2) \qquad\qquad \underline{2\,H_2O + O_2 = 2\,H_2O_2 - \ \ 47,0\ \text{kcal}}$$
$$(1) + (2) \qquad 2\,H_2 + 2\,O_2 + 2\,H_2O = 2\,H_2O + 2\,H_2O_2 + 89,6\ \text{kcal}.$$

Auf beiden Seiten dieser Gleichung treten je 2 Moleküle Wasser auf; wir können sie streichen, ohne die Energieverhältnisse zu ändern, und erhalten:

$$(3) \qquad\qquad 2\,H_2 + 2\,O_2 = 2\,H_2O_2 + 89,6\ \text{kcal}.$$

Die Bildungswärme des Wasserstoffsuperoxyds, bezogen auf 1 Mol H_2O_2, hat also einen Wert von 44,8 kcal, einen Wert, der zwar noch immer hoch ist, aber merklich kleiner als der des Wassers (68,3 kcal), d. h. das Wasserstoffsuperoxyd ist gegenüber Wasser die energiereichere Verbindung. Bei der Besprechung der Darstellungsmethoden des Wasserstoffsuperoxyds war darauf hingewiesen worden, daß sich in der Knallgasflamme primär H_2O_2 bildet, und daß erst in einer zweiten Reaktion das Wasserstoffsuperoxyd in Wasser und Sauerstoff zerfällt. Aus dem energiereichsten System, der Knallgasmischung, entsteht also zunächst das Wasserstoffsuperoxyd, ein System von mittlerem Energiegehalt, und erst aus diesem entsteht das energieärmste System, das Wasser:

$$H_2\text{- u. } O_2\text{-Gemisch} \rightarrow H_2O_2 \rightarrow H_2O\,.$$

Das ist eine Beobachtung, die allgemeine Gültigkeit besitzt und die als *OSTWALDsche Stufenregel* bekannt ist. Wenn irgendein System aus einem energiereichen Zustand (I) in einen energiearmen (III) übergeht und außerdem für das betrachtete System ein Zustand mit mittlerem Energiegehalt (II) existiert, so erfolgt die Umwandlung oft stufenweise; zunächst wird der Zustand II gebildet, und erst aus diesem entsteht III entsprechend dem Schema:

$$I \rightarrow II \rightarrow III\,.$$

Man hat sich nun gefragt: Ist die bei einer Reaktion zu beobachtende Wärmetönung dafür verantwortlich, daß die Reaktion überhaupt stattfindet? Ist die Wärmetönung ein Maß für die Neigung zweier Elemente, eine Verbindung zu bilden, d. h. für ihre Affinität? Man hat eine Zeitlang geglaubt, daß diese Fragen zu bejahen seien. Im großen und ganzen trifft es zu, daß Elemente, deren Vereinigung von einer großen Wärmetönung begleitet ist, auch eine große Affinität zueinander besitzen. Ein quantitatives Maß für die chemische Affinität ist indessen die Wärmetönung nicht. Die Wärmeeffekte sind nämlich nicht die einzigen Energieänderungen, die bei chemischen Reaktionen auftreten; genannt wurden bereits die photochemischen Reaktionen, also Umsetzungen, bei denen Lichtenergie beteiligt ist. Ferner ist bei Reaktionen, die unter Gasentwicklung verlaufen, eine Arbeit gegen den Atmosphärendruck zu leisten. VAN'T HOFF hat daher als Maß für die Affinität die „maximale Nutzarbeit" eingeführt. Man versteht unter diesem Begriff die Arbeit, die durch die Umwandlung eines Systems aus einem Zustand in einen anderen maximal geleistet werden kann. Nun verlaufen aber die chemischen Reaktionen, wie schon mehrfach erwähnt wurde, im allgemeinen nicht vollständig, sondern nur bis zu einem gewissen Gleichgewichtszustand zwischen Ausgangs- und Endstoffen. Die Lage des Gleichgewichts ist von der Temperatur und dem Druck abhängig. Folglich ist auch die Arbeit, die beim Übergang von den Ausgangsstoffen in den Gleichgewichtszustand geleistet werden kann, temperaturabhängig. Alle Reaktionen verlaufen auf die Verhältnisse beim absoluten Nullpunkt extrapoliert vollständig; daher würde die maximale Arbeit beim absoluten Nullpunkt ein exaktes Maß für die chemische Affinität sein.

3. Die Bestandteile der Luft.

a) Die Zusammensetzung der Luft.

Die Luft stellt ein Gasgemisch dar; das geht schon aus der Tatsache hervor, daß man sie verflüssigt durch fraktionierte Destillation in mehrere Bestandteile zerlegen kann. Die Hauptbestandteile sind Sauerstoff und ein zweites elementares Gas, das die Verbrennung nicht unterhält und Stickstoff genannt wird. Außerdem enthält die atmosphärische Luft stets Wasserdampf. Daß Wasserdampf in der Luft vorhanden ist, lassen die hygroskopischen Substanzen erkennen, Substanzen wie Calciumchlorid, Pottasche und Phosphorpentoxyd, die beim Liegen an der Luft ihr Gewicht vermehren und allmählich feucht werden. Diese Stoffe entziehen der Luft die Feuchtigkeit, man kann sie also dazu benutzen, die Luft zu trocknen. Sie bieten uns auch die Möglichkeit, den Wasserdampfgehalt der Luft, die sog. absolute Luftfeuchtigkeit, zu bestimmen. Man hat auf diese Weise festgestellt, daß die Feuchtigkeit der Luft zeitlich nicht konstant ist, sondern in weiten Grenzen schwankt. So kann die Luft bei der herrschenden Temperatur an Wasserdampf gesättigt oder gar übersättigt sein, es kommt dann zu Niederschlägen in Form von Regen, Nebel oder Schnee, und andererseits kann die Luft fast trocken sein, was im Winter häufiger zu beobachten ist. Dieser wechselnde Wasserdampfgehalt der Luft läßt es zweckmäßig erscheinen, bei der Beschreibung der Zusammensetzung der Luft von ihrer Feuchtigkeit zu abstrahieren und die trockene Luft zu analysieren.

Die Analyse der Luft kann so durchgeführt werden, daß man in einem bekannten Volumen trockener Luft den darin enthaltenen Sauerstoff mit irgendeinem Stoff, der kein gasförmiges Verbrennungsprodukt liefert, zur Reaktion bringt. Die Volumenabnahme bei der Verbrennung ergibt das Sauerstoffvolumen. Ein derartiger Versuch, bei dem Phosphor als Reaktionspartner gewählt war, wurde bereits bei der Besprechung des Sauerstoffs beschrieben. Der Versuch ergibt, daß 20,9 Vol.-% der trockenen Luft aus Sauerstoff bestehen. Es bleibt ein Restgas zurück, das 79,1 Vol.-% der Luft ausmacht. Dieses Restgas ist kein einheitlicher Stoff, sondern noch aus mehreren Bestandteilen zusammengesetzt, nämlich aus Stickstoff (rund 78 Vol.-%), aus den „Edelgasen" Helium, Neon, Argon, Krypton, Xenon (zusammen etwa 1 Vol.-%) und aus Kohlensäure (0,03 Vol.-%). Die Trennung dieser Gase gelingt durch fraktionierte Luftverflüssigung und durch fraktionierte Destillation verflüssigter Luft.

b) Der Stickstoff.

Darstellung. Ein rein physikalisches Verfahren zur Darstellung des Stickstoffs ist die fraktionierte Destillation der Luft. Aus der Luft läßt sich der Stickstoff ferner durch chemische Verfahren dadurch gewinnen, daß man den Sauerstoff der Luft an andere Stoffe bindet. Ein Beispiel hierfür wurde bereits genannt: die Oxydation des Phosphors. An Stelle des Phosphors wird in der Praxis Kupfer (im Laboratorium) und Kohlenstoff (in der Technik) genommen. Beide Elemente reagieren in der Hitze mit Luftsauerstoff:

$$2\,Cu + O_2 \rightarrow 2\,CuO$$
$$C + O_2 \rightarrow CO_2.$$

Man leitet also Luft über erhitztes metallisches Kupfer oder über glühende Kohlen. Bei der Reaktion mit Kupfer entsteht ein festes Oxydationsprodukt (CuO), im anderen Fall ein gasförmiges, das bekannte Kohlendioxyd, das sich mit dem Stickstoff der Luft vermischt und noch zu entfernen ist. Das geschieht durch Herauslösen mit Wasser, genau so wie es bereits bei der Wasserstoffdarstellung aus Wasserdampf und Kohle beschrieben wurde.

Während man bei den bisher besprochenen Methoden zur Stickstoffgewinnung aus der Luft ein Gas gewinnt, das mehr oder weniger große Beimengungen von Edelgasen enthält, kann man auch völlig reinen Stickstoff herstellen. Man geht dazu von einer Verbindung des Stickstoffs aus, dem Ammoniumnitrit, NH_4NO_2. Dieser Stoff enthält die Elemente Wasserstoff und Sauerstoff in demselben Mengenverhältnis, in dem sie im Wasser vorliegen, und außerdem 2 Stickstoffatome. Bei schwachem Erhitzen zerfällt das Ammoniumnitrit in Wasser und gasförmigen Stickstoff:

$$NH_4NO_2 \rightarrow 2\,H_2O + N_2.$$

Das so gewonnene Stickstoffgas ist frei von Edelgasbeimengungen und hat ein anderes spezifisches Gewicht als solcher Stickstoff, der auf chemischem Wege aus der Luft dargestellt wurde. Diese Unterschiede in der Dichte hat zuerst Lord RAYLEIGH festgestellt; er hat daraus geschlossen, daß der Stickstoff der Luft noch andere Gase enthalten müsse.

Physikalische Eigenschaften.

Atomgewicht	$N = 14.008$
Molekulargewicht	$N_2 = 28.016$
Schmelzpunkt	$-210,5°$ C
Siedepunkt	$-195,7°$ C
Kritische Temperatur . .	$-147°$ C
Kritischer Druck	$33,5$ at

Stickstoff ist ein farbloses Gas. Es brennt nicht und unterhält auch nicht die Verbrennung; in einer Stickstoffatmosphäre kommen die meisten Verbrennungen zum Stillstand.

Reines Stickstoffgas, das sich in einem Rohr unter geringem Druck (einige mm Quecksilbersäule) befindet und durch das man vermittels zweier Metallelektroden einen elektrischen Strom schicken kann, zeigt ein charakteristisches Leuchten, wenn man an die Elektroden eine Spannung von mehreren tausend Volt legt, wie sie uns

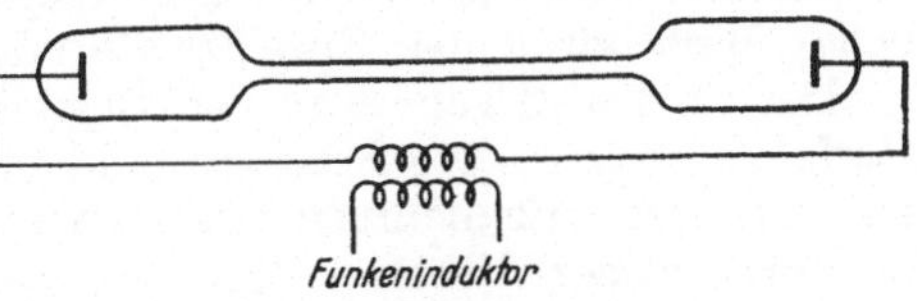

Abb. 25. GEISSLERsche Röhre.

ein Funkeninduktor liefert. Eine für diesen Versuch geeignete Anordnung ist in Abb. 25 dargestellt; das evakuierte Gefäß bezeichnet man als GEISSLERsche Röhre. Die Art der Lichterscheinung und die Farbe ist von dem im Rohr herrschenden Druck abhängig[1].

Läßt man das auf diese Weise erzeugte Licht durch ein Prisma fallen, so erhält man ein Spektrum, welches aus mehreren Banden, die sich wieder aus einzelnen Linien zusammensetzen, besteht und das sich von dem kontinuierlichen Spektrum des Sonnenlichts dadurch unter-

---

[1] Näheres über Gasentladungen s. physikalische Lehrbücher.

scheidet, daß nur scharfbegrenzte Linien vorhanden sind. D. h. der im GEISSLERschen Rohr durch die elektrische Spannung angeregte Stickstoff sendet nicht Licht aller Wellenlängen, sondern nur Licht einzelner, ganz bestimmter aus. Die Wellenlänge des ausgesandten Lichtes und damit auch die Anordnung der Spektrallinien ist charakteristisch für den Stickstoff. Andere unter vermindertem Druck stehende Gase zeigen beim Anlegen einer hohen Spannung ebenfalls ein Leuchten. Das Spektrum ist aber von Gas zu Gas verschieden. Hat man ein Gemisch mehrerer Gase vorliegen, so zeigt das Spektrum bei bestimmten Anregungsbedingungen die Linien aller Gase des Gemisches. Man kann also auf Grund der auftretenden Spektrallinien die Zusammensetzung von Gasgemischen feststellen. Das ist die Grundlage der *Spektralanalyse.*

Chemisches Verhalten. Der Stickstoff ist ein sehr träge reagierendes Element. Die Ursache für seine Trägheit ist in der Tatsache zu sehen, daß die Spaltung des Stickstoffmoleküls in die Atome, die die Reaktionsfähigkeit bedingen, nur unter Anwendung verhältnismäßig sehr großer Energien möglich ist. Trotzdem kennt man eine ganze Reihe von Stickstoffverbindungen. Die wichtigste Wasserstoffverbindung des Stickstoffs ist das Ammoniak (NH_3), das sich aus einem Gemisch von Stickstoff-Wasserstoffgas bei höheren Temperaturen und bei Anwesenheit von Eisenkatalysatoren unter Anwendung großer Drucke gewinnen läßt:

$$N_2 + 3\,H_2 \rightarrow 2\,NH_3.$$

Von den Sauerstoffverbindungen seien hier das Stickstoffmonoxyd (NO), das Stickstoffdioxyd (NO_2) und die Salpetersäure (HNO_3) genannt. Einige Metalle, z. B. Magnesium, reagieren bei höheren Temperaturen mit gasförmigem Stickstoff und bilden Nitride:

$$3\,Mg + N_2 \rightarrow Mg_3N_2 + Q.$$

Vorkommen und Verwendung. In freier Form ist der Stickstoff zu 78% in der Luft enthalten. Gebunden kommt Stickstoff in Verbindungen des Ammoniaks (z. B. im Salmiak) und in Verbindungen der Salpetersäure (z. B. im Chilesalpeter) vor; ferner ist er ein wesentlicher Bestandteil der Eiweißstoffe oder Proteine.

Der Stickstoff gehört zu den Elementen, die alle Pflanzen als Nährstoffe benötigen. Die Pflanzen sind nicht in der Lage, den Stickstoff aus der Luft aufzunehmen und zu verwerten, sondern können ihn nur in Form seiner Verbindungen verarbeiten. Lediglich einige niedere Organismen, die sich in den Wurzelknöllchen von Leguminosen befinden, können den Luftstickstoff direkt assimilieren, d. h. ihn in organische Stickstoffverbindungen überführen. Man verwendet daher Ammoniakverbindungen und andere Verbindungen des Stickstoffs in großen Mengen als Düngemittel.

c) Die Edelgase.

Wie bereits weiter oben auseinandergesetzt wurde, besteht die atmosphärische Luft neben den beiden Hauptbestandteilen Stickstoff und Sauerstoff zu rund 1 Vol.-% aus Edelgasen. Die Mengenverteilung der Edelgase in der Luft zeigt die folgende Tabelle 11.

Tabelle 11. Gehalt der Luft an Edelgasen.

Edelgas	Symbol	Volumproz.	Gewichtsproz.
Helium	He	0,00046	0,00006
Neon	Ne	0,00161	0,0011
Argon	Ar	0,9325	1,29
Krypton	Kr	0,000108	0,0003
Xenon	X	0,000008	0,00004

Die Menge des Argon überwiegt also bei weitem, sie ist um mehrere Zehnerpotenzen größer als die aller anderen Edelgase zusammengenommen.

Den Namen „Edelgase" hat diese Gruppe von Gasen deswegen erhalten, weil sie überhaupt keine Verbindung mit anderen Elementen zu bilden vermögen. Man kennt sie nur in elementarer Form. Sie sind ferner dadurch gekennzeichnet, daß sie die einzigen bei Zimmertemperatur einatomigen Gase sind. Man hat das aus gewissen physikalischen Daten, z. B. aus der Messung ihrer spezifischen Wärme, geschlossen.

Da die Edelgase in ihren physikalischen Eigenschaften und ihrem chemischen Verhalten einander sehr ähnlich sind, sollen sie gemeinsam besprochen werden.

Darstellung. Als gemeinsames Darstellungsverfahren kommt die fraktionierte Destillation verflüssigter Luft in Frage. Es ist allerdings erforderlich, die Fraktionierung mehrmals vorzunehmen, um eine möglichst hohe Ausbeute an den in ziemlich kleiner Menge in der Luft vorliegenden Edelgasen zu erzielen. Nach diesem Verfahren werden selbst Krypton und Xenon in der Industrie gewonnen.

Für das Helium gibt es noch ein spezielles Gewinnungsverfahren, entsprechend seinem besonderen Vorkommen. Es entströmt nämlich, vermischt mit anderen Gasen, an einigen Stellen, besonders in Nordamerika, der Erde. Die Erd- und Quellengase enthalten neben Stickstoff und Kohlenwasserstoffen bis zu 10% Helium, allerdings ist meist der Heliumgehalt der Quelle ihrer Ergiebigkeit umgekehrt proportional. Immerhin ist die prozentuale Menge des Heliums in den Erdgasen um mehrere Zehnerpotenzen größer als die der Luft. Durch fraktionierte Verflüssigung dieser Erdgase werden in Amerika große Mengen Helium gewonnen.

Physikalische Eigenschaften.

Edelgas	Molgewicht = Atomgewicht	Schmelzpunkt	Siedepunkt	Kritische Temperatur	Kritischer Druck
Helium . . .	4,002	−272,1°	−269,0°	−267,9°	2,26 at
Neon	20,183	−248,6°	−246,0°	−228,7°	26,9 „
Argon . . .	39,944	−189,4°	−185,8°	−122,4°	50 „
Krypton . .	83,7	−156,6°	−152,9°	− 62,5°	54,3 „
Xenon . . .	131,3	−111,5°	−107,1°	+ 16,6°	58,2 „

Die Edelgase sind farb- und geruchlos. Ihre Löslichkeit in Wasser ist relativ groß. Bei 20° und 1 at Gasdruck lösen sich in 1 l Wasser 8,8 ccm Helium, 10,4 ccm Neon und 33,6 ccm Argon. Die Löslichkeit wird also mit zunehmendem Atomgewicht größer. Auch die in der Tabelle enthaltenen Schmelzpunkte, Siedepunkte und kritischen

Temperaturen der Edelgase zeigen eine Regelmäßigkeit, die in einen gewissen Zusammenhang mit dem Atomgewicht gebracht werden kann: Mit zunehmendem Atomgewicht steigen die Schmelzpunkte, Siedepunkte und kritischen Temperaturen regelmäßig an. Die Edelgase senden wie alle Gase im GEISSLERschen Rohr bei elektrischer Anregung ein charakteristisches Licht aus. Beim Neon, das rot leuchtet, ist die Strahlung besonders intensiv.

Chemische Eigenschaften. Alle Edelgase verhalten sich gegenüber anderen Elementen völlig indifferent, sie bilden keine Verbindungen.

Vorkommen und Verwendung. Während die meisten Edelgase nur in der Luft vorkommen, ist das Helium, wie bereits erwähnt, in beträchtlicher Menge in manchen Erdgasen enthalten. Man verwendet das Helium wegen seines geringen spezifischen Gewichtes als Füllgas für Luftschiffe. Zwar ist die Dichte von Helium 2mal so groß wie die von Wasserstoff und damit ist auch die Tragfähigkeit von Luftschiffen, die eine Heliumfüllung besitzen, geringer als diejenige gleich großer, die mit Wasserstoff gefüllt sind, aber das Helium ist trotzdem vorzuziehen, da es unbrennbar ist, demgemäß eine größere Betriebssicherheit gewährleistet und ein geringeres Diffusionsvermögen besitzt.

Man verwendet das Helium ferner zur Erzeugung sehr tiefer Temperaturen. Durch Anwendung des Joule-Thomson-Effektes ist es gelungen, Helium zu verflüssigen und somit Temperaturen von $-269°$ zu erreichen. Durch die Verflüssigung des Heliums wurde es zum erstenmal möglich, das Verhalten der Stoffe bei Temperaturen, die wenige Grade über dem absoluten Nullpunkt liegen, zu studieren. KAMERLINGH ONNES hat z. B. die elektrische Leitfähigkeit der Metalle untersucht und dabei die merkwürdige Feststellung gemacht, daß einige Metalle bei einer bestimmten Temperatur ihren elektrischen Widerstand sprunghaft ändern, d. h. praktisch widerstandslos werden. Die Sprungtemperatur liegt für Quecksilber bei $-269°$ C. Unterhalb dieser Temperatur fließt in einem Kreis aus Quecksilber ein durch Induktion erzeugter Strom stundenlang, ohne daß eine merkliche Abnahme der Stromstärke festzustellen ist. Man nennt diese besondere elektrische Leitfähigkeit der Metalle die „Supraleitung".

Das Argon, das von allen Edelgasen das häufigste ist, wird im chemischen Laboratorium verwendet, wenn man Untersuchungen bei Anwesenheit eines völlig indifferenten Gases durchführen will. Große Mengen von Argon werden in der Glühlampenindustrie gebraucht. Die Metallfadenlampen, bei denen früher der Wolframdraht im Vakuum glühte und die später eine Stickstoffüllung erhielten, sind heute durchweg mit Argon wegen seiner Reaktionslosigkeit und seiner geringen Wärmeleitfähigkeit gefüllt. Neuerdings wird auch Krypton als Füllgas für Glühlampen verwendet. Die Zerstäubung der Glühlampenfäden ist um so geringer, je höher das Molekulargewicht des Füllgases ist.

Das Neon spielt gleichfalls in der Beleuchtungstechnik eine Rolle. Wegen seines intensiven schönen roten Leuchtens bei elektrischer Anregung benutzt man das Neon als Füllgas für die Leuchtröhren der Lichtreklame. Dieses Licht ist überaus wirtschaftlich. Die Energieausbeute einer mit Neon gefüllten Glimmlampe beträgt nämlich etwa 50%, während man mit den Metallfadenlampen nur eine Lichtausbeute von etwa 6% der elektrischen Energie erzielt.

d) Das Kohlendioxyd.

Abgesehen von den bisher besprochenen Gasen: Stickstoff, Sauerstoff, Wasserdampf, Argon, Helium, Neon, Krypton und Xenon, befinden sich in der atmosphärischen Luft stets noch Anteile von Kohlendioxyd, jenem gasförmigen zweiten Verbrennungsprodukt der Kohle, das schon verschiedentlich behandelt wurde. Die Menge des Kohlendioxyds in der Luft beträgt ungefähr 0,03 Vol.-%.

Darstellung. Alle Verbrennungen von kohlenstoffhaltigen Substanzen führen letzten Endes zum Kohlendioxyd

$$C + O_2 \rightarrow CO_2 + Q.$$

Wir erinnern an die beiden, bereits besprochenen, großtechnischen Verfahren zur Wasserstoff- und Stickstoffdarstellung, die Behandlung glühender Kohlen mit Wasserdampf bzw. mit Luft, bei denen Kohlendioxyd als Nebenprodukt entsteht. Im Laboratorium stellt man sich Kohlendioxyd durch Einwirkung von Säuren auf Carbonate wie Marmor dar. In den Carbonaten ist Kohlendioxyd an Metalloxyde gebunden und wird aus diesen Verbindungen durch Säuren in Freiheit gesetzt. Man benutzt dazu den bereits erwähnten KIPPschen Apparat.

Physikalische Eigenschaften.

$$
\begin{array}{lr}
\text{Molekulargewicht} & CO_2 = 44{,}00 \\
\text{Dichte} & d = 1{,}529 \\
 & (\text{Luft: } d = 1) \\
\text{Sublimationstemperatur} & -78{,}5^\circ\ C \\
\text{Kritische Temperatur} & +31{,}3^\circ\ C \\
\text{Kritischer Druck} & 72{,}9\ \text{at}
\end{array}
$$

Das Kohlendioxyd ist ein farbloses Gas; es ist weder brennbar noch unterhält es die Verbrennung. Das Kohlendioxyd ist schwerer als Luft. Kühlt man gasförmiges Kohlendioxyd bei Atmosphärendruck stark ab, so wird es bei $-78{,}5^\circ$ C fest; es gehört also zu den Substanzen, die bei gewöhnlichem Druck nicht im flüssigen Zustand zu erhalten sind und sublimieren. Flüssiges Kohlendioxyd ist nur unter Anwendung von Überdruck erhältlich und haltbar.

Kohlendioxydgas besitzt eine recht beträchtliche Löslichkeit in Wasser. 100 Raumteile Wasser lösen 171 Raumteile CO_2 bei 0° und 88 Raumteile bei 20° bzw. 36 Raumteile bei 60° C, wenn 1 at Gasdruck vorhanden ist.

Chemische Eigenschaften. Die wäßrige Lösung von Kohlendioxyd hat den Charakter einer schwachen Säure; sie besitzt einen säuerlichen Geschmack und färbt blaues Lackmuspapier rot. Beim Lösen findet zwischen dem Wasser und dem Kohlendioxyd teilweise eine Reaktion statt: Ein H_2O-Molekül und ein CO_2-Molekül vereinigen sich zu einem neuen Molekül H_2CO_3, dem Molekül der Kohlensäure:

$$CO_2 + H_2O \rightleftarrows H_2CO_3.$$

Bei der Besprechung der physikalischen Eigenschaften wurde bereits darauf hingewiesen, daß die Löslichkeit mit Erhöhung der Temperatur abnimmt; bei höherer Temperatur verläuft die obige Gleichung von rechts nach links, die Kohlensäure spaltet sich in Wasser und Kohlendioxyd, das Kohlendioxyd entweicht.

Bei der Behandlung des Wasserstoffs wurde bereits festgestellt, daß der Kohlenstoff eine große Affinität zum Sauerstoff besitzt, d. h. daß er einigen Sauerstoffverbindungen, z. B. dem Wasser, den Sauerstoff entziehen kann. Es gibt jedoch Elemente, deren Neigung, sich mit Sauerstoff zu verbinden, noch größer ist als die des Kohlenstoffs. Diese Stoffe — es sind die unedlen Metalle wie Natrium (Na) oder Magnesium (Mg) — können unter geeigneten Versuchsbedingungen das Kohlendioxyd zu Kohlenstoff reduzieren, entsprechend den Gleichungen

$$2\,Mg + CO_2 \rightarrow 2\,MgO + C$$
$$4\,Na + 3\,CO_2 \rightarrow 2\,Na_2CO_3 + C\,.$$

Vorkommen und Verwendung. Das Vorkommen des Kohlendioxydgases in der Luft wurde bereits erwähnt, desgleichen das in den Atemgasen. In größerer Menge ist das Kohlendioxyd in den Gasen enthalten, die Vulkanen entströmen. In wäßriger Lösung kommt CO_2 in vielen Quell- und Mineralwässern vor. Ferner ist das Kohlendioxyd ein wesentlicher Bestandteil einiger Mineralien, in denen es, gebunden an Metalloxyde, vorliegt. Wir nennen: Kalkstein und Marmor ($CaCO_3$), Magnesit ($MgCO_3$), Spateisenstein ($FeCO_3$) und Soda (Na_2CO_3).

Man verwendet das Kohlendioxyd zur Herstellung von Selterwasser und beim Bierausschank. Bei chemischen Arbeiten wird es zur Erzeugung von Kältebädern benutzt. Läßt man nämlich Kohlendioxyd, das, stark komprimiert, in Stahlbomben in den Handel kommt, aus einer Bombe ausströmen, so kühlt es sich dabei infolge des Joule-Thomson-Effektes derart stark ab, daß der Sublimationspunkt unterschritten und es fest wird. Man befestigt einen Lederbeutel an dem Ausströmungsventil der Bombe, um einerseits einen Austausch der erzielten tiefen Temperatur mit der umgebenden Luft herabzusetzen und andererseits, um die feste Kohlensäure aufzufangen. Die feste Kohlensäure ist gepreßt als „Trockeneis" im Handel erhältlich.

4. Der Kohlenstoff.

a) Die Modifikationen des Kohlenstoffs.

Nach der Besprechung der Bestandteile des Wassers und der Luft wollen wir uns im folgenden mit dem Element Kohlenstoff näher beschäftigen. Bereits mehrfach haben wir den Kohlenstoff als Reduktionsmittel angewandt, z. B. bei der Darstellung von Wasserstoff und von Stickstoff. Der Kohlenstoff ist auf der Erde sehr verbreitet, sein Vorkommen als Kohlendioxyd in der Luft und in den Carbonatgesteinen der Erdrinde wurde bereits erwähnt. Er ist der wichtigste Bestandteil und das wesentliche Aufbauelement der gesamten Tier- und Pflanzenwelt. Ferner ist der Kohlenstoff der Hauptbestandteil unserer Kohle,

der Braun- und Steinkohle, sowie des Erdöls und Erdgases, die beide aus
verschiedenartigen Verbindungen des Kohlenstoffs mit dem Wasserstoff
zusammengesetzt sind. Schließlich findet sich der Kohlenstoff in völlig
reiner Form als *Graphit* und *Diamant*, den beiden kristallinen Modifikationen dieses Elementes. Beide sind reiner Kohlenstoff, trotzdem
bestehen erhebliche Unterschiede physikalischer und chemischer Art
zwischen ihnen. Dieser Unterschied zweier Modifikationen eines Elementes konnte schon bei der
Besprechung des Sauerstoffs gezeigt werden; vom
Sauerstoff sind zwei Formen bekannt, der gewöhnliche Sauerstoff, wie er in der Luft vorkommt,
und das Ozon. Die beiden Formen des Sauerstoffs unterscheiden sich durch den Aufbau des
Moleküls, das normale Sauerstoffmolekül ist aus
2 Atomen, das Ozonmolekül aus 3 Atomen aufgebaut. Wie läßt sich nun die Existenz der bei-

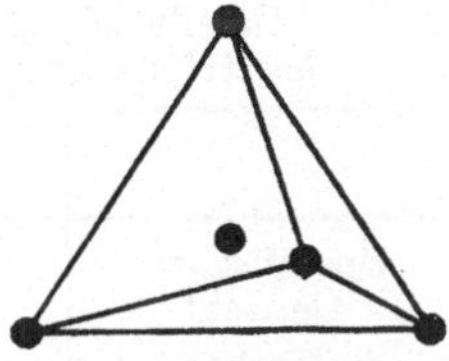

Abb. 26. Tetraedrischer
Aufbau des Diamant-
Kristalls.

den Modifikationen des Kohlenstoffs erklären? Welcher Art sind die
Unterschiede? Die Anordnung der Kohlenstoffatome im Diamanten
ist anders als die im Graphit, wie man durch röntgenographische Untersuchungen hat feststellen können. Röntgenstrahlen, die man durch
Diamant oder Graphit geschickt hat, zeigen charakteristische Beugungserscheinungen, der Aufbau der Atome im
Diamant und Graphit muß also ein regelmäßiger sein. Im Diamant ist jedes Kohlenstoffatom von vier anderen gleichmäßig umgeben. Wenn man also im
Atomgitter des Diamanten ein beliebiges
Kohlenstoffatom betrachtet, so kann man
es als Mittelpunkt eines regelmäßigen Tetraeders ansehen derart, daß in den vier
Ecken des Tetraeders die 4 benachbarten
Kohlenstoffatome angeordnet sind. Je 2
benachbarte Kohlenstoffatome im Diamanten haben einen Abstand von 1,53 Å.

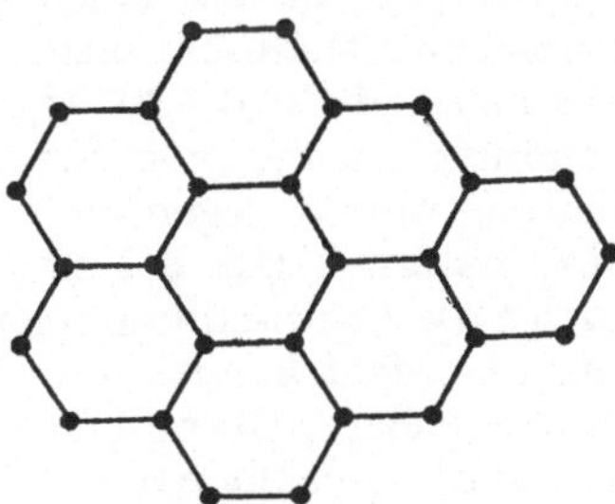

Abb. 27. Anordnung der C-Atome in
einer Schicht eines Graphit-Kristalls.

Der Graphit hat einen ganz anderen Aufbau. Während der Diamant
in allen drei Raumrichtungen gleiche Orientierung aufweist, gibt es
im Kristallgitter des Graphits eine ausgezeichnete Richtung. In dieser
Richtung ist der Abstand von Nachbaratom zu Nachbaratom größer
als in den beiden anderen Richtungen. Man spricht daher von einem
Schichtengitter. In jeder einzelnen Schicht sind die Kohlenstoffatome
in den Ecken regelmäßiger Sechsecke angeordnet. Zwei benachbarte
Kohlenstoffatome, die in derselben Schicht liegen, haben einen Abstand
von 1,45 Å, während der Abstand von Schicht zu Schicht 3,41 Å beträgt.

Die Erscheinung, daß ein Element in verschiedenen Modifikationen
vorkommt, bezeichnet man als *Allotropie*. Eine äußerlich scheinbar
besondere Form des Kohlenstoffs liegt in Substanzen wie z. B. Koks,
Holzkohle oder Ruß vor. Man hielt früher den Kohlenstoff in diesem
Zustand für nichtkristallin und sprach vom „amorphen Kohlenstoff".

Neuere röntgenographische Untersuchungen zeigten aber, daß der Kohlenstoff auch in dieser feinsten Verteilung noch einen graphitischen Aufbau besitzt, wenn er auch nicht die ideale Regelmäßigkeit des grobkristallinen Graphits besitzt.

Die unterschiedlichen physikalischen Eigenschaften der verschiedenen Formen des Kohlenstoffs sind in folgender Tabelle zusammengestellt.

Tabelle 14. Physikalische Eigenschaften der Kohlenstoff-Modifikationen, sowie des feinstverteilten Kohlenstoffs.

	Diamant	Graphit	Feinstverteilter Kohlenstoff
Spezifisches Gewicht	3,514	2,22	1,85
Farbe	farblos durchsichtig	grau undurchsichtig	schwarz undurchsichtig
Aufbau und Kristallform	gut kristallisiert regulär tetraedrisch	blättrig kristallisiert	amorph
Härte	sehr hart	weich	weich
Verhalten gegen elektr. Strom	Isolator	relativ guter Leiter	kein guter Leiter

Der Schmelzpunkt von Graphit liegt sehr hoch, oberhalb 3500° C. Der Graphit ist bei hohen Temperaturen die beständigere der beiden kristallinen Modifikationen; erhitzt man nämlich den Diamanten im Vakuum auf 2000—3000°, so geht er in Graphit über. Diese Umwandlung ist nur von theoretischem Interesse. Von praktischer Bedeutung wäre dagegen die Umwandlung von Graphit in Diamant; diese wäre natürlich nur bei niedrigeren Temperaturen denkbar. Freiwillig erfolgt die Umwandlung nicht. Auf Grund der Unterschiede im spezifischen Gewicht könnte man vermuten, daß es unter Anwendung hoher Drucke gelingt, Graphit in Diamant überzuführen. Derartige Versuche sind auch gemacht worden. Man hat z. B. ein Gemisch aus Eisen und Graphit geschmolzen und dann die Schmelze rasch erkalten lassen. Beim Abkühlen kristallisiert das Eisen für sich aus; der Kohlenstoff wird zum Teil vom Eisen eingeschlossen und ist dabei recht hohen Drucken ausgesetzt. Gelegentlich hat man auf diese Weise kleine Diamantflitter erhalten.

Beide kristallinen Modifikationen des Kohlenstoffs sind chemisch sehr widerstandsfähig und reaktionsträge.

Aus den Eigenschaften ergeben sich die Verwendungsmöglichkeiten der verschiedenen Kohlenstoffarten. Der Diamant ist wegen seiner Klarheit, Durchsichtigkeit, seines großen Lichtbrechungsvermögen und nicht zuletzt auch wegen seiner Seltenheit als Schmuckstein beliebt. Da der Diamant außerordentlich hart ist, kann man viele Substanzen, z. B. Glas, damit schneiden. Kleinere Diamantsplitter werden als Schleif- und Bohrmaterial verwendet.

Der Graphit wird als Bleistiftfüllung gebraucht. Die „Minen" oder „Seelen" der Bleistifte bestehen aus einer Mischung von Graphit und Ton. Ferner verwendet man Graphit wegen seiner chemischen Widerstandsfähigkeit und seines hohen Schmelzpunktes als Material zur Herstellung von Tiegeln. Das elektrische Leitvermögen und die Reaktionsträgheit bedingen die Verwendbarkeit von Graphit als Elektrodenmaterial. Schließlich benutzt man Graphit wegen seiner leicht blätternden Beschaffenheit als Schmiermittel.

Der feinstverteilte Kohlenstoff bildet sich beim „Verkohlen", d. h. beim Erhitzen von kohlenstoffhaltigen Substanzen, wie Holz, Zucker, Steinkohle, unter Luftabschluß. Hierbei entweichen Gase (bei der Steinkohle u. a. das Leuchtgas), Wasser und teerige Substanzen und es hinterbleibt der reine Kohlenstoff. Der Rückstand, der beim trockenen Erhitzen von Steinkohle erhalten wird, heißt Koks. Koks wird als Reduktionsmittel für Metalloxyde, also hauptsächlich zur Eisengewinnung im Hochofen, in riesigen Mengen gebraucht. Das zeigen die folgenden Zahlen: Im Jahre 1937 betrug die Kokserzeugung der Welt 180 Millionen Tonnen, davon wurden 46 Millionen Tonnen in Deutschland hergestellt. Besonders fein verteilter amorpher Kohlenstoff ist der Ruß. Er entsteht bei der unvollständigen Verbrennung kohlenstoffreicher organischer Verbindungen; er wird zur Herstellung schwarzer Farben, Tuschen, Drukkerschwärze, Stiefelwichse usw. verwendet.

Der feinstverteilte Kohlenstoff, namentlich in Form von Holzkohle, hat eine große praktische Bedeutung. Die Holzkohle besitzt nämlich eine große Oberfläche, zu

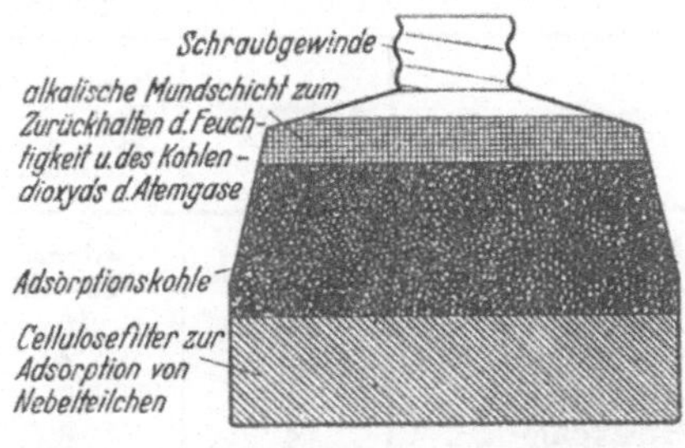

Abb. 28. Schnitt durch einen Gasmaskeneinsatz.

der äußerlich erkennbaren Oberfläche kommt noch die „innere Oberfläche", da die Kohle von unzähligen kleinen Kapillaren durchsetzt ist. So kann 1 g Holzkohle eine Oberfläche bis zu mehreren hundert Quadratmetern haben. Die große Oberfläche bedingt ein beträchtliches *Adsorptionsvermögen* für Gase und gelöste Stoffe. Gibt man z. B. in einen Kolben, der mit braunem Bromdampf gefüllt ist, ein paar Stücke Holzkohle und schüttelt tüchtig durch, so verschwindet bald die braune Farbe, das Brom ist auf der Oberfläche der Kohle niedergeschlagen, ist von der Kohle adsorbiert worden. Schüttelt man eine wäßrige Farbstofflösung mit Holzkohle, so wird der Farbstoff gleichfalls von der Kohle adsorbiert; nach dem Abfiltrieren der Kohle ist die Lösung farblos. Nun werden natürlich nicht alle Gase und alle gelösten Stoffe von der „Adsorptionskohle" gleich gut oder in gleicher Menge adsorbiert. Für die Adsorption gasförmiger oder gelöster Stoffe durch Holzkohle kennt man eine Faustregel; sie besagt: Je größer das Molekulargewicht des betreffenden Stoffes ist und je höher sein Siedepunkt liegt, um so besser erfolgt die Adsorption. Wegen des großen Adsorptionsvermögens verwendet man die Holzkohle als Füllmaterial für Gasmaskeneinsätze. Beim Einatmen der Luft durch das Filter der Gasmaske werden schädliche Gase, die etwa in der Luft vorhanden sind und die meist ein hohes Molekulargewicht haben, von der Kohleschicht zurückgehalten.

b) Die Kohlen.

Die Kohlen sind im Laufe von Jahrtausenden aus Holz und anderem pflanzlichen Material durch Zersetzung unter Luftabschluß entstanden. Bei dem Zersetzungsprozeß werden Wasser und Verbindungen des Kohlenstoffs und Wasserstoffs abgegeben, infolgedessen nimmt der Wasserstoff- und Sauerstoffgehalt der pflanzlichen Ausgangssubstanz im Gange der Zersetzung ständig ab. Je höher der Prozentgehalt der Kohlen an Kohlenstoff ist, um so weiter ist der „Inkohlungsprozeß" fortgeschritten. Die verschiedenen Kohlearten, Torf, Braunkohle, Steinkohle und Anthrazit stellen verschiedene Stufen des Zersetzungsprozesses dar. Man erkennt das aus der Tabelle 15, die die Zusammensetzung und die Beziehungen der Kohlesorten enthält.

Tabelle 15. Zusammensetzung und Verbrennungswärme verschiedener Brennstoffe.

Brennmaterial	Aschegehalt in Proz.	Wasser in Proz., bezogen auf die lufttrockene Substanz	Prozentgehalt der asche- und feuchtigkeitsfreien Substanz an				Verbrennungswärme für 1 g in Calorien
			C	H	O	N	
Holz	1,5	18—20	45	6	48	1	2700
Torf	5—20	20—30	60	6	32	2	3500
Braunkohle . .	3—30	15	70	5	24	1	3000—6000
Steinkohle . . .	1—15	4	82	5	12	1	6000—8000
Anthrazit . . .	1,5	2	94	3	3	—	7000—8000
Holzkohle . . .	4	6,5	95	1,7	3,4	—	8080
Koks	3,4—11	2	96	0,7	2,5	1	7700

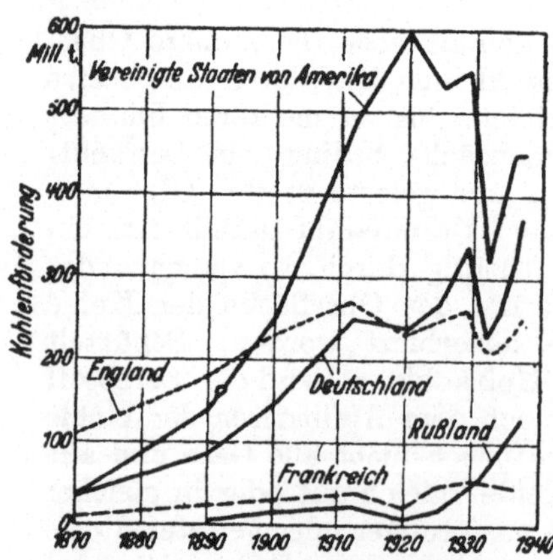

Abb. 29. Die Kohlenförderung (Stein- und Braunkohle) in den wichtigsten Industrieländern.

In demselben Maße, wie der Kohlenstoffgehalt vom Holz über Torf und Braunkohle zur Steinkohle zunimmt, steigt auch die Verbrennungswärme, also der Heizwert, an. Welch ungeheure Bedeutung die Kohle im industriellen Leben und im Haushalt der Menschen besitzt, das zeigt die graphische Darstellung, welche die Kohleförderung der wichtigsten Industrieländer im Laufe der letzten 70 Jahre wiedergibt. Die Kurven zeigen in ihrem ersten Stück ein durchaus gleichartiges Verhalten: einen steilen Anstieg bis zum Jahre 1913. Die in diesen Vorkriegsjahren ständig zunehmende Industrialisierung ist die Ursache für die erhöhte Kohleförderung in allen Ländern. Bei den Vereinigten Staaten von Nordamerika dauert der Anstieg bis zum Jahre 1920 an, während in den europäischen Ländern infolge des

Weltkrieges ein starker Abfall zu beobachten ist. In den Nachkriegsjahren steigt die Förderung zunächst an bis etwa zum Jahre 1928 (Zeit der wirtschaftlichen Scheinblüte!); dann folgt — bedingt durch die Wirtschaftskrise — ein starkes Absinken der Kurven bis zum Tiefstand im Jahre 1933. Die letzten Jahre brachten für die meisten Länder (Ausnahme Frankreich) wieder ein langsames Ansteigen der Kohleförderung, wobei der besonders steile Anstieg der deutschen Förderung auffällt.

c) Chemische Eigenschaften des Kohlenstoffs.

Wir haben früher festgestellt, daß zwei Kohlenstoff-Sauerstoff-Verbindungen existieren. Die Analyse der beiden Verbindungen ergibt, daß die Sauerstoffmengen, die jeweils mit derselben Kohlenstoffmenge verbunden sind, im Verhältnis 1:2 stehen; daher hatten wir die beiden Verbindungen Kohlenmonoxyd und Kohlendioxyd genannt. Für das Kohlendioxyd und das Kohlenmonoxyd findet man Molekulargewichte von 44 bzw. 28. Da das Atomgewicht des Sauerstoffs 16 ist, muß im Molekül des Kohlenmonoxyds genau 1 Atom Sauerstoff vorhanden sein. Denn würde das Kohlenmonoxydmolekül mehr als 1 Sauerstoffatom enthalten, also etwa 2, so müßte das Molekulargewicht des Kohlenmonoxyds größer als 32 sein. Demgemäß sind im Kohlendioxydmolekül 2 Sauerstoffatome vorhanden. Das Verbindungsgewicht des Kohlenstoffs ergibt sich also zu $28 - 16 = 12$ oder $44 - 2 \cdot 16 = 12$. Das Atomgewicht des Kohlenstoffs kann 12 sein oder aber ein ganzzahliger Teil von 12. Würde man noch mehr Kohlenstoffverbindungen analysieren und in diese Betrachtungen einbeziehen — was hier aber nicht geschehen soll —, so könnte man beweisen, daß der Kohlenstoff das Atomgewicht 12 hat.

Bei gewöhnlicher Temperatur ist der Kohlenstoff ein chemisch recht wenig reaktionsfähiger Stoff. Nur Sauerstoff und stärkeren Oxydationsmitteln gegenüber zeigt sich der Kohlenstoff weniger träge. Das Bestreben, sich mit Sauerstoff zu vereinigen, ist sogar relativ groß, wie sich aus der beträchtlichen Wärmetönung bei der Bildung des Kohlendioxyds aus den Elementen ergibt; pro Mol O_2 beträgt die Bildungswärme des Kohlendioxyds 97 Calorien, sie ist fast so groß wie die entsprechende des Wassers:

$$C + O_2 = CO_2 + 97 \text{ kcal}$$
$$2 H_2 + O_2 = 2 H_2O + 137 \text{ kcal.}$$

Trotzdem reagiert der Kohlenstoff bei Zimmertemperatur nicht mit dem Luftsauerstoff, da die Reaktionsgeschwindigkeit zu gering ist. Erst bei erhöhter Temperatur beobachtet man das Einsetzen einer Reaktion, und zwar bei um so niedrigerer Temperatur, je feiner die Verteilung des Kohlenstoffs, d. h. je größer seine Oberfläche ist. Diamant und Graphit entzünden sich an der Luft bei 800—1000° C, amorpher Kohlenstoff dagegen schon bei 400—500° C. Man kann die verhältnismäßig leichte Reaktion zwischen amorphem Kohlenstoff und Sauerstoff zeigen, indem man in einem Zylinder feinen Ruß durch einen Luft- oder Sauerstoffstrom aufwirbelt und einen brennenden Span an die Zylinderöffnung bringt; man beobachtet dann, wie eine Stichflamme durch den ganzen Zylinder schlägt. Solche Kohlenstaubexplosionen können gefährlich werden, wenn größere Räume mit einem Gemisch aus Luft und fein verteiltem Kohlenstoff gefüllt sind und durch eine kleine Flamme die Explosion ausgelöst wird.

Das Bestreben des Kohlenstoffs, sich mit Sauerstoff zu vereinigen, ist so stark ausgeprägt, daß er den Sauerstoff auch vielen Verbindungen entreißt und somit — wie der Wasserstoff — ein ausgezeichnetes Reduktionsmittel ist. Da der Kohlenstoff bedeutend billiger als Wasserstoff ist, so ist er das großtechnisch am meisten angewandte Reduktionsmittel, namentlich bei der Herstellung von Metallen aus ihren Sauerstoffverbindungen, den Metalloxyden. So werden Eisen, Kupfer, Blei, Zink und andere Metalle aus ihren Oxyden durch Reduktion mit Kohlenstoff gewonnen, entsprechend den Reaktionsgleichungen:

$$2\,PbO + C = 2\,Pb + CO_2$$
$$2\,HgO + C = 2\,Hg + CO_2$$
$$2\,Fe_2O_3 + 3\,C = 4\,Fe + 3\,CO_2.$$

Bei einigen Metallen, z. B. beim Magnesium, ist jedoch das Bestreben, sich mit Sauerstoff zum Oxyd zu vereinigen, stärker ausgeprägt als beim Kohlenstoff. Ihre Oxyde kann man daher nicht mit Kohlenstoff reduzieren, vielmehr reduzieren diese Metalle das Kohlendioxyd zum Kohlenstoff. Wir erinnern hier an die Reaktion zwischen Magnesiumpulver und festem Kohlendioxyd:

$$CO_2 + 2\,Mg = 2\,MgO + C,$$

die bei der Besprechung des Kohlendioxyds bereits erwähnt wurde.

Mit anderen Elementen als Sauerstoff reagiert der Kohlenstoff viel träger, trotzdem ist die Zahl der Verbindungen, die sich vom Kohlenstoff ableiten, außerordentlich groß. Der weitaus größte Teil der Kohlenstoffverbindungen gehört in das Gebiet der organischen Chemie, wie z. B. die Kohlenstoff-Wasserstoff-Verbindungen, die sog. Kohlenwasserstoffe von der Zusammensetzung C_xH_y. Solche Kohlenwasserstoffe entstehen u. a. bei der trockenen Destillation der Kohlen; das dabei entweichende Gasgemisch, das Leuchtgas, enthält neben Wasserstoff, Kohlenmonoxyd und Kohlendioxyd hauptsächlich 2 Kohlenwasserstoffe, das Methan (CH_4) und das Äthylen (C_2H_4). Die Durchschnittszusammensetzung eines aus Steinkohlen gewonnenen Leuchtgases gibt folgende Zusammenstellung:

Wasserstoff . . . . 50 %	Kohlenoxyd CO . 9 %	Benzol C_6H_6 . . . 1,25 %
Methan CH_4· . . . 32 %	Äthylen C_2H_4 . . 2,5 %	Kohlensäure CO_2 . 2 %
	Stickstoff N_2 . . 1,25 %	

Zwischen Stickstoff und Kohlenstoff existiert eine gasförmige Verbindung, das Dicyan $(CN)_2$, die später besprochen wird. Ferner sei hier noch auf den Schwefelkohlenstoff (CS_2) hingewiesen. Verbindungen zwischen Kohlenstoff und Metallen heißen Carbide, wir nennen hier das Aluminiumcarbid (Al_4C_3) und das Calciumcarbid (CaC_2).

d) Das Kohlenmonoxyd.

Der Kohlenstoff kann sich mit Sauerstoff zu zwei verschiedenen Oxyden vereinigen. Das eine, das Kohlendioxyd CO_2, wurde als einer der Bestandteile der Luft bereits behandelt. Die zweite, sauerstoffärmere Verbindung heißt Kohlenmonoxyd und hat die Zusammensetzung CO. Das Kohlenmonoxyd ist wie das Kohlendioxyd bei Normalbedingungen ein Gas.

Darstellung. Bei allen Verbrennungen des Kohlenstoffs, bei denen kein genügender Zutritt von Luftsauerstoff vorhanden ist, entsteht das Kohlenmonoxyd nach der Gleichung:

$$2\,C + O_2 = 2\,CO + 59,3 \text{ cal.}$$

Es bildet sich auch bei der Einwirkung von Kohlendioxyd auf erhitzte Kohle:

$$CO_2 + C = 2\,CO - 38,4 \text{ cal.}$$

Physikalische Eigenschaften.

Molekulargewicht	CO = 28
Schmelzpunkt	$-207°$ C
Siedepunkt	$-190°$ C
Kritische Temperatur	$-139°$ C
Kritischer Druck	35 at

Das Kohlenmonoxyd ist ein farb-, geruch- und geschmackloses Gas, das sehr wenig in Wasser löslich ist. Es brennt mit charakteristischer bläulicher Flamme. Es ist außerordentlich giftig.

Chemische Eigenschaften. Die Giftigkeit des Kohlenmonoxyds beruht auf dem stark ausgeprägten Bestreben, sich recht fest an den roten Blutfarbstoff, das Hämoglobin, anzulagern. Das Hämoglobin hat die wichtige physiologische Funktion, beim Vorgang der Atmung in den Lungen Sauerstoff aufzunehmen und Oxyhämoglobin zu bilden. Die komplizierte Formel des Hämoglobins ist hier nicht wesentlich, wir schreiben für das Hämoglobin Hb und formulieren die Sauerstoffaufnahme folgendermaßen:

$$Hb + O_2 = Hb \cdot O_2.$$

In dieser Verbindungsform des Oxyhämoglobins wird der Sauerstoff vom Blut dorthin transportiert, wo er für den Organismus lebensnotwendig ist. Das Kohlenmonoxyd kann nun den Sauerstoff aus dem Oxyhämoglobin verdrängen und das festere Kohlenoxydhämoglobin bilden:

$$Hb \cdot O_2 + CO \rightleftharpoons Hb \cdot CO + O_2.$$

Dieser Gleichgewichtszustand ist weitgehend nach rechts verschoben, so daß der Sauerstofftransport bei Anwesenheit von Kohlenmonoxyd nicht mehr erfolgt. Ein Kohlenoxydgehalt der Luft von 0,5 Vol.-% ruft in 5—10 Minuten lebensgefährliche Vergiftungen hervor. Eine Heilung Kohlenoxydvergifteter ist nur durch eine Behandlung mit reinem Sauerstoff möglich. Durch einen Sauerstoffüberschuß wird das obige Gleichgewicht langsam nach links zurückgedrängt und das Oxyhämoglobin zurückgebildet.

Die Verbindung von Kohlenoxyd und Hämoglobin benutzt man übrigens zum Nachweis von Kohlenoxyd. Versetzt man eine verdünnte Blutlösung mit einer wäßrigen Auflösung von Schwefelammonium, so beobachtet man, daß die Lösung nach einigem Stehen ihre Farbe ändert und dunkelrot bis schwärzlich erscheint. Wenn man jedoch durch eine gleiche Blutlösung kurze Zeit Kohlenoxyd geleitet hat und nun erst mit Schwefelammonium versetzt, so färbt sich die Lösung nicht dunkel, sondern behält ihre rote Farbe.

Die Ursache für diese Erscheinung kann hier nur kurz angedeutet werden. Durch das Schwefelammonium wird das hellrote Sauerstoffhämoglobin reduziert und ändert daher seine Farbe. Das Kohlenoxydhämoglobin ist aber durch Schwefelammonium nicht reduzierbar und behält darum seine Farbe bei.

Es ist ersichtlich, daß dieses Verhalten des Kohlenoxydhämoglobins gegenüber Schwefelammonium zum analytischen Nachweis des Kohlenoxyds benutzt werden kann. Eine Verfeinerung der Kohlenoxydnachweisreaktion läßt sich noch dadurch erreichen, daß man die Absorptionsspektra der betreffenden Blutlösungen aufnimmt..

Im allgemeinen ist das Kohlenmonoxyd ein ziemlich reaktionsträges Gas, erst bei höheren Temperaturen reagiert es mit Sauerstoff und anderen Sauerstoff abgebenden Substanzen und geht dabei unter Sauerstoffaufnahme in das Kohlendioxyd über:

$$2\,CO + O_2 = 2\,CO_2 + 136\ kcal.$$

Demgemäß kann das Kohlenmonoxyd als Reduktionsmittel reagieren, z. B. kann es Eisenoxyd zu metallischem Eisen reduzieren, ein Vorgang, der bei der Verhüttung des Eisens ausgenutzt wird:

$$Fe_2O_3 + 3\,CO = 2\,Fe + 3\,CO_2.$$

Unter den Verfahren zur Darstellung des Kohlenmonoxyds wurde bereits erwähnt, daß man beim Überleiten von Kohlendioxyd über glühende Kohlen Kohlenmonoxyd erhält. Diese Reaktion:

$$C + CO_2 = 2\,CO - 39\ kcal,$$

führt nicht in 100 proz. Ausbeute zum Kohlenmonoxyd, vielmehr stellt sich ein Gleichgewicht der beiden Gase in Gegenwart des festen Kohlenstoffs ein. Die Lage dieses Gleichgewichts hängt stark von der Temperatur und dem Druck ab. Hier soll nur die Abhängigkeit von der Temperatur interessieren. Auf Grund der Wärmetönung der Reaktion können wir unter Anwendung des LE CHATELIERschen Prinzips bereits aussagen, daß die Reaktion bei hohen Temperaturen von links nach rechts und bei niedrigen Temperaturen von rechts nach links verlaufen muß. In der Tat nimmt mit steigender Temperatur die im Gleichgewicht befindliche Menge an Kohlenoxyd zu und der Kohlendioxydgehalt entsprechend ab. Bei 450° C sind 98% Kohlendioxyd mit 2% Kohlenmonoxyd im Gleichgewicht, bei 1000° C besteht dagegen das Gasgemisch aus 0,7% Kohlendioxyd und 99,3% Kohlenmonoxyd. In der Abb. 30 ist die Abhängigkeit der Gleichgewichtslage von der Temperatur bei Atmosphärendruck graphisch dargestellt. Das Gleich-

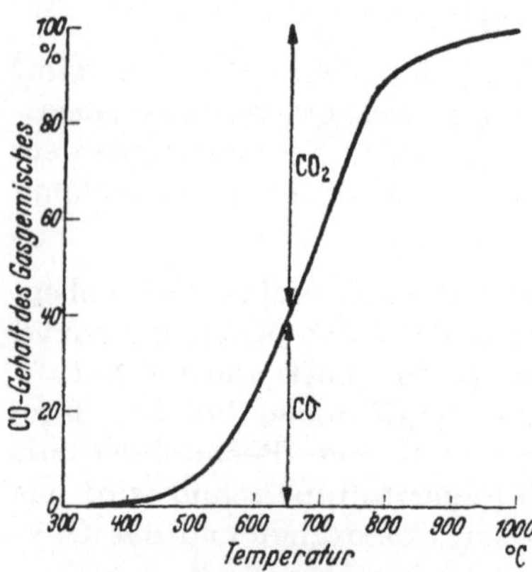

Abb. 30. Das BOUDOUARDsche Gleichgewicht: $CO_2 + C \rightleftharpoons 2\,CO$.

gewicht zwischen Kohlenmonoxyd und Kohlendioxyd bei Anwesenheit von festem Kohlenstoff hat in der Praxis eine große Bedeutung, nämlich in allen den Fällen, wo man gleichzeitig Kohlenstoff und Kohlenmonoxyd als Reduktionsmittel bei höheren Temperaturen verwendet, also bei der Gewinnung der Metalle im Hochofenprozeß.

An dieser Stelle müssen wir uns kurz mit drei kohlenoxydhaltigen, technisch wichtigen, vielgebrauchten Gasarten befassen, dem Generatorgas, dem Wassergas und dem Mischgas.

Das *Generatorgas* entsteht beim Überleiten von Luft über glühende Kohlen, wobei die Kohlen durch den Luftsauerstoff zu Kohlenoxyd verbrannt werden:

$$4\,N_2 + O_2 + 2\,C = 4\,N_2 + 2\,CO + Q.$$

Das Generatorgas ist also ein Kohlenoxyd-Stickstoff-Gemisch mit etwa 30% Kohlenoxydgehalt, es ist als Heizgas brauchbar, da das Kohlenoxyd noch zu Kohlendioxyd verbrannt werden kann. Infolge des großen Stickstoffüberschusses ist allerdings der Heizwert nicht sehr groß, er beträgt 900—1200 Calorien pro 1 cbm Gas. Der Prozeß der Generatorgasdarstellung verläuft von selbst, da dabei Wärme frei wird.

Leitet man Wasserdampf über glühende Kohlen, so entsteht das *Wassergas:*

$$C + H_2O = CO + H_2 - 27\ cal.$$

Dieser Prozeß verbraucht Wärme, er verläuft also nicht von selbst; das Reaktionsgefäß muß von außen geheizt werden. Man erhält aber auch ein bedeutend energiereicheres Gas, da es zu 50% aus Kohlenoxyd und zu 50% aus Wasserstoff besteht und beide Bestandteile unter Wärmeentwicklung verbrannt werden können. 1 cbm Wassergas hat dementsprechend einen Heizwert von 2600 Calorien. Wegen des höheren Heizwertes ist das Wassergas wertvoller als das Generatorgas. Die Herstellung von Wassergas ist aber wegen der erforderlichen Heizung teurer als die von Generatorgas.

In der Praxis schließt man nun häufig einen Kompromiß und kombiniert beide Verfahren: Bei der Herstellung des Generatorgases mischt man der über die Kohle geleiteten Luft Wasserdampf bei, so daß neben der Bildung des Generatorgases die Bildung von Wassergas herschreitet. Da nun aber der Prozeß der Wassergasbildung Wärme verbraucht, darf nur soviel Wasserdampf zugeleitet werden, daß dieser Verbrauch an Wärme, sowie die Wärmeverluste durch Strahlung usw. durch die bei der Bildung des Generatorgases freiwerdende Wärmeenergie gedeckt werden können, damit die Reaktionstemperatur aufrecht erhalten und der Betrieb kontinuierlich vor sich gehen kann. Die Zusammensetzung eines solchen in der Technik oft angewandten *Mischgases* kann je nach den Bedingungen schwanken, durchschnittlich besteht das Mischgas aus 26—32% CO, 8—12% H_2 und 55—63% N_2.

e) Die Flamme.

Wir haben bei einer ganzen Anzahl von Gasen und Gasgemischen festgestellt, daß sie brennbar sind, nämlich beim Wasserstoff, Kohlenoxyd, Wassergas, Generatorgas, Kraftgas und Leuchtgas. Wir wollen uns daher kurz mit den allgemeinen Erscheinungen befassen, die sich beim Verbrennen dieser Gase abspielen. Läßt man eins der oben aufgezählten Gase aus einer Öffnung in die atmosphärische Luft ausströmen und hält einen brennenden Span an die Öffnung, so entzündet sich das Gas, es brennt mit einer mehr oder weniger leuchtenden Flamme. Bei der Besprechung des Sauerstoffs wurde schon darauf hingewiesen, daß die meisten Verbrennungsvorgänge als Oxydationsprozesse zu bezeichnen sind. So handelt es sich auch bei den Flammen brennender Gase um Oxydationen, die betreffenden Gase reagieren in den Flammen mit dem Sauerstoff der Luft, der Wasserstoff verbrennt zu Wasser:

$$(1) \qquad 2\,H_2 + O_2 = 2\,H_2O + 137\ \text{kcal},$$

das Kohlenoxyd verbrennt zu Kohlendioxyd:

$$(2) \qquad 2\,CO + O_2 = 2\,CO_2 + 136\ \text{kcal}.$$

Auch die im Leuchtgas enthaltenen Kohlenwasserstoffe reagieren bei den in der Flamme herrschenden Temperaturen mit dem Luftsauerstoff, wobei Wasser und — je nach der Menge des vorhandenen Luftsauerstoffs — Kohlenstoff oder Kohlendioxyd entstehen; wir formulieren die Gleichungen für das Methan, denjenigen Kohlenwasserstoff, der im Leuchtgas in größter Menge vorkommt:

$$(3\,a) \qquad CH_4 + O_2 = C + 2\,H_2O$$
$$(3\,b) \qquad CH_4 + 2\,O_2 = CO_2 + 2\,H_2O.$$

In den Flammen brennender Gase kann man stets mehrere Zonen, die sich durch ihre Farbe unterscheiden, erkennen. Betrachten wir z. B. die Leuchtgasflamme! Direkt über der Ausströmungsöffnung erfolgt zunächst die Durchmischung des brennbaren Gases mit dem Luftsauerstoff. In dieser ersten kegelförmigen Zone findet noch keine Verbrennung statt, da hier die Temperatur für das Einsetzen der Reaktion zu niedrig ist. Es schließt sich eine zweite Zone an, die erste Verbrennungszone, in welcher der im Luft-Gas-Gemisch enthaltene Sauerstoff mit den oxydierbaren Gasen nach den Gleichungen (1), (2) und (3) reagiert. Im allgemeinen ist in dieser ersten Verbrennungszone die Verbrennung nicht vollständig, da die Sauerstoffmenge in dem Luft-Gas-Gemisch nicht ausreichend ist. So verbrennen z. B. die Kohlenwasserstoffe des Leuchtgases etwa nach Gleichung (3a), wobei also elementarer Kohlenstoff entsteht. Daß sich Kohlenstoff in der ersten Verbrennungszone gebildet hat, erkennt man, wenn man eine kalte Porzellanschale in diesen Teil der Leuchtgasflamme hält: Sie bedeckt sich mit einer

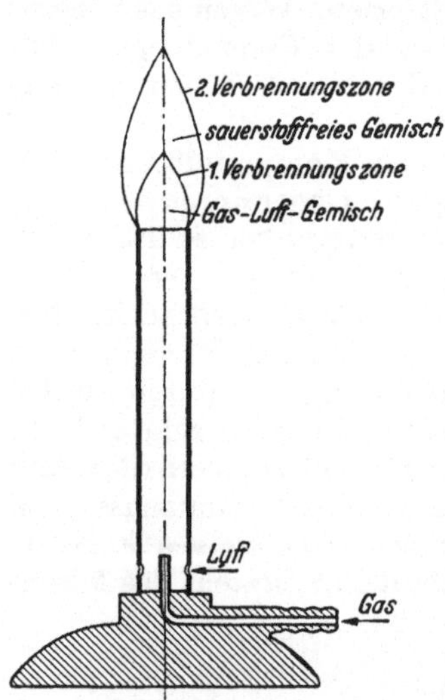

Abb. 31. Schnitt durch einen Bunsenbrenner und eine Leuchtgasflamme.

schwarzen Schicht, da sich der Kohlenstoff in Form von Ruß auf ihr abscheidet. Die kleinen festen Kohlenstoffpartikel sind die Ursache für das Leuchten der Flamme, sie glühen infolge der hohen, in der Flamme herrschenden Temperatur hell auf. Da die Oxydation in der ersten Verbrennungszone unvollständig verlaufen ist, wird noch eine zweite Verbrennung dort stattfinden, wo die heißen unverbrannten Anteile des Gases erneut mit Luft in Berührung kommen. Die zweite Verbrennungszone befindet sich also am Rand der Flamme. Die geschilderten verschiedenen Zonen der Flamme zeigt die Abb. 31, die einen Schnitt durch eine Leuchtgasflamme und durch einen „Bunsenbrenner" wiedergibt. Ein solcher, im chemischen Laboratorium benutzter Bunsenbrenner besitzt eine Vorrichtung, die es gestattet, dem Leuchtgas Luft zuzumischen, bevor es ausströmt und entzündet wird. Man erreicht durch die Mischung des Gases mit Luft, daß die Flamme nicht leuchtet, d. h. daß in der ersten Verbrennungszone kein elementarer Kohlenstoff entsteht, daß also die Kohlenwasserstoffe sofort vollständig nach Gleichung (3 b) verbrennen. Eine weitere Folge ist die Erhöhung der Temperatur der nichtleuchtenden gegenüber der leuchtenden Flamme, da in der nichtleuchtenden Flamme die eigentliche Verbrennung auf einen kleineren Raum konzentriert ist. Die heißeste Stelle der Flamme befindet sich in der Mitte der Flamme wenig oberhalb der ersten Verbrennungszone.

5. Die Metalle.

a) Physikalische Eigenschaften.

Eine ganze Reihe chemischer Elemente faßt man unter dem Namen „Metalle" zusammen. Einige von ihnen haben im täglichen Leben eine große Bedeutung erlangt und sind daher jedem Laien bekannt, z. B. Gold, Silber, Platin, Blei, Eisen, Kupfer, Aluminium, Zink. Außer diesen kennt der Chemiker noch eine große Zahl anderer. In diesem Abschnitt sollen die Metalle in ihrer Gesamtheit behandelt werden, damit man zunächst einmal einen gewissen Überblick über diese außerordentlich wichtige Stoffklasse erhält.

Bei der Betrachtung einiger Metalle fallen uns sofort einige gemeinsame Eigenschaften wie der *Glanz*, die *Undurchsichtigkeit* und die Farbe ins Auge. Alle Metalle sind undurchsichtig und reflektieren das Licht; kompakte Stücke haben eine helle glänzende Oberfläche, zumindest dann, wenn man dafür sorgt, daß die Oberfläche frisch hergestellt ist; in feinteiliger Form sehen manche Metalle schwarz aus. Bei Zimmertemperatur sind alle Metalle mit einer einzigen Ausnahme fest, lediglich das Quecksilber ist eine Flüssigkeit. Das spezifische Gewicht der Metalle schwankt in weiten Grenzen zwischen den Werten 0,53 beim Lithium und 22,5 beim Osmium. Das spezifische Gewicht von Lithium, Kalium und Natrium ist kleiner als 1, diese drei Metalle würden also auf Wasser schwimmen. Diejenigen Metalle, deren spezifisches Gewicht kleiner als 5 ist, heißen *Leichtmetalle*, alle anderen *Schwermetalle*. Die genauen Zahlenwerte für die spezifischen Gewichte der wichtigsten Metalle sind in der Tabelle 17 zusammengestellt. Die letzte Spalte dieser Tabelle enthält Angaben über die Zerreißfestigkeit; die hier aufgeführten Zahlen geben an, bei welcher Belastung ein Draht von

Tabelle 17. Die spezifischen Gewichte und Dehnbarkeiten einiger
Metalle bei 18° C.

Das Metall und sein Symbol		Spezifisches Gewicht	Metallklasse	Zerreißfestigkeit in kg pro qmm
Lithium	Li	0,534		
Kalium	K	0,86		
Natrium	Na	0,97	Leicht-	
Calcium	Ca	1,55	metalle	
Magnesium	Mg	1,74		
Aluminium	Al	2,69		20
Antimon	Sb	6,69		
Chrom	Cr	7,1		
Zink	Zn	7,14		5
Zinn	Sn	7,28		
Eisen	Fe	7,8		62
Nickel	Ni	8,8		
Kupfer	Cu	8,93	Schwer-	42
Silber	Ag	10,50	metalle	40
Blei	Pb	11,34		2
Quecksilber	Hg	13,55		
Wolfram	W	19,1		
Gold	Au	19,3		27
Platin	Pt	21,4		54
Osmium	Os	22,48		

1 qmm Querschnitt gerade zu reißen beginnt. Eine besonders große
Zerreißfestigkeit besitzen Eisen, Platin, Kupfer und Silber.

Auch bezüglich ihrer Härte bestehen große Unterschiede zwischen
den einzelnen Metallen; die Leichtmetalle Kalium, Natrium und Lithium
sind weich wie Wachs, sie lassen sich mit einem Messer leicht zerschneiden; auch das Blei ist relativ weich. Andere Metalle wieder, z. B.
das Chrom, sind so hart, daß man mit ihnen Glas ritzen kann.

Die Lage der Schmelzpunkte und Siedepunkte einiger Metalle zeigt
die Tabelle 18, in ihr sind die wichtigsten Metalle nach steigenden
Schmelzpunkten angeordnet. Das Metall mit dem niedrigsten Schmelzpunkt ist das bei Zimmertemperatur flüssige Quecksilber, es schmilzt
bei —38,9° C und siedet bei +357° C. Den höchsten Schmelz- und
Siedepunkt besitzt das Wolfram, das erst bei 3370° flüssig wird und
bei 4800° siedet. Es soll noch darauf hingewiesen werden, daß der

Tabelle 18. Schmelzpunkte und Siedepunkte einiger Metalle.

Metall		Schmelzpunkt	Siedepunkt	Metall		Schmelzpunkt	Siedepunkt
Quecksilber	Hg	—38,9°	+357°	Silber	Ag	960,5°	+2150°
Kalium	K	+63,5°	757°	Gold	Au	1063°	2710°
Natrium	Na	97,7°	883°	Kupfer	Cu	1083°	2340°
Lithium	Li	179°	1336°	Mangan	Mn	1250°	2030°
Zinn	Sn	231.8°	2360°	Nickel	Ni	1455°	3075°
Wismut	Bi	271°	1560°	Chrom	Cr	1700°	2200°
Cadmium	Cd	321°	767°	Eisen	Fe	1525°	3250°
Blei	Pb	327°	1750°	Platin	Pt	1771°	3800°
Zink	Zn	419,4°	907°	Iridium	Ir	2350°	—
Antimon	Sb	630°	1640°	Osmium	Os	2700°	—
Magnesium	Mg	650°	1107°	Tantal	Ta	3027°	—
Aluminium	Al	658°	2270°	Wolfram	W	3370°	4800°

Anstieg der Schmelz- und Siedepunkte bei den in der Tabelle aufgeführten Metallen nicht immer parallel geht. Die Lage des Schmelzpunktes eines Metalls ist von Einfluß auf seine Verwendbarkeit für bestimmte Zwecke; so sind z. B. die hochschmelzenden Metalle Wolfram, Tantal und Osmium geeignet, in Drahtform als Fäden von Glühlampen zu dienen.

Als letzte der physikalischen Eigenschaften der Metalle sollen das *elektrische Leitvermögen* und das *Wärmeleitvermögen* besprochen werden. Alle Metalle leiten den elektrischen Strom, viele von ihnen, wie Silber, Kupfer, Gold und Aluminium, sind ausgezeichnete Elektrizitätsleiter. Während der Stromdurchgang durch Wasser — wie bereits früher besprochen — eine Zersetzung des Wassers zur Folge hat, ist beim Durchtritt des elektrischen Stromes durch Metalle keine Veränderung in ihrer stofflichen Beschaffenheit zu erkennen. Quantitative Angaben über das Leitvermögen einiger Metalle enthält die Tabelle 19. In ihr ist angegeben, welche Länge Metalldrähte von 1 qmm Querschnitt haben, wenn sie bei 15° C einen Widerstand von 1 Ohm besitzen. Bekanntlich ist die Einheit des Widerstandes, das internationale Ohm, definiert als der Widerstand, den eine Quecksilbersäule von 1 qmm Querschnitt und 106,3 cm Länge bei 0° C hat.

Tabelle 19. Elektrischer Widerstand einiger Metalle.

Metall		1 Ohm Widerstand bei einem Draht von 1 qmm Querschnitt und einer Länge von	Metall		1 Ohm Widerstand bei einem Draht von 1 qmm Querschnitt und einer Länge von
Silber	Ag	62,89 m	Platin	Pt	8,4 m
Kupfer	Cu	57,40 m	Nickel	Ni	7,59 m
Gold	Au	46,30 m	Eisen	Fe	7,55 m
Aluminium	Al	31,52 m	Stahl		5,43 m
Zink	Zn	16,95 m	Blei	Pb	4,56 m
Messing		14,17 m	Quecksilber	Hg	1,049 m

Da Silber und Gold als Material für elektrische Drähte wegen ihres hohen Preises nicht verwendet werden können, stellt man die Drahtleitungen für den elektrischen Strom aus Kupfer oder Aluminium her.

Mit Erhöhung der Temperatur steigt der Widerstand von Metallen an, das elektrische Leitvermögen nimmt ab. Diese Abhängigkeit des Widerstandes von der Temperatur wird zur Temperaturmessung verwertet. Eine Widerstandsmessung ist die Grundlage der Platinwiderstandsthermometer.

Die Metalle sind nicht nur gute Leiter für die Elektrizität, sondern auch für die Wärme. Das Wärmeleitvermögen der Metalle geht parallel ihrem elektrischen Leitvermögen (WIEDEMANN-FRANZsches Gesetz).

b) Chemische Eigenschaften.

Alle Metalle sind elementare Stoffe. Denn wenn man sie für sich auf hohe Temperatur erhitzt oder tief abkühlt, schmilzt oder wieder erstarren läßt, destilliert und den Dampf wieder kondensiert oder wenn man den elektrischen Strom hindurchschickt, so bleiben sie immer die gleichen Stoffe mit den gleichen Eigenschaften. Z. B. ist nach solchen Operationen das Quecksilber wieder silberweiß und flüssig, das Kalium wieder wachsartig weich und schneidbar, das Chrom wieder hart und ritzt Glas.

Reaktion mit Sauerstoff. Wie verhalten sich die Metalle gegen Sauerstoff? Einige Metalle, wie Platin, Gold, Silber, Quecksilber, können jahrelang an der Luft liegen oder in Berührung mit einer reinen Sauerstoffatmosphäre stehen, sie reagieren bei Zimmertemperatur nicht mit Sauerstoff, sie behalten ihre metallisch glänzende Oberfläche. Einige andere, z. B. Zink, Aluminium und Magnesium, scheinen sich gleichfalls bei Behandlung mit Sauerstoff nicht zu verändern, sie bleiben blank und glänzend; in Wirklichkeit reagieren sie aber doch mit Sauerstoff, nur kommt die Reaktion sehr bald zum Stillstand, da sich eine zusammenhängende Oxydschicht bildet, die die ganze Oberfläche bedeckt und so das Metall vor einem weiteren Angriff des Sauerstoffs schützt. Andere Metalle dagegen werden durch Luftsauerstoff stark verändert, so zeigen alte Bleigegenstände eine schmutzig schwarzgraue Oberflächenbeschaffenheit, eiserne Gegenstände werden nach längerer Zeit braunrot und rissig, sie rosten. Einige Leichtmetalle, wie Kalium und Natrium, besitzen eine sehr große Affinität zum Sauerstoff, sie oxydieren sich bei Zimmertemperatur im Laufe weniger Sekunden; die metallisch glänzende Oberfläche eines frisch abgeschnittenen Stückes Kalium läuft sofort an. Man darf daher Natrium, Kalium und Lithium nicht an der Luft liegen lassen, sondern muß sie unter Luftabschluß in Petroleum aufbewahren.

Bei höherer Temperatur ist die Zahl der Metalle, welche mit Sauerstoff reagieren, eine bedeutend größere. Einige wenige Metalle sind auch beim Erhitzen gegen Sauerstoff völlig beständig, z. B. Platin, Gold und Silber. Auch das Quecksilber ist weitgehend beständig. Metalle wie Kupfer, Nickel und Blei reagieren bei höherer Temperatur mit Sauerstoff, sie laufen beim Erhitzen an und bedecken sich mit Oxydschichten. Lebhaft erfolgt die Reaktion mit Sauerstoff bei dem Zink, Zinn, Eisen, Antimon, Aluminium, Calcium, Magnesium, Natrium, Kalium und anderen; wenn man sie genügend hoch erhitzt, so verbrennen sie ohne weitere Wärmezufuhr vollständig zum Oxyd. Wir formulieren den Verbrennungsvorgang am Beispiel des Zinks und Calciums:

$$2\,Zn + O_2 = 2\,ZnO$$
$$2\,Ca + O_2 = 2\,CaO.$$

Bei einigen Leichtmetallen entstehen Oxydationsprodukte, die als Abkömmlinge des Wasserstoffsuperoxyds aufgefaßt werden können und die man als Peroxyde bezeichnet. Ein Beispiel hierfür ist das Barium, dessen Peroxyd (BaO_2) bereits bei der Besprechung der Darstellung von Sauerstoff und Wasserstoffsuperoxyd erwähnt wurde. Barium reagiert also mit Luftsauerstoff unter Bildung des Bariumperoxyds:

$$Ba + O_2 = BaO_2.$$

In gleicher Weise reagiert auch Natrium:

$$2\,Na + O_2 = Na_2O_2$$

Bei den betrachteten Reaktionen der Metalle mit Sauerstoff bilden sich Metalloxyde; die meisten Metalloxyde sind in Wasser unlöslich. Wenn sie teilweise löslich sind wie z. B. die Leichtmetalloxyde, so erteilen sie dem Wasser eine alkalische, schlüpfrige Beschaffenheit und färben rotes Lackmuspapier blau.

Das Verhalten der Metalle gegenüber Sauerstoff hat zu einer Unterteilung geführt. Diejenigen Metalle, die mit Sauerstoff absolut nicht reagieren, also Platin, Silber, Gold, Iridium und einige weitere, heißen *Edelmetalle. Unedle Metalle* nennt man solche, wie Kalium, Eisen, Magnesium, Zink, die bei höherer Temperatur und Anwesenheit von Sauerstoff lebhaft verbrennen.

Atomgewichtsbestimmung von Metallen. Die besprochene Bildung der Metalloxyde bietet die Möglichkeit, die Atomgewichte derjenigen Metalle zu bestimmen, die mit Sauerstoff reagieren. Bei der Besprechung der quantitativen Zusammensetzung des Wassers hatten wir eine Möglichkeit kennengelernt, die Atom- und Molekulargewichte von Wasserstoff und Sauerstoff zu berechnen. Es wurde darauf hingewiesen, daß es möglich ist, durch Untersuchung ähnlicher Gasreaktionen die Atomgewichte anderer Gase zu bestimmen. Bieten nun die Reaktionen zwischen Metall und Sauerstoff eine Möglichkeit zur Bestimmung der Atomgewichte der Metalle? Man könnte ja folgenden Versuch durchführen: Man bringt eine bestimmte, bekannte Menge eines Metalls, z. B. Zink, das sich in einem gleichfalls bekannten Volumen reinen Sauerstoffs befindet, durch elektrische Zündung mit dem Sauerstoff zur Reaktion. Wenn alles Metall verbrannt ist und der restliche Sauerstoff wieder seine alte Temperatur angenommen hat, kann man feststellen, um wieviel das Volumen des Gases abgenommen hat, d. h. man kann feststellen, wieviel ccm Sauerstoff mit der bestimmten Metallmenge reagiert haben. Oder man könnte auch das Gewicht des Reaktionsproduktes ermitteln. Das ist z. B. besonders einfach nach dem Erhitzen von zuvor gewogenem, metallischem Kupferdraht in einem Sauerstoffstrom. Die Zunahme des Gewichtes gegenüber der Einwaage gibt die Menge Sauerstoff an, die im Metalloxyd an das Metall gebunden ist. Man würde den Versuch mit verschieden großen Ausgangsmengen an Zink wiederholen und sich zunächst davon überzeugen, daß das Gesetz von den konstanten Proportionen erfüllt ist, d. h. daß die Gewichtsmengen Zink und Sauerstoff, die miteinander reagieren, stets in demselben Verhältnis zueinander stehen, nämlich im Verhältnis 65,4 zu 16. Man findet: 1 Grammatom Sauerstoff (16 g) verbindet sich mit 65,4 g Zink. Kann hieraus geschlossen werden, daß 65,4 das Atomgewicht des Zinks ist? Ein derartiger Schluß ist nicht berechtigt; denn wir wissen zunächst noch nicht, aus wieviel Atomen Zink und aus wieviel Atomen Sauerstoff das Molekül des Zinkoxyds aufgebaut ist. Auf diese Frage gibt uns der Versuch keine Antwort. Bei dem entsprechenden Experiment der Bildung des Wassers ($2 H_2 + O_2 = 2 H_2O$) führten wir den Versuch derart durch, daß wir ein gasförmiges Reaktionsprodukt erhielten. Das gelang durch Temperaturerhöhung. Dieser Kunstgriff ist bei den Metalloxyden nicht anwendbar, da ihr Siedepunkt zu hoch liegt.

Über die Reaktion zwischen Zink und Sauerstoff können wir zunächst nur folgendes aussagen: y Moleküle Sauerstoff vereinigen sich mit 2x Atomen Zink; das entstandene Zinkoxyd hat die Zusammensetzung Zn_xO_y; wir formulieren also:

$$2\,x\,Zn + y\,O_2 \rightarrow 2\,Zn_xO_y\,.$$

Welchen Wert haben x und y? Ist ZnO oder ZnO_2 oder Zn_2O oder Zn_2O_3 oder noch eine andere die richtige Formel des Zinkoxyds? Bei der Formulierung ZnO wäre $x = y = 1$, es reagierten also 2 Atome Zink mit 1 Sauerstoffmolekül, 65,4 würde das Atomgewicht des Zinks sein und Zink wäre wie der Sauerstoff zweiwertig[1]. Wäre dagegen Zn_2O die richtige Formel, so würden 4 Atome Zink mit 1 Sauerstoffmolekül reagieren, das Atomgewicht des Zink wäre $65,4:2 = 32,7$ und das Zink wäre ein einwertiges Metall.

Zwischen diesen und ähnlichen Formulierungen mehr und den daraus abzuleitenden Atomgewichten und Wertigkeiten des Zinks können wir einstweilen nicht entscheiden, da wir Zink nicht im gasförmigen Zustand reagieren lassen können und auch das Zinkoxyd nicht gasförmig zu erhalten ist, wir somit keine Gasvolumina vergleichen können.

Für die Bestimmung des Atomgewichts fester Stoffe, insbesondere metallischer Elemente, kommt uns aber eine physikalische Gesetzmäßigkeit zu Hilfe. Das ist das *Gesetz von den konstanten Atomwärmen,* das Gesetz von DULONG-PETIT. Es besagt, daß die sog. Atomwärmen, d. h. das Produkt aus Atomgewicht und spezifischer Wärme eines Elementes, stets annähernd denselben Wert hat; nämlich ungefähr gleich 6,4 ist: Atomgewicht $\times$ spezifische Wärme $= \sim 6,4$. Diese Zahl 6,4 ist keine absolute Konstante, sondern nur ein Mittelwert der wahren Atomwärmen, die zwischen den Grenzen 6 und 7 schwanken. Das Gesetz von DULONG-PETIT gibt uns also die Möglichkeit, Atomgewichte fester Stoffe angenähert zu bestimmen, also zwischen Atomgewichten, die auf Grund von Reaktionen denkbar sind, zu entscheiden. Angewandt auf das von uns betrachtete Beispiel des Zinks: Die spezifische Wärme des Zinks hat den Wert 0,092. Das ungefähre Atomgewicht des Zinks wäre also $6,4:0,092 = 69,5$. Ziehen wir nun die analytische Untersuchung des Zinkoxyds mit heran, so ergibt sich, daß 65,4 das genaue Atomgewicht des Zinks ist. Somit ist die Wertigkeit des Zinks gleich 2 wie die des Sauerstoffs und das Zinkoxyd hat die Formel ZnO. Jetzt können wir auch die Reaktionsgleichung genau formulieren:

$$2\,Zn + O_2 = 2\,ZnO\,.$$

Das Zink gehört zu den Metallen, von denen nur ein Oxyd existiert. Andere Metalle dagegen können in Übereinstimmung mit dem Gesetz von den multiplen Proportionen mehrere Sauerstoffverbindungen bilden, genau so wie der Wasserstoff mehrere Oxyde, das Wasser und das Wasserstoffsuperoxyd, zu bilden vermag. Je nach den vorliegenden Versuchsbedingungen, der Temperatur und dem angewandten Mengenverhältnis Metall zu Sauerstoff, entsteht entweder das sauerstoffreichere oder

---

[1] Näheres über den Begriff der Wertigkeit s. S. 80.

sauerstoffärmere Metalloxyd. In der Tabelle 20 sind die Atomgewichte
einiger wichtiger Metalle sowie die Formeln und Farben der entsprechenden Metalloxyde zusammengestellt.

Tabelle 20. Atomgewichte und Oxyde einiger Metalle.

Metall	Symbol	Atomgewicht	Metalloxyd	
			Formel	Farbe
Platin	Pt	195,23		
Gold	Au	197,2		
Quecksilber . .	Hg	200,61	HgO	rot
Blei	Pb	207,21	PbO	gelb
			Pb_3O_4	rot
			PbO_2	braun
Silber	Ag	107,88	Ag_2O	schwarzbraun
Kupfer	Cu	63,57	Cu_2O	rot
			CuO	schwarz
Eisen	Fe	55,84	Fe_2O_3	braunrot
Zink	Zn	65,38	ZnO	weiß
Calcium	Ca	40,08	CaO	weiß
Magnesium . . .	Mg	24,32	MgO	weiß
Aluminium . . .	Al	26,97	Al_2O_3	weiß
Natrium	Na	22,997	Na_2O	weiß
			Na_2O_2	schwach gelb
Kalium	K	39,10	K_2O	gelblichweiß
			KO_2	orange

Reaktion mit Wasser. In der Reihe der Stoffe, deren Einwirkung auf
die Metalle wir untersuchen wollen, sei als nächstes das Wasser behandelt.
Zunächst soll uns das Verhalten der Metalle gegenüber reinem Wasser
interessieren. Die Edelmetalle werden vom Wasser weder in der Kälte
noch in der Hitze irgendwie verändert. Auch auf die weniger edlen Metalle
Zinn, Eisen, Blei, Zink und Aluminium scheint Wasser nicht einzuwirken.
Diese Metalle reagieren mit Wasser ganz analog wie mit Sauerstoff,
sie bedecken sich sofort mit einer sehr dünnen, zusammenhängenden
Oxydschicht, die das Metall vor jedem weiteren Angriff des Wassers
schützt. Anders verhalten sich die Leichtmetalle Kalium, Natrium, Calcium und in sehr viel schwächerer Weise auch Magnesium, wenn sie mit
Wasser in Berührung kommen. Sofort setzt eine lebhafte Reaktion ein,
die im Laufe der Zeit immer heftiger wird. Es entwickeln sich Blasen
eines farblosen Gases, das man als Wasserstoff identifiziert, und das
Metall geht dabei langsam in Lösung. Wie kann dieser Vorgang erklärt
werden? Offenbar wird der Sauerstoff aus seiner Verbindung Wasser
durch das Metall verdrängt und das Metall verbindet sich mit dem
Sauerstoff des Wassers. Wenn beide Wasserstoffatome des Wassers
durch Metall ersetzt werden, so muß das Metalloxyd entstehen und wir
können die Reaktion z. B. für Natrium folgendermaßen formulieren:

$$\text{x Na} + \text{y } H_2O \to Na_xO_y + \text{y } H_2.$$

Wird dagegen nur das eine Wasserstoffatom des Wassers gegen Metall
ausgetauscht, so muß die Reaktionsgleichung lauten:

$$2\text{x Na} + 2\text{y } H_2O \to 2 Na_x(OH)_y + \text{y } H_2.$$

Hier kann noch nicht entschieden werden, welche der beiden Gleichungen die richtige ist, der Beweis muß später nachgeholt werden. Es soll einstweilen nur die Tatsache festgestellt werden, daß die zweite Formulierung den Lösevorgang richtig beschreibt, und daß in dieser Gleichung $x = y = 1$ zu setzen ist:

$$2\,Na + 2\,H_2O \rightarrow 2\,Na(OH) + H_2.$$

Die entstandene Verbindung NaOH nennt man Natriumhydroxyd. Ganz analog entstehen bei der Einwirkung von metallischem Kalium, Calcium und Magnesium auf Wasser die Hydroxyde dieser Metalle:

$$2\,K + 2\,HOH = 2\,KOH + H_2$$
$$Ca + 2\,HOH = Ca(OH)_2 + H_2$$
$$Mg + 2\,HOH = Mg(OH)_2 + H_2.$$

Natriumhydroxyd und Kaliumhydroxyd sind in Wasser sehr gut löslich, Calciumhydroxyd und Magnesiumhydroxyd lösen sich schlechter in Wasser. Die wäßrigen Lösungen bzw. Suspensionen dieser vier Hydroxyde zeigen gewisse gemeinsame Eigenschaften: sie fühlen sich schlüpfrig an und schmecken wie eine Sodalösung. Sie färben rotes Lackmuspapier oder eine rote Lackmuslösung blau. Stoffe mit solchen Eigenschaften nennt man *Laugen* oder *Basen*. Sie sind in ihrem Aufbau dadurch ausgezeichnet, daß sie eine OH-Gruppe, eine sog. „Hydroxylgruppe", im Molekül besitzen. Später werden die Laugen noch genauer charakterisiert.

Einige von den Metallen, die eine Mittelstellung zwischen den Edelmetallen und den unedlen Leichtmetallen einnehmen, wie Eisen, Zink, Aluminium, die sich also in reinem Wasser nicht auflösen, können in Lösung gebracht werden, wenn man dem Wasser etwas Säure (Essigsäure oder Salzsäure) zusetzt. Jetzt zersetzen auch sie das Wasser, man beobachtet eine Wasserstoffentwicklung. Die Edelmetalle hingegen zeigen ihren edlen Charakter auch gegenüber angesäuertem Wasser: Platin, Gold, Silber, Quecksilber werden von verdünnten Säuren nicht angegriffen.

Reaktion mit Wasserstoff. Hinsichtlich ihrer Reaktion mit Wasserstoffgas lassen sich wieder einige Metalle zu Gruppen zusammenfassen. Eine sehr große Anzahl von Metallen ist sowohl in der Kälte als auch bei erhöhter Temperatur gegen Wasserstoff völlig indifferent. Von diesen seien genannt: Gold, Silber, Quecksilber, Mangan und Aluminium. Manche Metalle reagieren dagegen mehr oder weniger deutlich mit gasförmigem Wasserstoff. Dabei entstehen recht verschiedene Arten von Reaktionsprodukten; man nennt diese Metallwasserstoffverbindungen *Hydride.*

Einige Leichtmetalle, wie Lithium, Natrium, Calcium, vereinigen sich mit Wasserstoff, wenn man sie im Wasserstoffstrom erhitzt. Unter Erglühen und Aufblähen bilden sich feste, weiße Massen, die das Aussehen von Salzen haben. Diese Art von Hydriden nennt man daher „salzartige Hydride‘. Die Reaktionsgleichung sei für das zweiwertige Calcium formuliert:

$$Ca + H_2 \rightarrow CaH_2.$$

Das entstandene Calciumhydrid und auch die Hydride von Natrium und Lithium sind starke Reduktionsmittel. Kommen die Leichtmetallhydride mit Wasser in Berührung, so zersetzen sie sich unter starker Wasserstoffentwicklung, entsprechend der Gleichung:

$$CaH_2 + 2\,HOH = Ca(OH)_2 + 2\,H_2.$$

Die Wasserstoffentwicklung ist unvergleichlich lebhafter als diejenige, die man bei Einwirkung metallischen Calciums auf Wasser beachtet.

Die bisher besprochenen Hydride der Leichtmetalle waren feste Stoffe. Es gibt aber auch „gasförmige Metallhydride", nämlich die Wasserstoffverbindungen vom Antimon, Wismut, Zinn und Blei. Während die Leichtmetalle bereits mit molekularem Wasserstoff reagieren, bilden sich die Hydride des Antimon, Wismut usw. nur dann, wenn atomarer, nascierender Wasserstoff auf die Moleküle oder ihre Verbindungen einwirkt:

$$Sb + 3\,H = SbH_3.$$

Den nascierenden Wasserstoff erhält man durch Einwirkung von Zink auf Salzsäure. Der Antimonwasserstoff verbrennt mit fahlblauer Flamme, er ist außerordentlich giftig. Diese gasförmigen Hydride sind meist nicht sehr beständig und haltbar. Schon bei mäßiger Temperaturerhöhung zerfallen sie in das betreffende Metall und Wasserstoff:

$$2\,SbH_3 \rightarrow 2\,Sb + 3\,H_2.$$

Leitet man z. B. den Metallwasserstoff durch ein Rohr mit Verengungen, von denen eine erhitzt ist, so scheidet sich das Metall als zusammenhängender Beschlag („Spiegel") hinter der erhitzten Stelle ab. Auch bei längerem Stehen tritt dieser Zerfall ein, wobei gleichfalls an den Wandungen des Gefäßes ein Metallspiegel entsteht.

Manche Metalle, vornehmlich das Palladium, Platin, Eisen und Nickel, vermögen große Mengen Wasserstoffgas aufzunehmen. Da sie sich dabei äußerlich kaum verändern und ihr metallisches Aussehen beibehalten, bezeichnet man die entstandenen Wasserstoffverbindungen dieser Metalle als „legierungsartige Hydride". Bei der Wasserstoffaufnahme tritt eine gewisse Gefügeaufweitung, eine kleine Volumenvergrößerung auf; ferner beobachtet man eine Änderung des elektrischen Widerstandes, die Leitfähigkeit der legierungsartigen Hydride ist geringer als die der entsprechenden reinen Metalle.

Die Volumenvergrößerung, die bei der Wasserstoffaufnahme durch Palladium stattfindet, läßt der folgende Versuch recht gut erkennen: Ein dünnes Palladiumblech ist als Kathode einer Wasserelektrolyse geschaltet. Diejenige Seite des Palladiumbleches, die der Anode abgewandt ist, ist mit einem feinen Lacküberzug versehen. Dadurch erreicht man, daß der bei der Elektrolyse entwickelte Wasserstoff nur an der einen — der unlackierten — Seite des Palladiumbleches abgeschieden wird und das Palladiumblech, das den Wasserstoff sofort aufnimmt, sich einseitig mit Wasserstoff belädt. Es wird also die eine Seite des Bleches, an welcher die Wasserstoffaufnahme erfolgt, aufgeweitet, während die andere ihre Größe behält; infolgedessen krümmt sich das Blech, es biegt sich von der Anode fort. Läßt man nun den elektrischen Strom in umgekehrter Richtung fließen, schaltet man also das mit Wasserstoff beladene Palladium als Anode, so reagiert der anodisch entstehende Sauerstoff sofort mit dem im Palladium „gelösten" Wasserstoff, es entsteht Wasser, das Palladium wirkt dabei katalytisch. Dabei biegt sich das Blech in seine ursprüngliche gerade Stellung zurück, da sich das alte Volumen wieder herstellt.

Die legierungsartigen Hydride spielen eine große Rolle bei katalytischen Reduktions- und Hydrierungsprozessen. Man verwendet nämlich vielfach Metalle, wie Platin, Palladium, Nickel, mit Erfolg als Katalysatoren bei Umsetzungen mit Wasserstoff. Die katalytische Wirksamkeit dieser Metalle beruht darauf, daß zunächst der Wasserstoff im Metall gelöst wird und im Metallhydrid in einer aktiveren Form vorliegt als im gasförmigen, molekularen Wasserstoff.

c) Vorkommen und Darstellung der Metalle.

Einige der Metalle kommen auf der Erde in elementarem Zustand vor, und zwar sind das die Edelmetalle, wie Gold, Platin, Silber, Quecksilber. Das ist auf Grund ihres chemischen Verhaltens durchaus verständlich, denn sie reagieren weder mit der Luft noch dem Wasser. Das Gold wird hauptsächlich im freien Zustande in Quarzgängen oder alluvialem Sand fein verteilt gefunden. Man kann es dadurch gewinnen, daß man den mit Gold durchsetzten Sand mit Wasser schlämmt. Infolge des großen spezifischen Gewichtes setzt sich das Gold schnell ab, während der Sand einige Zeit suspendiert bleibt und daher mit dem Wasser abgegossen werden kann. Ferner kann man die goldhaltige Aufschlämmung über Kupferplatten leiten, die mit Quecksilber überzogen sind. Das Gold besitzt eine außerordentlich große Löslichkeit in metallischem Quecksilber, es sammelt sich also in der Quecksilberschicht an. Die Trennung des Systems Gold-Quecksilber erfolgt leicht durch Erhitzen und Abdestillieren des Quecksilbers, das ja einen wesentlich niedrigeren Siedepunkt als das Gold hat. Auf das chemische Verfahren zur Gewinnung des Goldes mit Cyanidlösungen wird später eingegangen werden (S. 393).

Platin kommt, mit anderen platinähnlichen Metallen vergesellschaftet, in Körnern und Blättchen auf sekundärer Lagerstätte, in den sog. Platinsanden, im Ural, in Bolivien, in Canada und Südafrika vor. Man gewinnt es wie das Gold durch Schlämmprozesse.

Quecksilber findet man sowohl gediegen als auch an andere Elemente (Sauerstoff, Schwefel) gebunden in Spanien, Italien und Kalifornien. Von den Verunreinigungen und Beimengungen wird es durch Destillieren getrennt.

Die unedleren Schwermetalle und die sehr unedlen Leichtmetalle kommen nicht in nennenswerter Menge in elementarem Zustand in der Natur vor. Das ist nicht weiter verwunderlich, da sie zum Teil recht lebhaft mit Luft und Wasser reagieren. Einige von ihnen liegen in größerer Menge vor als Oxyde, Hydroxyde und Carbonate. Die Hydroxyde und Carbonate lassen sich relativ leicht in die Oxyde überführen.

da Wasser und Kohlendioxyd lediglich durch Erhitzen ausgetrieben werden können:

$$2\,FeO(OH) \rightarrow Fe_2O_3 + H_2O$$
$$FeCO_3 \rightarrow FeO + CO_2$$
$$ZnCO_3 \rightarrow ZnO + CO_2.$$

Es braucht also nur die Frage untersucht zu werden, auf welche Weise die Metalle aus den Metalloxyden gewonnen werden können. Die Metalloxyde müssen reduziert werden. Bereits bei der Besprechung des Kohlenstoffs wurde darauf hingewiesen, daß der Kohlenstoff für einige Metalloxyde, wie Bleioxyd, Eisenoxyd, ein geeignetes Reduktionsmittel darstellt. Auch Wasserstoff kann Metalloxyde reduzieren. Zunächst soll die *Reduktion mittels Kohlenstoff* behandelt werden, da sie in der Technik die größere Bedeutung hat. Der Kohlenstoff entzieht dem Metalloxyd den Sauerstoff und vereinigt sich mit diesem zu Kohlenoxyd oder Kohlendioxyd, die beide gasförmig entweichen, z. B.

$$2\,PbO + C \rightarrow 2\,Pb + CO_2.$$

In riesigen Mengen wird der Kohlenstoff in Form von Koks bei der technischen *Eisengewinnung* benutzt. Das eisenhaltige Erz wird mit Koks gemischt in die sog. Hochöfen eingetragen. In den heißen Öfen findet die Reduktion statt nach der Gleichung:

$$(1) \qquad 2\,Fe_2O_3 + 3\,C = 4\,Fe + 3\,CO_2.$$

Neben dieser Reaktion spielt sich im Hochofen noch eine zweite ab. Im unteren Teil des Hochofens wird heiße Luft eingeblasen. Diese reagiert bei den hohen Temperaturen mit dem Koks unter Bildung von Kohlenmonoxyd und das Kohlenmonoxyd reduziert das Eisenoxyd:

$$(2) \qquad Fe_2O_3 + 3\,CO = 2\,Fe + 3\,CO_2.$$

Die wichtigsten Teile eines Hochofens sind in der schematischen Skizze dargestellt. Von der oberen verschließbaren Öffnung P aus wird der·Hochofen mit dem Gemisch aus Eisenoxyd und Koks gefüllt. Durch die unteren Öffnungen D wird die auf etwa $800°$ vorgewärmte Luft eingeblasen. Durch die „Gicht" G entweichen die Abgase, die sog. Gichtgase, die im allgemeinen aus rund 60% Stickstoff, 24% Kohlenmonoxyd und 12% Kohlendioxyd bestehen. Der obere, „Schacht" genannte Teil (R) des Hochofens ist die „Reduktionszone"; hier herrscht eine von oben nach unten steigende Temperatur von 500 bis $900°$ C und hier findet die Reduktion nach den Gleichungen (1) und (2) statt. Das so erhaltene

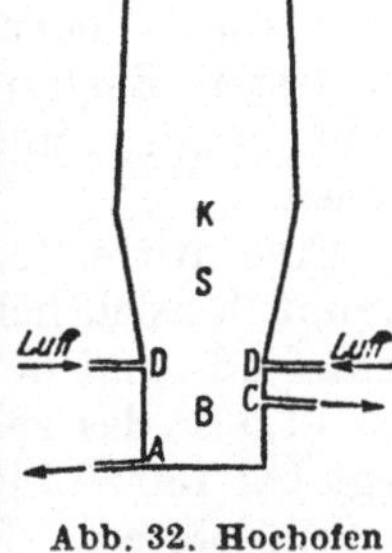

Abb. 32. Hochofen (schematisch).

Eisen hat eine schwammige Beschaffenheit. In dem „Kohlensack" oder der „Kohlungszone" K wird das schwammige Eisen gekohlt, d. h. es reagiert zum Teil mit Kohlenstoff, es nimmt etwas Kohlenstoff auf:

$$(x + 3)\,Fe + C = Fe_3C + x\,Fe.$$

Dadurch, daß Kohlenstoff in dem Eisen gelöst wird, wird die Schmelztemperatur des Eisens — wie das bei Lösungen stets der Fall ist —
stark herabgesetzt. Statt bei 1525° schmilzt es schon bei etwa 1200°
Unterhalb K befindet sich also die Schmelzzone des Eisens (S). Das
flüssige Eisen sammelt sich im unteren Teil (B) des Hochofens („Gestell"),
auf dem Eisen schwimmen die aus dem Erz und der Kohle stammenden
Verunreinigungen, die „Schlacke", die ein bedeutend niedrigeres spezifisches Gewicht als Eisen hat. Infolge der hohen Temperatur, die im
unteren Teil des Hochofens herrscht (1500—1700°), ist die Schlacke
gleichfalls geschmolzen, sie fließt durch die „Schlackenform" genannte
Öffnung C ständig ab. Bei A befindet sich das Abstichloch für das
geschmolzene Roheisen („Eisenstich"), es ist durch einen Tonpfropfen
verschlossen und wird nur alle 12 Stunden zum Abfluß des Eisens
geöffnet. Ein Hochofen liefert in 24 Stunden etwa 1000 t Roheisen und
ebensoviel Schlacke.

Das Eisen, das uns der Hochofen liefert, ist kein reines Eisen, sondern
enthält etwa 10% Verunreinigungen, nämlich 2,3–5% Kohlenstoff, ferner
Silicium, Phosphor, Schwefel und Mangan. Infolge dieser Beimengungen
liegt der Schmelzpunkt des Roheisens sehr tief, bei 1050—1200° C. Im
festen Zustand ist das Roheisen spröde und nicht schmiedbar, im geschmolzenen Zustand ist es dünnflüssig, es läßt sich also gut in Formen
gießen. Daher bezeichnet man das Roheisen auch als *Gußeisen.* Das
spezifische Gewicht des Roheisens liegt zwischen 7,1—7,7.

Durch Weiterverarbeitung des Roheisens unter Entziehung des
großen Kohlenstoffgehaltes und der anderen Fremdbestandteile — im
wesentlichen werden diese oxydiert, verbrannt und dann von Zusätzen,
die sich mit dem Eisen nicht mischen, aufgenommen — gelangt man
zum *Schmiedeeisen.* Das Schmiedeeisen enthält nur noch 0,05 bis
0,6% Kohlenstoff, das spezifische Gewicht ist 7,8—7,85. Der Schmelzpunkt liegt wesentlich höher als der des Gußeisens, nämlich zwischen
1450 und 1500°. Da die Schmelze dickflüssig ist, erscheint das Schmiedeeisen zum Gießen ungeeignet. Dagegen läßt sich das Schmiedeeisen
im festen Zustand bei höherer Temperatur gut verarbeiten, es ist
nicht spröde, sondern fest und zäh, es läßt sich hämmern, walzen und
ziehen.

Eine dritte, technisch wichtige Eisensorte ist der *Stahl.* Der Stahl
nimmt hinsichtlich seiner Eigenschaften eine Mittelstellung zwischen
dem Guß- und dem Schmiedeeisen ein; der Kohlenstoffgehalt beträgt
0,6—1,5%, das spezifische Gewicht ist 7,6—7,8 und der Schmelzpunkt
liegt bei 1300—1400°. Der Stahl läßt sich sowohl schmieden als auch
gießen, letzteres allerdings schlechter als das Gußeisen. Durch Stahlguß
werden z. B. Lokomotivtreibräder und Geschützrohre hergestellt.

Die große wirtschaftliche Bedeutung der Eisenproduktion geht aus
der folgenden graphischen Darstellung hervor, welche die jährliche
Roheisenerzeugung der wichtigsten Industrieländer im Laufe der letzten
70 Jahre wiedergibt. Die Kurven verlaufen im großen und ganzen
analog den Kurven der Abb. 29, die die Kohleförderung derselben Länder
darstellen.

Wie schon erwähnt, kann man auch durch Überleiten von gasförmigem Wasserstoff über erhitzte Metalloxyde in sehr vielen Fällen zum reinen Metall kommen. Als Beispiele für die **Reduktion mit Wasserstoff** seien die Gleichungen für das Eisen und Wolfram angeführt:

$$Fe_2O_3 + 3\,H_2 = 2\,Fe + 3\,H_2O$$
$$WO_3 + 3\,H_2 = W + 3\,H_2O.$$

In der Praxis benutzt man zur Reduktion der Metalloxyde im allgemeinen den billigeren und in großer Menge vorhandenen Kohlenstoff.

Nun erhebt sich aber die Frage: Ist es möglich, jedes Metalloxyd durch Kohlenstoff oder Wasserstoff zum Metall zu reduzieren? Das ist nicht der Fall. Bei der Besprechung des Kohlenstoffs wurde bereits darauf hingewiesen, daß Kohlenstoff mit Magnesiumoxyd nicht reagiert, daß vielmehr umgekehrt das Kohlendioxyd durch metallisches Magnesium bis zum Kohlenstoff reduziert wird, d. h. die Affinität des Magnesiums zum Sauerstoff ist größer als die des Kohlenstoffs. Unsere obige Frage nach der Reduzierbarkeit der Metalloxyde mittels Kohlenstoff oder Wasserstoff ist also gleichbedeutend mit der Frage: Welche Metalle haben eine kleinere Affinität zum Sauerstoff als der Kohlenstoff oder der Wasserstoff? Ungefähr ein Maß für die Affinitäten, für die Bindungsfestigkeit zwischen

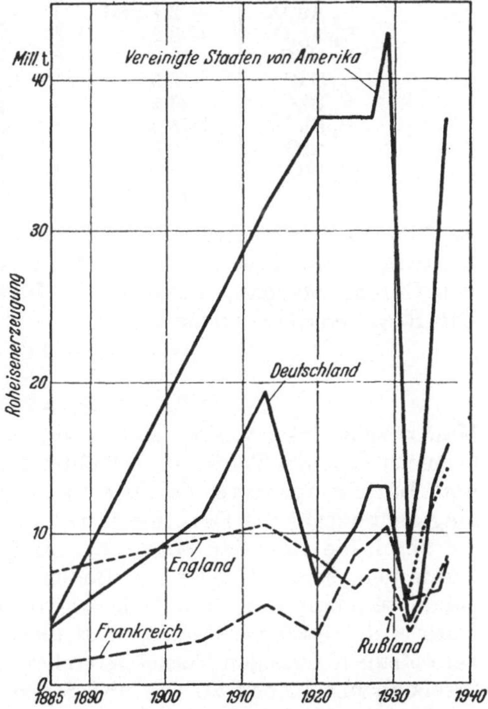

Abb. 33. Roheisenerzeugung der wichtigsten Industrieländer.

dem Sauerstoff und dem jeweils vorliegenden Metall ist die Bildungswärme des Metalloxyds. In der tabellarischen Übersicht (Tab. 21) sind die Bildungswärmen einiger Metalloxyde zusammengestellt. Um vergleichbare Zahlen zu erhalten, sind die Bildungswärmen jeweils auf diejenigen Metalloxydmengen bezogen, die $1/4\,O_2$, d. h. einem Wasserstoffäquivalent, entsprechen.

Die Bildungswärmen von Wasser bzw. Kohlendioxyd müssen natürlich zum Vergleich mit herangezogen werden. Wir beziehen sie auf die gleiche Sauerstoffmenge:

$$1/2\,H_2 + 1/4\,O_2 = 1/2\,H_2O + 34{,}2\,\text{kcal}$$
$$1/2\,CO + 1/4\,O_2 = 1/2\,CO_2 + 34{,}0\,\text{kcal}.$$

Nur diejenigen Metalloxyde lassen sich also verhältnismäßig glatt und leicht durch Wasserstoff und Kohlenstoff reduzieren, deren Bildungswärme kleiner als die des Wassers oder des Kohlendioxyds ist. Solche Metalloxyde deren Reduktion mit Kohlenstoff schlecht oder gar nicht gelingt und deren Bildungswärme geringer als die des Aluminiumoxyds

Tabelle 21. Bildungswärme einiger Metalloxyde.

Metalloxyd	Bildungswärme pro $\frac{1}{4}$ O_2	Metalloxyd	Bildungswärme pro $\frac{1}{4}$ O_2
$\frac{1}{6}$ Au_2O_3	$- 2{,}1$ kcal	$\frac{1}{4}$ SnO_2	$+34{,}3$ kcal
$\frac{1}{2}$ Ag_2O	$+ 3{,}2$,,	$\frac{1}{2}$ ZnO	$41{,}5$,,
$\frac{1}{2}$ HgO	$+10{,}8$,,	$\frac{1}{4}$ MnO_2	$45{,}0$,,
$\frac{1}{2}$ CuO	$19{,}3$,,	$\frac{1}{2}$ K_2O	$49{,}1$,,
$\frac{1}{6}$ Bi_2O_3	$23{,}2$,,	$\frac{1}{2}$ Na_2O	$50{,}5$,,
$\frac{1}{2}$ PbO	$26{,}0$,,	$\frac{1}{6}$ Al_2O_3	$67{,}2$,,
$\frac{1}{2}$ NiO	$29{,}9$,,	$\frac{1}{2}$ MgO	$73{,}0$,,
$\frac{1}{6}$ WO_3	$32{,}5$,,	$\frac{1}{2}$ CaO	$76{,}0$,,
$\frac{1}{8}$ Fe_3O_4	$33{,}8$,,	$\frac{1}{6}$ La_2O_3	$89{,}8$,,

ist, können durch metallisches Aluminium reduziert werden. Das sog. *aluminothermische Verfahren* wird viel angewandt zur Darstellung von Chrom, Mangan, Vanadin, Wolfram und gelegentlich von Eisen. Die Reaktionsgleichungen lauten:

$$Cr_2O_3 + 2\,Al = 2\,Cr + Al_2O_3$$
$$3\,Mn_3O_4 + 8\,Al = 9\,Mn + 4\,Al_2O_3$$
$$Fe_2O_3 + 2\,Al = 2\,Fe + Al_2O_3.$$

Man mischt das jeweilige Metalloxyd mit Aluminiumpulver, füllt das Gemisch in einen Tontiegel, schichtet ein Zündgemisch aus Magnesium und Bariumsuperoxyd darüber und bringt durch einen brennenden Magnesiumdraht die Reaktion in Gang. Infolge der hohen Temperatur, die durch die Reaktion entsteht, schmilzt das reduzierte Metall, fließt zusammen, sammelt sich am Boden des Gefäßes und wird durch das gebildete Aluminiumoxyd bedeckt, welches den Zutritt des Luftsauerstoffs zum Metall verhindert. Auf diese Weise kann man bequem kleinere Mengen flüssigen Eisens herstellen, wie man sie z. B. benötigt, um Straßenbahnschienen an Ort und Stelle zusammenzuschweißen.

Als Vorteil des aluminothermischen Verfahrens muß noch erwähnt werden, daß man eine Carbidbildung vermeidet, die mitunter bei der Reduktion von Metalloxyden durch Kohle störend eintritt.

Nun wäre noch die Frage zu untersuchen: Wie kann man metallisches Aluminium oder Magnesium und Calcium, deren Oxyde ja eine noch höhere Bildungswärme als das Aluminium haben, herstellen? In diesen Fällen muß man grundsätzlich anders verfahren. Man gewinnt diese und auch die anderen Leichtmetalle nur durch Elektrolyse ihrer geschmolzenen Verbindungen. Genau so, wie wäßrige Lösungen den elektrischen Strom leiten und sich dabei zersetzen, sind auch geschmolzene Salze gute Leiter für die Elektrizität; sie erleiden gleichfalls eine Zersetzung, an der negativen Elektrode scheidet sich das Metall ab. Eine genauere Besprechung und Erklärung der *Schmelzflußelektrolyse* kann erst später erfolgen.

Schließlich muß bei der Darstellung der Metalle noch erwähn.
werden, daß man nicht alle Metalle — wie das bisher vorausgesetzt
war — in der Natur als Oxyde, Hydroxyde oder Carbonate vorfindet.
Sehr häufig ist das Vorkommen der Metalle in Form sulfidischer Erze,
d. h. an Schwefel gebunden. Als Beispiel sei das Eisensulfid FeS_2
genannt. Aus diesen Sulfiden gewinnt man die Metalle nur auf dem
Umweg über die Oxyde. Man erhitzt die sulfidischen Erze im Sauer-
stoff- oder Luftstrom, dabei erhält man die entsprechenden Metalloxyde, der Schwefel entweicht gasförmig als Schwefeldioxyd. Die
Reaktionsgleichung für diesen Vorgang des *Röstens* lautet:

$$4\,FeS_2 + 11\,O_2 = 2\,Fe_2O_3 + 8\,SO_2.$$

Durch den Röstprozeß sind die Metallsulfide in Oxyde übergeführt
und der leichten Reduktion durch Kohlenstoff, Wasserstoff oder Aluminium zugänglich gemacht.

d) Die Struktur der Metalle und der Legierungen.

Der Feinbau der Metalle, d. h. die Anordnung der einzelnen Atome
im Kristall, ist mit Hilfe von Röntgendiagrammen aufgeklärt worden.
Die Atome sind in den Gitterpunkten von Raumgittern gelagert. Zwei
der möglichen Gitter sind bereits auf S. 24 beschrieben worden: das
flächenzentrierte und das raumzentrierte Würfelgitter. Die Atomanordnung der Metalle Nickel, Kupfer, Silber und Gold ist die des
flächenzentrierten Würfelgitters, sie unterscheiden sich voneinander hinsichtlich der Größe des Elementarwürfels, die Länge der Würfelkante
steigt vom Nickel (3,52 Å) über das Kupfer (3,61 Å) zum Silber (4,08 Å)
und Gold (4,075 Å). Im raumzentrierten Würfelgitter kristallisieren
das Eisen und die Leichtmetalle Natrium und Kalium. Die Metalle
Magnesium, Zink und Cadmium haben einen Aufbau, der der hexagonalen, dichtesten Kugelpackung entspricht.
Diese Anordnung ist in Abb. 34 dargestellt;
in jeder der durch ausgezogene Linien mar-
kierten Ebenen befinden sich die Atome in
den Ecken und der Mitte regelmäßiger Sechsecke. Bezeichnet man mit a den Abstand von
Atom zu Atom in der gleichen Ebene und
mit c den Abstand entsprechender Ebenen,
so ergeben sich für das Magnesium, Zink und
Cadmium folgende Zahlen:

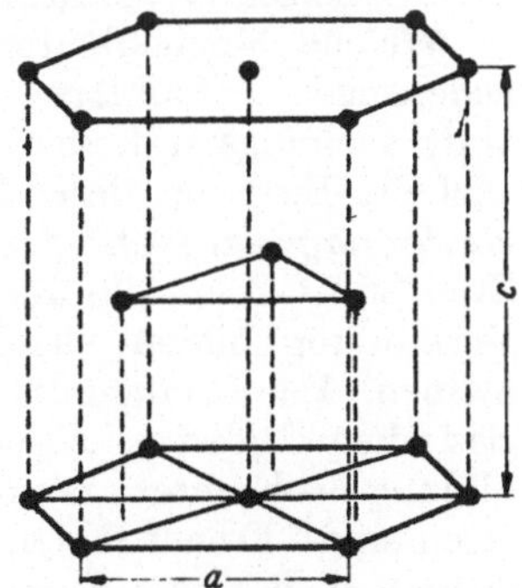

	Mg	Zn	Cd
$a =$	3,22	2,65	2,97
$c =$	5,23	4,93	5,61

Abb. 34. Hexagonale, dichteste
Kugelpackung.

Für die Praxis sind nun nicht die reinen Metalle von so großer
Bedeutung wie Gemische verschiedener Metalle, die Legierungen. Man
erhält die Legierungen dadurch, daß man zwei oder mehr Reinmetalle
zusammenschmilzt und die Schmelze erkalten läßt. Solche Metall-

legierungen sind z. B. das Messing mit den Hauptbestandteilen Kupfer und Zink, die aus Kupfer und Zinn bestehende Bronze, das aus Blei und Antimon bestehende Letternmetall, die verschiedenen Stahlsorten usw. In jüngster Zeit haben die Leichtmetallegierungen, deren Hauptbestandteile Aluminium und Magnesium sind, durch die Entwicklung der Flugzeugindustrie größte Bedeutung erlangt. Schließlich seien noch die Amalgame genannt, die Legierungen von Quecksilber mit Edelmetallen, die man u. a. als Material für Zahnfüllungen verwendet.

Derjenige Zweig der Chemie, der sich mit den Metallen und ihren Legierungen beschäftigt, ist die Metallkunde oder *Metallographie.* Diese Forschungsrichtung umfaßt alle Vorgänge, welche beim Erhitzen und Schmelzen, beim Erstarren und Abkühlen, beim Pressen und Dehnen und beim Bearbeiten von Metallen eintreten.

Wenn man Gemische von zwei oder mehr Reinmetallen über den Schmelzpunkt sämtlicher Komponenten erhitzt und die Schmelze wieder auf Zimmertemperatur abkühlen läßt, so kann sich mancherlei ereignen, nämlich:

1. Die Metalle wirken überhaupt nicht aufeinander ein. Es bilden sich beim Erstarren feinkörnige Gemenge der einzelnen Komponenten, man erhält also ein inhomogenes System.
2. Die Metalle können, ohne miteinander zu reagieren, d. h. ohne Verbindungen zu bilden, im festen Zustand ineinander löslich sein. Beim Erstarren besteht die feste Phase dann aus einem homogenen Gemisch beider Metalle. *(Mischkristalle.)*
3. Die Metalle können sich in bestimmten Mengenverhältnissen zu chemischen Verbindungen vereinigen. Nach dem Erstarren besteht die feste Phase dann je nach dem Gewichtsverhältnis, in dem die Metalle zusammen geschmolzen wurden, entweder aus der reinen Metallverbindung oder aus einem Gemisch dieser mit der im Überschuß vorhandenen Metallart.

Welche Möglichkeiten gibt es nun, um den Aufbau der Metalllegierungen aufzuklären? Man hat eine ganze Reihe verschiedener Untersuchungsmethoden zur Strukturaufklärung von Legierungen entwickelt. Eine von diesen ist die bereits bei den Reinmetallen angewandte *röntgenographische Methode,* deren Prinzip auf S. 24 erklärt wurde. Zwei Substanzen, die überhaupt nicht aufeinander einwirken und keine Verbindung bilden, lassen sich röntgenographisch nebeneinander erkennen. Das Röntgendiagramm zeigt die für die reinen Stoffe charakteristischen Interferenzlinien nebeneinander. Bei einer Verbindungsbildung beobachtet man das Auftreten neuer Linien, die der Verbindung eigen sind. Ferner macht sich eine Veränderung im Bau eines Kristallgitters, z. B. eine Erweiterung der Gitterabstände infolge des Eintretens von neuen Atomen, welche mehr Raum beanspruchen, im Röntgenbild durch eine Verschiebung der Linien bemerkbar. Wir können somit die Entstehung eines neuen Strukturelementes bei einer Legierung aus dem Röntgendiagramm erkennen.

Die zweite Methode, die man zur Untersuchung von Legierungen herangezogen hat, ist die *metallographische.* Man verfährt dabei folgendermaßen: Man stellt sich von der Legierung einen Schliff her und untersucht den Schliff mikroskopisch; häufig erkennt man dann bereits die einzelnen Kristallite, die den Kristall aufbauen. Oder aber man läßt ein geeignetes Ätzmittel auf den Schliff einwirken, dabei können die einzelnen Kristallarten der Legierung verschieden stark angegriffen werden.

Eine andere zur Strukturaufklärung von Legierungen benutzte Untersuchungsmethode ist die Messung des elektrischen Leitvermögens der Legierung, das nämlich in charakteristischer Weise von der Zusammensetzung der Legierung abhängig ist. Trägt man in einem Diagramm die **elektrische Leitfähigkeit** bzw. den elektrischen Widerstand eines Systems in Abhängigkeit von der Zusammensetzung bei konstanter Temperatur ein (Leitfähigkeits- bzw. Widerstandsisotherme), so erkennt man eine Verbindungsbildung an einem Maximum der Leitfähigkeitskurve bzw. an einem Minimum der Widerstandskurve (vgl. Abb. 35).

Eine weitere wichtige Methode zur Strukturuntersuchung von Legierungen, die, historisch gesehen, die älteste ist, ist die **thermische Analyse**. Bei der thermischen Analyse verfolgt man den Temperaturgang einer geschmolzenen Legierung im Verlauf der Abkühlung. Dabei macht sich die Ausscheidung oder die Umwandlung einer Phase oft als

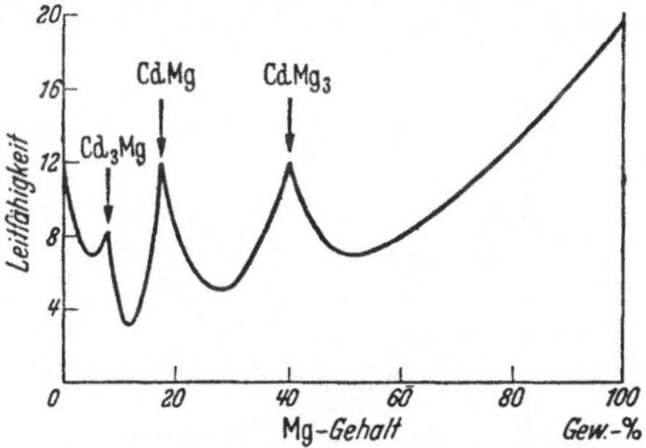

Abb. 35. Die Leitfähigkeitsisotherme der Cadmium-Magnesium-Legierungen für 50° C.

Haltepunkt der Temperatur bemerkbar, da die beim Erstarren oder bei der Umwandlung freiwerdende Wärmemenge (die Schmelzwärme) eine Zeitlang den durch Wärmeableitung und -strahlung erfolgenden Wärmeverlust der sich abkühlenden Legierung kompensiert. Die bei der thermischen Analyse auftretenden Erscheinungen sollen im folgenden näher besprochen werden.

Wir machen zunächst ein Gedankenexperiment: Wir erwärmen ein Glas Wasser auf etwa 80° C, dann stellen wir die Wärmezufuhr ab und überlassen das System sich selbst. In gewissen Zeitabständen messen wir die Temperatur des Wassers, sie sinkt ab, zunächst sehr schnell, später langsamer, und zwar so lange, bis das Wasser die Temperatur der Umgebung, also die Zimmertemperatur, wieder erreicht hat. Trägt man die Temperatur des Wassers in Abhängigkeit von der Zeit graphisch auf, so erhält man eine Abkühlungskurve von der Form der Abb. 36. Jetzt variieren wir den Versuch in der Art, daß wir das Glas mit warmem Wasser in ein Kältebad stellen, also in eine Umgebung von −20° C. Wir knüpfen also an die beiden Versuche an, die auf S. 6 besprochen wurden, das Kristallisieren von destilliertem Wasser und einer wäßrigen Salzlösung. Zunächst erfolgt die Abkühlung in derselben Weise wie vorher. Wenn das Wasser die Temperatur von 0° erreicht hat, beginnen sich Kristalle auszuscheiden, dabei wird die Schmelzwärme des Eises frei, das Wasser kühlt sich daher nicht weiter ab, sondern behält längere Zeit die Temperatur von 0°. Erst wenn alles Wasser gefroren ist, sinkt die Temperatur wie zu Beginn wieder ab. Eine derartige Abkühlungskurve ist die Kurve *I* der Abb. 37. Die Kurve *II* derselben Abbildung wird erhalten, wenn man an Stelle des destillierten Wassers eine wäßrige Kochsalzlösung abkühlt. Dadurch, daß im Wasser ein Stoff (Kochsalz) gelöst ist, wird der Dampfdruck des Wassers und damit sein Schmelzpunkt herabgesetzt. Die ersten Kristalle bilden sich erst bei einer Temperatur, die unterhalb 0° liegt und die dem Punkt *A* entspricht. Da die Kristalle aus reinem Wasser bestehen, also kein Kochsalz enthalten, steigt die Konzentration des Kochsalzes in der Lösung beim Kristallisieren an. Dadurch wird der Schmelzpunkt

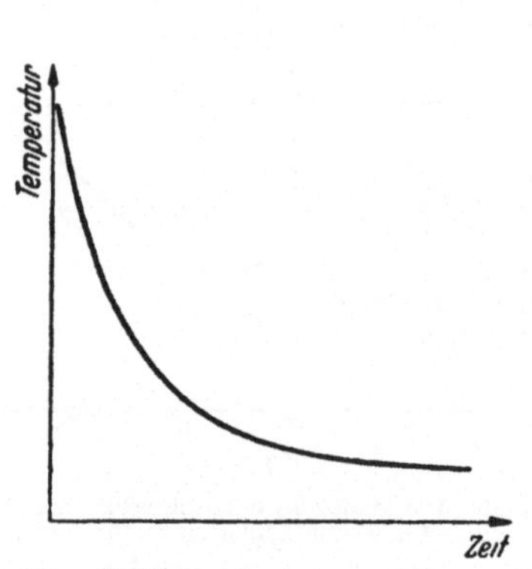

Abb. 36. Abkühlungskurve von Wasser bis auf Zimmertemperatur.

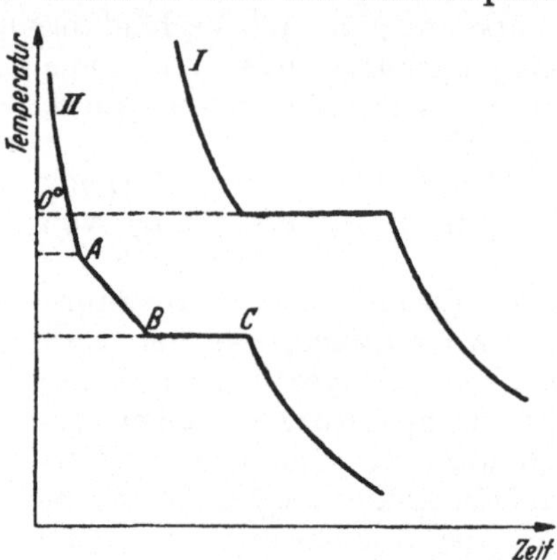

Abb. 37. Abkühlungskurve von destilliertem Wasser (*I*) und einer wäßrigen Salzlösung (*II*) auf −20° C.

weiter herabgesetzt. Obgleich die Schmelzwärme frei wird, beobachten wir noch keinen Haltpunkt der Temperatur, das Absinken der Temperatur erfolgt lediglich etwas langsamer, die Kurve hat also bei *A* einen Knick. Durch das Auskristallisieren des reinen Lösungsmittels reichert sich die restliche Lösung an Kochsalz ständig weiter an. Schließlich wird die Konzentration erreicht, die einer gesättigten Kochsalzlösung entspricht. Nun scheidet sich Eis und Kochsalz nebeneinander ab (Punkt *B*), dieses Kristallgemisch nennt man das **eutektische Gemisch**. Die restliche Lösung verändert also ihre Konzentration und damit ihren Schmelzpunkt nicht weiter; wir beobachten einen Haltepunkt der Temperatur (das Stück *B—C* der Kurve *II*). Im Punkt *C* ist das Erstarren beendet, es schließt sich die übliche Fortsetzung der Abkühlung an.

Die gleichen Formen und Typen der Abkühlungskurven, die am Beispiel des Wassers und wäßriger Lösungen behandelt wurden, findet man auch bei den Metallen und ihren Legierungen. Erhitzt man ein reines Metall über seinen Schmelzpunkt und läßt es sich abkühlen, so entspricht der Gang der Temperatur der Kurve *I* der Abb. 37. Beim Erreichen der Schmelztemperatur beobachtet man den Haltepunkt.

Liegen dagegen Metallgemische vor, so wird — analog den Salzlösungen — der Schmelzpunkt gegenüber den reinen Metallen herabgesetzt, und man findet Abkühlungskurven, die der Kurve *II* der Abb. 37 gleichen. Man stellt sich nun Metallgemische verschiedenen Mischungsverhältnisses her und nimmt die Abkühlungskurve einer jeden Mischung auf. Die für jede Mischung charakteristische Temperatur der ersten Kristallausscheidung, d. h. die dem Knickpunkt *A* entsprechende Temperatur, wird notiert und in Abhängigkeit von der prozentischen Zusammensetzung der Legierung in ein Diagramm eingetragen. Ein derartiges Diagramm, das auf Grund einer ganzen Reihe von Abkühlungskurven experimentell ermittelt ist, bezeichnet man als das ***Zustandsdiagramm*** der betreffenden Legierung. Die vier wichtigsten Typen von Legierungen und ihre Zustandsdiagramme sollen im folgenden kurz besprochen werden.

Fall 1. Die Metalle sind im flüssigen Zustand miteinander in allen Verhältnissen, im festen Zustand überhaupt nicht mischbar.

Ein Beispiel hierfür stellen die Legierungen aus Antimon und Blei dar. Bei den einzelnen Antimon-Blei-Legierungen verschiedener Zusammensetzung herrscht also hinsichtlich der Form der Abkühlungskurven völlige Analogie mit der von wäßrigen Kochsalzlösungen. Das reine Antimon hat einen Schmelzpunkt von 630° C, das reine Blei von 327° C. Diejenige Antimon-Blei-Legierung, die den niedrigsten Schmelzpunkt besitzt, also das eutektische Gemisch *E*, hat eine Zusammensetzung von 87 Gew.-% Blei und 13 Gew.-%

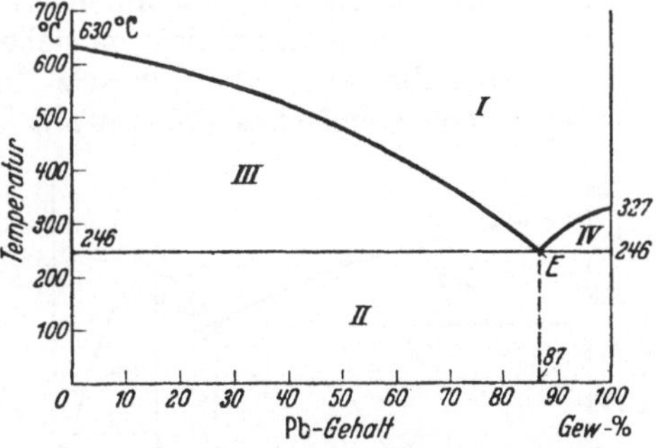

Abb. 38. Zustandsdiagramm Antimon-Blei.

Antimon. Wenn das Antimon-Blei-Gemisch weniger als 87 Gew.-% Blei enthält, so kristallisiert beim Abkühlen zunächst reines Antimon aus, und zwar so lange, bis die flüssige Phase, die sich also an Blei anreichert, die Zusammensetzung des eutektischen Gemisches erreicht hat. Besteht dagegen die Antimon-Blei-Legierung zu mehr als 87 Gew.-% aus Blei, so kristallisiert anfänglich reines Blei aus.

Das Zustandsdiagramm, das man für das System Antimon-Blei auf Grund der gemessenen Abkühlungskurven erhält, zeigt die Abb. 38. Das Zustandsdiagramm ist in vier Gebiete unterteilt. Im Gebiet *I* liegt eine homogene Flüssigkeit der Antimon-Blei-Legierung vor. In dem mit *II* bezeichneten Gebiet ist ein Gemisch von festem Antimon und festem Blei vorhanden. Die übrigen beiden Teilgebiete des Zustandsdiagrammes enthalten heterogene Systeme, deren flüssige Phasen jeweils aus Antimon und Blei und deren feste Phase in *III* aus reinem Antimon, in *IV* aus reinem Blei bestehen.

Fall 2. Die Metalle sind im flüssigen Zustand miteinander in allen Verhältnissen, im festen Zustand überhaupt nicht mischbar, sie bilden aber eine Verbindung miteinander.

Der Unterschied gegenüber dem Fall 1 besteht also in der Existenz einer Verbindung. Als Beispiel für diesen Fall betrachten wir die Magnesium-Blei-Legierungen. Die existierende Verbindung hat die Formel Mg_2Pb, enthält also 81 Gew.-% Blei und 19 Gew.-% Magnesium. Wodurch ist nun eine Verbindung ausgezeichnet? Eine Verbindung ist ein einheitlicher Stoff mit bestimmten konstanten Schmelz- und Siedepunkten. Läßt man also eine Magnesium-Blei-Schmelze, die die Zusammensetzung der Verbindung besitzt, abkühlen, so erhält man eine Abkühlungskurve, die denen der reinen Metalle analog ist, also entsprechend der Kurve *I* der Abb. 37. Der Erstarrungspunkt der Verbindung Mg_2Pb liegt bei 550°, der Erstarrungspunkt des Magnesiums bei 650° und der des Bleis bei 327°.

Wir betrachten jetzt eine Magnesium-Blei-Schmelze, die 90 Gew.-% Blei enthält. Beim Abkühlen scheiden sich die ersten Kristalle bei einer Temperatur von etwa 450° ab, es sind die Kristalle der Magnesium-Blei-Verbindung; die Schmelze reichert sich daher an Blei an, bis schließlich die Zusammensetzung eines eutektischen Gemisches erreicht ist, dann kristallisieren nebeneinander die Verbindung Mg_2Pb und festes Blei aus. Die Schmelz- bzw. Erstarrungstemperatur dieses eutektischen Gemisches (96 Gew.-% Blei, 4 Gew.-% Magnesium) liegt bei etwa 250°.

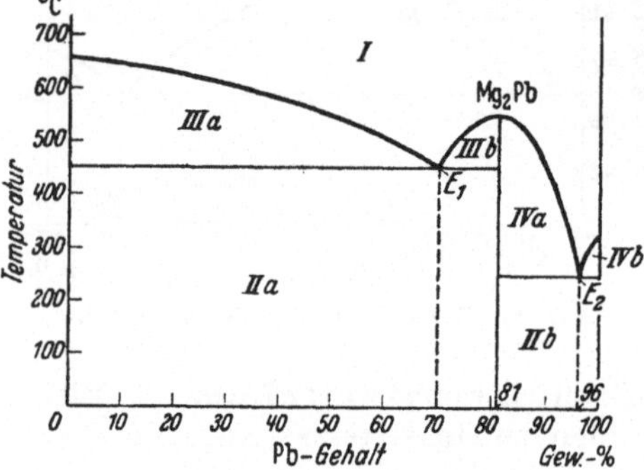

Abb. 39. Zustandsdiagramm Magnesium-Blei.

Zum Schluß untersuchen wir die Abkühlungskurve einer Magnesium-Blei-Schmelze, die 75 Gew.-% Blei enthält. Es kristallisieren zunächst wieder die Kristalle der Verbindung Mg_2Pb aus, und zwar beginnt die Kristallabscheidung bei etwa 500°. Da die Kristalle von Mg_2Pb 81% Blei, die Schmelze aber nur 75% Blei enthält, muß die Schmelze an Blei ärmer werden. Der Haltepunkt wird erreicht, wenn nur noch 70% Blei in der Schmelze vorliegen. Wir finden ein zweites eutektisches Gemisch, es kristallisieren nebeneinander die Verbindung Mg_2Pb und reines Magnesium aus.

Die Abb. 39 stellt nun das Zustandsdiagramm der Magnesium-Blei-Legierungen dar. E_1 und E_2 sind die beiden Eutektica. Im Gebiet *I* liegt wieder die homogene Flüssigkeit vor, in *IIa* ein Kristallgemisch aus festem Magnesium und Mg_2Pb, in *IIb* ein Kristallgemisch aus festem Blei und Mg_2Pb. *IIIa*, *IIIb*, *IVa* und *IVb* sind die heterogenen Systeme aus Schmelze und Kristallen. In *IIIa* bestehen die Kristalle aus reinem Magnesium, in *IIIb* und *IVa* aus Mg_2Pb und in *IVb* aus reinem Blei.

Fall 3. Die Metalle sind weder im flüssigen noch im festen Zustand miteinander mischbar.

Ein Beispiel hierfür ist das System Eisen-Blei. Die Schmelze besteht stets aus zwei Schichten, das spezifisch leichtere Eisen schwimmt auf dem Blei. Beim Abkühlen der Schmelze erstarrt zunächst das Eisen bei seinem Schmelzpunkt (1528° C), man beobachtet einen ersten Haltepunkt. Ist alles Eisen erstarrt, so sinkt die Temperatur weiter ab bis zum Schmelzpunkt des Bleis (327° C), der sich in der Abkühlungskurve als zweiter Haltepunkt bemerkbar macht. Das Zustandsdiagramm Eisen-Blei ist daher überaus einfach, da der Zustand des Systems unabhängig von seiner Zusammensetzung ist. Oberhalb 1528° C liegen die beiden Komponenten in flüssiger Form nebeneinander vor. im Temperaturbereich von 327° bis 1528° besteht die feste Phase aus reinem Eisen und die Flüssigkeit aus reinem Blei und unterhalb 327° C liegt festes, reines Eisen neben festem, reinem Blei vor.

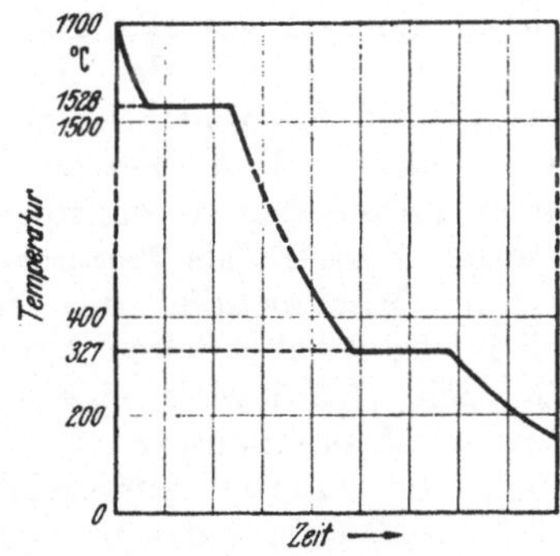

Abb. 40. Abkühlungskurve einer Eisen-Blei-Schmelze.

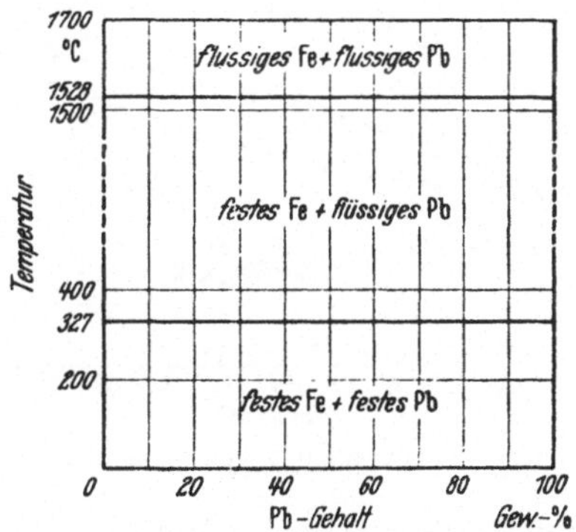

Abb 41. Zustandsdiagramm Eisen-Blei.

Der Fall 3 ist natürlich nur von theoretischem Interesse und in der Legierungstechnik nicht zu gebrauchen.

Fall 4. Die Metalle sind im flüssigen und im festen Zustand in jedem Verhältnis miteinander mischbar.

Als Beispiel sei das System Silber-Gold betrachtet. Der Erstarrungspunkt des reinen Silbers liegt bei 960,5°, der des reinen Goldes bei 1060°. Nimmt man die Abkühlungskurve einer Silber-Gold-Schmelze auf, so beobachtet man einen Knickpunkt bei einer Temperatur, die zwischen den beiden Fixpunkten 960 und 1060° liegt. Es scheiden sich die ersten Mischkristalle ab. Diese Kristalle haben nun aber tatsächlich nicht die Zusammensetzung der vorliegenden Schmelze, sondern sind, wie Versuche ergeben haben, stets goldreicher. Infolgedessen verarmt die Schmelze ständig an Gold, dadurch sinkt die Erstarrungstemperatur weiter ab, bis schließlich der Schmelzpunkt des Silbers erreicht ist.

Für jede Zusammensetzung der Silber-Gold-Schmelze erhält man einen bestimmten Knickpunkt in der Abkühlungskurve Trägt man diese Temperaturpunkte, bei denen die Kristallisation beginnt, in Abhängigkeit von der Zusammensetzung der Schmelze in ein Diagramm

ein, so erhält man die Kurve *1* der Abb. 42, die *Liquiduskurve*. Für
jede Erstarrungstemperatur ist ferner die Zusammensetzung der Mischkristalle charakteristisch; verbindet man nun alle Punkte, die die
Zusammensetzung der Mischkristalle in Abhängigkeit von der Erstarrungstemperatur angeben, so erhält man die Kurve *2*, die *Soliduskurve*. Oberhalb der Liquiduskurve liegt die homogene Schmelze
vor, unterhalb der Soliduskurve befindet sich das Gebiet der Mischkristalle. In dem von den beiden Kurven eingeschlossenen Gebiet *I*
existieren Mischkristalle und Schmelze nebeneinander.

Beim schnellen Abkühlen der Gold-Silber-Schmelze erhält man —
wie man aus der Abb. 42 ersieht — Kristalle, deren Goldgehalt von
innen nach außen zu kontinuierlich abnimmt. Erwärmt man nachträglich diese inhomogenen Kristalle eine gewisse Zeitlang auf Temperaturen, die dicht unter ihrem Schmelzpunkt liegen, oder aber läßt

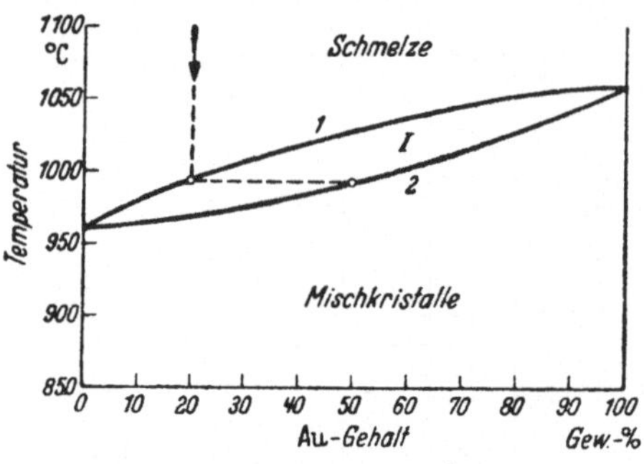

Abb. 42. Zustandsdiagramm Silber-Gold.

man das Auskristallisieren genügend langsam vor sich gehen,
so findet innerhalb des festen
Kristalls ein Konzentrationsausgleich statt. Man bezeichnet
diesen Prozeß der Homogenisie-
rung der Kristalle als *Tempern.*

Für Mischmetalle des im
Fall 1 oder 2 behandelten Typus
läßt sich also jeweils eine bestimmte Zusammensetzung angeben, die dadurch ausgezeichnet ist, daß sie für das betrach-
tete System den niedrigsten Schmelzpunkt besitzt: das eutektische
Gemisch. Durch geschickte Kombination von drei oder vier Metallen
hat man außerordentlich tiefschmelzende Metallegierungen herstellen
können. Einige von diesen seien hier mit ihrem Schmelzpunkt und
ihrer Zusammensetzung angeführt:

Metallegierung	Schmelzpunkt	Zusammensetzung
Rose-Metall	94° C	Sn : Pb : Bi = 1 : 1 : 2
Woodsches Metall	71° C	Cd : Sn : Pb : Bi = 1 : 1 : 2 : 4
Lipowitz-Metall	60° C	Cd : Sn : Pb : Bi = 3 : 4 : 8 : 15

e) Wertigkeit und Äquivalentgewicht.

Unter den bisher behandelten Stoffen befand sich eine große Zahl
der verschiedensten Sauerstoffverbindungen: das Wasser, die Oxyde
des Kohlenstoffs, die Metalloxyde u. a. m. Wenn wir die Formeln dieser
Oxyde miteinander vergleichen, so erkennen wir, daß in diesen Verbindungen die Anzahl von Atomen des jeweiligen Sauerstoffpartners,
die an 1 Sauerstoffatom gebunden sind, nicht immer die gleiche ist.
So sind z. B. im Wasser 2 Wasserstoffatome an 1 Sauerstoffatom,
im Calciumoxyd (CaO) dagegen nur 1 Calciumatom an 1 Sauerstoffatom
gebunden. Im Aluminiumoxyd (Al_2O_3) ist das Atomverhältnis Alu-

minium zu Sauerstoff 2:3 und im Kohlendioxyd (CO_2) ist das Atomverhältnis Kohlenstoff zu Sauerstoff 1:2. Man kann also die Oxyde der Elemente auf Grund ihres Atomverhältnisses in verschiedene Gruppen einteilen, wie das für einige Sauerstoffverbindungen in der folgenden Übersicht geschehen ist:

Atomverhältnis Element : Sauerstoff =				
2 : 1	1 : 1	2 : 3	1 : 2	1 : 3
H_2O	CaO	Al_2O_3	CO_2	WO_3
Li_2O	MgO	Fe_2O_3	PbO_2	CrO_3
Na_2O	ZnO		MnO_2	
K_2O	BaO			
Ag_2O	CO			

Diese Einteilung der Elemente nach der Formel ihrer Oxyde führt uns zu dem wichtigsten Begriff der Wertigkeit. Alle Elemente, in deren Oxyden 2 Atome an ein Sauerstoffatom gebunden sind, die also in der ersten Spalte der Tabelle stehen, bezeichnet man als einwertige Elemente; Wasserstoff, Lithium, Natrium, Kalium, Silber sind einwertig. Da ein Sauerstoffatom 2 Atome dieser einwertigen Elemente bindet, gibt man dem Sauerstoff die Wertigkeit 2. Sauerstoffverbindungen mit dem Atomverhältnis 1:1 sind demgemäß die Oxyde zweiwertiger Elemente, so ist Zink, Magnesium, Calcium, Barium zweiwertig. Entsprechend sind das Aluminium und Eisen dreiwertig, Kohlenstoff, Blei und Mangan vierwertig, Wolfram und Chrom sechswertig.

Dieser Begriff der Wertigkeit der einzelnen Elemente ist nun nicht nur auf die Sauerstoffverbindungen anwendbar, sondern ist in gleicher Weise für sämtliche Verbindungen des betreffenden Elementes von Wichtigkeit. Das Lithium z. B. ist nicht nur gegenüber Sauerstoff einwertig, sondern in all seinen Verbindungen einwertig; mit dem einwertigen Wasserstoff bildet es die Verbindung LiH, das Lithiumhydrid, mit dem gleichfalls einwertigen Chlor das Lithiumchlorid, LiCl. Das Calcium ist gegenüber Sauerstoff zweiwertig, folglich ist es auch gegenüber Wasserstoff oder gegenüber Chlor zweiwertig, das Calciumhydrid und das -chlorid haben also die Formeln CaH_2 bzw. $CaCl_2$.

Die Wertigkeit der Elemente berücksichtigt der Chemiker in den *Strukturformeln;* es handelt sich hierbei um Formelbilder, in denen die gegenseitige Bindung zweier Atome durch einen Strich gekennzeichnet ist. Die Zahl der von einem Atom ausgehenden Striche ist also gleich seiner Wertigkeit. Die folgenden einfachen Beispiele mögen das erläutern:

H_2O:　H—O—H　　　　$NaCl$:　Na—Cl

Ag_2O:　Ag—O—Ag　　　$CaCl_2$:　Cl—Ca—Cl

CaO:　Ca=O　　　　　　CO_2:　O=C=O

WO_3　O=W$\langle^O_O$　　　H_2CO_3:　O=C$\langle^{O—H}_{O—H}$

Im Wasser ist der zweiwertige Sauerstoff an 2 Wasserstoffatome gebunden, im Silberoxyd an 2 einwertige Silberatome. Wenn sich 2 zweiwertige Atome gegenseitig binden (z. B. im Calciumoxyd), so bringt man die Zweiwertigkeit und die „doppelte Bindung" durch einen doppelten Strich zum Ausdruck. Im Kohlendioxyd sind beide Sauerstoffatome am Kohlenstoff doppelt gebunden. Die Strukturformeln haben gegenüber den bisher von uns benutzten Formeln, den „Summenformeln", einen großen Vorteil: Man kann — besonders bei komplizierter aufgebauten Verbindungen — ohne weiteres aus der Formel ablesen, an welche anderen Atome ein jedes Atom gebunden ist und welche Wertigkeit es besitzt. So erkennt man z. B. an der Strukturformel der Kohlensäure, daß die beiden Wasserstoffatome an Sauerstoffatome und nicht an den Kohlenstoff gebunden sind und daß der Kohlenstoff in der Kohlensäure vierwertig ist.

Mit der Wertigkeit eines Elementes steht der Begriff des Verbindungs- oder Äquivalentgewichtes in Beziehung. Unter dem Äquivalentgewicht eines Elementes versteht man diejenige Menge in Gramm, die mit 1 Grammatom Wasserstoff oder $^1/_2$ Grammatom Sauerstoff in Verbindung tritt. Das Äquivalentgewicht ergibt sich also dadurch, daß man das Atomgewicht des betreffenden Elementes durch seine Wertigkeit dividiert:

$$\text{Äquivalentgewicht} = \frac{\text{Atomgewicht}}{\text{Wertigkeit}}.$$

Folglich ist für einwertige Elemente, wie Lithium, Natrium, Silber, Wasserstoff das Äquivalentgewicht gleich dem Atomgewicht. Für zweiwertige Elemente, wie Zink, Calcium, Magnesium, Sauerstoff, ist das Äquivalentgewicht gleich dem halben Atomgewicht. Analog ist das Äquivalentgewicht einer chemischen Verbindung definiert als diejenige Gewichtsmenge der Verbindung, die gerade 1 Grammatom Wasserstoff oder $^1/_2$ Grammatom Sauerstoff oder 1 Äquivalent eines anderen Elements enthält. Als Beispiel seien die Äquivalentgewichte einiger Verbindungen berechnet:

$$HCl: \qquad \text{Äquivalentgewicht} = \frac{HCl}{1} = 36{,}46 \text{ g},$$

$$NaCl: \qquad \text{Äquivalentgewicht} = \frac{NaCl}{1} = 58{,}46 \text{ g},$$

$$ZnO: \qquad \text{Äquivalentgewicht} = \frac{ZnO}{2} = \frac{81{,}38}{2} = 40{,}69 \text{ g},$$

$$CaCl_2: \qquad \text{Äquivalentgewicht} = \frac{CaCl_2}{2} = \frac{111}{2} = 55{,}5 \text{ g},$$

$$CO_2: \qquad \text{Äquivalentgewicht} = \frac{CO_2}{4} = \frac{44}{4} = 11 \text{ g}.$$

Nun haben wir bereits gesehen, daß von manchen Elementen mehrere Sauerstoffverbindungen existieren. Z. B. bildet der Kohlenstoff 2 Oxyde, das Kohlenmonoxyd CO und das Kohlendioxyd CO_2. Ähnliche Verhältnisse trifft man bei einer ganzen Zahl von Metallen an (vgl. die Tabelle 20 auf S. 65). Wie ist bei diesen Elementen die Wertigkeit zu definieren? Im Kohlendioxyd bindet ein Kohlenstoffatom zwei Sauerstoffatome, folglich ist der Kohlenstoff im CO_2 vierwertig, dagegen ist im Kohlenmonoxyd das Atomverhältnis $C:O = 1:1$ und der Kohlenstoff somit zweiwertig. Vom Chrom kennt man drei verschiedene Oxyde: CrO, Cr_2O_3 und CrO_3; das Chrom ist also im CrO zweiwertig, im Cr_2O_3 dreiwertig und im CrO_3 sechswertig. Bei derartigen Elementen ist die Wertigkeit nicht eindeutig zu definieren, sondern jeweils nur in bezug auf eine bestimmte Verbindung bzw. eine bestimmte Wertigkeitsstufe. Infolgedessen gibt es bei diesen Elementen, die in verschiedenen Wertigkeitsstufen vorkommen, auch kein typisches Äquivalentgewicht, das für alle Verbindungen des betreffenden Elements das gleiche ist. Vielmehr ist zu jeder Wertigkeitsstufe ein besonderes Äquivalentgewicht zugehörig. So ist beim Chrom das Äquivalentgewicht für die zweiwertige Stufe $\frac{Cr}{2}$, für die dreiwertige $\frac{Cr}{3}$ und die sechswertige $\frac{Cr}{6}$.

Wir müssen bei dieser Gelegenheit kurz auf die Benennung solcher Verbindungen desselben Elements eingehen, die sich nur dadurch voneinander unterscheiden, daß das betreffende Element in verschiedenen Wertigkeitsstufen vorliegt. Wie bezeichnet man z. B. die oben formulierten drei verschiedenen Oxyde des Chroms? Das Oxyd des zweiwertigen Chroms (CrO) nennt man Chrom(II)-oxyd, das des dreiwertigen Chroms (Cr_2O_3) Chrom(III)-oxyd und das des sechswertigen Chroms (CrO_3) entsprechend Chrom(VI)-oxyd. Das Eisen tritt zwei- und dreiwertig auf, man unterscheidet daher Eisen(II)-salze und Eisen(III)-salze, z. B. Eisen(II)-oxyd: FeO und Eisen(III)-oxyd: Fe_2O_3. Man fügt also im Namen einer Verbindung hinter dem Element seine Wertigkeit in römischer Ziffer ein.

Neben dieser Bezeichnungsweise, die heute allgemein üblich ist, gebraucht man auch noch vielfach Namen, die man früher geprägt hat und die sich eingebürgert haben. So nennt man das Eisen(II)-oxyd auch Ferro-oxyd und das Eisen(III)-oxyd Ferrioxyd. Man hängt also an den lateinischen Namen des Elementes ein o, wenn es in der niedrigeren Wertigkeitsstufe vorliegt bzw. ein i bei der höheren Wertigkeitsstufe. Kuprochlorid ist das Chlorid des einwertigen Kupfers ($CuCl$) und Kuprichlorid das des zweiwertigen Kupfers ($CuCl_2$). Stannochlorid und Stannichlorid sind die Chloride des zwei- bzw. vierwertigen Zinns. Diese alte Bezeichnungsweise hat gegenüber der zuerst genannten den Nachteil, daß man aus dem Namen der Verbindung nicht ohne weiteres die Wertigkeit des Elementes entnehmen kann, sondern nur erkennen kann, ob es sich um die höhere oder niedrigere Wertigkeitsstufe handelt.

Eine andere ältere Bezeichnungsweise gibt den jeweils sauerstoffärmsten Verbindungen den Namen Oxydul. Demnach wäre das Kupfer(I)-oxyd als Kupferoxydul, das Eisen(II)-oxyd als Eisenoxydul zu bezeichnen.

Endlich muß hier noch eine Bezeichnungsweise genannt werden, die hauptsächlich bei den Oxyden der Nichtmetalle Verwendung findet. Man gibt die Zahl der in der Verbindung vorkommenden Sauerstoffatome durch das griechische Zahlwort an. Wir haben das bereits bei den Oxyden des Kohlenstoffs kennengelernt, $CO =$ Kohlenmonoxyd und

$CO_2 =$ Kohlendioxyd. Als weiteres Beispiel seien die Stickoxyde angeführt: $NO =$ Stickstoffmonoxyd, $NO_2 =$ Stickstoffdioxyd, $N_2O_3 =$ Stickstofftrioxyd, $N_2O_4 =$ Stickstofftetroxyd und $N_2O_5 =$ Stickstoffpentoxyd.

Zum Schluß dieses Abschnittes wollen wir noch zwei wichtige Begriffe einführen, die *Molarität* und die *Normalität*, Begriffe, die die Konzentration von Lösungen betreffen. Ist in 1 Liter irgendeiner Lösung genau 1 Grammol eines Stoffes gelöst, so sagt man, die Lösung sei 1-molar; entsprechend versteht man unter einer x-molaren Lösung eine solche, die x Mole eines Stoffes im Liter gelöst enthält. Häufig ist es zweckmäßiger, die Konzentration von Lösungen nicht in Molaritäten, sondern in Normalitäten anzugeben. Die Normalität einer Lösung gibt an, wieviel Äquivalente des gelösten Stoffes in einem Liter der Lösung enthalten sind. So enthält z. B. eine 1-molare Calciumchloridlösung 1 Grammol, also 111 g $CaCl_2$ in 1 Liter, während eine 1-normale Calciumchloridlösung 1 Grammäquivalent $= 55,5$ g $CaCl_2$ im Liter gelöst enthält. Dagegen sind eine 1-molare und eine 1-normale Natriumchloridlösung gleich konzentriert wegen der Übereinstimmung des Molekular- und Äquivalentgewichts von NaCl.

6. Die Halogene.
a) Das Chlor.

Bei der Wasserzersetzung im HOFMANNschen Apparat (Abb. 9) entwickelten sich unter der Einwirkung des elektrischen Stromes zwei Gase; am negativen Pol entstand Wasserstoff und am positiven Pol Sauerstoff, und zwar war das Volumen des gebildeten Wasserstoffs doppelt so groß wie das des Sauerstoffs. Füllt man nun den HOFMANNschen Wasserzersetzungsapparat nicht mit reinem Wasser, sondern mit Meerwasser bzw. einer Kochsalzlösung, so stehen die gebildeten beiden Gase nicht mehr im Volumverhältnis 2:1, sondern im Verhältnis 1:1. Außerdem zeigt das Gas, das sich am positiven Pol entwickelt, Eigenschaften, die nicht mit denen des Sauerstoffs übereinstimmen: Es ist gelbgrün gefärbt, es unterhält nicht die Verbrennung, es hat einen stechenden Geruch. Es ist ein Gas, das aus dem Kochsalz stammt und wegen seiner gelbgrünen Farbe ($\chi\lambda\omega\varrho\acute{o}\varsigma =$ grünlich) Chlor genannt ist. Seine Entdeckung verdanken wir C. W. SCHEELE (1774).

Darstellung. Man kann das Chlor, wie oben geschildert, durch Elektrolyse wäßriger Kochsalzlösungen gewinnen. Das ist auch das Verfahren, das die Technik anwendet. Ferner kann das Chlor durch Oxydation von Chlorwasserstoff, HCl, einer leicht zugänglichen Verbindung von Chlor mit Wasserstoff, hergestellt werden. Ein hierfür geeignetes Oxydationsmittel ist z. B. Braunstein, ein Oxyd des Mangans (MnO_2), das der Wasserstoffverbindung des Chlors den Wasserstoff entzieht und somit den Chlorwasserstoff zum Chlor oxydiert. Läßt man also eine Auflösung von Chlorwasserstoff in Wasser, in dem es sich leicht löst, in der Wärme auf Braunstein einwirken, so entweicht Chlor, entsprechend der Formel:

$$MnO_2 + 4\,HCl = MnCl_2 + 2\,H_2O + Cl_2.$$

Auch Luftsauerstoff kann bei höheren Temperaturen (zur Erhöhung der Reaktionsgeschwindigkeit) Chlorwasserstoffgas zu Chlor oxydieren:

$$4\,HCl + O_2 \rightleftharpoons 2\,H_2O + 2\,Cl_2 + 28\,kcal.$$

Ein Katalysator für diesen Prozeß, den sog. Deacon-Prozeß, der früher zur Chlordarstellung technisch verwendet wurde, ist das Kupferchlorid ($CuCl_2$).

Physikalische Eigenschaften.

```
Atomgewicht . . . . . . . Cl  = 35,46
Molekulargewicht . . . . . Cl₂ = 70,92
Dichte . . . . . . . . . .   d = 2,5
                          (Luft = 1)
Schmelzpunkt . . . . . .      −102,4°
Siedepunkt . . . . . . . .     −34°
Kritische Temperatur . . .   +141,0°
Kritischer Druck . . . . .      84 at
```

Das Chlor ist ein gelbgrünes Gas von sehr unangenehmem, stechendem Geruch. Es ist außerordentlich giftig. Verflüssigtes Chlor ist eine gelbe Flüssigkeit. Die Löslichkeit von Chlor in Wasser ist recht beträchtlich, in 1 Raumteil Wasser lösen sich 3,1 Raumteile Chlor bei 10° und 2,26 Raumteile bei 20°.

Chemische Eigenschaften. Chlor ist eines der reaktionsfähigsten Elemente, das schon bei gewöhnlicher Temperatur mit fast allen anderen Elementen heftig reagiert. So brennt z. B. eine Wasserstoffflamme in einer Chloratmosphäre weiter, wobei sich Chlorwasserstoff bildet:

$$H_2 + Cl_2 = 2\,HCl + 44\,kcal.$$

Die Vereinigung der beiden Gase verläuft also unter großer Wärmetönung, diese ist von derselben Größenordnung wie die Wärmemenge, die bei der Reaktion zwischen Wasserstoff und Sauerstoff frei wird:

$$H_2 + \tfrac{1}{2}\,O_2 = H_2O + 68,3\,kcal.$$

Daher ist auch das Wasserstoff-Chlor-Gemisch — analog dem Wasserstoff-Sauerstoff-Gemisch — explosiv. Bereits bei Belichtung findet die explosionsartige Vereinigung von Wasserstoff und Chlor statt.

Chlor reagiert ebenfalls sehr lebhaft mit Metallen, besonders dann wenn sie fein verteilt vorliegen. Schüttet man z. B. Antimonpulver in ein mit Chlor gefülltes Gefäß, so entzündet sich das Antimon und verbrennt unter Bildung eines weißen Rauches, der aus Antimontrichlorid ($SbCl_3$) besteht:

$$2\,Sb + 3\,Cl_2 = 2\,SbCl_3.$$

Eisendrahtwolle verbrennt gleichfalls in einer Chloratmosphäre unter Bildung von dunkelbraunem bis violettem Eisentrichlorid ($FeCl_3$):

$$2\,Fe + 3\,Cl_2 = 2\,FeCl_3.$$

Selbst ein Edelmetall wie Gold reagiert direkt mit Chlor:

$$2\,Au + 3\,Cl_2 = 2\,AuCl_3.$$

Eine charakteristische Eigenschaft des Chlors ist die Zerstörung natür-
licher und künstlicher Farbstoffe. Diese bleichende Wirkung erfolgt
allerdings nur in Gegenwart von Wasser; es findet zunächst eine Umsetzung mit Wasser statt:

$$Cl_2 + HOH \rightleftharpoons HCl + ClOH.$$

Die hierbei entstandene Verbindung, ClOH, die unterchlorige Säure,
ist nicht beständig und zerfällt in Chlorwasserstoff und atomaren Sauerstoff:

$$HOCl \rightleftharpoons HCl + O.$$

Dieser Sauerstoff in statu nascendi bewirkt die Zerstörung der Farbstoffe.

Infolge seiner großen Reaktionsfähigkeit, seiner Affinität zu fast
allen Elementen, kann das Chlor den Sauerstoff aus seinen Verbindungen
verdrängen und sich mit den Partnern des Sauerstoffs verbinden. So
reagiert Chlor z. B. bei höheren Temperaturen mit Wasserdampf; es
entsteht dabei Chlorwasserstoff und Sauerstoff:

$$2\,Cl_2 + 2\,H_2O = 4\,HCl + O_2 - 28\ kcal.$$

Es handelt sich also um die Umkehrung des Deacon-Prozesses; auf
Grund des Prinzips von LE CHATELIER folgt aus der Wärmetönung
der Reaktion, daß die Umkehrung des Deacon-Prozesses bei höheren
Temperaturen begünstigt ist, während bei niedrigen Temperaturen der
eigentliche Deacon-Prozeß stattfindet.

Vorkommen und Verwendung. Wegen seiner Reaktionsfähigkeit
kommt Chlor in der Natur nicht frei, sondern nur in Form seiner Verbindungen vor. Das Meerwasser enthält zu etwa 3% Chloride, vor
allem das Kochsalz (NaCl). Die großen Salzlagerstätten, z. B. in der
norddeutschen Tiefebene, die Ablagerungen prähistorischer Meere vorstellen, enthalten gleichfalls vorwiegend Kochsalz; ferner sind als chlor-
haltige Salze die Abraumsalze zu erwähnen, der Carnallit: $MgCl_2 \cdot KCl$
$\cdot\,6\,H_2O$ und der Kainit: $MgSO_4 \cdot KCl \cdot 3\,H_2O$.

Chlor wird in größerer Menge für die Bereitung bleichender und
desinfizierender Stoffe dargestellt. Wegen seiner Giftigkeit ist Chlor
auch als *Gaskampfstoff* im Weltkrieg verwandt worden, namentlich zu
Beginn des Gaskampfes, als man noch keine wirksameren Kampfstoffe
kannte. So wurde auch der erste deutsche Gasangriff, der am 22. April
1915 bei Ypern erfolgte, mit Chlor durchgeführt. Man hatte dazu
5700 Chlorbomben, von denen jede 10 l oder etwa 15 kg flüssiges
Chlor enthielt, in den vordersten deutschen Gräben auf einer Breite
von 6 km eingebaut. An die Öffnungen der Ventile waren Bleirohre
angeschlossen, die aus dem Graben herausführten und aus denen das
Chlorgas dann bei geeignetem Wind in Richtung auf die feindlichen
Gräben ausströmen sollte. Nach längerem Warten war schließlich am
22. April 1915 die Windrichtung und die Windgeschwindigkeit günstig,
so daß der Angriff durchgeführt werden konnte. Man blies gleichzeitig
den Inhalt der 5700 Flaschen gegen den französischen Frontabschnitt
ab. Das Abblasen der Chlorbomben dauerte etwa 10 Minuten, die
Windgeschwindigkeit betrug 2—3 m pro Sekunde. Infolgedessen war

das zu Beginn abgeblasene Gas durch den Wind bereits 1200 m weit fortgetrieben, als das letzte Chlor den Bomben entströmte. Das gesamte, in den Chlorbomben enthaltene Gas war also auf einen Raum von 6 km Breite und 1200 m Tiefe verteilt. Die Höhe der Chlorwolke kann man durchschnittlich wohl zu 10 m annehmen. Daher befanden sich die 85 500 kg Chlor in einem Raum von 72 Millionen Kubikmeter. 1 cbm Luft dieses Raumes enthielt also 1200 mg Chlor.

Wie lange kann nun ein lebendes Individuum eine derartige Gaskonzentration aushalten? Dafür ist das sog. *Tödlichkeitsprodukt* maßgebend. Die Konzentration des Kampfstoffes in der Luft, gemessen in mg pro Kubikmeter, sei mit c bezeichnet und t sei die Zeit in Minuten, während der ein lebendes Individuum das Gas einatmet. Ist nun das Produkt aus c und t größer als eine bestimmte Grenze, so wirkt die Vergiftung in der Regel tödlich. Für Chlorgas hat das Tödlichkeitsprodukt etwa den Wert $c \cdot t = 7500$. Im oben betrachteten Beispiel des Gasangriffs von Ypern war die Chlorkonzentration $c = 1200$ mg pro Kubikmeter. Also berechnet sich die Zeit des Einatmens, die erforderlich ist, um eine tödliche Wirkung hervorzurufen, zu $t = 6^1/_4$ Minute. Bei einer wandernden Gaswolke bestimmt die Windgeschwindigkeit die Zeit, während welcher sich ein beliebiger Ort in dem gasverseuchten Gebiet befindet. Diese Zeit betrug bei Ypern 10 Minuten. Es ergibt sich also, daß bei Ypern die äußeren Bedingungen (Gaskonzentration und Zeit) so gewählt waren, daß die feindlichen Kräfte an der betreffenden Stelle vollkommen vernichtet sein mußten.

Zum Vergleich seien hier noch die Tödlichkeitsprodukte anderer giftiger Gase aufgeführt. Für Kohlenoxyd hat das Tödlichkeitsprodukt den Wert $c \cdot t = 70000$, Chlor ist also 10 mal so wirksam wie Kohlenoxyd. Noch giftiger als Chlor ist das Phosgen ($COCl_2$), das ein Tödlichkeitsprodukt von nur 900 besitzt. Es sei aber darauf hingewiesen, daß das Tödlichkeitsprodukt keine exakte physikalische Konstante, sondern nur ein ungefähres Maß für die Giftwirkung eines schädlichen Gases darstellt. Einerseits reagieren nämlich die einzelnen Individuen nicht völlig gleichartig, und andererseits werden einige giftige Gase, wenn sie in sehr geringer Konzentration in der Luft vorliegen, im tierischen oder menschlichen Körper zu unschädlichen Stoffen abgebaut; es kann also bei kleinem c und großem t der Wert für $c \cdot t$ das Tödlichkeitsprodukt überschreiten, ohne daß das Gas den Tod des Individuums herbeiführt. Selbstverständlich ist bei allen diesen Betrachtungen zu berücksichtigen, daß der Luftbedarf der Individuen auch davon abhängt, ob sie sich in Ruhe oder Bewegung befinden.

b) Chlorwasserstoff.

Darstellung. Die Wasserstoffverbindung des Chlors kann — wie das beim chemischen Verhalten des Chlors bereits besprochen wurde — direkt aus den Elementen hergestellt werden. Das Verbrennen von Wasserstoff mit Chlor wird auch in der Technik zur Chlorwasserstoffdarstellung angewandt. Das scheint im gewissen Widerspruch zu stehen zu unserer früheren Behauptung, daß nämlich bei einem der technischen Darstellungsverfahren für Chlor der Chlorwasserstoff als Ausgangsstoff dient. Ob man in der Industrie Chlor aus Chlorwasserstoff oder umgekehrt Chlorwasserstoff aus Chlor gewinnt, hängt ganz davon ab, welches der beiden Produkte für den betreffenden Betrieb leichter zugänglich ist. So gibt es großtechnische Prozesse, bei denen als Nebenprodukt Chlor in großer Menge anfällt und bei denen man Chlorwasserstoff benötigt; hier wird man also HCl aus Chlor synthetisieren. Bei anderen Fabrikationszweigen liegen die Verhältnisse gerade umgekehrt: man gewinnt Chlorwasserstoff als Nebenprodukt und braucht Chlor, stellt also dann Chlor aus HCl dar.

Ferner entsteht Chlorwasserstoff, wenn man starke, konzentrierte Säuren wie Schwefelsäure (H_2SO_4) auf Metallverbindungen des Chlors, auf die Chloride, einwirken läßt. Zwischen Schwefelsäure und Natriumchlorid z. B. tritt dann folgende Umsetzung ein:

$$NaCl + H_2SO_4 = NaHSO_4 + HCl.$$

Es tauscht sich also das Natrium des Kochsalzes gegen ein Wasserstoffatom der Schwefelsäure aus, man erhält Natriumbisulfat ($NaHSO_4$) und Chlorwasserstoff, der als Gas entweicht. Bei stärkerem Erwärmen reagiert auch das Natriumbisulfat mit weiterem Natriumchlorid, wobei nunmehr das zweite Wasserstoffatom gegen Natrium ausgetauscht wird:

$$NaCl + NaHSO_4 = Na_2SO_4 + HCl.$$

Die erste Stufe dieser Reaktion zwischen Chloriden und konzentrierter Schwefelsäure benutzt man, wenn man im Laboratorium Chlorwasserstoffgas benötigt. Sie läßt sich im KIPPschen Gasentwicklungsapparat (Abb. 23) durchführen; in die mittlere Kugel werden größere Stücke Ammoniumchlorid (NH_4Cl) gefüllt, die dann beim Öffnen des Hahnes mit der aus der unteren Kugel hochsteigenden Schwefelsäure reagieren:

$$NH_4Cl + H_2SO_4 = (NH_4)HSO_4 + HCl.$$

Schließlich bildet sich auch Chlorwasserstoff, wenn man Wasserstoffgas über erhitzte Metallchloride leitet. Der Wasserstoff entzieht einigen Metallchloriden das Chlor, es entweicht Chlorwasserstoff und es hinterbleiben die Metalle:

$$PbCl_2 + H_2 = Pb + 2\,HCl.$$

Es handelt sich um eine Reaktion, die der Reduktion von Metalloxyden mittels Wasserstoff sehr ähnlich ist:

$$PbO + H_2 = Pb + H_2O.$$

Physikalische Eigenschaften.

Molekulargewicht	HCl = 36,5
Dichte	d = 1,269
	(Luft = 1)
Schmelzpunkt	−112°
Siedepunkt	−85°
Kritische Temperatur . . .	51,4°
Kritischer Druck	83 at

Chlorwasserstoff ist ein farbloses, giftiges Gas von stechendem Geruch. Er ist durch eine außergewöhnlich große Löslichkeit in Wasser ausgezeichnet; bei Zimmertemperatur lösen sich ungefähr 450 Raumteile Chlorwasserstoffgas in 1 Raumteil Wasser, die bei dieser Temperatur gesättigte, wäßrige Lösung enthält 42% HCl. Erhitzt man eine gesättigte, wäßrige Lösung von Chlorwasserstoff, so verhält sie sich ganz anders als die Auflösungen anderer Gase beim Erhitzen. Man erkennt das an der Abb. 43, in der die Löslichkeit von Chlorwasserstoff und Kohlendioxyd in Abhängigkeit von der Temperatur graphisch dargestellt ist. Auf der Ordinate sind die Gramm Gas, die in 100 g Wasser bei der entsprechenden Temperatur maximal gelöst sind, aufgetragen. Die Zahlen für die Löslichkeit des CO_2 sind mit dem Faktor 100 multipliziert, damit beide Kurven in dasselbe Diagramm

gezeichnet werden konnten und so ein besserer Vergleich möglich ist. Man sieht: Die Löslichkeit des Kohlendioxyds in Wasser nimmt mit der Temperatur stetig ab und ist beim Siedepunkt des Wassers auf 0 abgesunken. Bei 100° ist kein CO_2 mehr gelöst, es destilliert also reines Wasser. Entsprechend verhalten sich Stickstoff, Sauerstoff, Wasserstoff und viele andere Gase. Die Löslichkeit des Chlorwasser-

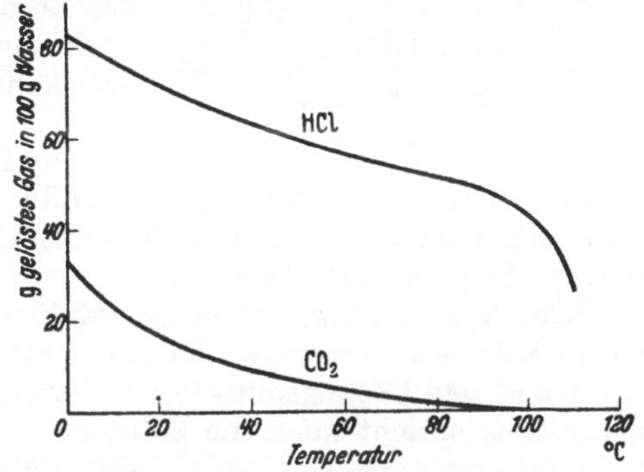

Abb. 43. Löslichkeit von CO_2 bzw. HCl in Wasser bei verschiedenen Temperaturen. $p = 1$ atm.

stoffs in Wasser sinkt zwar gleichfalls mit steigender Temperatur ab, hat aber bei 100° keineswegs den Wert 0 erreicht, sie beträgt vielmehr noch über 50% der Löslichkeit bei 0°. Analysiert man das Gas, das bei 100° über der siedenden Flüssigkeit steht und das ein Gemisch aus Chlorwasserstoff und Wasserdampf ist, so findet man, daß der Prozentgehalt des Chlorwasserstoffs in der Dampfphase größer ist als der der Flüssigkeit. D. h. die Flüssigkeit wird an HCl ärmer. Dabei steigt der Siedepunkt der wäßrigen Chlorwasserstofflösung langsam an, und zwar bis auf eine Temperatur von 110°. Bei dieser Temperatur ist die Zusammensetzung des entweichenden Gasgemisches die gleiche wie die der Flüssigkeit: auf 100 g Wasser kommen 25 g HCl, d. h. die Lösung und das Gas enthalten 20% HCl. Infolgedessen gelingt es nicht, durch weitere Wärmezufuhr die Konzentration der Lösung an HCl herabzusetzen.

Durch Erhitzen einer konzentrierten HCl-Lösung gelangt man also schließlich zu einer 20proz. Lösung. Eine Lösung derselben Konzentration erhält man auch, wenn man eine Lösung erhitzt, deren Gehalt geringer als 20% ist. In diesem Fall enthält das entweichende Gas zunächst weniger Chlorwasserstoff als die Lösung, die Lösung wird also beim Sieden konzentrierter und infolgedessen steigt der Siedepunkt so

lange an, bis wieder das bei 110° *konstant siedende Gemisch* aus 20%
HCl und 80% Wasser erreicht ist. Die Lage des Siedepunktes einer
HCl-Lösung in Abhängigkeit von der HCl-Konzentration gibt die Kurve
der Abb. 44 wieder. Sie besitzt also ein Maximum für einen HCl-Gehalt
von 20%. Man könnte vielleicht der Meinung sein, es handle sich

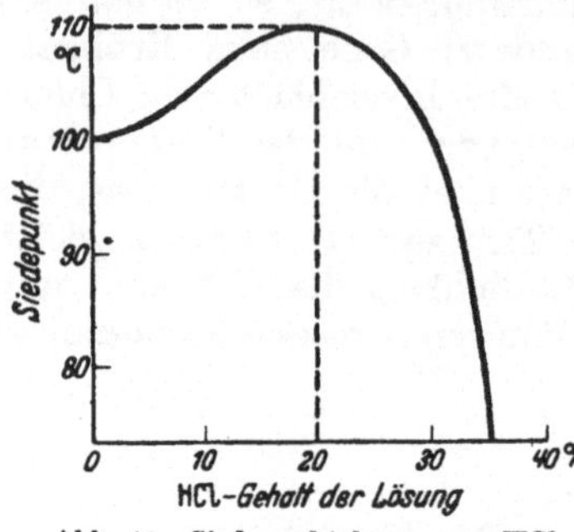

Abb. 44. Siedepunktskurve von HCl.

bei diesem konstant siedenden Gemisch aus 20% HCl und 80% Wasser
um eine chemische Verbindung zwischen dem Chlorwasserstoff und dem
Wasser; das ist indessen nicht der
Fall, da die prozentuale Zusammensetzung des konstant siedenden Gemisches sich mit dem Druck, der auf
der Lösung lastet, verändert. Es gibt
noch einige weitere Beispiele dafür,
daß konstant siedende Gemische zwischen zwei Flüssigkeiten bzw. einem
Gas und einer Flüssigkeit beobachtet
werden, ohne daß eine Verbindungsbildung zwischen den beiden Partnern angenommen werden muß (z. B. Alkohol-Wasser, Schwefelsäure-
Wasser, Salpetersäure-Wasser).

Beim Auflösen von Chlorwasserstoff in Wasser beobachtet man eine
starke Wärmeentwicklung. Es findet offenbar zwischen den HCl-Mole-
külen und den Lösungsmittelmolekülen eine Reaktion statt. Für diese
Vermutung spricht auch die Tatsache, daß beim starken Abkühlen ge-

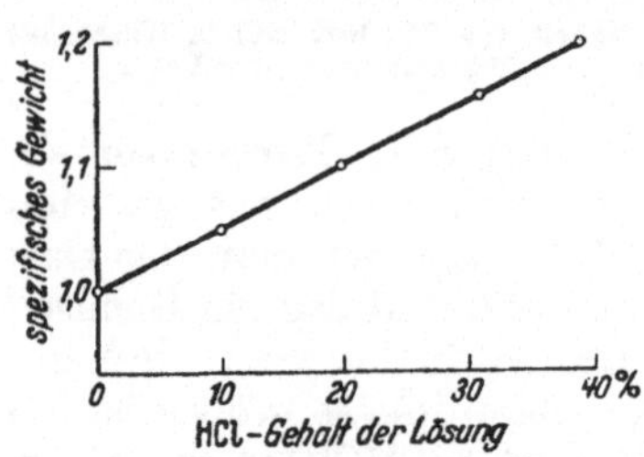

Abb. 45. Spezifisches Gewicht wäßriger
HCl-Lösungen.

sättigter Salzsäurelösungen ein Hydrat
des Chlorwasserstoffs auskristallisiert;
das Hydrat hat die Zusammensetzung
$HCl \cdot 3 H_2O$.

Dadurch, daß man Chlorwasserstoff — oder irgendeine andere wasserlösliche Substanz — in Wasser
auflöst, verändert sich das spezifische
Gewicht des Wassers. Diese Beziehung zwischen der Konzentration
und dem spezifischen Gewicht der
Lösung, die in der Abb. 45 für HCl
graphisch dargestellt ist, bietet die Möglichkeit, die Konzentration
durch Messung des spezifischen Gewichtes zu bestimmen.

Chemische Eigenschaften. Die Auflösung von Chlorwasserstoffgas
in Wasser erteilt dem Wasser einen sauren Charakter. Man nennt die
wäßrige HCl-Lösung *Salzsäure*; sie besitzt gewisse Eigenschaften, die
wir bereits an den Auflösungen einiger anderer Gase, wie Kohlendioxyd und Schwefeldioxyd, und auch fester Stoffe, wie Phosphorpentoxyd, in Wasser kennengelernt haben. Diese für *Säuren* charakteristischen Eigenschaften seien hier einmal kurz zusammengestellt. Alle
Lösungen, die wir Säuren nennen, sind dadurch ausgezeichnet, daß
sie säuerlich schmecken, daß sie blaues Lackmuspapier oder eine blaue

Lackmuslösung röten, oder daß sie eine gelbe Lösung von Methylorange röten. Diesen sauren Lösungen ist weiter gemeinsam, daß sie unedle Metalle, wie Zink, Eisen usw., unter Wasserstoffentwicklung auflösen. Jede Säure enthält also Wasserstoff im Molekül, und dieser Wasserstoff kann durch Metalle ausgetrieben werden. Die Metalle gehen dabei in Lösung und verbinden sich mit dem Rest der Säuren. So reagiert z. B. metallisches Eisen mit Salzsäure unter Wasserstoffentwicklung und unter Bildung einer hellgrünen Lösung von Eisenchlorid:

$$Fe + 2\,HCl = FeCl_2 + H_2.$$

Bei der Besprechung der Metalle hatten wir eine andere Gruppe wäßriger Lösungen kennengelernt, die wir *Laugen* genannt hatten. Es handelte sich dabei um die Auflösungen der Oxyde oder Hydroxyde unedler Leichtmetalle in Wasser, wie NaOH, KOH und Ca(OH)$_2$; diese Lösungen waren durch eine schlüpfrige Beschaffenheit ausgezeichnet, sowie dadurch, daß sie rotes Lackmuspapier blau färbten, und daß rote Lösungen von Methylorange bei ihrer Anwesenheit nach Gelb umschlugen. Man erkennt also, daß die Eigenschaften der wäßrigen Lösungen von Säuren einerseits und der von Laugen andererseits einander durchaus entgegengesetzt sind. Es muß daher möglich sein, die Eigenschaften aufzuheben dadurch, daß man eine Lauge und eine saure Lösung zusammengießt. Zu diesem Zweck wird man zu der Lauge, die man mit einigen Tropfen Lackmuslösung versetzt hat, von der Säure gerade so viel zufließen lassen, daß die Farbe der Lösung eben von Blau nach Rot umzuschlagen beginnt. Die Lösung besitzt jetzt weder den Charakter der Lauge noch den der Säure, sie fühlt sich nicht schlüpfrig an, sie schmeckt nicht sauer. Diese Reaktion zwischen einer Säure und einer Base nennt man *Neutralisation,* wir formulieren sie für den Fall der Natronlauge und der Salzsäure:

$$NaOH + HCl = H_2O + NaCl.$$

Natronlauge und Salzsäure reagieren also miteinander unter Bildung von Wasser und Kochsalz. Daß diese Formulierung richtig ist, erkennnt man daran, daß Kochsalz hinterbleibt, wenn man die bei der Neutralisation erhaltene Lösung zur Trockene eindampft.

Für jede Neutralisation ist wesentlich, daß sich der Wasserstoff der Säure mit der OH-Gruppe der Base, der sog. Hydroxylgruppe, vereinigt und dadurch Wasser gebildet wird. Das jeweilige Metall der Base verbindet sich mit dem Rest der Säure; solche Verbindungen zwischen dem Metall und dem Säurerest, die man durch Verdampfen des Wassers in fester Form gewinnen kann, nennt man *Salze.* Die Salze der Salzsäure heißen Chloride, die der Kohlensäure Carbonate und die der Schwefelsäure Sulfate.

Die Chloride der meisten Metalle sind in Wasser sehr gut löslich. Eine Ausnahme hiervon machen nur die Chloride vom Blei, Quecksilber und Silber. Das Silberchlorid ist von diesen das am wenigsten lösliche. Man benutzt es daher in der analytischen Chemie zum Nachweis der Chloride und der Salzsäure. Versetzt man nämlich Salzsäure oder die wäßrige Auflösung eines Chlorids mit einer Silbersalzlösung,

z. B. mit Silbernitrat ($AgNO_3$), so entsteht stets ein dicker, weißer, käsiger Niederschlag des schwer löslichen Silberchlorids, entsprechend den Gleichungen:

$$HCl + AgNO_3 = AgCl + HNO_3$$
$$NaCl + AgNO_3 = AgCl + NaNO_3$$
$$CaCl_2 + 2\,AgNO_3 = 2\,AgCl + Ca(NO_3)_2.$$

Vorkommen und Verwendung. Freie Salzsäure kommt in der Natur kaum vor. Der Magensaft enthält zu 0,2% freie Salzsäure. In großen Mengen findet man die Salzsäure nur in Form ihrer Salze, der Chloride. Von diesen sind am häufigsten das Natriumchlorid ($NaCl$), das Kaliumchlorid (KCl) und der Carnallit, das gemischte Chlorid des Kaliums und Magnesiums: $KCl \cdot MgCl_2 \cdot 6\,H_2O$.

Die Salzsäure ist eine Säure, die beim Arbeiten im chemischen Laboratorium und in der chemischen Industrie vielfach gebraucht wird. In der Medizin verwendet man verdünnte Salzsäure, wenn die Magenflüssigkeit eine zu geringe Säurekonzentration aufweist. Ferner benutzt man die Salzsäure beim Konservieren von Grünfutter bei Siloeinlagerungen.

c) Die Chloroxyde.

Chlor kann mit Sauerstoff drei verschiedene Oxyde bilden, das Chlormonoxyd (Cl_2O), das Chlordioxyd (ClO_2) und das Chlorheptoxyd (Cl_2O_7). Die Sauerstoffmengen, die in diesen Verbindungen an die gleiche Menge Chlor (Cl_2) gebunden sind, stehen im Verhältnis 1:4:7. Da der Sauerstoff stets zweiwertig auftritt, ist das Chlor im Chlormonoxyd einwertig, im Chlordioxyd vierwertig und im Chlorheptoxyd siebenwertig.

Darstellung. 1. Das Chlormonoxyd erhält man beim Überleiten von Chlorgas über rotes Quecksilberoxyd nach der Gleichung:

$$HgO + 2\,Cl_2 = HgCl_2 + Cl_2O.$$

Das hierbei entstehende Quecksilberchlorid ist ein fester Stoff und das Chlormonoxyd ein Gas; das Cl_2O entweicht also mit dem überschüssigen Chlor, von dem es leicht durch Verflüssigung getrennt werden kann, da die Siedepunkte der beiden Gase ziemlich weit auseinander liegen (Cl_2O: $+3,8°$; Cl_2: $-34°$).

2. Das Chlordioxyd entsteht beim Ansäuern konzentrierter Chloratlösungen. Die leicht zugänglichen Chlorate sind Salze der Chlorsäure, $HClO_3$ (vgl. S. 95), beim Ansäuern der Chlorate bildet sich die freie Chlorsäure, die aber nicht beständig ist und gemäß der Gleichung:

$$3\,HClO_3 \rightarrow 2\,ClO_2 + H_2O + HClO_4$$

in Perchlorsäure ($HClO_4$), Wasser und Chlordioxyd zerfällt. Das Chlordioxyd entweicht dabei als Gas.

3. Das Chlorheptoxyd läßt sich durch Einwirkung wasserentziehender Mittel auf Überchlorsäure ($HClO_4$) darstellen. Z. B. wirkt Phosphorpentoxyd in der Weise auf die Überchlorsäure, daß je 2 Moleküle Überchlorsäure 1 Molekül Wasser abspalten:

$$2\,HClO_4 \rightarrow H_2O + Cl_2O_7.$$

Eigenschaften.

	Cl_2O	ClO_2	Cl_2O_7
Aggregatzustand bei Zimmertemperatur .	Gas	Gas	ölige Flüssigkeit
Farbe	gelbbraun	grünlichgelb	farblos
Siedepunkt	3,8° C	9,9° C	83° C
Bildungswärme	—24,7 kcal	—26,3 kcal	
Verbindungscharakter . .	endotherm	endotherm	endotherm
Beständigkeit	unbeständig, explosionsartiger Zerfall	explosiv	sehr explosiv

Die wichtigsten Eigenschaften sind in der Tabelle zusammengestellt. Das Verhalten der drei Chloroxyde, das sehr gleichartig ist, wird wesentlich durch den endothermen Charakter bestimmt. Sie zerfallen leicht in ihre Elemente, in Chlor und Sauerstoff, wobei eine große Wärmeenergie frei wird. Alle drei sind daher explosiv.

Mit Wasser reagieren die Chloroxyde unter Bildung der Sauerstoffsäuren des Chlors. Aus Chlormonoxyd und Wasser entsteht die unterchlorige Säure, HOCl:

$$Cl_2O + H_2O = 2\ HOCl.$$

Chlordioxyd bildet mit Wasser ein Gemisch zweier Säuren, der chlorigen Säure ($HClO_2$) und der Chlorsäure, $HClO_3$:

$$2\ ClO_2 + H_2O = HClO_2 + HClO_3.$$

Chlorheptoxyd schließlich vereinigt sich mit Wasser zur Überchlorsäure:

$$Cl_2O_7 + H_2O = 2\ HClO_4.$$

Von größerer Bedeutung als die Oxyde des Chlors sind diese sauerstoffhaltigen Säuren des Chlors und deren Salze.

d) Die Sauerstoffsäuren des Chlors und ihre Salze.

Man kennt vier Sauerstoffsäuren des Chlors, die unterchlorige Säure HClO, die chlorige Säure $HClO_2$, die Chlorsäure $HClO_3$ und die Überchlorsäure $HClO_4$. Von diesen Säuren und ihren Salzen sind von größerem praktischen Interesse die unterchlorige Säure, die Chlorsäure und die Perchlorsäure. Sie sollen daher kurz besprochen werden.

α) Die unterchlorige Säure, HOCl.

Darstellung. Gasförmiges Chlor ist in beträchtlicher Menge in Wasser löslich. In diesem sog. Chlorwasser hat sich ein Teil des Chlors mit dem Wasser unter Bildung von Salzsäure und unterchloriger Säure umgesetzt:

$$Cl_2 + HOH \rightleftharpoons HCl + HOCl.$$

Man nennt diesen Vorgang der Einwirkung des Wassers auf das gelöste Chlor die *Hydrolyse des Chlors*. Sie verläuft nicht vollständig, sondern nur bis zur Einstellung eines Gleichgewichts zwischen Chlor und Wasser einerseits und der Salzsäure und der unterchlorigen Säure andererseits.

Im Gleichgewicht liegen etwa 30% des gelösten Chlors in Form der Säuren, die restlichen 70% unverändert vor. Das Gleichgewicht ist also überwiegend nach der linken Seite der Gleichung verschoben. Man kann nun die Hydrolyse des Chlors vollständig nach rechts verlaufen lassen, dadurch daß man die entstandenen beiden Säuren durch eine Lauge, z. B. Kalilauge, neutralisiert:

$$HCl + HOCl + 2\,KOH = KCl + KOCl + 2\,H_2O.$$

Somit werden zwei der vier Gleichgewichtspartner aus dem Gleichgewicht herausgenommen, das Gleichgewicht ist gestört und stellt sich neu ein, dadurch daß ein weiterer Teil des Chlors hydrolysiert. Die nachgebildeten Säuren lassen sich wieder neutralisieren usf., bis schließlich alles gelöste Chlor in das Kaliumsalz der Salzsäure und der unterchlorigen Säure umgewandelt ist.

In der Praxis verfährt man so, daß man das Chlor nicht erst in Wasser, sondern sofort in Kalilauge einleitet, d. h. daß man die beiden Reaktionen, Hydrolyse und Neutralisation, kombiniert:

$$Cl_2 + 2\,KOH = KCl + KOCl + H_2O.$$

Eine solche Lösung ist als „Eau de Javelle" bekannt. Benutzt man an Stelle der Kalilauge das Calciumhydroxyd $Ca(OH)_2$, so erhält man den wichtigen „Chlorkalk":

$$Ca(OH)_2 + Cl_2 = CaCl(OCl) + H_2O.$$

Eigenschaften. Die unterchlorige Säure ist im freien Zustand nicht beständig und daher nur in wäßriger Lösung bekannt. Sie ist eine schwache Säure. Ihre Salze heißen Hypochlorite. Auch die Hypochlorite sind nicht übermäßig beständig; besonders bei etwas erhöhter Temperatur zerfallen sie unter Abgabe von Sauerstoff:

$$2\,NaClO \rightarrow 2\,NaCl + O_2.$$

Infolgedessen sind die Hypochlorite und auch die unterchlorige Säure selbst gute Oxydationsmittel. Der so entstandene Sauerstoff kann ein drittes Molekül Natriumhypochlorit zum Natriumchlorat oxydieren:

$$2\,NaClO + 1\,NaClO \rightarrow 2\,NaCl + NaClO_3.$$

Mit Wasserstoffsuperoxyd reagieren die Hypochlorite lebhaft unter starker Sauerstoffentwicklung; wir formulieren den Vorgang am Beispiel des Chlorkalks:

$$CaCl(OCl) + H_2O_2 \rightarrow CaCl_2 + H_2O + O_2.$$

Das Wasserstoffsuperoxyd und der Chlorkalk reduzieren sich also gegenseitig.

Beim Einleiten von Kohlendioxyd in eine Chlorkalklösung entweicht Chlor:

$$CaCl(OCl) + CO_2 = CaCO_3 + Cl_2.$$

Die gleiche Entwicklung von Chlorgas beobachtet man auch, wenn man Chlorwasserstoff in eine wäßrige Chlorkalklösung einleitet:

$$CaOCl_2 + 2\,HCl = CaCl_2 + H_2O + Cl_2.$$

Verwendung. Die Hypochlorite, im besonderen der Chlorkalk, werden als Oxydationsmittel verwendet, und zwar in der Medizin zur Desinfektion, in der Technik zum Bleichen von Baumwolle, Leinen, Papier, und im modernen Gasschutz als Mittel zur Zerstörung der Gelbkreuzkampfstoffe.

β) Die Chlorsäure, $HClO_3$.

Darstellung. Salze der Chlorsäure können durch Erhitzen der Hypochloritlösungen gewonnen werden:

$$2 NaOCl + 1 NaOCl \rightarrow 2 NaCl + NaClO_3.$$

In der Praxis stellt man sich nicht erst die Hypochlorite als Zwischenprodukt her, sondern leitet das Chlor direkt in eine heiße Kali- oder Natronlauge ein:

$$6 KOH + 3 Cl_2 = KClO_3 + 5 KCl + 3 H_2O.$$

Da Kaliumchlorat in der Kälte bedeutend schlechter löslich ist als in der Wärme, kristallisiert das Kaliumchlorat beim Erkalten aus, während das Kaliumchlorid in Lösung bleibt.

Eigenschaften. Die Chlorsäure läßt sich ebenso wie die unterchlorige Säure nicht in wasserfreiem Zustand herstellen. Nur verdünnte wäßrige Lösungen der Chlorsäure sind beständig. Mäßig konzentrierte Chlorsäure zersetzt sich nach der Gleichung:

$$3 HClO_3 \rightarrow 2 ClO_2 + H_2O + HClO_4.$$

Stark konzentrierte Chlorsäure, die man durch Umsetzung von Kaliumchlorat mit konzentrierter Schwefelsäure erhalten sollte, zerfällt momentan und wirkt stark oxydierend.

Die Salze der Chlorsäure heißen Chlorate. Auch sie sind nicht sehr beständig, sie geben beim Erwärmen Sauerstoff ab:

$$2 KClO_3 \rightarrow 2 KCl + 3 O_2.$$

Diese Reaktion verläuft in zwei Teilreaktionen. Erwärmt man das Kaliumchlorat nur mäßig; so zerfällt es zunächst in Kaliumchlorid und Kaliumperchlorat:

$$1 KClO_3 + 3 KClO_3 \rightarrow KCl + 3 KClO_4$$

und erst das Kaliumperchlorat zerfällt bei höherer Temperatur in Kaliumchlorid und Sauerstoff:

$$KClO_4 \rightarrow KCl + 2 O_2.$$

Immerhin ist die Stabilität der Chlorsäure und der Chlorate größer als die der unterchlorigen Säure und der Hypochlorite.

Mischungen von Kaliumchlorat mit brennbaren Stoffen, wie Schwefel, Sulfiden, Phosphor, sind äußerst explosiv und finden in der Zündholzindustrie, bei der Feuerwerkerei und zur Herstellung von Sprengstoffen Verwendung. Es ist nicht ungefährlich, mit solchen Gemischen zu experimentieren.

Die Salzsäure und die wäßrigen Lösungen der Chloride ließen sich dadurch charakterisieren, daß sie mit einer Silbernitratlösung einen weißen Niederschlag von unlöslichem Silberchlorid bilden. Das Silbersalz der Chlorsäure ist nicht schwer löslich; man erhält also beim Versetzen einer Chloratlösung mit Silbernitratlösung keinen Niederschlag.

γ) Die Überchlorsäure, Perchlorsäure, $HClO_4$.

Darstellung. Die wasserfreie Perchlorsäure läßt sich durch Umsetzung von leicht zugänglichem Kaliumperchlorat mit konzentrierter Schwefelsäure gewinnen:

$$KClO_4 + H_2SO_4 = KHSO_4 + HClO_4.$$

Die Schwefelsäure ist eine schwer flüchtige Säure, ihr Siedepunkt liegt über 300°; die Perchlorsäure ist dagegen relativ leicht flüchtig, man destilliert sie daher aus dem Reaktionsgemisch unter vermindertem Druck ab.

Eigenschaften. Die wasserfreie Perchlorsäure ist eine farblose, leicht bewegliche Flüssigkeit; sie raucht an der Luft, da ihr Dampf die Luftfeuchtigkeit anzieht. Ihr Schmelzpunkt liegt bei —112°. Ihr Siedepunkt läßt sich bei Atmosphärendruck nicht bestimmen, da sie nur unter vermindertem Druck unzersetzt destillierbar ist. Wasserfreie Perchlorsäure ist explosiv. Sie gibt ihren Sauerstoff leicht ab, namentlich wenn sie mit oxydierbaren Stoffen in Berührung kommt.

Die Perchlorsäure ist mit Wasser in jedem Verhältnis mischbar. Die wasserhaltige Perchlorsäure ist sehr beständig, sie ist die bei weitem beständigste der Sauerstoffsäuren des Chlors. Eine 70proz. Perchlorsäure, die etwa der Zusammensetzung $HClO_4 \cdot 2H_2O$ entspricht, ist ein ähnlich konstant siedendes Gemisch wie die 20proz. Salzsäure; ihr Siedepunkt liegt bei Atmosphärendruck bei 203°. Die Perchlorsäure ist eine sehr starke Säure. Mischt man Wasser und Perchlorsäure im Verhältnis ihrer Molekulargewichte, so entsteht ein bei Zimmertemperatur festes Produkt, das Perchlorsäuremonohydrat, $HClO_4 \cdot H_2O$, dessen Schmelzpunkt bei +50° liegt.

Die Salze der Perchlorsäure heißen Perchlorate. Man stellt sie aus den Chloraten her. Das ist entweder möglich durch mäßiges Erwärmen

$$4\,KClO_3 \rightarrow KCl + 3\,KClO_4$$

oder durch elektrolytische Oxydation. Bringt man nämlich eine konzentrierte wäßrige Kaliumchloratlösung in eine elektrolytische Zelle und legt eine Spannung an die Elektroden, so oxydiert der an der Anode primär abgeschiedene Sauerstoff in statu nascendi das Chlorat zum Perchlorat:

$$KClO_3 + O = KClO_4.$$

Man muß nur dafür sorgen, daß das entstandene Perchlorat nicht in die Nähe der Kathode gelangt und dort durch den abgeschiedenen Wasserstoff wieder reduziert wird; man trennt daher den Anoden- und Kathodenraum durch eine poröse Wand, die für den elektrischen Strom keinen Widerstand darstellt, aber Strömungen und Durchmischungen der Flüssigkeit verhindert. Da das Kaliumperchlorat im Gegensatz zum Kaliumchlorat nur eine sehr geringe Löslichkeit in Wasser besitzt, ist die Sättigungskonzentration an Kaliumperchlorat im Anodenraum bald erreicht; während der Elektrolyse fällt also das Kaliumperchlorat aus und sammelt sich am Boden des Anodenraumes.

Wie schon erwähnt, ist von den Salzen der Perchlorsäure das Kaliumsalz schwer löslich. Man weist daher Perchlorsäure in der analytischen
Chemie mit einer Kaliumchloridlösung nach; bei der Reaktion:

$$HClO_4 + KCl \rightarrow KClO_4 + HCl$$

erhält man einen weißen, kristallinen Niederschlag von Kaliumperchlorat. Mit einer Silbernitratlösung läßt sich die Perchlorsäure nicht
ausfällen, da das Silberperchlorat in Wasser leicht löslich ist. Der
Perchlorsäure kommt — besonders bei Arbeiten im Laboratorium —
eine erhebliche Bedeutung zu, weil ihre wäßrige Lösung eine sehr
starke Säure ist und weil fast alle ihre Salze — außer dem Kaliumperchlorat — leicht löslich sind.

e) Brom, Jod und Fluor.

Ähnliches chemisches Verhalten wie das Chlor zeigen drei weitere
nichtmetallische Elemente: das Brom, das Jod und das Fluor. Da diese
vier Elemente sich leicht mit Metallen vereinigen und dabei typische
Salze entstehen, nennt man sie Salzbildner oder Halogene. Die wichtigsten physikalischen Eigenschaften der Halogene sind in der folgenden
Tabelle zusammengestellt:

Tabelle 26. Physikalische Eigenschaften der Halogene.

	Fluor	Chlor	Brom	Jod
Symbol	F	Cl	Br	J
Atomgewicht	19,000	35,457	79,916	126,92
Molekulargewicht des Gases	38,000	70,914	159,832	253,84
Schmelzpunkt	−223°	−102,4°	−7,3°	+113,7°
Siedepunkt	−187,9°	− 34,0°	+58,8°	+184,5°
Farbe im festen Zustand .	farblos	gelb	dunkelbraun	schwarz
Farbe im Gaszustand . .	schwach gelblich	grüngelb	rotbraun	violett
Thermischer Dissoziations-grad in Proz.				
bei 1000° abs. . . .	—	0,035	0,23	2,8
bei 2000° abs. . . .	—	52	72,4	89,5

In dieser Tabelle sind die Halogene nach steigendem Atomgewicht angeordnet; man erkennt, daß sich die meisten Eigenschaften in derselben
Reihenfolge verändern; die Schmelz- und Siedepunkte steigen vom
Fluor über das Chlor und das Brom bis zum Jod an. Bei Zimmertemperatur sind also Fluor und Chlor gasförmig, Brom eine Flüssigkeit und Jod fest. Im Gaszustand liegen die Halogene bei Zimmertemperatur bis zu einigen hundert Grad Celsius als zweiatomige Moleküle
vor. Bei höheren Temperaturen tritt eine Spaltung der Molkeüle in
die Atome ein, und zwar ist die thermische Dissoziation am stärksten
beim Jod und am geringsten beim Fluor, sofern man die Dissoziation
bei derselben Temperatur vergleicht.

Die Verbindungstypen des Fluor, Brom und Jod sind analog denen
des Chlors. Man kennt die Wasserstoffverbindungen, die Flußsäure
(HF), die Bromwasserstoffsäure (HBr) und die Jodwasserstoffsäure (HJ)

und deren Salze, die Fluoride, Bromide und Jodide. Ferner existieren
beim Brom und Jod eine Reihe von Sauerstoffverbindungen: die unterbromige und die unterjodige Säure mit ihren Salzen, den Hypobromiten
und den Hypojoditen, die Bromsäure und die Jodsäure mit den Bromaten
und Jodaten und schließlich die Perjodsäure und die Perjodate. Die
übrigen Verbindungen, die in Analogie zu entsprechenden Chlorverbindungen denkbar wären, sind entweder unbekannt oder überaus unbeständig. Die Formeln der bekannteren Säuren der Halogene und die
der zugehörigen Natriumsalze enthält die Tabelle 27.

Tabelle 27. Die Säuren der Halogene und ihre Salze.

	Fluor	Chlor	Brom	Jod
Halogenwasserstoff . .	HF	HCl	HBr	HJ
Halogenide	NaF	NaCl	NaBr	NaJ
Unterhalogenige Säure.		HOCl	HOBr	HOJ
Hypohalogenite		NaOCl	NaOBr	NaOJ
Halogenige Säure . . .		$HClO_2$		
Halogenite		$NaClO_2$		
Halogensäure		$HClO_3$	$HBrO_3$	HJO_3
Halogenate		$NaClO_3$	$NaBrO_3$	$NaJO_3$
Perhalogensäure . . .		$HClO_4$		HJO_4
Perhalogenate		$NaClO_4$		$NaJO_4$

In der Reihe der Sauerstoffsäuren des Chlors nahm die Beständigkeit mit steigendem Sauerstoffgehalt der Säure zu, am beständigsten
waren die Perchlorsäure und die Perchlorate, am leichtesten zerfielen
die unterchlorige Säure und die Hypochlorite. Die gleiche Beobachtung macht man auch in der Reihe der Bromsauerstoffsäuren
und der Jodsauerstoffsäuren: Je größer der Sauerstoffgehalt der
Säure ist, um so beständiger ist sie.

α) Das Brom.

Wegen seiner Ähnlichkeit zum Chlor kommt Brom in der Natur
meist dort vor, wo man auch das Chlor findet, d. h. im Meerwasser
und in den Salzlagern, gebunden an die Metalle Natrium, Kalium und
Magnesium als Natriumbromid, Kaliumbromid und als Bromcarnallit
($MgBr_2 \cdot KBr \cdot 6H_2O$).

Das elementare Brom läßt sich aus diesen Verbindungen leicht darstellen dadurch, daß man Chlorgas in die wäßrigen Lösungen der Bromide einleitet. Das Chlor hat nämlich eine größere Affinität zu den
Metallen und verdrängt daher das Brom aus den Bromiden:

$$2\,NaBr + Cl_2 = Br_2 + 2\,NaCl.$$

Das so entstehende elementare Brom löst sich zunächst im Wasser
mit brauner Farbe auf. In 100 g Wasser sind 3,55 g Brom bei Zimmertemperatur löslich. Wird bei der Bromdarstellung diese Sättigungskonzentration überschritten, so scheidet sich das Brom, das ein
größeres spezifisches Gewicht als Wasser hat, am Boden als braune
Flüssigkeit ab.

Brom ist nicht ganz so reaktionsfähig wie das Chlor, vereinigt sich aber noch mit den meisten Elementen direkt. So läßt sich z. B. Bromwasserstoff aus Bromdampf und Wasserstoff herstellen:

$$H_2 + Br_2 = 2\,HBr + 24\,kcal$$

ganz entsprechend der Darstellung des Chlorwasserstoffs:

$$H_2 + Cl_2 = 2\,HCl + 44\,kcal.$$

Durch Vergleich der Bildungswärmen von Bromwasserstoff und Chlorwasserstoff ergibt sich die größere Reaktionsfähigkeit des Chlors. Die Auflösung des Bromwasserstoffgases in Wasser ist wie die des Chlorwasserstoffgases eine starke Säure, von der sich viele Salze, die Bromide, ableiten. In Analogie zum Silberchlorid ist auch das Silberbromid das schwerstlösliche Salz des Bromwasserstoffs. Versetzt man eine wäßrige Lösung von Bromwasserstoff oder irgendeines Bromids mit einer Silbernitratlösung, so entsteht ein dicker Niederschlag von Silberbromid:

$$NaBr + AgNO_3 = AgBr + NaNO_3.$$

Das Silberbromid kann vom Silberchlorid durch seine Farbe unterschieden werden, es ist nicht wie dieses rein weiß, sondern gelblich. Das Silberbromid ist stark lichtempfindlich; bei Belichtung wird es schwarz, da es sich zersetzt und feinverteiltes metallisches Silber entsteht. Wegen seiner Lichtempfindlichkeit verwendet man das Silberbromid in der Photographie bei der Herstellung der Platten und Filme. Lösliche Alkalibromide wirken wie manche organischen Bromverbindungen nervenberuhigend und finden als gelinde Schlafmittel gelegentlich Verwendung.

β) Das Jod.

Jod ist gleichfalls ein Bestandteil der im Meerwasser gelösten Salze; allerdings ist die Menge der Jodverbindungen im Meerwasser wesentlich geringer als die der Chloride und Bromide. In einigen Meeresalgen ist das Jod etwas angereichert; in der Asche dieser Algen findet sich daher Kaliumjodid, das durch Kristallisation rein gewonnen werden kann. Die Hauptfundstätte von Jod sind aber die Salzlager Chiles, hier findet man es als Natriumjodat ($NaJO_3$) als Beimengung des Chilesalpeters ($NaNO_3$).

Aus dem Natriumjodat gewinnt man das Jod durch Reduktion mit Schwefeldioxyd:

$$2\,NaJO_3 + 5\,SO_2 + 4\,H_2O = Na_2SO_4 + 4\,H_2SO_4 + J_2.$$

Beim Einleiten von Schwefeldioxyd in die wäßrige Jodatlösung fallen die schwarzbraunen Kristalle des Jods aus. Man filtriert ab und reinigt das Jod durch Sublimation. Jod ist in Wasser wenig löslich, gut löslich dagegen in einer wäßrigen Kaliumjodidlösung wegen der Bildung von KJ_3:

$$KJ + J_2 \rightleftharpoons KJ_3.$$

Das Kaliumtrijodid läßt sich auch als Salz erhalten. Eine alkoholische Lösung von Jod nennt man Jodtinktur. Während sich das Jod in diesen Lösungsmitteln, die im Molekülaufbau ein Sauerstoffatom besitzen, mit brauner Farbe löst, sind die Lösungen von Jod in organischen Lösungsmitteln wie Chloroform ($CHCl_3$), Schwefelkohlenstoff (CS_2) und Tetrachlorkohlenstoff (CCl_4), deren Moleküle sauerstofffrei sind, wie der Joddampf violett gefärbt.

Elementares Jod gibt mit Stärke eine Anlagerungsverbindung, die Jodstärke, die intensiv blau gefärbt ist. Man benutzt daher Stärkelösung zum Nachweis kleiner Mengen Jods, die sich an ihrer Eigenfarbe noch nicht erkennen lassen.

Die Bildungswärme des Jodwasserstoffs ist geringer als die des Bromwasserstoffs, sie beträgt $+1,6$ kcal pro Mol Jodwasserstoff, sofern man Joddampf mit Wasserstoff reagieren läßt:

$$J_2 \text{ (Dampf)} + H_2 = 2\,HJ + 2 \cdot 1,6 \text{ kcal.}$$

Geht man bei dieser Reaktion von festem Jod aus, so ist die Bildungswärme sogar negativ:

$$J_2 \text{ (fest)} + H_2 = 2\,HJ - 2 \cdot 6 \text{ kcal.}$$

Der Unterschied der Wärmetöuung in den beiden Fällen rührt daher, daß man zunächst Energie aufwenden muß, um das Jod aus dem festen in den Dampfzustand überzuführen, nämlich die Sublimationswärme des Jods.

Jodwasserstoffgas löst sich reichlich in Wasser; die Lösung ist eine starke Säure, die vielfach im Laboratorium Verwendung findet. Die Jodwasserstoffsäure läßt sich nämlich leicht oxydieren:

$$4\,HJ + O_2 = 2\,H_2O + 2\,J_2.$$

Selbst Luftsauerstoff ruft bei längerer Einwirkung auf Jodwasserstoffsäure eine Jodausscheidung hervor. Das gleiche gilt für die Salze der Jodwasserstoffsäure, für die Jodide. Daher wird eine wäßrige Kaliumjodidlösung vielfach als Reagens auf Oxydationsmittel, z. B. auf Ozon oder Wasserstoffsuperoxyd, benutzt.

Jodwasserstoffsäure wird geradezu als starkes Reduktionsmittel viel benutzt, z. B. bei präparativen Arbeiten. Auch eine Jodatlösung wird durch Jodwasserstoff reduziert nach der Gleichung:

$$HJO_3 + 5\,HJ = 3\,H_2O + 3\,J_2.$$

Analog der Salzsäure und der Bromwasserstoffsäure bildet die Jodwasserstoffsäure ebenfalls ein schwer lösliches Silbersalz.

$$HJ + AgNO_3 = AgJ + HNO_3.$$

Das gelb gefärbte Silberjodid hat die geringste Löslichkeit unter den Silberhalogeniden, in 100 g Wasser lösen sich nur $2,4 \cdot 10^{-7}$ g AgJ. Die entsprechenden Zahlen für die maximale Löslichkeit von Silberbromid und Silberchlorid sind $1,3 \cdot 10^{-5}$ g bzw. $1,9 \cdot 10^{-4}$ g.

Für Menschen und Tiere ist Jod ein wichtiger Stoff, es ist ein wesentlicher Bestandteil der Schilddrüse. Jodmangel verursacht Kretinismus und endemischen Kropf.

In der Medizin gebraucht man die Jodtinktur und eine organische Jodverbindung, das Jodoform (CHJ_3), als Antiseptica.

γ) Das Fluor.

Das Fluor findet man in der Natur hauptsächlich als Calciumfluorid oder Flußspat (CaF_2), als Kryolith (Na_3AlF_6) und als Apatit ($3 Ca_3(PO_4)_2 \cdot CaF_2$). Der Kryolith ist von großer Wichtigkeit, da er als Ausgangssubstanz für die großtechnische Aluminiumdarstellung Verwendung findet.

War die Reaktionsfähigkeit der Elemente Brom und Jod im Vergleich zum Chlor geringer geworden, so steigt sie vom Chlor zum Fluor an, das Fluor ist das am meisten aktive unter allen Halogenen; es läßt sich daher aus seinen Verbindungen durch kein anderes Element verdrängen. Die Darstellung von elementarem Fluor gelingt vielmehr nur mit Hilfe des elektrischen Stromes. Man elektrolysiert wasserfreie Flußsäure (HF) bzw. eine Auflösung von Kaliumfluorid (KF) in Flußsäure bei einer Temperatur von etwa 200° C. Bei der Elektrolyse entsteht an der Anode Fluorgas und an der Kathode Wasserstoffgas; man muß dafür sorgen, daß die beiden Gase nicht miteinander in Berührung kommen, da sie anderenfalls unter Rückbildung von Fluorwasserstoff explosionsartig miteinander reagieren würden. Als Gefäßmaterial benutzt man Kupfer oder Silber, diese Metalle reagieren zwar auch mit Fluor, aber es bildet sich eine zusammenhängende Schicht von Kupferfluorid bzw. Silberfluorid, die das darunterliegende Metall vor einem weiteren Angriff des Fluors schützt. Auf ähnlichem Wege wurde das Fluor zum erstenmal von Moissan 1886 dargestellt.

Mit Wasser reagiert Fluor unter Bildung von Fluorwasserstoff und Sauerstoff:

$$H_2O + F_2 = 2\,HF + O.$$

Dabei tritt der Sauerstoff zum Teil in Form von Ozon auf:

$$3\,O = O_3.$$

Den Fluorwasserstoff stellt man sich natürlich nicht durch Einwirkung von Fluor auf Wasser oder Wasserstoff dar, sondern man gewinnt ihn aus den in der Natur vorkommenden Fluoriden durch Umsetzung mit konzentrierter Schwefelsäure:

$$CaF_2 + H_2SO_4 = 2\,HF + CaSO_4.$$

Diese Darstellung ist also ganz analog der Chlorwasserstoffdarstellung aus Kochsalz und Schwefelsäure:

$$2\,NaCl + H_2SO_4 = 2\,HCl + Na_2SO_4.$$

Die schwer flüchtige Schwefelsäure verdrängt die leicht flüchtigen Säuren wie HCl und HF aus ihren Salzen.

Fluorwasserstoff oder Flußsäure ist eine farblose Flüssigkeit, die bei $+19,5°$ siedet. Sie ist wie alle anderen Halogenwasserstoffverbindungen in Wasser reichlich löslich. Die Flußsäure ist eine mittelstarke Säure, die die meisten Metalle unter Salzbildung auflöst. Auch Glas wird von Fluorwasserstoff angegriffen, und zwar wird das im Glas enthaltene Siliziumdioxyd (SiO_2) herausgelöst:

$$SiO_2 + 4\,HF = SiF_4 + 2\,H_2O.$$

Es entsteht dabei Wasser und ein Gas, das Siliziumtetrafluorid. Bei dieser Reaktion handelt es sich um ein Gleichgewicht, leitet man nämlich das Siliziumtetrafluorid in Wasser, so zersetzt sich ein Teil des SiF_4 unter Bildung von Flußsäure und Siliziumdioxyd. Mit weiterem Fluorwasserstoff bildet das Siliziumtetrafluorid in wäßriger Lösung die Kieselfluorwasserstoffsäure:

$$SiF_4 + 2\,HF = H_2[SiF_6].$$

Da Fluorwasserstoff Glas angreift, darf man Flußsäure nicht in Glasgegenständen aufbewahren, sondern muß Flaschen aus Paraffin oder Kautschuk verwenden.

Die Salze der Flußsäure heißen Fluoride. Sie sind größtenteils in Wasser gut löslich, auch das Silberfluorid ist leicht löslich.

7. Die Eigenschaften von Lösungen, insbesondere von wäßrigen Lösungen.

a) Säuren, Basen, Salze; Elektrolyte und Nichtelektrolyte.

Im Gange der bisherigen Betrachtungen ist schon mehrfach von Säuren oder von Basen die Rede gewesen. Es sollen hier noch einmal die den Säuren gemeinsamen Eigenschaften einerseits und die für Laugen charakteristischen Eigenschaften andererseits zusammengefaßt und einander gegenübergestellt werden.

Als *Säuren* haben wir u. a. kennengelernt: Die Salzsäure (HCl), die Bromwasserstoffsäure (HBr), die Jodwasserstoffsäure (HJ), die Perchlorsäure ($HClO_4$), die Schwefelsäure (H_2SO_4), die Kohlensäure (H_2CO_3). Ferner nennen wir hier noch ergänzend die Salpetersäure (HNO_3) und die Phosphorsäure (H_3PO_4) und eine organische Säure, die Essigsäure, die wir zunächst als H(acetat) formulieren wollen. Alle diese Stoffe sind durch einen gleichartigen „sauren" Geschmack ausgezeichnet, sie verhalten sich gleichartig gegenüber gewissen organischen Farbstoffen, z. B. färben sie blaue Lackmuslösungen rot und gelbe Lösungen von Methylorange gleichfalls rot. Rote Lösungen von Phenolphthalein werden durch Säuren entfärbt. Alle Säuren enthalten Wasserstoffatome in ihrem Molekül und vermögen diesen Wasserstoff gegen unedle Metalle auszutauschen. Als ein Beispiel sei die Reaktion von metallischem Zink mit Salzsäure angeführt: Das Zink geht in Lösung, gleichzeitig entweicht gasförmiger Wasserstoff. Der Lösevorgang muß also nach folgender Gleichung formuliert werden:

$$Zn + 2\,HCl \rightarrow ZnCl_2 + H_2.$$

Ganz allgemein können wir schreiben:

$$\text{Metall} + \text{Säure} \rightarrow \text{Wasserstoff} + \text{Salz},$$

wobei unter Salz eine Verbindung zwischen dem betreffenden Metall und dem „Säurerest" zu verstehen ist. Das Auftreten eines durch Metall ersetzbaren Wasserstoffatoms ist also für die Säuren charakteristisch.

Als *Basen* bezeichnen wir Stoffe wie Natriumhydroxyd (NaOH), Kaliumhydroxyd (KOH), Bariumhydroxyd $Ba(OH)_2$, Calciumhydroxyd $Ca(OH)_2$, Magnesiumhydroxyd $Mg(OH)_2$ und Aluminiumhydroxyd $Al(OH)_3$. Auch hier soll noch eine wichtige Base ergänzt werden: das

Ammoniumhydroxyd $(NH_4)OH$. — Diesen Stoffen ist ein „laugiger"
Geschmack gemeinsam; sie alle verhalten sich gegenüber den obengenannten organischen Farbstoffen gerade umgekehrt wie die Säuren,
sie färben rote Lackmuslösungen blau, rote Auflösungen von Methylorange gelb und farblose Lösungen von Phenolphthalein färben sie
tiefrot. In den Molekülen aller Laugen tritt neben einem Metall (Natrium, Kalium, Calcium usw.) stets eine bestimmte Atomgruppierung
$(-OH)$, die sog. Hydroxylgruppe auf. Diese Hydroxylgruppe ist offenbar das Charakteristikum der Basen und sie ruft die laugigen Eigenschaften hervor.

Auf S. 91 wurde auch bereits ein Beispiel einer *Neutralisation*
besprochen. Bei dem Neutralisationsvorgang handelt es sich um die
Reaktion zwischen einer Säure und einer Base. Der Wasserstoff der
Säure verbindet sich dabei mit der Hydroxylgruppe der Base zu einem
Wassermolekül, und der Rest der Säure vereinigt sich mit dem Metall
der Base zu einem Salz:

$$\text{Säure} + \text{Base} = \text{Wasser} + \text{Salz}.$$

So entsteht z. B. durch Neutralisation von Natronlauge und Salzsäure
eine wäßrige Lösung von Kochsalz:

$$NaOH + HCl = H_2O + NaCl.$$

Die entstandene Lösung zeigt gegenüber den Farbindikatoren weder
sauren noch basischen Charakter, sie reagiert „neutral".

Die Schwefelsäure unterscheidet sich u. a. von der Salzsäure darin,
daß sie zwei durch Metall ersetzbare Wasserstoffatome im Molekül
besitzt. Bei der Reaktion der Schwefelsäure mit Natronlauge besteht
daher die Möglichkeit, nur eines der beiden Wasserstoffatome oder
aber alle beide mit der Lauge zu neutralisieren:

a) $$H_2SO_4 + NaOH = HNaSO_4 + H_2O$$

b) $$H_2SO_4 + 2\,NaOH = Na_2SO_4 + 2\,H_2O.$$

Bei der mit a) bezeichneten Reaktion entsteht ein salzartiger Stoff,
der aber noch ein durch Metall ersetzbares Wasserstoffatom besitzt.
Demgemäß zeigt die Reaktionslösung noch saure Eigenschaften. Derartige Salze bezeichnet man als *saure Salze*. In dem hier gewählten
Beispiel handelt es sich um das saure Natriumsulfat, $NaHSO_4$.

Wenn dagegen beide Wasserstoffatome der Schwefelsäure neutralisiert werden, d. h. wenn jeweils 2 Moleküle Natronlauge mit 1 Molekül
Schwefelsäure reagieren, so erhält man eine neutrale Lösung und es
entsteht das neutrale Natriumsulfat, Na_2SO_4.

Dieses Verhalten zeigen ganz allgemein Säuren, die — wie die
Schwefelsäure — mehrere durch Metall ersetzbare Wasserstoffatome
in ihrem Molekül enthalten. Solche Säuren heißen mehrwertige oder
auch mehrbasische Säuren; die Schwefelsäure H_2SO_4 und die Kohlensäure H_2CO_3 sind zweiwertig, die Phosphorsäure ist dreibasisch, während
die übrigen, oben aufgezählten Säuren wie die Salzsäure, Salpetersäure,
Perchlorsäure usw. einbasisch sind. Von der Kohlensäure gibt es also
gleichfalls saure Salze wie das saure Natriumcarbonat $(NaHCO_3)$ und
neutrale Salze, z. B. das neutrale Natriumcarbonat (Na_2CO_3). Bei der

Phosphorsäure muß man sogar drei verschiedene Typen von Salzen unterscheiden: zwei saure Salze und ein neutrales Phosphat. Man bezeichnet sie als Mononatrium-dihydrogen-phosphat oder primäres Natriumphosphat (NaH_2PO_4), als Dinatrium-monohydrogen-phosphat oder sekundäres Natriumphosphat (Na_2HPO_4) und als Trinatriumphosphat oder tertiäres Natriumphosphat (Na_3PO_4).

In gleicher Weise hat man in der Gruppe der Laugen zwischen ein- und mehrwertigen bzw. ein- und mehrsäurigen Basen zu unterscheiden; Natronlauge, Kalilauge, Ammoniumhydroxyd sind einwertig, Calciumhydroxyd und Magnesiumhydroxyd enthalten zwei Hydroxylgruppen im Molekül und sind daher zweisäurig, das Aluminiumhydroxyd, $Al(OH)_3$, schließlich ist dreiwertig. Die Reaktion mehrwertiger Basen mit Säuren kann daher gleichfalls zu verschiedenen Typen von Salzen führen, nämlich entweder zu *neutralen Salzen* oder zu *basischen Salzen;* die letzteren enthalten noch eine oder mehrere Hydroxylgruppen im Molekül, ihre wäßrigen Lösungen besitzen also die Eigenschaften der Laugen.

Alle Stoffe, die wir zur Gruppe der Säuren zusammengefaßt haben, zeigen die für Säuren als charakteristisch angeführten Reaktionen. Bei genauerer Betrachtung lassen sich allerdings in quantitativer Hinsicht bei den verschiedenen Säuren gewisse Unterschiede feststellen. Versetzt man z. B. Aluminium- oder Zinkpulver mit verdünnter Salzsäure oder Salpetersäure, so beobachtet man sofort eine stürmische Gasentwicklung. Mit verdünnter Essigsäure reagieren dagegen die genannten Metalle wesentlich träger, die Wasserstoffentwicklung verläuft langsamer. Auch gegenüber den Indikatoren sind Unterschiede vorhanden: Die Rotfärbung einer mit Methylorange versetzten Kohlensäurelösung ist schwächer als die einer gleich konzentrierten Salzsäure oder Perchlorsäure. Man hat also zu unterscheiden zwischen starken Säuren, wie Perchlorsäure, Salzsäure, Salpetersäure und Schwefelsäure, mittelstarken Säuren, wie Phosphorsäure, und schwachen Säuren, wie Essigsäure und Kohlensäure.

Analog gibt es auch in der Gruppe der Laugen Unterschiede in der Basenstärke. Starke Basen sind Natronlauge, Kalilauge, Calciumhydroxyd, schwache Laugen sind dagegen das Ammoniumhydroxyd und das Aluminiumhydroxyd.

Die Stärke der Säuren erkennt man auch an Reaktionen, die sie miteinander bzw. ihren Salzen eingehen. Versetzt man z. B. ein Salz der Kohlensäure, ein Carbonat, mit Salzsäure, so beobachtet man eine Entwicklung von Kohlendioxydgas; offensichtlich verdrängt die starke Säure (HCl) die schwache Säure (H_2CO_3) aus ihren Salzen:

$$CaCO_3 + 2\,HCl \rightarrow CaCl_2 + H_2CO_3.$$

Die zunächst in Freiheit gesetzte Kohlensäure zerfällt dann in Wasser und Kohlendioxyd, das als Gas entweicht:

$$H_2CO_3 \rightarrow H_2O + CO_2.$$

Diese Beobachtung gilt ganz allgemein: Starke Säuren verdrängen schwache Säuren aus ihren Salzen. Vgl. aber in diesem Zusammenhang S. 169.

In gleicher Weise werden schwache Basen aus ihren Salzen durch starke Basen verdrängt. Ammoniumchlorid ist ein Salz der schwachen Lauge Ammoniumhydroxyd. Versetzt man also eine Ammoniumchloridlösung mit Natronlauge, so bildet sich das Salz der starken Lauge, das Natriumchlorid und Ammoniumhydroxyd wird in Freiheit gesetzt:

$$(NH_4)Cl + NaOH \rightarrow NaCl + NH_4OH.$$

Das Ammoniumhydroxyd zerfällt weiter in Wasser und Ammoniak:

$$NH_4OH \rightarrow H_2O + NH_3.$$

Nachdem wir wissen, daß Säuren und Basen Gegensätze darstellen, und daß es starke und schwache Säuren wie auch starke und schwache Basen gibt, liegt es nahe, zu fragen, ob es nicht Übergänge zwischen Säuren und Basen gibt. Das ist in der Tat der Fall. Das Zinkhydroxyd $Zn(OH)_2$ und das Aluminiumhydroxyd $Al(OH)_3$ sind schwache Basen. Man kann sie mit Säuren neutralisieren, z. B. reagiert Zinkhydroxyd mit Salzsäure unter Bildung von Wasser und Zinkchlorid:

$$Zn(OH)_2 + 2\,HCl = 2\,H_2O + ZnCl_2.$$

Andererseits können sowohl das Zinkhydroxyd als auch das Aluminiumhydroxyd wie schwache Säuren reagieren, insofern, als der in ihnen enthaltene Wasserstoff durch gewisse Metalle ersetzbar ist. So findet z. B. zwischen Zinkhydroxyd und Natronlauge eine Neutralisation statt: Der Wasserstoff des Zinkhydroxyds vereinigt sich mit der Hydroxylgruppe der Natronlauge zu Wasser und das Natrium tritt an die Stelle des Wasserstoffs im Zinkhydroxyd:

$$Zn(OH)_2\,(= H_2ZnO_2) + 2\,NaOH = 2\,H_2O + Na_2ZnO_2.$$

Das entstandene Salz Na_2ZnO_2 heißt Natriumzinkat. Analog entsteht aus Aluminiumhydroxyd und Natronlauge ein Natriumaluminat. Hydroxyde, wie die des Zinks und Aluminiums, die sowohl basische als auch saure Eigenschaften besitzen, heißen *amphoter.*

Die drei Stoffklassen, die in diesem Abschnitt besprochen sind, die Säuren, die Basen und die Salze, haben eine wichtige Eigenschaft gemein: Ihre wäßrigen Lösungen zeigen ein großes elektrisches Leitvermögen. Bei dem Durchgang des elektrischen Stromes durch derartige Lösungen findet eine Zerlegung des gelösten Stoffes statt (z. B. eine Gasentwicklung an den Elektroden). Diese Stoffe heißen daher *Elektrolyte.* Leitfähigkeit und Zersetzung durch den elektrischen Strom zeichnen die Säuren, Basen und Salze vor allen anderen in Wasser löslichen Stoffen, den *Nichtelektrolyten* wie Zucker, Harnstoff und vielen organischen Substanzen, aus.

Wir fragen zunächst: Wovon hängt das Leitvermögen wäßriger Lösungen ab? Zur Beantwortung dieser Frage benutzen wir die in der Abb. 46 dargestellte Versuchsanordnung. Zwei kleine Platinbleche dienen als Elektroden, sie sind an einem Glasrohr isoliert voneinander befestigt und über ein Amperemeter mit einer Stromquelle verbunden. Diese Platinbleche werden in die jeweils zu untersuchende Lösung eingetaucht. Taucht man die Elektroden in destilliertes Wasser ein, so zeigt der Strommesser keinen Ausschlag; das destillierte Wasser ist praktisch ein Nichtleiter für den elektrischen Strom. Löst man Zucker, Alkohol oder Harnstoff in Wasser auf, so fließt gleichfalls kein Strom. Diese Stoffe sind „Nichtelektrolyte". Taucht man die Elektroden dagegen in eine wäßrige Kochsalzlösung ein, so beobachtet man einen Zeigerausschlag des Meßinstrumentes: Der Ausschlag und damit die Leitfähigkeit der Lösung ist um so größer, je mehr Kochsalz man in der gleichen Menge Wasser auflöst. Aus diesen Versuchen folgt, daß das elektrische Leitvermögen wäßriger Lösungen von der Konzentration des gelösten Stoffes abhängt. Von Einfluß auf die Leitfähigkeit ist auch die Art des gelösten Elektrolyten; eine 1 molare Essigsäurelösung leitet den elektrischen Strom schlechter als eine 1 molare Kochsalzlösung, und diese wiederum schlechter als eine 1 molare Salzsäure. Außerdem ist das Leitvermögen stark temperaturabhängig, und zwar wächst die Leitfähigkeit mit Steigerung der Temperatur.

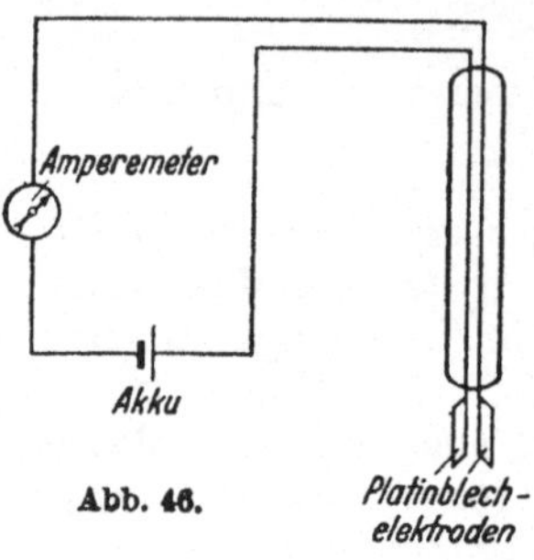

Abb. 46.

Nun erheben sich die Fragen: Wie kommt die Leitfähigkeit einer Lösung zustande? Was ist die Ursache für den Unterschied zwischen Elektrolyten und Nichtelektrolyten? Diese Fragen können erst beantwortet werden, nachdem wir das Verhalten und die allgemeinen Eigenschaften von Lösungen näher kennengelernt haben. Insbesondere muß zunächst untersucht werden, in welchem Zustand sich ein gelöster Stoff in einem Lösungsmittel befindet.

b) Eigenschaften wäßriger Lösungen: Diffusion, Osmose, Dampfdruckerniedrigung. Molekulargewichtsbestimmung gelöster Stoffe.

Bei der Frage nach den Eigenschaften wäßriger Lösungen wollen wir zunächst den eigentlichen Lösevorgang etwas genauer betrachten. Trägt man irgendeine in Wasser lösliche feste Substanz in Wasser ein, so sinkt der Stoff anfangs zu Boden. Im Laufe der Zeit nimmt die Menge des Bodenkörpers ab, die Substanz geht langsam in Lösung. Man beobachtet Schlieren, die von den Kristallen ausgehen und die durch Dichteunterschiede in der Lösung hervorgerufen werden. Ist der Stoff, den man lösen will, gefärbt, so hat am Schluß des Lösevorgangs das gesamte Lösungsmittel die Farbe des gelösten Stoffes angenommen, der gelöste Stoff hat sich also gleichmäßig in dem gesamten ihm durch das Lösungsmittel zur Verfügung stehenden Raum verteilt. Je mehr Lösungsmittel man anwendet, um so weitgehender verteilt sich der gelöste Stoff. Der folgende Versuch zeigt dieses Verhalten des gelösten Stoffes besonders gut. Wir füllen in den unteren Teil eines Standzylinders eine wäßrige stark gefärbte Lösung, z. B. eine Kupfersulfatlösung. Diese Lösung überschichten wir nun vorsichtig mit dem reinen Lösungsmittel, also mit destilliertem Wasser. Während anfangs eine scharfe Trennungslinie zwischen den beiden Schichten vorhanden ist (Abb. 47a), beobachtet man nach einiger Zeit, daß die

Trennungslinie zwischen der gefärbten und der ungefärbten Lösung sich nach oben vorschiebt (Abb. 47 b), d. h. daß der gelöste Stoff entgegen seiner Schwerkraft in das reine Lösungsmittel hineinwandert, auch wenn der Zylinder an einem erschütterungsfreien, absolut ruhigen Platz steht. Nach Tagen oder Monaten ist völliger Konzentrationsausgleich eingetreten (Abb. 47 c). Man bezeichnet diesen Vorgang als **Diffusion.** Dieses Verhalten des gelösten Stoffes, sein Ausbreiten in den gesamten von dem Lösungsmittel eingenommenen Raum, können wir mit dem Verhalten der Gase vergleichen. Eine bestimmte Gasmenge, die einen Raum von 1 Liter einnehmen möge, verteilt sich gleichfalls in jeden größeren Raum, der ihm zur Verfügung steht. Als Grund hierfür haben wir beim Gas die **Brownsche Molekularbewegung** erkannt: Die Gasmoleküle sind in ständiger rascher Bewegung. Der Diffusionsvorgang legt es nun nahe, anzunehmen, daß auch die Teilchen eines gelösten Stoffes sich in dem Lösungsmittel in dauernder Bewegung befinden. In der Tat gelingt es, durch einen Modellversuch

nachzuweisen, daß die Brownsche Molekularbewegung auch in Flüssigkeiten existiert. Betrachtet man nämlich eine möglichst feinteilige wäßrige Suspension im Ultramikroskop, d. h. in einem Mikroskop mit seitlicher Beleuchtung, so beobachtet man, daß die beleuchteten kleinen suspendierten Teilchen zickzackförmige Bewegung ausführen.

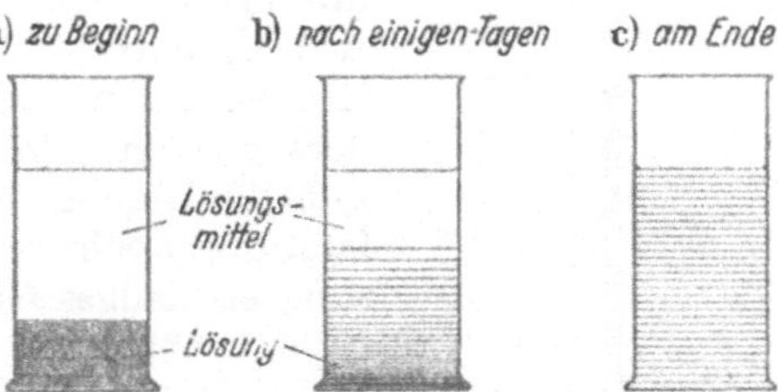

Abb. 47. Diffusion einer Kupfersulfatlösung.

Da die Teilchen des gelösten Stoffes im Ultramikroskop nicht zu erkennen sind, müssen wir die bedeutend größeren Teilchen einer Suspension als Modell für die gelösten Teilchen wählen. Wenn aber bereits die großen Teilchen der Suspension sich im Lösungsmittel ständig hin und her bewegen, so müssen die kleinen, uns unsichtbaren Teilchen des gelösten Stoffes sich erst recht in dauernder Bewegung befinden. Allerdings besteht zwischen einem Gas und einem gelösten Stoff doch ein wesentlicher Unterschied, insofern als sich die Gasmoleküle im leeren Raum bewegen, während in einer Lösung außer den Teilchen des gelösten Stoffes noch die Lösungsmittelmoleküle vorhanden sind. Infolgedessen ist die Bewegung der Teilchen des gelösten Stoffes eine wesentlich behinderte, also geringere als die der Gasmoleküle und somit erfolgt der Konzentrationsausgleich durch Diffusion in der Lösung bedeutend langsamer als im Gaszustand.

Auf Grund dieser Analogie zwischen dem gasförmigen und dem gelösten Zustand hat Van't Hoff die Gasgesetze auf die Lösungen formal übertragen. Für die Gase gilt die allgemeine Gleichung:

$$p \cdot v = RT,$$

wobei p der Gasdruck, v das Volumen eines Mols des Gases, T die absolute Temperatur des Gases und R eine Konstante, die allgemeine Gaskonstante, bedeutet. Van't Hoff hat nun die Behauptung aufgestellt, daß diese Gleichung auch für die gelösten Stoffe Gültigkeit besitzt, wenn man die in ihr auftretenden Größen sinngemäß überträgt. Die Größe p bezeichnet er als den *osmotischen Druck* der Lösung. Was hat man unter dem osmotischen Druck einer Lösung zu verstehen? Der oben besprochene Diffusionsversuch zeigte die Tendenz des gelösten Stoffes, sich in möglichst viel Lösungsmittel zu verteilen. Wir wollen nun die Lösung und das reine Lösungsmittel durch eine halbdurchlässige Membran trennen, d. h. durch eine Membran, die für das Lösungsmittel (Wasser) durchlässig, für den gelösten Stoff dagegen undurchlässig ist; solche Membranen lassen sich ohne große Schwierigkeiten herstellen.

Da der gelöste Stoff nicht durch die Membran in das reine Lösungsmittel hineinwandern kann, diffundiert jetzt infolge der Verdünnungstendenz der Lösung das Wasser in die Lösung. Solche „osmotischen Versuche" sind zuerst von Pfeffer durchgeführt; er benutzte dazu die im Prinzip in Abb. 48 dargestellte Apparatur. Die halbdurchlässige Membran wurde in den Poren eines Tonzylinders erzeugt. Im Innern des Zylinders befindet sich die Lösung; der Zylinder ist durch einen einfach durchbohrten Gummistopfen, in dessen Bohrung ein langes Glasrohr eingesetzt ist, dicht verschlossen. Diese osmotische Zelle taucht in ein Gefäß mit Wasser so weit ein, daß anfangs das Flüssigkeitsniveau innen und außen gleich hoch steht. Nach einiger Zeit beginnt die Flüssigkeit im Steigrohr zu steigen: Das Außenwasser dringt in die Zelle ein. Ist das Ansteigen beendet und ist h der Höhenunterschied der beiden Flüssigkeitsniveaus, so lastet also auf der Lösung

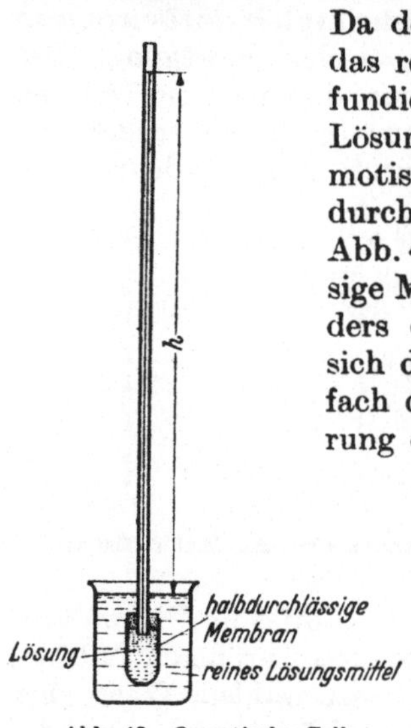

Abb. 48. Osmotische Zelle.

gegenüber dem Lösungsmittel ein Überdruck $p = h$ cm Wassersäule. Diesem hydrostatischen Druck p hält der osmotische Druck P der Lösung das Gleichgewicht. Mit Hilfe derartiger Apparaturen läßt sich also der osmotische Druck einer Lösung bestimmen. Pfeffer hat auf diese Weise festgestellt, daß der osmotische Druck direkt proportional der Konzentration des gelösten Stoffes ist. Bei konstanter Menge des gelösten Stoffes ist also der osmotische Druck P umgekehrt proportional dem Volumen v des Lösungsmittels. Somit gilt das Gesetz $P \cdot v = \text{const}$ (bei konstanter Temperatur), wie es van't Hoff behauptet hat.

Der osmotische Druck wird durch die in der Lösung vorhandenen Teilchen des gelösten Stoffes hervorgerufen und ist der Zahl der Teilchen direkt proportional. Die Gasgesetze galten für alle Gase, waren unabhängig von der Natur des Gases. Dasselbe ist der Fall beim osmotischen Druck: Die Stoffart des gelösten Stoffes ist ohne Einfluß auf die Größe des osmotischen Druckes. So haben z. B. eine Harnstoff- und eine Zuckerlösung den gleichen osmotischen Druck, sofern in der einen

Lösung die Zahl der Harnstoffteilchen pro ccm Lösung gleich ist der Zahl der Zuckerteilchen pro ccm der anderen Lösung.

Die Gasgesetze gaben uns die Möglichkeit, die Molekulargewichte von Gasen zu bestimmen. Da nach der AVOGADROschen Hypothese ein Mol eines jeden Gases bei 0° und 760 mm Druck einen Raum von 22,4 Liter einnimmt, braucht man nur das Litergewicht G des betreffenden Gases, d. h. das Gewicht von 1 Liter bei 0° und 760 mm, zu bestimmen und diese Zahl G mit 22,4 zu multiplizieren:

$$\text{Molekulargewicht} = \text{Litergewicht} \times 22{,}4$$
$$M = 22{,}4 \cdot G.$$

Ebenso ist das Molekulargewicht M eines gelösten Stoffes nach der analogen Formel zu berechnen:

$$M = 22{,}4 \cdot g.$$

Hierin bedeutet g die Gewichtsmenge (in g) des gelösten Stoffes, die sich in 1 Liter derjenigen Lösung befindet, deren osmotischer Druck bei 0° gerade 1 at beträgt.

Die Bestimmung des Molekulargewichtes durch Messung des osmotischen Druckes soll an einem Beispiel durchgeführt werden. Eine wäßrige Zuckerlösung, die 15,2 g Zucker in 1 Liter enthält, zeigt in der PFEFFERschen Zelle bei 0° einen osmotischen Druck von 1 at. Daraus ergibt sich das Molekulargewicht des Zuckers in wäßriger Lösung zu:
$$M = 22{,}4 \cdot 15{,}2 = \sim 340.$$

Eine weitere für Lösungen charakteristische Eigenschaft ist die Erscheinung der *Dampfdruckerniedrigung*. Mißt man den Dampfdruck der Lösung eines nichtflüchtigen Stoffes sowie unter gleichen Bedingungen den des angewandten Lösungsmittels, so zeigt sich stets, daß der Dampfdruck der Lösung geringer ist als der des reinen Lösungsmittels. Je konzentrierter die Lösung ist, um so größer ist ihre Dampfdruckerniedrigung. Die schematische Darstellung (Abb. 49) enthält die Dampfdruckkurve des Eises (I), die Dampfdruckkurve von reinem Wasser (II) und diejenige einer wäßrigen Lösung (III). Der Dampfdruck einer Lösung ist bei allen Temperaturen geringer als der entsprechende des Lösungsmittels. Daraus folgen für die Lage des Siedepunktes und des Gefrierpunktes von Lösungen Abweichungen gegenüber

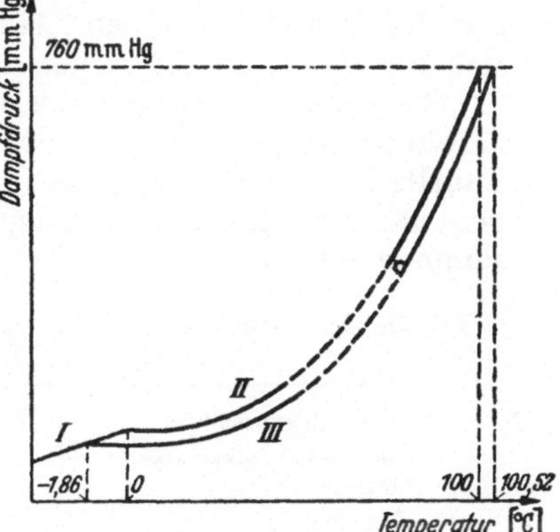

Abb. 49. Schematische Darstellung der Dampfdruckkurven.

denen des reinen Lösungsmittels. Eine Lösung siedet, wenn ihr Dampfdruck gleich dem Druck einer Atmosphäre ist. Für destilliertes Wasser liegt der Siedepunkt bei 100°. Eine wäßrige Lösung besitzt aber bei 100° einen Dampfdruck, der kleiner ist als 760 mm Hg.

Infolgedessen siedet die wäßrige Lösung erst bei einer Tempeiatur oberhalb 100°. Alle Lösungen nichtflüchtiger Stoffe zeigen also eine *Siedepunktserhöhung*.

Eine Flüssigkeit gefriert bei derjenigen Temperatur, bei der ihr Dampfdruck mit dem der festen Phase übereinstimmt. Die Lage des Gefrierpunktes ist also gegeben durch den Schnittpunkt der Dampfdruckkurven der Flüssigkeit und der festen Phase. Reines Wasser und Eis haben bei 0° denselben Dampfdruck (4 mm Hg), Wasser gefriert also bei 0°. Die Dampfdruckkurve der wäßrigen Lösung (*III*) schneidet die Dampfdruckkurve des Eises (*I*) bei einer Temperatur, die unterhalb 0° liegt. Allen Lösungen ist somit eine *Gefrierpunktserniedrigung* gemeinsam.

Durch experimentelle Untersuchungen hat sich nun ergeben, daß solche Lösungen der verschiedensten Stoffe in einem bestimmten Lösungsmittel, welche den gleichen osmotischen Druck zeigen, auch die gleiche Dampfdruckerniedrigung und damit die gleiche Erniedrigung des Gefrierpunktes und Erhöhung des Siedepunktes besitzen. Äquimolekulare Lösungen zeigen also die gleiche Gefrierpunktsdepression und die gleiche Siedepunktserhöhung. Eine Lösung, die in 1 Liter Wasser 1 g-Mol eines Stoffes gelöst enthält, besitzt bei 0° einen osmotischen Druck von 22,4 at, sie gefriert um 1,86° niedriger als das reine Wasser, also bei —1,86°, und siedet um 0,52° höher als das reine Wasser, also bei +100,52° C. Die Natur des gelösten Stoffes ist hierbei gleichgültig, wesentlich ist nur die Anzahl der Teilchen des gelösten Stoffes, die in 1 Liter Lösung enthalten sind. Voraussetzung ist aber, daß der gelöste Stoff beim Sieden der Lösung nicht merklich flüchtig ist bzw. beim Gefrieren nicht zusammen mit dem Lösungsmittel sich als eine feste Phase (feste Lösung) ausscheidet, sondern daß beim Sieden nur der Dampf des reinen Lösungsmittels entsteht und beim Gefrieren sich nur Kristalle des reinen Lösungsmittels ausscheiden.

Die molare Gefrierpunktserniedrigung und die molare Siedepunktserhöhung hängen nur von der Natur des Lösungsmittels ab. In der Tabelle 28 sind für einige gebräuchliche Lösungsmittel die Konstanten der molaren Gefrierpunktsdepression und Siedepunktserhöhung zusammengestellt.

Tabelle 28. **Molare Gefrierpunktserniedrigung und Siedepunktserhöhung einiger Lösungsmittel.**

Lösungsmittel	Molare Gefrierpunktserniedrigung	Molare Siedepunktserhöhung
Wasser	1,86°	0,52°
Alkohol	—	1,15°
Äther	—	2,12°
Essigsäure	3,9°	2,53°
Benzol	4,9°	2,67°

Die Messung der Siedepunktserhöhung oder der Gefrierpunktserniedrigung einer Lösung ist ebenso wie der osmotische Druck zur *Molekulargewichtsbestimmung* des gelösten Stoffes geeignet. In der

Praxis zieht man diese beiden Methoden der osmotischen Methode vor, da die Temperaturmessung einfacher und genauer möglich ist als die Bestimmung des osmotischen Druckes. Will man also das Molekulargewicht eines in Wasser löslichen Stoffes ermitteln, so untersucht man, wie viele g Substanz in 1 kg Wasser aufgelöst werden müssen, damit die Lösung bei $-1,86°$ gefriert oder bei $100,52°$ siedet. Beträgt diese Menge M g, so ist M das Molekulargewicht des betreffenden Stoffes. Allgemein gilt für das gesuchte Molekulargewicht M die Formel:

$$M = \frac{K \cdot G \cdot 1000}{\Delta \cdot L},$$

wenn G die Substanzmenge in g ist, die in L g Lösungsmittel gelöst wurde, und wenn K die Konstante der molaren Siedepunktserhöhung bzw. Gefrierpunktserniedrigung des verwendeten Lösungsmittels und Δ die beobachtete Siedepunktserhöhung bzw. Gefrierpunktserniedrigung der betreffenden Lösung bedeutet. Als Beispiel sei nochmals das Molekulargewicht von Zucker berechnet: 1 g Zucker sei in 100 g Wasser gelöst; als Gefrierpunkt dieser Lösung messen wir eine Temperatur von $-0,054°$ C. K hat in diesem Fall den Wert 1,86 (s. Tabelle 28). Wenn wir diese Zahlen in die obige Gleichung einsetzen, so erhalten wir für das Molekulargewicht des Zuckers:

$$M = \frac{1,86 \cdot 1 \cdot 1000}{0,054 \cdot 100} = \frac{1860}{5,4} = \sim 345.$$

Eine weitere Möglichkeit zur Bestimmung des Molekulargewichts gelöster Stoffe bietet die Diffusion. Wenn man nämlich den auf S. 107 geschilderten Diffusionsversuch mit verschiedenen gelösten Substanzen durchführt, z. B. in einem Zylinder Kupfersulfat, in einem anderen Kaliumpermanganat und in einem dritten Kaliumbichromat diffundieren läßt, so beobachtet man, daß die Diffusion dieser drei Substanzen nicht mit der gleichen Geschwindigkeit erfolgt. Offenbar ist die verschieden große Diffusionsgeschwindigkeit dadurch zu erklären, daß die Größe der in der Lösung vorliegenden Teilchen des gelösten Stoffes von Stoff zu Stoff variiert, und daß der Bewegung der großen Moleküle größere Reibungswiderstände der Lösung entgegenstehen. Je schneller also der Konzentrationsausgleich erfolgt, um so kleiner sind die gelösten Teilchen, um so kleiner ist ihr Molekulargewicht. Zwischen dem Molekulargewicht M des gelösten Stoffes und dem Diffusionskoeffizienten D, der ein Maß für die Diffusionsgeschwindigkeit darstellt, gilt die folgende empirische Beziehung:

$$D \cdot \sqrt{M} = \text{const}.$$

Die Konstante hat etwa den Wert 6,4, wenn man den Diffusionskoeffizienten, der temperaturabhängig ist, bei einer Temperatur von $10°$ C gemessen hat.

c) Elektrolytische Dissoziation.

Im vorigen Abschnitt sind eine Reihe von Methoden besprochen worden, die zur Molekulargewichtsbestimmung gelöster Stoffe geeignet sind. Die so gewonnenen Molekulargewichte von Nichtelektrolyten stimmen im allgemeinen überein mit den erwarteten Werten, die man erhalten würde, wenn man dieselben Stoffe im Gaszustand untersuchen könnte. Die Nichtelektrolyte liegen also in Lösung in der gleichen Form vor wie im Gaszustand, nämlich in molekularer Verteilung. D. h. beim Lösevorgang wird die feste Substanz bis zu den Molekülen, aus denen sie aufgebaut ist, aufgeteilt. Die Lösung eines Nichtelektrolyten besteht aus den Molekülen des Lösungsmittels und denen des gelösten Stoffes.

Anders ist die Aufteilung der Elektrolyte in Wasser. Betrachten wir die Verhältnisse am Beispiel des Kochsalzes! Wegen des sehr hohen Siedepunktes von Natriumchlorid kann sein Molekulargewicht mit Hilfe der Gasgesetze nicht bestimmt werden. Wir wissen aber, daß das Atomgewicht des Chlors 35,5 und das des Natriums 23 ist. Da das Kochsalzmolekül aus genau 1 Atom Chlor und 1 Atom Natrium besteht, muß das Molekulargewicht von Natriumchlorid 58,5 betragen. Wir stellen uns jetzt eine 1 molare wäßrige Kochsalzlösung her, d. h. wir lösen 58,5 g NaCl in 1 Liter Wasser. Nach den Zahlenangaben der Tabelle 28 sollte diese Lösung bei einer Temperatur von $-1,86°$ gefrieren und bei $100,52°$ C sieden. Das Experiment liefert indessen einen ganz anderen Gefrierpunkt bzw. Siedepunkt. Die Gefrierpunktserniedrigung der 1 molaren Kochsalzlösung beträgt nicht 1,86°, sondern etwa 3,7°. Ebenso ist die Siedepunktserhöhung annähernd doppelt so groß wie erwartet. Wie ist diese Beobachtung zu erklären? Die 1 molare Natriumchloridlösung besitzt einen Gefrierpunkt (bzw. Siedepunkt), wie er 2 molaren Lösungen von Nichtelektrolyten zukommt. Folglich müssen sich in der Natriumchloridlösung doppelt soviel Teilchen befinden wie in der äquimolaren Lösung eines Nichtelektrolyten. Da die kleinsten Teilchen in der Lösung eines Nichtelektrolyten die Moleküle sind, muß ein Kochsalzmolekül in Lösung noch in zwei Bestandteile zerfallen sein. Welcher Art sind diese, in Lösung beständigen Teilstücke des Kochsalzmoleküls? Die Atome können es nicht sein, denn Natriumatome sind in Wasser nicht beständig, sie reagieren mit dem Wasser unter Wasserstoffentwicklung. Bei der Auflösung von Kochsalz in Wasser beobachtet man aber keine Wasserstoffentwicklung. ARRHENIUS stellte nun die Theorie auf, daß die Moleküle der Elektrolyte in wäßriger Lösung in *Ionen*, in elektrisch geladene Atome oder Atomgruppen zerfallen. Demgemäß seien z. B. die kleinsten Teilchen einer wäßrigen Kochsalzlösung Natriumionen und Chlorionen. Die Ionen seien in Lösung beständige Teilchen, die infolge ihrer elektrischen Ladung völlig andere Eigenschaften als die zugehörigen ungeladenen Atome besitzen. Diesen Zerfall der Moleküle eines Elektrolyten in zwei oder mehrere Ionen bezeichnet man als die *elektrolytische Dissoziation* des betreffenden Stoffes. Die Theorie von ARRHENIUS erklärt gleichzeitig zwei Erscheinungen, die die Lösungen von Elektrolyten zeigen:

1. Die Tatsache der doppelten Gefrierpunktserniedrigung und der doppelten Siedepunktserhöhung,

2. die Tatsache der elektrischen Leitfähigkeit der Lösung.

Wenn nämlich die Lösungen von Elektrolyten elektrisch geladene Teilchen enthalten, so ist es nicht verwunderlich, daß diese Lösungen im Gegensatz zum reinen Wasser den elektrischen Strom leiten. Die Ionen sind für den Stromtransport in der Lösung verantwortlich.

Da die Lösungen der Elektrolyte nach außen keine elektrische Ladung zeigen, muß man annehmen, daß sich in der Lösung die gleiche Anzahl positiv geladener und negativ geladener Teilchen befinden. Wie erkennt man den Sinn der Ladung der Ionen? Man taucht zwei Elektroden in die Lösung und legt eine Gleichspannung an die Elektroden. Dann erfolgt Elektrolyse, d. h. die elektrisch geladenen Teilchen wandern im elektrischen Feld, und zwar werden die positiv geladenen Ionen von der negativen Elektrode (der Kathode) und die negativ geladenen Ionen von der positiven Elektrode (der Anode) angezogen. Diejenigen Ionen, die negativ geladen sind, die also zur Anode wandern, nennt man *Anionen,* die positiven, die zur Kathode wandern, *Kationen.*

Wir betrachten einige Beispiele:

Dissoziation der Säuren. Die Salzsäure ist in Wasserstoffionen und in Chlorionen zerfallen. Elektrolysiert man verdünnte Salzsäure, so beobachtet man eine Entwicklung von gasförmigem Wasserstoff an der Kathode und eine Chlorentwicklung an der Anode (vgl. S. 84). Daraus ist zu folgern, daß die Wasserstoffionen positiv geladen und die Chlorionen negativ geladen sind. In Wasser ist also die Salzsäure nach folgender Gleichung dissoziiert:

$$HCl \rightleftharpoons H^+ + Cl^-.$$

Beim Anlegen der Spannung wandern einerseits die Wasserstoffionen zur Kathode und werden dort entladen zu Wasserstoffatomen, die sich sofort zu Wasserstoffmolekülen vereinigen und als Gasblasen entweichen; andererseits wandern die Chlorionen zur Anode, werden dort gleichfalls entladen, es entweicht gasförmiges Chlor.

Elektrolysiert man die wäßrige Lösung irgendeiner anderen Säure, so entwickelt sich — unabhängig von der Natur der benutzten Säure — an der Kathode stets Wasserstoff. D. h. alle Säuren enthalten in wäßriger Lösung positiv geladene Wasserstoffionen. Außer den Wasserstoffionen existiert in den Säurelösungen als zweite Ionenart das Ion des „Säurerestes", im Fall der Salzsäure ist es das Chlorion, bei der Bromwasserstoffsäure das Bromion, bei der Perchlorsäure das Ion ClO_4^-, bei der Schwefelsäure das Ion SO_4^{--} usw. Alle Säurerestionen sind negativ geladen, bei den einwertigen Säuren trägt das Ion des Säurerestes eine negative Ladung, bei den mehrwertigen Säuren mehrere Ladungen entsprechend der Wertigkeit. Im folgenden sind die Dissoziationen der Säuren noch einmal zusammengestellt:

$$Säure \rightleftharpoons Wasserstoffion + Säurerestion$$
$$HCl \rightleftharpoons H^+ + Cl^-$$
$$HBr \rightleftharpoons H^+ + Br^-$$
$$HClO_4 \rightleftharpoons H^+ + (ClO_4)^-$$
$$H_2SO_4 \rightleftharpoons 2 H^+ + (SO_4)^{--}$$
$$H_2CO_3 \rightleftharpoons 2 H^+ + (CO_3)^{--}$$

Wie verhalten sich die Ionen des Säurerestes bei der Elektrolyse? Das Verhalten des Chlorions im elektrischen Feld ist bereits oben besprochen. Ganz analog verhalten sich das Bromidion und Jodidion: Sie wandern zur Anode, werden dort entladen und man beobachtet eine Abscheidung von elementarem Brom bzw. Jod. Ein wenig komplizierter sind die Vorgänge bei der Elektrolyse der Sauerstoffsäuren. Entsprechend ihrer negativen Ladung wandern die Ionen des Säurerestes der Sauerstoffsäuren gleichfalls zur Anode und werden hier entladen. In ungeladener Form stellen aber diese Atomverbände oder „Komplexe" ClO_4, SO_4, CO_3 usw. keine stabilen, selbständigen Teilchen dar, sondern sie zersetzen sich oder reagieren sofort mit den Molekülen des Wassers. Z. B. zerfällt (SO_4) in SO_3 und Sauerstoff:

$$2\,SO_4 \rightarrow 2\,SO_3 + O_2.$$

Der Sauerstoff entweicht gasförmig, und das SO_3-Molekül reagiert jeweils mit einem Wassermolekül unter Rückbildung von Schwefelsäure:

$$SO_3 + H_2O \rightarrow H_2SO_4.$$

Daher beobachtet man bei der Schwefelsäureelektrolyse an der Anode lediglich eine Sauerstoffentwicklung.

Dissoziation der Salze. Als weiteres Beispiel betrachten wir die Elektrolyse von Salzlösungen. Elektrolysiert man z. B. eine wäßrige Lösung von Kupfersulfat ($CuSO_4$), so entsteht an der Kathode ein brauner Überzug von metallischem Kupfer, und an der Anode entwickelt sich Sauerstoff. Aus dieser Beobachtung ist bezüglich der elektrolytischen Dissoziation der Kupfersulfatlösung zu folgern, daß positiv geladene Kupferionen in der Lösung vorhanden sind. Außerdem muß man in Analogie zum Verhalten der Schwefelsäure annehmen, daß die negativen Ionen des Kupfersulfats die SO_4-Ionen sind. Dann ist die Bildung von Sauerstoff an der Anode, wie oben für die Schwefelsäure besprochen, durch eine sekundäre Reaktion zu erklären. Da das SO_4-Ion zwei negative Ladungen trägt und im Molekül des Kupfersulfats ein Kupferatom mit einem Säurerest verbunden ist, muß das Kupferion ebenfalls zwei Ladungen tragen. Die Anzahl der elektrischen Ladungen der Metallionen steht somit in Übereinstimmung mit der Wertigkeit der Metalle. Ein Kupferatom ersetzt zwei Wasserstoffatome in der Schwefelsäure, das Kupfer ist also zweiwertig, das Kupferion ist 2fach positiv geladen. Demgemäß müssen wir die elektrolytische Dissoziation des Kupfersulfats folgendermaßen formulieren:

$$CuSO_4 \rightleftharpoons Cu^{++} + SO_4^{--}.$$

Was am Beispiel des Kupfersulfats gezeigt wurde, gilt entsprechend für alle wäßrigen Salzlösungen: Das jeweilige Metall des Salzes ist positiv geladen und wandert im elektrischen Feld an die Kathode, der an das Metall gebundene Säurerest ist negativ geladen und wandert an die Anode. In wäßriger Lösung gilt:

Salz	$\rightleftharpoons$ Metallion $+$ Säurerestion		K_2SO_4	$\rightleftharpoons$ $2\,K^+$	$+$	SO_4^{--}
$NaCl$	$\rightleftharpoons$ Na^+	$+$ Cl^-	$CuSO_4$	$\rightleftharpoons$ Cu^{++}	$+$	SO_4^{--}
KBr	$\rightleftharpoons$ K^+	$+$ Br^-	$CaCl_2$	$\rightleftharpoons$ Ca^{++}	$+$	$2\,Cl^-.$
$AgNO_3$	$\rightleftharpoons$ Ag^+	$+$ NO_3^-				

Wie sich die Ionen des Säurerestes bei der Elektrolyse verhalten, ist bereits bei der Besprechung der Säureelektrolyse geschildert. Welches Verhalten zeigen die Metallionen? Sie wandern zunächst zur Kathode und verlieren ihre Ladung; dabei scheiden sie sich teilweise als elementares Metall auf der Oberfläche der Elektrode ab, z. B. das Kupfer, Silber, Gold, Platin u. a.; die Leichtmetalle dagegen setzen sich in einer sekundären Reaktion mit dem Wasser um, z. B.:

$$2\,Na + H_2O = 2\,NaOH + H_2,$$

d. h. man beobachtet eine Entwicklung von Wasserstoff an der Kathode, außerdem reagiert die Lösung wegen des gebildeten Metallhydroxyds im Kathodenraum alkalisch.

Dissoziation der Basen. Als letzte Klasse von Stoffen, die in wäßriger Lösung elektrolytisch dissoziiert sind, sind die Basen zu besprechen. Das Charakteristikum aller Laugen ist die Hydroxylgruppe; sie ist der eine Bestandteil der Basen, der in wäßriger Lösung als Ion vorliegt. Das Hydroxylion trägt eine negative Ladung. Das zweite Ion ist das des Metalls der Base. So enthält die wäßrige Lösung von Natronlauge Natriumionen und Hydroxylionen:

$$NaOH \rightleftharpoons Na^+ + OH^-.$$

Allgemein lautet das Schema der elektrolytischen Dissoziation einer Base:

$$Base \rightleftharpoons Metallion + Hydroxylion.$$

Die Metallionen der Base zeigen bei der Elektrolyse das gleiche Verhalten, wie es bei der Elektrolyse von Salzlösungen besprochen wurde. Sie wandern zur Kathode. Im Falle ihrer Entladung würden sie sich sofort mit dem Wasser umsetzen:

$$K + H_2O = KOH + H.$$

Es entwickelt sich also bei der Elektrolyse der Basen, die sich von den unedlen Leichtmetallen ableiten, gasförmiger Wasserstoff. Das Hydroxylion wird an der Anode entladen; die ungeladene Hydroxylgruppe ist unbeständig, sie reagiert mit einer zweiten OH-Gruppe unter Bildung von Wasser und Entwicklung von Sauerstoff:

$$2\,OH \rightarrow H_2O + O.$$

Bei der Elektrolyse von wäßrigen Laugen erhält man also Wasserstoffgas und Sauerstoffgas, und die Lauge wird durch die Sekundärreaktion an der Kathode stets zurückgebildet.

Dissoziationsgrad. Auf S. 112 wurde gesagt, daß eine 1 molare Natriumchloridlösung eine doppelte Gefrierpunktserniedrigung und eine doppelte Siedepunktserhöhung zeigt. Daraus zogen wir den Schluß, daß in wäßriger Lösung jedes Natriumchloridmolekül in die beiden Ionen gespalten sei. Führt man nun die Molekulargewichtsbestimmung nach der Siedepunkts- oder Gefrierpunktsmethode an einer großen Zahl von Elektrolyten durch, so findet man zwar in allen Fällen eine Erniedrigung des Gefrierpunktes, die größer ist als der jeweiligen Molarität des Elektrolyten entspricht. Aber man findet nicht stets — wie beim Natriumchlorid — eine doppelte Gefrierpunktserniedrigung bzw. eine 3- oder 4fache, wenn der Elektrolyt in 3 oder

4 Ionen gespalten ist; vielmehr liegt der experimentell gefundene Wert in einigen Fällen zwischen dem theoretischen Wert für Nichtelektrolyte und dem Wert, der für den betreffenden Elektrolyten zu erwarten ist. Daraus muß man folgern, daß die Elektrolyte nicht immer zu 100% elektrolytisch dissoziiert sind, d. h. daß ein Teil der Moleküle gespalten und ein anderer Teil ungespalten in Lösung vorliegt. Das Verhältnis der Zahl der gespaltenen Moleküle zu der Gesamtzahl der gelösten Moleküle bezeichnet man als den „Dissoziationsgrad". Zwischen den dissoziierten und den nichtdissoziierten Molekülen des gelösten Elektrolyten besteht ein Gleichgewichtszustand, z. B.:

$$NH_4OH \rightleftharpoons NH_4^+ + OH^-.$$

Ist das Gleichgewicht sehr weit nach der Seite der Ionen verschoben, so spricht man von einem *starken Elektrolyten.* Alle Salze sind weitgehend dissoziiert und somit starke Elektrolyte. Die früher als starke Säuren bzw. starke Basen bezeichneten Stoffe sind gleichfalls durch einen hohen Dissoziationsgrad ausgezeichnet. *Schwache Elektrolyte* sind dagegen die schwachen Säuren und die schwachen Basen, die in wäßriger Lösung je nach ihrer Stärke nur zu 0,1—10% dissoziiert sind. So beträgt für eine 0,1 molare Essigsäure der Dissoziationsgrad nur etwa 1%. Von 100 Essigsäuremolekülen sind 99 Moleküle nicht gespalten und nur 1 Molekül ist gemäß der Gleichung:

$$H\,(acetat) \rightarrow H^+ + (acetat)^-$$

dissoziiert. Etwa denselben Dissoziationsgrad wie die Essigsäure besitzt auch die schwache Base Ammoniak.

Dissoziation wasserfreier Schmelzen. Die Theorie der elektrolytischen Dissoziation war von ARRHENIUS zunächst für wäßrige Elektrolytlösungen entwickelt worden. Sie vermag u. a. die Leitfähigkeit der wäßrigen Lösungen von Säuren, Basen und Salzen zu erklären. Nun zeigen aber auch die wasserfreien Schmelzen von Salzen ein gutes Leitvermögen, und es findet in Salzschmelzen eine Elektrolyse statt, wenn man einen elektrischen Strom durch die Schmelze schickt. So scheidet sich z. B. in einer Natriumchloridschmelze bei der Elektrolyse an der Kathode Natrium ab, und an der Anode wird Chlor entwickelt. In solchen wasserfreien Schmelzen sind offenbar die gleichen Ionen wie in der entsprechenden wäßrigen Lösung vorhanden. Diese Feststellung führt uns zwangsläufig zu der Auffassung, daß die Ionen nicht erst dann entstehen können, wenn wir den Elektrolyten in Wasser auflösen, sondern daß die Ionen bereits im festen Zustand, also im Kristall, vorhanden sein müssen. Im Kristall werden die Anionen und Kationen infolge ihrer entgegengesetzten elektrischen Ladung durch die elektrostatischen Anziehungskräfte fest zusammengehalten. Beim Lösevorgang findet nun lediglich eine Trennung der Einzelbestandteile des Kristalls, also der Ionen statt.

Die Hydratation der Ionen. Nach physikalischen Methoden hat man festgestellt, daß die Wassermoleküle Dipole sind, d. h. daß ein einzelnes H_2O-Molekül zwar als Ganzes elektrisch neutral ist, daß aber innerhalb des Moleküls an bestimmten Stellen entgegengesetzte elek-

trische Ladungen vorhanden sind. Die Erklärung für den Dipolcharakter des Wassers ist recht einfach: Das Wassermolekül ist aus
zwei positiv geladenen Wasserstoffteilchen und einem 2 fach negativ
geladenen Sauerstoffteilchen aufgebaut, und zwar ist die räumliche
Anordnung derart, wie sie der obere Teil der Abb. 50 zeigt. Daraus
ergibt sich also (vgl. unteren Teil der Abb. 50), daß in der linken
Hälfte des H_2O-Moleküls eine Anhäufung von positiver Ladung, in
der rechten eine Anhäufung von negativer Ladung
vorhanden ist.

Der Dipolcharakter des Wassers tritt besonders
stark in Erscheinung, wenn im Wasser ein Elektrolyt
aufgelöst ist. In reinem Wasser zeigen die einzelnen
Wassermoleküle keine besondere Orientierung, für die
Dipole existiert keine ausgezeichnete Richtung; wür·
den wir ein einzelnes Wassermolekül eine Zeitlang
betrachten, so würden wir feststellen, daß es infolge
der Brownschen Molekularbewegung ständig seine

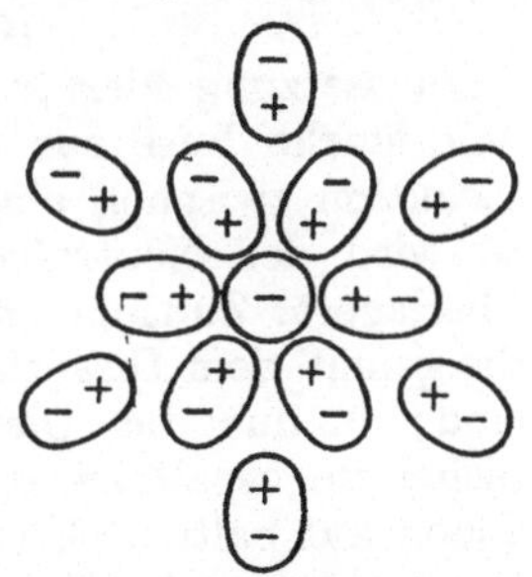
Abb. 50. Dipol Wasser.

Lage ändert, und daß seine Dipolachse ebenfalls dauernd Richtungsänderungen erfährt. Anders verhalten sich die Wassermoleküle in
einer Elektrolytlösung. Die Ionen des Elektrolyten wirken nämlich
wegen ihrer elektrischen Ladung auf die ihnen benachbarten Wassermoleküle ein, und zwar sowohl richtend als auch anziehend. Betrachten wir z. B. ein beliebig herausgegriffenes Anion irgendeiner Elektrolytlösung! Das elektrische Feld, das von diesem negativ geladenen
Teilchen ausgeht, bewirkt zunächst, daß sämtliche benachbarten Wassermoleküle ihre Dipolachse in Richtung der Feldlinien einstellen,
d. h. daß sie diejenige Molekülseite, welche
die positive Ladung trägt, dem Anion zukehren.
Ferner bedingt das elektrische Feld des Anions eine Anziehung der gerichteten Nachbardipole. Die Ionen einer jeden Elektrolytlösung
wirken also zumindest auf einen Teil der
Wassermoleküle in der Weise ein, daß sie
diese durch elektrostatische Kräfte verhältnismäßig fest an sich binden und daß die Dipol-
Abb. 51. Hydratisiertes Anion.
achsen dieser gebundenen Wassermoleküle nicht mehr frei beweglich
sind. Die Ionen sind also in wäßriger Lösung von einer „Wasserhülle" umgeben; diese Erscheinung bezeichnet man als „Hydratation
der Ionen". Eine schematische Darstellung für ein hydratisiertes Anion
zeigt die Abb. 51.

Anwendungen. Die Theorie der elektrolytischen Dissoziation macht
einige Typen von chemischen Reaktionen verständlich: Die Neutralisationsreaktionen, die Umsetzungen zwischen starken Säuren und
Salzen schwacher Säuren bzw. zwischen starken Basen und Salzen
schwacher Basen, die Fällungsreaktionen und die Oxydations- und
Reduktionsreaktionen. Zunächst sei der *Neutralisationsvorgang* im
Lichte der Ionentheorie behandelt. Als Beispiel betrachten wir die

Neutralisation einer wäßrigen Salzsäure mit einer wäßrigen Natronlauge. Beide Substanzen gehören zu den starken Elektrolyten, sind also in Lösung vollständig dissoziiert. Folglich enthält die eine Ausgangslösung nur Wasserstoffionen und Chlorionen, die andere nur Hydroxylionen und Natriumionen. Wenn wir die beiden Lösungen zusammengießen, so vereinen sich die Wasserstoffionen und die Hydroxylionen zu undissoziiertem Wasser und die Reaktionslösung enthält nur noch die Chlorionen und die Natriumionen, d. h. die Ionen einer Kochsalzlösung. Kochsalz ist als Salz zu praktisch 100% dissoziiert, die Natrium- und Chlorionen bleiben daher in der Lösung bestehen. Die Neutralisation kann also als Ionengleichung folgendermaßen geschrieben werden:

$$H^+ + Cl^- + Na^+ + OH^- = H_2O + Cl^- + Na^+.$$

Wir vereinfachen diese Gleichung, indem wir die Stoffe, die auf beiden Seiten vorkommen — die Natriumionen und die Chlorionen —, fortstreichen; die dann resultierende Gleichung

$$H^+ + OH^- = H_2O$$

abstrahiert bereits von den gewählten speziellen Vertretern der beiden Stoffklassen und stellt somit die allgemeine Gleichung für den Neutralisationsvorgang dar.

Daß die Natur der Säure und der Lauge ohne Einfluß auf die Reaktion ist, folgt auch aus der Tatsache, daß man bei allen Neutralisationen die gleiche Wärmetönung beobachtet: Die *Neutralisationswärme* beträgt 13,7 kcal pro Mol gebildetes Wasser:

$$H^+ + OH^- = H_2O + 13,7 \text{ kcal}.$$

Voraussetzung hierfür ist allerdings, daß man eine starke Säure und eine starke Base zur Neutralisation verwendet. Untersucht man die Reaktion zwischen einer schwachen Säure und einer schwachen Base, so wird der Neutralisationsvorgang von einem Dissoziationsvorgang überlagert: Zunächst neutralisieren sich diejenigen H- und OH-Ionen, die gemäß dem Dissoziationsgrad der Säure und Base bereits vorhanden sind; da nun das Dissoziationsgleichgewicht gestört ist, müssen sich bisher ungespaltene Moleküle der schwachen Säure bzw. Base in ihre Ionen aufspalten. Dieser Dissoziationsvorgang ist natürlich von einer Wärmetönung begleitet. Die Dissoziationswärme überlagert die Neutralisationswärme.

Auf S. 104 haben wir festgestellt, daß schwache Säuren aus ihren Salzen durch starke Säuren in Freiheit gesetzt werden und daß analog schwache Basen aus ihren Salzen durch starke Basen verdrängt werden. Diese *Verdrängungsreaktionen* sind jetzt mit Hilfe der elektrolytischen Dissoziation leicht zu erklären, der tiefere Grund muß in den unterschiedlichen Werten für den Dissoziationsgrad der einzelnen Säuren bzw. Laugen gesucht werden. Betrachten wir als Beispiel die Umsetzung zwischen Natriumcarbonat und Salzsäure. Das Natriumcarbonat ist als Salz in wäßriger Lösung nahezu vollständig dissoziiert, das gleiche gilt für die starke Säure Salzsäure:

$$Na_2CO_3 \rightleftharpoons 2\,Na^+ + CO_3$$
$$HCl \rightleftharpoons H^+ + Cl^-.$$

Beim Zusammengießen der beiden Lösungen liegen also folgende Ionen nebeneinander vor: Na^+, CO_3^{--}, H^+, Cl^-, d. h. unter anderem auch die Ionen der Kohlensäure. Nun ist aber die Kohlensäure ein schwacher Elektrolyt, ihre Dissoziation ist recht gering, das Gleichgewicht

$$H_2CO_3 \rightleftharpoons 2\,H^+ + CO_3^{--}$$

ist weitgehend nach der linken Seite verschoben. Es ist somit unmöglich, daß die Wasserstoffionen (herrührend von der Salzsäure) und die Carbonationen (herrührend vom Natriumcarbonat) in der großen Konzentration nebeneinander bestehen können. Vielmehr müssen sich so viele H- und CO_3-Ionen zu undissoziierter Kohlensäure vereinigen, bis das Dissoziationsgleichgewicht für die Kohlensäure erreicht ist. Die undissoziierte Kohlensäure ist aber nicht sehr stark in Wasser löslich, ihre Sättigungskonzentration ist bald überschritten und sie entweicht als Kohlendioxydgas.

Ganz ähnlich liegen die Verhältnisse bei der Einwirkung starker Säuren auf Acetate, die Salze der Essigsäure: die H^+-Ionen der starken Säure und die Acetationen vereinigen sich zu undissoziierter Essigsäure. Nur können wir diese Reaktion nicht sehen, da die Essigsäure im Gegensatz zur Kohlensäure in Wasser sehr gut löslich ist, also keine Gasentwicklung stattfindet.

Zur Erklärung der Verdrängung der schwachen Laugen aus ihren Salzen durch starke Laugen lassen sich analoge Überlegungen anstellen. Die starke Lauge (z. B. NaOH) und das Salz der schwachen Lauge (z. B. NH_4Cl) sind stark dissoziiert:

$$NaOH \rightleftharpoons Na^+ + OH^-$$
$$NH_4Cl \rightleftharpoons NH_4^+ + Cl^-.$$

Beim Zusammengießen der beiden Lösungen liegen die Ionen der schwachen Lauge nebeneinander vor, in unserem Beispiel also die NH_4^+- und die OH^--Ionen. Diese Ionen sind aber in großer Konzentration nebeneinander nicht beständig, sondern müssen sich zu undissoziierten Molekülen vereinigen, da das Dissoziationsgleichgewicht der schwachen Lauge

$$NH_4OH \rightleftharpoons NH_4^+ + OH^-$$

auf der Seite der undissoziierten Verbindung liegt. Wie beim Fall der Kohlensäure findet hier eine Sekundärreaktion statt, nämlich der Zerfall des Ammoniumhydroxyds in Ammoniak und Wasser und das Entweichen des Ammoniakgases. Bei vielen anderen derartigen Umsetzungen ist die entstandene undissoziierte schwache Lauge in Wasser wenig löslich, entweicht aber nicht gasförmig, sondern fällt als Niederschlag aus. Das ist z. B. der Fall beim Magnesiumhydroxyd, Eisenhydroxyd, Kupferhydroxyd, Nickelhydroxyd, Kobalthydroxyd, Chromhydroxyd.

Als weitere Gruppe von Reaktionen, die durch die Theorie der elektrolytischen Dissoziation verständlich werden, besprechen wir die *Fällungsreaktionen.* Es handelt sich dabei allgemein um den Vorgang, daß beim Zusammengießen zweier in Wasser gut löslicher Elektrolyte ein Niederschlag ertsteht. Der Stoff, der ausfällt, ist in Wasser wenig löslich.

die Konzentration seiner Ionen ist somit sehr gering. Eine solche in Wasser schwer lösliche Substanz ist z. B. das Silberchlorid, AgCl. Die Konzentration der Silberionen und der Chlorionen in einer wäßrigen Silberchloridaufschlämmung beträgt nur etwa 10^{-5}, d. h. 1 Mol Silberionen bzw. 1 Mol Chlorionen befinden sich in 100000 Litern der AgCl-Aufschlämmung. Geben wir nun eine Lösung, die Silberionen enthält, zu einer Lösung, die Chlorionen enthält, so wird die Konzentration der Chlorionen und der Silberionen in der Reaktionslösung den obengenannten Betrag für die Ionenkonzentration der Silberchloridaufschlämmung wesentlich überschreiten. Infolgedessen vereinigen sich die überschüssigen Silberionen und Chlorionen zu undissoziiertem Silberchlorid, das als Niederschlag ausfällt:

$$(1) \qquad Ag^+ + Cl^- \rightarrow AgCl.$$

Man erkennt: Der Silberchloridniederschlag wird immer dann entstehen, wenn in einer Lösung Silberionen und Chlorionen in größerer Konzentration als 10^{-5} vorkommen. Ohne Bedeutung für die Silberchloridfällung ist dabei die Frage, welcher Stoff die Silberionen und welcher die Chlorionen liefert. Man kann eine Silbernitratlösung oder eine Silberacetatlösung mit einer Natriumchloridlösung, einer Kaliumchloridlösung, einer Bariumchloridlösung oder einer wäßrigen Salzsäure versetzen, stets erhält man den Niederschlag von Silberchlorid, und stets beschreibt die obige Ionengleichung (1) den Vorgang vollständig. Die vollständigen Ionengleichungen, von denen einige aufgeführt seien:

$$Ag^+ + NO_3^- + Na^+ + Cl^- = AgCl + Na^+ + NO_3^-$$
$$2\,Ag^+ + 2\,NO_3^- + Ba^{++} + 2\,Cl^{--} = 2\,AgCl + Ba^{++} + 2\,NO_3^-$$
$$Ag^+ + (acetat)^- + H^+ + Cl^- = AgCl + H^+ + (acetat)^-$$

lassen sich alle auf die Gleichung (1) zurückführen, wenn man diejenigen Ionen fortstreicht, die bei der Reaktion unverändert erhalten bleiben, die also auf beiden Seiten der Gleichung stehen.

Schließlich können alle *Oxydations*- und *Reduktionsreaktionen* mit Hilfe der Ionentheorie unter einem neuen, allgemeineren Gesichtspunkt behandelt werden. Bisher hatten wir den Oxydationsprozeß definiert als einen solchen, bei dem ein Stoff A Sauerstoff aufnimmt und hatten eine Reaktion eine Reduktion genannt, wenn bei dieser Reaktion einem Stoff B Sauerstoff entzogen bzw. Wasserstoff zugeführt wird:

Oxydation: Zufuhr von O oder Fortnahme von H.
Reduktion: Fortnahme von O oder Zufuhr von H.

Als Beispiel betrachten wir die Reaktion zwischen elementarem Chlor und Bromwasserstofflösung. Dabei entsteht elementares Brom und Chlorwasserstoff:

$$2\,HBr + Cl_2 \rightarrow 2\,HCl + Br_2.$$

Das Chlor wird also zu Chlorwasserstoff reduziert und gleichzeitig der Bromwasserstoff zu Brom oxydiert. Wir schreiben die Reaktionsgleichung als Ionengleichung:

$$2\,H^+ + 2\,Br^- + Cl_2 \rightarrow 2\,H^+ + 2\,Cl^- + Br_2$$

oder unter Fortlassung der beiden Wasserstoffionen:

$$2\,Br^- + Cl_2 \rightarrow 2\,Cl^- + Br_2.$$

Man erkennt: Das Bromion gibt seine negative Ladung an das Chlor ab und geht in den ungeladenen Zustand über, während das anfangs ungeladene, elementare Chlor in den Ionenzustand übergeführt wird. Die Aussage, daß das Chlor reduziert worden ist, ist somit gleichbedeutend mit der Feststellung, daß das Chloratom eine negative Ladung aufgenommen hat. Bei der Reduktion nimmt also der reduzierte Stoff eine oder mehrere negative Ladungen auf. Die Oxydation des Broms bedeutet eine Abgabe von negatiyer Ladung. Demgemäß erscheint es zweckmäßig, die Oxydation und Reduktion durch die Ladungsänderungen zu definieren:

Oxydation: Abgabe negativer Ladung oder Zuwachs an positiver Ladung.

Reduktion: Zuwachs an neg ver Ladung oder Abnahme positiver Ladung.

Durch diese neue Definition wird der Bereich der Oxydations- und Reduktionsreaktionen erweitert auch auf solche Vorgänge, die ohne Mitwirkung von Wasserstoff oder Sauerstoff verlaufen. Z. B. ist die Reaktion zwischen Ferrochlorid und Chlorgas, die zum Ferrichlorid, dem Chlorid des dreiwertigen Eisens, führt:

$$2\,FeCl_2 + Cl_2 \rightarrow 2\,FeCl_3,$$

als eine Oxydation des Ferrojons im neuen, erweiterten Sinne zu bezeichnen, da das 2fach positiv geladene Eisenjon eine positive Ladung aufnimmt:

$$2\,Fe^{++} + 4\,Cl^- + Cl_2 \rightarrow 2\,Fe^{+++} + 6\,Cl^-.$$

d) Elektrochemie.

FARADAYsche Gesetze. Im Abschnitt über die elektrolytische Dissoziation haben wir uns mit den chemischen Vorgängen, die sich bei der Elektrolyse abspielen, in qualitativer Hinsicht befaßt. Dabei haben wir für eine große Zahl von Säuren, Basen und Salzen untersucht, in welche Ionen sie in wäßriger Lösung zerfallen sind und an welcher Elektrode die einzelnen Ionenarten jeweils abgeschieden werden. Im folgenden wollen wir uns nun mit der Frage nach den quantitativen Beziehungen, die bei der Elektrolyse zu beobachten sind, näher beschäftigen.

Wir haben früher festgestellt, daß bei der elektrolytischen Wasserzersetzung, d. h. bei der Elektrolyse von Wasser, das mit etwas verdünnter Schwefelsäure versetzt ist, die Gasmengen, die an den beiden Elektroden entwickelt werden, in einem bestimmten Verhältnis zueinander stehen: Das Wasserstoffvolumen ist stets doppelt so groß wie das gleichzeitig abgeschiedene Sauerstoffvolumen. Bei der Elektrolyse einer wäßrigen Kochsalzlösung machten wir die Feststellung, daß gleich große Mengen an Chlor und Wasserstoff gebildet werden.

Aus den Ergebnissen dieser beiden Versuche folgt auf Grund der AVOGADROschen Hypothese, daß beim Fall der Wasserzersetzung die

Zahl der entstandenen Wasserstoffmoleküle 2mal so groß ist wie die der Sauerstoffmoleküle und daß bei der Kochsalzelektrolyse die gleiche Anzahl von Chlor- und Wasserstoffmolekülen abgeschieden werden.

Diese ersten quantitativen Beobachtungen legen es nahe, anzunehmen, daß die elektrolytischen Vorgänge durch quantitative Gesetzmäßigkeiten beschrieben werden können.

Die Ursache für die Entladung und Abscheidung der Ionen an den Elektroden ist die an die Elektroden angelegte Spannung bzw. der durch die Elektrolytlösung fließende Strom. Wir führen dem System der Elektrolytlösung Energie in Form elektrischer Energie zu, und diese Energie bewirkt die Entwicklung von Gasen oder die Abscheidung von Metallen an den Elektroden. Die erste Frage, die somit zu untersuchen wäre, lautet: In welcher Weise ist die abgeschiedene Substanzmenge von der hineingesteckten Elektrizitätsmenge abhängig? Die Elektrizitätsmenge ist bekanntlich gleich dem Produkt aus der Stromstärke i und der Zeit t, während welcher ein Strom dieser Stärke fließt. Die Maßeinheit der Elektrizitätsmenge ist die Amperesekunde ($= 1$ Coulomb). Läßt man also durch eine Elektrolytlösung einen elektrischen Strom konstanter Stärke hindurchgehen und mißt die nach verschiedenen Zeiten abgeschiedenen Substanzmengen (ccm Wasserstoff bzw. ccm Sauerstoff bei der Wasserzersetzung oder mg Kupfer bzw. mg Silber bei einer Kupfer- bzw. Silbernitratelektrolyse), so stellt man fest, daß die Substanzmengen den Zeiten und damit den Elektrizitätsmengen proportional sind. Diese Erkenntnis bezeichnet man als das *erste Faradaysche Gesetz:* Die bei einer Elektrolyse abgeschiedene Stoffmenge ist der Elektrizitätsmenge, welche durch den Elektrolyten geflossen ist, direkt proportional.

Wir machen einen zweiten Versuch, der uns zeigen soll, in welchem Verhältnis die Substanzmengen verschiedener Elektrolytlösungen stehen, die von dem gleichen Strom durchflossen werden. Die Versuchsanordnung ergibt sich aus der Abb. 52. Der Strom, dessen Stärke im Amperemeter abgelesen werden kann, geht nacheinander durch vier verschiedene elektrolytische Zellen, in denen gleichzeitig Kupfer, Silber, Nickel, Wasserstoff und Sauerstoff abgeschieden werden. Nach einer bestimmten Zeit wird der Strom unterbrochen; dann werden die Mengen der beiden Gase

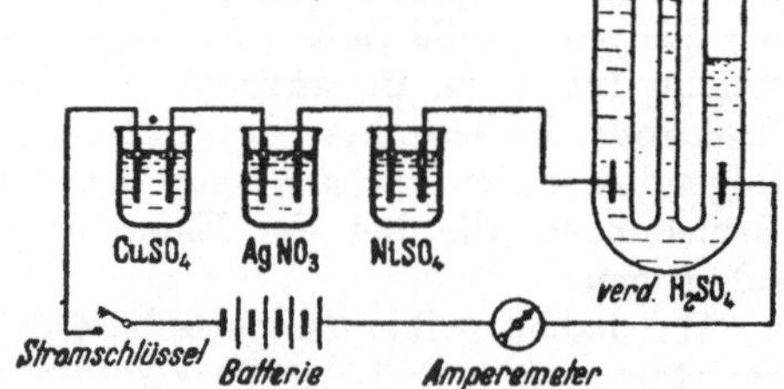

Abb. 52. Elektrolyse.

volumetrisch und die Gewichte der drei Metalle als Gewichtsvermehrung der Kathoden bestimmt. Das Experiment ergibt, daß eine Elektrizitätsmenge von 96,5 Amperesekunden 31,79 mg Kupfer, 107,9 mg Silber, 29,35 mg Nickel, 8 mg Sauerstoff und 1 mg Wasserstoff abscheidet. Multiplizieren wir diese Zahlen mit 1000 und vergleichen sie mit den Atom- und Äquivalentgewichten der betreffenden Elemente!

Dieser Vergleich lehrt: Die bei der Elektrolyse durch die gleiche Elektrizitätsmenge entwickelten Gewichtsmengen verschiedener Ionen stehen im Verhältnis ihrer Äquivalentgewichte. Das ist das *zweite FARADAYsche Gesetz*, das man auch folgendermaßen formulieren kann: 96500 Coulomb (oder exakter 96494 Coulomb) scheiden genau 1 Grammäquivalent eines jeden Ions ab. Diese Elektrizitätsmenge von 96494 Amperesekunden heißt die *FARADAYsche Konstante;* sie ermöglicht uns, die absolute Ladung der Ionen auszurechnen, da nämlich der Stromtransport in einer Elektrolytlösung durch die Wanderung der Ionen bewirkt wird, die Ionen also die Träger der Elektrizität sind, und da sich die Zahl der Elektrizitätsträger aus der an den Elektroden entladenen Substanzmenge ergibt. 96494 Coulomb scheiden z. B. 1 Grammäquivalent Silber

Tabelle 29.

Element	Atom-gewicht	Wertigkeit	Äquivalent-gewicht	Durch 96500 Coulomb abgeschiedene Stoffmenge
Cu	63,57	2	31,785	31,79 g
Ag	107,88	1	107,88	107,9 g
Ni	58,69	2	29,345	29,35 g
O	16,000	2	8,000	8 g
H	1,0078	1	1,0078	1 g

ab, diese Silbermenge ist durch Entladung von 1 Grammäquivalent = 1 Grammatom Silberionen entstanden, 1 Grammatom enthält $N = 6{,}06 \cdot 10^{23}$ Ionen (LOSCHMIDTsche Zahl). Somit haben $6{,}06 \cdot 10^{23}$ Silberionen eine Ladung von 96494 Coulomb; da jedes Silberion die gleiche Ladung trägt, besitzt ein einzelnes Silberion eine Ladung von $e = 96494{:}6{,}06 \cdot 10^{23} = 1{,}59 \cdot 10^{-19}$ Coulomb. Diese Elektrizitätsmenge, die — wie man sich leicht überlegt — jedes einwertige Ion trägt, bezeichnet man als das *elektrische Elementarquantum*. Die Ladung mehrwertiger Ionen ist gleich dem Produkt aus ihrer Wertigkeit n und dem Elementarquantum: Ladung $= n \cdot e$.

Stromerzeugende chemische Reaktionen. Wenn wir die gegenseitigen Beziehungen zwischen elektrischer Energie und chemischen Reaktionen besprechen, so haben wir bisher stets nur die eine Seite dieses Problems untersucht, nämlich diejenige, die nach der Einwirkung von elektrischer Energiezufuhr auf das System einer Elektrolytlösung fragt. Wir haben gesehen, daß eine Elektrolytlösung zersetzt wird, daß die Ionen des Elektrolyten entladen werden, wenn man der Elektrolytlösung elektrische Energie zuführt. Im folgenden wollen wir uns mit der anderen Frage befassen: Ist es umgekehrt auch möglich, aus chemischen Vorgängen elektrische Energie zu gewinnen? Gibt es Reaktionen, die unter Erzeugung von elektrischer Energie verlaufen bzw lassen sich chemische Umsetzungen so leiten, daß bei ihrem Ablauf elektrische Energie gewonnen wird? Das ist in der Tat der Fall. Ein Beispiel hierfür ist der *Bleiakkumulator,* der im Prinzip aus einer Bleiplatte und einer Bleidioxydplatte besteht, die beide — isoliert voneinander — in eine Schwefelsäure bestimmter Konzentration eintauchen. Verbindet man die beiden Platten mit einem Amperemeter oder einer kleinen Glühlampe, so erkennt man an dem Ausschlag des Instrumentes bzw. dem Aufleuchten des Lämpchens, daß ein elektrischer Strom fließt. Ein Voltmeter, das man an die Platten legt, zeigt, daß ein Potential von fast genau 2 Volt zwischen den Platten besteht, wobei die Bleidioxydplatte gegenüber der Bleiplatte positiv geladen ist, also die Anode vorstellt. Die elektrische Energie, die man dem Bleiakkumulator entnehmen kann, muß von einer chemischen Reaktion herrühren, die sich in der Lösung oder an den beiden Platten abspielt. Tatsächlich verändert sich durch die Stromentnahme sowohl die Lösung als auch die Zusammensetzung der Platten: Die Konzentration der Schwefelsäure nimmt ab, die Blei- und die Bleidioxydplatte gehen in Bleisulfat über. Welches ist nun der chemische Vorgang, der die elektrische Energie liefert? Betrachten wir zunächst die Veränderungen an der Bleiplatte. Da aus dem Blei Bleisulfat entsteht, müssen SO_4-Ionen der Schwefelsäure an der Bleiplatte entladen werden, wodurch die Platte negativ aufgeladen wird:

$$Pb + SO_4^{--} \rightarrow PbSO_4 + \textcircled{$2-$}.$$

Daß das Bleidioxyd in Bleisulfat umgewandelt wird, können wir folgendermaßen erklären: zunächst reagieren die Wasserstoffionen der Schwefelsäure mit dem Bleidioxyd, wobei Bleioxyd und Wasser entsteht und gleichzeitig zwei positive Ladungen auftreten, die die Platte übernimmt:

$$PbO_2 + 2\,H^+ = PbO + H_2O + \textcircled{$2+$}.$$

In sekundärer Reaktion erfolgt dann die Bildung des Bleisulfats:

$$PbO + 2\,H^+ + SO_4^{--} = PbSO_4 + H_2O$$

ein Neutralisationsvorgang, der keine elektrische Energie liefert. Auf Grund dieses Reaktionsschemas verstehen wir, daß erstens beide Platten in Bleisulfat übergehen, daß zweitens die Konzentration der Schwefelsäure absinkt — H_2SO_4 wird ja verbraucht und es entsteht dafür Wasser —, und daß drittens elektrische Energie gewonnen wird. Während wir also aus dem Bleiakkumulator Strom entnehmen, finden jene energieliefernden Umsetzungen statt. Sind die Platten schließlich restlos in Bleisulfat umgewandelt, so sinkt die Spannung des Akkumulators ab und er liefert keine elektrische Energie mehr.

Es besteht indessen beim Bleiakkumulator die Möglichkeit der Regeneration. Er läßt sich in seinen Anfangszustand zurückführen dadurch, daß man ihm von außen elektrische Energie zuführt. Legt man eine äußere Spannung an die Elektrode, so findet natürlich eine elektrische Zersetzung der Schwefelsäure statt: Die SO_4-Ionen wandern an die Anode, die Wasserstoffionen an die Kathode; die letzteren werden an der Kathode entladen, der Wasserstoff entweicht aber nicht gasförmig, sondern reagiert mit dem Bleisulfat unter Bildung von Schwefelsäure und Rückbildung von Blei:

$$PbSO_4 + 2\,H^+ + \textcircled{$2-$} = Pb + H_2SO_4.$$

An der Anode erfolgt die Entladung der SO_4-Ionen. Man beobachtet auch hier keine Gasentwicklung, sondern die Elektrode wandelt sich in Bleidioxyd um; die Reaktionen, die sich an der Anode abspielen, können etwa folgendermaßen formuliert werden:

$$PbSO_4 + SO_4^{2-} + \textcircled{2+} = Pb(SO_4)_2,$$
$$Pb(SO_4)_2 + 2\,H_2O = PbO_2 + 2\,H_2SO_4.$$

Man sieht: Legt man an einen Akkumulator, der keine elektrische Energie mehr abgeben kann, der also entladen ist, eine elektrische Spannung, so kehrt er in seinen Anfangszustand zurück; man erhält eine Bleiplatte und eine Bleidioxydplatte, die Konzentration der Schwefelsäure steigt an. Der Akkumulator ist nunmehr wieder in der Lage, elektrische Energie zu liefern. In der folgenden Tabelle 30 sind die Reaktionen, die bei der Entladung an den Elektroden stattfinden, noch einmal übersichtlich zusammengestellt.

Tabelle 30. Entladung und Aufladung eines Bleiakkumulators.

Kathode	Anode
Entladung	
$Pb + SO_4^{2-} = PbSO_4 + \textcircled{2-}$	$PbO_2 + 2\,H^+ = PbO + H_2O + \textcircled{2+}$ $PbO + 2\,H^+ + SO_4^{2-} = PbSO_4 + H_2O$
Ladung	
$PbSO_4 + 2\,H^+ + \textcircled{2-} = Pb + H_2SO_4$	$PbSO_4 + SO_4^{2-} + \textcircled{2+} = Pb(SO_4)_2$ $Pb(SO_4)_2 + 2\,H_2O = PbO_2 + 2\,H_2SO_4$
Gasen	
$2\,H^+ + \textcircled{2-} = H_2$	$SO_4^{2-} + H_2O + \textcircled{2+} = H_2SO_4 + \frac{1}{2}\,O_2$

Das Ende des Ladeprozesses erkennt man daran, daß eine Gasentwicklung einsetzt. Wenn alles Bleisulfat in Blei bzw. Bleidioxyd zurückverwandelt ist, erfolgt natürlich an den Elektroden die für eine Schwefelsäureelektrolyse übliche Entwicklung von gasförmigem Wasserstoff und Sauerstoff.

Außer den eben besprochenen Umsetzungen, die sich im Bleiakkumulator abspielen, existieren noch viele andere chemische Reaktionen, die unter Abgabe von elektrischer Energie verlaufen. Taucht man zwei verschiedene Metallstäbe, z. B. einen Kupferstab und einen Zinkstab, isoliert voneinander in verdünnte Schwefelsäure und schließt ein Amperemeter an die beiden Metallstäbe an, so fließt auch hier ein Strom. An der Kupferelektrode beobachtet man eine Wasserstoffabscheidung. Gleichzeitig geht Zink als Zinksulfat in Lösung. Die chemischen Vorgänge an den Elektroden sind folgende: Wasserstoffionen wandern an die Kupferelektrode und werden dort entladen:

$$2\,H^+ \rightarrow H_2 + \textcircled{2+}.$$

Dabei lädt sich der Kupferstab positiv auf. Vom Zinkstab löst sich Zink ab und geht als 2fach positiv geladenes Zinkion in Lösung, dadurch lädt sich das restliche metallische Zink negativ auf:

$$Zn \rightarrow Zn^{++} + \textcircled{2-}.$$

Es entsteht also ein Potential an den beiden Elektroden. Dieses Element liefert so lange Strom, bis der ganze Zinkstab. aufgelöst ist, es läßt sich dann — im Gegensatz zum Bleiakkumulator — nicht wieder regenerieren. Als eine Variante des letztbesprochenen kann das DANIELL-Element aufgefaßt werden. Es besteht aus einem Zinkstab, der in eine Zinksalzlösung eintaucht, und aus einem Kupferstab, der in eine Kupfersalzlösung eintaucht; die beiden Lösungen sind durch eine poröse Tonwand getrennt, eine Wand, die die Vermischung der beiden Salzlösungen verhindern soll, aber nicht den Stromtransport behindert. Bei diesem Element lädt sich wie oben das Zink negativ auf, da Zink in Form von Zinkionen in Lösung geht. Das Kupfer bekommt eine positive Ladung, da sich Kupferionen an der Kupferelektrode als metallisches Kupfer abscheiden und ihre positive Ladung dem Kupferstab übertragen:

$$Zn \rightarrow Zn^{++} + \ominus,$$
$$Cu^{++} \rightarrow Cu \quad + \oplus.$$

Die Spannung des Daniell-Elementes beträgt etwa 1,1 Volt. Führt man dem Daniell-Element von außen elektrische Energie zu, so verlaufen die chemischen Vorgänge in der umgekehrten Richtung, das Kupfer geht in Lösung und das Zink scheidet sich ab:

$$Cu + \oplus \rightarrow Cu^{++},$$
$$Zn^{++} + \ominus \rightarrow Zn.$$

Das Daniell-Element kann also — wie der Bleiakkumulator — durch Zufuhr von elektrischer Energie in den Anfangszustand zurückgeführt werden.

Elemente vom Typus des Daniell-Elementes lassen sich in großer Zahl durch Kombination zweier Halbelemente herstellen, wobei unter einem Halbelement ein beliebiges Metall, das in eine wäßrige Lösung eines seiner eigenen Salze eintaucht, verstanden ist. Als Beispiele solcher Halbelemente seien außer den beiden DANIELLschen Zink/Zinksalzlösung (Zn/Zn^{++}) und Kupfer/Kupfersalzlösung (Cu/Cu^{++}) noch genannt: Das Kalomelhalbelement Quecksilber/Quecksilbersalz (Hg/Hg^{+}), Cadmium/Cadmiumsalz (Cd/Cd^{++}), Magnesium/Magnesiumsalz (Mg/Mg^{++}) usw.

Elektrochemische Spannungsreihe. Wir müssen uns jetzt die Frage vorlegen: Wie kommt die Spannung solcher Elemente zustande? Warum geht z. B. beim Daniell-Element das Zink in Lösung und warum scheidet sich das Kupfer ab? Jedes Metall, das in eine Lösung seines eigenen Salzes eintaucht, zeigt ein gewisses Bestreben, in Lösung zu gehen, d. h. in den Ionenzustand überzugehen. Man bezeichnet diese Eigenschaft der Metalle als ihre elektrolytische Lösungstension. Dadurch, daß einige Atome des Metalls als positiv geladene Ionen abdissoziieren, wird das Metall negativ aufgeladen. Nun werden natürlich auch die positiven Metallionen vom negativen Metallstab infolge der entgegengesetzt gerichteten elektrischen Ladung angezogen und entladen, und zwar um so mehr, je höher die Aufladung der Elektrode angestiegen ist. Folglich muß die Aufladung des Metallstabes bei einem bestimmten Maximalwert stehenbleiben, der dann erreicht ist, wenn in der Zeiteinheit die gleiche Zahl von Metallionen entladen wird, wie in Lösung gehen. Dieser Maximalwert der Aufladung ist von Metall zu Metall verschieden, und zwar ist er um so größer, je unedler das Metall ist. Man kann die Potentiale der Halbelemente bestimmen, indem man die verschiedenen Halbelemente jeweils mit dem gleichen Halbelement als „Bezugselement" kombiniert und die Spannungen mit dem Voltmeter mißt. Als Bezugselement hat man die sog. *Wasserstoffelektrode* gewählt, sie besteht aus einem platinierten Platinblech, das von Wasserstoffgas umspült wird und in eine Säure

Tabelle 31. Spannungsreihe der Metalle.

Halbelement	Potential	Metallcharakter
K/K+	−2,9 Volt	unedel
Ca/Ca++	−2,8 ,,	
Mg/Mg++	−2,4 ,,	
Al/Al+++	−1,69 ,,	
Mn/Mn++	−1,1 ,,	
Zn/Zn++	−0,76 ,,	
Fe/Fe++	−0,44 ,,	
Cd/Cd++	−0,40 ,,	
Co/Co++	−0,29 ,,	
Ni/Ni++	−0,25 ,,	
Sn/Sn++	−0,16 ,,	
Pb/Pb++	−0,13 ,,	
H_2/H+	±0,000 ,,	
Cu/Cu++	+0,34 ,,	
Hg/Hg+	+0,79 ,,	
Ag/Ag+	+0,81 ,,	
Au/Au+++	+1,38 ,,	edel

bestimmter Konzentration eintaucht; das Platin sättigt sich mit Wasserstoff und wirkt wie ein „Wasserstoffstab". Das Potential der Wasserstoffelektrode hat man definitionsgemäß gleich 0 gesetzt. Durch Kombination mit der Wasserstoffelektrode kann man also die Potentiale aller Halbelemente bestimmen. Ordnet man nun die gemessenen Einzelpotentiale nach steigenden, d. h. von negativen zu positiven ansteigenden Werten, so erhält man die *Spannungsreihe der Metalle* (Tabelle 31). Man erkennt aus der Tabelle, daß das Potential um so stärker negativ ist, je unedler das betreffende Metall ist, und umgekehrt um so größere positive Werte besitzt, je edler das Metall ist. In ganz der gleichen Weise läßt sich auch für die Anionen eine Spannungsreihe aufstellen (Tabelle 32).

Tabelle 32.
Spannungsreihe der Anionen.

Halbelement	Potential
F_2/F−	+2,8 Volt
Cl_2/Cl−	+1,36 ,,
Br_2/Br−	+1,08 ,,
J_2/J−	+0,58 ,,
O_2/OH−	+0,41 ,,
S/S−−	−0,55 ,,

Auf Grund der Spannungsreihe verstehen wir jetzt die Wirkungsweise der Elemente, z. B. des Daniell-Elements. Wir sahen: Die Größe des Potentials ergibt sich aus der Menge der aus dem Metall abdissoziierten Metallatome; je mehr Atome als Ionen in Lösung gehen, um so stärker negativ lädt sich das Metall auf. Da das Potential des Zinks −0,76 Volt und dasjenige des Kupfers +0,34 Volt beträgt, ist die Neigung des Zinks, in den geladenen Zustand überzugehen, bedeutend größer als die des Kupfers. Infolgedessen löst sich das Zink auf und die Kupferionen scheiden sich ab, ein Vorgang, bei dem ein Spannungsunterschied von 0,76 + 0,34 = 1,1 Volt auftritt.

Zum Schluß dieses Abschnittes sollen noch einige Anwendungen der Spannungsreihe betrachtet werden. Bei der Besprechung der Eigenschaften der Metalle haben wir gesehen, daß verdünnte Säuren gewisse Metalle unter Wasserstoffentwicklung auflösen, andere Metalle dagegen nicht, und zwar wurden die unedlen Metalle gelöst und die Edelmetalle nicht angegriffen. Dieses unterschiedliche Verhalten der Metalle können wir jetzt mit Hilfe der Spannungsreihe erklären. Je stärker negativ das Potential ist, um so größer ist die Tendenz des Metalls, in den Ionenzustand überzugehen, d. h. um so größer ist die Affinität des Metalls zur elektrischen Ladung. Man bezeichnet diese Eigenschaft der Elemente als ihre *Elektroaffinität*. Ein Maß für die Elektroaffinität ist das Potential. Eine sehr große Elektroaffinität hat das unedle Kalium, eine sehr geringe Elektroaffinität hat das Edelmetall Gold. Der Wasserstoff nimmt bezüglich seiner Elektroaffinität eine mittlere Stellung ein. Alle Metalle, die ein negatives Potential besitzen, werden von verdünnten Säuren unter Wasserstoffentwicklung gelöst; denn sie haben eine größere Neigung, in den geladenen Zustand überzugehen als der Wasserstoff, sie entreißen den Wasserstoffionen der Säure ihre Ladung. Für das Zink und Aluminium sei die Reaktion formuliert:

$$Zn + 2\,H^+ \rightarrow Zn^{++} + H_2,$$
$$2\,Al + 6\,H^+ \rightarrow 2\,Al^{+++} + 3\,H_2.$$

Dieses Verhalten zeigen alle Metalle, die unedler sind als der Wasserstoff, deren Potential also einen negativen Wert besitzt. Diejenigen Metalle, deren Potential positiv ist, werden dagegen von verdünnten Säuren nicht aufgelöst. Vielmehr übertrifft die Elektroaffinität des Wasserstoffs diejenige dieser Metalle, und der Wasserstoff vermag daher diesen Metallen, falls sie in Ionenform vorliegen, ihre Ladung zu entreißen, z. B. dem Gold:

$$3\,H_2 + 2\,Au^{+++} \rightarrow 2\,Au + 6\,H^+ .$$

Was hier am Beispiel des Verhaltens der Metalle gegenüber Wasserstoff ausführlich dargelegt wurde, gilt natürlich ganz entsprechend für das gegenseitige Verhalten der Metalle untereinander. Liegt ein Metall A im Ionenzustand vor, so reagiert es mit jedem Metall B, dessen Elektroaffinität größer ist als diejenige von A, wobei A in den ungeladenen Zustand und B in den Ionenzustand übergeht:

$$A^+ + B \rightarrow A + B^+ .$$

Ein Beispiel hierfür ist die Abscheidung von Quecksilber auf einem Kupferblech aus einer Quecksilbersalzlösung:

$$Hg^{2+} + Cu \rightarrow Cu^{++} + Hg$$

oder die Abscheidung von Blei aus einer Bleisalzlösung durch einen eingetauchten Zinkstab:

$$Zn + Pb^{++} \rightarrow Zn^{++} + Pb.$$

Aus der Spannungsreihe der Anionen lassen sich ganz ähnliche Folgerungen ziehen. War die Elektroaffinität der Kationen um so größer, je stärker negativ das Potential war, so ist bei den Anionen natürlich die Elektroaffinität um so größer, je stärker positiv das Potential ist. Die Affinität des Fluors zur elektrischen Ladung ist größer als die des Chlors und diese wieder größer als diejenige des Broms usw. Wir verstehen jetzt, warum beim Einleiten von elementarem Chlor in eine Kaliumbromidlösung elementares Brom ausfällt, eine Reaktion, die zur Gewinnung des Broms benutzt wird. Das Chlor entreißt wegen seiner größeren Elektroaffinität den Bromionen ihre Ladung:

$$Cl_2 + 2\,Br^- \rightarrow Br_2 + 2\,Cl^-.$$

Wie wir festgestellt haben, ist das Potential eines Halbelementes abhängig von dem Metall, aus dem es besteht. Über das rein Stoffliche hinaus ist aber noch eine zweite Größe auf den Wert des Potentials von Einfluß, nämlich die Konzentration der Elektrolytlösung.

Wir haben gesehen, daß beim Eintauchen des Metalls in die Lösung eines seiner Salze einige Atome des Metalls als Ionen in Lösung gehen, daß sich dadurch die Elektrode negativ auflädt, und daß sich schließlich ein Gleichgewichtszustand herausbildet, insofern als Ionen an der Elektrode entladen werden und andere von der Elektrode abdissoziieren. Dieser Gleichgewichtszustand wird natürlich um so früher erreicht werden, je mehr Ionen von vornherein in der Lösung vorliegen, d. h. je konzentrierter die Elektrolytlösung ist. Infolgedessen muß die Aufladung der Elektrode, das Potential des Halbelementes, in konzentrierten Lösungen geringer sein als in verdünnten. Die in den Tabellen 31 und 32 angegebenen Potentiale beziehen sich alle auf 1 normale Lösungen des betreffenden Kations bzw. Anions („Normalpotentiale"). Um den Einfluß der Konzentration auf das Potential zu erkennen, machen wir die folgenden Versuche: Wir kombinieren zwei Halbelemente, das eine besteht aus einer Silberelektrode, die in eine 1 normale Silbernitratlösung eintaucht, das andere aus einem Silberblech, das sich in einer $^1/_{10}$ n-Silbernitratlösung befindet; ein Voltmeter, das an die beiden Silberelektroden angeschlossen ist, zeigt eine Spannung von 0,058 Volt an, wobei dasjenige Silberblech, das in die verdünntere Silbersalzlösung eintaucht, den negativen Pol vorstellt. Derartige Elemente, deren Halbelemente stofflich gleich sind und sich nur durch die Konzentration des Elektrolyten unterscheiden, bezeichnet man als *Konzentrationsketten.* Verhalten sich — wie im obigen Beispiel — die Ionenkonzentrationen des Elektrolyten wie 1:10, so findet man stets eine Potentialdifferenz von 0,058 Volt; verhalten sich die Konzentrationen wie 1:100, so mißt man eine Potentialdifferenz von $2 \cdot 0,058 = 0,116$ Volt.

8. Die Chalkogene.

a) Der Schwefel.

Unter den bisher besprochenen Elementen der Nichtmetalle zeichneten sich einige vor allen übrigen durch ein sehr ähnliches chemisches Verhalten aus. Wir haben sie daher zu einer Gruppe zusammengefaßt. Solche Gruppen bildeten einerseits die Elemente der Edelgase und andererseits die Halogene. Im folgenden soll von Elementen die Rede sein, die dem Sauerstoff in mancher Hinsicht verwandt sind: Schwefel (S), Selen (Se) und Tellur (Te). Da diese vier Elemente, besonders der Schwefel und Sauerstoff, wesentliche Bestandteile vieler Erze sind, hat man ihnen den Gruppennamen Chalkogene (Erzbildner) gegeben. Zunächst soll der Schwefel und seine Verbindungen besprochen werden.

Vorkommen. Der Schwefel ist in der Erdrinde zu 0,1% vorhanden, und zwar kommt er sowohl in elementarer Form in vulkanischen Gegenden von Italien, Nordamerika, Japan, Spanien, im Kaukasus und in Sibirien vor, als auch in gebundener Form in zahlreichen schwefelhaltigen Erzen. Unter letzteren sind von großer Bedeutung die Kiese, Glanze und Blenden; dies sind Verbindungen, deren Moleküle nur aus Schwefel und Schwermetallen aufgebaut sind und die man chemisch als Sulfide zu bezeichnen hat. Die Kiese wie der Eisenkies (FeS_2) oder der Kupferkies ($CuFeS_2$) sind hellgefärbt und besitzen eine metallglänzende und Licht reflektierende Oberfläche. Die Glanze wie der Bleiglanz (PbS) besitzen gleichfalls eine metallglänzende, reflektierende Oberfläche, sind aber dunkel gefärbt. Die Blenden schließlich, z. B. die Zinkblende (ZnS), sind hell gefärbt und durchscheinend. Wichtige Schwefelvorkommen sind ferner die Salze der Schwefelsäure, z. B. Calciumsulfat oder Gips ($CaSO_4 \cdot 2H_2O$) und Magnesiumsulfat oder Kieserit ($MgSO_4 \cdot H_2O$).

Gewinnung. Am einfachsten ist naturgemäß die Gewinnung des Schwefels aus den Schwefelvorkommen in freier Form. Die hier lediglich erforderliche Trennung von den begleitenden Gesteinen erfolgt durch Ausschmelzen. Der geschmolzene Schwefel wird in röhrenartige Formen gegossen und kommt als „Stangenschwefel" in den Handel. Reineren Schwefel erhält man durch Destillieren; beim Abkühlen kondensiert sich der gasförmige Schwefel unter Überspringung der flüssigen Phase gleich in fester pulvriger Form als sog. „Schwefelblume".

In Kokereien und Gasanstalten fällt Schwefel in den Gasreinigern als Nebenprodukt ab.

Physikalische Eigenschaften.

Atomgewicht	$S = 32,06$
Schmelzpunkt des rhombischen Schwefels . .	112,8° C
Schmelzpunkt des monoklinen Schwefels . .	119,2° C
Siedepunkt	444,6° C
Spez. Gewicht des rhombischen Schwefels . .	2,07
Spez. Gewicht des monoklinen Schwefels . .	1,96

Der Schwefel, der bei Zimmertemperatur fest ist, kommt in festen Zustand in drei verschiedenen Modifikationen vor. Man unterscheidet: rhombischen, monoklinen und plastischen Schwefel. Von diesen Erscheinungsformen ist der *plastische Schwefel* bei allen Temperaturen instabil, während der rhombische und der monokline Schwefel innerhalb gewisser Temperaturgebiete stabile Modifikationen darstellen. Der *rhombische Schwefel* ist bei Zimmertemperatur beständig; erhitzt man ihn, so wandelt er sich bei 95,5° C in den *monoklinen Schwefel* um, d. h. bei dieser Temperatur ändert sich sprunghaft die Atomanordnung im

Kristall. Man erkennt die Umwandlung nicht nur an der Änderung der Kristallform, sondern auch an einer sprunghaften Änderung des spezifischen Gewichtes (vgl. obige Tabelle) bzw. des spezifischen Volumens, wie es die Abb. 53 zeigt. Bei der Umwandlung der beiden Modifikationen ineinander kann man ferner das Auftreten einer Wärmetönung, die Umwandlungswärme, feststellen, genau so, wie man bei jedem System eine Energieänderung beim Übergang von einem Aggregatzustand in einen anderen (die Schmelz- oder Verdampfungswärme) beobachtet. Wenn man also beim Erhitzen von rhombischen Schwefel die Temperatur des Schwefels in Abhängigkeit von der Zeit mißt, so findet man beim Umwandlungspunkt einen Haltepunkt der Temperatur (vgl.

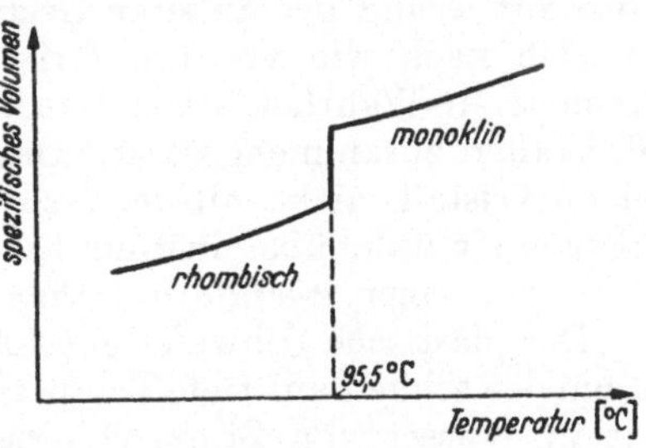

Abb. 53.   Spezifisches Volumen der beiden Schwefelmodifikationen.

Abb. 54). Schließlich besitzt auch die Dampfdruckkurve des Schwefels bei 95,5° C einen Knickpunkt. Den hier interessierenden Ausschnitt der Dampfdruckkurve zeigt die Abb. 55. Derjenige Zustand eines Systems, der den niedrigsten Dampfdruck besitzt, ist bekanntlich der bei der betrachteten Temperatur beständigste Zustand. Unterhalb 95,5° hat der rhombische Schwefel den kleinsten Dampfdruck, ist also die

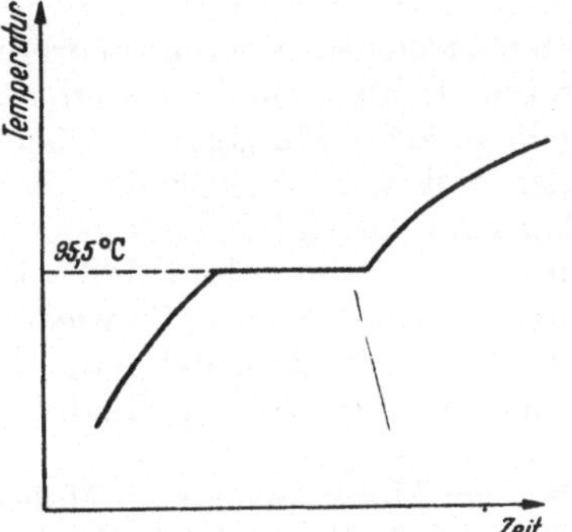

Abb. 54.   Temperatur-Zeit-Diagramm beim Erhitzen von Schwefel.

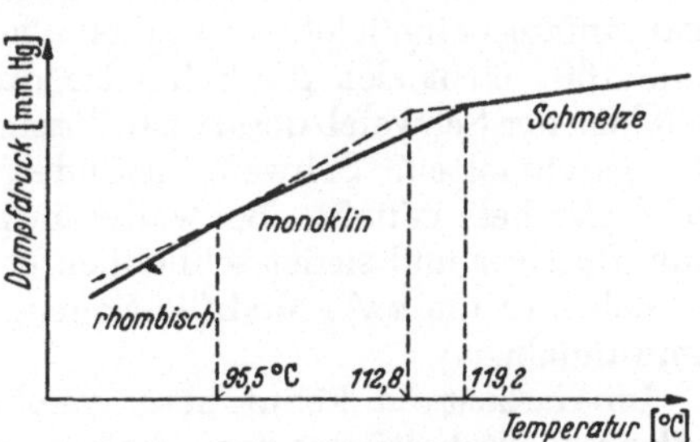

Abb. 55.   Dampfdruckkurven der Schwefelmodifikationen.

stabile Modifikation. Für Temperaturen zwischen 95,5 und 119,2 liegt die Dampfdruckkurve des monoklinen Schwefels unter der des rhombischen, somit ist in diesem Temperaturbereich der monokline Schwefel die beständige Form. Bei 119,2 schmilzt der monokline Schwefel.

Diese Art der Allotropie, wie sie beim rhombischen und monoklinen Schwefel vorliegt, bezeichnet man als *Enantiotropie*. Wesentlich für die Enantiotropie ist die Existenz eines Umwandlungspunktes, der das Beständigkeitsgebiet der beiden Modifikationen trennt. Unterhalb des Umwandlungspunktes ist die eine, oberhalb die andere Form beständig.

Beim Abkühlen einer Schwefelschmelze entstehen zunächst die Kristalle des monoklinen Schwefels: lange durchsichtige Nadeln. Sinkt die Temperatur unter 95,5°, so werden die Kristalle trüb und undurchsichtig, es beginnt die Umwandlung in die andere Kristallform. Dabei bleibt die äußere Gestalt der Nadeln unverändert erhalten. Man könnte also auf Grund der äußeren Gestalt den voreiligen Schluß ziehen, daß es sich nach wie vor um Kristalle des monoklinen Kristallsystems handele. In Wahrheit ist aber jede Nadel aus vielen kleinen rhombischen Kristallen zusammengesetzt. Diese Erscheinung, daß die äußere Form eines Kristalls nicht mit der Kristallform der den Kristall aufbauenden kleinen Kristalle übereinstimmt, beobachtet man mitunter; man spricht dann von einer *Pseudomorphose*.

Der plastische Schwefel entsteht, wenn man eine siedende Schwefelschmelze schnell auf tiefe Temperaturen bringt, z. B. dadurch, daß man sie in Wasser von Zimmertemperatur gießt. Dann erhält man eine plastische, gummiartige Masse, die äußerlich keine bestimmte Kristallform erkennen läßt. Daß eine besondere Modifikation vorliegt, erkennt man an dem Verhalten des plastischen Schwefels gegenüber Schwefelkohlenstoff. Während nämlich der rhombische Schwefel in Schwefelkohlenstoff außerordentlich gut löslich ist, geht der plastische Schwefel in diesem Lösungsmittel nicht in Lösung. Wie schon erwähnt, ist der plastische Schwefel instabil, er wandelt sich im Laufe einiger Tage in den rhombischen Schwefel um.

Auch in den beiden anderen Aggregatzuständen existieren mehrere Formarten. Erhitzt man Schwefel über seinen Schmelzpunkt, so erhält man anfangs eine leicht bewegliche, hellgelb gefärbte Flüssigkeit. Oberhalb 160° färbt sich die Schmelze dunkler und wird dickflüssig. Bei 200° ist der Schwefel derart zähflüssig, daß man das Gefäß, in dem sich der geschmolzene Schwefel befindet, umkehren kann, ohne daß die Schmelze herausfließt. Bei weiterem Erhitzen wird der Schwefel wieder dünnflüssiger und siedet schließlich bei 444,6° C. Offensichtlich handelt es sich hier um zwei Modifikationen, die sich bei etwa 160° ineinander umwandeln.

Im Gaszustand kennt man gleichfalls zwei Modifikationen. Molekulargewichtsbestimmungen haben ergeben, daß dicht oberhalb des Siedepunktes ein Schwefelmolekül aus 8 Atomen besteht (S_8). daß hingegen bei 1000° nur zwei Schwefelatome im Molekül enthalten sind (S_2). Erhöht man die Temperatur noch weiter (auf 2000°), so beginnt — wie bei allen Gasen — die thermische Dissoziation in die Atome merklich zu werden.

Chemische Eigenschaften. Der Schwefel ist nicht so reaktionsfähig wie der Sauerstoff, aber immerhin ein noch recht reaktionsfähiges Element, das sich namentlich in der Wärme mit den meisten anderen Elementen direkt verbindet. Mit unedlen Metallen wie Eisen, Zink und anderen verbindet sich Schwefel beim Erwärmen, und zwar erfolgt die Verbindungsbildung nach dem Einsetzen der Reaktion meist mit großer Heftigkeit. Bei diesen Reaktionen, die mit einer nicht unbeträchtlichen positiven Wärmetönung verlaufen, werden derartige

Wärmemengen frei, daß die ganze Masse hell aufglüht und meistens das gläserne Reaktionsgefäß zum Schmelzen kommt; einige Umsetzungen seien formuliert:

$$Zn + S = ZnS + Q_1$$
$$Fe + S = FeS + Q_2.$$

Dabei entstehen die Sulfide der Metalle. Auch mit Wasserstoff und mit Kohlenstoff reagiert der Schwefel, aber bedeutend träger als der Sauerstoff. Man erhält dabei Schwefelwasserstoff (H_2S), eine gasförmige Verbindung, bzw. Schwefelkohlenstoff (CS_2):

$$H_2 + \ S = H_2S$$
$$C + 2\,S = CS_2.$$

Die Formeln der Schwefelverbindungen ähneln, wie man sieht, häufig denen der Sauerstoffverbindungen. Ersetzt man z. B. im Molekül des Wassers das Sauerstoffatom durch ein Schwefelatom, so kommt man zur Formel des Schwefelwasserstoffs (H_2S). Analog den Metalloxyden sind die Formeln der Metallsulfide, und der Kohlenstoffverbindung des Schwefels, dem Schwefelkohlenstoff, entspricht das Kohlendioxyd. In der Tabelle 34 sind einige entsprechende Sauerstoff- und Schwefelverbindungen gegenübergestellt.

Tabelle 34.

Sauerstoffverbindung		Schwefelverbindung	
H_2O	Wasser	H_2S	Schwefelwasserstoff
ZnO	Zinkoxyd	ZnS	Zinksulfid
CuO	Kupferoxyd	CuS	Kupfersulfid
CO_2	Kohlendioxyd	CS_2	Schwefelkohlenstoff

Auch mit Sauerstoff reagiert der Schwefel schon in der Nähe seines Siedepunktes nach der Gleichung:

$$S + O_2 = SO_2 + Q.$$

Es entsteht dabei ein Gas, das Schwefeldioxyd.

Verwendung. In der Medizin wird der Schwefel gegen Hautleiden in Form von Salben und Seifen sowie als Abführmittel verwendet.

In der Land- und Gärtnereiwirtschaft dient er zur Zerstörung von pflanzenschädlichen Pilzen. Hierbei beruht die Wirkung wahrscheinlich meistens auf der kleinen Menge Schwefelsäure, die sich bei der Einwirkung von Luft auf feuchtes Schwefelpulver bilden kann:

$$2\,S + 2\,H_2O + 3\,O_2 = 2\,H_2SO_4.$$

Fässer und Gefäße werden desinfiziert, indem man in ihrem Inneren Schwefel verbrennt:

$$S + O_2 = SO_2.$$

Das gebildete Schwefeldioxyd zerstört die Mikroorganismen.

Schwefel wird weiter verwendet zur Herstellung von Schwarzpulver, Feuerwerkskörpern und Zündhölzern und zur Vulkanisation des Kautschuks.

b) Die Wasserstoffverbindungen des Schwefels.
α) Schwefelwasserstoff H₂S.

Vorkommen. Schwefelwasserstoff findet sich in vielen Quellen; so haben z. B. Aachen, Heilbrunn, Tölz, Leopoldshall und andere Bäder Quellwässer hohen Schwefelwasserstoffgehaltes, die als Heilmittel für Hautkrankheiten gebraucht werden. Man nimmt an, daß der Schwefelwasserstoff in diesen Quellen durch Reduktion von Gips ($CaSO_4$) zu Calciumsulfid und durch darauffolgende Zersetzung des Calciumsulfides durch die in den Quellwässern gelöste Kohlensäure entstanden ist:

$$CaSO_4 \xrightarrow{\text{Reduktion}} CaS$$
$$CaS + H_2CO_3 = CaCO_3 + H_2S.$$

Eine solche durch Bakterien vermittelte Reduktion von Sulfaten zu Sulfiden findet noch heute in großem Umfange statt, z. B. am Boden des Schwarzen Meeres. Schwefelwasserstoff bildet sich auch beim Faulen schwefelhaltiger, organischer Substanzen wie Eiweiß und Tang.

Darstellung. Schwefelwasserstoff läßt sich aus den Elementen darstellen, indem man Wasserstoff über erhitzen Schwefel leitet. Diese Umsetzung ist aber eine recht träge verlaufende Reaktion, im Gegensatz zu der Bildung von Wasser aus den Elementen, die bei der gleichen Temperatur explosionsartig erfolgt. Dieses unterschiedliche Verhalten von Schwefel und Sauerstoff gegenüber Wasserstoff spiegelt sich in den recht verschiedenen Größen der Bildungswärmen von Wasser und Schwefelwasserstoff, wie die folgenden Gleichungen zeigen:

$$H_2 + S_{(fest)} = H_2S + 4{,}8 \text{ kcal,}$$
$$H_2 + S_{(Gas)} = H_2S + 24{,}8 \text{ kcal,}$$
$$H_2 + O = H_2O + 69 \text{ kcal.}$$

Wasser besitzt eine Bildungswärme von 69 großen Calorien, Schwefelwasserstoff eine solche von nur 4,8 Calorien. Die Reaktionsgeschwindigkeit zwischen Wasserstoff und Schwefel ist bei gewöhnlicher Temperatur sehr klein, sie wird erst bei erhöhter Temperatur deutlich erkennbar.

Die hauptsächlich angewandte Methode zur Darstellung von Schwefelwasserstoff ist daher eine andere; sie geht aus von den Verbindungen des Schwefelwasserstoffes, den Sulfiden, die ja in der Natur in großer Menge gefunden werden. Bei der Umsetzung der Sulfide mit starken Säuren wird die schwache Säure H_2S aus ihren Salzen verdrängt und in Freiheit gesetzt:

$$FeS + 2\,HCl = FeCl_2 + H_2S.$$

Die hier formulierte Reaktion spielt sich im Schwefelwasserstoff-Kipp ab.
Physikalische Eigenschaften.

Molekulargewicht . . . . $H_2S = 34{,}07$
Schmelzpunkt. . . . . $-83°$
Siedepunkt . . . . $-62°$
Kritische Temperatur . . . . $100{,}4°$
Kritischer Druck . . . . . . 89 at

Schwefelwasserstoff ist bei gewöhnlicher Temperatur ein Gas, das durch einen widerlichen Geruch ausgezeichnet ist und das außerordentlich giftig ist. Die Intensität des H_2S-Geruches ist derart groß, daß man Schwefelwasserstoff noch in 100000facher Verdünnung, d. h. 1 ccm H_2S auf 100 Liter, wahrnehmen kann. Die Giftwirkung beruht auf einer Zerstörung des roten Blutfarbstoffes.

Die Löslichkeit von Schwefelwasserstoff in Wasser ist groß. Bei 10° lösen sich 360 Raumteile H_2S in 100 Raumteilen Wasser. Wie die meisten anderen in Wasser löslichen Gase läßt sich Schwefelwasserstoff durch Kochen wieder vollständig aus der Lösung entfernen.

Die thermische Dissoziation des Schwefelwasserstoffs in die Elemente erfolgt bereits bei relativ niedrigen Temperaturen. In der Abb. 56 ist die Lage des Gleichgewichts:

$$H_2S \rightleftharpoons H_2 + S$$

in Abhängigkeit von der Temperatur graphisch dargestellt. Die prozentuale Dissoziation, die auf der Ordinate aufgetragen ist, erreicht bei 1200° bereits einen Wert von 40%, einen Dissoziationsgrad, der beim Wasser erst bei Temperaturen von 3000—3500° C erreicht wird (vgl. Abb. 11).

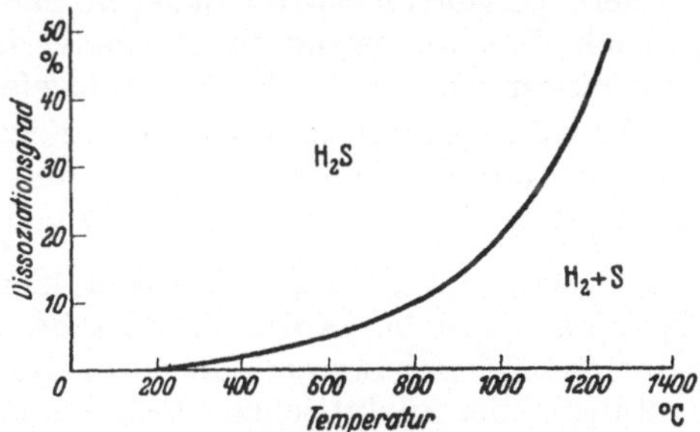

Abb. 56. Thermische Dissoziation von H_2S.

Leitet man H_2S-Gas durch ein Rohr, das an einer Stelle stark erhitzt ist, so beobachtet man hinter der erhitzten Stelle eine Schwefelabscheidung an der Rohrwand. Der Schwefelwasserstoff ist entsprechend der Temperatur, die an der erhitzten Stelle herrscht, zerfallen; die Wiedervereinigung des Wasserstoff-Schwefel-Gasgemisches zu H_2S wird durch die rasche Abkühlung verhindert, denn bei niedriger Temperatur ist die Geschwindigkeit der Gleichgewichtseinstellung zu gering.

Chemisches Verhalten. Die Affinität des Wasserstoffs zum Sauerstoff ist bedeutend größer als die zum Schwefel (vgl. Bildungswärmen S. 134), infolgedessen reagiert H_2S mit Sauerstoff bei erhöhter Temperatur, d. h. Schwefelwasserstoffgas ist brennbar. Diese Reaktionstendenz wird noch dadurch unterstützt, daß der Schwefel unter Energieabgabe leicht zu Schwefeldioxyd oxydiert wird. Die Reaktionsprodukte sind also bei genügender Luftzufuhr Wasser und Schwefeldioxyd:

$$2\,H_2S + 3\,O_2 = 2\,H_2O + 2\,SO_2.$$

Bei unvollkommener Luftzufuhr beobachtet man eine Schwefelabscheidung:

$$2\,H_2S + O_2 = 2\,H_2O + S.$$

Das ist z. B. der Fall, wenn man eine Schwefelwasserstoffflamme auf Wasser brennen läßt. Dann erhält man eine Abscheidung von Schwefelblume auf der Wasseroberfläche.

Die Beständigkeit von H_2S gegen Oxydationsmittel ist nur gering, Schwefelwasserstoff ist daher ein kräftiges Reduktionsmittel. Das zeigt sich z. B., wenn man H_2S-Gas auf sauerstoffreiche Verbindungen, wie Bleidioxyd (PbO_2), strömen läßt. Infolge der starken Oxydationswirkung des Bleidioxyds auf den reduzierend wirkenden Schwefelwasserstoff entzündet sich dieser an der Oberfläche des PbO_2. Oxydationsmittel können in verschiedener Weise auf Schwefelwasserstoff einwirken: entweder geht die Oxydation bis zum elementaren Schwefel oder weiter bis zur Schwefelsäure, gemäß den Gleichungen:

$$\text{a)} \quad Br_2 + H_2S = 2\,HBr + S$$
$$Br_2 + 2\,H^+ + S^{--} = 2\,H^+ + 2\,Br^- + S.$$
$$\text{b)} \quad 3\,Br_2 + S + 4\,H_2O = H_2SO_4 + 6\,HBr$$
$$3\,Br_2 + S + 4\,H_2O = 8\,H^+ + 6\,Br^- + SO_4^-\ .$$

Schwache Oxydationsmittel, z. B. Jod, reagieren nur nach Schema a, stärkere Oxydationsmittel dagegen nach a und b, bei letzteren wird je nach dem angewandten Mengenverhältnis die Oxydation bis zum elementaren Schwefel oder zur Schwefelsäure verlaufen.

Die wäßrige Auflösung von Schwefelwasserstoff reagiert sauer infolge der Dissoziation in Wasserstoffionen und in ein 2fach negatives Schwefelion:
$$H_2S \rightleftharpoons 2\,H^+ + S^{--}\ .$$

Der Dissoziationsgrad ist aber sehr klein, Schwefelwasserstoffsäure ist also eine schwache Säure, sie ist schwächer als die Kohlensäure. Die Salze der Schwefelwasserstoffsäure, die Sulfide, haben eine große Bedeutung in der analytischen Chemie erlangt. Einige Sulfide, wie die des Natriums, Kaliums, Lithiums, Magnesiums, Calciums, Strontiums und Bariums sind nämlich in Wasser gut löslich, die Sulfide der Schwermetalle sind dagegen in Wasser durchweg schwer löslich. Diese Löslichkeitsunterschiede geben uns die Möglichkeit, die Kationen einer Lösung durch Einleiten von H_2S in zwei Gruppen zu trennen. Die Gruppe der Schwermetallsulfide läßt sich weiter unterteilen in solche Sulfide, die in verdünnten Säuren löslich sind, wie Zinksulfid, Eisensulfid, Nickelsulfid usw., und in solche, die in verdünnten Säuren unlöslich sind, wie die Sulfide des Arsens, Kupfers, Bleis u. a. Die Schwermetallsulfide sind ferner durch sehr verschiedene Farben ausgezeichnet und unterscheidbar: Zinksulfid (ZnS) ist weiß gefärbt, Cadmiumsulfid (CdS) und Arsensulfid (As_2S_3) sind gelb, Antimonsulfid (Sb_2S_3) orangerot, Zinnsulfid (SnS) braun, Kupfersulfid (CuS), Quecksilbersulfid (HgS), Kobaltsulfid (CoS) sind schwarz gefärbt.

Die Erdalkalisulfide besitzen die Eigenschaft, nach Belichtung einige Zeit nachzuleuchten. Diese Eigenschaft tritt besonders stark in Erscheinung, wenn es sich nicht um völlig reine Erdalkalisulfide handelt, sondern wenn die Präparate durch geringe Spuren eines Schwermetallsulfids verunreinigt sind. Die Art und die Menge der Schwermetallverunreinigung bedingen den Farbton des Nachleuchtens.

β) Polyschwefelwasserstoffe und Polysulfide.

In der Chemie des Sauerstoffs haben wir zwei Wasserstoffverbindungen kennengelernt, das Wasser und das Wasserstoffsuperoxyd. Beim Schwefel kennt man außer dem Schwefelwasserstoff H_2S sogar zwei weitere Wasserstoffverbindungen, die Polyschwefelwasserstoffe H_2S_2 und H_2S_3. Abkömmlinge des Wasserstoffsuperoxyds, in denen Metalle an die Stelle des Wasserstoffs getreten sind, sind die Superoxyde, z. B. das Natriumsuperoxyd (Na_2O_2), das Bariumsuperoxyd (BaO_2). Analog ist der Wasserstoff in den beiden Polyschwefelwasserstoffen durch Metalle ersetzbar, diese Derivate heißen Polysulfide, z. B. Natriumdisulfid (Na_2S_2), Natriumtrisulfid (Na_2S_3).

Außer diesen Di- und Trisulfiden existieren aber noch höhere Polysulfide, d. h. solche Metall-Schwefel-Verbindungen, die einen größeren Schwefelgehalt aufweisen. Das schwefelreichste Polysulfid ist das Natriumheptasulfid (Na_2S_7). Die Wasserstoffverbindungen, die den höchsten Polysulfiden entsprechen würden, sind dagegen unbekannt.

Darstellung. Schwefel löst sich in Lösungen von Alkali- und Erdalkalisulfiden auf: dabei entstehen gelb gefärbte Lösungen der Polysulfide. Nach dem Eindunsten des Wassers hinterbleiben die Krjstalle der Polysulfide, sie haben eine gelbe bis rote Farbe, je nach der Menge des aufgenommenen Schwefels. Auch durch Schmelzen von Alkalisulfiden mit Schwefel können die Polysulfide dargestellt werden:

$$Na_2S + S = Na_2S_2$$
$$Na_2S + 4\,S = Na_2S_5.$$

Wenn man in die Lösung irgendeines Polysulfids eine Säure gießt, so fällt Schwefel aus, und es entweicht Schwefelwasserstoff:

$$Na_2S_5 + 2\,HCl \rightarrow 2\,NaCl + 4\,S + H_2S.$$

Trägt man dagegen die Polysulfide in konzentrierte Säuren ein, so entstehen die freien Polyschwefelwasserstoffe, die sich als schweres, gelbes Öl am Boden des Gefäßes sammeln:

$$Na_2S_2 + 2\,HCl \rightarrow 2\,NaCl + H_2S_2$$
$$Na_2S_3 + 2\,HCl \rightarrow 2\,NaCl + H_2S_3.$$

Eigenschaften. Das Wasserstoffsuperoxyd zerfällt leicht — besonders beim Erwärmen — in Wasser und Sauerstoff:

$$H_2O_2 = H_2O + O.$$

Die Polyschwefelwasserstoffe sind noch unbeständiger und zersetzen sich in Schwefelwasserstoff und Schwefel:

$$H_2S_x = H_2S + (x - 1)\,S.$$

Dieser Zerfall erfolgt beim Erwärmen, aber auch schon, wenn die Polyschwefelwasserstoffe mit Wasser in Berührung kommen.

Verwendung. Die Polysulfide werden als Mittel gegen Pflanzenschädlinge verwandt, und zwar benutzt man vielfach eine Lösung, die man beim Kochen von Kalkbrühe mit Schwefel erhält:

$$3\,Ca(OH)_2 + 12\,S = 2\,CaS_5 + CaS_2O_3 + 3\,H_2O.$$

Die entstandene Lösung enthält neben dem Calciumpolysulfid eine andere Schwefelverbindung, das Calciumthiosulfat (CaS_2O_3).

c) Schwefeldioxyd (SO_2) und schweflige Säure (H_2SO_3).

Darstellung. Schwefeldioxyd entsteht stets bei der Verbrennung von Schwefel, Schwefelwasserstoff und Derivaten des Schwefelwasserstoffs. Leitet man z. B. über erhitzte Sulfide einen kräftigen Luftstrom, so entzünden sich die Sulfide und verbrennen zu gasförmigem Schwefeldioxyd und den betreffenden Metalloxyden. Wir formulieren die Reaktionsgleichung für den Schwefelkies (FeS_2):

$$4\,FeS_2 + 11\,O_2 = 2\,Fe_2O_3 + 8\,SO_2.$$

Man nennt diesen Vorgang das Rösten der Sulfide. Der Röstprozeß ist technisch von ungeheurer Bedeutung, da er einerseits die großen Mengen Schwefeldioxyd liefert, die als Ausgangsmaterial für die Schwefelsäureherstellung benötigt werden, und da er andererseits die für den Hochofen ungeeigneten sulfidischen Erze in die leicht reduzierbaren Metalloxyde überführt.

Ein Laboratoriumsverfahren zur Herstellung kleinerer Mengen Schwefeldioxyd geht von den Salzen der schwefligen Säure, den Sulfiten, aus. Konzentrierte Schwefelsäure setzt aus den Sulfiten die schweflige Säure (H_2SO_3) in Freiheit und wirkt gleichzeitig als wasserentziehendes Mittel auf die schweflige Säure ein, so daß unter Abspaltung von Wasser Schwefeldioxyd entsteht:

$$Na_2SO_3 + 2\,H_2SO_4 = 2\,NaHSO_4 + H_2SO_3$$
$$H_2SO_3 = H_2O + SO_2.$$

Physikalische Eigenschaften.

Molekulargewicht . . . . SO_2 = 64,06	
Schmelzpunkt	$-72,5°$ C
Siedepunkt	$-10,0°$ C
Kritische Temperatur	157° C
Kritischer Druck	77,7 at
Spez. Gewicht d. flüss. SO_2 . . .	1,46
	(Wasser = 1)
Gasdichte	2,263
	(Luft = 1)

Schwefeldioxyd ist ein ungefärbtes, stechend riechendes Gas. Es ist weder brennbar noch unterhält es die Verbrennung. Unter Anwendung von Druck oder durch Abkühlen auf Temperaturen unter $-10°$ C kann man Schwefeldioxyd verflüssigen. Verflüssigtes Schwefeldioxyd ist ein gutes Lösungsmittel für eine große Zahl von anorganischen und organischen Verbindungen. Einige Lösungen von anorganischen Substanzen, z. B. Kaliumjodid, Kaliumbromid, in flüssigem Schwefeldioxyd besitzen ein großes Leitvermögen für den elektrischen Strom, während reines verflüssigtes Schwefeldioxyd — wie reines Wasser — nur eine außerordentlich geringe Leitfähigkeit für Elektrizität zeigt. Wir müssen daraus den Schluß ziehen, daß diese in SO_2 gelösten Stoffe dissoziiert sind, genau so, wie die Säuren, Basen und Salze in wäßriger Lösung in Ionen zerfallen sind. Für die Technik ist die verschiedene Löslichkeit von Kohlenwasserstoffen in flüssigem Schwefeldioxyd von Bedeutung: Benzol und ungesättigte Kohlenwasserstoffe sind in SO_2 sehr gut löslich, Benzin dagegen praktisch unlöslich; diese Löslichkeitsunterschiede benutzt man in der Praxis bei dem EDELEANU-Verfahren zur Trennung der Kohlenwasserstoffe.

Schwefeldioxyd ist in Wasser sehr gut löslich, 1 Raumteil Wasser löst bei Zimmertemperatur etwa 50 Raumteile SO$_2$. Dabei reagiert das Schwefeldioxyd mit dem Wasser unter Bildung einer Säure, der schwefligen Säure:

$$H_2O + SO_2 = H_2SO_3 = 2\,H^+ + SO_3^{--}.$$

Diese Reaktion zwischen den Lösungsmittelmolekülen und den Schwefeldioxydmolekülen macht sich an dem Auftreten einer beträchtlichen Wärmetönung (Lösungswärme) bemerkbar. Durch Kochen kann das Schwefeldioxyd wieder vollständig aus der wäßrigen Lösung ausgetrieben werden.

Chemisches Verhalten. Schwefeldioxyd läßt sich sowohl oxydieren als auch reduzieren. Im Molekül des Schwefeldioxyds ist der Schwefel an zwei doppelt negativ geladene Sauerstoffatome gebunden, ist also 4fach positiv. Außer dem SO$_2$ kennt man noch ein zweites Oxyd des Schwefels, das Schwefeltrioxyd (SO$_3$), in welchem der Schwefel 6fach positiv ist. Der 4fach positive Schwefel des SO$_2$ kann also einerseits zu dem 6fach positiven Schwefel oxydiert und andererseits zu ungeladenem, elementarem Schwefel reduziert werden. Beispiele für die Oxydation sind die katalytischen Reaktionen mit Sauerstoff bzw. mit Chlorgas:

$$2\,SO_2 + O_2 = 2\,SO_3$$
$$SO_2 + Cl_2 = SO_2Cl_2.$$

Die Verbindung SO$_2$Cl$_2$ heißt Sulfurylchlorid.

Als Beispiel für eine Reduktion des SO$_2$ erwähnen wir die Reaktion mit Schwefelwasserstoff:

$$SO_2 + 2\,H_2S = 2\,H_2O + 3\,S.$$

Interessant ist hierbei die Tatsache, daß die Umsetzung nicht erfolgt, wenn man trockene Gase zusammenbringt, daß sie dagegen einsetzt, sobald Wasser im Reaktionsraum vorhanden ist. Das Wasser wirkt also katalytisch auf die Reduktion des SO$_2$ mittels Schwefelwasserstoff.

Entsprechende Oxydations- und Reduktionsreaktionen wie das gasförmige Schwefeldioxyd zeigt auch das in Wasser gelöste SO$_2$, die schweflige Säure. Die Oxydation der schwefligen Säure führt zur Schwefelsäure:

$$2\,H_2SO_3 + O_2 = H_2SO_4.$$

Die schweflige Säure ist daher ein vielfach angewandtes Reduktionsmittel, so wird z. B. elementares Jod in einer Jodjodkaliumlösung zu Jodwasserstoff reduziert:

$$H_2SO_3 + J_2 + H_2O = H_2SO_4 + 2\,HJ.$$

Auch die Halogenate (Chlorate, Bromate und Jodate) werden durch schweflige Säure reduziert, und zwar bis zu den Halogeniden:

$$NaClO_3 + 3\,H_2SO_3 = NaCl + 3\,H_2SO_4.$$

Oxydierend wirkt die schweflige Säure — wie schon beim SO$_2$ besprochen — gegenüber Schwefelwasserstoffwasser:

$$H_2SO_3 + 2\,H_2S = 3\,H_2O + 3\,S.$$

Der bei dieser Reaktion entstandene elementare Schwefel setzt sich nur teilweise ab. Ein Teil des Schwefels ist derart fein verteilt, daß er kolloidal[1] in Lösung bleibt. Da die Lösung milchig trüb und undurchsichtig ist, bezeichnet man sie als „Schwefelmilch".

Die schweflige Säure ist zweiwertig, sie kann daher zwei Sorten von Salzen bilden, die sauren Salze, z. B. $NaHSO_3$ (Natriumhydrogensulfit oder Natriumbisulfit) und die neutralen Salze, z. B. Na_2SO_3 (Natriumsulfit).

Verwendung. Die schweflige Säure besitzt eine bleichende Wirkung, die milder ist als die der Hypochlorite. Man benutzt sie daher zum Bleichen empfindlicher Stoffe (Seide und Wolle).

d) Schwefeltrioxyd (SO_3) und Schwefelsäure (H_2SO_4).

Darstellung. Ein zweites wichtiges Oxyd des Schwefels ist das Schwefeltrioxyd. Entstand aus Schwefeldioxyd durch Wasseranlagerung die schweflige Säure (H_2SO_3), so ist das Schwefeltrioxyd gleichfalls das Anhydrid einer Säure, der Schwefelsäure (H_2SO_4). Das Schwefeltrioxyd ist wie das SO_2 ein Zwischenglied in der Kette der Reaktionen, die zur Schwefelsäure führen; daher kommt der Darstellung des SO_3 größte technische Bedeutung zu. Die Oxydation des Schwefels und der Sulfide führte — wie bereits besprochen — stets zum Schwefeldioxyd als Endprodukt. Somit erscheint es von vornherein unwahrscheinlich, daß es gelingt, das SO_2 durch Luftsauerstoff zum SO_3 zu oxydieren, etwa nach der Gleichung:

$$2\,SO_2 + O_2 = 2\,SO_3.$$

Bei niedrigen Temperaturen ist in der Tat auch die Reaktion zu träge, als daß merkliche Mengen von SO_3 gebildet würden. Bei höheren Temperaturen verläuft die Reaktion von rechts nach links, d. h. das SO_3 zerfällt in SO_2 und Sauerstoff. Der Grund hierfür ist die recht hohe positive Bildungswärme des SO_3 (+45 kcal):

$$2\,SO_2 + O_2 = 2\,SO_3 + 45\,kcal,$$

denn nach dem „Le CHATELIERschen Prinzip", dem Prinzip des kleinsten Zwanges, muß bei Wärmezufuhr diejenige Reaktion stattfinden, die Wärme verbraucht, also der Zerfall des Schwefeltrioxyds. Der zweite Hauptfaktor, der bei Gasreaktionen zu beachten ist, ist der Druck. Welchen Einfluß hat der Druck auf das Gleichgewicht? 2 Volumina SO_2 reagieren mit 1 Volumen Sauerstoff, und es entstehen dabei 2 Volumina SO_3. Da also aus 3 Raumteilen der Ausgangsstoffe 2 Raumteile des Reaktionsproduktes entstehen können, muß eine Druckerhöhung auf das Gleichgewicht in dem Sinne wirken, daß es das Gleichgewicht nach der Seite des Schwefeltrioxyds verschiebt. Durch Anwendung hoher Drücke müßte also die Oxydation des SO_2 zu SO_3 gelingen. Indessen ist die Darstellung des Schwefeltrioxyds auch ohne erhöhten Druck möglich, und zwar durch Benutzung von Katalysatoren, die die Reaktionsgeschwindigkeit auf für die Technik brauchbare Werte herauf-

---

[1] Näheres über „kolloide Lösungen" vgl. S. 362.

setzen bei Temperaturen, bei denen noch kein Zerfall des SO_3 eintritt. Geeignete Katalysatoren sind hier metallisches Platin und Vanadinoxyd. Leitet man das aus Schwefeldioxyd und Luft bestehende Gasgemisch über diese Stoffe bei einer Temperatur von etwa 400°, so erhält man Schwefeltrioxyd in außerordentlich guter Ausbeute. Die Abb. 57 stellt die Lage des SO_2-SO_3-Gleichgewichts in Abhängigkeit von der Temperatur zwischen 400 und 900° C dar. Auf der Ordinate ist die Menge des jeweils gebildeten SO_3 aufgetragen, ausgedrückt in Prozenten des angewandten SO_2. Es sind drei verschiedene Kurven eingezeichnet, welche verschiedenen Zusammensetzungen des Ausgangsgemisches entsprechen. Die Kurve *I* bezieht sich auf ein SO_2-O_2-Gemisch, welches die theoretisch erforderliche Zusammensetzung besitzt. Durch Erhöhung der Sauerstoffmenge und damit des O_2-Partialdruckes im Gesamtgasgemisch muß die Ausbeute an SO_3 heraufgesetzt

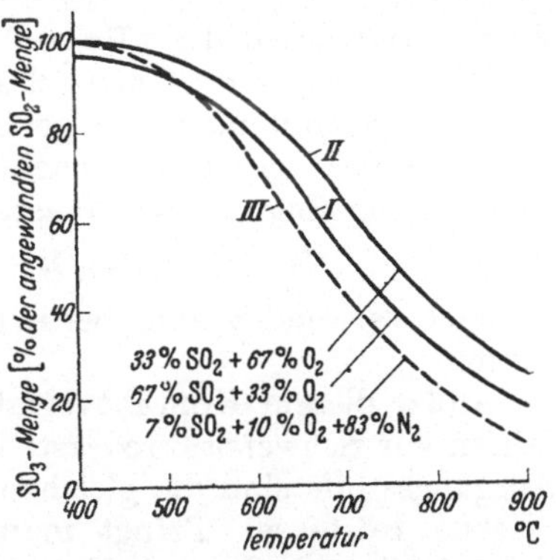

Abb. 57. Das Gleichgewicht:
$SO_2 + \frac{1}{2} O_2 \rightleftharpoons SO_3$. $p = 1$ atm.

werden, das zeigt die Kurve *II*, bei der ein 4facher Überschuß von Sauerstoff angewandt wurde. Die in der Praxis vorliegende Zusammensetzung des Gasgemisches ist die der Kurve *III*. Aus dem Verlauf der Kurven *II* und *III* ergibt sich, daß man über 98% des Schwefeldioxyds zu Schwefeltrioxyd oxydieren kann, sofern man bei Temperaturen zwischen 400 und 450° C arbeitet.

Bei der Darstellung des Schwefeltrioxyds nach dem **Kontaktverfahren** ist es erforderlich, daß man ein SO_2-O_2-Gasgemisch benutzt, welches frei ist von sog. „Katalysatorengiften", d. h. von Stoffen, welche sich auf der wirksamen Oberfläche des Katalysators niederschlagen und dadurch die Wirksamkeit herabsetzen oder völlig aufheben. Solche Katalysatorengifte sind in dem Gasgemisch, das beim Röstprozeß der sulfidischen Erze entsteht, in Form äußerst feinteiliger, staubartiger Verunreinigungen (Arsenverbindungen enthalten und müssen daher entfernt werden, bevor das Gasgemisch über die Kontaktsubstanz geleitet wird. Die Trennung von den Verunreinigungen erfolgt auf mechanischem oder elektrischem Wege in den Flugkammern, in denen sich der Staub absetzt.

Bei der Besprechung des Schwefeldioxyds wurde auf die gute Löslichkeit des SO_2-Gases in Wasser hingewiesen: Leitet man einen Strom von SO_2-Gas durch Wasser, so wird das SO_2 vollständig absorbiert unter Bildung von schwefliger Säure. Anders liegen die Verhältnisse beim Schwefeltrioxyd. Schwefeltrioxyd ist nämlich bei Zimmertemperatur kein Gas, sondern eine Flüssigkeit. Beim Abkühlen des Reaktionsgases, das aus SO_3, Stickstoff und Sauerstoff zusammengesetzt ist, bilden sich daher kleine SO_3-Tröpfchen. Diese beladen sich in feuchter

Luft begierig mit Wasser und erzeugen so einen dichten weißen Nebel. Die Einzelteilchen des Nebels haben wegen ihrer Größe eine geringe Beweglichkeit, so daß sie beim Durchleiten des Nebels durch Wasser nicht an die Oberfläche der Luftblasen gelangen und nicht vom Wasser aufgenommen werden. Man kann daher einen SO_3-Nebel durch eine ganze Reihe von Waschflaschen, die mit Wasser gefüllt sind, leiten, ohne daß er dabei seine Dichte und damit seine Konzentration wesentlich verringert. Eine gute Absorptionsflüssigkeit für SO_3-Nebel ist dagegen konzentrierte Schwefelsäure. Die Schwefelsäure entzieht nämlich einerseits den Nebelteilchen das Wasser, infolgedessen werden die Teilchen kleiner und beweglicher und gelangen beim Durchperlen durch Schwefelsäure an die Oberfläche der Luftblasen und gehen in die Flüssigkeit. Andererseits vermag die konzentrierte Schwefelsäure Schwefeltrioxyd zu lösen:

$$H_2SO_4 + SO_3 \rightarrow H_2S_2O_7.$$

Es entsteht dabei die „Pyroschwefelsäure", $H_2S_2O_7$.

Will man daher Schwefelsäure nach dem Kontaktverfahren gewinnen, so muß man das gebildete Schwefeltrioxyd in konzentrierte Schwefelsäure leiten und nachträglich die entstandene Pyroschwefelsäure durch Zugabe von Wasser in zwei Moleküle H_2SO_4 aufspalten:

$$H_2S_2O_7 + H_2O \rightarrow 2\,H_2SO_4.$$

Vielfach verwendet man aber in der Praxis auch direkt die Pyroschwefelsäure.

Außer diesem Kontaktverfahren kennt man noch ein zweites Verfahren zur Schwefelsäuredarstellung, das ***Bleikammerverfahren***. Die Ausgangsstoffe sind die gleichen wie beim Kontaktverfahren: die technischen Röstgase. Bringt man diese Gase, die ja ein Gemisch aus Schwefeldioxyd, Sauerstoff und Stickstoff darstellen, mit Wasser und Salpetersäure in Berührung, so oxydiert die Salpetersäure die schweflige Säure zur Schwefelsäure und wird selbst zu Stickstoffmonoxyd (NO) reduziert:

(a) $\qquad 2\,HNO_3 + 3\,SO_2 + 2\,H_2O \rightarrow 3\,H_2SO_4 + 2\,NO.$

Dieses Stickstoffmonoxyd reagiert nun mit dem Luftsauerstoff und geht dabei in Stickstoffdioxyd über:

(b) $\qquad 2\,NO + O_2 \rightarrow 2\,NO_2.$

Das Stickstoffdioxyd ist seinerseits in der Lage, ein zweites Molekül Schwefeldioxyd bei Anwesenheit von Wasser zu Schwefelsäure zu oxydieren:

(c) $\qquad NO_2 + SO_2 + H_2O \rightarrow H_2SO_4 + NO.$

Das NO kann nun abermals Luftsauerstoff anlagern und dann wieder an die schweflige Säure abgeben usw. Das Stickstoffdioxyd wirkt also bei diesem Prozeß als Sauerstoffüberträger. Da die Stickoxyde bei der Reaktion nicht verbraucht werden, könnte man meinen, sie seien katalytisch wirksam. Eine echte Katalyse ist es indessen nicht, da der scheinbare Katalysator — im Gegensatz zu echten Katalysatoren — in den Reaktionsverlauf eingreift und Veränderungen erleidet.

Die Abb. 58 zeigt schematisch eine Schwefelsäureanlage nach dem Bleikammerverfahren. Der Röstofen wird mit dem schwefelhaltigen Erz beschickt und unter Einblasen von Luft angeheizt. Die Röstgase gelangen zunächst in die Flugkammern, in denen sich die staubförmigen Verunreinigungen niederschlagen. Aus den Flugkammern treten die Gase in den „Gloverturm", in dem ihnen von oben her ein Gemisch aus Schwefelsäure und Stickoxyden („Nitrose Säure") entgegenfließt. Die heißen Röstgase vertreiben die Stickoxyde aus der Nitrose. Die Röstgase strömen nun gemeinsam mit den Stickoxyden in die eigentliche Bleikammer, nach der das Verfahren seinen Namen hat. In diesen großen, aus Bleiwänden bestehenden Kammern (Inhalt meist zwischen 1000 und 10000 cbm) findet die Bildung der Schwefelsäure nach den Gleichungen (b) und (c) statt. Die Reaktion (c) verläuft nicht momentan, daher muß das Gasgemisch aus SO$_2$, NO$_2$, O$_2$ und H$_2$O längere

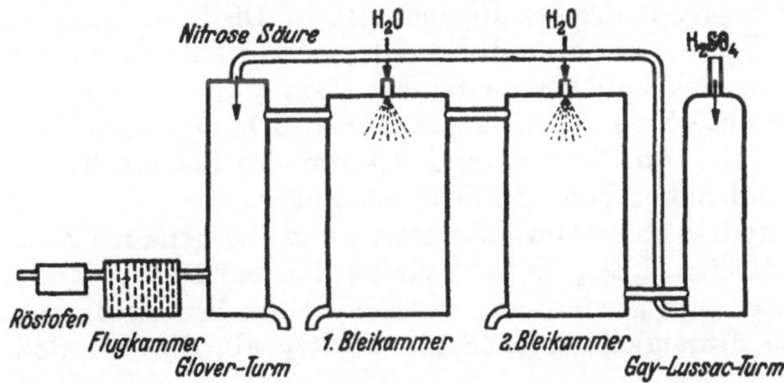

Abb. 58. Schwefelsäuredarstellung nach dem Bleikammerverfahren.

Zeit in der Kammer verweilen und daher sind die großen Abmessungen der Bleikammern erforderlich. Von Zeit zu Zeit wird Wasser von oben in die Bleikammer eingespritzt. Die gebildete Schwefelsäure sammelt sich am Boden der Bleikammer. Die aus der Bleikammer entweichenden Gase enthalten Stickstoff, Sauerstoff und die Stickoxyde. Die letzteren sollen natürlich zurückgewonnen werden; das geschieht im „Gay-Lussac-Turm", in welchem Schwefelsäure den Abgasen entgegenrieselt. Die Stickoxyde werden von der Schwefelsäure aufgenommen unter Bildung der obenerwähnten „nitrosen Säure", die im Gloverturm benötigt und daher dorthin gepumpt wird.

Gelegentlich beobachtet man in den Bleikammern eine Abscheidung von weißen Kristallen. Diese „Bleikammerkristalle" sind Kristalle der Nitrosylschwefelsäure (HSO$_4 \cdot$ NO), sie treten immer dann auf, wenn eine für die Bildung der Schwefelsäure ungenügende Menge an Wasserdampf in der Bleikammer vorhanden ist. Setzt man zur Nitrosylschwefelsäure Wasser hinzu, so zersetzt sie sich unter Bildung von Schwefelsäure und Stickoxyden:

$$2\,O_2S\diagdown^{\text{OH}}_{\text{O—NO}} + H_2O = 2\,O_2S\diagdown^{\text{OH}}_{\text{OH}} + NO + NO_2.$$

Physikalische Eigenschaften.

1. SO_3:

Molekulargewicht . . . . . . $SO_3 = 80,06$
Schmelzpunkt . . . . $+16,85°$ C
Siedepunkt . . . . $44,8°$ C
Spez. Gewicht bei $13°$ . . . . $1,995$
(Wasser $= 1$)

2. H_2SO_4:

Molekulargewicht . . . . $98,06$
Schmelzpunkt . . . . $+10,4°$ C
Siedepunkt . . . . $338,0°$ C
Spez. Gewicht bei $15°$ . . . . . . $1,85$
(Wasser $= 1$)

Vom Schwefeltrioxyd kennt man drei Modifikationen, die man als
α-, β- bzw. γ-SO_3 bezeichnet. Sie unterscheiden sich durch ihre kristallographischen und physikalischen Eigenschaften. Die in der obigen Tabelle
angegebenen Eigenschaften sind die der γ-Modifikation, die beim Abkühlen von SO_3-Gas zunächst entsteht. Das γ-SO_3 wandelt sich bei
Temperaturen unterhalb $25°$ C langsam in β-SO_3 und dieses wiederum
zum Teil in α-SO_3 um. Die α- und β-Form des Schwefeltrioxyds besitzen bedeutend höher liegende Schmelzpunkte.

Das Monohydrat des Schwefeltrioxyds von der genauen Zusammensetzung $SO_3 \cdot H_2O = H_2SO_4$ erstarrt einheitlich bei $10,4°$. Erhitzt man
das Monohydrat zum Sieden, so entweicht zunächst etwas SO_3, dann
destilliert eine Flüssigkeit mit $98,3\%$ H_2SO_4 ab, die bei $338°$ konstant siedet.

Beim Mischen von konzentrierter Schwefelsäure mit Wasser beobachtet man eine außerordentlich große Wärmetönung (Verdünnungswärme). Das Verdünnen hat daher stets derart zu geschehen, daß man
langsam die konzentrierte Säure in das Wasser fließen läßt. Andernfalls, d. h. beim Eingießen von Wasser in die Säure, besteht die Gefahr,
daß eine explosionsartige Verdampfung des Wassers und ein Verspritzen
der Säure stattfindet.

Chemisches Verhalten. Schwefelsäure ist eine starke Säure; sie
verdrängt nicht nur die schwachen Säuren aus ihren Salzen, sondern
wegen ihres hohen Siedepunktes auch diejenigen starken Säuren, die
leicht flüchtig sind wie die Salzsäure und Salpetersäure. Wir erinnern
an die Chlorwasserstoffentwicklung aus Chloriden mittels konzentrierter
Schwefelsäure, z. B.:

$$NaCl + H_2SO_4 \rightarrow NaHSO_4 + HCl.$$

Die Schwefelsäure ist eine zweiwertige Säure, sie bildet also saure und
neutrale Salze, welche Bisulfate bzw. Sulfate heißen.

Die meisten Salze der Schwefelsäure sind in Wasser gut löslich.
Schwer lösliche Sulfate sind nur das Bleisulfat ($PbSO_4$), das Quecksilbersulfat (Hg_2SO_4), das Calciumsulfat ($CaSO_4$) und das Bariumsulfat
($BaSO_4$). Das zuletzt genannte Sulfat besitzt von allen die geringste
Löslichkeit, man benutzt es daher in der analytischen Chemie zum
Nachweis von Sulfationen: Man gibt zu der auf SO_4^{--}-Ionen zu prüfen-

den Lösung, die mit verdünnter Salzsäure angesäuert wird, eine Lösung, die Bariumionen enthält. Bei Anwesenheit von Sulfationen entsteht dann ein weißer Niederschlag von Bariumsulfat:

$$Ba^{++} + SO_4^{--} = BaSO_4.$$

Vorkommen und Verwendung. Einige Sulfate finden sich in größerer Menge in der Natur, z. B. der Gips ($CaSO_4 \cdot 2\,H_2O$) und das neutrale Magnesiumsulfat ($MgSO_4 \cdot H_2O$)

Große Mengen von Schwefelsäure werden zur Herstellung von Düngemitteln verwendet. Das Ammonsulfat ist als Düngemittel wichtig wegen seines Stickstoffgehaltes. Man gewinnt es durch Vereinigung von Schwefelsäure mit Ammoniak, das bei der Leuchtgasfabrikation und in den Kokereibetrieben in großer Menge als Nebenprodukt anfällt:

$$2\,NH_3 + H_2SO_4 = (NH_4)_2SO_4.$$

Auch für die Herstellung des phosphorhaltigen Düngemittels „Superphosphat" benötigt man große Mengen von Schwefelsäure. Man findet in der Natur Phosphor in Form des Calciumphosphates: $Ca_3(PO_4)_2$; dieses tertiäre Calciumphosphat ist in Wasser unlöslich und daher als Dünger unbrauchbar. Man muß es erst durch Behandlung mit Schwefelsäure in ein saures Phosphat, welches wasserlöslich ist, überführen:

$$Ca_3(PO_4)_2 + 2\,H_2SO_4 = 2\,CaSO_4 + Ca(H_2PO_4)_2.$$

In der organischen Chemie wird Schwefelsäure in Kombination mit Salpetersäure als „Nitriersäure" verwendet.

Die ungeheuren Mengen an Schwefelsäure, die die chemische Großindustrie erzeugt, zeigt die Abb. 59. Die ausgezogene Kurve stellt die jährliche Produktion an Monohydrat in Deutschland in den Jahren 1891—1937 dar. Zum Vergleich ist die Weltproduktion als gestrichelte Kurve ebenfalls in das Diagramm eingezeichnet, wobei zu bemerken ist, daß der Maßstab für die Welterzeugung auf den zehnten Teil verkleinert ist.

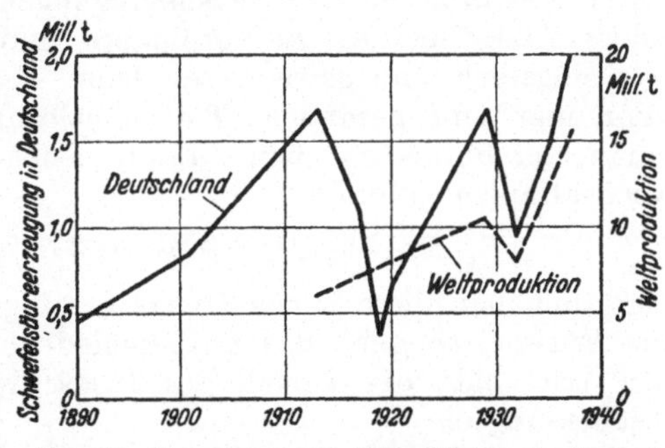

Abb. 59. Erzeugung von Schwefelsäure in Deutschland und in der Welt.

e) Thioschwefelsäure und Thiosulfate.

Darstellung. Wir haben gesehen, daß man schweflige Säure und Sulfite unter gewissen Bedingungen zu Schwefelsäure bzw. Sulfaten oxydieren kann, entsprechend der Gleichung:

(1) $$Na_2SO_3 + \tfrac{1}{2}\,O_2 = Na_2SO_4.$$

Ganz analog findet eine Umsetzung zwischen Sulfiten und Schwefel statt, das Sulfitmolekül kann ein Schwefelatom aufnehmen:

(2) $$Na_2SO_3 + S = Na_2S_2O_3.$$

Diese Verbindung $Na_2S_2O_3$ heißt „Natriumthiosulfat", da man sie sich rein formal aus dem Natriumsulfat durch Ersatz eines Sauerstoffatoms durch ein Schwefelatom (thio) entstanden denken kann. In der Praxis stellt man $Na_2S_2O_3$ nach der Gleichung (2) dar dadurch, daß man eine wäßrige Natriumsulfitlösung unter Zusatz von feinverteiltem Schwefel — z. B. in Form von Schwefelmilch — einige Zeit kocht. Beim Erkalten fallen aus konzentrierten Lösungen die schön ausgebildeten Kristalle des Natriumthiosulfats aus.

Die Thiosulfate stehen also in gewisser Beziehung zu den Sulfaten, was auch die Ähnlichkeit ihrer Konstitutionsformeln zeigt:

$$\text{Natriumsulfat:} \quad \begin{matrix} O \\ O \end{matrix}\!\!>\!\!S\!\!<\!\!\begin{matrix} O-Na \\ O-Na \end{matrix} \qquad \text{Natriumthiosulfat:} \quad \begin{matrix} O \\ O \end{matrix}\!\!>\!\!S\!\!<\!\!\begin{matrix} O-Na \\ S-Na \end{matrix}$$

Man erkennt, daß die beiden Schwefelatome im Molekül des Thiosulfats nicht einander gleichwertig sind, sondern daß das eine Schwefelatom sechswertig, das andere dagegen zweiwertig ist.

Das Natriumthiosulfat ist ein Salz der Thioschwefelsäure: $H_2S_2O_3$. Diese Säure ist im Gegensatz zu ihren Salzen sehr unbeständig. Versetzt man nämlich eine Natriumthiosulfatlösung mit einer stärkeren Säure, z. B. mit verdünnter Salzsäure, um dadurch die Thioschwefelsäure in Freiheit zu setzen, so beobachtet man sehr bald eine Schwefelabscheidung, und die Lösung riecht kräftig nach SO_2, d. h. die freie Thioschwefelsäure zerfällt in Schwefel und schweflige Säure:

$$H_2S_2O_3 \rightarrow S + H_2SO_3 \rightarrow S + H_2O + SO_2.$$

Unter bestimmten Versuchsbedingungen gelingt es allerdings, die Schwefelausscheidung zu verhindern und die freie Thioschwefelsäure — wenigstens eine gewisse Zeit lang — zu halten. Das ist der Fall, wenn man eine gesättigte Thiosulfatlösung in einen Überschuß konzentrierter Salzsäure gießt. Dann beobachtet man anfangs nur eine Kochsalzausscheidung:

$$Na_2S_2O_3 + 2\,HCl \rightarrow 2\,NaCl + H_2S_2O_3.$$

Verdünnt man diese konzentrierte Lösung der freien Thioschwefelsäure mit Wasser, so geht das ausgeschiedene Kochsalz in Lösung, dann aber tritt bald der Zerfall der Thioschwefelsäure und die Schwefelabscheidung ein.

Chemisches Verhalten. Natriumthiosulfat wird durch elementares Chlor leicht oxydiert. Ist wenig Chlor vorhanden, so verläuft die Reaktion nach folgender Gleichung:

$$Na_2S_2O_3 + H_2O + Cl_2 \rightarrow Na_2SO_4 + 2\,HCl + S.$$

Ist dagegen Chlor im Überschuß anwesend, so geht die Oxydation des 2fach negativen Schwefels im Thiosulfat bis zum Sulfat:

$$Na_2S_2O_3 + 5\,H_2O + 4\,Cl_2 \rightarrow 2\,NaHSO_4 + 8\,HCl.$$

Auf Grund dieser Reaktionen hat man dem Natriumthiosulfat auch die Bezeichnung „Antichlor" gegeben, weil man es zum Zerstören elementaren Chlors benutzen kann.

Von praktischem Interesse ist ferner das Verhalten des Natriumthiosulfats gegenüber Silberhalogeniden. Die in Wasser unlöslichen Silberhalogenide lösen sich leicht in Natriumthiosulfat unter Bildung von Natrium-Silber-Thiosulfat auf, z. B.

oder

$$AgCl + Na_2S_2O_3 \rightarrow Na(AgS_2O_3) + NaCl$$
$$AgBr + Na_2S_2O_3 \rightarrow Na(AgS_2O_3) + NaBr.$$

Daher verwendet man das Natriumthiosulfat in der Photographie als „Fixiersalz". Die lichtempfindliche Schicht einer photographischen Platte bzw. eines Films besteht aus einer Silberbromidemulsion. An den belichteten Stellen ist während der Belichtung und der Entwicklung das Silberbromid zersetzt und schwarzes Silber entstanden. Die nicht belichteten Stellen enthalten unverändertes Silberbromid, welches im Fixierbad durch die Einwirkung des Natriumthiosulfats aus der lichtempfindlichen Schicht herausgelöst wird. Das schwarze, elementare Silber geht dagegen bei der Behandlung mit Thiosulfat nicht in Lösung.

Für die analytische Chemie ist die Reaktion des Thiosulfats mit elementarem Jod von großer Bedeutung. Jod reagiert mit Natriumthiosulfat nach der folgenden Gleichung:

$$2\,Na_2S_2O_3 + J_2 \rightarrow 2\,NaJ + Na_2S_4O_6;$$

es entsteht Natriumjodid und Natriumtetrathionat. Diese Umsetzung ist die Grundlage der „*Jodometrie*". Sie gestattet Jod quantitativ zu bestimmen, dadurch daß man eine Lösung bekannten Natriumthiosulfatgehaltes aus einer Bürette zu der zu bestimmenden Jodlösung so lange zufließen läßt, bis die braune Jodfarbe verschwunden ist. Man kann den Endpunkt einer solchen Jodtitration noch exakter bestimmen, wenn man die Jodlösung mit ein paar Tropfen Stärkelösung versetzt. Dann hat man auf das Verschwinden der intensiven blauen Farbe der Jodstärke zu achten. Der Farbumschlag der Lösung von Gelbbraun nach Farblos bzw. von Blau nach Farblos erfolgt, wenn pro 1 Atom Jod 1 Molekül Natriumthiosulfat zugesetzt ist.

Diese Reaktion zwischen Jod und Natriumthiosulfat ermöglicht u. a. die Bestimmung einer Reihe von Oxydationsmitteln, nämlich all derer, die angesäuerte Kaliumjodidlösung zu Jod oxydieren. Als Beispiel sei das Wasserstoffsuperoxyd gewählt, das mit Jodwasserstoffsäure nach folgender Gleichung reagiert:

$$H_2O_2 + 2\,HJ = 2\,H_2O + J_2.$$

Will man also den Gehalt einer Lösung an Wasserstoffsuperoxyd ermitteln, so gibt man Jodwasserstoffsäure im Überschuß hinzu und titriert dann das ausgeschiedene elementare Jod mit einer Natriumthiosulfatlösung bekannten Gehaltes. Pro Molekül H_2O_2 entstehen 2 Atome Jod, und 1 Atom Jod verbraucht 1 Molekül Thiosulfat, d. h. 1 Molekül H_2O_2 entspricht 2 Molekülen $Na_2S_2O_3$.

f) Übersicht über die Schwefeloxyde und die Sauerstoffsäuren des Schwefels.

Schwefeloxyde. Außer den beiden bisher besprochenen Oxyden des Schwefels, dem Schwefeldioxyd (SO_2) und dem Schwefeltrioxyd (SO_3) kennt man noch einige weitere Schwefeloxyde.

Das Schwefelmonoxyd (SO) wird als ein farbloses, unbeständiges Gas beschrieben, das unter der Einwirkung von Glimmentladungen auf Schwefeldioxyd bzw. auf ein Schwefeldioxyd-Schwefeldampf-Gemisch entstehen soll.

Das Dischwefeltrioxyd (S_2O_3) bildet sich durch Reaktion von Schwefel mit wasserfreiem Schwefeltrioxyd:

$$SO_3 + S = S_2O_3.$$

Das S_2O_3 ist eine blaue kristalline Substanz.

Das Schwefelheptoxyd (S_2O_7) ist eine ölige Flüssigkeit, die man durch Einwirkung von Ozon auf SO_2 oder auf SO_3 darstellen kann. Das Schwefelheptoxyd ist das Anhydrid der Überschwefelsäure ($H_2S_2O_8$).

Das Schwefeltetroxyd (SO_4) entsteht aus Schwefeldioxyd und Sauerstoff unter der Einwirkung von Glimmentladungen bei stark vermindertem Druck. Es ist eine feste weiße Substanz, die schon bei Zimmertemperatur zerfällt. Das SO_4 kann man als Anhydrid der Caroschen Säure (H_2SO_5) auffassen, indessen entsteht bei der Reaktion zwischen SO_4 und Wasser nicht die Carosche Säure, sondern das SO_4 zerfällt sofort unter Sauerstoffabgabe.

Alle Schwefeloxyde sind mit Ausnahme des SO_2 und SO_3 recht unbeständige Verbindungen und haben daher keine praktische Bedeutung erlangt.

Von den Sauerstoffsäuren haben wir weiter oben die schweflige Säure (H_2SO_3), die Schwefelsäure (H_2SO_4) und die Thioschwefelsäure ($H_2S_2O_3$) eingehend besprochen; aber auch hier existieren noch eine Reihe weiterer Sauerstoff-Wasserstoff-Schwefel-Verbindungen.

Pyroschwefelsäure. Leitet man Schwefeltrioxyd in konzentrierte Schwefelsäure ein, und zwar so viel, daß 1 Mol SO_3 in 1 Mol H_2SO_4 gelöst ist, so entsteht eine feste kristalline Substanz der Zusammensetzung $H_2S_2O_7$:

$$H_2SO_4 + SO_3 = H_2S_2O_7.$$

Diese Säure heißt Pyroschwefelsäure, da man ihre Salze auch durch Glühen von sauren Sulfaten erhalten kann. Erhitzt man nämlich die sauren Sulfate über ihren Schmelzpunkt, so gehen sie unter Wasserabspaltung in Pyrosulfate über, z. B.:

$$2\,NaHSO_4 \rightarrow H_2O + Na_2S_2O_7.$$

Perschwefelsäuren. Elektrolysiert man Schwefelsäure oder Sulfate bei hoher Stromdichte, so wird das $(SO_4)^{2-}$-Ion anodisch oxydiert zu einem 2fach negativ geladenen S_2O_8-Ion. Man erhält die „Überschwefelsäure" oder Peroxyschwefelsäure ($H_2S_2O_8$) bzw. ihre Salze, die Peroxysulfate.

Die freie Überschwefelsäure ist nicht sehr beständig, sondern reagiert leicht mit Wasser unter Bildung eines Moleküls Schwefelsäure und

eines Moleküls H_2SO_5, der sog. „CAROschen Säure" oder Peroxymonoschwefelsäure:
$$H_2S_2O_8 + H_2O = H_2SO_4 + H_2SO_5.$$

Die CAROsche Säure läßt sich auch durch Einwirkung von Wasserstoffsuperoxyd auf kalte konzentrierte Schwefelsäure darstellen nach der Gleichung:
$$H_2SO_4 + H_2O_2 \rightleftharpoons H_2SO_5 + H_2O.$$

Diese Darstellungsmethode verschafft uns einen Einblick in den Bau des H_2SO_5-Moleküls. Offensichtlich ist eine OH-Gruppe der Schwefelsäure gegen eine O—OH-Gruppe des Wasserstoffsuperoxyds ausgetauscht, so daß wir zu folgender Konstitutionsformel kommen:

$$H_2SO_4: \quad \begin{array}{c} O \\ O \end{array}\!\!\!>\!\!S\!\!<\!\!\begin{array}{c} OH \\ OH \end{array} \qquad\qquad H_2SO_5: \quad \begin{array}{c} O \\ O \end{array}\!\!\!>\!\!S\!\!<\!\!\begin{array}{c} O—OH \\ OH \end{array}$$

In einer ganz ähnlichen Beziehung steht die Peroxyschwefelsäure $H_2S_2O_8$ zur Pyroschwefelsäure $H_2S_2O_7$. Im Molekül der Pyroschwefelsäure sind die beiden Schwefelatome über ein Brückensauerstoffatom miteinander verkettet, in der Peroxyschwefelsäure ist die einfache Sauerstoffbrücke durch eine O—O-Brücke ersetzt:

$$H_2S_2O_7: \quad \begin{array}{c} O \\ O \end{array}\!\!\!>\!\!S\!\!<\!\!\begin{array}{c} OH \\ O \\[-2pt] \\ O \end{array} \qquad\qquad H_2S_2O_8: \quad \begin{array}{c} O \\ O \end{array}\!\!\!>\!\!S\!\!<\!\!\begin{array}{c} OH \\ O \\[-2pt] | \\ O \end{array}$$
$$\begin{array}{c} O \\ O \end{array}\!\!\!>\!\!S\!\!<\!\!\begin{array}{c} \\ OH \end{array} \qquad\qquad \begin{array}{c} O \\ O \end{array}\!\!\!>\!\!S\!\!<\!\!\begin{array}{c} \\ OH \end{array}$$

Als weitere Sauerstoffsäuren des Schwefels seien noch genannt: die unterschweflige Säure ($H_2S_2O_4$), die ein sehr starkes Reduktionsvermögen besitzt, und die *Polythionsäuren* von der Formel $H_2S_xO_6$, wobei x jede ganze Zahl zwischen 2 und 6 sein kann. Ein Gemisch solcher Polythionsäuren, hauptsächlich die Tetrathionsäure ($H_2S_4O_6$) und die Pentathionsäure ($H_2S_5O_6$), erhält man beim Einleiten von Schwefelwasserstoff in eine wäßrige Schwefeldioxydlösung. Diese Lösung bezeichnet man auch als WACKENRODERsche Flüssigkeit.

g) Die Schwefel-Halogen-Verbindungen.

Bei den Schwefel-Halogen-Verbindungen hat man zu unterscheiden zwischen solchen Verbindungen, deren Moleküle lediglich aus Schwefel und Halogen aufgebaut sind, und solchen, die außerdem noch Sauerstoff im Molekül enthalten. Zu der 1. Gruppe gehören der Chlorschwefel (S_2Cl_2), das Schwefeldichlorid (SCl_2) und das Schwefeltetrachlorid (SCl_4).

Der Chlorschwefel entsteht beim Überleiten von Chlorgas über geschmolzenen Schwefel:
$$Cl_2 + 2\,S = S_2Cl_2.$$

Das S_2Cl_2 ist eine gelbrote Flüssigkeit, die bei $138°\,C$ siedet und bei $-80°\,C$ fest wird. Es ist ein vorzügliches Lösungsmittel für elementaren Schwefel, das man beim Vulkanisieren von Kautschuk verwendet. Die Hydrolyse des Chlorschwefels verläuft kompliziert unter Bildung von Schwefeldioxyd, Schwefel und Chlorwasserstoff:
$$2\,S_2Cl_2 + 2\,H_2O = SO_2 + 4\,HCl + 3\,S.$$

Schwefeldichlorid und Schwefeltetrachlorid sind wenig beständige Flüssigkeiten, die beim Einleiten von Chlor in Chlorschwefel entstehen:

$$S_2Cl_2 + Cl_2 \rightleftharpoons 2\,SCl_2$$
$$S_2Cl_2 + 3\,Cl_2 \rightleftharpoons 2\,SCl_4\,.$$

Bei etwas höherer Temperatur verlaufen diese Vorgänge von rechts nach links, die höheren Chloride geben leicht Chlor ab und gehen in das S_2Cl_2 über.

Zwischen Fluor und Schwefel existieren analoge Verbindungen, außerdem ein weiteres Fluorid, das Schwefelhexafluorid (SF_6). Dieses Schwefelhexafluorid, ein ziemlich reaktionsträges beständiges Gas, bildet sich leicht direkt aus den Elementen.

Säurehalogenide. Die 2. Gruppe von Halogen-Schwefel-Verbindungen sind diejenigen, die außer diesen beiden Elementen noch Sauerstoff im Molekül enthalten. Hierzu gehören z. B. das Thionylchlorid ($SOCl_2$), das Thionylbromid ($SOBr_2$) und das Sulfurylchlorid (SO_2Cl_2). Sie sind Vertreter einer wichtigen Klasse von Verbindungen, der „Säurehalogenide". Unter den Säurehalogeniden versteht man halogenhaltige Substanzen, die durch Reaktion einer Sauerstoffsäure mit einer Halogenwasserstoffsäure unter Wasseraustritt entstehen, oder die man sich wenigstens formal auf diesem Wege entstanden denken kann. Das Wasserstoffatom des Halogenwasserstoffs vereinigt sich mit einer Hydroxylgruppe der Sauerstoffsäure zu Wasser und das Halogenatom tritt in der Sauerstoffsäure an die Stelle der Hydroxylgruppe, z. B.:

$$(1) \qquad \begin{matrix} O \\ O \end{matrix}\!\!>\!\!S\!\!<\!\!\begin{matrix} OH \\ OH \end{matrix} + HCl \rightarrow H_2O + \begin{matrix} O \\ O \end{matrix}\!\!>\!\!S\!\!<\!\!\begin{matrix} OH \\ Cl \end{matrix}$$

Es handelt sich also um eine Reaktion, die eine gewisse Ähnlichkeit zur Neutralisationsreaktion hat:

$$(2) \qquad Na - OH + HCl \rightarrow H_2O + NaCl\,.$$

Außer dieser formalen Parallelität der Reaktionen existiert aber keine sonstige Ähnlichkeit, die entstehenden Produkte, in einem Fall das Säurehalogenid, im anderen Fall das Salz, sind völlig verschiedene Körper. Das erkennt man u. a. an ihrem Verhalten gegenüber Wasser. Die Säurehalogenide werden nämlich durch Wasser zersetzt, wobei sich die Halogenwasserstoffsäure und die Sauerstoffsäure zurückbilden, z. B.:

$$(3) \qquad \begin{matrix} O \\ O \end{matrix}\!\!>\!\!S\!\!<\!\!\begin{matrix} OH \\ Cl \end{matrix} + HOH \rightarrow HCl + \begin{matrix} O \\ O \end{matrix}\!\!>\!\!S\!\!<\!\!\begin{matrix} OH \\ OH \end{matrix}$$

Diese leichte Zersetzung der Säurechloride durch Wasser ist die Ursache dafür, daß die als Gleichung (1) formulierte Bildungsreaktion nur in den wenigsten Fällen anwendbar ist, da ja dabei stets Wasser entsteht.

Unter den Halogeniden der verschiedenen Säuren des Schwefels sind einige Halogenide der schwefligen Säure und der Schwefelsäure von gewissem Interesse und sollen daher kurz besprochen werden. Beide Säuren sind zweibasisch; ebenso wie zwei Typen von Salzen — saure und neutrale Salze — existieren, kann man auch die Existenz zweier

Typen von Säurehalogeniden vermuten, nämlich solcher, die dadurch entstehen, daß eine Hydroxylgruppe gegen ein Halogenatom ausgetauscht ist, und solcher, die durch Ersatz der beiden Hydroxylgruppen durch Halogenatome entstehen, z. B.:

$$\text{(1a)} \qquad \begin{matrix} O \\ O \end{matrix}\!\!>\!\!S\!\!<\!\!\begin{matrix} OH \\ OH \end{matrix} + HCl \rightarrow H_2O + \begin{matrix} O \\ O \end{matrix}\!\!>\!\!S\!\!<\!\!\begin{matrix} OH \\ Cl \end{matrix}$$

$$\text{(1b)} \qquad \begin{matrix} O \\ O \end{matrix}\!\!>\!\!S\!\!<\!\!\begin{matrix} OH \\ OH \end{matrix} + 2\,HCl \rightarrow 2\,H_2O + \begin{matrix} O \\ O \end{matrix}\!\!>\!\!S\!\!<\!\!\begin{matrix} Cl \\ Cl \end{matrix}$$

Die nach Gleichung (1a) gebildete Substanz (HSO_3Cl) heißt „Chlorsulfonsäure"; das Dichlorid der Schwefelsäure (SO_2Cl_2) wird als „Sulfurylchlorid" bezeichnet. Während man die Reaktion (1a) tatsächlich zur Darstellung der Chlorsulfonsäure benutzt, indem man nämlich Chlorwasserstoff in rauchende Schwefelsäure einleitet, gewinnt man in der Praxis das Sulfurylchlorid nicht nach der Reaktion (1b), sondern durch Vereinigung von Schwefeldioxyd und Chlorgas:

$$SO_2 + Cl_2 \rightarrow SO_2Cl_2.$$

Diese Addition verläuft sehr glatt bei Anwesenheit eines Katalysators, z. B. von Holzkohle oder Campher.

Auch das Dichlorid der schwefligen Säure, das „Thionylchlorid" ($SOCl_2$) kann nicht aus schwefliger Säure und Salzsäure dargestellt werden. Es bildet sich bei der Einwirkung von Phosphorpentachlorid (PCl_5), dem Chlorid der Phosphorsäure, auf Schwefeldioxyd nach der Gleichung:

$$SO_2 + PCl_5 \rightarrow POCl_3 + SOCl_2.$$

Das Thionylchlorid wird von dem bei der Reaktion gleichzeitig entstehenden Phosphoroxychlorid ($POCl_3$) durch fraktionierte Destillation getrennt.

Die hier zuletzt aufgeführte Darstellung eines Säurechlorids unter Verwendung von Phosphorpentachlorid ist das allgemeine Verfahren zur Darstellung von Vertretern dieser Stoffklasse.

h) Selen und Tellur.

Zwei dem Schwefel ähnliche Elemente sind das Selen (Se) und das Tellur (Te). Ihre Verbindungen, z. B. die Wasserstoff- und Sauerstoffverbindungen sind analog den entsprechenden Schwefelverbindungen aufgebaut. Daher findet man in der Natur diese beiden nicht sehr häufigen Elemente meist als Verunreinigung von Schwefelmineralien, besonders von Sulfiden, und gewinnt sie als Nebenprodukte bei der Schwefelsäurefabrikation. Die Selenide und Telluride werden beim Röstprozeß wie die Sulfide oxydiert, und zwar zum Selendioxyd (SeO_2) bzw. zum Tellurdioxyd (TeO_2). Beide Oxyde sind im Gegensatz zum gasförmigen Schwefeldioxyd bei Zimmertemperatur feste Substanzen, die sich daher bei der Schwefelsäurefabrikation entweder in den Flugkammern oder in den Bleikammern absetzen. Aus dem Flugstaub und dem Bleikammerschlamm wird das Selen und Tellur in Form der selenigen Säure (H_2SeO_3) und der tellurigen Säure (H_2TeO_3)

herausgelöst und aus diesen Verbindungen durch Behandlung mit schwefliger Säure zu den Elementen reduziert:

$$H_2SeO_3 + 2\,H_2SO_3 = 2\,H_2SO_4 + H_2O + Se$$
$$H_2TeO_3 + 2\,H_2SO_3 = 2\,H_2SO_4 + H_2O + Te.$$

Die schweflige Säure wird dabei zu Schwefelsäure oxydiert.

Wie beim Schwefel existieren auch beim Selen mehrere Modifikationen. Bei der geschilderten Darstellung, der Reduktion der selenigen Säure, erhält man stets das Selen als rotes, amorphes Pulver. Außer dieser nicht metallischen Modifikation kennt man graues, kristallines Selen, das durch Erhitzen von rotem Selen entsteht. Diese zweite Form zeigt metallische Eigenschaften, so leitet das graue Selen im Gegensatz zum roten Selen den elektrischen Strom. Durch Belichtung steigt die elektrische Leitfähigkeit des metallischen Selens außerordentlich stark an, eine Eigenschaft, die man in den Selenphotozellen zur Messung von Lichtintensitäten ausnutzt. Das Tellur besitzt einen noch ausgeprägteren Metallcharakter als das Selen, es ist gut kristallisiert, silberweiß und besitzt eine metallisch glänzende Oberfläche.

Die Verbindungen des Selens und Tellurs sind — wie schon erwähnt — den entsprechenden Schwefelverbindungen analog. In ihren Sauerstoffverbindungen treten Selen und Tellur hauptsächlich vier- und sechswertig auf. Von den Oxyden am beständigsten sind die Dioxyde, das Selendioxyd (SeO_2) und das Tellurdioxyd (TeO_2); sie entstehen beim Verbrennen von elementarem Selen und Tellur bzw. beim Rösten der Erze. Die Trioxyde sind schwieriger erhältlich. Die wichtigsten Säuren sind die selenige Säure (H_2SeO_3) und die tellurige Säure (H_2TeO_3) sowie die Selensäure (H_2SeO_4) und die Tellursäure (H_6TeO_6). Die beiden letzteren Säuren erhält man durch Behandlung der sauerstoffärmeren Säuren mit starken Oxydationsmitteln. Bemerkenswert ist die Formel der Tellursäure, die sechs durch Metall ersetzbare Wasserstoffatome besitzt und sich hierin von der zweibasischen Schwefelsäure und der gleichfalls zweibasischen Selensäure unterscheidet.

Die Wasserstoffverbindungen, der Selenwasserstoff (H_2Se) und der Tellurwasserstoff (H_2Te), zeigen ein dem Schwefelwasserstoff ähnliches Verhalten. Ein wesentlicher Unterschied ist allerdings insofern vorhanden, als H_2Se und H_2Te endotherme Verbindungen sind, während H_2S und besonders H_2O exotherm sind, wie die folgenden Gleichungen zeigen:

$$H_2 + \tfrac{1}{2}\,O_2 = H_2O + 68 \quad \text{kcal}$$
$$H_2 + S = H_2S + 4{,}8\,\text{kcal}$$
$$H_2 + Se = H_2Se - 25 \quad \text{kcal}$$
$$H_2 + Te = H_2Te - 35 \quad \text{kcal.}$$

Infolgedessen sind der Selenwasserstoff und besonders der Tellurwasserstoff viel unbeständiger als der Schwefelwasserstoff oder gar das Wasser, und lassen sich nicht so leicht aus den Elementen darstellen wie diese. Die Darstellung aus den Elementen gelingt noch beim Selenwasserstoff nach der Methode, die wir zur H_2S-Synthese angewandt haben, nämlich durch Überleiten von Wasserstoff über das erhitzte Element

(Se oder S), sie gelingt dagegen nicht mehr beim Tellurwasserstoff. Hier muß man aktiveren Wasserstoff, d. h. atomaren Wasserstoff benutzen; so kann man TeH_2 z. B. dadurch darstellen, daß man an einer Tellurelektrode elektrolytisch Wasserstoff entwickelt. Am bequemsten gewinnt man Selenwasserstoff und Tellurwasserstoff durch Einwirkung von Säuren auf die Selenide bzw. Telluride, also entsprechend der Darstellung von H_2S aus den Sulfiden.

9. Gleichgewichtslehre. Massenwirkungsgesetz.

a) Die Abhängigkeit chemischer Gleichgewichte von Druck, Temperatur und Konzentration.

Gasreaktionen. Bereits mehrfach ist darauf hingewiesen worden, daß die chemischen Reaktionen Gleichgewichtsreaktionen darstellen. D. h. reagieren zwei Stoffe A und B miteinander unter Bildung der Stoffe C und D:

$$A + B = C + D,$$

so verläuft die Umsetzung nicht vollständig, sondern es sind nach erfolgter Umsetzung neben den Stoffen C und D auch noch gewisse Mengen beider Ausgangsstoffe A und B vorhanden. Es stellt sich ein Gleichgewichtszustand zwischen den Stoffen der einen Gleichungsseite und denen der anderen Gleichungsseite ein. Derselbe Gleichgewichtszustand stellt sich ebenfalls ein, wenn man von den Stoffen C und D ausgeht. In diesem Abschnitt soll nun untersucht werden, wie man über solche chemischen Gleichgewichte quantitative Aussagen machen kann. Vorher wollen wir jedoch noch einmal zusammenstellen, welche Größen einen Einfluß auf die Lage des Gleichgewichts ausüben. Zu diesem Zweck betrachten wir zunächst einige Gasreaktionen, d. h. Umsetzungen, die sich nur zwischen gasförmigen Komponenten abspielen:

$$
\begin{aligned}
&(1) & 2\,NO_2 &\rightleftharpoons N_2O_4 + Q_1 \\
&(2) & H_2 + Br_2 &\rightleftharpoons 2\,HBr + Q_2 \\
&(3) & 2\,SO_2 + O_2 &\rightleftharpoons 2\,SO_3 + Q_3 \\
&(4) & N_2 + 3\,H_2 &\rightleftharpoons 2\,NH_3 + Q_4 \\
&(5) & N_2 + O_2 &\rightleftharpoons 2\,NO - Q_5.
\end{aligned}
$$

Alle Gleichgewichte sind von der Temperatur abhängig, die vier ersten Beispiele in der Weise, daß bei Temperaturerhöhung die Gleichgewichtslage zugunsten der Reaktionspartner der linken Seite verschoben wird. Die Bromwasserstoffsäure, das Schwefeltrioxyd und das Ammoniak sind exotherme Verbindungen in bezug auf die Komponenten, aus denen sie dargestellt werden, infolgedessen muß nach dem Prinzip des kleinsten Zwanges bei Erhöhung der Temperatur ein stärkerer Zerfall der Verbindung stattfinden. Die Gleichung (5), die Bildung des Stickstoffmonoxyds aus Stickstoff und Sauerstoff, ist dagegen ein Beispiel für eine endotherme Reaktion, die Vereinigung von N_2 und O_2 zu Stickoxyd erfolgt unter Wärmeverbrauch. Daher verschiebt sich dieses Gleichgewicht bei höheren Temperaturen nach der Seite des Stickstoffmonoxyds.

Neben der Temperatur kann auch der äußere, auf dem Gasgemisch lastende Druck von Einfluß auf die Lage des Gleichgewichts sein. Nach dem Prinzip von LE CHATELIER muß sich das Gleichgewicht bei Vermehrung des Druckes nach derjenigen Gleichungsseite verschieben, deren Komponenten das kleinere Volumen einnehmen. Bei den Beispielen (3) und (4) ist das die rechte Gleichungsseite — in Gleichung (3) entstehen aus 3 Raumteilen SO_2—O_2-Gemisch 2 Raumteile SO_3, in Gleichung (4) aus 4 Raumteilen N_2—H_2-Gemisch nur 2 Raumteile NH_3 —, also muß die Ausbeute an SO_3 bzw. NH_3 steigen, wenn man den Druck erhöht. Das zeigen deutlich die Kurven der Abb. 60, die das Ammoniakgleichgewicht in Abhängigkeit vom Druck für verschiedene Temperaturen darstellt. Die auf einer Kurve liegenden Punkte beziehen sich auf das Ammoniakgleichgewicht bei derselben Temperatur. Alle vier eingezeichneten Kurven (entsprechend den Temperaturen 200, 300, 400 und 500°) besitzen prinzipiell den gleichen Verlauf: Die Ammoniakmenge, die gemäß dem Gleichgewicht gebildet wird, steigt mit wachsendem Druck stetig an.

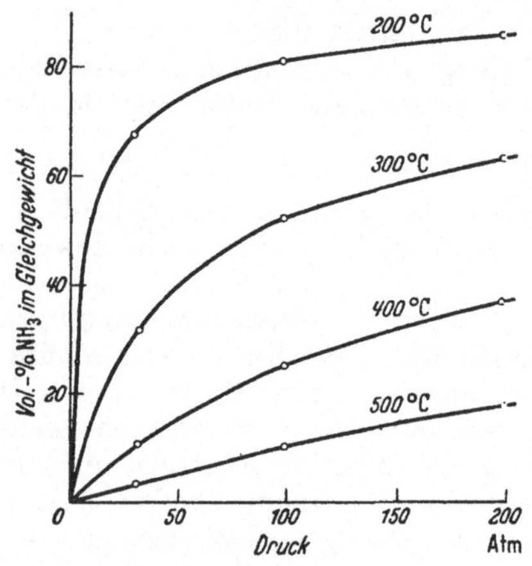

Abb. 60. Abhängigkeit des Gleichgewichts: $N_2 + 3\,H_2 \rightleftharpoons 2\,NH_3$ vom Druck.

Die Beispiele (2) und (5) von S. 153 sind vom Druck unabhängig, da sämtliche Reaktionspartner der einen Gleichungsseite gleich viel Raum einnehmen wie die Reaktionspartner der anderen Seite. Eine Verschiebung des Gleichgewichts bewirkt also keine Volumänderung, sie erfolgt daher auch nicht bei Erhöhung oder Verminderung des Druckes.

Bei der Besprechung der SO_3-Darstellung nach dem Kontaktverfahren ist bereits auf eine dritte Größe hingewiesen worden, die auf die Lage des Gleichgewichts von Einfluß ist: das gegenseitige Mengenverhältnis der Reaktionspartner. An Hand der Abb. 57, welche die Ausbeute an SO_3 für verschiedene Zusammensetzungen des SO_2—O_2-Gasgemisches darstellt, wurde gezeigt, daß eine Erhöhung der Sauerstoffkonzentration über die theoretisch erforderliche Menge hinaus eine größere Menge an SO_3 im Gleichgewicht zur Folge hat. So steigt z. B. bei einer Temperatur von 900° C die Ausbeute an SO_3 von 20 auf 35% an, wenn man an Stelle des theoretisch zusammengesetzten Gasgemisches (2 Vol. SO_2 + 1 Vol. O_2) ein Gasgemisch verwendet, welches 2 Volumina Sauerstoff auf 1 Volumen SO_2 enthält.

Reaktionen in flüssiger Phase. Wir wollen jetzt zu den Reaktionen übergehen, die sich in Lösung abspielen. Die Verhältnisse sind hier ganz analog wie bei den Gasreaktionen. Die Umsetzungen führen stets zu einem Gleichgewicht. Die Lage des Gleichgewichts ist abhängig von drei Größen:

1. von der Temperatur,
2. von dem den Reaktionspartnern zur Verfügung stehenden Raum,
d. h. von der Verdünnung der gelösten Stoffe,
3. von dem gegenseitigen Mengenverhältnis der Reaktionspartner.

Die Verdünnung entspricht dem Druck bei den Gasreaktionen. Eine Erniedrigung des Druckes, d. h. eine Vergrößerung des Reaktionsraumes bewirkt bei Gasgleichgewichten eine Verschiebung des Gleichgewichtes nach der Seite, auf der mehr Moleküle auftreten und die daher ein größeres Volumen benötigt. Ebenso bewirkt die Verdünnung bei Reaktionen in Lösungen eine Verschiebung des Gleichgewichtes nach derjenigen Seite der Gleichung, in der mehr Einzelteilchen auftreten (vgl. die Erhöhung des Dissoziationsgrades schwacher Elektrolyten durch die Verdünnung, S. 160).

Diese Verhältnisse sollen wieder an Hand einiger spezieller Beispiele erläutert werden. Wir betrachten zunächst die Reaktion:

(a) $$H_2SO_3 + J_2 + H_2O \rightleftharpoons H_2SO_4 + 2\,HJ.$$

Schweflige Säure wird durch elementares Jod zu Schwefelsäure oxydiert, wobei das Jod zu Jodwasserstoff reduziert wird. Gibt man also zu einer verdünnten Jodlösung eine wäßrige Lösung von schwefliger Säure (H_2SO_3 im Überschuß), so verschwindet die braune Farbe des Jods. Umgekehrt reduziert Jodwasserstoffsäure konzentrierte Schwefelsäure, es entsteht dabei elementares Jod, was man an der Braunfärbung der Lösung erkennt. Aus den beiden Versuchen muß man folgern: Die Reaktion (a) führt zu einem Gleichgewicht, das Gleichgewicht verschiebt sich mehr nach der rechten Seite, wenn man einen großen Überschuß von schwefliger Säure anwendet, es verschiebt sich dagegen nach links, wenn man mit einem Überschuß von Schwefelsäure arbeitet.

Als zweites Beispiel betrachten wir die Oxydation von arseniger Säure (H_3AsO_3) zu Arsensäure (H_3AsO_4) durch Jodlösung. Die Reaktion verläuft nach dem folgenden Schema:

$$AsO_3^{3-} + J_2 + H_2O \rightleftharpoons AsO_4^{3-} + 2\,H^+ + 2\,J^-,$$

es bildet sich dabei Jodwasserstoffsäure. Gibt man zu einer wäßrigen Jodlösung eine Lösung von arseniger Säure, so tritt keine vollständige Entfärbung ein, das elementare Jod wird nur teilweise zur Jodwasserstoffsäure reduziert, man kommt zu einem Gleichgewicht zwischen Jod, Jodionen und Wasserstoffionen. Dieses Gleichgewicht kann man verschieben dadurch, daß man die Menge eines der Gleichgewichtspartner ändert, z. B. die Menge der Wasserstoffionen. Neutralisiert man nämlich die bei der Reaktion entstehenden H-Ionen durch Zugabe von Hydroxylionen, so muß sich das Gleichgewicht nach der rechten Seite verschieben, es verschwindet die Farbe des elementaren Jods. Setzt man dagegen zu dieser farblosen Reaktionslösung eine starke Säure hinzu, d. h. erhöht man die Konzentration der Wasserstoffionen, so bildet sich wieder elementares Jod zurück, das Gleichgewicht verschiebt sich nach links.

b) Ableitung des Massenwirkungsgesetzes.

Wir wollen jetzt dazu übergehen, die Abhängigkeit des Gleichgewichts von der Konzentration der Reaktionspartner quantitativ zu untersuchen. Wir benutzen dazu die Reaktion zwischen Bromsäure und Jodwasserstoffsäure, die zur Bildung von elementarem Jod und Bromwasserstoffsäure hinführt:

$$HBrO_3 + 6\,HJ = 3\,J_2 + 3\,H_2O + HBr.$$

Diese Reaktion gestattet die Messung der Reaktionsgeschwindigkeit, wenn man in genügender Verdünnung arbeitet. Wir führen eine Reihe vergleichbarer Versuche durch, die sich untereinander nur durch die Konzentration der Bromsäure unterscheiden. In einige größere Bechergläser bringen wir je $^1/_2$ Liter verdünnte Schwefelsäure und je 10 ccm einer Stärkelösung. In jedes der Bechergläser gießen wir nun verschieden große, aber bekannte Flüssigkeitsmengen (5 ccm, 10 ccm, 15 ccm und 20 ccm) einer verdünnten Kaliumbromatlösung, und ferner stets 10 ccm einer verdünnten Kaliumjodidlösung. Beim Eingießen der letzten Lösung setzen wir jedesmal eine Stoppuhr in Gang und messen diejenige Zeit, die vergeht, bis die Lösungen infolge der gebildeten Jodstärke stets die gleiche Blaufärbung annehmen, d. h. wir messen die Zeit, die jeweils zur Bildung der gleichen Menge Jod benötigt wird. Die gemessenen Reaktionszeiten sind in der folgenden Tabelle zusammengestellt.

Tabelle 38.

Versuchs-Nr.	Angewandte Menge an HBrO$_3$	Reaktionszeit
1	5 ccm	125 sec
2	10 ccm	63 sec
3	15 ccm	43 sec
4	20 ccm	34 sec

Was lehren diese 4 Versuche? Im Versuch 2 ist die Konzentration an Bromat gegenüber derjenigen des Versuches 1 verdoppelt, die Reaktionszeit ist auf die Hälfte gesunken. Im Versuch 3 beträgt die Bromatmenge das 3fache des ersten Versuches, die Reaktionszeit ist daher annähernd auf ein Drittel gesunken, mit anderen Worten: Die Reaktionsgeschwindigkeit ist 3mal so groß wie die des Versuches 1. Wir müssen aus diesen Messungen den folgenden Schluß ziehen: Die Reaktionsgeschwindigkeit ist direkt proportional der Konzentration des Bromates.

Wir wollen noch eine zweite Reaktion quantitativ verfolgen, und zwar die Umsetzung zwischen Wasserstoffsuperoxyd und Jodwasserstoffsäure. Sie führt zur Bildung von Wasser und elementarem Jod.

$$H_2O_2 + 2\,HJ \rightleftharpoons 2\,H_2O + J_2.$$

Die Durchführung der Versuche gestaltet sich genau wie oben, nur mit der einzigen Änderung, daß wir an Stelle des Bromatzusatzes jeweils verschiedene Mengen sehr verdünnten Wasserstoffsuperoxyds zu den

einzelnen Lösungen hinzugeben. Auch die Ergebnisse dieser Versuche
seien hier tabellarisch angeführt:

Versuchs-Nr.	Angewandte Menge an H_2O_2	Reaktionszeit
1	5 ccm	176 sec
2	10 ccm	90 sec
3	20 ccm	46 sec

Wiederum verhalten sich die Reaktionszeiten umgekehrt wie die angewandten Mengen an Wasserstoffsuperoxyd. Oder: Die Reaktionsgeschwindigkeit ist der H_2O_2-Konzentration direkt proportional.

Wir wollen nun die Ergebnisse der beiden Versuche verallgemeinern.
Zwischen den beiden Stoffen A und B einerseits und den Stoffen A_1
und B_1 andererseits möge folgendes Gleichgewicht bestehen:

$$A + B \rightleftharpoons A_1 + B_1.$$

Die Konzentration des Stoffes A sei mit $[A]$, die des Stoffes B mit $[B]$
bezeichnet. Wie aus den obigen Versuchen folgt, ist die Geschwindigkeit der Reaktion von links nach rechts ($\vec{v}$) proportional der Konzentration von A, und natürlich gleichfalls proportional der Konzentration
von B, d. h. es gilt die Beziehung:

$$\vec{v} = k \cdot [A] \cdot [B],$$

wobei k den Proportionalitätsfaktor, also eine Konstante, bedeutet.
Sind $[A_1]$ und $[B_1]$ die Konzentrationen der Stoffe A_1 und B_1, so gilt
eine entsprechende Gleichung für die Geschwindigkeit der Reaktion
von rechts nach links ($\overleftarrow{v}$):

$$\overleftarrow{v} = k_1 \cdot [A_1] \cdot [B_1].$$

Der Gleichgewichtszustand ist nun offensichtlich dadurch charakterisiert, daß die Geschwindigkeiten der beiden gegenläufigen Reaktionen
einander gleich sind:

$$\vec{v} = \overleftarrow{v}.$$

Wenn nämlich diese Gleichung erfüllt ist, so verändert sich das gegenseitige Mengenverhältnis der Reaktionspartner zueinander nicht. Für
den Gleichgewichtszustand gilt somit:

$$k \cdot [A] \cdot [B] = k_1 \cdot [A_1] \cdot [B_1].$$

Diese Gleichung formen wir ein wenig um, so daß alle Konzentrations-
größen auf einer Gleichungsseite stehen:

$$(I) \qquad \frac{[A] \cdot [B]}{[A_1] \cdot [B_1]} = \frac{k_1}{k} = K.$$

Für das Verhältnis der beiden Geschwindigkeitskonstanten k und k_1
ist eine neue Konstante K gesetzt. Man nennt K die *Gleichgewichtskonstante*. Unsere Formel (I) besagt demnach: Bildet man das Produkt
der Konzentrationen derjenigen Stoffe, die auf der einen Seite eines
chemischen Gleichgewichts stehen, und dividiert es durch das Produkt

der Konzentrationen der Stoffe der anderen Gleichungsseite, so erhält man eine Konstante, die Gleichgewichtskonstante K. Der Wert von K ist für das jeweils betrachtete Gleichgewicht charakteristisch und nur abhängig von der Temperatur und dem Druck. Diese Beziehung zwischen der Gleichgewichtskonstanten K und den Gleichgewichtskonzentrationen der an der Reaktion beteiligten Stoffe heißt das „Massenwirkungsgesetz"; es ist von GULDBERG und WAAGE zuerst abgeleitet worden.

Die Formel (I) ist für den speziellen Fall gültig, daß 1 Molekül eines Stoffes A mit 1 Molekül eines Stoffes B reagiert, und daß dabei je ein Molekül zweier neuer Stoffe A_1 und B_1 entstehen. Eine Übertragung auf kompliziertere Reaktionen macht keine Schwierigkeiten. Die allgemeinste Form einer chemischen Reaktion ist die folgende:

$$A + B + C + D + \cdots \rightleftharpoons A_1 + B_1 + C_1 + D_1 + \cdots.$$

Die Reaktionsgeschwindigkeit ist proportional der Konzentration eines jeden Stoffes, der an der Reaktion beteiligt ist:

$$\vec{v} = k \cdot [A] \cdot [B] \cdot [C] \cdot [D] \cdots.$$
$$\overleftarrow{v} = k_1 \cdot [A_1] \cdot [B_1] \cdot [C_1] \cdot [D_1] \cdots.$$

Durch Gleichsetzen der beiden Umsetzungsgeschwindigkeiten erhalten wir für die Gleichgewichtskonstante K den Wert:

$$\text{(II)} \qquad K = \frac{[A] \cdot [B] \cdot [C] \cdot [D] \cdots}{[A_1] \cdot [B_1] \cdot [C_1[\cdot [D_1] \cdots}.$$

Wenn nun bei einer Reaktion ein Molekül eines Stoffes mit mehreren Molekülen eines zweiten Stoffes reagiert:

$$A + n \cdot B \rightleftharpoons \cdots,$$

so können wir auch diese Gleichung auf den obigen allgemeinen Fall zurückführen, indem wir schreiben:

$$A + \underbrace{B + B + B}_{n\,\text{mal}} + \cdots \rightleftharpoons \cdots,$$

Für diese Umsetzung können wir die Reaktionsgeschwindigkeit angeben:

$$\vec{v} = k \cdot [A] \cdot \underbrace{[B] \cdot [B] \cdot [B]}_{n\,\text{mal}} \cdots = k \cdot [A] \cdot [B]^n.$$

Ist also ein Stoff bei einer Umsetzung mit n Molekülen beteiligt, so ist die Konzentration dieses Stoffes im Massenwirkungsgesetz in die $n$te Potenz zu setzen. D. h. für das Gleichgewicht:

$$a \cdot A + b \cdot B + c \cdot C + \cdots \rightleftharpoons a_1 \cdot A_1 + b_1 \cdot B_1 + c_1 \cdot C_1 +$$

lautet das Massenwirkungsgesetz:

$$\frac{[A]^a \cdot [B]^b \cdot [C]^c \cdots}{[A_1]^{a_1} \cdot [B_1]^{b_1} \cdot [C_1]^{c_1} \cdots} = K.$$

Daß das Massenwirkungsgesetz eine der grundlegendsten und wichtigsten chemischen Gesetzmäßigkeiten darstellt, die man immer wieder gebraucht, erkennt man bereits an den folgenden Anwendungsbeispielen.

Wenden wir das Massenwirkungsgesetz zunächst auf eines der Gasgleichgewichte, die eingangs dieses Abschnittes besprochen wurden, an, nämlich auf das Gleichgewicht:

$$2\,SO_2 + O_2 \rightleftharpoons 2\,SO_3 .$$

Das Massenwirkungsgesetz lautet hierfür:

$$\frac{[SO_3]^2}{[SO_2]^2 \cdot [O_2]} = K_1 .$$

Wir formen diesen Ausdruck ein wenig um, indem wir mit der Sauerstoffkonzentration multiplizieren und die Quadratwurzel ziehen:

$$\frac{[SO_3]}{[SO_2]} = \sqrt{K_1 \cdot [O_2]} .$$

Wir sehen: Das Verhältnis der Gleichgewichtskonzentrationen von SO_3 zu SO_2 wird größer, d. h. die Ausbeute an SO_3 steigt, wenn man die Konzentration an Sauerstoff erhöht. Das stimmt überein mit den experimentellen Befunden, die in der Abb. 57 (S. 141) graphisch dargestellt sind.

c) Massenwirkungsgesetz und elektrolytische Dissoziation.

Die Dissoziationskonstante. In diesem Abschnitt besprechen wir die Anwendungen des Massenwirkungsgesetzes auf den Dissoziationsvorgang in Lösungen. Bei der Besprechung der Theorie der elektrolytischen Dissoziation wurde bereits festgestellt, daß die Elektrolyte in wäßriger Lösung in Ionen zerfallen sind, und daß es sich bei der elektrolytischen Dissoziation um einen Gleichgewichtszustand handelt derart, daß Ionen (Anionen und Kationen) neben ungespaltenen Molekülen vorliegen:

Nichtdissoz. Elektrolyt $\rightleftharpoons$ Anion + Kation.

Wir unterschieden zwischen starken und schwachen Elektrolyten, je nachdem das Gleichgewicht in der wäßrigen Lösung weitgehend zugunsten der Ionen oder zugunsten der undissoziierten Moleküle verschoben war. Als starke Elektrolyte waren demgemäß alle Salze, die starken Säuren und die starken Basen, zu bezeichnen; sie sind in wäßriger Lösung zu annähernd 100% in Ionen zerfallen. Als Vertreter dieser Klasse von Elektrolyten wählen wir das Natriumchlorid, das Gleichgewicht:

$NaCl \rightleftharpoons Na^+ + Cl^-$

ist nach der rechten Seite verschoben. Bei Anwendung des Massenwirkungsgesetzes für den Fall

$$\frac{[Na^+] \cdot [Cl^-]}{[NaCl]} = K_2$$

ist also die Gleichgewichtskonstante K_2 oder — wie sie bei Elektrolyten auch heißt — die „Dissoziationskonstante" eine sehr große Zahl.

Bei den schwachen Elektrolyten (schwache Säuren und schwache Basen) ist nur ein kleiner Bruchteil der gelösten Moleküle dissoziiert, z. B. bei der Essigsäure:

$CH_3COOH \rightleftharpoons H^+ + (CH_3COO)^- .$

Wenden wir das Massenwirkungsgesetz auf die Essigsäure an:

$$\frac{[\mathrm{H}^+]\cdot[\mathrm{CH_3COO}^-]}{[\mathrm{CH_3COOH}]} = K_3,$$

so wird die Dissoziationskonstante K_3 einen sehr kleinen Wert haben. Wir wollen im folgenden die Größe von K_3 berechnen. Dazu ist es notwendig, den Dissoziationsgrad α einer wäßrigen Essigsäure zu kennen. In einer 1 molaren Essigsäure, d. h. in einer Lösung, die 1 Mol Essigsäure in 1 Liter gelöst enthält, ist der Dissoziationsgrad $\alpha = 0{,}4\%$. Von 1000 Essigsäuremolekülen sind also nur 4 Moleküle in Ionen gespalten, während die restlichen 996 Moleküle undissoziiert vorliegen. Auf diese Lösung wenden wir das Massenwirkungsgesetz an. Wegen der geringen Dissoziation ist die Konzentration der undissoziierten Essigsäure fast gleich der Gesamtessigsäurekonzentration (1), nämlich gleich:

$$[\mathrm{CH_3COOH}] = \frac{996}{1000}\cdot 1 = 0{,}996.$$

Die Konzentration der Wasserstoffionen bzw. die der Acetationen, die ja einander gleich sein müssen, beträgt:

$$[\mathrm{H}^+] = [\mathrm{CH_3COO}^-] = \frac{4}{1000}\cdot 1 = 4\cdot 10^{-3}.$$

Wir erhalten also:

$$K_3 = \frac{4\cdot 10^{-3}\cdot 4\cdot 10^{-3}}{0{,}996} = \sim 1{,}6\cdot 10^{-5}.$$

Die Dissoziationskonstante der Essigsäure hat in der Tat einen recht kleinen Wert.

Das OstwALDsche Verdünnungsgesetz. Nun wollen wir umgekehrt mit Hilfe dieser Dissoziationskonstanten den Dissoziationsgrad α einer 0,1 molaren Essigsäure ausrechnen. Die Konzentration der Wasserstoffionen und der Acetationen setzen wir gleich x, die Konzentrationen der undissoziierten Essigsäure ist jetzt $0{,}1^1$ und wir erhalten die Gleichung:

$$\frac{x\cdot x}{0{,}1} = 1{,}6\cdot 10^{-5},$$

aus der wir x zu $1{,}3\cdot 10^{-3}$ bestimmen. Da die Konzentration der Essigsäure gleich 0,1 gesetzt war und die Konzentration der beiden Ionenarten je $1{,}3\cdot 10^{-3}$ beträgt, berechnen wir den Dissoziationsgrad α dieser 0,1 molaren Essigsäure zu:

$$\alpha = \frac{[\mathrm{H}^+]\cdot 100}{[\mathrm{CH_3COOH}]}\ \% = \frac{1{,}3\cdot 10^{-3}\cdot 100}{0{,}1}\ \% = 1{,}3\%,$$

d. h. es sind bedeutend mehr Essigsäuremoleküle dissoziiert als in der 1 molaren Lösung. Von 1000 Molekülen sind in der 1 molaren Lösung 4 Moleküle in Ionen zerfallen, in der 0,1 molaren Lösung dagegen 13.

Diese Rechnung läßt sich leicht durch einen Versuch — wenigstens qualitativ — bestätigen, indem man die Leitfähigkeit einer 1 molaren

---

^{1} Exakt wäre $[\mathrm{CH_3COOH}] = 0{,}1\cdot(1-x)$; da x aber eine kleine Zahl ist, können wir $(1-x)$ durch 1 ersetzen, ohne einen merklichen Fehler zu machen.

und einer 0,1 molaren Essigsäure mißt. Würde sich der Dissoziationsgrad beim Verdünnen nämlich nicht ändern, so müßte sich die Zahl der Elektrizitätsträger pro ccm in der 0,1 molaren Lösung zu der 1 molaren Lösung wie 1 zu 10 verhalten, und damit müßte die Leitfähigkeit beim Verdünnen auf den zehnten Teil ihres ursprünglichen Wertes absinken. Der Versuch zeigt nun, daß die Leitfähigkeit der 0,1 molaren Lösung etwa ein Drittel der Leitfähigkeit der 1 molaren Lösung beträgt. D. h. der Dissoziationsgrad muß auf etwa den 3 fachen Wert beim Verdünnen gestiegen sein; dieselbe Behauptung hatte auch unsere Rechnung ergeben.

Diese Erscheinung ist nicht für die Essigsäure typisch, sondern gilt ganz allgemein für schwache Elektrolyte: Der Dissoziationsgrad α nimmt mit wachsender Verdünnung zu. Ist v die Verdünnung und K_D die Dissoziationskonstante des Elektrolyten, der in je ein Anion und Kation zerfällt, so gilt für den Dissoziationsgrad α bei der betreffenden Verdünnung:

$$\frac{\alpha^2}{1-\alpha} = K_D \cdot v.$$

Diese Gesetzmäßigkeit heißt das „OSTWALDsche Verdünnungsgesetz". Daß die Verdünnung nur bei schwachen Elektrolyten auf die Größe des Dissoziationsgrades einen Einfluß hat, hat seine Ursache darin, daß starke Elektrolyten bereits in konzentrierten Lösungen nahezu zu 100% dissoziiert sind und α seinen Wert infolgedessen nicht mehr wesentlich ändern kann.

Die Dissoziation des Wassers. Als nächstes Anwendungsbeispiel für das Massenwirkungsgesetz wählen wir die Eigendissoziation des Wassers. Wir haben früher gesehen, daß sämtliche Neutralisationsreaktionen durch die eine Gleichung charakterisiert sind:

$$H^+ + OH^- = H_2O.$$

Die Wasserstoffionen der Säure und die Hydroxylionen der Base vereinigen sich zu undissoziiertem Wasser. Wie alle chemischen Umsetzungen führt auch diese zu einem Gleichgewicht, neben vielen undissoziierten Wassermolekülen sind auch einige wenige Wasserstoffionen und Hydroxylionen in der Lösung vorhanden. D. h. das Wasser ist bis zu einem gewissen Grade in Ionen zerfallen. Allerdings ist die Dissoziation des Wassers außerordentlich gering; denn wir haben ja früher beobachtet, daß reines Wasser im Vergleich zu wäßrigen Elektrolytlösungen den elektrischen Strom sehr schlecht leitet. Immerhin läßt sich eine gewisse Leitfähigkeit des reinen Wassers feststellen, wenn man ein genügend empfindliches Amperemeter benutzt.

Wenden wir also das Massenwirkungsgesetz auf die Dissoziation des Wassers an:

$$\frac{[H^+] \cdot [OH^-]}{[H_2O]} = K_4.$$

Wie groß ist hier die Konzentration des undissoziierten Wassers? Definitionsgemäß versteht man unter der Konzentration die Anzahl der Grammole, die sich in 1 Liter oder 1000 g befinden. 1 Grammol

Wasser wiegt 18 g, folglich ist die Konzentration des Wassers: $[H_2O]$ = 1000:18 = 55,5. Die Konzentration des undissoziierten Wassers ist derartig groß gegenüber der Wasserstoffionenkonzentration und der Hydroxylionenkonzentration, daß wir sie als unveränderlich, als konstant annehmen können. Daher bringen wir $[H_2O]$ auf die andere Seite der Gleichung und fassen das Produkt aus K_4 und $[H_2O]$ zusammen zu einer neuen Konstanten, die wir K_w nennen:

$$[H^+] \cdot [OH^-] = K_4 \cdot [H_2O] = K_w.$$

Diese Gleichung besagt, daß das Produkt der Konzentrationen der Wasserstoffionen und der Hydroxylionen, das sog. *Ionenprodukt des Wassers* eine konstante Größe darstellt. Der Wert von K_w läßt sich experimentell auf verschiedenen Wegen (Leitfähigkeitsmessungen, Esterverseifung, direkte Wasserstoffionenmessungen) zu rund 10^{-14} bestimmen (bei Zimmertemperatur). In reinem Wasser muß die Zahl der Wasserstoffionen gleich der der Hydroxylionen sein:

$$[H^+] = [OH^-] = 10^{-7}.$$

In 1 Liter Wasser sind also nur 10^{-7} Mole Wasserstoffionen enthalten; wir sehen daraus, daß wir berechtigt waren, oben die Konzentration des undissoziierten Wassers konstant anzunehmen; denn die 10^{-7} Mole Ionen sind ja gegenüber den 55,5 Molen H_2O in der Tat zu vernachlässigen.

In jeder wäßrigen Lösung von Zimmertemperatur ist also die Gleichung erfüllt:

$$[H^+] \cdot [OH^-] = 10^{-14}.$$

Das bedeutet, daß in einer Säure zwar viele Wasserstoffionen vorhanden sind, daneben aber auch einige Hydroxylionen. Eine 1 molare starke Säure (z. B. Salzsäure) enthält 1 Mol Wasserstoffionen im Liter, d. h.:

$$[H^+] = 1 = 10^0.$$

Folglich ist die Hydroxylionenkonzentration dieser 1 n-Säure:

$$[OH^-] = K_w : [H^+] = 10^{-14} : 1 = 10^{-14}.$$

Entsprechend ist in einer $^n/_{100}$-Salzsäure $[H^+] = 10^{-2}$ und $[OH^-] = 10^{-12}$.

Ganz ähnlich liegen die Verhältnisse bei den Laugen: Neben einem großen Überschuß an Hydroxylionen sind auch einige wenige Wasserstoffionen vorhanden. So ist in einer 1 n-Natronlauge die Hydroxylionenkonzentration gleich $1 = 10^0$ und die Wasserstoffionenkonzentration 10^{-14} Für eine $^n/_{100}$-Natronlauge gilt: $[OH^-] = 10^{-2}$ und $[H^+] = 10^{-12}$. Es ist somit möglich die Stärke einer Base zu charakterisieren dadurch, daß man ihre Wasserstoffionenkonzentration angibt.

Nun hat man zur Vereinfachung der Schreibweise eine neue Bezeichnung eingeführt: den *Wasserstoffexponenten* oder den *p_H-Wert*. Der Wasserstoffexponent ist definiert als der negative dekadische Logarithmus der Wasserstoffionenkonzentration:

$$p_H = -\log[H^+].$$

Für eine $n/_{100}$-Salzsäure ist $[H^+] = 10^{-2}$, folglich ist der Wasserstoffexponent: $p_H = 2$. Für eine $n/_{100}$-Natronlauge ist $[H^+] = 10^{-12}$ oder $p_H = 12$.

In der nebenstehenden Tabelle sind die Beziehungen zwischen Hydroxylionenkonzentration, Wasserstoffionenkonzentration und p_H für verdünnte Säuren und Basen eingetragen.

Neutralisationstitrationen. Als das Wesen einer Neutralisationsreaktion haben wir die Vereinigung von Wasserstoff- und Hydroxylionen zu undissoziiertem Wasser erkannt. Bei der Neutralisation ändert sich somit der Wasserstoffexponent der Lösung. Wir wollen im folgenden einmal die Änderung der Wasserstoffionenkonzentration im Verlauf einer Titration genauer verfolgen, und zwar sollen 100 ccm einer $n/_{100}$-Salzsäure mit einer 1n-Natronlauge titriert werden. Im Anfang ist also der p_H-Wert der vorgelegten Lösung gleich 2. Geben wir jetzt 0,9 ccm der 1n-Natronlauge hinzu, so neutralisieren diese 0,9 ccm 1n-NaOH gerade 90 ccm der $n/_{100}$-Salzsäure. Es sind also 10 ccm $n/_{100}$-HCl noch nicht neutralisiert; da sie sich in 100 ccm Lösung befinden, so ist die gesamte Lösung nur noch eine $n/_{1000}$-Salzsäure, deren $p_H = 3$ ist. Setzen wir weitere 0,09 ccm 1n-NaOH hinzu, so sind von den anfänglich 100 ccm der $n/_{100}$-Salzsäure bereits 99 ccm neutralisiert, 1 ccm $n/_{100}$-HCl ist noch in 100 ccm Lösung enthalten, d. h. die Lösung ist jetzt eine $n/_{10000}$-HCl mit dem p_H-Wert 4.

Tabelle 40.

Lösung	$[H^+]$	$[OH^-]$	p_H
1n-HCl	10^0	10^{-14}	0
$n/_{10}$-HCl	10^{-1}	10^{-13}	1
$n/_{100}$-HCl	10^{-2}	10^{-12}	2
$n/_{1000}$-HCl	10^{-3}	10^{-11}	3
H_2O	10^{-7}	10^{-7}	7
$n/_{100}$-NaOH	10^{-12}	10^{-2}	12
$n/_{10}$-NaOH	10^{-13}	10^{-1}	13
1n-NaOH	10^{-14}	10^0	14

Tabelle 41. Änderung der Wasserstoffionenkonzentration bei der Titration von 100 ccm $n/_{100}$-HCl mit 1n-NaOH.

Zugesetzte ccm 1n-NaOH	$[H^+]$	p_H
0	10^{-2}	2
0,90	10^{-3}	3
0,99	10^{-4}	4
1,00	10^{-7}	7
1,01	10^{-10}	10
1,10	10^{-11}	11
2,00	10^{-12}	12

Bei einer Zugabe von genau 1 ccm der Lauge ist die gesamte Säure gerade neutralisiert, die Lösung reagiert weder sauer noch alkalisch, das p_H ist das des reinen Wassers: $p_H = 7$. Nun wollen wir über die genaue Neutralisation hinaus noch weitere Lauge zufließen lassen, und zwar zunächst 0,01 ccm. Dann befinden sich in den 100 ccm Lösung 0,01 ccm 1n-Natronlauge oder 100 ccm $n/_{10000}$-NaOH; der p_H-Wert der Lösung ist somit gleich 10. Haben wir insgesamt 1,1 cm Lauge zugesetzt, so enthält die Lösung 0,1 ccm 1n-NaOH = 100 ccm $n/_{1000}$-NaOH, entsprechend einem p_H von 11. Bei einer Zugabe von insgesamt 2 ccm 1n-NaOH ist der p_H-Wert der Lösung schließlich auf 12 angestiegen. In der Tabelle 41 sind die Ergebnisse unserer Berechnungen noch einmal zusammengestellt.

In der Abb. 61 ist die Änderung des p_H-Wertes in Abhängigkeit von der zugesetzten Laugenmenge graphisch dargestellt. Der Verlauf der Kurve ist sehr charakteristisch, zu Beginn und am Ende der Titration läuft die Kurve fast parallel zur Abszisse, das p_H ändert sich nur sehr wenig. Das Mittelstück der Kurve ist dagegen nahezu eine Parallele zur Ordinate. Hier ändert sich die Wasserstoffionenkonzentration sprunghaft um etwa fünf Zehnerpotenzen. Der Wendepunkt der Kurve heißt der *Äquivalenzpunkt;* denn er ist dadurch ausgezeichnet, daß genau die der vorgelegten Säure äquivalente Menge an Lauge zugesetzt worden ist (in unserem Beispiel 1 ccm 1 n-NaOH).

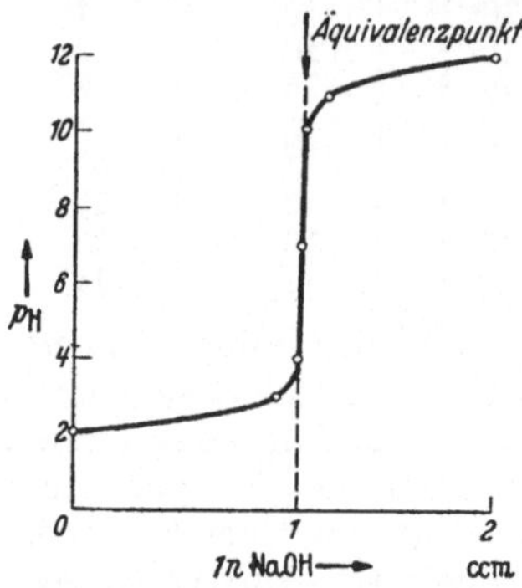

Abb. 61. Neutralisation von $^{n}/_{100}$-HCl mit 1 n-NaOH.

Indikatoren. Bei einer derartigen Neutralisationstitration haben wir früher zur Erkennung des Äquivalenzpunktes einen Indikator benutzt, d. h. einen Stoff, der in alkalischer Lösung eine andere Farbe besitzt als in saurer Lösung. Charakteristisch für einen jeden Indikator ist diejenige Wasserstoffionenkonzentration, bei der er seine Farbe ändert. Man spricht daher von einem „Umschlagspunkt" des Indikators und definiert ihn durch den p_H-Wert der Lösung, bei welchem der Umschlag erfolgt. Die bisher von uns angewandten Indikatoren haben die in der Tabelle aufgeführten Umschlagspunkte:

Tabelle 42.

Indikator	Farbe im sauren Gebiet	Farbe im alkalischen Gebiet	p_H des Umschlagspunktes
Phenolphthalein	farblos	rot	8,4
Lackmus	rot	blau	6,8
Methylorange	rot	orangegelb	4,0

Während also Lackmus fast genau beim Neutralpunkt ($p_H = 7$) umschlägt, liegt der Umschlagspunkt von Methylorange im schwach sauren Gebiet und derjenige von Phenolphthalein im schwach alkalischen Gebiet. Bei unserer Titration der Salzsäure mit Natronlauge können wir nun jeden der drei Indikatoren benutzen, denn trotz der verschiedenen Lage ihrer Umschlagspunkte zeigen sie die gleiche Menge an verbrauchter Natronlauge an, da der Sprung der Wasserstoffionenkonzentration sich über etwa fünf Zehnerpotenzen erstreckt.

Hydrolyse. Die geringe Eigendissoziation des Wassers ist die Ursache der Hydrolyse einer Reihe von Salzen. Der Erscheinung der Hydrolyse liegt folgende Beobachtung zugrunde: Die neutralen Salze, diejenigen Salze also, die weder eine Hydroxylgruppe noch ein saures Wasserstoffatom im Molekül enthalten, lassen sich in drei Gruppen einteilen:

1. in solche, deren wäßrige Lösungen neutral reagieren,
2. in solche, deren wäßrige Lösungen alkalisch reagieren,
3. in solche, deren wäßrige Lösungen sauer reagieren.

Die erste Gruppe enthält die Salze starker Säuren und starker Basen, die zweite Gruppe dagegen die Salze schwacher Säuren und starker Basen und die dritte Gruppe schließlich die Salze starker. Säuren und schwacher Basen. Betrachten wir einige Beispiele! Natriumchlorid ist das Salz einer starken Säure, der Salzsäure, und einer starken Base, der Natronlauge, es gehört also zur ersten Gruppe, eine Kochsalzlösung reagiert in der Tat neutral. Lösen wir Natriumcarbonat oder Natriumacetat oder Natriumsulfid in Wasser, so reagieren diese drei Lösungen schwach alkalisch, es handelt sich dabei um Salze der Gruppe 2, um Salze der starken Base Natronlauge und der schwachen Säuren Kohlensäure, Essigsäure, Schwefelwasserstoffsäure. Auflösungen von Magnesiumchlorid, oder von Aluminiumchlorid, oder von Ammoniumchlorid zeigen dagegen schwach saure Reaktion, diese Salze gehören zur Gruppe 3, es sind Salze der starken Säure Salzsäure und der schwachen Basen Magnesiumhydroxyd, Aluminiumhydroxyd und Ammoniumhydroxyd.

Wie ist dieses eigenartige Verhalten zu erklären? Wie kommt z. B. die alkalische Reaktion einer Natriumacetatlösung zustande? Natriumacetat ist wie alle Salze stark dissoziiert, das Gleichgewicht

$$Na(CH_3COO) \rightleftharpoons CH_3 \cdot COO^- + Na^+$$

ist weitgehend nach der rechten Seite verschoben. Infolge der Eigendissoziation des Wassers sind in der Natriumacetatlösung ferner Wasserstoff- und Hydroxylionen vorhanden:

$$H_2O \rightleftharpoons H^+ + OH^- .$$

In der Natriumacetatlösung befinden sich also nebeneinander die folgenden Ionen: Na^+, CH_3COO^-, H^+ und OH^-, d. h. also die Ionen der Essigsäure und der Natronlauge. Es sind daher auch noch die Dissoziationsgleichgewichte dieser beiden Stoffe zu berücksichtigen:

$$CH_3COOH \rightleftharpoons H^+ + CH_3COO^-$$
$$NaOH \rightleftharpoons Na^+ + OH^- .$$

Von diesen beiden ist das letzte Gleichgewicht ganz nach rechts, nach der Seite der Ionen, verschoben, die Essigsäure ist dagegen als schwache Säure nur wenig dissoziiert, d. h. in dem Ausdruck

$$\frac{[H^+] \cdot [CH_3COO^-]}{[CH_3COOH]} = K_5$$

ist K_5 eine kleine Zahl, nämlich — wie wir früher ausgerechnet haben — gleich $1{,}6 \cdot 10^{-5}$. Nun ist die durch das Natriumacetat hervorgerufene Acetationenkonzentration sehr groß, die Konzentration an undissoziierter Essigsäure ist anfänglich überhaupt gleich Null, das Gleichgewicht der Essigsäure ist also zunächst gestört und kann sich nur dadurch richtig einstellen, daß sich Acetationen und Wasserstoffionen zu undissoziierter Essigsäure vereinigen. D. h. beim Lösen des Natriumacetates verschwinden die Wasserstoffionen des Wassers, es sind somit Hydroxylionen im Überschuß vorhanden, die Natriumacetatlösung reagiert demgemäß schwach alkalisch.

Ganz ähnlich liegen die Verhältnisse bei den Salzen schwacher Basen und starker Säuren, also z. B. beim Ammoniumchlorid. Hier sind folgende vier Gleichgewichte zu berücksichtigen:

$$\text{(1)} \qquad NH_4Cl \rightleftharpoons NH_4^+ + Cl^-$$
$$\text{(2)} \qquad H_2O \rightleftharpoons H^+ \;\; + OH^-$$
$$\text{(3)} \qquad HCl \rightleftharpoons H^+ \;\; + Cl^-$$
$$\text{(4)} \qquad NH_4OH \rightleftharpoons NH_4^+ + OH^-$$

Die Gleichungen (1) und (3) sind vollkommen nach der Seite der Ionen verschoben, der Gleichgewichtszustand der Gleichung (4) liegt dagegen zugunsten des undissoziierten Ammoniumhydroxyds. Infolgedessen vereinigen sich die Ammoniumionen des Ammoniumchlorids teilweise mit den Hydroxylionen des Wassers, und die Lösung enthält überschüssige Wasserstoffionen, reagiert also schwach sauer.

Pufferung. An dieser Stelle muß noch einer anderen Erscheinung kurz Erwähnung getan werden: der Pufferung. Schwache Säuren oder schwache Basen sind — wie schon mehrfach erwähnt — durch einen sehr kleinen Dissoziationsgrad ausgezeichnet; die wäßrigen Lösungen schwacher Säuren besitzen daher einen p_H-Wert, welcher von dem p_H gleichkonzentrierter starker Säuren wesentlich verschieden ist. Für eine $^n/_{10}$-Essigsäure mißt man z. B. einen p_H-Wert von 3, während das p_H einer $^n/_{10}$-Salzsäure bekanntlich gleich 1 ist. Man kann nun die Wasserstoffionenkonzentration einer schwachen Säure noch weiter vermindern dadurch, daß man ein Salz dieser selben Säure hinzusetzt. Gibt man z. B. zu der $^n/_{10}$-Essigsäure eine Natriumacetatlösung, so hat diese Lösung etwa ein p_H von 5. Diese Änderung der Wasserstoffionenkonzentration läßt sich durch Verwendung von Methylorange, dessen Umschlagspunkt bei $p_H = 4$ liegt, sehr leicht feststellen. Versetzt man die verdünnte Essigsäure mit Methylorange, so färbt sich die Lösung rot; durch Zugabe von Natriumacetat wird die Lösung gelb. Wie ist die Änderung der Wasserstoffionenkonzentration zu erklären? Für die Essigsäure lautet das Massenwirkungsgesetz:

$$\frac{[H^+] \cdot [CH_3COO^-]}{[CH_3COOH]} = K_5.$$

Die Konzentration der Ionen ist im Vergleich zur Konzentration der undissoziierten Essigsäure sehr klein. Durch die Zugabe von Natriumacetat wird die Acetationenkonzentration außerordentlich stark erhöht; denn Natriumacetat ist als Salz nahezu zu 100% dissoziiert. Das für die Essigsäure gültige Gleichgewicht ist also durch den Natriumacetatzusatz gestört; eine Neueinstellung des Gleichgewichts ist nur möglich durch eine Vereinigung von Acetationen und Wasserstoffionen zu undissoziierter Essigsäure, die Folge ist eine Herabsetzung der Wasserstoffionenkonzentration. Diese Erscheinung gilt allgemein:

Die Wasserstoffionenkonzentration einer schwachen Säure läßt sich durch Zugabe eines Salzes derselben Säure herabsetzen.

Der p_H-Wert, der sich dann einstellt, ist in ziemlich weiten Grenzen von der Menge der Säure und der Menge des Salzes unabhängig; er ändert sich kaum, wenn man die Säurekonzentration erhöht oder durch Zugabe einer Lauge vermindert. So kann man z. B. zu dem Essigsäure-Acetat-Gemisch, das, mit Methylorange versetzt, gelb gefärbt ist, etwas verdünnte Salzsäure hinzugeben, ohne daß die Farbe des Indikators nach Rot umschlägt; die Lösung ist also hinsichtlich der Wasserstoffionenkonzentration gepuffert. Häufig angewandte Puffermischungen sind der Essigsäure-Acetatpuffer und der Phosphatpuffer.

Im alkalischen Gebiet machen wir ähnliche Beobachtungen, wenn wir zu einer schwachen Lauge, z. B. Ammoniumhydroxyd, ein Salz derselben Lauge, z. B. Ammoniumchlorid, hinzusetzen:

Die Hydroxylionenkonzentration einer schwachen Base wird durch Zugabe eines Salzes derselben Lauge herabgesetzt.

Eine verdünnte wäßrige Ammoniaklösung wird durch Phenolphthalein rot gefärbt; löst man festes Ammoniumchlorid darin auf, so wird die Lösung entfärbt, d. h. die Hydroxylionenkonzentration ist wesentlich geringer geworden. Wir können sogar einige Tropfen Natronlauge zufügen, ohne daß der Umschlag nach Rot erfolgt.

Das Massenwirkungsgesetz, angewandt auf die Dissoziation des Ammoniumhydroxyds, lautet:

$$\frac{[NH_4^+]\cdot[OH^-]}{[NH_4OH]} = K_6\,.$$

Die Hydroxyl- und die Ammoniumionenkonzentration ist gering im Vergleich zur Konzentration des undissoziierten Ammoniumhydroxyds. Eine Zugabe von Ammoniumchlorid würde die Konzentration der Ammoniumionen erhöhen, das muß kompensiert werden durch eine Vereinigung der OH- und NH_4-Ionen; folglich wird die Hydroxylionenkonzentration vermindert.

Die Neutralisation schwacher Säuren oder schwacher Basen. Die Änderung der Wasserstoffionenkonzentration, die im Verlauf einer Titration einer starken Säure mit einer starken Base erfolgt, ist in der Abb. 61 graphisch dargestellt. Soll an Stelle der starken Salzsäure eine schwache Säure, z. B. Essigsäure, mit Natronlauge neutralisiert werden, so hat die Titrationskurve eine ganz andere Gestalt, nämlich die der Abb. 62. Vergleicht man die beiden Kurven miteinander, so stellt man als wesentlichste Unterschiede die folgenden fest:

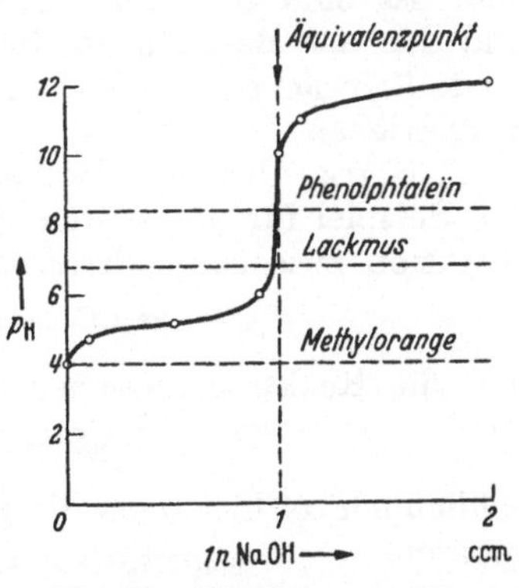

Abb. 62. Titration von 100 ccm $^n/_{100}$-CH_3COOH mit 1n-NaOH.

1. Bei der $^n/_{100}$-Essigsäure beginnt die Kurve bei einem p_H-Wert von 4.

2. Gleich zu Anfang sinkt die Wasserstoffionenkonzentration stark ab. Der Grund hierfür ist der, daß durch die Neutralisation der Essigsäure mit der Natronlauge Natriumacetat gebildet wird, und daß das Natriumacetat — wie oben bereits ausführlich besprochen — infolge Pufferwirkung die Wasserstoffionenkonzentration der Essigsäure vermindert.

3. Der Sprung der Wasserstoffionenkonzentration beim Äquivalenzpunkt erstreckt sich nur über zwei bis drei Zehnerpotenzen.

Der unter 3 genannte Unterschied ist bei der Wahl des Indikators zu beachten. Während nämlich bei der Titration der starken Säure der p_H-Sprung derartig groß war, daß sich der Umschlagspunkt für jeden der in Tabelle 42 genannten Indikatoren innerhalb dieses großen Sprunges befand, so trifft das bei der Titration der Essigsäure nicht mehr für alle drei Indikatoren zu. Wie man aus der Abb. 62 erkennt, liegt nur noch der Umschlagspunkt des Phenolphthaleins im Sprunggebiet. Bei der Titration einer schwachen Säure mit einer starken Lauge sind daher Lackmus und Methylorange als Indikatoren nicht zu gebrauchen, sondern nur Phenolphthalein.

Entsprechendes gilt für die Titration schwacher Basen, wie Ammoniumhydroxyd, mit starken Säuren: Der p_H-Sprung beim Äquivalenzpunkt verläuft etwa vom $p_H = 7$ bis $p_H = 4$. Als Indikator ist lediglich ein solcher zu gebrauchen, der im sauren Gebiet umschlägt, also Methylorange.

Titriert man schwache Basen mit schwachen Säuren, so erhält man überhaupt keinen scharf ausgeprägten Sprung der Wasserstoffionenkonzentration mehr; denn die Lösung enthält vor wie nach dem Äquivalenzpunkt Puffermischungen, deren p_H in der Nähe des p_H-Wertes des Neutralpunktes (7) liegen.

Verdrängung schwacher Säuren oder Basen durch stärkere. Zwei wichtige Gesetzmäßigkeiten, auf die schon wiederholt hingewiesen worden ist, werden auf Grund des Massenwirkungsgesetzes verständlich. Es sind die Sätze, die das Verhalten der Säuren untereinander und das der Basen untereinander behandeln:

1. Schwache Säuren werden aus ihren Salzen durch stärkere Säuren ausgetrieben.

2. Starke Basen vertreiben die schwächeren Basen aus ihren Salzen. Als Beispiel für den ersten Fall haben wir bereits kennengelernt: Die Reaktion zwischen Salzsäure und Carbonaten:

$$Na_2CO_3 + 2\,HCl \rightleftharpoons 2\,NaCl + H_2CO_3$$

und die Reaktion zwischen Salzsäure und löslichen. Sulfiden:

$$Na_2S + 2\,HCl \rightleftharpoons 2\,NaCl + H_2S.$$

Schließlich sei hier noch die Reaktion zwischen Salzsäure und Acetaten genannt:

$$Na(CH_3COO) + HCl \rightleftharpoons NaCl + H(CH_3COO).$$

Welches ist die Ursache dieser gleichartigen Umsetzungen? Die Salze der schwachen Säuren sind als Salze weitgehend dissoziiert, z. B. das Natriumacetat:

$$Na(CH_3COO) \rightleftharpoons Na^+ + CH_3COO^-$$

Die starke Säure Salzsäure ist gleichfalls nahezu vollständig in Ionen zerfallen:

$$HCl \rightleftharpoons H^+ + Cl^-.$$

Beim Zusammengießen dieser beiden Lösungen erhalten wir eine Lösung, die nebeneinander vier Ionenarten enthält: Na^+, Cl^-, H^+, CH_3COO^-.

Auf diese Lösungen haben neben den genannten beiden Gleichgewichten zwei weitere einen Einfluß: Die Dissoziation des Natriumchlorids:

$$NaCl \rightleftharpoons Na^+ + Cl^-$$

und die Dissoziation der Essigsäure:

$$CH_3COOH \rightleftharpoons H^+ + CH_3COO^-$$

Natriumchlorid ist als Salz stark dissoziiert, das Gleichgewicht der Essigsäure ist dagegen weitgehend nach der Seite der undissoziierten Essigsäure verschoben. Somit ist in unserer Lösung die Wasserstoffionenkonzentration, herrührend von der Salzsäure, und die Acetationenkonzentration, bedingt durch die Dissoziation des Natriumacetats, größer, als es die Dissoziation der Essigsäure gestattet. Die Folge ist, daß sich Wasserstoff- und Acetationen zu undissoziierter Essigsäure vereinen so lange, bis das Gleichgewicht für die Essigsäure gemäß der Formel:

$$\frac{[H^+] \cdot [CH_3COO^-]}{[CH_3COOH]} = K_5$$

eingestellt ist. Beim Zusammengießen der Salzsäure und einer Acetatlösung entsteht daher undissoziierte Essigsäure.

Das gleiche gilt für die Salze aller schwachen Säuren. Bei den Carbonaten und Sulfiden kommt noch eine Besonderheit hinzu: Die undissoziierte Kohlensäure und die undissoziierte Schwefelwasserstoffsäure sind in Wasser ziemlich wenig löslich und entweichen gasförmig, wenn man eine Carbonat- oder Sulfidlösung mit einer starken Säure versetzt.

Das gegenseitige Verhalten zweier Säuren wird neben der Stärke noch durch eine zweite Eigenschaft der betreffenden Säuren bestimmt: durch ihre Flüchtigkeit, d. h. durch die Lage ihres Siedepunktes. Ist nämlich der Dampfdruck der stärkeren Säure größer als der der schwachen Säure, so wird der obige Gleichgewichtszustand gestört und die starke Säure ausgetrieben. Als Beispiele nennen wir die Umsetzung zwischen Chloriden und Schwefelsäure:

(1) $$NaCl + H_2SO_4 \rightleftharpoons NaHSO_4 + HCl$$

und die Umsetzung zwischen Sulfaten und Kieselsäure:

(2) $$Na_2SO_4 + SiO_2 \rightleftharpoons Na_2SiO_3 + SO_3.$$

Die Schwefelsäure ist eine schwächere Säure als die Salzsäure, daher liegt das Gleichgewicht (1) zugunsten der linken Seite. Nun ist aber die Salzsäure leicht flüchtig, entweicht gasförmig und stört somit das Gleichgewicht (1), das sich daher allmählich nach der rechten Seite verschieben muß. Bei der Gleichung (2) ist die Kieselsäure schwächer als die Schwefelsäure, die Schwefelsäure ist aber flüchtiger als die Kieselsäure, infolgedessen entweicht SO_3, wenn man ein Gemisch aus Natriumsulfat und Kieselsäure erhitzt.

Fällungsreaktionen. Zum Schluß dieses Abschnittes soll noch die Gesamtheit der Fällungsreaktionen als Anwendungsbeispiel des Massenwirkungsgesetzes besprochen werden. Jeder in Wasser lösliche Stoff besitzt eine charakteristische maximale Löslichkeit. Eine Lösung, in der von einem Stoff AB so viel gelöst ist, wie seiner maximalen Löslichkeit entspricht, nennt man eine gesättigte Lösung. Ist der betrachtete gelöste Stoff AB ein Elektrolyt, so ist er zum Teil in Ionen zerfallen, etwa nach Gleichung:

$$AB \rightleftharpoons A^+ + B^-.$$

Das Massenwirkungsgesetz, angewandt auf AB, lautet:

$$\frac{[A^+] \cdot [B^-]}{[AB]} = K_7.$$

Handelt es sich um eine gesättigte Lösung, so ist die Konzentration des undissoziierten Stoffes AB konstant zu setzen und gegeben durch die maximale Löslichkeit. Wir können daher bei gesättigten Lösungen die Größe $[AB]$ als Konstante mit der Dissoziationskonstanten K_7 zusammenziehen zu einer neuen Konstanten L_{AB}:

$$[A^+] \cdot [B^-] = K_7 \cdot [AB] = L_{AB}.$$

Man bezeichnet L_{AB} als das **Löslichkeitsprodukt** des Stoffes AB. Das Löslichkeitsprodukt ist gemäß der obigen Definitionsgleichung gleich dem Ionenprodukt des betreffenden Stoffes in einer gesättigten Lösung. Gießt man zwei Lösungen zusammen, von denen die eine die Ionenart A^+ und die zweite die Ionenart B^- enthält, so wird man bei der Vereinigung der beiden Lösungen nichts Besonderes bemerken, solange das Produkt der Ionenkonzentration von A und B kleiner ist als das Löslichkeitsprodukt. Wird dagegen der Wert von L_{AB} überschritten, so müssen sich Ionen von A und B zu undissoziierten AB vereinigen, das dann als Niederschlag ausfällt, da die Konzentration an AB bereits einer gesättigten Lösung entspricht. Die Bildung eines Niederschlages beobachtet man gleichfalls, wenn man in einer an AB gesättigten Lösung die Konzentration an A^+-Ionen oder aber B^+-Ionen erhöht. Setzt man z. B. zu einer gesättigten Kaliumperchloratlösung eine konzentrierte Perchlorsäurelösung oder aber eine konzentrierte Kaliumhydroxydlösung, so entsteht in beiden Fällen ein Niederschlag an Kaliumperchlorat. Für die gesättigte Kaliumperchloratlösung gilt:

$$[K^+] \cdot [ClO_4^-] = L_{KClO_4}.$$

Durch Zugabe der Perchlorsäure erhöhen wir die Perchlorationenkonzentration, durch Zugabe des Kaliumhydroxyds wird die Kaliumionenkonzentration erhöht, so daß bei beiden Versuchen das Ionenprodukt größer geworden ist als das Löslichkeitsprodukt und demgemäß ein $KClO_4$-Niederschlag entstehen muß. Wir können also den allgemeinen Satz formulieren:

Fügt man zu der gesättigten Lösung eines Elektrolyten einen anderen gleichionigen Elektrolyten hinzu, so wird das Löslichkeitsprodukt des ersteren überschritten und er fällt teilweise aus.

Schwer lösliche Substanzen sind durch einen sehr kleinen Wert ihres Löslichkeitsproduktes ausgezeichnet. So hat das Löslichkeitsprodukt von Silberchlorid z. B. den Wert 10^{-10}:

$$[Ag^+] \cdot [Cl^-] = L_{AgCl} = 10^{-10},$$

d. h. eine gesättigte Silberchloridlösung hat eine Silberionenkonzentration und eine Chlorionenkonzentration von je 10^{-5}. Gießt man also in eine Lösung, die Chlorionen enthält, eine Silbersalzlösung, so wird das Ionenprodukt $[Ag^+] \cdot [Cl^-]$ den Wert 10^{-10} des Löslichkeitsproduktes L_{AgCl} weitgehend überschreiten und es wird der weitaus größte Teil der Chlorionen ausfallen. Beabsichtigt man, die Chlorionen aus einer Lösung quantitativ auszufällen, so wird man einen großen Überschuß an Silberionen verwenden. Je höher nämlich die Konzentration der Silberionen beim Fällen des AgCl-Niederschlages ist, um so kleiner ist die Konzentration der nichtausfällbaren, gelöst bleibenden restlichen Chlorionen. Ist z. B. die Silberionenkonzentration nach dem Fällen 10^{-1}, also eine $^1/_{10}$-normale Lösung, so hat die Chlorionenkonzentration nur noch den Wert:

$$[Cl^-] = L_{AgCl} : [Ag^+] = 10^{-10} : 10^{-1} = 10^{-9}$$

Diese Feststellung gilt natürlich allgemein: Ein Überschuß des Fällungsmittels erhöht die Menge des ausgefällten Stoffes und erniedrigt die Konzentration des nichtfällbaren Anteils derselben.

10. Das periodische System. Der Atombau.

a) Das periodische System.

Im Laufe der bisherigen Besprechung der chemischen Grundstoffe und ihrer Verbindungen konnten wir mehrfach einige Elemente zu einer Gruppe zusammenfassen. Die Elemente einer solchen Gruppe zeigten ein recht gleichartiges chemisches Verhalten, oder aber es ließ sich eine Entwicklung von Eigenschaften in einer bestimmten Richtung innerhalb der Gruppe feststellen. Es sei hier erinnert an die Gruppe der Edelgase, die dadurch gekennzeichnet sind, daß sie alle einatomige Gase sind, und daß jedes von ihnen mit keinem einzigen Element eine Verbindung zu bilden vermag. Vergleicht man ihre physikalischen Eigenschaften, z. B. ihre Schmelz- und Siedepunkte (vgl. Tabelle 12, S. 45), so stellt man ein Ansteigen der beiden Fixpunkte mit wachsendem Atomgewicht fest.

Eine zweite Gruppe von Elementen, deren Gruppenzusammengehörigkeit bei ihrer Besprechung herausgearbeitet wurde, ist die Gruppe der Halogene. Die Halogene selbst und einander entsprechende Verbindungen der Halogene besitzen viele Gemeinsamkeiten: Alle vier Halogene sind außerordentlich reaktionsfähig und bilden Wasserstoffverbindungen vom Typ H · Halog. und einige gleichartige Sauerstoffverbindungen. Die physikalischen Eigenschaften, wie Farbe, Schmelzpunkt, Siedepunkt, ändern sich gleichförmig in Abhängigkeit vom Atomgewicht.

Eine dritte Gruppe verwandter Elemente ist die Gruppe der Chalkogene, die die Elemente Sauerstoff, Schwefel, Selen und Tellur umfaßt.

Es erhebt sich nun die Frage: Ist es vielleicht möglich, alle 92 Elemente in Gruppen ähnlicher Elemente einzuteilen und auf diese Weise zu einer einfachen Systematik der Vielzahl der chemischen Elemente und ihrer Verbindungen zu gelangen? Nach vielfachen derartigen Versuchen, die keinen Erfolg gezeitigt hatten, gelang es schließlich gleichzeitig zwei Forschern, LOTHAR MEYER und MENDELEJEFF, unabhängig voneinander die gleiche zweckmäßige Systematik zu finden. Das ordnende Prinzip ist das Atomgewicht. Schreibt man alle Elemente, nach steigendem Atomgewicht geordnet, auf, beginnend also mit dem leichtesten, dem Wasserstoff, so erhält man folgende Reihe:

H	He	Li	Be	B	C	N	O	F	Ne	Na	Mg	Al	Si	P	S	Cl
1	4	6,94	9	10,82	12	14	16	19	20,18	23	24,32	27	28	31	32	35,46

Dieser Anfang unserer geordneten Elementenreihe enthält zwei Edelgase, das Helium und das Neon, und zwar ist das Neon das 8. Element nach dem Helium. Ferner kommen in dem Anfangsstück der Elementenreihe 2 Halogene und 2 Chalkogene vor; auch bei diesen machen wir wieder die Feststellung, daß der Schwefel 8 Stellen hinter dem Sauerstoff und das Chlor 8 Stellen hinter dem Fluor steht. Man wird daher vermuten, daß der Zahl 8 eine gewisse Bedeutung zukommt, daß allgemein jedes Element Ähnlichkeit mit demjenigen besitzt, welches in der Reihe 8 Stellen hinter ihm steht. Das ist in der Tat der Fall. In der folgenden Anordnung, die eine Periode von 8 aufweist, stehen in allen Fällen ähnliche Elemente untereinander:

$$\begin{array}{cccccccc}
 & & & & & & H, & He \\
Li, & Be, & B, & C, & N, & O, & F, & Ne \\
Na, & Mg, & Al, & Si, & P, & S, & Cl, & Ar
\end{array}$$

Beim Fortsetzen dieser Anordnung stößt man bei den schwereren Elementen insofern auf Schwierigkeiten, als die Periode, nach welcher auf ein vorgegebenes ein ähnliches Element folgt, nicht mehr aus 8, sondern aus 18 Elementen besteht. Es ist indessen auch hier gelungen, eine Anordnung zu finden, derartig, daß nur verwandte Elemente untereinanderstehen. Diese Anordnung ist das „periodische System der Elemente", wie es die Tabelle 43 zeigt.

Tabelle 43. Periodisches System der Elemente.

Gruppe	I a	I b	II a	II b	III a	III b	IV a	IV b	V a	V b	VI a	VI b	VII a	VII b	VIII a	VIII b
Vorperiode													H		He	
1. Periode	Li		Be		B		C		N		O		F		Ne	
2. Periode	Na		Mg		Al		Si		P		S		Cl		Ar	
3. Periode	K		Ca			Sc		Ti		V		Cr		Mn	FeCoNi	
		Cu		Zn	Ga		Ge		As		Se		Br		Kr	
4. Periode	Rb		Sr			Y		Zr		Nb		Mo		Ma	RuRhPd	
		Ag		Cd	In		Sn		Sb		Te		J		X	
5. Periode	Cs		Ba			La*		Hf		Ta		W		Re	OsIrPt	
		Au		Hg	Tl		Pb		Bi		Po		—		Em	
6. Periode	—		Ra			Ac		Th		Pa		U				

* La = Lanthaniden: La, Ce, Pr, Nd, —, Sm, Eu, Gd, Tb, Dy, Ho, Er, Tm, Yb, Cp.

Die Einteilung erfolgt also in 8 Gruppen und 6 Perioden; jede der 8 Gruppen ist unterteilt in eine Haupt- und eine Nebengruppe, bezeichnet mit a und b. Die ersten beiden Perioden sind kurze Perioden zu je 8 Elementen, die dritte bis fünfte Periode sind dagegen große Perioden zu 18 bzw. zu 32 Elementen. Jede der Haupt- und Nebengruppen enthält nur solche Elemente, die einander sehr nahe verwandt sind; so stehen z. B. in der 1. Hauptgruppe die Metalle der „Alkalien", in der 2. Hauptgruppe die Metalle der „Erdalkalien" oder in der 6. Hauptgruppe die Chalkogene, in der 7. Hauptgruppe die Halogene und in der 8. Hauptgruppe die Edelgase.

Periodisches System und Wertigkeit. Die innere Berechtigung der Anordnung der Elemente im periodischen System wird ersichtlich, wenn man einmal die Verbindungen aller Elemente mit einem beliebigen Element, z. B. mit Sauerstoff oder mit Wasserstoff, betrachtet. Stellen wir zunächst alle Sauerstoffverbindungen einander gegenüber! Das Oxyd des Lithiums hat die Formel Li_2O, das des Natriums Na_2O, das des Kaliums K_2O usw. In allen Alkalioxyden ist also das Atomverhältnis von Alkali zu Sauerstoff 2:1; da der Sauerstoff stets zweiwertig ist, treten somit die Alkalimetalle in ihren Sauerstoffverbindungen als einwertige Elemente auf. Gehen wir zur 2. Gruppe, zur Gruppe der Erdalkalien, über! Das Oxyd des Magnesiums hat die Formel MgO, das des Calciums CaO usw., d. h. an ein Sauerstoffatom ist ein Erdalkaliatom gebunden, die Metalle der Erdalkalien sind gegenüber Sauerstoff zweiwertig. Die Oxyde der Elemente der 3. Hauptgruppe sind das Bortrioxyd B_2O_3, das Aluminiumoxyd Al_2O_3 usw., diese Elemente sind in ihren Oxyden dreiwertig. Vom Kohlenstoff, der in der 4. Gruppe steht, haben wir bereits zwei Oxyde kennengelernt, das Kohlenmonoxyd (CO) und das Kohlendioxyd (CO_2); im ersteren ist der Kohlenstoff zweiwertig, im letzteren vierwertig, die maximale Wertigkeit des Kohlenstoffs gegenüber Sauerstoff ist also die Vierwertigkeit. Vom Silicium existiert nur ein Oxyd, das Siliciumdioxyd (SiO_2). Die sauerstoffreichsten Oxyde vom Zinn und Blei sind das Zinndioxyd (SnO_2) und das Bleidioxyd (PbO_2). Wir sehen, die Elemente der 4. Gruppe sind in ihren Oxyden maximal vierwertig. Für die folgenden Gruppen gilt das gleiche, was wir bereits bei einigen Elementen der 4. Gruppe festgestellt haben: Jedes Element vermag mehrere Oxyde zu bilden. In diesem Zusammenhang wollen wir uns aber nur mit den sauerstoffreichsten Oxyden beschäftigen. In der 5. Gruppe sind das die Oxyde: Stickstoffpentoxyd (N_2O_5), Phosphorpentoxyd (P_2O_5), Arsenpentoxyd (As_2O_5) usw. Die Elemente der 5. Gruppe sind also in ihren Sauerstoffverbindungen maximal fünfwertig. In der 6. Gruppe sind die Trioxyde die Oxyde mit dem höchsten Sauerstoffgehalt, das Schwefeltrioxyd (SO_3), das Selentrioxyd (SeO_3) und das Tellurtrioxyd (TeO_3), die höchste Wertigkeit der Elemente der 6. Gruppe ist die Sechswertigkeit. Die Elemente der 7. Gruppe schließlich sind gegenüber Sauerstoff maximal siebenwertig (z. B. Chlorheptoxyd Cl_2O_7). Wir erkennen: Die maximale Wertigkeit eines Elementes gegenüber Sauerstoff ist bestimmt durch seine Stellung im periodischen System, sie ist gleich der Zahl der Gruppe, in welcher das Element steht.

Betrachten wir jetzt die Wasserstoffverbindungen, die Hydride, die — soweit sie bekannt sind — in der folgenden Tabelle zusammengestellt sind.

Tabelle 44. Wasserstoffverbindungen.

I	II	III	IV	V	VI	VII
LiH			CH_4	NH_3	H_2O	HF
NaH			SiH_4	PH_3	H_2S	HCl
KH	CaH_2		GeH_4	AsH_3	H_2Se	HBr
RbH	SrH_2		SnH_4	SbH_3	H_2Te	HJ
CsH	BaH_2	LaH_3	PbH_4	BiH_3		

Wie aus der Tabelle 44 hervorgeht, ist die Zusammensetzung der Wasserstoffverbindungen aller Elemente einer Gruppe völlig gleichartig. Wie verhält es sich mit der Wertigkeit der Elemente gegenüber Wasserstoff? Da der Wasserstoff stets einwertig auftritt, ist die Wertigkeit gleich der Zahl der Wasserstoffatome, die jeweils an 1 Atom des betreffenden Elementes gebunden sind. Folglich sind die Alkalien gegenüber Wasserstoff einwertig, die Erdalkalien zweiwertig, die Elemente der 3. Gruppe dreiwertig und die der 4. Gruppe vierwertig. Gehen wir jetzt zu den nächsten Gruppen über, so nimmt — im Gegensatz zu den Sauerstoffverbindungen — die Wertigkeit wieder ab: Die Elemente der 5. Gruppe sind in ihren Wasserstoffverbindungen dreiwertig, die der 6. Gruppe zweiwertig und die der 7. Gruppe einwertig.

In der folgenden Übersicht sind die maximalen Wertigkeiten der Elemente der verschiedenen Gruppen gegenüber Sauerstoff und Wasserstoff zusammengestellt:

Tabelle 45.

Gruppe	I	II	III	IV	V	VI	VII
Wertigkeit gegen O .	1	2	3	4	5	6	7
Wertigkeit gegen H .	1	2	3	4	3	2	1

Für die Gruppen IV bis VII addieren sich die Wertigkeiten gegen Sauerstoff (W_O) und gegen Wasserstoff (W_H) zu 8:

$$W_O + W_H = 8.$$

Das periodische System enthält einen kleinen „Schönheitsfehler", insofern nämlich, als 15 verschiedene Elemente an ein und denselben Platz zu setzen sind. Es handelt sich um die Gruppe der sog. „seltenen Erden" oder „Lanthaniden" Diese Elemente sind in der Elementenreihe, in der wir die Elemente nach steigendem Atomgewicht angeordnet hatten, Nachbarelemente; ihr Anfangsglied, die seltene Erde mit dem kleinsten Atomgewicht, das Lanthan (La), folgt in der Elementenreihe auf das Barium (Ba) und auf ihr Endglied, das Cassiopejum (Cp), folgt das Hafnium (Hf). Nun steht das Barium in der 2. Gruppe des periodischen Systems und das Hafnium gehört entsprechend seinen Eigenschaften in die 4. Gruppe. Folglich müssen wir alle 15 seltenen Erden an

denselben Platz, nämlich in die 3. Gruppe, setzen. Dieser gemeinsame
Platz ergibt sich auch auf Grund des gleichartigen chemischen Verhaltens der Lanthaniden untereinander und mit den übrigen Elementen
der 3. Gruppe, dem Aluminium (Al), dem Scandium (Sc) und dem
Yttrium (Y).

Wir haben oben gesagt, daß wir zum periodischen System gelangen
dadurch, daß wir die Elemente nach steigendem Atomgewicht anordnen.
Dieses Ordnungsprinzip mußte an drei Stellen durchbrochen werden.
Das Atomgewicht des Kaliums ist 39,096 und das des Argons 39,944;
das Argon müßte demnach als Element mit höherem Atomgewicht
hinter das Kalium gruppiert werden, gehört aber als Edelgas in die
Gruppe VIII a, während das Kalium dem Natrium und Lithium ähnlich

ist und in die 1. Gruppe gesetzt
werden muß. Die Argon-Kalium-
Umstellung ist das eine Beispiel
der Abweichungen vom Anordnungsprinzip, die beiden anderen
Fälle der Elementumstellungen
sind Kobalt-Nickel und Tellur-
Jod.

Die Atomnummer. Durch die
Anordnung der Elemente im periodischen System ergibt sich für
jedes Element eine bestimmte
„Ordnungszahl" oder „Atomnummer" Z. Der Wasserstoff erhält
die Atomnummer 1, das Helium
die Atomnummer 2 usw., das Element mit dem höchsten Atom-

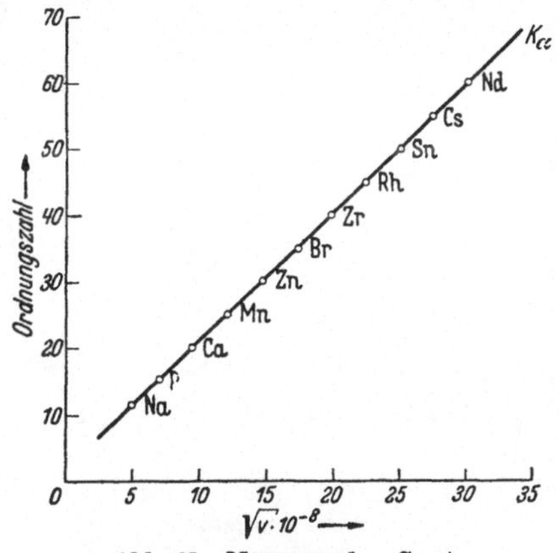

Abb. 63. Moseleysches Gesetz.

gewicht, das Uran schließlich, erhält die Atomnummer 92. Die Atomnummer, die hiernach als ziemlich willkürlich gewählte Größe erscheint,
ist jedoch eine für das Atom wesentliche Zahl, die man durch physikalische Messungen experimentell bestimmen kann. Die Atomnummer ist
nämlich mit dem Röntgenspektrum des Elements durch das *Gesetz von
Moseley* verknüpft: Die Atomnummer Z ist proportional der Wurzel
aus der Schwingungszahl v der Röntgenlinien

$$Z = k_1 \cdot \sqrt{v} + k_2.$$

Die Abb. 63 zeigt die Gültigkeit des Moseleyschen Gesetzes; auf der
Abszisse ist $\sqrt{v}$, auf der Ordinate die Atomnummer Z aufgetragen.
Man kann somit durch Messung der Röntgenspektren die Atomnummer der Elemente bestimmen. Dabei ergibt sich unter anderem
auch, daß die von uns vorgenommenen Elementumstellungen berechtigt
waren; man findet experimentell für das Argon die Ordnungszahl 18
und für das Kalium $Z = 19$, das Argon ist also trotz. seines höheren
Atomgewichts vor das Kalium zu stellen.

Periodizität physikalischer Eigenschaften. Die Berechtigung der
Anordnung der Elemente im periodischen System ergab sich bereits

aus dem chemisch gleichartigen Verhalten der Elemente einer jeden Gruppe. Eine weitere Tatsache, die das periodische System sinnvoll erscheinen läßt, ist die, daß sich viele physikalische Eigenschaften der Elemente, wie das Atomvolumen, der Schmelzpunkt, der Siedepunkt, die Kompressibilität, die elektrische und Wärmeleitfähigkeit, die Härte u. a. m. periodisch ändern, und zwar mit den gleichen Perioden, die unser System aufweist. Als Beispiel hierfür sei die Atomvolumenkurve angeführt: In der Abb. 64 ist auf der Abszisse die Ordnungszahl, auf der Ordinate das Atomvolumen der Elemente aufgetragen. Mit wachsender Atomnummer nimmt das Atomvolumen periodisch zu und ab. Die Spitzen des Kurvenzuges sind vom Natrium, Kalium, Rubidium und Caesium besetzt, die Alkalien sind also

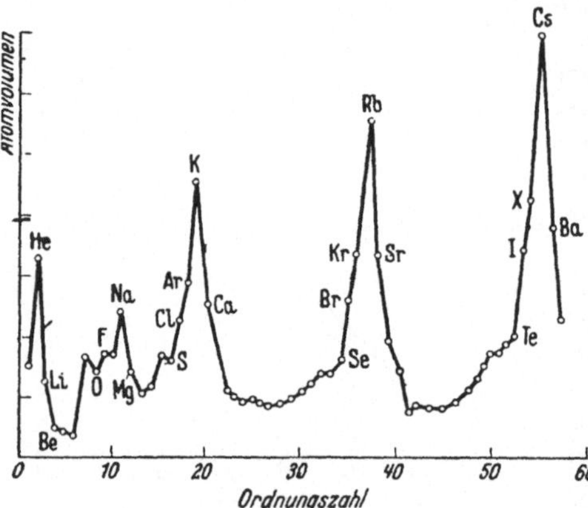

Abb. 64. Das Atomvolumen der Elemente in Abhängigkeit von ihrer Ordnungszahl.

durch ein besonders großes Atomvolumen ausgezeichnet. Geht man von einem Alkalimetall zum benachbarten Edelgas oder aber zum benachbarten Erdalkalimetall über, so sinkt in beiden Fällen das Atomvolumen ab. Solche periodischen Eigenschaftsänderungen zeigen, wie gesagt, eine ganze Reihe weiterer physikalischer Größen. Jedoch ändern sich nicht sämtliche physikalischen Eigenschaften der Elemente periodisch; es sei hier nur daran erinnert, daß die Atomwärme, d. h. das Produkt aus dem Atomgewicht und der spezifischen Wärme, einen konstanten Wert besitzt (Gesetz von DULONG-PETIT).

b) Der Bau der Atome.

Wir wollen jetzt die Frage untersuchen, welches die innere Ursache des periodischen Systems ist. Wie ist es zu erklären, daß die Elemente einer Gruppe ein so gleichartiges chemisches Verhalten zeigen? Und warum ändern sich die physikalischen und chemischen Eigenschaften regelmäßig in einem bestimmten Sinn, wenn man innerhalb einer Horizontalreihe, innerhalb einer Periode, fortschreitet? Die Ursache hierfür ist in dem Aufbau der Atome selbst zu suchen. Die heutigen Vorstellungen über den Aufbau der Atome sind von RUTHERFORD und BOHR entwickelt worden. Während man früher die Atome für die kleinsten homogenen, unteilbaren Teilchen hielt, aus denen sich alle Elemente und Verbindungen aufbauen, weiß man heute auf Grund der Erforschung der radioaktiven Strahlung und der Untersuchung verschiedenartigster Spektren, daß die Atome recht komplizierte Gebilde sind, die sich aus mehreren teils gleichartigen, teils verschiedenen Elementarbestandteilen zusammensetzen. Jedes Atom besteht aus einem *Atomkern* und einer *Elektronenhülle*. Im Atomkern ist die Masse des Atoms konzentriert, jene Masse, die das absolute Atomgewicht ergibt; der Kern trägt ferner positive elektrische Ladungen. Um den Atomkern bewegen sich in ziemlich weitem Abstand negativ geladene Teilchen, die *Elektronen*. Die Ladung eines Elektrons ist gleich dem elektrischen Elementarquantum $e = 1{,}59 \cdot 10^{-19}$ Coulomb (vgl. S. 123): Das Gewicht eines Elektrons beträgt nur $^1/_{1800}$ der Masse des Wasserstoffkerns und kann daher gegenüber der Masse des Kerns vernachlässigt werden. Da ein Atom als Ganzes elektrisch neutral erscheint, muß die Größe der positiven Ladung des Kerns gleich der Summe der Ladung der kreisenden Elektronen sein. Das Atom ist in seinem Aufbau in gewisser Weise mit einem Planetensystem zu vergleichen: Die Sonne ist der Atomkern, um den in weitem Abstand auf kreisförmigen oder elliptischen Bahnen die Planeten als Elektronen kreisen.

Wir wollen jetzt den Aufbau der Atome an einigen Beispielen etwas genauer betrachten und beginnen mit dem leichtesten Element, dem Wasserstoff. Das Wasserstoffatom besteht aus einem einzigen Elektron und einem einfach positiv geladenen Kern. Die Masse des Wasserstoffkerns ist gleich dem absoluten Atomgewicht des Wasserstoffs, also gleich $1{,}66 \cdot 10^{-24}$ g (vgl. S. 23). Während der Durchmesser des Atoms etwa 10^{-8} cm beträgt, hat der Kerndurchmesser nur eine Größe von etwa $2 \cdot 10^{-13}$ cm und der Durchmesser des Elektrons eine Größe von $1 \cdot 10^{-13}$ cm. D. h. nur der kleinste Teil des Atoms ist mit Materie erfüllt, der größte Teil des Atomvolumens ist leer. In der Tabelle 46 sind die wichtigsten Daten über das Wasserstoffatom und seine Bestandteile noch einmal zusammengestellt.

Tabelle 46.

	Gewicht	Durchmesser	Ladung
Wasserstoffatom . .	$1{,}66 \cdot 10^{-24}$ g	$1 \cdot 10^{-8}$ cm	—
Wasserstoffkern . .	$1{,}66 \cdot 10^{-24}$ g	$2 \cdot 10^{-13}$ cm	$+1{,}59 \cdot 10^{-19}$ Coulomb
Elektron	$8{,}98 \cdot 10^{-28}$ g	$1 \cdot 10^{-13}$ cm	$-1{,}59 \cdot 10^{-19}$ Coulomb

Das Atom mit der Atomnummer 2, das Helium, hat ein etwa 4mal so großes Atomgewicht wie der Wasserstoff; ferner unterscheidet es sich vom Wasserstoff dadurch, daß zwei Elektronen um den Kern kreisen, und daß demnach der Heliumkern zweifach positiv geladen ist. Mit ansteigender Atomnummer nimmt also die Masse und die Ladung des Kernes und die Zahl der Elektronen zu, und zwar gilt stets die folgende Gesetzmäßigkeit: Die Zahl der Elektronen ist gleich der Atomnummer. So hat das Lithium mit der Atomnummer 3 eine Elektronenhülle, die aus 3 Elektronen besteht, das Berylliumatom mit der Ordnungszahl 4 weist 4 Elektronen auf, das Bor 5 Elektronen, der Kohlenstoff 6 Elektronen usw. Nun kreisen diese Elektronen nicht alle in demselben Abstand um ihren Kern; vielmehr existieren mehrere „Schalen", die einen verschiedenen Abstand vom Atomkern besitzen, und auf diesen bewegen sich die Elektronen. Eine jede Schale vermag nur eine bestimmte Maximalzahl von Elektronen aufzunehmen. Man bezeichnet die Schalen als K-, L-, M-, N-, O-, P- und Q-Schale, die K-Schale ist dem Kern am nächsten und die Q-Schale diejenige mit dem weitesten Abstand vom Kern. Das Elektron des Wasserstoffatoms bewegt sich auf der K-Schale, die beiden Elektronen des Heliums kreisen gleichfalls auf der K-Schale. Mit 2 Elektronen ist die K-Schale gesättigt; kommt ein weiteres Elektron hinzu, wie das beim Lithium der Fall ist, so bewegt sich dieses dritte Elektron auf der L-Schale. Die L-Schale hat eine bedeutend größere Aufnahmefähigkeit für Elektronen als die K-Schale, sie ist nämlich erst gesättigt, wenn sie 8 Elektronen enthält. Schreitet man also in der ersten Periode des periodischen Systems vom Lithium aus weiter fort, so wird ein Elektron nach dem anderen in die L-Schale eingebaut, beim Kohlenstoff enthält die L-Schale 4 Elektronen, beim Fluor 7 und beim Edelgas Neon schließlich 8 Elektronen (vgl. Abb. 65).

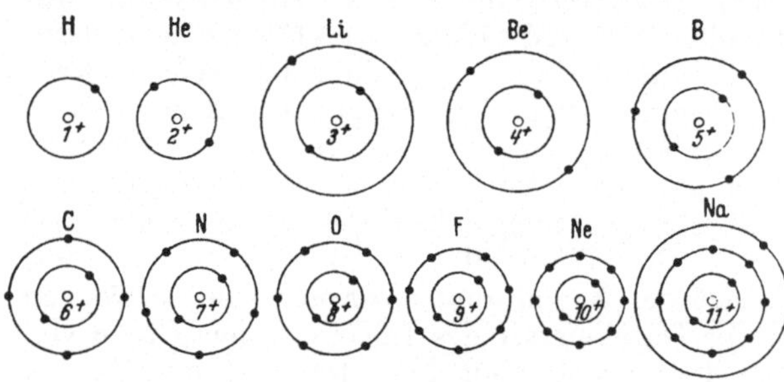

Abb. 65. Bau der Atome vom Wasserstoff bis zum Natrium.

Das Neon ist also ein Atom, dessen K- und L-Schale mit Elektronen gesättigt sind $(2 + 8)$. Beim Übergang vom Neon zum Natrium muß das neu hinzukommende 11. Elektron in eine neue Schale, in die M-Schale, eingebaut werden. In der zweiten Periode des periodischen Systems wird nun beim Fortschreiten von links nach rechts sukzessiv die M-Schale aufgefüllt. Beim Edelgas Argon enthält die M-Schale wie die L-Schale 8 Elektronen. Das Kalium, das eine um 1 höhere Atomnummer als das Argon hat, besitzt 19 Elektronen, von denen 2 auf der K-Schale, 8 auf der L-Schale, weitere 8 auf der M-Schale und ein einziges auf der N-Schale sich bewegen.

Das auf das Kalium folgende Element 20, das Calcium, enthält entsprechend 2 Elektronen auf der N-Schale. Auf das Calcium folgt das Scandium (Sc), dieses Element besitzt nun aber nicht 3 Elektronen auf der N-Schale, wie man erwarten sollte, sondern nur 2 Elektronen, das neu hinzugekommene Elektron befindet sich auf der M-Schale, die demnach beim Argon mit 8 Elektronen noch nicht voll besetzt war. Die auf das Scandium folgenden Elemente mit der Ordnungszahl 22 bis 30 füllen nun erst die M-Schale, die insgesamt 18 Elektronen fassen kann, ganz auf; jetzt erst, also vom Element 31 ab, besetzen die jeweils neu hinzukommenden Elektronen Plätze in der N-Schale. Beim Krypton (Ordnungszahl 36) enthält die N-Schale 8 Elektronen, ist damit aber ebensowenig gesättigt wie die M-Schale beim Argon. Obwohl die N-Schale noch nicht voll besetzt ist, wird beim Rubidium (Atomnummer 37) der Aufbau einer neuen Schale, der O-Schale, begonnen. Bei den Elementen 39—48 wiederholt sich dann der gleiche Vorgang, wie wir ihn bei den Elementen 21—30 geschildert haben: Die neu hinzukommenden Elektronen gehen nicht in die äußerste Schale, die O-Schale, sondern in die N-Schale. Mit dem Element 54, dem Edelgas Xenon, schließt die 4. Periode, das Xenon enthält in der M- und N-Schale je 18 und in der O-Schale 8 Elektronen. Das nächste Alkalimetall, das Caesium (Cs), beginnt eine neue Schale, die P-Schale, es besitzt 1 Elektron in ihr, das dann folgende Barium (Ordnungszahl 56) hat 2 Elektronen in der P-Schale. Es schließt sich jetzt die Gruppe der seltenen Erden mit den Atomnummern 57—71 an; für alle 15 Lanthaniden ist die Elektronenanordnung in den beiden äußersten Schalen die

Tabelle 47. Elektronenanordnung in den Elektronenhüllen der Elemente.

Ord-nungs-zahl	Symbol	Zahl der Elektronen in der						
		K-Schale	L-Schale	M-Schale	N-Schale	O-Schale	P-Schale	Q-Schale
1	H	1						
2	He	2						
3	Li	2	1					
4	Be	2	2					
5—9		2	3—7					
10	Ne	2	8					
11	Na	2	8	1				
12	Mg	2	8	2				
13—17		2	8	3—7				
18	Ar	2	8	8				
19	K	2	8	8	1			
20	Ca	2	8	8	2			
21	Sc	2	8	8+1	2			
22—30		2	8	8 + (2—10)	2			
31	Ga	2	8	18	3			
32—35		2	8	18	4—7			
36	Kr	2	8	18	8			
37	Rb	2	8	18	8	1		
38	Sr	2	8	18	8	2		
39	Y	2	8	18	8+1	2		
40—48		2	8	18	8 + (2—10)	2		
49	In	2	8	18	18	3		
50—53		2	8	18	18	4—7		
54	X	2	8	18	18	8		
55	Cs	2	8	18	18	8	1	
56	Ba	2	8	18	18	8	2	
57	La	2	8	18	18	8+1	2	
58	Ce	2	8	18	18+1	8+1	2	
59—71		2	8	18	18+(2—14)	8+1	2	
72	Hf	2	8	18	32	8+2	2	
73—80		2	8	18	32	8 + (3—10)	2	
81	Tl	2	8	18	32	18	3	
82—85		2	8	18	32	18	4—7	
86	Em	2	8	18	32	18	8	
87	—	2	8	18	32	18	8	1
88	Ra	2	8	18	32	18	8	2
89	Ac	2	8	18	32	18	8+1	2
90	Th	2	8	18	32	18	8+2	2
91	Pa	2	2	18	32	18	8+3	2
92	U	2	8	18	32	18	8+5	1

gleiche, in der O-Schale $(8 + 1)$ und der P-Schale (2), hingegen unterscheiden sie sich voneinander hinsichtlich der Zahl der Elektronen auf der N-Schale; beim Fortschreiten vom Lanthan zum Cassiopejum wird nämlich die nicht vollständig besetzte N-Schale auf ihre maximale Elektronenzahl 32 gebracht. Die auf die Lanthaniden folgenden 9 Elemente (Ordnungszahl 72—80) erhöhen sukzessiv die Elektronenzahl in der O-Schale bis auf 18. Erst vom Thallium (Tl) ab werden die Elektronen in die P-Schale eingebaut. In der letzten, der 6. Periode, liegen die Verhältnisse qualitativ ähnlich wie in der 3., 4. und 5. Periode.

Bezüglich der Zahl der Elektronen, die die einzelnen Schalen maximal aufnehmen können, gilt die folgende Gesetzmäßigkeit: Die maximale Elektronenzahl der $x$ten Schale beträgt $2 \cdot x^2$, wenn man die Schalen, vom Kern aus beginnend, mit $1, 2, \ldots x, \ldots$ durchnumeriert.

c) Das Wesen der chemischen Bindung.

Valenzelektronen. Vergleichen wir jetzt einmal den Atomaufbau der Alkalien miteinander. Beim Lithium ist die K-Schale gefüllt und die L-Schale enthält 1 Elektron, beim Natrium sind die K- und L-Schalen gesättigt und die M-Schale enthält 1 Elektron, beim Kalium befindet sich in der N-Schale 1 Elektron. Entsprechend weisen das Rubidium und Caesium jeweils 1 einzelnes Elektron in der O-Schale bzw. P-Schale auf. D. h. alle Alkalien besitzen in der äußersten Schale, die nicht voll besetzt ist, stets ein Elektron. Dieses eine Elektron bedingt das gleichartige chemische Verhalten der Alkalien. Elektronen wie dieses eine bei den Alkalien, die sich in der jeweils äußersten Schale bewegen, bezeichnet man als „Außenelektronen". Die Außenelektronen oder „Valenzelektronen" bestimmen weitgehend die chemischen Eigenschaften der Elemente, z. B. ihre Wertigkeit. Alle Atome zeigen nämlich die Neigung, in einen Zustand mit gesättigten Elektronenschalen überzugehen, wie das bei den Edelgasen bereits der Fall ist. Bei den Nichtedelgasen kann eine edelgasähnliche Konfiguration dadurch erreicht werden, daß die Atome ihre Außenelektronen an andere Atome abgeben oder aber von anderen so viel Elektronen aufnehmen, bis die äußerste Schale voll besetzt ist. In beiden Fällen ändert sich die Ladung des Atoms. Wenn ein Atom ein Elektron abgibt, so ist die positive Ladung des Kerns um ein Elementarquantum größer als die negative der Elektronenhülle, folglich ist das Atom als Ganzes einfach positiv geladen. Werden ein oder mehrere Elektronen von einem Atom aufgenommen und damit die äußerste Schale aufgefüllt, so überwiegt dann die Ladung der Elektronenhülle über die des Kerns, das Atom ist negativ geladen. Diese Vorgänge bezeichnet man als Ionisation.

Astrochemische Ionisation. Bei der Abgabe eines Elektrons, eben des Valenzelektrons, erhält man also ein positiv geladenes Atom, ein Ion. Dieser Vorgang ist in dieser Form in der Chemie oft anzutreffen. Die Theorien der Astrophysik und Astrochemie lassen aber die Ionisation der im Sterninneren befindlichen Atome durch die dort angenommenen ungeheuren Temperaturen weit über die Valenzelektronen hinausgehen. So können z. B. von einem Eisenatom mit 26 Elektronen 22 abgespalten

sein, die als freie Elektronen im Raum einherfliegen. Atome mit geringerer
Anzahl äußerer Elektronen können sogar vollkommen, also bis auf den
nackten Kern ionisiert sein. Dies hat wieder zur Folge, daß die Volum-
beanspruchung der Atomrumpfe, also der weitgehend oder vollständig
ionisierten Atome, um mehrere Größenordnungen abnimmt, so daß diese
auf ein viel kleineres Volumen komprimiert werden können, bis die ionisierten Atome, die ja teilweise sogar nur aus den Kernen vom ungefähren
Durchmesser $2 \cdot 10^{-13}$ cm bestehen, sich gegenseitig berühren und infolgedessen eine weitere Kompression nicht mehr zulassen. Auf diese Weise
muß man, da ja die Masse der Atome praktisch vollkommen in den Kernen
zu suchen ist und diese unter solchen Umständen bei weiten mehr zusam-
mengepreßt sind wie bei den uns zugänglichen irdischen Stoffen, zu einer
außerordentlich dichten Materie kommen. Diese theoretischen Betrachtungen werden durch astronomische Beobachtungen gestützt. So ergab
sich für die Dichte eines Begleiters des Sirius (eines sogen. weißen Zwerges)
eine 2000 fache Dichte des Platins $(D = 21,4)$. Eine Zündholzschachtel
einer solchen Substanz würde zu ihrer Hebung einen Kran erforderlich
machen, da sich ihr Gewicht in der Größenordnung einer Tonne bewegt.

Heteropolare Bindung und Ionengitter. Bei der Besprechung der
elektrolytischen Dissoziation haben wir bereits elektrisch geladene
Atome und Atomgruppen kennengelernt, die wir als Ionen bezeichnet
haben. Diese Ionen sind in der Tat dadurch entstanden, daß das zugehörige Atom entweder Elektronen abgegeben oder aufgenommen
hatte. Die gleichen elektrisch geladenen Atome, die in der wäßrigen
Lösung als beständige Einzelteilchen
existieren, liegen bereits im festen
Zustand, im Kristall, vor. Betrachten wir als Beispiel die Verbindung Natriumfluorid (NaF). In
wäßriger Lösung ist das Natriumfluorid dissoziiert in einfach positiv
geladene Natriumionen und in einfach negativ geladene Fluorionen,
das Natriumatom hat also sein

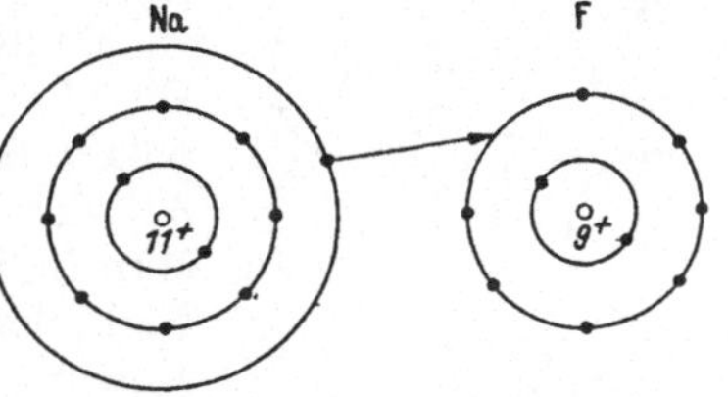

Abb. 66. Die Entstehung der Natrium-
und Fluorionen im Natriumfluorid.

Außenelektron an das Fluoratom abgegeben, das Natriumion hat dadurch die gleiche Elektronenanordnung wie das vorhergehende Edelgas
Neon. Das Fluoratom, das 7 Außenelek-
tronen besitzt, ist durch die Aufnahme des
vom Natrium abgegebenen Elektrons in
das Fluorion umgewandelt, es enthält in
der äußersten Schale wie das benachbarte
Edelgas Neon 8 Elektronen. Verdampft
man das Lösungsmittel, so hinterbleiben die
Natriumfluoridkristalle, die aus Natriumionen und Fluorionen aufgebaut sind. Die
Gitterpunkte des Natriumfluoridkristalls
sind abwechselnd von Natriumionen und
Fluorionen besetzt, wie es die Abb. 67 zeigt.

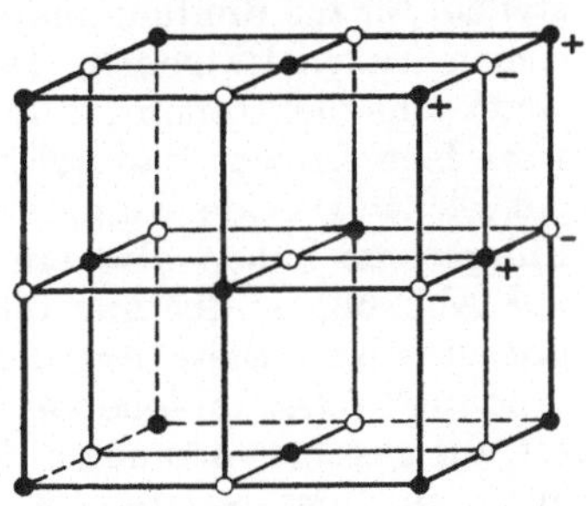

Abb. 67. Aufbau des Natriumfluorid-
gitters.

Die schwarzen Punkte sollen die Natriumionen, die nicht ausgefüllten Kreise die Fluorionen darstellen. Betrachtet man nur die schwarzen Punkte, so erkennt man, daß ihre Anordnung die eines flächenzentrierten Würfelgitters ist. Die gleiche Anordnung trifft für die Fluorionen zu. Der Natriumfluoridkristall ist also gewissermaßen aus zwei ineinander geschobenen flächenzentrierten Würfelgittern entstanden. Die verschiedene Ladung der an benachbarten Gitterpunkten befindlichen Ionen und die dadurch bedingte elektrostatische Anziehung bewirkt den guten Zusammenhalt des Kristalls.

Kristallanordnungen wie die des Natriumfluorids, bei denen die einzelnen Gitterpunkte von Ionen besetzt sind, bezeichnet man als „Ionengitter", und die Art der Bindung im Natriumfluorid als „Ionenbindung" oder als „heteropolare Bindung". Diese Art der chemischen Bindung und des Kristallaufbaues ist typisch für die Elektrolyte, für die Säuren, Basen und Salze.

An diesem einen Beispiel des Natriumfluorids erkennt man bereits, welchen Einfluß die Stellung eines Elements im periodischen System auf die Verbindungsbildung hat und wie er zu erklären ist. Elemente, die in der gleichen Gruppe stehen, haben eine ähnliche Elektronenanordnung, sie besitzen die gleiche Zahl von Außenelektronen. Da die Bindung dadurch zustande kommt, daß die äußerste Elektronenschale durch Abgabe sämtlicher Außenelektronen oder durch Aufnahme fremder Elektronen in einen voll besetzten Zustand übergeführt wird, bilden Elemente mit gleicher Zahl von Außenelektronen analoge Verbindungen.

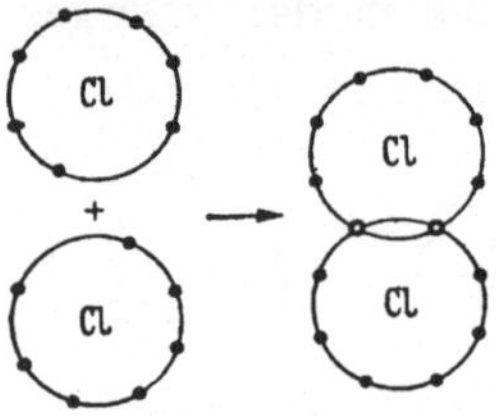

Homöopolare Bindung und Molekülgitter. Die oben besprochene Ionenbindung oder heteropolare Bindung ist nun aber nicht die einzige Art der Bindung der Atome in einem Molekül. Man findet sie nur bei den Elektrolyten; bei den Nichtelektrolyten kommt die chemische Bindung anders zustande. Betrachten wir als Beispiel für diese zweite Art der chemischen Bindung das Chlormolekül (Cl_2). Wie läßt es sich erklären, daß sich zwei gleiche Chloratome zu einem Cl_2-Molekül zusammenschließen? Auch hier ist das Bestreben der Atome, eine edelgasähnliche Elektronenanordnung herzustellen, für die Bindung maßgebend und wirksam. Ein Chloratom besitzt sieben Außenelektronen. Die äußerste Schale würde voll besetzt sein, wenn acht Elektronen auf ihr kreisen. Die Sättigung der äußersten Schale wird hier erreicht dadurch, daß von jedem der beiden Chloratome je ein Elektron beide Kerne umkreist. Die im Chlormolekül verbundenen Chloratome haben also ein gemeinsames Elektronenpaar, wie das in der Abb. 68, in der nur die Außenelektronen eingezeichnet sind, angedeutet ist. Diese Art der chemischen Bindung nennt man „Atombindung" oder „homöopolare Bindung". Sie liegt in allen Molekülen, die aus gleichen Atomen aufgebaut sind (Cl_2, O_2, N_2, Br_2, S_8 usw.), wie auch in den meisten Kohlenstoffverbindungen, also den Verbindungen der organischen Chemie, vor.

Abb. 68. Die Bindung im Chlormolekül.

Wir sahen, daß bei der heteropolaren Bindung der Ionenzustand in Lösung und im festen Zustand der gleiche ist, daß im Kristall ein Ionengitter vorliegt, ein Gitter, bei dem die einzelnen Gitterpunkte abwechselnd von den Kationen und Anionen der heteropolaren Substanz besetzt sind. Wie haben wir uns nun den Kristallaufbau bei homöopolaren Verbindungen vorzustellen? Bei diesem Typ von Verbindungen befinden sich im festen Zustand die Schwerpunkte der betreffenden Moleküle in den Gitterpunkten. Ein solches Gitter bezeichnet man als Molekülgitter. Als Beispiel für ein Molekülgitter ist in der Abb. 69 das Jodgitter abgebildet. Die Moleküle der homöopolaren Substanzen sind im Kristall als Einzelindividuen zu erkennen, im Gegensatz zu den Ionengittern (vgl. Abb. 67), bei denen eine Zusammengehörigkeit der betreffenden Ionen zu einem Molekül nicht festzustellen ist.

Im Ionengitter wird der Zusammenhalt der den Kristall aufbauenden Bestandteile durch die entgegengesetzte elektrische Ladung und die dadurch bedingte gegenseitige Anziehung hervorgerufen. Der Zusammenhalt ist demgemäß ein außerordentlich fester, was sich auch in einem im allgemeinen sehr hochliegenden Schmelzpunkt heteropolarer Verbindungen zu erkennen gibt. Bei den Molekülgittern fehlt der elektrische

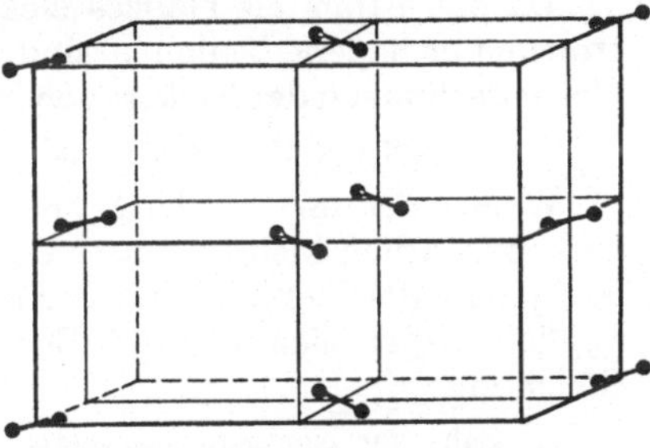

Abb. 69. Das Gitter des Jodkristalls.

Gegensatz zwischen den Gitterbestandteilen, es sind lediglich die VAN DER WAALSschen Anziehungskräfte wirksam. Infolgedessen ist der Zusammenhalt der Moleküle eines Molekülgitters im Kristall im Vergleich zum Ionengitter wesentlich kleiner; die homöopolaren Stoffe besitzen daher meist ziemlich tiefliegende Schmelzpunkte.

Metallische Bindung und Atomgitter. Außer dem Ionengitter und dem Molekülgitter kennt man noch einen dritten Typ von Kristallgittern: das Atomgitter, das wir bereits bei der Besprechung der Metalle behandelt haben. Die einzelnen Gitterpunkte sind von den Metallatomen besetzt. Da die metallischen Stoffe durch ein großes Leitvermögen für Elektrizität ausgezeichnet sind, müssen im Metall bewegliche Elektrizitätsträger vorhanden sein. Irgendeine Veränderung des Metalls infolge des Stromdurchgangs ist nicht zu beobachten, man muß daher annehmen, daß die Elektrizitätsträger die Außenelektronen der Metallatome sind, daß also die Außenelektronen im gewissen Grade im ganzen Kristall des Metalls frei beweglich sind. Man spricht deshalb auch von einem *„Elektronengas"*, das bei den Metallen im festen Zustand vorhanden sei.

d) Der Bau des Atomkerns.

Protonen und Neutronen. Zum Schluß dieses Abschnittes wollen wir uns noch etwas näher mit dem Atomkern befassen. Bisher wurde nur gesagt, daß im Atomkern die Masse des Atoms konzentriert ist, und daß der Atomkern ebenso viele positive Ladungen trägt, wie die

Zahl der Elektronen in der Elektronenhülle beträgt. Mit Hilfe der Erscheinung der Radioaktivität, d. h. des Zerfalls gewisser schwerer Atome unter Aussendung von radioaktiver Strahlung (vgl. S. 276), ist es gelungen, auch den Aufbau des Atomkerns aufzuklären. Sämtliche Atomkerne sind aus zwei verschiedenen Elementarteilchen, aus „Protonen" und „Neutronen", zusammengesetzt.

Das Proton ist identisch mit dem Wasserstoffkern, seine Masse ist daher gleich dem Atomgewicht des Wasserstoffs, d. h. das absolute Gewicht des Protons ist gleich $1{,}66 \cdot 10^{-24}$ g und das relative Gewicht gleich 1. Die positive Ladung des Protons beträgt ein elektrisches Elementarquantum ($+e = +1{,}59 \cdot 10^{-19}$ Coulomb).

Im Gegensatz zum Proton ist das Neutron ein ungeladenes Teilchen. Die Masse des Neutrons stimmt mit der Masse des Protons überein.

Da das Atom als Ganzes elektrisch neutral erscheint und die Neutronen ungeladene Teilchen sind, muß die Zahl der Protonen im Kern gleich derjenigen der Elektronen in der Elektronenhülle sein, d. h. es gilt:

Zahl der Protonen = Zahl der Elektronen = Ordnungszahl.

Wegen der im Vergleich zur Masse des Protons und des Neutrons außerordentlich kleinen Masse des Elektrons ist das Gewicht des Atoms fast genau gleich der Summe der Massen seiner Protonen und Neutronen; folglich ergibt sich für die Berechnung der Zahl der Neutronen die Gleichung:

Zahl der Neutronen = relatives Atomgewicht — Zahl der Protonen
= Atomgewicht — Atomnummer.

Betrachten wir den Aufbau des Atomkerns an einigen Beispielen! Das Helium hat die Ordnungszahl 2, seine Elektronenhülle besteht aus 2 Elektronen, daher besitzt der Heliumkern 2 Protonen. Da das Atomgewicht des Heliums den Wert 4 hat, berechnet sich nach der zweiten der obigen Gleichungen die Zahl der Neutronen zu 2. Das Lithium hat die Atomnummer 3 und das Atomgewicht 7, folglich ist der Lithiumkern aus 3 Protonen und 4 Neutronen zusammengesetzt. Der Kohlenstoff mit der Ordnungszahl 6 und dem Atomgewicht 12 hat also im Kern 6 Protonen und 6 Neutronen.

Die Erscheinung der Isotopie. Nachdem wir festgestellt haben, daß alle Atomkerne aus Protonen und Neutronen, also aus Teilchen der gleichen Masse (1) zusammengesetzt sind, sollte man erwarten, daß die Atomgewichte aller Elemente Vielfache des Atomgewichts des Wasserstoffs darstellen, d. h. daß alle Atomgewichte nahezu ganze Zahlen sind. Letzteres ist nun aber — wie ein Blick auf eine Atomgewichtstabelle lehrt — keineswegs der Fall, vielmehr treten zum Teil recht erhebliche Abweichungen der Atomgewichte von ganzen Zahlen auf. So hat z. B. das Chlor ein Atomgewicht von 35,46. Wie ist eine derartig große Abweichung von der Ganzzahligkeit zu verstehen? Die Erklärung brachten die Versuche ASTONS mit seinem *Massenspektrographen.* Im Massenspektrographen bestimmt man die Größe e/m, d. h. das Verhältnis von Ladung zu Masse elektrisch geladener Teilchen, durch Einwirkung eines elektrischen und magne-

tischen Feldes auf die betreffenden Teilchen. Aus den Versuchen
ASTONS ergab sich, daß die meisten chemischen Elemente keine einheitlichen Substanzen, sondern ein Gemisch von Atomen verschiedener
Masse darstellen. So ist das Chlor ein Gemisch von Atomen der Masse 35
und solchen der Masse 37, wobei auf etwa drei der leichteren Atome
ein schweres Atom kommt. Diese beiden Atomarten des Chlors sind
nur durch ihre Masse unterschieden, chemisch verhalten sie sich völlig
gleich, da sie die gleiche Elektronenzahl besitzen. Jede der beiden
Atomarten des Chlors hat in der Elektronenhülle 17 Elektronen,
darunter 7 Valenzelektronen, und im Kern 17 Protonen. Die Atome
der Masse 35 haben 18 Neutronen im Kern, die schwereren dagegen 20 Neutronen. Man bezeichnet die verschiedenen Atomarten
ein und desselben Elementes, die sich voneinander lediglich durch ihre
Masse unterscheiden, als *Isotope*. Die meisten chemischen Elemente
sind also *Isotopengemische*. Bemerkenswert ist, daß man stets das
gleiche Mischungsverhältnis der Isotopen im Isotopengemisch anfindet.

Tabelle 48.

Formelzeichen	Atomnummer	Massenzahlen	Proz. Vorkommen der einzelnen Isotopen im Isotopengemisch
H (D)	1	1; 2	99,98; 0,02
He	2	4	100
Li	3	6; 7	7,9; 92,1
Be	4	9	100
B	5	10; 11	20; 80
C	6	12; 13	99,3; 0,7
N	7	14; 15	99,62; 0,38
O	8	16; 17; 18	99,76; 0,04; 0,20
F	9	19	100
Ne	10	20; 21; 22	90,00; 0,27; 9,73
Na	11	23	100
Mg	12	24; 25; 26	77,4; 11,5; 11,1
Al	13	27	100
Si	14	28; 29; 30	89,6; 6,2; 4,2
P	15	31	100
S	16	32; 33; 34	96; 1; 3
Cl	17	35; 37	76; 24
Ar	18	36; 38; 40	0,31; 0,06; 99,63
K	19	39; 40; 41	93,4; 0,01; 6,6
Ca	20	40; 42; 43; 44	96,76; 0,77; 0,17; 2,30
Sc	21	45	100
Ti	22	46; 47; 48; 49; 50	8,5; 7,8; 71,3; 5,5; 6,9
V	23	51	100
Cr	24	50; 52; 53; 54	4,9; 81,6; 10,4; 3,1
Mn	25	55	100
Fe	26	54; 56; 57; 58	6,5; 90,2; 2,8; 0,5
Co	27	57; 59	0,2; 99,8
Ni	28	58; 60; 61; 62; 64	66,4; 26,7; 1,6; 3,7; 1,6
Cu	29	63; 65	68; 32
Zn	30	64; 66; 67; 68; 70	50,4; 27,2; 4,2; 17,8; 0,4
Ga	31	69; 71	61,2; 38,8
Ge	32	70; 72; 73; 74; 76	21,2; 27,3; 7,9; 37,1; 6,5
As	33	75	100
Se	34	74; 76; 77; 78; 80; 82	0,9; 9,5; 8,3; 24,0; 48,0; 9,3
Br	35	79; 81	50,6; 49,4
Kr	36	78; 80; 82; 83; 84; 86	0,4; 2,5; 11,8; 11,8; 56,8; 16,7

Tabelle 48 (Fortsetzung).

Formel-zeichen	Atom-nummer	Massenzahlen	Proz. Vorkommen der einzelnen Isotopen im Isotopengemisch
Rb	37	85; 87	72,8; 27,2
Sr	38	84; 86; 87; 88	0,5; 9,6; 7,5; 82,4
Y	39	89	100
Zr	40	90; 91; 92; 94; 96	48; 11,5; 22; 17; 1,5
Nb	41	93	100
Mo	42	92; 94; 95; 96; 97; 98; 100	14,2; 10,0; 15,5; 17,8; 9,6; 23,0; 9,8
Ru	44	96; 99; 100; 101; 102; 104	5; 12; 14; 22; 30; 17
Rh	45	101; 103	0,1; 99,9
Pd	46	102; 104; 105; 106; 108; 110	0,8; 9,3; 22,6; 27,2; 26,8; 13,5
Ag	47	107; 109	52,5; 47,5
Cd	48	106; 108; 110; 111; 112; 113; 114; 116	1,5; 1,0; 15,6; 15,2; 22,0; 14,7; 24,0; 6,0
In	49	113; 115	4,5; 95,5
Sn	50	112; 114; 115; 116; 117; 118; 119; 120; 122; 124	1,1; 0,8; 0,4; 15,5; 9,1; 22,5; 9,8; 28,5; 5,5; 6,8
Sb	51	121; 123	56; 44
Te	52	120; 122; 123; 124; 125; 126; 128; 130	w; 2,9; 1,6; 4,5; 6,0; 19,0; 32,8; 33,1
I	53	127	100
Xe	54	124; 126; 128; 129; 130; 131; 132; 134; 136	0,1; 0,1; 2,3; 27,1; 4,2; 20,7; 26,5; 10,3; 8,8
Cs	55	133	100
Ba	56	130; 132; 134; 135; 136; 137; 138	0,2; 0,02; 1,7; 5,7; 8,5; 10,8; 73,1
La	57	139	100
Ce	58	136; 138; 140; 142	w; w; 89; 11
Pr	59	141	100
Nd	60	142; 143; 144; 145; 146; 148; 150	36; 11; 30; 5; 18; w; w
Sm	62	144; 147; 148; 149; 150; 152; 154	3; 17; 14; 15; 5; 26; 20
Eu	63	151; 153	50,6; 49,4
Gd	64	155; 156; 157; 158; 160	21; 23; 17; 23; 16
Tb	65	159	100
Dy	66	161; 162; 163; 164	22; 25; 25; 28
Ho	67	163	100
Er	68	166; 167; 168; 170	36; 24; 30; 10
Tm	69	169	100
Yb	70	171; 172; 173; 174; 176	9; 24; 17; 38; 12
Cp	71	175; 177	100
Hf	72	176; 177; 178; 179; 180	5; 19; 28; 18; 30
Ta	73	181	100
W	74	182; 183; 184; 186	22,6; 17,3; 30,2; 29,9
Re	75	185; 187	38,2; 61,8
Os	76	186; 187; 188; 189; 190; 192	1,0; 0,6; 13,4; 17,4; 25,1; 42,5
Ir	77	191; 193	38,5; 61,5
Pt	78	192; 194; 195; 196; 198	0,8; 30,2; 35,3; 26,6; 7,2
Au	79	197	100
Hg	80	196; 198; 199; 200; 201; 202; 203; 204	0,1; 9,9; 16,5; 23,8; 13,7; 29,3; 0,006; 6,9
Tl	81	203; 205	29,4; 70,6
Pb	82	204; 206; 207; 208	1,5; 28,3; 20,1; 50,1
Bi	83	209	100
Th	90	232	(100)
U	92	235; 238	<1; >99

Auch der gewöhnliche Wasserstoff ist ein Gemisch von zwei Isotopen, von leichtem Wasserstoff der Masse 1 und schwerem Wasserstoff der Masse 2; letztere Atomart ist aber nur in sehr geringer Menge im gewöhnlichen Wasserstoff vorhanden. Dem schweren Wasserstoff hat man einen besonderen Namen gegeben: „Deuterium" (D). Während der Kern des leichten Wasserstoffs nur aus einem Proton besteht, ist der Kern des schweren Wasserstoffs aus einem Proton und einem Neutron zusammengesetzt. Der Sauerstoff ist ein Gemisch von drei Isotopen, eines Isotops der Masse 16, eines der Masse 17 und eines der Masse 18. Die Tabelle 48 gibt einen Überblick über die bei den einzelnen Elementen existierenden Isotopen und ihre prozentuale Häufigkeit im Isotopengemisch.

Die Erscheinung der Isotopie läßt uns auch die anfangs dieses Kapitels geschilderten Elementumstellungen im periodischen System verstehen. Für diese Elementumstellungen war typisch, daß das Element mit der höheren Ordnungszahl ein kleineres Atomgewicht hatte als das mit der niedrigeren Ordnungszahl. Einer der drei Fälle war die Argon-Kalium-Umstellung. Das Argon (Ordnungszahl 18) hat ein Atomgewicht von 39,94, das Kalium (Atomnummer 19) ein Atomgewicht von 39,1. Beide Elemente sind Isotopengemische, beim Argon überwiegt im Gemisch das schwerste Isotope der Masse 40, beim Kalium dagegen das leichteste Isotope der Masse 39.

Bei einigen wenigen Elementen ist nicht nur der Nachweis der verschiedenen Isotopen, sondern auch ihre Trennung voneinander gelungen. Auf chemischem Wege ist die Trennung der Isotopen eines Gemisches natürlich nicht möglich, da sie sich chemisch völlig gleich verhalten. Indessen gibt es physikalische Methoden, um die Isotopen eines Elementes zu trennen; diese Methoden beruhen auf Eigenschaften, die mit der Masse im Zusammenhang stehen, eine solche ist die Diffusion. Die Diffusionsgeschwindigkeit eines Stoffes ist um so kleiner, je schwerer er ist. Läßt man also z. B. Wasserstoff durch die Poren eines Tonzylinders diffundieren, so wird die leichte Atomart schneller ausströmen und der schwere Wasserstoff wird im Innern etwas angereichert. Durch mehrfache Wiederholung dieses Prozesses gelingt beim Wasserstoff eine vollständige Trennung. Man sieht leicht ein, daß die Trennung eines Isotopengemisches um so leichter zu erzielen ist, je größer der relative Massenunterschied ist. Besonders günstig liegen also hier die Verhältnisse beim Wasserstoff, bei dem der Unterschied der Isotopenmassen ·100% beträgt.

11. Die Stickstoffgruppe.

Zur „Stickstoffgruppe" faßt man folgende Elemente der 5. Gruppe des periodischen Systems zusammen: Stickstoff (N), Phosphor (P), Arsen (As), Antimon (Sb) und Wismut (Bi). Auf Grund ihrer Stellung im periodischen System können bereits einige allgemeinere Aussagen über diese Gruppen von Elementen gemacht werden. Da sie alle fünf Außenelektronen besitzen, sind sie maximal fünfwertig; sie betätigen diese maximale Wertigkeit gegen Sauerstoff und Halogene, z. B. im Phosphorpentoxyd (P_2O_5) oder Phosphorpentachlorid (PCl_5). In ihren Wasserstoffverbindungen sind sie dreiwertig, z. B. beim Ammoniak (NH_3) oder Arsenwasserstoff (AsH_3) usw.

Bei der Besprechung der Chalkogene wurde darauf hingewiesen, daß innerhalb dieser Gruppe der metallische Charakter der Elemente mit steigendem Atomgewicht zunimmt, daß die beiden leichtesten Elemente, der Sauerstoff und Schwefel, als typische Nichtmetalle zu bezeichnen sind, während das Selen in einer metallischen und einer nichtmetallischen Modifikation vorkommt und das Tellur den Metallen noch nähersteht als das Selen. Einen solchen Übergang vom Nichtmetall- zum Metallcharakter findet man auch bei den Elementen der Stickstoffgruppe; nur ist in dieser Gruppe der metallische Charakter allgemein stärker ausgeprägt als bei den Chalkogenen. Das leichteste Element der 5. Gruppe, der Stickstoff, ist zu den Nichtmetallen zu rechnen, die beiden folgenden, Phosphor und Arsen, zeigen neben metalloiden Eigenschaften auch noch einige für Metalle typische Eigenschaften, und die letzten beiden Elemente der Gruppe, das Antimon und Wismut, gehören zu den Metallen.

a) Der Stickstoff.

Der elementare Stickstoff und seine Eigenschaften sind bereits auf S. 42 besprochen, es ist nur notwendig, einiges über sein chemisches Verhalten nachzutragen. Elementarer, gasförmiger Stickstoff ist, wie wir früher sahen, sehr reaktionsträge. Bei gewöhnlicher Temperatur vereinigt er sich mit kaum einem Element zu einer Verbindung. Der Grund für die Reaktionsträgheit des Stickstoffs ist in der Tatsache zu suchen, daß die Gasmoleküle kein atomarer Stickstoff sind, sondern aus 2 Atomen bestehen, die eine außerordentliche feste und beständige Verbindung bilden. Um den molekularen Stickstoff in atomaren überzuführen, bedarf es der Zufuhr großer Energiemengen in Form von Wärme oder Elektrizität. Der atomare Stickstoff ist dann sehr reaktionsfähig. Bei höherer Temperatur verbindet sich der Stickstoff mit den meisten Elementen; die dabei entstehenden Verbindungen nennt man „Nitride". Einen Überblick über die Nitride der verschiedenen Elemente gibt die Tabelle 49; in ihr sind die Stickstoffverbindungen entsprechend der Stellung der Elemente im periodischen System angeordnet, wobei unter a) die Elemente der Hauptgruppen und unter b) die der Nebengruppen zusammengestellt sind. Ihren physikalischen Eigenschaften und chemischem Verhalten nach lassen sich die Nitride in vier große Gruppen einteilen, wie das in der Tabelle durch die starken Trennungslinien angedeutet ist. Die Nitride der 1., 2., 3. Haupt- und Nebengruppen (mit Ausnahme des Bornitrids) sind „salzartige Nitride"; sie sind Derivate des Ammoniaks, wie auch ihre Formeln erkennen lassen. Durch Wasser werden die meisten von ihnen unter Ammoniakentwicklung hydrolytisch gespalten.

Diejenigen Nitride, welche in der rechten oberen Hälfte des periodischen Systems stehen, kann man als „flüchtige Nitride" zusammenfas-

Tabelle 49. Stickstoffverbindungen der Elemente.

Salzartige Nitride		Diamant-artig	Flüchtige Metalloidnitride				
I	II	III	IV	V	VI	VII	VIII
a) Li_3N	Be_2N_2	BN	$(CN)_2$	—	O_xN_y	F_3N	—
Na_3N	Mg_3N_2	AlN	Si_3N_4	P_3N_5	S_4N_4	Cl_3N	—
K_3N	Ca_3N_2	—	Ge_3N_2	AsN	Se_4N_4	—	—
Rb_xN_y	Sr_3N_2	—	Sn_xN_y	SbN	Te_3N_4	J_3N	—
Cs_xN_y	Ba_3N_2	—	Pb_xN_y	BiN	—	—	—
Salzartige Nitride			Metallische Nitride				
b) Cu_3N	Zn_3N_2	ScN	TiN	VN	CrN	Mn_4N	Fe_4N, Co_3N_2.
Ag_3N	Cd_3N_2	—	ZrN	NbN	MoN	—	—
—	Hg_3N_2	LaN	HfN	TaN	W_2N_3	—	—
—	—	—	Th_3N_4	—	U_3N_4	—	—

a): Hauptgruppen; b): Nebengruppen.

sen. Bei dieser Gruppe handelt es sich um Stoffe, die bei Zimmertemperatur im gasförmigen oder flüssigen Aggregatzustand vorliegen, oder um solche, die zwar fest, aber unbeständig und explosiv sind.

Die Nitride des Bors, Siliciums und Phosphors sind feste, beständige, außerordentlich schwer flüchtige Substanzen, die man wegen dieser Eigenschaften als „diamantartige Nitride" bezeichnet.

Die letzte Gruppe bilden schließlich die Nitride der Metalle der 4. bis 8. Nebengruppen; es sind meist hochschmelzende Verbindungen mit metallischen Eigenschaften (Verhalten gegen Licht und Elektrizität). Sie werden daher „metallische Nitride" genannt.

b) Die Wasserstoffverbindungen des Stickstoffs.

α) Das Ammoniak.

Darstellung. Einige Nitride zersetzen sich — wie bereits erwähnt — unter der Einwirkung von Wasser, wobei das entsprechende Metallhydroxyd gebildet wird und ein stechend riechendes Gas, das Ammoniak (NH_3), entweicht:

$$Mg_3N_2 + 6\,H_2O = 3\,Mg(OH)_2 + 2\,NH_3.$$

Gasförmiges Ammoniak bildet sich ferner beim Behandeln der Verwesungsprodukte tierischer und pflanzlicher Stoffe mit starken Basen. Versetzt man z. B. Harnstoff, $CO(NH_2)_2$, mit Natronlauge und erwärmt die Lösung ein wenig, so tritt ein intensiver Geruch nach Ammoniak auf:

$$CO(NH_2)_2 + 2\,NaOH = Na_2CO_3 + 2\,NH_3.$$

Ammoniakgas entsteht auch, wenn man alkalische Nitratlösungen mit Metallpulvern, wie Zink und Eisen, erhitzt. Das Metall reagiert zunächst mit der Lauge unter Entwicklung von Wasserstoff; dieser Wasserstoff in statu nascendi ist in der Lage, die Nitrate, also Sauerstoffverbindungen des Stickstoffs, bis zum Ammoniak zu reduzieren:

$$NaNO_3 + 4\,Zn + 7\,NaOH = 4\,Na_2ZnO_2 + 2\,H_2O + NH_3.$$

Die bisher besprochenen Methoden kommen für die Ammoniakdarstellung im großen nicht in Frage. Die großtechnische Gewinnung des Ammoniaks, das man in riesigen Mengen zur Herstellung von Düngemittel und Sprengstoffen benötigt, erfolgt nach folgenden drei Verfahren:

1. durch trockene Destillation der Steinkohle,
2. durch Synthese aus den Elementen,
3. nach dem Frank-Caro-Verfahren.

Bei der **trockenen Destillation von Steinkohlen,** wie sie in Gasanstalten und Kokereien durchgeführt wird, wird der teilweise noch organisch gebundene Stickstoff der Kohlen zu einem gewissen Prozentsatz in Ammoniak übergeführt. Das Ammoniak befindet sich also im Leuchtgas und wird beim Reinigen des Leuchtgases durch Waschen mit Wasser aus dem Gasgemisch herausgelöst. Das so als Nebenprodukt bei der Leuchtgasdarstellung abfallende Ammoniakwasser wird im allgemeinen durch Behandeln mit Schwefelsäure in Ammoniumsulfat übergeführt:

$$2\,NH_3 + H_2SO_4 = (NH_4)_2SO_4.$$

Die Synthese des Ammoniaks aus den Elementen, also aus Wasserstoff und Stickstoff, verläuft nach der folgenden Gleichung:

$$N_2 + 3\,H_2 = 2\,NH_3 + 22\ kcal.$$

Aus der positiven Wärmetönung dieser Reaktion folgt, daß das Ammoniak eine exotherme Verbindung ist, und daß das Ammoniak daher bei höheren Temperaturen in seine Elemente zerfallen muß. Das zeigt auch die Abb. 70, in der der Prozentgehalt an NH_3, welcher bei Atmosphärendruck mit der Stickstoff-Wasserstoff-Mischung im Gleichgewicht steht, in Abhängigkeit von der Temperatur graphisch dargestellt ist. Da das Ammoniakgleichgewicht bei niedrigen Temperaturen auf der Seite des Ammoniaks liegt, müßte die Synthese bei tiefen Temperaturen erfolgen. Dem steht indessen die Reaktionsträgheit im Wege: Das Gleichgewicht stellt sich bei Zimmertemperatur überhaupt nicht ein. Nun ist aber das Ammoniakgleichgewicht noch von einer zweiten Größe abhängig: dem Druck. Aus 1 Volumen

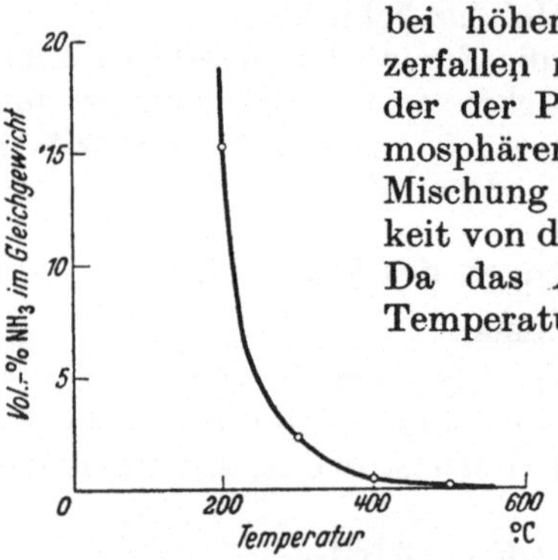

Abb. 70. Das Gleichgewicht:
$N_2 + 3\,H_2 \rightleftharpoons 2\,NH_3$ bei Atmosphärendruck in Abhängigkeit von der Temperatur.

Stickstoff und 3 Volumina Wasserstoff entstehen 2 Volumina Ammoniak, d. h. aus 4 Raumteilen Gasgemisch entstehen 2 Raumteile der Verbindung; demgemäß muß eine Erhöhung des Druckes in dem Sinn wirken, daß das Gleichgewicht nach der Seite des Ammoniaks verschoben wird. Das ist in der Tat der Fall, wie Abb. 60 (S. 154) erkennen läßt: mit wachsendem Druck steigt die Ausbeute an NH_3 an.

Die Lage des Ammoniakgleichgewichtes ist sehr genau erforscht worden; die Ergebnisse dieser Untersuchungen sind in der Tabelle 50 kurz zusammengestellt.

Tabelle 50. Volumprozente NH_3, die im Gleichgewicht mit N_2-H_2-Mischung stehen, bei:

°C	1 at	30 at	100 at	200 at	1000 at
200	15,3	67,6	80,6	85,8	98,3
300	2,18	31,8	52,1	62,8	92,5
400	0,44	10,7	25,1	36,3	79,9
500	0,13	3,6	10,4	17,6	57,5
600	0,05	1,4	4,47	8,25	31,4
700	0,022	0,66	2,14	4,11	12,9

Es ergibt sich also als Bedingung für die Ammoniaksynthese, daß man bei möglichst hohem Druck und möglichst niedriger Temperatur arbeitet. Bei der deutschen synthetischen Ammoniakgewinnung, dem Verfahren von HABER-BOSCH, arbeitet man mit einem Druck von 200 at und bei einer Temperatur von 400° C, bei Bedingungen also, die eine Ammoniakausbeute von 36% liefern. Eine weitere Steigerung des Druckes etwa auf 1000 at würde zwar die Ausbeute auf 80% erhöhen, ist aber im Großbetrieb nicht durchführbar oder zumindest mit sehr großen Schwierigkeiten verbunden. Zur Erhöhung der Reaktionsgeschwindigkeit benutzt man einen Katalysator, eine eisenhaltige Kontaktmasse.

Die Ausgangsstoffe für das Haber-Bosch-Verfahren, den reinen Wasserstoff und den reinen Stickstoff, gewinnt man aus der Luft bzw. dem Wassergas. Bereits früher ist besprochen, daß beim Überleiten von Luft über glühende Kohlen ein Gasgemisch aus Stickstoff und Kohlendioxyd entsteht:

$$4 N_2 + O_2 + C = 4 N_2 + CO_2$$

und daß man beim Überleiten von Wasserdampf über glühende Kohlen Wassergas erhält, ein Gasgemisch aus Wasserstoff, Kohlenoxyd und Kohlendioxyd:

$$3 H_2O + 2 C = CO + CO_2 + 3 H_2.$$

Die Abb. 71 gibt einen Überblick über die zur Ammoniaksynthese notwendigen Apparaturen. Man erkennt die Luft-Stickstoff- und Wassergaserzeuger. Das Mischgas leitet man bei 500° über einen Eisenoxydkatalysator unter gleichzeitiger Zufuhr von Wasserdampf, dadurch wird

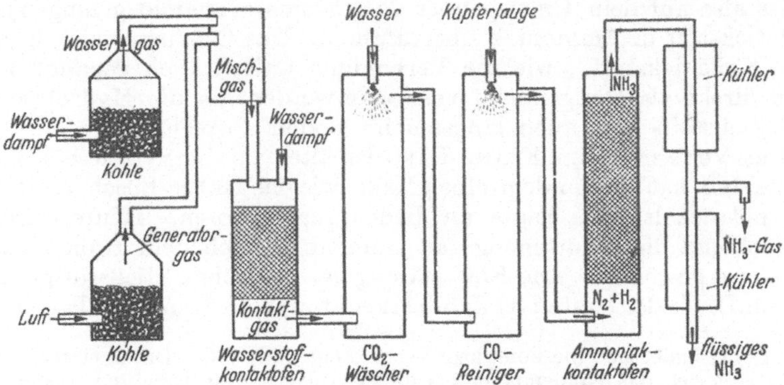

Abb. 71. Ammoniaksynthese nach HABER-BOSCH.

das Kohlenoxyd zum größten Teil in Kohlendioxyd übergeführt:

$$CO + H_2O \rightarrow H_2 + CO_2.$$

Dieser Vorgang spielt sich in dem Wasserstoffkontaktofen ab. Das Gasgemisch, das jetzt aus Wasserstoff, Stickstoff, Kohlendioxyd und geringen Spuren von Kohlenoxyd besteht, wird auf 25 at komprimiert. Bei diesem Druck wird das Kohlendioxyd quantitativ mit Wasser herausgewaschen. Jetzt wird der Druck auf 200 at erhöht und die letzten Reste von Kohlenoxyd durch Absorption mittelst einer Kuprosalzlösung[1] entfernt. Damit ist die Vorbehandlung der Ausgangsgase beendet und es schließt sich nun der eigentliche Vorgang der Ammoniaksynthese an: Das Stickstoff-Wasserstoff-Gasgemisch wird in den Ammoniakkontaktofen, ein dickwandiges Stahlrohr, in dem sich der eisenhaltige Katalysator befindet, eingeleitet. Das hier entstehende Ammoniak braucht nun lediglich gekühlt zu werden und verläßt entweder als gasförmiges oder als flüssiges Produkt die Kühler.

Das dritte der genannten großtechnischen Verfahren zur Darstellung von Ammoniak, das *Verfahren von FRANK-CARO*, geht vom Calciumcarbid aus. Erhitzt man ein Gemisch aus Kalk (CaO) und Kohle auf Temperaturen von etwa 2000° C, so bildet sich das Calciumcarbid:

$$CaO + 3\,C \rightarrow CaC_2 + CO.$$

Dieses Calciumcarbid (CaC_2) nimmt bei 1000° Stickstoff aus der Luft auf, wobei es in Calciumcyanamid (CaN_2C) übergeht:

$$CaC_2 + N_2 \rightarrow CaNCN + C.$$

Das Calciumcyanamid können wir als einen Abkömmling des Ammoniaks (H_2NH) auffassen, in dem 1 Wasserstoffatom durch den „Cyan"-Rest (CN) und die beiden anderen H-Atome durch das zweiwertige Calcium ersetzt sind:

$$Ca = N - CN.$$

Das Calciumcyanamid reagiert daher mit Wasser unter Bildung von Ammoniak und Calciumcarbonat:

$$CaN_2C + 3\,H_2O \rightarrow CaCO_3 + 2\,NH_3.$$

Es ist also auf dem Umweg über das Calciumcyanamid gelungen, den Luftstickstoff in Ammoniak überzuführen. Das Calciumcyanamid oder der „Kalkstickstoff", wie die Verbindung CaN_2C auch genannt wird, kann direkt als Düngemittel verwandt werden, da die Hydrolyse des Kalkstickstoffs sich auch langsam im Boden abspielt.

Das Verfahren von FRANK-CARO ist älter als die Synthese aus den Elementen, hat aber in demselben Maße, wie das Haber-Bosch-Verfahren sich entwickelt hat, etwas an Bedeutung verloren. Heute wird in Deutschland die Hauptmenge an Ammoniak nach dem Haber-Bosch-Verfahren gewonnen. Die Entwicklung der deutschen Stickstoffproduktion im Laufe der letzten 30 Jahre erkennt man an Hand der Tabelle 51,

---

[1] Dabei bildet sich die komplexe Verbindung $CuCl \cdot CO$. Durch einfaches Erhitzen läßt sich das Kohlenoxyd aus dieser Anlagerungsverbindung wieder austreiben und die „Kupferlauge" regenerieren.

Tabelle 51. Die Produktion an gebundenem Stickstoff in Deutschland und die Ausfuhr von Salpeter aus Chile (in 1000 t N).

	1913	1920/21	1922/23	1927	1929	1931	1933/34	1935/36	1936/37
Haber-Bosch .	1,5	140	260	530	602	410	—	—	—
Kokereien und Gasanstalt . .	110	70	75	92	111	69	—	—	—
Kalkstickstoff .	5	50	35	88	95	37	85	128	136
DeutscheGesamterzeugung . .	116,5	260	370	710	808	516	452	588	631
Ausfuhr von Salpeter aus Chile	445	182	379	—	464	170	84	192	206

in der die produzierten Mengen für die drei Verfahren gesondert aufgeführt sind. Zum Vergleich ist die Ausfuhr von Salpeter aus Chile gleichfalls in die Tabelle aufgenommen.

Physikalische Eigenschaften.

Molgewicht . . . . $NH_3 = 17,031$
Dichte . . . . $d = 0,59$
(Luft $= 1$)
Schmelzpunkt . . . . . $-77,7°$ C
Siedepunkt . . . . . . $-33,4°$ C
Kritische Temperatur . . $+130°$ C
Kritischer Druck . . . 115 at

Ammoniak ist ein farbloses, stehend riechendes Gas, das bedeutend leichter ist als Luft. Es ist durch eine sehr starke Löslichkeit in Wasser ausgezeichnet, so löst z. B. 1 ccm Wasser bei 16° C 764 ccm gasförmiges Ammoniak. Beim Erhitzen ammoniakhaltigen Wassers läßt sich das Ammoniak wieder vollständig austreiben.

In gewisser Weise ist Ammoniak ein wasserähnlicher Stoff, so besitzt z. B. flüssiges Ammoniak wie das Wasser ein ausgeprägtes Lösungsvermögen für zahlreiche anorganische und organische Substanzen. Eine Reihe der Lösungen im flüssigen Ammoniak zeigen ein gutes Leitvermögen für den elektrischen Strom, während reines flüssiges Ammoniak wie das reine Wasser ein schlechter Leiter für Elektrizität ist. Man kann daraus folgern, daß diese Stoffe im flüssigen Ammoniak elektrolytisch dissoziiert sind. Das Verhalten des flüssigen Ammoniaks als Lösungsmittel wird in einem späteren besonderen Kapitel ausführlich behandelt (vgl. Kap. 25).

Wie aus wäßrigen Lösungen viele Salze in Form von Hydraten auskristallisieren, d. h. an ihr Molekül Kristallwasser anlagern, so kennt man auch zahlreiche Ammoniakate, Stoffe also, die an Stelle des Kristallwassers Ammoniak im Kristallverband enthalten.

Diese Analogien zwischen dem Wasser und dem Ammoniak lassen sich auf Grund des sehr ähnlichen Aufbaues des H_2O- und des NH_3-Moleküls erklären. Stellt man einmal die beiden Konstitutionsformeln einander gegenüber:

$$\begin{matrix} H \\ \ \ \diagdown O \\ H \diagup \end{matrix} \qquad \begin{matrix} H \\ \ \ \diagdown (N\text{—}H), \\ H \diagup \end{matrix}$$

so erkennt man, daß lediglich der Sauerstoff durch die Gruppe (N—H) ersetzt ist. Diese „Imino-Gruppe" enthält sechs Außenelektronen wie der Sauerstoff und ist daher in ihrem chemischen und physikalischen Verhalten dem Sauerstoff ähnlich.

Chemisches Verhalten. Die wäßrige Lösung von Ammoniak hat den Charakter einer schwachen Lauge: sie enthält Hydroxylionen. Die alkalische Reaktion wäßrigen Ammoniaks kann man nur erklären dadurch, daß man annimmt, daß beim Lösevorgang das Ammoniak mit dem Wasser reagiert:

$$NH_3 + H_2O \rightleftharpoons NH_4OH$$

und daß die so entstandene Verbindung NH_4OH, das Ammoniumhydroxyd, zum Teil in Hydroxylionen und NH_4^+-Ionen dissoziiert ist:

$$NH_4OH \rightleftharpoons NH_4^+ + OH^-.$$

Die Atomgruppierung (NH_4) nennt man die *Ammoniumgruppe* und das NH_4^+-Ion das *Ammoniumion*. Daß beim Lösen von Ammoniak in Wasser das NH_3-Molekül in der Tat ein Wasserstoffatom aus dem Wassermolekül herausnimmt und damit einen festen Komplex, das Ammonium, bildet, erkennt man daran, daß bei der Neutralisation von Ammoniak mit einer beliebigen Säure die Ammoniumgruppe stets erhalten bleibt und in den dabei entstehenden Salzen vorhanden ist. Neutralisiert man Ammoniumhydroxyd z. B. mit Salzsäure und dampft das Lösungsmittel Wasser ab, so hinterbleibt ein weißes Salz von der Formel NH_4Cl, das Ammoniumchlorid oder der Salmiak. Weitere derartige Ammoniumverbindungen sind das Ammoniumsulfat $(NH_4)_2SO_4$, das Ammoniumnitrat $(NH_4)NO_3$, das Ammoniumcarbonat $(NH_4)_2CO_3$, das Ammoniumsulfid $(NH_4)_2S$ u. a. m. Vergleicht man diese Formeln mit denen entsprechender Alkalisalze, so stellt man fest, daß der Ammoniumkomplex ein Alkalimetall ersetzt. Und zwar sind die Ammoniumverbindungen den Kaliumverbindungen am ähnlichsten, z. B. hinsichtlich ihrer Löslichkeitsverhältnisse. Die Ammoniumsalze entstehen nicht nur in wäßriger Lösung durch Neutralisation von Ammoniumhydroxyd mit einer Säure, sondern zum Teil auch durch Reaktion von gasförmigem Ammoniak mit gasförmigen Säuren, z. B. mit Chlorwasserstoffgas:

$$NH_3 + HCl \rightarrow NH_4Cl.$$

Bei dieser Reaktion entsteht ein weißer Nebel von Ammoniumchlorid, der sich allerdings nicht lange hält, sondern infolge der Größe der Einzelteilchen schnell zu Boden sinkt.

Die Ammoniumsalze sind Salze der schwachen Base Ammoniumhydroxyd; daher verdrängen starke Basen das Ammonium aus seinen Salzen und setzen Ammoniak in Freiheit:

$$NH_4Cl + NaOH = NaCl + H_2O + NH_3.$$

Aus dem gleichen Grunde unterliegen die Salze des Ammoniaks in wäßriger Lösung der Hydrolyse, d. h. ihre wäßrigen Lösungen reagieren schwach sauer.

Während die Salze der Alkalimetalle im allgemeinen einen recht hohen Schmelz- und Siedepunkt besitzen, sind die Ammoniumsalze

durch relativ tiefliegende Siedepunkte und eine große Flüchtigkeit ausgezeichnet. Bei höheren Temperaturen beobachtet man eine thermische
Dissoziation der Ammoniumverbindungen. Erhitzt man z. B. Ammoniumchlorid, so zersetzt es sich in Ammoniak und Chlorwasserstoff
nach der Gleichung:

$$NH_4Cl + Q \rightarrow NH_3 + HCl.$$

Da Ammoniak bedeutend leichter als Chlorwasserstoff ist, diffundiert
es schneller als HCl; daher befindet sich über dem erhitzten Ammonchlorid zunächst eine Gasschicht, die mehr HCl als NH_3 enthält, und
über dieser befindet sich eine an Ammoniak reichere Schicht. Man
kann also die thermische Dissoziation mit Hilfe von feuchtem Lackmuspapier nachweisen: In unmittelbarer Nähe des erhitzten Ammonchlorids
färbt es sich rot, in größerer Entfernung blau.

Ammoniakgas besitzt reduzierende Eigenschaften, so wird z. B. erhitztes Kupferoxyd im Ammoniakstrom zu metallischem Kupfer reduziert, wobei der im Ammoniak gebundene Stickstoff zu elementarem
Stickstoff oxydiert wird:

$$3\,CuO + 2\,NH_3 = 3\,Cu + 3\,H_2O + N_2\,.$$

Wir haben gesehen, daß Ammoniak in wäßriger Lösung die Eigenschaften einer schwachen Lauge besitzt. Andererseits zeigen die Wasserstoffatome des Ammoniaks bis zu einem gewissen Grad auch einen
sauren Charakter, insofern nämlich, als sie durch Metall ersetzbar sind.
Ist im NH_3-Molekül ein Wasserstoffatom gegen Metall ausgetauscht,
so spricht man von „Amiden"; ein Beispiel ist das Natriumamid
($NaNH_2$); die Atomgruppierung (NH_2) nennt man die „Aminogruppe".
Unter „Imiden" versteht man solche Derivate des Ammoniaks, in denen
2 Wasserstoffatome durch Metall ersetzt sind, in denen also die NH-
Gruppe, die „Iminogruppe", vorliegt. Schließlich können wir noch die
Nitride als Abkömmlinge des Ammoniaks auffassen, indem wir uns
vorstellen, daß wir im NH_3-Molekül an Stelle sämtlicher 3 Wasserstoff-
atome Metalle einführen. Daß es sich hierbei nicht um eine formelle
Ableitung handelt, sondern daß Ammoniak und die Nitride verwandte
Verbindungen sind, zeigt ja das Verhalten der Nitride gegen Wasser:
Wie wir sahen, entsteht bei der Hydrolyse der Nitride Ammoniak
(s. S. 189) dadurch, daß die jeweiligen Metallatome des Nitrids gegen
Wasserstoffatome ausgetauscht werden.

Verwendung. Man verwendet Ammoniak in Form seiner Salze in
riesigen Mengen zu Düngezwecken. Ferner benutzt man in der Technik
Ammoniak als Ausgangssubstanz zur Darstellung der Salpetersäure
und der Nitrate.

β) Hydrazin NH_2–NH_2, Hydroxylamin NH_2OH, Stickstoffwasserstoff-
säure HN_3.

Durch vorsichtige Oxydation des Ammoniaks oder auch durch Reduktion von Stickstoff-Sauerstoff-Verbindungen kann man zu Stickstoff-
Wasserstoff-Verbindungen bzw. Stickstoff-Wasserstoff-Sauerstoff-Ver-
bindungen kommen, die zwischen dem Ammoniak H_3N und dem
elementaren Stickstoff N_2 stehen und die in gewisser Hinsicht von

Interesse sind. Das Hydrazin ($H_2N—NH_2$) kann man sich vom Ammoniak formal in der Weise abgeleitet denken, daß man ein Wasserstoffatom des NH_3-Moleküls durch eine Aminogruppe ersetzt. Zur Formel des Hydroxylamins (NH_2OH) gelangt man, wenn man im Ammoniak ein Wasserstoffatom gegen die Hydroxylgruppe austauscht. Die Stickstoffwasserstoffsäure (HN_3) schließlich steht von den genannten drei Verbindungen dem elementaren Stickstoff am nächsten.

Hydrazin. Man stellt das Hydrazin durch Einwirkung von unterchloriger Säure auf Ammoniak dar. Zunächst reagieren je ein Molekül Ammoniak und unterchlorige Säure miteinander und bilden Chloramin (NH_2Cl) und Wasser:

$$NH_2H + HOCl = NH_2Cl + H_2O.$$

Dieses Chloramin setzt sich mit einem zweiten Molekül Ammoniak zu Hydrazin und Salzsäure um:

$$NH_2Cl + HNH_2 = NH_2 - NH_2 + HCl.$$

Das Hydrazin ist dem Ammoniak ähnlich, seine wäßrige Lösung ist wie die des Ammoniaks eine schwache Lauge und reagiert demgemäß mit der gleichzeitig entstandenen Salzsäure unter Salzbildung zu Hydrazinchlorid:

$$H_2N - NH_2 + HCl = [H_2N—NH_2 \ H]Cl.$$

Diese Reaktion ist völlig analog der Bildung von Ammoniumchlorid aus Ammoniak und Chlorwasserstoff:

$$NH_3 + HCl = (NH_3 \cdot H)Cl.$$

Als schwache Base kann das Hydrazin aus seinen Salzen, z. B. dem Hydrazinchlorid, durch Einwirkung starker Laugen in Freiheit gesetzt werden:

$$(H_2N—NH_2 \cdot H)Cl + NaOH = NaCl + H_2O + H_2N—NH_2.$$

Wasserfreies Hydrazin ist schwer zu erhalten; leichter erhält man aus den Salzen das Hydrazinhydrat $N_2H_4 \cdot H_2O$, welches eine schwer bewegliche Flüssigkeit darstellt, bei $-40°$ noch flüssig ist und bei $\infty + 118°$ C siedet. Aus dem Hydrat kann die wasserfreie Base durch Destillation im Vakuum mit BaO als wasserbindendem Mittel erhalten werden. Hydrazin zerfällt relativ leicht in seine Elemente, in Stickstoff und in Wasserstoff:

$$N_2H_4 \rightarrow N_2 + 2 H_2.$$

Man benutzt das Hydrazin daher als Reduktionsmittel. Seine Anwendung hat den Vorteil, daß ein etwaiger Überschuß an N_2H_4 durch Kochen leicht zerstört werden kann, und daß durch das angewandte Reduktionsmittel keine fremden Bestandteile in die zu reduzierende Lösung gelangen, da die Zersetzungsprodukte, Stickstoff und Wasserstoff, gasförmig entweichen.

Hydroxylamin. Hydroxylamin gewinnt man durch elektrolytische Reduktion aus Salpetersäure (HNO_3). Der bei der Elektrolyse von Salpetersäure kathodisch entwickelte atomare Wasserstoff vermag die Salpetersäure unter geeigneten Bedingungen zu reduzieren, gemäß der Gleichung:

$$HNO_3 + 6 H = NH_2OH + 2 H_2O.$$

Das Hydroxylamin ist eine weiße, feste Substanz von Basencharakter. Sie schmilzt bei $+33°$ C. Da Hydroxylamin bei höherer Temperatur leicht zersetzlich ist, kann sein Siedepunkt bei Atmosphärendruck nicht bestimmt werden; bei einem Druck von 22 mm Hg liegt der Siedepunkt bei $+58°$ C. Auch Hydroxylamin besitzt reduzierende Eigenschaften und wird daher als Reduktionsmittel häufig verwandt.

Stickstoffwasserstoffsäure. Wenn man Stickoxydul, ein Oxyd des Stickstoffs von der Formel N_2O, bei etwa $200°$ C über Natriumamid leitet, so bildet sich das Natriumsalz der Stickstoffwasserstoffsäure, NaN_3, das Natriumazid:

$$NaNH_2 + N_2O = NaN_3 + H_2O.$$

Während dieses Natriumazid und die übrigen Alkali- und Erdalkaliazide ziemlich beständige Verbindungen sind, sind die freie Stickstoffwasserstoffsäure und ihre Schwermetallsalze leicht zersetzlich und explosiv. HN_3 ist eine Verbindung von stark endothermem Charakter, bei ihrem Zerfall werden beträchtliche Wärmemengen frei:

$$2\,HN_3 = 3\,N_2 + H_2 + 141{,}8\ \text{kcal.}$$

In wäßriger Lösung ist die Stickstoffwasserstoffsäure dagegen haltbar; sie ist eine schwache Säure. In gewisser Hinsicht kann die Stickstoffwasserstoffsäure mit den Halogenwasserstoffsäuren verglichen werden, z. B. existiert ein Parallelismus hinsichtlich der Löslichkeitsverhältnisse ihrer Salze. So sind das Bleiazid und das Silberazid wie die Blei- und Silberhalogenide in Wasser schwer löslich. Diese beiden Schwermetallazide explodieren im trockenen Zustand bei schwachem Erwärmen und auf Schlag, man benutzt sie daher vielfach als Initialzünder.

c) Die Oxyde des Stickstoffs.

Auf Grund seiner Stellung in der 5. Gruppe des periodischen Systems ist der Stickstoff in seinen Sauerstoffverbindungen maximal fünfwertig. Außer dem Distickstoffpentoxyd (N_2O_5), in welchem der Stickstoff seine maximale Wertigkeit besitzt, kennt man noch eine ganze Reihe von Oxyden des Stickstoffs, die zwischen dem elementaren Stickstoff und dem Distickstoffpentoxyd stehen. In der folgenden Übersicht sind die verschiedenen bekannten Oxyde nach steigendem Sauerstoffgehalt geordnet:

Tabelle 53. Die Oxyde des Stickstoffs.

N_2O	Distickstoffmonoxyd (Stickoxydul)	NO_2	Stickstoffdioxyd
NO	Stickstoffmonoxyd	N_2O_4	Distickstofftetroxyd
N_2O_3	Distickstofftrioxyd	N_2O_5	Distickstoffpentoxyd

Alle Stickoxyde sind in bezug auf die Elemente, aus denen sie bestehen, endotherme Verbindungen, es gilt für $x = 1, 2, \ldots, 5$ stets:

$$N_2 + {}^x/_2\,O_2 = N_2O_x - Q.$$

Daher vereinigen sich der Stickstoff und der Sauerstoff der Luft bei Zimmertemperatur auch nicht zu Stickoxyden. Vielmehr sollte man erwarten, daß umgekehrt die Stickoxyde bei niedrigen Temperaturen in die Elemente zerfallen. Daß dieser Zerfall bei Zimmertemperatur nicht eintritt, hat seinen Grund in der zu geringen Reaktionsgeschwindigkeit.

α) Distickstoffmonoxyd (Stickoxydul, N_2O).

Darstellung. Das sauerstoffärmste der Stickoxyde, das Distickstoffmonoxyd oder Stickoxydul, nimmt eine gewisse Sonderstellung ein. Man gewinnt es durch Zersetzen von Ammoniumnitrat; erhitzt man Ammoniumnitrat vorsichtig, so zerfällt es in Wasser und Stickoxydul:

$$(NH_4)NO_3 \rightarrow 2\,H_2O + N_2O.$$

Physikalische Eigenschaften und **Chemisches Verhalten.**

Molekulargewicht	N_2O = 44,008
Schmelzpunkt	$-102,0°$ C
Siedepunkt	$-89,5°$ C
Kritische Temperatur . . .	$+36,5°$ C
Kritischer Druck	71,7 at

Distickstoffmonoxyd ist ein farbloses Gas, das man in der Medizin gelegentlich als Narkoticum verwendet. Atmet man es ein, so ruft es krampfhafte Lachlust hervor; es wird daher auch als Lachgas bezeichnet. N_2O ist nicht brennbar, unterhält aber die Verbrennung; eine brennende Kerze brennt in einer Distickstoffmonoxydatmosphäre sogar mit größerer, hellerer Flamme als in Luft. Wir folgern hieraus, daß der Sauerstoff des N_2O leicht abgegeben wird, gemäß der Gleichung:

$$2\,N_2O \rightarrow 2\,N_2 + O_2 + 40 \text{ kcal}.$$

β) Stickstoffmonoxyd (NO).

Darstellung. Die Bildung des Stickstoffmonoxyds aus den Elementen erfolgt wegen der beträchtlichen negativen Bildungswärme erst bei sehr hohen Temperaturen. Das Gleichgewicht der Reaktion:

$$N_2 + O_2 \rightleftharpoons 2\,NO - 43 \text{ kcal}$$

liegt bei niedrigen Temperaturen ganz auf der Seite der Komponenten. Selbst bei $2000°$ abs. befinden sich nur 0,6 Vol.-% NO mit Luft im Gleichgewicht und bei $3000°$ abs. ist der Prozentgehalt an Stickstoffmonoxyd erst auf 3,6 Vol.-% angestiegen. Im einzelnen ist die Temperaturabhängigkeit des NO-Gleichgewichts aus der Abb. 72 zu entnehmen.

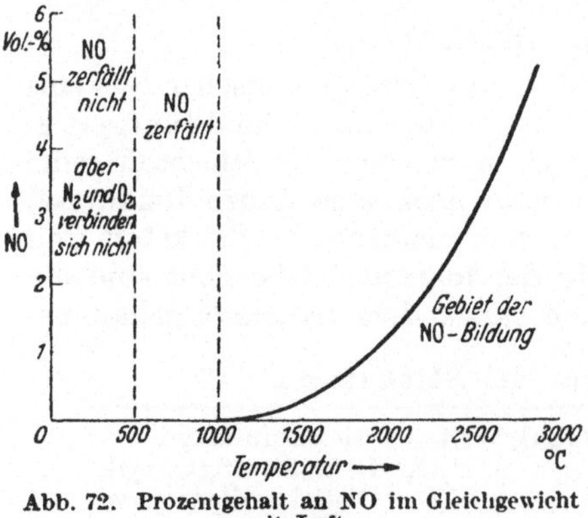

Abb. 72. Prozentgehalt an NO im Gleichgewicht mit Luft.

Will man also NO aus Luft gewinnen, so muß man die Luft auf außergewöhnlich hohe Temperaturen erhitzen. Ferner muß man das gebildete Stickstoffmonoxyd rasch von den hohen Temperaturen auf Zimmertemperatur abkühlen, da anderenfalls das NO wieder in seine Komponenten gespalten wird. Bei Zimmertemperatur ist nämlich die Reaktionsgeschwindigkeit der Gleichgewichtseinstellung wie bei allen Stickoxyden derartig klein, daß man das NO als beständig bezeichnen kann. Man muß daher Sorge tragen, daß das bei hohen Temperaturen gebildete NO schnell in dieses Beständigkeitsgebiet übergeführt wird. Man redet in diesen und ähnlichen Fällen von einem „Einfrieren" des Gleichgewichtszustandes. Trotz der erwähnten Schwierigkeiten ist diese Reaktion zwischen Stickstoff und Sauerstoff, die *„Luftverbrennung"*, von BIRKELAND und EYDE zu einem großtechnischen Verfahren entwickelt worden: Man bläst einen Luftstrom gegen einen Wechselstromlichtbogen, der durch ein Magnetfeld zu einer möglichst großen Fläche ausgezogen ist. In dem Lichtbogen selbst herrschen die zur NO-Bildung notwendigen hohen Temperaturen, während die Nachbarschaft des Lichtbogens genügend kalt ist, um die rückläufige Reaktion, den Zerfall des entstandenen Stickstoffmonoxyds, zu verhindern. Dieses „Lichtbogenverfahren" von BIRKELAND-EYDE hat sich wegen der notwendigen großen Mengen an elektrischer Energie nur dort einführen können, wo der elektrische Strom billig ist, also in Ländern wie Norwegen, die über viel Wasserkräfte verfügen. Es ist aber heute von einem anderen Verfahren zur Darstellung von Stickstoffmonoxyd, der *Ammoniakverbrennung*, vollkommen verdrängt worden. Ammoniak reagiert mit Sauerstoff unter geeigneten Versuchsbedingungen nach der Gleichung:

$$4\,NH_3 + 5\,O_2 = 4\,NO + 6\,H_2O + Q.$$

Diese Oxydation des Ammoniaks durch Luftsauerstoff verläuft bei 600—700° C und bei Anwesenheit eines Katalysators aus metallischem Platin recht glatt. Allerdings ist auch bei dieser Methode darauf zu achten, daß das gebildete NO äußerst rasch aus dem heißen Reaktionsraum entfernt und auf niedere Temperatur abgekühlt wird, damit der Zerfall des entstandenen Stickoxyds in elementaren Stickstoff und Sauerstoff, der ja bei der herrschenden Reaktionstemperatur (600°) begünstigt ist, gar nicht oder zumindest nur zu einem geringen Bruchteil stattfinden kann. In der Praxis verhindert man den NO-Zerfall durch eine große Strömungsgeschwindigkeit des Ammoniak-Luft-Gemisches. Dieses OSTWALD-Verfahren der katalytischen Ammoniakverbrennung ist ein wichtiger Teilprozeß in der Reihe der Reaktionen, die zur Darstellung der Salpetersäure und der Nitrate im großen angewandt werden.

Kleinere Mengen von Stickoxyd stellt man im Laboratorium durch Reduktion von Salpetersäure dar. Geeignete Reduktionsmittel sind Metalle, wie Kupfer, Quecksilber oder niederwertige Verbindungen wie Ferrosulfat usw., die von konzentrierter Salpetersäure zu Nitraten oxydiert werden, z. B.:

$$3\,Cu + 8\,HNO_3 = 3\,Cu(NO_3)_2 + 4\,H_2O + 2\,NO.$$

$$6\,FeSO_4 + 3\,H_2SO_4 + 2\,HNO_3 = 3\,Fe_2\,(SO_4)_3 + 4\,H_2O + 2\,NO.$$

Durch diese Reaktion kann man sich im KIPPschen Apparat einen regelmäßigen NO-Strom erzeugen.

Physikalische Eigenschaften und chemisches Verhalten.

Molekulargewicht	NO = 30,008
Schmelzpunkt	−164° C
Siedepunkt	−151° C
Kritische Temperatur	−94° C
Kritischer Druck	71 at

Das Stickstoffmonoxyd ist ein farbloses Gas, das weder brennt noch die Verbrennung unterhält. Mit Luftsauerstoff reagiert das NO bei gewöhnlicher Temperatur unter Bildung eines braunen Gases, des Stickstoffdioxyds. Dieser Gleichgewichtszustand zwischen NO und O_2 auf der einen Seite und dem NO_2 auf der anderen Seite führt bei Zimmertemperatur zum NO_2 und bei höherer Temperatur ($500°$) zum NO, da das NO_2 in bezug auf das $NO—O_2$-Gasgemisch eine exotherme Verbindung ist:

$$NO + {}^1/_2\, O_2 = NO_2 + 13,6 \text{ kcal.}$$

Das Stickoxyd bildet mit Eisen(II)-sulfat eine intensiv braunschwarz gefärbte Verbindung, das Nitroso-Eisen(II)-sulfat, $[Fe(NO)]SO_4$, die zum qualitativen Nachweis kleiner Mengen von NO geeignet ist.

γ) Stickstoffdioxyd (NO_2) und Distickstofftetroxyd (N_2O_4).

Diese beiden Oxyde des Stickstoffs sollen gemeinsam besprochen werden, da sie in sehr enger Beziehung zueinander stehen. Wie man sieht, ist das Verhältnis von Sauerstoff zu Stickstoff in diesen beiden Verbindungen das gleiche. Das Distickstofftetroxyd ist ein „Polymeres“ (= Vielfaches) des Stickstoffdioxyds. Die beiden Oxyde stehen miteinander im Gleichgewicht derart, daß bei niederen Temperaturen 2 Moleküle NO_2 sich zu einem Molekül N_2O_4 vereinigen, und daß das N_2O_4-Molekül beim Erwärmen in 2 Moleküle NO_2 aufspaltet:

$$N_2O_4 \rightleftharpoons 2\,NO_2.$$

Während das Stickstoffdioxyd ein braunes Gas ist, ist das Tetroxyd nahezu farblos. Unterhalb $-10,2°$ C liegenfarblose Kristalle von N_2O_4 vor, zwischen $-10,2°$ und $+22,4°$ C haben wir eine schwach braun gefärbte Flüssigkeit, die zum größten Teil aus N_2O_4 besteht, oberhalb $22,4°$ handelt es sich um ein rotbraunes Gasgemisch aus NO_2 und N_2O_4. Mit weiterer Temperatursteigerung geht der Anteil an N_2O_4 im Gasgemisch weiter zurück, so daß bei $100°$ C kaum noch N_2O_4 vorhanden ist.

Mit Wasser reagiert Stickstoffdioxyd unter Bildung von Salpetersäure (HNO_3) und salpetriger Säure (HNO_2):

$$2\,NO_2 + H_2O = HNO_3 + HNO_2.$$

Über diese Reaktion wird noch ausführlicher bei der Darstellung der Salpetersäure zu reden sein.

δ) Distickstofftrioxyd (N_2O_3).

Das Distickstofftrioxyd läßt sich auffassen als eine Verbindung zwischen Stickstoffmonoxyd und Stickstoffdioxyd:

$$NO + NO_2 = N_2O_3.$$

In der Tat entsteht N_2O_3, wenn man ein Gemisch aus gleichen Raumteilen NO und NO_2 auf tiefe Temperaturen abkühlt; man erhält dann eine tiefblaugrün gefärbte Flüssigkeit, die bei $-102°$ erstarrt. Mit steigender Temperatur erfolgt eine thermische Dissoziation des Stickstofftrioxyds in seine beiden Bestandteile NO und NO_2, so daß bereits bei Zimmertemperatur der größte Teil des N_2O_3 zerfallen ist.

Das Distickstofftrioxyd ist das Anhydrid der salpetrigen Säure (HNO_2), N_2O_3 bildet daher mit Wasser zunächst salpetrige Säure:

$$N_2O_3 + H_2O \rightarrow 2\,HNO_2.$$

Die freie salpetrige Säure ist allerdings nicht sehr beständig, sondern oxydiert und reduziert sich gegenseitig zu Salpetersäure (HNO_3) und NO nach der Gleichung:

$$3\,HNO_2 = HNO_3 + 2\,NO + H_2O.$$

Eine Reaktion wie diese, bei der sich mehrere Moleküle eines Stoffes gegenseitig oxydieren und reduzieren, nennt man eine ***Disproportionierung***.

ε) Distickstoffpentoxyd (N_2O_5).

Das Distickstoffpentoxyd ist das Anhydrid der Salpetersäure und läßt sich mit Hilfe wasserentziehender Mittel wie Phosphorpentoxyd aus der Salpetersäure darstellen:

$$2\,HNO_3 + P_2O_5 = 2\,HPO_3 + N_2O_5.$$

Das N_2O_5 ist eine bei Zimmertemperatur feste, farblose Substanz, die bei 30° schmilzt; sie ist recht unbeständig und explosiv. Mit Wasser vereinigt sich Distickstoffpentoxyd lebhaft unter Rückbildung von Salpetersäure:

$$N_2O_5 + H_2O = 2\,HNO_3.$$

d) Die Sauerstoffsäuren des Stickstoffs.

Bei der Besprechung der Stickoxyde haben wir bereits die beiden wichtigsten Sauerstoffsäuren des Stickstoffs kennengelernt: die Salpetersäure (HNO_3) und die salpetrige Säure (HNO_2). In der Salpetersäure liegt fünfwertiger Stickstoff vor, während der Stickstoff der salpetrigen Säure dreiwertig ist. Demgemäß sind die Konstitutionsformeln der beiden Säuren:

$$HNO_2:\ \ O{=}N{-}OH \qquad\qquad HNO_3:\ \ {}^{O}_{O}{>}N{-}OH.$$

Beide Säuren sind einbasische Säuren; die Salze der Salpetersäure nennt man Nitrate, diejenigen der salpetrigen Säure heißen Nitrite.

Salpetersäure und Nitrate. Darstellung. Die Salpetersäure entsteht beim Einleiten von NO_2 in Wasser:

$$2\,NO_2 + H_2O = HNO_3 + HNO_2.$$

Die außerdem entstehende salpetrige Säure ist unbeständig und zerfällt in Wasser, Stickstoffmonoxyd und Stickstoffdioxyd:

$$2\,HNO_2 = H_2O + NO_2 + NO.$$

Das NO wird durch Luftsauerstoff zu NO_2 oxydiert, das dann erneut nach der ersten Gleichung mit Wasser Salpetersäure bildet. Man kann also das NO_2 quantitativ in Salpetersäure überführen, besonders dann, wenn man das Stickstoffdioxyd in warmes Wasser einleitet und durch die Temperaturerhöhung den Zerfall der salpetrigen Säure beschleunigt.

In der Großtechnik gewinnt man die Salpetersäure als Endprodukt einer Reihe von Reaktionen, die wir im einzelnen bereits besprochen haben, die wir aber hier noch einmal zusammenstellen wollen:

1. **Darstellung von Ammoniak aus Stickstoff** (entweder nach HABER-BOSCH oder FRANK-CARO oder durch trockene Destillation der Steinkohle).

2. **Darstellung von Stickoxyden aus Ammoniak** (Ammoniakverbrennung nach OSTWALD).

3. **Darstellung der Salpetersäure aus den Stickoxyden** durch Umsetzung mit warmem Wasser.

Die Nitrate stellt man aus der Salpetersäure durch Neutralisation mit den entsprechenden Laugen dar. Leitet man die Stickoxyde nicht in Wasser, sondern gleich in die Lauge, so entsteht Nitrit neben Nitrat:

$$2\,NO_2 + 2\,NaOH = NaNO_2 + NaNO_3 + H_2O.$$

Das Nitrit ist nämlich bedeutend beständiger als die freie salpetrige Säure.

Früher stellte man die Salpetersäure aus den in der Natur vorkommenden Nitraten, z. B. dem Chilesalpeter, dar. Da die Salpetersäure leichter flüchtig ist als die Schwefelsäure, kann man sie aus ihren Salzen durch Schwefelsäure verdrängen:

$$NaNO_3 + H_2SO_4 = NaHSO_4 + HNO_3.$$

Eigenschaften. Das Verhalten der Salpetersäure wird durch zwei Eigenschaften bestimmt, einmal ist sie eine starke Säure, zum andern — besonders als konzentrierte Säure — ein kräftiges Oxydationsmittel. Verdünnte Salpetersäure löst wie alle anderen starken Säuren die unedlen Metalle unter Wasserstoffentwicklung auf. Im Gegensatz zu den übrigen starken Säuren löst konzentrierte Salpetersäure auch einige edlere Metalle wie Kupfer, Quecksilber und Silber. Beim Lösevorgang dieser Edelmetalle entweichen Stickoxyde, ein Zeichen dafür, daß die Salpetersäure hier als Oxydationsmittel wirkt:

$$3\,Cu + 8\,HNO_3 = 3\,Cu(NO_3)_2 + 4\,H_2O + 2\,NO.$$

Auch Zinn wird von konzentrierter Salpetersäure angegriffen und zu unlöslichem Zinndioxyd oder Zinnstein (SnO_2) oxydiert:

$$3\,Sn + 4\,HNO_3 = 3\,SnO_2 + 2\,H_2O + 4\,NO.$$

Gold vermag konzentrierte Salpetersäure dagegen nicht zu lösen; man kann also Gold und Silber mittels Salpetersäure trennen und bezeichnet daher die Salpetersäure auch als „Scheidewasser". Während also weder konzentrierte Salzsäure noch konzentrierte Salpetersäure für sich Gold angreifen, hat merkwürdigerweise eine Mischung aus einem Teil konzentrierter Salpetersäure und 3 Teilen konzentrierter Salzsäure die Eigenschaft, Gold in Lösung zu bringen. Die beiden Säuren wirken aufeinander ein unter Bildung von Nitrosylchlorid (NOCl) und freiem Chlor:

$$HNO_3 + 3\,HCl = NOCl + Cl_2 + 2\,H_2O.$$

Das Nitrosylchlorid ist das Chlorid der salpetrigen Säure:

$$O = N - OH + HCl \rightleftharpoons O = N - Cl + H_2O,$$

ebenso wie z. B. das Thionylchlorid ($SOCl_2$) das Säurechlorid der schwefligen Säure ist. Das gebildete Chlor und Nitrosylchlorid sind die Ursache dafür, daß Gold von einem Salpetersäure-Salzsäure-Gemisch angegriffen wird. Wegen dieser Eigenschaften, das Gold, den „König der Metalle", zu lösen, hat man die Mischung aus Salpetersäure und Salzsäure „Königswasser" genannt. Auch Platin löst sich in Königswasser auf.

Bei dieser außerordentlichen Aggressivität der konzentrierten Salpetersäure Edelmetallen gegenüber nimmt es wunder, daß einige unedle Metalle, namentlich Eisen und Chrom, die sich in verdünnter Salpetersäure spielend auflösen, von konzentrierter Salpetersäure gar nicht angegriffen werden. Diese *„Passivierungs"-Erscheinung* erklärt man sich in der Weise, daß unter dem Einfluß der konzentrierten Salpetersäure die Metalloberfläche — sei es durch Bildung einer zusammenhängenden Oxyd- bzw. Salzschicht, sei es in anderer Art — so verändert wird, daß das darunter befindliche Metall von einem weiteren Angriff der Salpetersäure geschützt ist.

Auf organische Substanzen wirkt konzentrierte Salpetersäure oxydierend ein, Farbstoffe, z. B. Indigo, werden zerstört. Mit Eiweißkörpern reagiert Salpetersäure in charakteristischer Weise, es entsteht eine intensiv gelb gefärbte Verbindung, so daß man diese Reaktion, die „Xanthoprotein"-Reaktion, zum Nachweis von Eiweiß benutzt.

Die Salze der Salpetersäure, die Nitrate, sind alle in Wasser leicht löslich; man kann daher die Salpetersäure in der analytischen Chemie nicht durch eine Fällungsreaktion nachweisen. Mit Nitron, einer organischen Base, wird zwar bei Gegenwart von Nitrationen eine kristalline Fällung hervorgerufen, die zwar nicht spezifisch ist, aber zur quantitativen Fällung des Nitrations benutzt wird. Der Nachweis der Salpetersäure und der Nitrate erfolgt vielmehr durch gewisse Farbreaktionen. So färbt sich z. B. eine farblose Lösung von Diphenylamin in Schwefelsäure beim Versetzen mit einer Lösung, die NO_3^--Ionen enthält, tiefblau. Während diese Reaktion mit Diphenylamin aber auch von anderen Oxydationsmitteln gegeben wird, kennt man noch eine für NO_3^--Ionen spezifische Farbreaktion: In stark saurer Lösung wird Salpetersäure durch Eisen(II)-sulfat zu Stickoxyd reduziert:

$$6\,FeSO_4 + 3\,H_2SO_4 + 2\,HNO_3 = 3\,Fe_2(SO_4)_3 + 4\,H_2O + 2\,NO$$

und das entstandene NO bildet mit weiterem Eisen(II)-sulfat eine braun gefärbte Komplexverbindung, das Nitroso-Eisen(II)-sulfat:

$$FeSO_4 + NO \rightarrow [Fe(NO)]SO_4\,.$$

Alle Nitrate spalten beim trockenen Erhitzen Sauerstoff ab. Die Alkalinitrate gehen dabei zunächst in die hitzebeständigeren Alkalinitrite über:
$$2\,KNO_3 \rightarrow 2\,KNO_2 + O_2\,.$$

Alle übrigen Nitrate zersetzen sich nicht nur bis zum Nitrit, sondern die Nitrite zerfallen ihrerseits weiter in Stickstoffdioxyd und das betreffende Metalloxyd, also z. B.:

$$2\,Hg(NO_3)_2 \rightarrow 2\,HgO + 4\,NO_2 + O_2\,.$$

e) Die Halogenverbindungen des Stickstoffs.

Vom Ammoniak leiten sich Halogensubstitutionsprodukte in der Weise ab, daß man jedes der 3 Wasserstoffatome des Ammoniaks durch 1 Halogenatom ersetzt. Man bezeichnet diese Verbindungen als Stickstofftrihalogenide oder als Halogenstickstoff. Bisher sind der Chlorstickstoff NCl_3, der Jodstickstoff NJ_3 und das Stickstofftrifluorid NF_3 dargestellt worden. Während das Stickstofftrifluorid eine exotherme, beständige Verbindung darstellt, sind der Chlorstickstoff und Jodstickstoff stark endotherme und daher äußerst explosive Stoffe.

Chlorstickstoff entsteht beim Einleiten von Chlor in eine Ammonchloridlösung:

$$NH_4Cl + 3\,Cl_2 \rightarrow NCl_3 + 4\,HCl.$$

Nach derselben Gleichung bildet sich Stickstofftrichlorid auch bei der Elektrolyse einer gesättigten Ammonchloridlösung, indem das anodisch entwickelte Chlor mit dem Ammonchlorid reagiert. NCl_3 ist ein gelbes Öl, das schon bei dem geringsten Anlaß mit größter Heftigkeit explodiert.

Jodstickstoff entsteht bei der Einwirkung von konzentriertem Ammoniak auf gepulvertes Jod; NJ_3 ist ein schwarzer, fester Körper, der im trockenen Zustand bei der kleinsten Berührung, z. B. mit einer Federfahne, explodiert und in seine Komponenten zerfällt:

$$2\,NJ_3 \rightarrow N_2 + 3\,J_2.$$

Man sieht bei der Explosion die violetten Joddämpfe aufsteigen.

f) Schieß- und Sprengstoffe.

Im Laufe der bisherigen Besprechung 'haben wir wiederholt Stoffe kennengelernt, die dadurch charakterisiert sind, daß sie unter gewissen Bedingungen mit mehr oder weniger großer Heftigkeit und unter Freiwerden von mehr oder weniger großen Wärmemengen zerfallen. Solche Substanzen waren besonders unter den Verbindungen des Chlors und des Stickstoffs zu finden. So zerfallen die Chloroxyde beim Erwärmen explosionsartig in ihre Komponenten, in Chlor und Sauerstoff, z. B.:

$$2\,Cl_2O \rightarrow 2\,Cl_2 + O_2 + 49{,}4\ kcal.$$

Noch leichter erleiden der Jodstickstoff und der Chlorstickstoff einen Zerfall:

$$2\,NCl_3 \rightarrow N_2 + 3\,Cl_2.$$

Bei den beiden letzten Verbindungen genügt schon — wie wir gesehen haben — eine schwache Berührung, um die Zerfallsreaktion einzuleiten. Bei derartigen Stoffen handelt es sich also um instabile, endotherme Verbindungen, die sich bei einem äußeren Anlaß — Temperaturerhöhung, Berührung, Schlag — in beständige Substanzen umwandeln, wobei große Energiemengen in Form von Wärme freiwerden. Diese in endothermen Verbindungen aufgespeicherte und konzentrierte große Energie kann man dazu benutzen, um große Leistungen zu erzielen. Treten wie in den obigen beiden Beispielen gasförmige Reaktionsprodukte auf, so werden sich diese infolge der entwickelten Wärmemenge und der dadurch bewirkten großen Temperaturerhöhung außerordentlich stark ausdehnen. Verhindert man die Ausdehnung dadurch, daß man den Zerfall in einem kleinen abgeschlossenen Raum stattfinden läßt, so übt das Reaktions-Gasgemisch einen sehr hohen Druck aus, der unter Umständen zur Sprengung des Gefäßes führen kann. Der bei der Explosion entstehende Druck ist um so stärker, einerseits je höher die Temperatur, d. h. je größer die Wärmetönung der Zerfallsreaktion ist, und andererseits je größer die Menge des Reaktionsgases ist. Offenbar sind also als Sprengstoffe besonders solche Substanzen geeignet, die selbst im festen oder auch im flüssigen Aggregatzustand vorliegen und welche bei ihrem Zerfall lediglich gasförmige Reaktionsprodukte liefern. Das trifft z. B. für den obengenannten Chlorstickstoff zu, bei dessem Zerfall nur Chlor und Stickstoff entstehen. Trotzdem ist der Chlorstickstoff als Sprengstoff ungeeignet, weil das Arbeiten mit diesem Stoff viel zu gefährlich ist, da er bei dem geringsten äußeren Anlaß zerfallen kann, zu einem Zeitpunkt also, in dem die Explosion gar nicht beabsichtigt war. Ein brauchbarer Sprengstoff muß also noch eine weitere Eigenschaft besitzen, er soll gegen eine geringere Temperaturerhöhung und gegen Schlag verhältnismäßig unempfindlich sem. Alle drei für Sprengstoffe notwendigen Eigenschaften besitzen die Chlorate, Nitrate und Nitrite: Bei Zimmertemperatur sind sie beständig, während sie beim Erhitzen zerfallen, z. B.:

$$2\,KClO_3 \rightarrow 2\,KCl + 3\,O_2$$
$$NH_4NO_2 \rightarrow N_2 + 2\,H_2O$$
$$2\,KNO_3 \rightarrow K_2O + N_2O_3 + O_2.$$

Bei diesen *„Sicherheits-Sprengstoffen"* sind also zur Einleitung der Zerfallsreaktion gewisse hohe Temperaturen erforderlich, die man durch *Initialzünder* erzeugt. Initialzünder sind Explosivstoffe, die bei Schlag oder geringer Temperaturerhöhung, wie sie etwa von einer brennenden Zündschnur erzeugt werden, bereits zerfallen. Es genügt eine sehr kleine Menge des Initialzünders, um durch dessen Explosionswärme die Zerfallsreaktion bei dem Sicherheitssprengstoff einzuleiten. Der Initialzündstoff wird erst an Ort und Stelle kurz vor der Explosion mit dem eigentlichen Sprengstoff vereinigt. Meist verwendet man Bleiazid $Pb(N_3)_2$ oder Knallquecksilber $Hg(ONC)_2$ als Initialzünder.

Für die Wirkung eines Explosivstoffes ist — wie oben gesagt — die Explosionswärm und die Gasmenge, die beim Zerfall entwickelt wird, maßgebend. Ferner ist aber noch eine weitere Eigenschaft des Sprengstoffs auf seine Wirksamkeit von Einfluß, nämlich die *Detonationsgeschwindigkeit.* Unter diesem Begriff versteht man diejenige Geschwindigkeit, mit welcher die Explosion im Sprengstoff fortschreitet. Je größer die Detonationsgeschwindigkeit ist, um so heftiger ist die Explosion, um so größer sind die Sprengwirkungen, um so größer ist die *„Brisanz"* des betreffenden Sprengstoffs. Um einen Begriff von der Schnelligkeit zu geben, mit der sich die Explosionswelle ausbreitet, sei eine Zahl genannt: Die Detonationsgeschwindigkeit der Chlorate und Nitrate beträgt 3000—4000 m in der Sekunde, sie ist also etwa

10 mal so groß wie die Schallgeschwindigkeit. Eine noch größere Brisanz haben einige organische Stickstoffverbindungen, wie Nitroglycerin, Pikrinsäure, Trinitrotoluol. Alle chemischen Zerfallsreaktionen, deren Fortpflanzungsgeschwindigkeit kleiner ist als die Schallgeschwindigkeit, bezeichnet man als Verpuffungen, alle übrigen als Explosionen.

Ähnliche Eigenschaften wie die Sprengstoffe müssen auch die Schießstoffe haben, sie sollen bei der Zündung zerfallen und dabei große Mengen von Gasen entwickeln; der so entstehende hohe Gasdruck schiebt das Geschoß durch den Lauf der Waffe und bewirkt die Anfangsgeschwindigkeit des Geschosses. Schießstoffe sind also ebenfalls endotherme, instabile Verbindungen oder Stoffgemische, welche bei ihrem Übergang in den stabilen Zustand möglichst viel gasförmige Produkte liefern und eine große Zerfallsenergie besitzen sollen. Zum Unterschied von den Sprengstoffen verlangt man aber von den Schießpulvern keine zerschmetternde, brisante Wirkung, sondern nur eine schiebende. Schießpulver müssen daher eine wesentlich geringere Detonationsgeschwindigkeit als die Sprengstoffe besitzen. Der Zerfall soll also nicht momentan erfolgen, sondern sich über den ganzen Zeitraum erstrecken, während welchem das Geschoß seinen Weg durch den Lauf der Waffe zurücklegt.

Das im 14. Jahrhundert erfundene und auch heute noch als Schießpulver benutzte „Schwarzpulver" ist ein Gemisch aus etwa 75% Kaliumnitrat, 15% Kohle und 10% Schwefel. Das Schwarzpulver hat eine Detonationsgeschwindigkeit von etwa 300—400 m in der Sekunde. Bei der Zündung verbinden sich der Schwefel und der Kohlenstoff mit dem Sauerstoff des Kaliumnitrats zu SO_2 bzw. CO und CO_2; der Stickstoff des Nitrats wird dabei in Freiheit gesetzt. Es entstehen also eine große Menge gasförmiger Produkte, neben diesen aber auch feste Stoffe, wie Kaliumcarbonat und Kaliumsulfat, die zum Teil als Rauch aus dem Lauf der Waffe entweichen, zum Teil sich im Lauf festsetzen. Da letzteres eine unangenehme Eigenschaft des Schwarzpulvers ist, war man bestrebt, rauchloses oder zumindest „rauchschwaches Pulver" herzustellen und zu verwenden. Eine Substanz, die als Schießpulver geeignet ist und bei ihrem Zerfall nur gasförmige Stoffe liefert, ist die Schießbaumwolle, Trinitrocellulose, die beim Behandeln von Cellulose mit einem Salpetersäure-Schwefelsäure-Gemisch entsteht. Die Schießbaumwolle zerfällt in Kohlendioxyd, Kohlenoxyd, Stickstoff und Wasserdampf.

g) Der Phosphor.

Vorkommen. Das zweite Element der 5. Gruppe des periodischen Systems, der Phosphor (P), ist in der Erdrinde zu 0,13% enthalten. Der Phosphor kommt nicht in elementarer Form, sondern hauptsächlich in Form phosphorsaurer Salze vor; am verbreitesten ist das tertiäre Calciumphosphat $Ca_3(PO_4)_2$, das als Mineral den Namen Phosphorit trägt, und der Apatit, der ein Doppelsalz des Tricalciumphosphats mit Calciumfluorid von der Zusammensetzung $3\ Ca_3(PO_4)_2 \cdot 1\ CaF_2$ darstellt. Außer dem „Fluor-Apatit" findet man auch „Chlor-Apatit" und „Hydroxyl-Apatit", Verbindungen von der Zusammensetzung des Fluorapatits, in denen lediglich das Fluor durch Chlor bzw. durch eine Hydroxylgruppe ersetzt ist. Der Hydroxylapatit ist ein Hauptbestandteil der Knochen und Zähne der Menschen und Tiere und der Skeletteile der Fische. Auch das Lecithin, ein wichtiger Teil der Eiweißstoffe, enthält Phosphorsäure.

Das mineralische Phosphorvorkommen in Deutschland ist sehr gering, nur im Lahntal und im Nordharz sind kleinere Phosphoritlager. Das ist bedauerlich, da die Phosphorsalze wichtige Düngemittel sind und Deutschland somit gezwungen ist, große Mengen an Tricalciumphosphat einzuführen. Die Hauptfundstellen des Phosphorits sind Nordamerika, Nordafrika und Rußland. In geringer Menge findet man Phosphor auch als Beimengung vieler Eisenerze. Bei der Aufarbeitung dieser Eisenerze fällt daher als Nebenprodukt eine phosphorhaltige Schlacke, die sog. Thomasschlacke, ab, die in Deutschland einen Teil des für Düngezwecke benötigten Phosphors liefert.

Darstellung. Die Darstellung des Phosphors, des „kalten Feuers", gelang zuerst dem Alchemisten BRANDT im Jahre 1669. Auf der Suche nach dem Stein der Weisen dampfte er Harn zur Trockene ein und glühte den Rückstand unter Luftabschluß. Dabei wird das im Harn vorkommende Natriumphosphat durch elementaren Kohlenstoff, der aus der organischen Substanz des Harns stammt, zu elementarem Phosphor reduziert:

$$6\,NaPO_3 + 10\,C = 2\,Na_3PO_4 + P_4 + 10\,CO.$$

Heute gewinnt man Phosphor nach dem Verfahren von GRIESHEIM-Elektron, indem man tertiäres Calciumphosphat mit Sand und Kohle im elektrischen Ofen erhitzt:

$$Ca_3(PO_4)_2 + 3\,SiO_2 + 5\,C = 3\,CaSiO_3 + 5\,CO + 2\,P\text{-}$$

Die Reinigung des Phosphors erfolgt durch Destillation unter Luftabschluß.

Eigenschaften. Der elementare Phosphor kommt im festen Zustand in zwei Modifikationen vor, als weißer Phosphor und als roter Phosphor. Außer ihrem verschiedenen Aussehen besitzen die beiden Modifikationen sehr verschiedenartige Eigenschaften, die in der Tabelle 56 einander gegenübergestellt sind.

Tabelle 56. Eigenschaften der beiden Phosphormodifikationen.

	Weißer Phosphor	Roter Phosphor
Spezifisches Gewicht	1,82	2,2
Schmelzpunkt	44,1° C	$\sim 600°$ C
Siedepunkt	280° C	—
Entzündungstemperatur . . .	60° C	$\sim 400°$ C
Kristallform	regulär-oktaedrisch	monokline Blättchen
Giftwirkung	sehr giftig	völlig ungiftig
Verhalten gegen Lösungsmittel wie PCl_3, S_2Cl_2, CS_2 . . .	außerordentlich gut löslich	völlig unlöslich

Der *weiße Phosphor* ist die aktive, reaktionsfähige Phosphormodifikation. Seine Reaktionsfähigkeit ergibt sich schon aus der niedrigen Entzündungstemperatur: Bei etwa 60° vereinigt er sich mit dem Luftsauerstoff unter Entzündung und verbrennt zu Phosphorpentoxyd (P_2O_5):

$$4\,P + 5\,O_2 = 2\,P_2O_5.$$

Die bei dieser Reaktion frei werdende Wärmemenge ist außerordentlich groß, sie beträgt 37 kcal, bezogen auf 1 Sauerstoffäquivalent ($^1/_4\,O_2$); die Bildungswärme des Phosphorpentoxyds ist somit größer als die Bildungswärme des Wassers, des Kohlendioxyds und des Schwefeldioxyds, wie aus den folgenden Gleichungen hervorgeht:

$$^1/_5\,P\ \ + {}^1/_4\,O_2 = {}^1/_{10}\,P_2O_5 + 37\ \ \text{kcal}$$
$$^1/_2\,H_2 + {}^1/_4\,O_2 = {}^1/_2\,H_2O + 34\ \ \text{kcal}$$
$$^1/_4\,C\ \ + {}^1/_4\,O_2 = {}^1/_4\,CO_2\ + 24{,}3\,\text{kcal}$$
$$^1/_4\,S\ \ + {}^1/_4\,O_2 = {}^1/_4\,SO_2\ + 18\ \ \text{kcal}.$$

Die Entzündung des Phosphors kann sogar schon bei Zimmertemperatur eintreten, wenn nämlich der Phosphor in sehr fein verteilter Form vorliegt. Das ist z. B. der Fall, wenn man eine Lösung von Phosphor in Schwefelkohlenstoff auf Filterpapier ausgießt und den Schwefelkohlenstoff verdunsten läßt.

Im Dunkeln leuchtet der weiße Phosphor an der Luft, da die langsame Oxydation des Phosphors unter Aussendung von Lichtenergie erfolgt. Diese Leuchterscheinung beobachtet man auch, wenn man Wasser destilliert, in dem sich etwas Phosphor suspendiert befindet. Der weiße Phosphor ist kaum in Wasser löslich, besitzt aber bei 100° eine merkliche Dampftension, so daß dem Wasserdampf geringe Mengen dampfförmigen Phosphors beigemengt sind. Beim Kondensieren des Dampfes im Kühler reagiert nun der Phosphordampf mit dem Luftsauerstoff unter Leuchterscheinung. Für diese und ähnliche Leuchterscheinungen ist der Begriff *Chemoluminiscenz* geprägt; als Chemoluminiscenz bezeichnet man das Aussenden von Lichtenergie beim Ablauf einer chemischen Reaktion, wenn die beteiligten Stoffe sich dabei auf niedriger Temperatur befinden.

Dieses Leuchten des Phosphors bei der Wasserdestillation benutzt man zum Nachweis kleinster Mengen elementaren Phosphors. Will man z. B. eine Phosphorvergiftung nachweisen, so bringt man den Mageninhalt der vergifteten Person zusammen mit Wasser in eine Destillierapparatur und prüft, ob bei der Wasserdestillation eine Leuchterscheinung auftritt (Phosphor-Nachweis nach MITSCHERLICH).

Wegen seiner Reaktionsfähigkeit Luftsauerstoff gegenüber und wegen seiner Unlöslichkeit in Wasser pflegt man den weißen Phosphor unter Wasser aufzubewahren.

Auch mit anderen Elementen, wie Chlor, Brom, Jod, Schwefel und vielen Metallen, reagiert der weiße Phosphor leicht und energisch. Die Metall-Phosphor-Verbindungen heißen Phosphide; sie entsprechen den Nitriden in der Chemie des Stickstoffs oder den Sulfiden in der Chemie des Schwefels.

Der weiße Phosphor wandelt sich in den **roten Phosphor** um, wenn man ihn im geschlossenen Gefäß auf 280° erhitzt. Bei der Umwandlung wird Energie frei:

$$P_{(weiß)} \rightarrow P_{(rot)} + 3{,}7 \text{ kcal.}$$

Der rote Phosphor stellt also die energieärmere und damit stabilere Form der beiden Modifikationen dar. Roter und weißer Phosphor stehen wie Graphit und Diamant im **monotropen** Verhältnis zueinander. Der rote Phosphor ist die bei allen Temperaturen beständige Modifikation, der Dampfdruck des roten Phosphors ist, wie die Abb. 73 zeigt, bei allen Temperaturen kleiner als der des weißen Phosphors. Daß trotz der größeren Beständigkeit des roten Phosphors bei der Phosphordarstellung stets die weiße Modifikation erhalten wird, hat seine Ursache in der OSTWALDschen Stufenregel (vgl. S. 41).

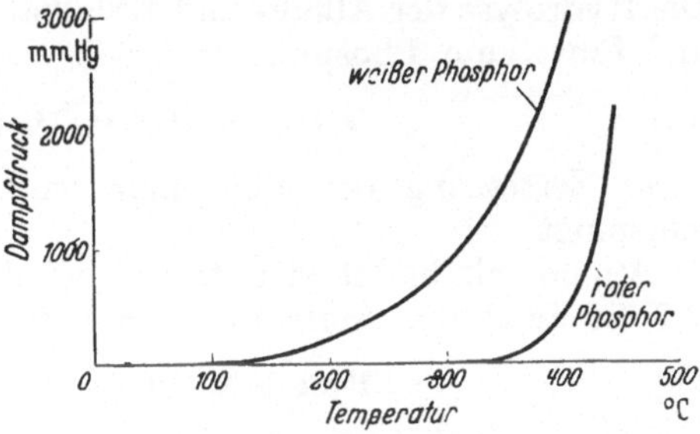

Abb. 73. Dampfdruck der Phosphormodifikationen.

Der rote Phosphor ist bedeutend reaktionsträger als der weiße Phosphor. Mit Sauerstoff z. B. reagiert der rote Phosphor erst bei etwa 400°. Auch mit den Halogenen und Schwefel tritt eine Vereinigung erst bei höherer Temperatur ein. Der rote Phosphor leuchtet nicht im Dunkeln.

Die beiden Modifikationen des Phosphors unterscheiden sich höchstwahrscheinlich durch den Polymerisationsgrad der Einzelmoleküle.

Verwendung. Der elementare Phosphor findet hauptsächlich in der Zündholzindustrie Verwendung. Früher benutzte man die weiße Modifikation, und zwar bestand der Zündholzkopf zu etwa 1% aus weißem Phosphor, aus einem sauerstoffabgebenden Mittel, wie Mangandioxyd (MnO_2), Kaliumchlorat oder Natriumnitrat und schließlich einem brennbaren Bindemittel (Leim oder Gummi arabicum). Diese Hölzer ließen sich an jeder beliebigen rauhen Fläche entzünden. Wegen der leichten Entzündlichkeit dieser Hölzer und wegen der Giftigkeit des weißen Phosphors ist aber heute die Verwendung von weißem Phosphor bei der Zündholzherstellung verboten. Die heutigen Zündhölzer besitzen die Eigenschaft, sich nur noch an bestimmten Reibflächen zu entzünden; ihr Kopf enthält überhaupt keinen Phosphor mehr, sondern besteht nur noch aus Kaliumchlorat, Antimontrisulfid (Sb_2S_3) und dem Bindemittel; die Reibfläche ist ein Gemisch aus rotem Phosphor, Antimontrisulfid und Glaspulver.

Weißen Phosphor verwendet man gelegentlich als Rattengift.

h) Die Wasserstoffverbindungen des Phosphors.

Dem Ammoniak (NH_3) und dem Hydrazin (N_2H_4) entsprechen die beiden Phosphorwasserstoffe PH_3, das Phosphin, und P_2H_4, das Diphosphin. Außer diesen beiden Wasserstoffverbindungen des Phosphors kennt man noch einen höhermolekularen Phosphorwasserstoff ($P_{12}H_6$), der in der Chemie des Stickstoffs kein Analogon besitzt.

Darstellung. Die Darstellung des Phosphorwasserstoffs kann nach Reaktionen vor sich gehen, die den Verfahren zur Ammoniakherstellung nachgebildet sind. So sahen wir, daß Ammoniak bei der Hydrolyse der Nitride entsteht:

$$\text{(1a)} \qquad Mg_3N_2 + 6\,HOH = 3\,Mg(OH)_2 + 2\,NH_3.$$

Die Hydrolyse der Alkali- und Erdalkaliphosphide verläuft ganz ähnlich und führt zum Phosphin, z. B.:

$$\text{(1b)} \qquad Ca_3P_2 + 6\,HOH = 3\,Ca(OH)_2 + 2\,PH_3.$$

Diese Zersetzung der Phosphide wird durch verdünnte Säuren beschleunigt.

Ammoniak bildet sich ferner bei der Einwirkung starker Laugen auf die Salze des Ammoniaks, auf die Ammoniumverbindungen:

$$\text{(2a)} \qquad NH_4Cl + NaOH \rightarrow NaCl + H_2O + NH_3.$$

Den Ammoniumverbindungen entsprechen hier die Phosphoniumverbindungen, die Salze des Phosphorwasserstoffs; auch die Phosphoniumsalze, z. B. das Phosphoniumjodid (PH_4J), reagieren mit starken Basen unter Entwicklung von Phosphin:

$$\text{(2b)} \qquad PH_4J + KOH \rightarrow KJ + H_2O + PH_3.$$

Dieser Methode kommt eine gewisse Bedeutung zu, da sie reines Phosphin liefert, während man nach den anderen Darstellungsverfahren meist ein Gemisch von PH_3 und Diphosphin erhält.

Aber nicht jedes Verfahren zur Darstellung von Ammoniak läßt sich auf die Darstellung von Phosphorwasserstoff übertragen. Das trifft besonders für die Synthese der beiden Wasserstoffverbindungen aus den Elementen zu und hat seinen Grund in den verschiedenen Bildungswärmen von NH_3 und PH_3. Während nämlich Ammoniak eine stark exotherme Verbindung ist:

$$N_2 + 3\,H_2 = 2\,NH_3 + 22\,\text{kcal}$$

gehört das Phosphin zur Klasse der endothermen Stoffe:

$$2\,P_{(fest)} + 3\,H_2 = 2\,PH_3 - Q.$$

Demgemäß gelingt es nicht, PH_3 durch Einwirkung von molekularem Wasserstoff auf Phosphor darzustellen. Dagegen ist die Bildungswärme von Phosphorwasserstoff in bezug auf Phosphor und atomaren Wasserstoff positiv:

$$P_{(fest)} + 3\,H = PH_3 + 130\,\text{kcal}.$$

Infolgedessen entsteht Phosphin, wenn Wasserstoff in statu nascendi mit Phosphor in Berührung kommt.

Zum Schluß muß noch eine häufig angewandte Darstellungsmethode für Phosphorwasserstoff erwähnt werden, zu der in der Chemie des Stickstoffs keine Parallele existiert. Beim Kochen von Phosphor mit einer starken Lauge bildet sich Phosphin und gleichzeitig ein Salz der unterphosphorigen Säure (H_3PO_2):

$$4\,P + 3\,KOH + 3\,H_2O = 3\,KH_2PO_2 + PH_3.$$

Die endotherme Verbindung PH_3 kann entstehen, weil bei der gleichen Reaktion eine exotherme Substanz, KH_2PO_2, gebildet wird.

Bei allen besprochenen Darstellungsmethoden — mit Ausnahme der Reaktion (2b), der Zersetzung von Phosphoniumjodid — erhält man stets ein Gemisch von Monophosphin und Diphosphin.

Eigenschaften. 1. Monophosphin. Das Monophosphin ist ein farbloses, übelriechendes, giftiges Gas, welches bei $-86,2°$ C flüssig und bei $-133°$ C fest wird. Im Gegensatz zum Ammoniak ist PH_3 in Wasser kaum löslich. Die basischen Eigenschaften sind schwächer ausgeprägt als beim Ammoniak, immerhin addiert PH_3 leicht trockenen Halogenwasserstoff unter Bildung der sog. Phosphoniumhalogenide, z. B.:

$$PH_3 + HJ \rightarrow PH_4J.$$

Diese Phosphoniumsalze sind bedeutend unbeständiger als die entsprechenden Ammoniumsalze, so wird Phosphoniumjodid schon durch Wasser hydrolytisch gespalten:

$$PH_4J + H_2O \rightarrow J^- + H^+ + H_2O + PH_3.$$

2. Diphosphin. Das Diphosphin ist eine farblose Flüssigkeit, die bei $57°$ C siedet. Man kann daher P_2H_4 aus dem Gemisch der beiden Phosphorwasserstoffe leicht durch Kondensation gewinnen. P_2H_4 ist sehr unbeständig, es entzündet sich von selbst, sowie es mit Luftsauerstoff in Berührung kommt.

i) Die Phosphide.

Bei der Besprechung des Ammoniaks stellten wir fest, daß die 3 Wasserstoffatome des NH_3 in gewissem Grade saure Eigenschaften besaßen, insofern nämlich, als sie durch Metalle ersetzbar sind. Auch der Phosphorwasserstoff PH_3 zeigt sauren Charakter und kann seine Wasserstoffatome gegen Metalle austauschen, wobei die Salze des Phosphorwasserstoffs, die Phosphide, entstehen. Leitet man Phosphin in Lösungen, die Kupfer-, Silber- oder Quecksilberionen enthalten, so entstehen Niederschläge der Phosphide dieser Schwermetalle, z. B.:

$$3\,Cu^{++} + 2\,PH_3 = Cu_3P_2 + 6\,H^+.$$

Diese Methode hat aber keine allgemeine Bedeutung für die Darstellung der Phosphide. Vielmehr werden die Phosphide meist durch direkte Vereinigung der Elemente gewonnen. Einen Überblick über die bisher bekannten Phosphide gibt die Tabelle 57; sie ist der entsprechenden Tabelle der Nitride (S. 189) sehr ähnlich, wenn auch die Zahl der Phosphorverbindungen der Elemente kleiner ist als diejenige der Stickstoffverbindungen. Im linken Teil der Tabelle finden wir wieder die salzartigen Phosphide, während rechts oben die flüchtigen Metalloidphosphide stehen und wir rechts unten, d. h. bei den Metallen der Nebengruppen 4—8, die metallischen Phosphide antreffen.

14*

Tabelle 57. Phosphorverbindungen der Elemente.

I	II	III	IV	V	VI	VII	VIII
			a) der Hauptgruppen:				
Li_xP_y	Be_3P_2	BP		N_5P_3	O_xP_y	F_5P	
Na_3P	Mg_3P_2	AlP	SiP		S_5P_2	Cl_5P	
K_3P	Ca_3P_2	GaP	GeP			Br_5P	
Rb_xP_y	Sr_3P_2		Sn_4P_3			J_5P	
Cs_xP_y	Ba_3P_2						
			b) der Nebengruppen:				
Cu_3P_2	Zn_3P_2		TiP		CrP	MnP	$Fe_3P,\ Co_2P,\ Ni_2P$
AgP_2	Cd_3P_2		ZrP	NbP	MoP_2		
Au_2P_3					WP_2		PtP_2

k) Die Oxyde des Phosphors und die Phosphorsäuren.

Die Zahl der Phosphoroxyde ist geringer als die der Stickoxyde,
man kennt nur das Phosphortrioxyd (P_2O_3), das Phosphortetroxyd
(P_2O_4) und das Phosphorpentoxyd (P_2O_5). Das letztere, das sauerstoff-
reichste Oxyd, ist das beständigste, es entsteht bei allen Verbrennungen
von Phosphor oder von Phosphorverbindungen bei genügender Luftzufuhr.

α) Phosphortrioxyd (P_2O_3).

Nach der Gleichung

$$4\,P + 3\,O_2 = 2\,P_2O_3$$

entsteht Phosphortrioxyd, wenn man Phosphor bei beschränkter Luftzufuhr verbrennt. Es bildet sich aber gleichzeitig etwas Phosphorpentoxyd; man trennt die beiden Oxyde dadurch, daß man sie durch
ein mit Asbest gefülltes, auf 60° erwärmtes Rohr leitet; das P_2O_5 wird
hier zurückgehalten, während das Phosphortrioxyd hindurch gelangt.

Bei Zimmertemperatur ist P_2O_3 eine feste Substanz, es bildet wachs-
ähnliche, weiche, weiße, monokline Kristalle, die bei 22,5° C schmelzen.
Der Siedepunkt liegt bei 173°.

Das Molekulargewicht des dampfförmigen Phosphortrioxyds entspricht nicht der Formel P_2O_3, vielmehr wäre es der Molekulargewichtsbestimmung gemäß als $P_4O_6 = (P_2O_3)_2$ zu formulieren.

Oberhalb 210° zerfällt das Phosphortrioxyd in Phosphor und ein
höheres Oxyd, das Phosphortetroxyd:

$$2\,P_4O_6 = 2\,P + 3\,P_2O_4.$$

Mit Luftsauerstoff reagiert P_2O_3 bei etwas erhöhter Temperatur unter
Bildung von Phosphorpentoxyd:

$$P_2O_3 + O_2 = P_2O_5.$$

β) Phosphorige Säure (H_3PO_3).

Das Phosphortrioxyd ist das Anhydrid einer Säure, der phosphorigen
Säure (H_3PO_3). Diese Säure entsteht daher beim Lösen von P_2O_3 in
Wasser nach der Gleichung:

$$P_4O_6 + 6\,H_2O = 4\,H_3PO_3.$$

Bequemer läßt sich die phosphorige Säure durch Hydrolyse des Phosphortrichlorids (PCl_3) und anschließendes Verdampfen des Wassers und der durch die Hydrolyse entstandenen Salzsäure darstellen:

$$2\,PCl_3 + 6\,H_2O = 2\,H_3PO_3 + 6\,HCl.$$

Das Phorphortrichlorid ist nämlich einfacher zu erhalten als das Phosphortrioxyd.

Die phosphorige Säure ist eine farblose, kristalline Masse, die bei $74°\,C$ schmilzt. In Wasser ist sie gut löslich, die wäßrige Lösung reagiert stark sauer. Man kennt nur zwei Arten von Salzen der phosphorigen Säure, primäre und sekundäre Salze. Das dritte Wasserstoffatom ist nicht durch Metalle ersetzbar, woraus zu schließen ist, daß es nicht an Sauerstoff, sondern direkt am Phosphoratom gebunden ist. Demgemäß ist die Konstitutionsformel der phosphorigen Säure:

$$\begin{array}{c} H \\ O \end{array}\!\!\!\begin{array}{c} \diagdown \\ \diagup \end{array}\!\!P\!\!\begin{array}{c} \diagup \\ \diagdown \end{array}\!\!\!\begin{array}{c} OH \\ OH \end{array}$$

Die phosphorige Säure besitzt eine starke Reduktionswirkung, so reduziert sie z. B. schweflige Säure; beim Zusammengießen von schwefliger Säure und phosphoriger Säure beobachtet man eine Ausscheidung elementaren Schwefels; die phosphorige Säure wird dabei zur Phosphorsäure H_3PO_4 oxydiert:

$$2\,H_3PO_3 + H_2SO_3 = 2\,H_3PO_4 + S + H_2O.$$

Beim Erhitzen erleidet die phosphorige Säure einen Zerfall, die H_3PO_3-Moleküle oxydieren und reduzieren sich gegenseitig, die Disproportionierung führt zur Phosphorsäure und zum Phosphorwasserstoff:

$$4\,H_3PO_3 \rightarrow 3\,H_3PO_4 + PH_3.$$

γ) Phosphortetroxyd (P_2O_4).

Wie bereits besprochen, entsteht das Phosphortetroxyd beim Erhitzen von Phosphortrioxyd über $210°$:

$$2\,P_4O_6 \rightarrow 2\,P + 3\,P_2O_4.$$

Das P_2O_4 ist eine farblose, stark glänzende Kristallmasse. Es ist das Analogon zum Stickstofftetroxyd (N_2O_4). Beide Tetroxyde verhalten sich gegenüber Wasser völlig gleichartig, sie erleiden beim Auflösen in Wasser eine Disproportionierung. Stickstofftetroxyd bildet mit Wasser 1 Molekül Salpetersäure und 1 Molekül salpetrige Säure:

$$N_2O_4 + H_2O \rightarrow HNO_3 + HNO_2.$$

Entsprechend bildet Phosphortetroxyd mit Wasser 1 Molekül Phosphorsäure und 1 Molekül phosphorige Säure:

$$P_2O_4 + 3\,H_2O \rightarrow H_3PO_4 + H_3PO_3.$$

δ) Phosphorpentoxyd (P_2O_5).

P_2O_5 entsteht bei der vollständigen Verbrennung des Phosphors mit überschüssigem Luftsauerstoff:

$$4\,P + 5\,O_2 = 2\,P_2O_5.$$

Nach dieser Reaktion wird Phosphorpentoxyd auch in der Technik im großen gewonnen. P_2O_5 sublimiert bei 250° und bildet weiße, monokline, stark lichtbrechende Kristalle. Erhitzt man P_2O_5 für sich im geschlossenen Gefäß, so beobachtet man bei etwa 440° eine Abnahme der Flüchtigkeit und eine Polymerisation. Bei Rotglut wird die Masse glasig und schmilzt dann, bei Weißglut verdampft sie und scheidet aus dem Dampf wieder P_2O_5 ab, das bei 250° sublimiert.

Vom Phosphorpentoxyd leiten sich drei verschiedene Phosphorsäuren ab, die sich durch ihren Wassergehalt voneinander unterscheiden. Man bezeichnet sie als Orthophosphorsäure (H_3PO_4), Pyrophosphorsäure ($H_4P_2O_7$) und Metaphosphorsäure (HPO_3). Man kann sie sich durch Vereinigung von Phosphorpentoxyd mit Wasser nach folgenden schematischen Gleichungen entstanden denken:

$$P_2O_5 + 3\,H_2O \rightarrow 2\,H_3PO_4 \qquad \text{Orthophosphorsäure}$$
$$P_2O_5 + 2\,H_2O \rightarrow \quad H_4P_2O_7 \qquad \text{Pyrophosphorsäure}$$
$$P_2O_5 + \quad H_2O \rightarrow 2\,HPO_3 \qquad \text{Metaphosphorsäure.}$$

Die in diesen Gleichungen dargestellte Vereinigung des Phosphorpentoxyds mit Wasser hat aber nicht nur formales Interesse; vielmehr besitzt P_2O_5 tatsächlich eine große Neigung, sich mit Wasser zu vereinigen. Diese Tendenz ist so stark ausgeprägt, daß Phosphorpentoxyd begierig die Luftfeuchtigkeit anzieht. Läßt man es an der Luft liegen, so wird es feucht und zerfließt schließlich. Wegen dieser hygroskopischen Eigenschaft benutzt man das Phosphorpentoxyd im Laboratorium häufig als Trockenmittel. Mit P_2O_5 getrocknete Luft enthält nur noch 1 mg Wasser in 40000 Litern.

ε) Orthophosphorsäure (H_3PO_4).

Die Umsetzung des Phosphorpentoxyds mit viel Wasser führt, wie oben formuliert, zur Bildung der Orthophosphorsäure; Orthophosphorsäure kann man ferner durch Oxydation von Phosphor mit Salpetersäure gewinnen:

$$3\,P + 5\,HNO_3 + 2\,H_2O = 3\,H_3PO_4 + 5\,NO.$$

In der Technik stellt man H_3PO_4 durch Einwirkung von konzentrierter Schwefelsäure auf das in der Natur vorkommende tertiäre Calciumsalz der Orthophosphorsäure, das Tricalciumphosphat, dar:

$$Ca_3(PO_4)_2 + 3\,H_2SO_4 = 3\,CaSO_4 + 2\,H_3PO_4.$$

Die so gewonnene Phosphorsäure ist aber unrein. Die Orthophosphorsäure bildet klare, harte, rhombische Kristalle vom Schmelzpunkt 42,3° C; sie zerfließen an der Luft und lösen sich in jedem Verhältnis in Wasser. Die Strukturformel der Orthophosphorsäure ist die folgende:

$$O{=}P\!\!\begin{array}{l} \diagup OH \\ {-}OH \\ \diagdown OH \end{array}$$

sie ist eine dreibasische, schwache bis mittelstarke Säure. Der Dissoziationsgrad einer 0,1 n-Phosphorsäure hat die Größe $\alpha = 12\%$. Als dreibasische Säure bildet sie drei Typen von Salzen, die wir am Beispiel der Natriumphosphate formulieren wollen:

NaH_2PO_4: primäres Natriumphosphat oder Natriumdihydrogenphosphat,
Na_2HPO_4: sekundäres Natriumphosphat oder Dinatriumhydrogenphosphat
Na_3PO_4: tertiäres Natriumphosphat.

Von diesen reagiert eine wäßrige Lösung des tertiären Natriumphosphats infolge Hydrolyse alkalisch. Selbst das sekundäre Phosphat reagiert noch schwach alkalisch, da es folgendermaßen dissoziiert:

$$Na_2HPO_4 + H_2O \rightarrow 2\,Na^+ + H_2PO_4^- + OH^-.$$

Nur das primäre Natriumphosphat zeigt in wäßriger Lösung eine schwach saure Reaktion.

Mit einer Reihe von Metallionen gibt die Orthophosphorsäure charakteristische Niederschläge, die man daher zum analytischen Nachweis benutzt. So vereinigen sich die $(PO_4)^{3-}$-Ionen mit Silberionen zu einem gelb gefärbten, schwer löslichen Silberphosphat:

$$Na_3PO_4 + 3\,AgNO_3 \rightarrow Ag_3PO_4 + 3\,NaNO_3.$$

Ferner entsteht bei gleichzeitiger Anwesenheit von Magnesiumionen und Phosphationen in ammoniakalischer Lösung ein kristalliner weißer Niederschlag von Ammonium-Magnesium-Phosphat:

$$PO_4^{3-} + Mg^{++} + NH_4^+ = (NH_4)MgPO_4.$$

Als dritte charakteristische Fällungsreaktion der Orthophosphorsäure ist die Reaktion mit Ammoniummolybdat $(NH_4)_2MoO_4$, dem Ammoniumsalz der Molybdänsäure (H_2MoO_4), zu nennen. In stark salpetersaurer Lösung bildet die Phosphorsäure mit dem Ammoniummolybdat einen gelb gefärbten, kristallinen Niederschlag von Ammoniumphosphormolybdat:

$$H_3PO_4 + 12\,(NH_4)_2MoO_4 + 21\,HNO_3 + aq = (NH_4)_3[PO_4 \cdot 12\,MoO_3 \cdot aq]$$
$$+ 21\,NH_4NO_3 + 12\,H_2O.$$

Bei diesem Niederschlag handelt es sich um das Ammoniumsalz der Phosphormolybdänsäure, welche gewisse Mengen Wasser im Anionenkomplex enthält (angedeutet durch aq).

ζ) Pyrophosphorsäure ($H_4P_2O_7$).

Die Pyrophosphorsäure steht in derselben Beziehung zur Orthophosphorsäure wie die Pyroschwefelsäure zur Schwefelsäure. Die „Pyro"säure entsteht aus 2 Molekülen der normalen Säure durch Abspaltung von 1 Molekül Wasser:

$$2\,H_2SO_4 - H_2O = H_2S_2O_7$$
$$2\,H_3PO_4 - H_2O = H_4P_2O_7.$$

Die Pyroschwefelsäure bzw. ihre Salze haben wir u. a. dadurch gewonnen, daß wir die sauren Sulfate auf höhere Temperatur erhitzt haben, z. B.

$$2\,NaHSO_4 \rightarrow H_2O + Na_2S_2O_7.$$

In der gleichen Weise spalten die sekundären Orthophosphate beim Erhitzen Wasser ab und gehen in Pyrophosphate über:

$$2\,Na_2HPO_4 \rightarrow H_2O + Na_4P_2O_7.$$

Aus dem Natriumpyrophosphat wird die freie Pyrophosphorsäure hergestellt, indem man das Natriumpyrophosphat zunächst in schwer lösliches Bleipyrophosphat überführt:

$$Na_4P_2O_7 + 2\,Pb(NO_3)_2 = Pb_2P_2O_7 + 4\,NaNO_3$$

und in die wäßrige Bleipyrophosphataufschlämmung Schwefelwasserstoff einleitet, wobei das sehr schwer lösliche Bleisulfid ansfällt und man eine wäßrige Lösung von Pyrophosphorsäure erhält:

$$Pb_2P_2O_7 + 2\,H_2S = 2\,PbS + H_4P_2O_7.$$

Läßt man eine wäßrige Lösung von Pyrophosphorsäure längere Zeit stehen, so nimmt sie Wasser auf und bildet Orthophosphorsäure zurück:

$$H_4P_2O_7 + H_2O \rightarrow 2\,H_3PO_4.$$

Durch Kochen wird diese Reaktion beschleunigt. Bemerkenswert ist, daß das Silberpyrophosphat ($Ag_4P_2O_7$), welches wie das Silbersalz der Orthophosphorsäure in Wasser schwer löslich ist, weiß gefärbt ist und somit durch seine Farbe von dem gelben Silberorthophosphat leicht zu unterscheiden ist.

η) Metaphosphorsäure (HPO_3).

Die Metaphosphorsäure und ihre Salze entstehen durch stärkeres Glühen der Orthophosphorsäure und der primären Phosphate und der Ammoniumsalze der Ortho- und Pyrophosphorsäure nach den Gleichungen:

$$H_3PO_4 \rightarrow H_2O + HPO_3$$
$$NaH_2PO_4 \rightarrow H_2O + NaPO_3$$
$$(NH_4)_2HPO_4 \rightarrow H_2O + HPO_3 + 2\,NH_3.$$

Das Molekül der Metaphosphorsäure wird durch die Formel HPO_3 nicht richtig beschrieben, da die Metaphosphorsäure nicht monomolekular, sondern eine höheraggregierte Phosphorsäure ist. Exakt ist diese Säure zu formulieren als $(HPO_3)_n$, wobei n eine ganze Zahl größer als 1 bedeutet.

Die freie Metaphosphorsäure ist eine harte glasartige Masse, die in Wasser löslich ist und beim Kochen Orthophosphorsäure zurückbildet. Wie die anderen beiden Phosphorsäuren wird die Metaphosphorsäure durch Silbersalze gefällt:

$$(NaPO_3)_n + n\,AgNO_3 = (AgPO_3)_n + n\,NaNO_3,$$

der Silbermetaphosphatniederschlag ist weiß.

Die Metaphosphorsäure besitzt die Eigenschaft, aus einer klaren Eiweißlösung das Eiweiß auszuflocken, während Ortho- und Pyrophosphorsäure Eiweißlösungen nicht verändern. Diesen Effekt des Ausflockens von Eiweiß zeigen auch andere höhermolekulare Säuren; er ist also ein Beweis für die nichtmonomolekulare Natur der Metaphosphorsäure.

Erhitzt man Natriummetaphosphat mit Schwermetalloxyden, so entstehen in vielen Fällen charakteristisch gefärbte Schwermetallphosphate, z. B.:

$$3 \, CoO + 3 \, NaPO_3 \rightarrow Co_3(PO_4)_2 + Na_3PO_4.$$

Diese Reaktion benutzt man in der analytischen Chemie bei der Herstellung der Phosphorsalzperle zum Nachweis einiger Schwermetalle.

ϑ) Unterphosphorige Säure (H_3PO_2).

Bei der Reaktion zwischen elementarem Phosphor und heißer Kalilauge entsteht neben Phosphorwasserstoff das Kaliumsalz der unterphosphorigen Säure, Kaliumhypophosphit:

$$4 \, P + 3 \, KOH + 3 \, H_2O = PH_3 + 3 \, KH_2PO_2.$$

Ganz analog läßt sich das Bariumhypophosphit $Ba(H_2PO_2)_2$ durch Einwirkung von Barytlauge auf weißen Phosphor gewinnen:

$$8 \, P + 3 \, Ba(OH)_2 + 6 \, H_2O = 2 \, PH_3 + 3 \, Ba(H_2PO_2)_2.$$

Die freie unterphosphorige Säure stellt man dar, indem man das Bariumhypophosphit mit Schwefelsäure zur Reaktion bringt; dabei fällt Bariumsulfat aus und man erhält eine wäßrige Lösung der unterphosphorigen Säure.

Die hypophosphorige Säure ist eine einbasische Säure; man gibt ihr daher die Konstitutionsformel:

$$\begin{array}{c} O \diagdown \quad \diagup H \\ \quad P \\ HO \diagup \quad \diagdown H \end{array}$$

Die unterphosphorige Säure ist ein starkes Reduktionsmittel, sie läßt sich leicht zur phosphorigen Säure und zur Phosphorsäure oxydieren:

$$H_3PO_2 + {}^1/_2 \, O_2 \rightarrow H_3PO_3$$
$$H_3PO_2 + \quad O_2 \rightarrow H_3PO_4.$$

l) Halogenide des Phosphors.

Elementarer Phosphor vereinigt sich mit den freien Halogenen sehr leicht, dabei können zwei Typen von Halogen-Phosphor-Verbindungen entstehen, Trihalogenide, in denen also 3 Halogenatome an ein Phosphoratom gebunden sind, und Pentahalogenide, in denen das Atomverhältnis Halogen zu Phosphor gleich 5 ist. Außer diesen Halogeniden kennt man noch Phosphoroxyhalogenide von der Zusammensetzung $PO(Hal)_3$. Im folgenden sollen nur die Chloride des Phosphors etwas ausführlicher besprochen werden.

Phosphortrichlorid (PCl_3). Beim Überleiten von Chlorgas über geschmolzenen weißen Phosphor entzündet sich der Phosphor und verbrennt mit fahler Flamme zu Phosphortrichlorid:

$$2 \, P + 3 \, Cl_2 = 2 \, PCl_3 + 152 \, kcal.$$

Bei einem Chlorüberschuß entsteht nebenher leicht etwas Phosphorpentachlorid (PCl_5). Durch Behandeln des Reaktionsproduktes mit weißem Phosphor und durch anschließende Destillation erhält man reines Trichlorid. PCl_3 ist eine wasserhelle Flüssigkeit, die bei 76,6° C siedet und bei $-92°$ erstarrt. Sie raucht an der Luft, d. h. sie zieht begierig Feuchtigkeit an. Das Wasser wirkt spaltend auf das Phosphortrichlorid ein, die Hydrolyse liefert 3 Moleküle Salzsäure und 1 Molekül phosphorige Säure:

$$PCl_3 + 3\,HOH \rightarrow 3\,HCl + H_3PO_3 + 64\ kcal.$$

Aus dieser Umsetzung mit Wasser erkennt man den Verbindungscharakter: Das Phosphortrichlorid ist als das Säurechlorid der phosphorigen Säure zu bezeichnen.

Mit Chlor reagiert Phosphortrichlorid unter Bildung des Pentachlorids:

$$PCl_3 + Cl_2 = PCl_5 + 31\ kcal.$$

Phosphorpentachlorid (PCl_5) bildet bei Zimmertemperatur weiße, glänzende Kristalle, die bei etwa $100°$ sublimieren. Meist sind die Kristalle nicht rein weiß, sondern gelb bis grün gefärbt, was dadurch zu erklären ist, daß PCl_5 teilweise in Trichlorid und freies Chlor gespalten ist gemäß der Gleichung:

$$PCl_5 \rightleftharpoons PCl_3 + Cl_2.$$

Bei $300°$ liegt das Gleichgewicht vollständig auf der rechten Seite, während es sich bei Temperaturerniedrigung zugunsten der exothermen Verbindung PCl_5 verschiebt.

Durch Wasser wird Phosphorpentachlorid gespalten, bei Anwesenheit von wenig Wasser führt die Hydrolyse zum Phosphoroxychlorid:

$$PCl_5 + H_2O = 2\,HCl + POCl_3.$$

Bei einem Wasserüberschuß ist die Orthophosphorsäure das Endprodukt der Hydrolyse:

$$PCl_5 + 4\,H_2O = 5\,HCl + H_3PO_4.$$

Die leichte Spaltbarkeit des Phosphorpentachlorids benutzt man häufig, um Chloratome in andere Verbindungen einzuführen. So lassen sich viele Säuren durch Einwirkung von PCl_5 in die Säurechloride überführen, z. B. die Schwefelsäure:

$$SO_2(OH)_2 + 2\,PCl_5 \rightarrow SO_2Cl_2 + 2\,POCl_3 + 2\,HCl$$

oder die Essigsäure:

$$CH_3COOH + PCl_5 \rightarrow CH_3COCl + POCl_3 + HCl.$$

Namentlich in der organischen Chemie findet Phosphorpentachlorid vielfach Verwendung, wenn Hydroxylgruppen von Säuren oder Alkoholen gegen Chlor ausgetauscht werden sollen.

Phosphoroxychlorid ($POCl_3$) entsteht — wie oben bereits erwähnt — bei vorsichtiger Hydrolyse des Phosphorpentachlorids. Sehr bequem ist die Darstellung durch Umsetzung von Phosphorpentachlorid mit einer organischen Säure, der Oxalsäure ($H_2C_2O_4$), da bei dieser Reaktion außer dem Phosphoroxychlorid nur gasförmige Stoffe (Kohlenoxyd, Kohlendioxyd und Chlorwasserstoff) auftreten:

$$H_2C_2O_4 + PCl_5 = POCl_3 + 2\,HCl + CO + CO_2.$$

Phosphoroxychlorid ist ein stark lichtbrechendes, farbloses, ziemlich schweres Öl. Gießt man Phosphoroxychlorid in Wasser, so sinkt es zunächst zu Boden, aber nach kurzer Zeit setzt dann unter Aufsieden der ganzen Flüssigkeit eine sehr lebhafte Reaktion ein, die Hydrolyse des $POCl_3$:

$$POCl_3 + 3\,H_2O = H_3PO_4 + 3\,HCl.$$

Die Hydrolyseprodukte sind Salzsäure und Orthophosphorsäure; das Phosphoroxychlorid ist also das Säurechlorid der Orthophosphorsäure, was auch ein Vergleich der Konstitutionsformeln zeigt:

$$\text{Phosphorsäure: } O\!=\!P\!\!\begin{array}{l} \diagup OH \\ -OH \\ \diagdown OH \end{array} \qquad \text{Phosphoroxychlorid: } O\!=\!P\!\!\begin{array}{l} \diagup Cl \\ -Cl \\ \diagdown Cl \end{array}$$

m) Phosphor-Schwefel-Verbindungen.

Erhitzt man weißen Phosphor und Schwefel in einer Kohlendioxydatmosphäre, so vereinigen sich die beiden Elemente mit außerordentlicher Heftigkeit. Die Verbindungsbildung erfolgt weniger heftig, wenn man roten Phosphor mit Schwefel zusammenschmilzt oder aber wenn man in Lösung arbeitet, d. h. Lösungen von Schwefel in Schwefelkohlenstoff und Phosphor in Schwefelkohlenstoff zusammengießt. Je nach dem angewandten gegenseitigen Mengenverhältnis von Phosphor zu Schwefel erhält man gelbe Kristalle der Zusammensetzung P_4S_3 oder P_4S_7 oder P_4S_{10}, die man aus Schwefelkohlenstoff umkristallisieren kann.

P_4S_3 ist gegen Wasser beständig, die anderen beiden Sulfide werden durch Wasser zu Phosphorsäure und Schwefelwasserstoff zersetzt, z.B.:

$$P_4S_{10} + 16\,H_2O = 4\,H_3PO_4 + 10\,H_2S.$$

Mit Sauerstoff reagieren die Phosphor-Schwefel-Verbindungen bei etwas erhöhter Temperatur unter Entzündung. Die niedrigste Entzündungstemperatur (100° C) besitzt P_4S_3.

n) Phosphatdünger.

Neben Stickstoff und Kalium ist Phosphor eins der Elemente, die jede Pflanze für ihr Wachstum dringend benötigt. Da der Boden durch die intensive Bewirtschaftung allmählich an den Pflanzennährstoffen verarmt, ist es notwendig, die fehlenden Stoffe durch Mineraldünger zu ersetzen. Damit die Nährstoffe von den Wurzeln der Pflanzen aufgenommen werden können, müssen sie in Wasser löslich sein bzw. in den schwachen Säuren des Bodens, wie Kohlensäure, Humussäure usw. Die im Boden vorliegende Wasserstoffionenkonzentration erreicht maximal einen Wert, wie er Citronensäure besitzt. Daher haben nur solche Mineraldünger einen Zweck, die sich in Wasser oder in Citronensäure lösen. Als Phosphordünger verwendet man Phosphate. Die in der Natur vorkommenden Phosphate, der Apatit $3\,Ca_3(PO_4)_2 \cdot 1\,CaF_2$ und der Phosphorit $Ca_3(PO_4)_2$, die also zur Hauptsache aus tertiären Calciumphosphat $Ca_3(PO_4)_2$ bestehen, haben die zu fordernden Löslichkeitseigenschaften nicht: Sie sind weder in Wasser noch in Citronensäure löslich. Da das primäre Calciumphosphat $Ca(H_2PO_4)_2$ im Gegensatz

zum tertiären Salz durch Wasser in Lösung gebracht wird, muß man
das tertiäre in primäres Calciumphosphat überführen. Diese Umwandlung erfolgt unter der Einwirkung von konzentrierter Schwefelsäure
nach der Gleichung:

$$Ca_3(PO_4)_2 + 2\,H_2SO_4 \rightarrow Ca(H_2PO_4)_2 + 2\,CaSO_4.$$

Um diese Umsetzung möglichst quantitativ zu gestalten, wird das
Rohphosphat, der Phosphorit oder Apatit vor dem Aufschluß fein
gepulvert; das gemahlene Phosphat reagiert dann mit der Schwefelsäure
unter Bildung von Calciumsulfat und primärem Calciumphosphat.
Dieses Reaktionsgemisch trägt den technischen Namen *Superphosphat* und wird als Dünger verwendet, ohne daß man das als Dünger
zwecklose Calciumsulfat erst abtrennt. Wenn das Rohphosphat beim
Aufschluß mit Schwefelsäure in nicht genügend feiner Verteilung vorliegt, so besteht die Gefahr, daß nur die äußeren Schichten der einzelnen
Phosphatstückchen aufgeschlossen sind, und daß im Innern der Stücke
unverändertes Rohphosphat vorliegt. Dieses nicht umgewandelte Tricalciumphosphat kann beim Lagern mit dem Calciumdihydrogenphos-
phat reagieren:

$$Ca_3(PO_4)_2 + Ca(H_2PO_4)_2 \rightarrow 4\,Ca(HPO_4).$$

Dabei entsteht unlösliches, sekundäres Calciumphosphat, wodurch der
Aufschluß zum Teil rückgängig gemacht wird.

Es soll noch kurz auf eine Nebenreaktion eingegangen werden, die
beim Aufschluß der Rohphosphate durch Schwefelsäure stattfindet. Alle
Rohphosphate, im besonderen Maße natürlich der Apatit, enthalten
gewisse Beimengungen von Calciumfluorid, das mit Schwefelsäure unter
Bildung von Fluorwasserstoff reagiert:

$$CaF_2 + H_2SO_4 = CaSO_4 + 2\,HF.$$

Der Fluorwasserstoff entweicht teilweise als solcher gasförmig; zum
Teil reagiert er mit den im Rohphosphat gleichfalls vorhandenen SiO_2-
Verunreinigungen unter Bildung von Siliciumtetrafluorid (SiF_4), welches
ebenfalls gasförmig entweicht. Während man diese gesundheitsschäd-
lichen Gase früher einfach entweichen ließ, werden sie heute in Wasser
eingeleitet, dort absorbiert und auf Natriumsilicofluorid Na_2SiF_6 oder
künstlichen Kryolith Na_3AlF_6 weiterverarbeitet.

Ein beträchtlicher Anteil der Phosphatdünger fällt bei der Aufarbeitung des Eisens als Nebenprodukt ab. Die in den Hochöfen ver-
arbeiteten Eisenerze enthalten nämlich häufig kleinere Mengen von
Phosphor in Form von Phosphaten, die in dem Hochofen zusammen
mit dem Eisenoxyd durch Kohle reduziert werden und als Phosphor-
eisen Fe_3P dem Gußeisen beigemengt sind. Diese Verunreinigungen
des Gußeisens, die außer aus Phosphor noch aus Kohlenstoff, Mangan
und Silicium bestehen, sind die Ursache dafür, daß das Gußeisen spröde
und nicht schmiedbar ist. Bei der Stahlerzeugung werden diese Verunreinigungen durch Behandlung des flüssigen Gußeisens mit Luftsauerstoff oxydiert und entfernt; denn der Sauerstoff oxydiert zunächst
Kohlenstoff, Mangan, Silicium und Phosphor, bevor das Eisen in Oxyd

zurückverwandelt wird, da die Bildungswärme des Eisenoxyds kleiner ist als die der anderen Oxyde. Nach dem *BESSEMER-THOMAS-Verfahren* erfolgt die Aufarbeitung des Gußeisens derart, daß man das flüssige Roheisen in eine Bessemerbirne füllt, in ein Gefäß, dessen Innenwandungen mit einem basischen Futter, gebranntem Dolomit, ausgekleidet sind und dessen Boden eine Anzahl kleiner Kanäle enthält, durch die Luft durch das Eisen gepreßt wird. Das basische Futter hat den Sinn, die entstandenen Oxyde, insbesondere das Phosphorpentoxyd, zu binden. Es entstehen dabei basische Calciumphosphate der ungefähren Zusammensetzung:

$$CaO \cdot Ca_3(PO_4)_2.$$

Wenn das Futter mit P_2O_5 gesättigt ist, so wird es erneuert. Das verbrauchte Futter, die sog. Thomasschlacke, wird feingemahlen. Da die gemahlene Thomasschlacke, das basische Calciumphosphat, löslich ist, kann das „*Thomasmehl*" ohne weiteren Aufschluß direkt als Phosphordünger verwendet werden.

Welche wirtschaftliche Bedeutung den Phosphordüngern zukommt, zeigen die Tabellen 58 und 59, die die Gewinnung von Superphosphat bzw. der Thomasschlacke in einigen Ländern und der Welt im Laufe der letzten 25 Jahre enthalten. Man

Abb. 74. Bessemerbirne.

erkennt, daß im Unterschied zu-den anderen aufgeführten Ländern in Deutschland die Produktion von Thomasmehl stark überwiegt, was daraus zu erklären ist, daß Deutschland keine nennenswerten eigenen Apatit- oder Phosphoritvorkommen besitzt.

Tabelle 58. Gewinnung von Superphosphat.

(Zahlen in 1000 t.)

Erzeuger	1913	1919	1922	1930	1932	1934	1936
Deutschland	1800	100	600	860	640	720	750
England	800	550	530	570	530	530	580
Frankreich	1900	1100	2100	2100	1400	1400	1200
USA.	3200	2400	2500	4100	1600	2600	3100
Welt	11000	6000	10000	14000	10000	13000	14000

Tabelle 59. Gewinnung von Thomasschlacke.

(Zahlen in 1000 t.)

Erzeuger	1913	1919	1924	1927	1929	1932	1934	1936
Deutschland	2300	700	1100	1700	1900	530	1350	2300
England	400	500	300	700	300	160	270	300
Frankreich	700	300	900	1300	1600	780	880	1050
Welt					6000	2800	4000	4900

o) Das Arsen.

Vorkommen und Darstellung. Arsen findet man in der Natur sowohl in elementarer Form als sog. Scherbenkobalt, als auch in Form von Verbindungen, namentlich als Schwermetall-Arsen-Schwefel-Verbindungen. Die meisten sulfidischen Erze enthalten gewisse Beimengungen von Metallarseniden, d. h. von Metallverbindungen des Arsens. Das wichtigste Vorkommen ist das im Arsenkies, der ungefähr die Zusammensetzung FeAsS hat. Die Arsensilberblende oder das Rotgiltigerz hat die Formel Ag_3AsS_3. Wir erwähnen schließlich noch die beiden natürlichen Arsensulfide, Realgar (As_4S_4) und Auripigment (As_2S_3).

Elementares Arsen gewinnt man durch Erhitzen von Arsenkies unter Luftabschluß; dabei sublimiert das Arsen ab und es hinterbleibt das Eisensulfid:

$$FeAsS \rightarrow FeS + As.$$

Eigenschaften. Vom Arsen existieren zwei Modifikationen, graues, metallisches Arsen, das bei allen Temperaturen beständig ist, und eine nichtmetallische gelbe Form, die mit dem weißen Phosphor zu vergleichen ist, aber weniger beständig ist als dieser. Arsen sublimiert bei $633°$. Im Dämpfzustand besteht das Arsenmolekül aus 4 Arsenatomen As_4, das bei $1700°$ in 2 Moleküle As_2 dissoziiert ist:

$$As_4 \rightleftharpoons 2\,As_2.$$

Arsen und fast alle seine Verbindungen sind außerordentlich giftig. Arsen verbindet sich mit den meisten Elementen. Mit Luftsauerstoff reagiert es beim Erwärmen unter Entzündung zu Arsentrioxyd As_2O_3, die bei der Verbrennung auftretende Flamme ist charakteristisch fahlblau gefärbt. Oxydierende Säuren oxydieren Arsen zu Arsensäure (H_3AsO_4).

α) Arsenwasserstoff.

Während mehrere Wasserstoffverbindungen des Stickstoffs und Phosphors existieren, kennt man nur einen einzigen Arsenwasserstoff, den einfachsten (AsH_3), das Analogon des Ammoniaks (NH_3) und des Phosphins (PH_3). Die Bildungswärme der Wasserstoffverbindungen nimmt stetig ab, wenn man in der Reihe von Stickstoff zum Arsen fortschreitet. Ammoniak ist exotherm, Monophosphin schwach endotherm, Arsenwasserstoff ist eine stark endotherme Verbindung:

$$2\,As + 3\,H_2 = 2\,AsH_3 - 88\ kcal.$$

Demgemäß läßt sich Arsenwasserstoff nicht durch Einwirkung von molekularem Wasserstoff auf Arsen darstellen; Arsenwasserstoff entsteht dagegen durch Reaktion von nascierendem Wasserstoff mit Arsen oder Arsenverbindungen, z. B. dadurch, daß man eine arsenhaltige Substanz mit Zink und Salzsäure zusammenbringt. Der entweichende Wasserstoff enthält dann Arsenwasserstoff beigemengt, was man u. a. daran erkennen kann, daß er mit fahlblauer Flamme brennt. Hält man eine kalte Porzellanschale in die Flamme, so entsteht ein schwarzer Beschlag von metallischem Arsen. Der endotherme Charakter bewirkt, daß Arsenwasserstoff recht leicht zerfällt: Leitet man AsH_3 durch ein mäßig erhitztes Glasrohr, so scheidet sich hinter der erhitzten Stelle ein schwarzer Arsenspiegel ab. Diese Reaktion heißt die MARSHsche Probe und dient zum Nachweis kleinster Mengen von Arsen, z. B. bei Arsenikvergiftungen. Arsenwasserstoff ist sehr giftig.

Als Derivate des Arsenwasserstoffs haben wir die Arsenide, die Metallarsenverbindungen, aufzufassen. Die Arsenide lassen sich durch Zusammenschmelzen des betreffenden Metalls mit Arsen darstellen, zum Teil entstehen sie auch beim Einleiten von Arsenwasserstoff in Metallsalzlösungen, z. B. das Kupferarsenid (Cu_3As_2):

$$3\,CuSO_4 + 2\,AsH_3 \rightarrow Cu_3As_2 + 3\,H_2SO_4.$$

Andererseits werden die Alkali- und Erdalkaliarsenide durch Wasser in Metallhydroxyd und Arsenwasserstoff hydrolytisch gespalten, z. B.:

$$Mg_3As_2 + 6\,HOH \rightarrow 3\,Mg(OH)_2 + 2\,AsH_3.$$

β) Sauerstoffverbindungen des Arsens.

Man kennt zwei Oxyde des Arsens, das Arsentrioxyd (As_2O_3) und das Arsenpentoxyd (As_2O_5). Vom Oxyd des dreiwertigen Arsens leitet sich die arsenige Säure (H_3AsO_3) und ihre Salze, die Arsenite, ab. Das Arsenpentoxyd ist das Anhydrid der Arsensäure, von welcher wie bei der Phosphorsäure eine Orthosäure (H_3AsO_4), eine Pyrosäure $(H_4As_2O_7)$ und eine Metasäure $(HAsO_3)$ existieren. Die Salze dieser Säuren heißen Ortho-, Pyro- und Metaarsenate.

Arsentrioxyd (As_2O_3), das auch Arsenik genannt wird, entsteht beim Rösten arsenhaltiger Sulfide. As_2O_3 ist eine bei Zimmertemperatur feste Substanz, die einen ziemlich niedrigen Sublimationspunkt besitzt und daher bei den im Röstofen herrschenden Temperaturen flüchtig ist und sich in den Flugkammern niederschlägt. Gereinigt wird das Arsentrioxyd durch Sublimation.

Arsenige Säure (H_3AsO_3). In Wasser ist As_2O_3 nur mäßig löslich, mit gesteigerter Temperatur nimmt die Löslichkeit erheblich zu. Wäßrige Arseniklösungen reagieren schwach sauer, da das gelöste As_2O_3 mit Wasser arsenige Säure (H_3AsO_3) bildet und die $As(OH)_3$-Moleküle teilweise in Wasserstoffionen und $(AsO_3)^{3-}$-Ionen dissoziiert sind:

$$As_2O_3 + 3\,H_2O \rightarrow 2\,As(OH)_3 \rightleftharpoons 2\,(AsO_3)^{3-} + 6\,H^+.$$

Im Gegensatz zur phosphorigen Säure, die stets als zweibasische Säure reagiert, ist die arsenige Säure dreibasisch.

In Alkalien löst sich Arsentrioxyd in bedeutend größerer Menge als in Wasser, weil sich die leicht löslichen Alkalisalze der arsenigen Säure, die Alkaliarsenite, bilden:

$$As_2O_3 + 6\,NaOH = 2\,Na_3AsO_3 + 3\,H_2O.$$

Alle Schwermetallarsenite sind in Wasser unlöslich; das Kupferarsenit ist durch eine schöne, leuchtend grüne Farbe ausgezeichnet und wird daher als Farbstoff („Scheeles Grün") verwendet. Eine andere grüne Farbe, das „Schweinfurter Grün", ist ein Doppelsalz aus Kupferarsenit und Kupferacetat.

Arsensäure. Wenn man Arsen oder Arsentrioxyd mit konzentrierter Salpetersäure oder anderen starken Oxydationsmitteln behandelt, so erhält man eine Lösung von Orthoarsensäure:

$$2 As + 5 O + 3 H_2O \rightarrow 2 H_3AsO_4$$
$$As_2O_3 + 2 O + 3 H_2O \rightarrow 2 H_3AsO_4.$$

Durch Eindampfen der wäßrigen Lösung kann man die freie Arsensäure in Form farbloser, leicht zerfließlicher Kristalle gewinnen. Beim Erhitzen gibt die Orthoarsensäure sukzessive Wasser ab, wobei sie zuerst in Pyroarsensäure ($H_4As_2O_7$), dann in Metaarsensäure ($HAsO_3$) und schließlich in Arsenpentoxyd (As_2O_5) übergeht. Löst man diese wasserärmeren Säuren oder das Pentoxyd in Wasser, so bildet sich allmählich unter Wasseranlagerung die Orthosäure zurück. Die Säurestärke der Arsensäure ist etwa die gleiche wie die der Orthophosphorsäure. Auch die Salze der Arsensäure, die Arsenate, sind den entsprechenden Phosphaten sehr ähnlich, z. B. hinsichtlich ihrer Kristallform oder hinsichtlich ihrer Löslichkeit in Wasser. Für die Orthophosphorsäure war die große Schwerlöslichkeit des gelben Silbersalzes und des weißen Magnesiumammoniumphosphates charakteristisch. Auch das Silberarsenat (Ag_3AsO_4), das braun gefärbt ist, und Magnesiumammoniumarsenat, $Mg(NH_4)AsO_4$, sind in Wasser praktisch unlöslich.

Arsenpentoxyd (As_2O_5) entsteht durch starkes Erhitzen von Arsensäure nach der Gleichung:

$$2 H_3AsO_4 \rightarrow 3 H_2O + As_2O_5.$$

As_2O_5 ist eine weiße kristalline, hygroskopische Substanz.

γ) Halogenverbindungen des Arsens.

Die Arsenhalogenide bilden sich leicht durch direkte Vereinigung der Elemente. Es entsteht dabei das beständige Halogenid des dreiwertigen Arsens ($AsHal_3$). Ein Halogenderivat des fünfwertigen Arsens ist bisher mit Sicherheit nur vom Fluor dargestellt worden, das Arsenpentafluorid (AsF_5). In wäßriger Lösung hydrolysieren die Arsentrihalogenide in arsenige Säure und Halogenwasserstoffsäure, z. B.:

$$AsCl_3 + 3 HOH = As(OH)_3 + 3 HCl.$$

Diese Reaktion ist ein echtes Gleichgewicht: Durch Erhöhung der Konzentration der Salzsäure verschiebt sich die Lage des Gleichgewichts zugunsten des Arsentrichlorids.

δ) Schwefelverbindungen des Arsens.

Durch Zusammenschmelzen von Arsen und Schwefel entstehen je nach dem angewandten Mengenverhältnis die Verbindungen As_4S_3, As_4S_4, As_2S_3 und As_2S_5. Die beiden letzteren Sulfide lassen sich auch in wäßriger Lösung gewinnen; sie fallen als gelber Niederschlag aus, wenn man Schwefelwasserstoff in eine stark salzsaure Lösung von arseniger Säure bzw. von Arsensäure einleitet:

$$2 As(OH)_3 + 3 H_2S = As_2S_3 + 6 H_2O$$
$$2 H_3AsO_4 + 5 H_2S = As_2S_5 + 8 H_2O.$$

Diese Arsensulfidniederschläge bilden sich aber nur dann, wenn die Lösungen stark sauer sind. Leitet man Schwefelwasserstoff in eine wäßrige Arseniklösung ein, so beobachtet man lediglich eine Gelbfärbung der Lösung. Das entstandene Arsentrisulfid bleibt in diesem Fall kolloidal gelöst. Auch nach längerem Stehen setzt sich kein Niederschlag zu Boden, die Lösung bleibt klar und durchsichtig. Sowie man aber konzentrierte Salzsäure hinzugibt, fällt das Arsentrisulfid aus.

Während Arsentrisulfid und Arsenpentasulfid in starken Säuren unlöslich sind, lösen sie sich in Alkalien und Alkalisulfiden auf, da sich die löslichen Alkalisalze der arsenigen Säure oder der sulfarsenigen Säure bzw. der Arsensäure oder der Sulfarsensäure bilden. Die sulfarsenige Säure hat die Formel (H_3AsS_3) und die Sulfarsensäure die Zusammensetzung (H_3AsS_4). Die Konstitution dieser beiden Säuren ist also ähnlich den Sauerstoffsäuren des Arsens, es sind lediglich die Sauerstoffatome gegen Schwefelatome ausgetauscht, wie die folgenden Strukturformeln erkennen lassen:

$$H_3AsO_3: \quad HO-As\begin{cases}OH\\OH\end{cases} \qquad H_3AsO_4: \quad O=As\begin{cases}OH\\OH\\OH\end{cases}$$

$$H_3AsS_3: \quad HS-As\begin{cases}SH\\SH\end{cases} \qquad H_3AsS_4: \quad S=As\begin{cases}SH\\SH\\SH\end{cases}$$

Die Sulfosäuren des Arsens sind gleichfalls dreibasische Säuren, deren Alkalisalze in Wasser löslich sind. Man kennt diese Sulfosäuren nur in Form ihrer Salze; die freien Säuren sind unbeständig und z. B. durch Ansäuern der arsensulfosauren Salze nicht zu erhalten. Die arsensulfosauren Salze entstehen, wie oben gesagt, durch Einwirkung von Alkalisulfiden auf die Arsensulfide, nach den Gleichungen:

$$As_2S_3 + 3\,Na_2S \rightarrow 2\,Na_3AsS_3$$
$$As_2S_5 + 3\,Na_2S \rightarrow 2\,Na_3AsS_4.$$

Diese Reaktionen sind völlig analog der Umsetzung von Arsentrioxyd bzw. Arsenpentoxyd mit Alkalihydroxyden oder -oxyden, die zu den Alkalisalzen der arsenigen Säure bzw. der Arsensäure führen:

$$As_2O_3 + 3\,Na_2O \rightarrow 2\,Na_3AsO_3$$
$$As_2O_5 + 6\,NaOH \rightarrow 2\,Na_3AsO_4 + 3\,H_2O.$$

p) Antimon (Sb) und Wismut (Bi).

Diese beiden metallischen Elemente der 5. Gruppe sollen gemeinsam besprochen werden.

Vorkommen und Darstellung. Beide Metalle findet man in der Natur hauptsächlich als Trisulfide, als Grauspießglanz (Sb_2S_3) bzw. Wismutglanz (Bi_2S_3), und als Trioxyde, als Weißspießglanz (Sb_2O_3) bzw. Wismutocker (Bi_2O_3). Außerdem kommt Antimontrisulfid und Wismuttrisulfid wie das Arsentrisulfid als mehr oder weniger große Beimengung bei anderen Schwermetallsulfiden vor.

Die Darstellung der Metalle aus den sulfidischen Erzen erfolgt entweder durch Rösten und anschließende Reduktion des Oxyds mit Kohle, z. B.:

$$Sb_2S_3 + 5\,O_2 \rightarrow Sb_2O_4 + 3\,SO_2$$
$$Sb_2O_4 + 4\,C \rightarrow 2\,Sb + 4\,CO$$

oder aber durch Erhitzen mit Eisen, wobei das Eisen das Antimon bzw. Wismut aus dem Sulfid verdrängt:

$$Sb_2S_3 + 3\,Fe \rightarrow 3\,FeS + 2\,Sb.$$

Eigenschaften.

	Antimon	Wismut
Atomgewicht	121,76	209
Spezifisches Gewicht .	6,69	9,80
Farbe	silberweiß	rötlichweiß
Schmelzpunkt	630,5	271
Siedepunkt	1640	1560

Bei Zimmertemperatur reagieren beide Metalle im feingepulverten Zustand mit Chlor unter Feuerscheinung. Mit den anderen Halogenen findet bei etwas gesteigerter Temperatur gleichfalls Vereinigung und Bildung von Halogeniden statt. Bei stärkerem Erhitzen vereinigen sich Antimon und Wismut mit Sauerstoff, Schwefel und einer großen Zahl von Metallen.

Verbindungen. Vom Antimon existieren drei Oxyde, das Trioxyd (Sb_2O_3), das Tetroxyd (Sb_2O_4) und das Pentoxyd (Sb_2O_5), vom Wismut kennt man nur das Trioxyd (Bi_2O_3). Letzteres besitzt als Oxyd eines Metalls den Charakter eines Basenanhydrids: es löst sich in Säuren unter Bildung von Wismutsalzen auf und ist in Basen unlöslich. Hingegen ist das Antimontrioxyd ein amphoteres Oxyd, es bildet einerseits mit Säuren Salze, z. B.:

$$Sb_2O_3 + 6\,HCl \rightarrow 2\,SbCl_3 + 3\,H_2O$$

löst sich aber andererseits auch in Alkalien auf, wobei Antimonite, Salze der antimonigen Säure (H_3SbO_3), entstehen, z. B.:

$$Sb_2O_3 + 6\,NaOH \rightarrow 2\,Na_3SbO_3 + 3\,H_2O.$$

Das Antimon ist in dieser Beziehung also dem Arsen sehr ähnlich. Beide Arten von Salzen, diejenigen, in denen das dreiwertige Antimon als Kation vorliegt, wie diejenigen, in denen es im Anionenkomplex auftritt, sind wenig beständig; durch Wasser werden sie hydrolytisch gespalten, wobei ein weißer Niederschlag von basischen Salzen und schließlich Antimontrioxydhydrat, $Sb(OH)_3$, ausfällt:

$$SbCl_3 + H_2O \rightarrow SbOCl + 2\,HCl$$
$$SbCl_3 + 3\,H_2O \rightarrow Sb(OH)_3 + 3\,HCl.$$

Auch die Wismutsalze besitzen dieselbe Eigenschaft, beim Verdünnen mit Wasser unlösliche, basische Salze zu bilden:

$$BiCl_3 + 2\,H_2O \rightarrow Bi(OH)_2Cl + 2\,HCl.$$

Das Antimonpentoxyd (Sb_2O_5), das durch Oxydation von Antimon mit konzentrierter Salpetersäure entsteht, ist das Anhydrid der Antimonsäure, H_3SbO_4. Die Antimonsäure spielt in der analytischen Chemie eine gewisse Rolle, da das Natriumsalz der Antimonsäure eins der wenigen Natriumsalze ist, welches schwer löslich und charakteristisch kristallisiert ist. Man benutzt daher eine gesättigte Lösung von Kaliumantimonat $K[Sb(OH)_6]$ als Reagens auf Natriumionen, bei Anwesenheit von Natrium fällt ein weißer kristalliner Niederschlag von Natriumantimonat $Na[Sb(OH)_6]$ aus:

$$K[Sb(OH)_6] + NaCl = Na[Sb(OH)_6] + KCl.$$

Bei beiden Elementen kennt man je eine Wasserstoffverbindung, den Antimonwasserstoff (SbH_3) und den Wismutwasserstoff (BiH_3), welche wie der Arsenwasserstoff stark endothermen Charakter haben. SbH_3 läßt sich durch Einwirkung nascierenden Wasserstoffs auf lösliche Antimonsalze darstellen; in größerer Ausbeute erhält man ihn, wenn man eine Antimon-Magnesium-Legierung mit Salzsäure zersetzt. Außerordentlich unbeständig ist der Wismutwasserstoff, der durch Zersetzung einer Wismut-Magnesium-Legierung mittels Salzsäure entsteht, der aber bei Zimmertemperatur nur kurze Zeit haltbar ist.

Antimon bildet zwei Sulfide, das Antimontrisulfid (Sb_2S_3) und das Antimonpentasulfid (Sb_2S_5), Wismut dagegen nur das Trisulfid (Bi_2S_3). Die Schwefelverbindungen lassen sich sowohl durch Zusammenschmelzen der Elemente darstellen, als auch dadurch, daß man Schwefelwasserstoff in salzsaure Antimon- bzw. Wismutsalzlösungen einleitet. Die Sulfide des Antimons sind orangerot gefärbt, das Wismuttrisulfid ist schwarz. Das letztere ist in Alkalien und Alkalisulfiden unlöslich, da beim Wismut keine den Arseniten bzw. Sulfarseniten entsprechenden Verbindungen existieren. Hingegen lösen sich die Antimonsulfide wie die Arsensulfide in Alkalien und Alkalisulfiden auf; es entstehen dabei die löslichen Alkaliantimonite und -sulfantimonite bzw. Alkaliantimonate bzw. Sulfantimonate:

$$Sb_2S_3 + 3\,Na_2S \rightarrow 2\,Na_3SbS_3$$
$$Sb_2S_5 + 3\,Na_2S \rightarrow 2\,Na_3SbS_4\,.$$

q) Übersicht über die Elemente der Stickstoffgruppe.

Im folgenden wollen wir noch einmal kurz zusammenfassen, was über die Elemente der Stickstoffgruppe und ihre wichtigsten Verbindungen zu sagen ist. Wir haben gesehen, daß diese Elemente in ihren Sauerstoff-, Schwefel- und Halogenverbindungen vornehmlich 3- und 5fach positiv geladen auftreten, daß sie dagegen in ihren Wasserstoffverbindungen stets nur dreiwertig negativ vorliegen. Der Charakter der Elemente ändert sich innerhalb der Reihe mit steigendem Atomgewicht vom nichtmetallischen Stickstoff bis zum metallischen Wismut. Die mittleren Glieder der Reihe treten in zwei Modifikationen, einer metallischen und einer nichtmetallischen, auf. Über die Wasserstoffverbindungen ist zu sagen, daß ihre Bildungswärme mit steigendem Atomgewicht vom schwach exothermen bis zu stark endothermen Werten abnimmt, und daß demgemäß das Ammoniak beständig und relativ leicht darzustellen ist, daß dagegen der Antimonwasserstoff und ganz besonders der Wismutwasserstoff sehr unbeständig und schwer zu erhalten sind. Die Metallderivate der Hydride sind bei den ersten Gliedern der Reihe (Nitride und Phosphide) salzähnlich, während diejenigen der letzten Glieder, die Metallverbindungen des Antimons und Wismuts, den Charakter von Legierungen besitzen. Die Trioxyde des Stickstoffs, Phosphors und Arsens sind Säurenanhydride, sie vereinigen sich mit Wasser zu schwachen Säuren; das Antimontrioxyd ist amphoter, das Hydrat vom Sb_2O_3 kann sowohl als Säure ($HSbO_2$) als auch als Base, $Sb(OH)_3$, reagieren, und das Wismuttrioxyd schließlich ist ein Basenanhydrid, das Anhydrid der Base $Bi(OH)_3$. Folglich sind auch die Trichloride vom Stickstoff, Phosphor und Arsen Säurechloride, während das Wismuttrichlorid ein salzartiges Chlorid ist. Bei den Pentoxyden und ihren Wasseranlagerungsverbindungen liegen die Verhältnisse ganz ähnlich wie bei den Trioxyden, der saure Charakter nimmt innerhalb der Reihe ab, nur ist alles gegenüber den Trioxyden ins stärker saure Gebiet verschoben, die Salpetersäure ist eine starke Säure, die Phosphorsäure und Arsensäure gehören zu den mittelstarken Säuren, die Antimonsäure ist eine schwache Säure. Das Oxyd des fünfwertigen Wismuts und eine dazugehörende Säure sind nicht mit Sicherheit bekannt. In der folgenden Übersicht sind die hier besprochenen Verbindungen und ihre Eigenschaften noch einmal tabellarisch zusammengestellt.

Tabelle 61. Eigenschaften der wichtigsten Verbindungen der Stickstoffgruppe.

Charakter und Verhalten des Anfangsgliedes	Metalloid	−3-wertige Stufe		+3-wertige Stufe			+5-wertige Stufe		
		Hydrid beständig exotherm	Metallderivate salzähnlich hydrolysierbar	Säureanhydrid flüchtig endotherm	Säure schwach sauer	Säurechlorid flüchtig endotherm	Säureanhydrid flüchtig unbeständig	Säure stark sauer	Säurechlorid
	N	NH_3	N_2Mg_3	N_2O_3	HNO_2	NCl_3	N_2O_5	HNO_3	—
	P	PH_3	P_2Ca_3	P_2O_3	H_3PO_3	PCl_3	P_2O_5	H_3PO_4	PCl_5
	As	AsH_3	$AsNa_3$	As_2O_3	H_3AsO_3	$AsCl_3$	As_2O_5	H_3AsO_4	—
	Sb	SbH_3	Sb_2Mg_3	Sb_2O_3	$HSbO_2$ $Sb(OH)_3$	$SbCl_3$	Sb_2O_5	H_3SbO_4	$SbCl_5$
	Bi	BiH_3	Bi_2Mg_3	Bi_2O_3	$Bi(OH)_3$	$BiCl_3$	—	—	—
Charakter und Verhalten des Endgliedes	Metall	endotherm unbeständig Hydrid	legierungsähnlich Legierung	nicht flüchtig exotherm Basenanhydrid	schwach basisch Base	exotherm Salz	nicht flüchtig unbeständig Metalloxyd	schwach sauer Säure	

(Zwischen der +3- und +5-wertigen Stufe: Zunahme der Beständigkeit)

12. Die 4. Hauptgruppe des periodischen Systems und das Bor.

In der 4. Hauptgruppe des periodischen Systems stehen die Elemente Kohlenstoff (C), Silicium (Si), Germanium (Ge), Zinn (Sn) und Blei (Pb). Diese Elemente besitzen 4 Außenelektronen, die sie an andere Elemente, wie Sauerstoff oder Halogene, abgeben können; daher sind sie in ihren Sauerstoffverbindungen maximal vierwertig. Andererseits können sie ihre äußerste Elektronenschale durch Aufnahme von 4 Elektronen zu einer vollständigen Achterschale auffüllen; infolgedessen zeigen sie gegenüber Wasserstoff gleichfalls die Vierwertigkeit. Neben der Vierwertigkeit kommt noch die Zweiwertigkeit vor, so kennt man z. B. beim Kohlenstoff zwei Oxyde, das Kohlendioxyd (CO_2), in dem der Kohlenstoff vierwertig ist, und das Kohlenmonoxyd (CO), das Oxyd des zweiwertigen Kohlenstoffs. Während beim Kohlenstoff die Vierwertigkeit stark bevorzugt ist, nimmt die Neigung der Elemente, im zweiwertigen Zustand aufzutreten, mit wachsendem Atomgewicht innerhalb der Gruppe stark zu, so daß bei dem Endglied der Reihe, beim Blei, die Zahl der zweiwertigen Verbindungen und deren Beständigkeit größer ist als die der vierwertigen Verbindungen.

a) Die Verbindungen des Kohlenstoffs.

α) Carbide und Kohlenwasserstoffe.

Carbide. Der elementare Kohlenstoff, seine Oxyde, die Kohlensäure und die Carbonate sind bereits auf S. 48 ausführlich besprochen worden. Es brauchen daher hier nur die wichtigsten übrigen Verbindungen des Kohlenstoffs ergänzt zu werden. Der Kohlenstoff ist zwar bei Zimmertemperatur — worauf schon früher hingewiesen wurde — ein sehr reaktionsträger Stoff, er reagiert aber doch bei höheren Temperaturen mit fast allen Elementen. Die folgende Tabelle gibt eine Übersicht über die Kohlenstoffverbindungen der Elemente, die „Carbide". Die Anordnung der Tabelle 62 ist die gleiche wie die der Tabellen über die Nitride und die Phosphide.

Tabelle 62. Kohlenstoffverbindungen der Elemente.

Salzartige Carbide		Diamantartige Carbide		Flüchtige Metalloidcarbide			
I	II	III	IV	V	VI	VII	VIII
a) Li_2C_2	Be_2C	B_4C_3		$(NC)_2$	O_2C	F_4C	
Na_2C_2	MgC_2	Al_4C_3	SiC	P_2C_6	S_2C	Cl_4C	
K_2C_2	CaC_2			As_2C_6	Se_2C	Br_4C	
Rb_2C_2	SrC_2				Te_2C	J_4C	
Cs_2C_2	BaC_2						
Salzartige Carbide					Metallische Carbide		
b) Cu_2C_2	ZnC_2		TiC	VC	Cr_3C_2	Mn_3C	Fe_3C, Co_3C, Ni_3C
Ag_2C_2	CdC_2	YC_2	ZrC	NbC	MoC		
Au_2C_2	HgC_2	LaC_2	HfC	TaC	WC		
			ThC		U_2C_3		

a): Hauptgruppen; b): Nebengruppen.

Entsprechend der Einteilung der Nitride können wir auch die Carbide in salzartige, diamantartige, metallische und Metalloidcarbide unterteilen. Die Verbindungen des Kohlenstoffs mit den typischen Vertretern der Metalloide, also den Elementen der 6. und 7. Hauptgruppe, sind recht beständige, indifferente, gasförmige oder flüssige Substanzen.

Zu dieser Gruppe von flüchtigen Metalloidcarbiden gehört auch die Stickstoff-Kohlenstoff-Verbindung, das Dicyan $(CN)_2$.

Zu den metallischen Carbiden rechnet man die Kohlenstoffverbindungen der Elemente der 4. bis 8. Nebengruppen sowie die Verbindungen P_2C_6 und As_2C_6. Sie zeigen u. a. metallisches Aussehen, leiten den elektrischen Strom und besitzen außerordentlich hohe Schmelz- und Siedepunkte.

Eine Sonderstellung nehmen das Borcarbid (B_4C_3) und das Siliciumcarbid (SiC) ein. Sie besitzen weder metallische noch salzartige Eigenschaften, sie leiten z. B. nicht den elektrischen Strom. Man bezeichnet diese beiden Substanzen als „diamantartige Carbide", da sie wie der Diamant durch sehr hohe Schmelzpunkte, geringe Flüchtigkeit und sehr großen elektrischen Widerstand ausgezeichnet sind und denselben Gitteraufbau wie der Diamant besitzen. Wegen ihrer großen Härte finden Borcarbid und Siliciumcarbid als Schleifmittel Verwendung. Im Gegensatz zu der folgenden Gruppe, den salzartigen Carbiden, werden das Borcarbid und das Siliciumcarbid von Wasser und Säuren nicht angegriffen.

Die Kohlenstoffverbindungen der drei ersten Haupt- und Nebengruppen des periodischen Systems sind mit Ausnahme des Borcarbids salzartige Stoffe, die zwar gegen Temperaturerhöhung beständig sind, die aber durch Wasser zersetzt werden. Die Hydrolyse dieser Carbide führt zum Metallhydroxyd und zu einer gasförmigen Verbindung zwischen Kohlenstoff und Wasserstoff, einem Kohlenwasserstoff. So entsteht bei der Hydrolyse von Aluminiumcarbid (Al_4C_3) oder von Berylliumcarbid (Be_2C) Methan (CH_4):

$$Al_4C_3 + 12\,HOH \rightarrow 4\,Al(OH)_3 + 3\,CH_4$$
$$Be_2C + 4\,HOH \rightarrow 2\,Be(OH)_2 + CH_4.$$

Die übrigen salzartigen Carbide mit Ausnahme des Kupfercarbids (Cu_2C_2) und des Silbercarbids (Ag_2C_2), die von Wasser nicht angegriffen werden, zersetzen sich infolge hydrolytischer Spaltung unter Bildung eines anderen Kohlenwasserstoffs, des Acetylens (C_2H_2), z. B.:

$$CaC_2 + 2\,H_2O \rightarrow Ca(OH)_2 + C_2H_2.$$

Kohlenwasserstoffe. Außer den beiden bereits genannten Wasserstoffverbindungen des Kohlenstoffs, dem Methan und dem Acetylen, kennt man noch eine große Zahl anderer Kohlenwasserstoffe von der allgemeinen Formel C_xH_y. Trotz der sehr verschiedenartigen Zusammensetzung dieser Kohlenwasserstoffe ist der Kohlenstoff in all diesen Verbindungen stets vierwertig; das hat seine Ursache in zwei Eigenschaften, die für den Kohlenstoff charakteristisch sind:

1. in der Fähigkeit, lange Kohlenstoffketten zu bilden,

2. in der Fähigkeit zur Ausbildung von Doppel- und Dreifachbindungen.

D. h. zwei oder mehr Kohlenstoffatome können sich kettenartig aneinanderbinden, und zwar können sich in der Verbindung je eine oder je zwei oder sogar je drei Valenzen der Kohlenstoffatome gegenseitig absättigen. In kleinem Umfang haben wir diese Kettenbildung bereits bei einigen Elementen der 6. und 5. Hauptgruppe kennengelernt, es sei hier erinnert an das Wasserstoffsuperoxyd (H—O—O—H), an die Polyschwefelwasserstoffe (H—S—S—S—H), an das Hydrazin (H$_2$N—NH$_2$) und an das Diphosphin (H$_2$P—PH$_2$). Während aber diese Verbindungen mit einer Kette von Sauerstoff-, Schwefel-, Stickstoff- oder Phosphoratomen recht unbeständige Substanzen sind, sind dagegen die Stoffe, die im Molekularaufbau eine Kohlenstoffkette enthalten, im allgemeinen sehr beständig.

Der seiner Zusammensetzung nach einfachste Kohlenwasserstoff ist das Methan (CH$_4$). Das Methan ist ein farbloses, brennbares Gas, das bei —164° C flüssig wird; es brennt mit einer kaum leuchtenden Flamme. Das Methan entströmt vermischt mit anderen Gasen an manchen Stellen der Erde. Auch in Hohlräumen der Kohlenflöze findet sich Methan (Grubengas) und kann hier beim Abbau der Kohle zu Explosionen (schlagende Wetter) Anlaß geben, da ein Sauerstoff-Methan-Gemisch explosiv ist. Bei der trockenen Destillation der Steinkohle bildet sich Methan in reichlicher Menge, es ist daher neben Wasserstoff einer der Hauptbestandteile des Leuchtgases. Von gewissem theoretischen Interesse ist die Bildung des Methans aus den Elementen:

$$C + 2\,H_2 = CH_4 + Q,$$

die bei etwa 1200° durchgeführt wird. Methan ist eine exotherme Verbindung, die Bildungswärme hat einen Wert von rund 20 kcal.

Ebenso wie wir durch formalen Ersatz eines Wasserstoffatoms im Ammoniak durch die NH$_2$-Gruppe zur Formel des Hydrazins (H$_2$N—NH$_2$) gelangt sind, so kann man formal im Methanmolekül ein Wasserstoffatom durch den Methylrest (—CH$_3$) ersetzen; man erhält dann das Äthan (H$_3$C—CH$_3$). Im Äthan lassen sich nun weiter ein oder mehrere Wasserstoffatome gegen die Methylgruppe austauschen. Man erhält so eine ganze Reihe von Abkömmlingen des Methans, die *Paraffine* oder *Grenzkohlenwasserstoffe* heißen.

Es wurde bereits erwähnt, daß mehrere Valenzen zweier Kohlenstoffatome sich gegenseitig absättigen können; es liegt dann eine Kohlenstoff-Kohlenstoff-Doppelbindung oder -Dreifachbindung vor. Die einfachsten Beispiele für solche mehrfachen Bindungen sind das Äthylen (H$_2$C = CH$_2$) und das Acetylen (HC $\equiv$ CH). War das Methan der Stammkörper der Paraffine, so leitet sich auch vom Äthylen eine Reihe von Kohlenwasserstoffen ab, die alle eine Doppelbindung enthalten und die *Olefine* genannt werden; auch das Acetylen ist die Muttersubstanz einer „homologen" Reihe, der *Acetylene*. Die Olefine und Acetylene sind an Wasserstoff ungesättigte Kohlenwasserstoffe, denn sie können Wasserstoff aufnehmen und dabei in Paraffine übergehen.

Die gesättigten Kohlenwasserstoffe wie das Methan und Äthan sind exotherme Verbindungen; die ungesättigten sind dagegen endotherm, so hat das Acetylen z. B. eine Bildungswärme von —48 kcal:

$$2\,C + H_2 = C_2H_2 - 48 \text{ kcal.}$$

Daher kann das Acetylen aus den Elementen nur bei sehr hohen Temperaturen dargestellt werden, nämlich dadurch, daß man einen

elektrischen Lichtbogen zwischen Kohleelektroden in einer Wasserstoffatmosphäre erzeugt. Wegen seines stark endothermen Charakters neigt
das Acetylen leicht zum Zerfall. Das gleiche gilt auch für einige Schwer-
metallcarbide, wie das Kupfer- und Silbercarbid, die als Salze des
Acetylens aufzufassen sind und die man auch als Acetylenkupfer und
Acetylensilber bezeichnet. Sie sind in Wasser schwer löslich und fallen
daher als Niederschlag aus, wenn man Acetylen in eine ammoniakalische
Cuprosalz- bzw. Silbersalzlösung einleitet:

$$C_2H_2 + 2\,CuCl \rightarrow 2\,HCl + CuC \equiv CCu$$
$$C_2H_2 + 2\,AgNO_3 \rightarrow 2\,HNO_3 + AgC \equiv CAg.$$

Acetylensilber und Acetylenkupfer explodieren im trockenen Zustand
auf Schlag oder bei Temperaturerhöhung.

Das Acetylen ist ein farbloses Gas, das im Gegensatz zum Methan
mit einer stark leuchtenden Flamme brennt. Die Temperatur der
Acetylenflamme ist außerordentlich hoch, da sich die beim Zerfall des
Acetylens frei werdende Wärmemenge (die Bildungswärme des C_2H_2)
zu der Verbrennungswärme des Kohlenstoffs und Wasserstoffs addiert.
Besonders hoch liegt die Temperatur, wenn man ein Acetylen-Sauerstoff-
Gemisch verbrennt, das entsprechend der folgenden Gleichung zusammen-
gesetzt ist:

$$2\,C_2H_2 + 5\,O_2 = 4\,CO_2 + 2\,H_2O.$$

Wegen der großen Wärmeentwicklung kann man die Flamme eines
Acetylen-Sauerstoff-Gemisches zum Schweißen benutzen.

Calciumcarbid. Auf die übrigen Kohlenwasserstoffe kann hier nicht eingegangen werden, sie werden in den Lehrbüchern der organischen Chemie
behandelt. Wir kehren also zu den Carbiden zurück und wollen die Besprechung der salzartigen Carbide fortsetzen. Von besonderem — namentlich praktischem — Interesse ist das Calciumcarbid, das man durch
Erhitzen eines Gemisches von Calciumoxyd und Kohle darstellt; die
erforderliche hohe Temperatur von etwa 2000° C wird durch einen
elektrischen Lichtbogen erzeugt:

$$CaO + 3\,C \rightarrow CaC_2 + CO.$$

Das Calciumcarbid dient einerseits zur Gewinnung von Kalkstickstoff
nach FRANK-CARO, wie bei der Besprechung des Ammoniaks eingehend
geschildert wurde; andererseits wird aus Calciumcarbid durch Reaktion
mit Wasser Acetylen hergestellt, das wiederum die Ausgangssubstanz
für eine große Zahl organischer Stoffe, wie Essigsäure, Essigester,
Aceton, Acetaldehyd, Aldol und den synthetischen Kautschuk „Buna"
bildet. Im Jahre 1927 betrug die Weltproduktion an Calciumcarbid
1,3 Millionen Tonnen; davon wurden 480000 t in Deutschland erzeugt.
Diese Zahlen dürften von denen der Produktion der letzten Jahre
noch wesentlich übertroffen werden.

β) Sulfide und Halogenide.

Schwefelkohlenstoff. Das Disulfid des Kohlenstoffs, die Verbindung
CS_2, können wir mit dem Kohlendioxyd vergleichen. Eine dem Kohlenmonoxyd analoge Schwefelverbindung des Kohlenstoffs ist bisher noch

nicht eindeutig dargestellt worden, und es ist zu vermuten, daß CS ein unbeständiges Molekül ist. Beide Oxyde des Kohlenstoffs sind exotherme Verbindungen, und zwar ist das Kohlendioxyd stärker exotherm als das Kohlenmonoxyd:

$$\tfrac{1}{4}\,C + \tfrac{1}{4}\,O_2 = \tfrac{1}{4}\,CO_2 + 24\ \text{kcal}$$
$$\tfrac{1}{2}\,C + \tfrac{1}{4}\,O_2 = \tfrac{1}{2}\,CO\ \ + 15\ \text{kcal}.$$

Das Kohlenstoffdisulfid oder — wie die Verbindung CS_2 auch genannt wird — der Schwefelkohlenstoff ist dagegen bereits schwach endotherm:

$$\tfrac{1}{4}\,C + \tfrac{1}{2}\,S = \tfrac{1}{4}\,CS_2 - 4\ \text{kcal}$$

und wir dürfen annehmen, daß das Kohlenmonosulfid (CS) stark endothermen Charakter hat und daher höchst unbeständig ist.

Der Schwefelkohlenstoff entsteht, wenn man Schwefeldampf über glühende Kohlen leitet:
$$C + 2\,S = CS_2.$$

CS_2 ist eine farblose, leichtflüchtige Flüssigkeit, die bei $+46{,}2^\circ$ C siedet und bei $-111{,}6^\circ$ C fest wird. Sie besitzt bei Gegenwart von Luftsauerstoff eine niedrige Entzündungstemperatur (etwa 230° C) und verbrennt zu Kohlendioxyd und Schwefeldioxyd:

$$CS_2 + 3\,O_2 = CO_2 + 2\,SO_2.$$

Schwefelkohlenstoff mischt sich nicht mit Wasser, ist aber ein vorzügliches Lösungsmittel für eine große Zahl organischer Substanzen wie Fette, Öle, Harze, Kautschuk usw. Schwefelkohlenstoff wird in großer Menge bei der Herstellung von Kunstseide verwendet, er löst nämlich bei Gegenwart von Alkali Cellulose; aus einer solchen „Viskoselösung" wird durch Einwirkung von Säuren die Cellulose wieder ausgefällt. Man verfährt in der Praxis derart, daß man die Viskoselösung durch eine feine Düse in ein Säurebad spritzt, wo dann die reine Cellulose als spinnfähiger, seideglänzender Faden ausfällt.

Halogenide. Die Halogen-Kohlenstoff-Verbindungen können wir als Derivate der Kohlenwasserstoffe auffassen. Durch Austausch eines oder mehrerer oder aller Wasserstoffatome des Kohlenwasserstoffs gegen Halogenatome kann man eine große Zahl von Halogeniden erhalten; so leiten sich z. B. vom Methan vier Chloride ab: CH_3Cl, CH_2Cl_2, $CHCl_3$ und CCl_4. Von diesen ist das Trichlormethan ($CHCl_3$) oder Chloroform als Narkoticum von großer Bedeutung. Näheres über die verschiedenen Kohlenstoffhalogenide findet man in den Lehrbüchern über organische Chemie, an dieser Stelle soll nur kurz auf die Tetrahalogenide eingegangen werden.

Der Tetrachlorkohlenstoff (CCl_4) wird durch Einwirkung von Chlor auf Schwefelkohlenstoff dargestellt; bei Anwesenheit eines Katalysators verläuft die Reaktion nach der Gleichung:

$$CS_2 + 2\,Cl_2 = CCl_4 + 2\,S.$$

Der Tetrachlorkohlenstoff ist eine farblose, nicht brennbare, ziemlich indifferente, reaktionsträge Flüssigkeit. Man benutzt sie wie den Schwefelkohlenstoff als Lösungsmittel für organische Substanzen, ferner als Feuerlöschmittel.

Die anderen Tetrahalogenide (CF_4, CBr_4, CJ_4) haben keine praktische Bedeutung; man erhält sie, ausgehend vom Tetrachlorkohlenstoff. Das Kohlenstofftetrafluorid ist bei Zimmertemperatur ein Gas, das Kohlenstofftetrabromid und -tetrajodid sind feste Körper.

γ) Stickstoffverbindungen des Kohlenstoffs.

Dicyan. In der Tabelle 62 ist als Verbindung zwischen Kohlenstoff und Stickstoff das Dicyan $(CN)_2$ aufgeführt. Das Dicyan ist eine stark endotherme Verbindung, die sich aus den Elementen nur bei Zufuhr von sehr viel Wärmeenergie bildet:

$$2\,C + N_2 = (CN)_2 - 71\ kcal.$$

So entstehen geringe Mengen im elektrischen Lichtbogen, der in einer Stickstoffatmosphäre zwischen Kohleelektroden brennt. Im Laboratorium stellt man Dicyan durch thermische Zersetzung von Quecksilbercyanid dar:

$$Hg(CN)_2 \rightarrow Hg + (CN)_2.$$

Bei einem anderen Verfahren zur Darstellung von Dicyan benutzt man die Unbeständigkeit des Cupricyanids. Man stellt sich aus einer Kupfersalzlösung und einer Kaliumcyanidlösung Cupricyanid her:

$$CuSO_4 + 2\,KCN \rightarrow K_2SO_4 + Cu(CN)_2.$$

Dieses Cupricyanid gibt bei schwachem Erwärmen eine der beiden Cyangruppen ab und geht dabei in Cuprocyanid über:

$$2\,Cu(CN)_2 \rightarrow 2\,Cu(CN) + (CN)_2.$$

Das Dicyan ist ein farbloses, äußerst giftiges, brennbares Gas; es brennt mit einer charakteristischen roten, blaugesäumten Flamme. Das Dicyangas ist den Halogenen sehr ähnlich; man bezeichnet es daher vielfach als ein „Pseudohalogen". So verläuft z. B. die Hydrolyse des Cyangases ganz entsprechend der Hydrolyse des Chlors. Beim Einleiten von Chlor in Wasser entsteht — wie früher besprochen wurde — 1 Molekül Chlorwasserstoffsäure und 1 Molekül unterchlorige Säure:

$$Cl_2 + HOH \rightarrow HCl + HOCl.$$

Das Dicyan ist gleichfalls in Wasser gut löslich und reagiert dabei mit den Wassermolekülen nach einer völlig analogen Gleichung:

$$(CN)_2 + HOH \rightarrow HCN + HOCN.$$

Es bildet sich 1 Molekül Cyanwasserstoffsäure (HCN) und 1 Molekül Cyansäure (HOCN). Die Hydrolyse des Cyangases wird wie die des Chlors durch Laugen begünstigt.

Cyanwasserstoffsäure oder Blausäure ist eine farblose Flüssigkeit, die bei 26,5° C siedet und bei −15° C erstarrt. Sie besitzt wegen ihres niedrigen Siedepunktes bei Zimmertemperatur einen hohen Dampfdruck; ihr ist ein charakteristischer Geruch nach bitteren Mandeln eigen. HCN ist in Wasser gut löslich, ist aber nur wenig dissoziiert:

$$HCN \rightleftharpoons H^+ + (CN)^-.$$

Die Dissoziation ist geringer als die der Kohlensäure, die Blausäure ist also eine sehr schwache Säure. Sie ist außerordentlich giftig, die gleiche Eigenschaft haben auch alle ihre Salze, die Cyanide.

Man gewinnt die Blausäure durch eine katalytische Gasreaktion dadurch, daß man ein Gemisch aus Kohlenoxyd und Ammoniak bei etwa 600° über aktive Kohle oder über aktive Metalloxyde wie Aluminiumoxyd oder Ceroxyd leitet:

$$CO + NH_3 = HCN + H_2O.$$

Ferner kann die Blausäure aus ihren Salzen dargestellt werden, da sie als schwache und leicht flüchtige Säure aus den Cyaniden durch starke Säuren in Freiheit gesetzt wird:

$$2\,NaCN + H_2SO_4 \rightarrow Na_2SO_4 + 2\,HCN.$$

Die Salze der Blausäure heißen Cyanide; sofern sie in Wasser löslich sind, sind sie als Salze einer sehr schwachen Säure hydrolytisch gespalten, und ihre wäßrigen Lösungen reagieren alkalisch.

Das Natriumcyanid wird in der Technik aus Natriumamid ($NaNH_2$) dargestellt. Zum Natriumamid gelangt man durch Einwirkung von Ammoniak auf geschmolzenes Natrium:

$$2\,Na + 2\,NH_3 \rightarrow 2\,NaNH_2 + H_2.$$

Erhitzt man dieses Natriumamid mit Kohle auf 300—600°, so bildet sich Natriumcyanamid nach der Gleichung:

$$2\,NaNH_2 + C \rightarrow Na_2NCN + 2\,H_2.$$

Steigert man jetzt die Temperatur auf 800°, so reagiert das Natriumcyanamid (Na_2NCN) mit weiterem Kohlenstoff unter Bildung von Natriumcyanid:

$$Na_2NCN + C \rightarrow 2\,NaCN.$$

Komplexe Cyanide. Die Alkali- und Erdalkalicyanide sind in Wasser sehr gut löslich; die Cyanide der meisten Schwermetalle sind in Wasser unlöslich, lösen sich dagegen häufig in einem Überschuß von Cyankali unter Bildung komplexer[1] Cyanide auf. Versetzt man z. B. eine Silbersalzlösung mit einigen Tropfen einer Alkalicyanidlösung, so fällt zunächst ein weißer Niederschlag von Silbercyanid ($AgCN$) aus:

$$AgNO_3 + KCN \rightarrow AgCN + KNO_3.$$

Gibt man Cyankali im Überschuß hinzu, so löst sich der Niederschlag wieder auf, da sich ein wasserlöslicher Silbercyan-Anionenkomplex bildet:

$$AgCN + KCN \rightarrow K[Ag(CN)_2].$$

Dieses komplexe Kaliumsilbercyanid ist folgendermaßen dissoziiert:

$$K[Ag(CN)_2] \rightleftharpoons K^+ + [Ag(CN)_2]^-.$$

Ganz ähnlich verhalten sich auch Eisensalzlösungen gegenüber Cyankali: Auf Zusatz von wenig Cyankali zu einer Eisen(II)-salzlösung beobachtet man das Ausfallen eines braunen Niederschlages von Eisen(II)-cyanid:

$$FeSO_4 + 2\,KCN = K_2SO_4 + Fe(CN)_2.$$

---

[1] Näheres über Komplexsalze in einem späteren Abschnitt (s. S. 331).

Dieses Ferrocyanid löst sich bei weiterer Zugabe von Kaliumcyanid — besonders bei schwachem Erwärmen — schnell wieder auf, es entsteht eine klare gelbe Lösung des Komplexsalzes Kaliumferrocyanid:

$$Fe(CN)_2 + 4 KCN \rightarrow K_4[Fe(CN)_6].$$

Zu einer analogen Verbindung gelangt man, wenn man von einem Salz des dreiwertigen Eisens an Stelle des Eisen(II)-salzes ausgeht; das Kaliumferricyanid hat die Zusammensetzung: $K_3[Fe(Cn)_6]$. Man stellt es meistens aus Kaliumferrocyanid durch Oxydation mit starken Oxydationsmitteln wie Chlor oder Brom dar: $2 [Fe(CN)_6]^{4-} + Cl_2 = 2 [Fe(CN)_6]^{3-} + 2 Cl^-$.

Diese beiden komplexen Eisencyanide, das Kaliumferrocyanid und das Kaliumferricyanid, nennt man auch gelbes bzw. rotes Blutlaugensalz, da man sie früher aus Blut durch Erhitzen mit Eisenspänen und Kaliumcarbonat gewonnen hat. Der im Blut organisch gebundene Stickstoff und Kohlenstoff reagieren bei höheren Temperaturen mit dem Eisen und Kalium unter Bildung der beiden komplexen Eisencyanide, die mit Wasser aus dem Reaktionsgemisch ausgelaugt werden konnten.

Das Kaliumferrocyanid ist das Kaliumsalz der Ferrocyanwasserstoffsäure $H_4[Fe(CN)_6]$ und das Kaliumferricyanid das der Ferricyanwasserstoffsäure $H_3[Fe(CN)_6]$. Die freien Säuren sind im Gegensatz zu ihren Kaliumsalzen wenig beständige, feste Substanzen.

Das Kaliumferrocyanid hat in der analytischen Chemie als Erkennungsmittel für einige Kationen eine gewisse Bedeutung erlangt. Die Salze des Zinks, Kupfers, Urans und dreiwertigen Eisens bilden charakteristisch gefärbte, schwer lösliche Salze der Ferrocyanwasserstoffsäure. Das Zinkferrocyanid ist weiß, das Kupferferrocyanid $Cu_2[Fe(CN)_6]$ und das Uranylferrocyanid $(UO_2)_2[Fe(CN)_6]$ sind braun gefärbt, und das Ferriferrocyanid $Fe_4[Fe(CN)_6]_3$ ist tiefblau gefärbt; diese letztere Verbindung wird unter dem Namen „Berlinerblau" als Farbe verwendet. Das Kupferferrocyanid wird häufig als halbdurchlässige Membran für osmotische Versuche benutzt, und zwar erzeugt man den gallertartigen Kupferferrocyanidniederschlag in den Poren eines Tonzylinders dadurch, daß man den Zylinder in eine Kaliumferrocyanidlösung stellt und in das Innere des Zylinders eine Kupfersulfatlösung füllt. Beide Lösungen stoßen in den Poren des Tonzylinders aufeinander und schließen die groben Poren durch eine zusammenhängende Haut von Kupferferrocyanid, die die Eigenschaft einer halbdurchlässigen Membran besitzt, nämlich nur für die kleinen Wassermoleküle durchlässig ist.

Cyansäure und Cyanate. Die Cyanide sind Reduktionsmittel, sie vermögen nämlich Sauerstoff aufzunehmen und in Cyanate, in Salze der Cyansäure, überzugehen:

$$2 KCN + O_2 \rightarrow 2 KCNO.$$

Diese Eigenschaft der Cyanide benutzt man gelegentlich zur Reduktion leicht reduzierbarer Metalloxyde, z. B. von Zinndioxyd; das Oxyd gibt seinen Sauerstoff an das Cyanid ab und wird dabei zu Metall reduziert:

$$2 KCN + SnO_2 \rightarrow Sn + 2 K(CNO)$$

Die Cyansäure HCNO ist sehr unbeständig, man kennt sie daher nur in Form ihrer Salze, der Cyanate.

Rhodanide. Ebenso leicht wie die Cyanide durch Sauerstoff zu den Cyanaten oxydiert werden können, können die Cyanide auch ein Atom Schwefel in ihr Molekül aufnehmen:

$$KCN + S \rightarrow KCNS.$$

Durch Zusammenschmelzen von Kaliumcyanid mit Schwefel oder auch durch Kochen einer wäßrigen Kaliumcyanidlösung mit Schwefel entsteht das Kaliumthiocyanat KCNS oder — wie man diese Verbindung meistens nennt — das Kaliumrhodanid. Das Kaliumrhodanid ist das Kaliumsalz der Rhodanwasserstoffsäure (HCNS), die in wäßriger Lösung im Gegensatz zur Cyansäure beständig ist. Die Rhodanwasserstoffsäure ist eine starke Säure. In der analytischen Chemie verwendet man Rhodanide zum Nachweis kleiner Mengen von Eisen, das ein außerordentlich intensiv rot gefärbtes Eisenrhodanid bildet:

$$3\,K(SCN) + FeCl_3 \rightarrow Fe(SCN)_3 + 3\,KCl.$$

b) Silicium.

Das Silicium (Si) ist eines der verbreitetsten Elemente auf der Erde; in der Erdrinde ist es zu ~ 26 Gew.-% vorhanden und steht somit seiner Menge nach an zweiter Stelle nach dem Sauerstoff, der nahezu 50% der Erdrinde ausmacht. Das Silicium findet man nicht in elementarer Form vor, sondern in Form seiner Sauerstoffverbindung, des Siliciumdioxyds (SiO_2), oder in Form von Silicaten, d. h. von Mineralien, die aus SiO_2 und einem oder mehreren Metalloxyden zusammengesetzt sind. Seesand, Feuerstein, Quarz sind mehr oder weniger reines Siliciumdioxyd.

Zur Darstellung von elementarem Silicium geht man meist vom Siliciumdioxyd aus. Die Reduktion von SiO_2 mit Kohle führt nicht zum Silicium, sondern zu einer Silicium-Kohlenstoff-Verbindung, dem Siliciumcarbid (SiC); die Reaktion zwischen Siliciumdioxyd und Kohlenstoff verläuft nach der folgenden Gleichung:

$$SiO_2 + 3\,C \rightarrow 2\,CO + SiC.$$

Hingegen gelingt es unter geeigneten Versuchsbedingungen, SiO_2 mit Hilfe von Magnesium oder Aluminium zu elementarem Silicium zu reduzieren:
$$SiO_2 + 2\,Mg \rightarrow 2\,MgO + Si.$$

Man muß allerdings bei diesem „magnesiothermischen" Verfahren darauf achten, daß man Magnesium nicht im Überschuß anwendet; andernfalls verbindet sich das überschüssige Magnesium mit dem reduzierten Silicium zu Magnesiumsilicid (Mg_2Si); die Umsetzung geht dann nach der folgenden Gleichung vor sich:

$$SiO_2 + 4\,Mg \rightarrow 2\,MgO + Mg_2Si.$$

Das Silicium kann von den Beimengungen, zur Hauptsache also vom Magnesiumoxyd, durch Behandlung mit verdünnten Säuren leicht getrennt werden, da diese das Magnesiumoxyd und evtl. gebildetes Magnesiumsilicid auflösen, aber nicht das Silicium angreifen. Man erhält so das Silicium als dunkelgraue, metallisch glänzende, undurchsichtige Kristallblättchen.

Wie schon erwähnt, ist das Silicum in Säuren praktisch unlöslich, lediglich durch ein Gemisch von Flußsäure und Salpetersäure wird es langsam gelöst. Dagegen bringen, verdünnte Laugen Silicium schnell in Lösung, wobei das Silicium in ein Silicat übergeführt und Wasserstoffgas entwickelt wird:

$$Si + 2\,KOH + H_2O \rightarrow K_2SiO_3 + 2\,H_2\,.$$

Diese Reaktion benutzt man übrigens gelegentlich zur Wasserstoffherstellung für Ballonfüllungen.

α) Silicide und Silane.

Bei höherer Temperatur reagiert das Silicium mit den meisten Elementen, z. B. mit Sauerstoff, Stickstoff, Kohlenstoff, den Halogenen und mit einer großen Zahl von Metallen. Die dabei entstehenden Verbindungen des Siliciums heißen Silicide. Die wichtigsten dieser Silicide sind in der folgenden tabellarischen Übersicht enthalten.

Tabelle 63. Siliciumverbindungen der Elemente

I	II	III	IV	V	VI	VII	VIII
			a) der Hauptgruppen				
Li_6Si_2		B_3Si	CSi	N_4Si_3	O_2Si	F_4Si	
	Mg_2Si			PSi	S_2Si	Cl_4Si	
	$CaSi_2$				Se_2Si	Br_4Si	
	$SrSi_2$					J_4Si	
	$BaSi_2$						
			b) der Nebengruppen				
Cu_3Si			$TiSi_2$	VSi_2	$CrSi_2$	Mn_3Si	$Fe_xSi_y,\ Co_xSi_y,\ Ni_xSi_y$
			$ZrSi_2$		$MoSi_2$		$PdSi$
		$CeSi_2$	$ThSi_2$	$TaSi_2$	WSi_2		$PtSi$
					USi_2		

Auf die Ähnlichkeit dieser Tabelle mit der der Kohlenstoffverbindungen soll nicht besonders hingewiesen werden. Wie bei den Carbiden oder auch den Nitriden und Phosphiden stehen im rechten oberen Teil die Verbindungen der Metalloide; im rechten unteren Teil findet man die Silicide mit metallischen Eigenschaften und in den Gruppen I bis III die salzartigen Silicide. Die letzteren werden von Wasser oder verdünnten Säuren zersetzt, wobei gasförmige Siliciumwasserstoffverbindungen entstehen, z. B.:

$$Mg_2Si + 4\,H_2O \rightarrow 2\,Mg(OH)_2 + SiH_4\,.$$

Diese Reaktion verläuft völlig analog der Zersetzung der salzartigen Carbide, etwa der des Berylliumcarbids:

$$Be_2C + 4\,H_2O \rightarrow 2\,Be(OH)_2 + CH_4\,.$$

Wir können sie ferner vergleichen mit der Hydrolyse der entsprechenden Nitride und Phosphide, die zur Bildung von Ammoniak bzw. Phosphin führt:

$$Mg_3N_2 + 6\,H_2O \rightarrow 3\,Mg(OH)_2 + 2\,NH_3$$

$$Ca_3P_2 + 6\,H_2O \rightarrow 3\,Ca(OH)_2 + 2\,PH_3\,.$$

Außer dem in der obigen Gleichung formulierten Siliciumwasserstoff SiH_4 kennt man eine ganze Reihe von Silicium-Wasserstoff-Verbindungen, allerdings ist ihre Zahl wesentlich kleiner als die der Kohlenwasserstoffe. Ferner unterscheiden sich die „Silane", wie die Siliciumwasserstoffe auch genannt werden, von den Kohlenwasserstoffen durch ihre geringere Beständigkeit, sie sind nämlich an der Luft selbstentzündlich; sowie die Silane mit Sauerstoff in Berührung kommen, verbrennen sie nach der Gleichung:

$$SiH_4 + 2\,O_2 \rightarrow SiO_2 + 2\,H_2O\,.$$

Folgende Silane konnten bisher dargestellt werden: Monosilan (SiH_4), Disilan (Si_2H_6), Trisilan (Si_3H_8), Tetrasilan (Si_4H_{10}), Pentasilan (Si_5H_{12}) und Hexasilan (Si_6H_{14}).

β) Siliciumdioxyd.

Siliciumdioxyd ist die beständigste und daher die in der Natur verbreitetste Siliciumverbindung. Man findet das SiO_2 in verschiedenen Kristallarten vor: Ist es grobkristallin, so bezeichnet man es als Quarz; sind die Kristalle besonders gut ausgebildet und wasserklar, so spricht man von Bergkristall. Feuerstein ist fein kristallines Siliciumdioxyd, Kieselgur oder Diatomeenerde poröses SiO_2. Durch geringe Beimengungen von Schwermetalloxyden kann der Quarz wunderschön gefärbt sein, derartige Abarten des Quarzes, wie der braune Rauchquarz, der violette Amethyst, der rosa Rosenquarz und der grüne Chrysopras, werden als Schmucksteine verwendet. Opal ist wasserhaltiges Siliciumdioxyd.

Vom Siliciumdioxyd kennt man mehrere Modifikationen, von denen jede innerhalb eines bestimmten Temperaturgebietes beständig ist. Sie unterscheiden sich durch verschiedenen Kristallaufbau. Bei Zimmertemperatur ist der sog. β-Quarz die stabile Modifikation, sie wandelt sich bei 575° C in α-Quarz um. Zwischen 870° und 1470° ist Tridymit die stabile Form, während von 1470° bis zum Schmelzpunkt, der bei 1670° liegt, der Cristobalit beständig ist.

Siliciumdioxyd ist gegen Wasser und alle Säuren mit Ausnahme der Flußsäure völlig beständig. Mit Flußsäure reagiert SiO_2 unter Bildung des gasförmigen Siliciumtetrafluorids (SiF_4):

$$SiO_2 + 4\,HF = 2\,H_2O + SiF_4\,.$$

Angegriffen wird dagegen Siliciumdioxyd von allen Alkalien, die das SiO_2 in wasserlösliche Silicate überführen:

$$SiO_2 + 2\,NaOH \rightarrow Na_2SiO_3 + H_2O\,.$$

Durch Temperatursteigerung wird diese Umsetzung begünstigt; so kann man SiO_2 durch Schmelzen mit Alkalien oder auch Alkalicarbonaten quantitativ in lösliches Alkalisilicat umwandeln.

Erhitzt man Quarz auf Temperaturen über seinen Schmelzpunkt, so kristallisiert der Quarz beim Abkühlen nicht wieder aus, sondern erstarrt zu einer glasartigen Masse. Solche Quarzgläser haben gegenüber gewöhnlichen Gläsern eine Reihe von bemerkenswerten Eigenschaften:

1. sie besitzen einen außergewöhnlich geringen Ausdehnungskoeffizienten, infolgedessen vertragen Quarzgläser schroffe Temperaturänderungen; man kann sie auf Rotglut erhitzen und noch im glühenden Zustand sofort in kaltes Wasser tauchen, ohne daß sie dabei wie gewöhnliches Glas zerspringen;

2. sie schmelzen erst bei sehr hohen Temperaturen;

3. sie sind säurebeständig;

4. sie haben eine große Durchlässigkeit für ultraviolettes Licht, während gewöhnliches Glas ultraviolette Strahlung zurückhält.

Diese Eigenschaften bedingen die Verwendung des Quarzglases für chemische Gefäße und optische Instrumente.

γ) Kieselsäure.

Das Siliciumdioxyd ist wie das Kohlendioxyd das Anhydrid einer Säure, der Kieselsäure. Während aber das Kohlendioxyd bereits beim Einleiten in Wasser sich mit den Wassermolekülen zur Kohlensäure vereinigt:

$$CO_2 + H_2O \rightarrow H_2CO_3$$

und diese Lösung von Kohlensäure saure Eigenschaften zeigt, reagiert Siliciumdioxyd nicht mit Wasser. Vielmehr gelangt man, ausgehend vom Siliciumdioxyd, erst auf dem Umweg über die Silicate zur Kieselsäure. Glüht man SiO_2 zusammen mit Alkalien oder Alkalicarbonaten, so entstehen — wie bereits besprochen — Alkalisilicate, z. B.:

$$SiO_2 + 2\,NaOH \rightarrow Na_2SiO_3 + H_2O\,.$$

Die entstandenen Schmelzprodukte lösen sich leicht in Wasser. Beim Eindunsten dieser Lösungen entstehen namentlich bei einem größeren Laugenüberschuß gutkristallisierte Natriumsilicate, welche nicht ganz korrekt „Metasilicate" genannt werden; ihre analytische Zusammensetzung entspricht der Formel $Na_2H_2SiO_4 \cdot aq$, die Alkali-„Metasilicate" sind also saure Salze einer „Orthokieselsäure" (H_4SiO_4). Da die Kieselsäure eine außerordentlich schwache Säure ist, hydrolysieren ihre Salze in wäßriger Lösung sehr stark:

$$Na_2H_2SiO_4 + 2\,H_2O \rightleftharpoons H_4SiO_4 + 2\,Na^+ + 2\,OH^-\,.$$

Die wäßrigen Metasilicatlösungen reagieren demgemäß stark alkalisch. Die den Alkalisilicaten zugrunde liegende „Orthokieselsäure" ist in wäßriger Lösung nur bei einem großen Überschuß von Hydroxylionen beständig. Wächst mit fallender Hydroxylionenkonzentration — etwa durch Zugabe von Säuren — die Menge der bei der Hydrolyse gebildeten freien Orthokieselsäure, so tritt eine zweite Reaktion stärker in den Vordergrund. Die freie Orthokieselsäure ist nämlich nicht beständig; vielmehr lagert sich sogleich ein $Si(OH)_4$-Molekül mit einem zweiten Molekül unter Austritt eines Moleküls Wasser zusammen:

$$2\,Si(OH)_4 \rightarrow (OH)_3Si\!-\!O\!-\!Si(OH)_3 + H_2O\,.$$

Diese Kieselsäure der Zusammensetzung $H_6Si_2O_7$ bezeichnet man als Di- oder Pyrokieselsäure. Von der Dikieselsäure leiten sich die Disilicate ab die beim Natrium kristallisiert zu erhalten sind. Die Dikieselsäure reagiert mit einem dritten Molekül $Si(OH)_4$ unter Wasserabspaltung:

$$(HO)_3Si{-}O{-}Si(OH)_3 + Si(OH)_4 \rightarrow (HO)_3Si{-}O{-}Si(OH)_2{-}O{-}Si(OH)_3 + H_2O.$$

Auch die Trikieselsäure ($H_8Si_3O_{10}$) tritt mit weiterer Kieselsäure zusammen, man gelangt auf diese Weise zu immer höher aggregierten **Polykieselsäuren.** Diese Aggregation der Kieselsäure führt besonders dann zu außerordentlich hochmolekularer Kieselsäure, wenn man die Hydroxylionenkonzentration der Alkalisilicatlösung durch Zugabe einer Säure allmählich immer weiter herabsetzt. Die Polykieselsäuren besitzen die Eigenschaft, mit wachsendem Polymerisationsgrad allmählich wasserunlöslich zu werden. Während die niedrig-molekularen Kieselsäuren echte Lösungen bilden, sind die höheren Glieder nur kolloidal gelöst und fallen schließlich mit fortschreitender Aggregation als gallertartige Niederschläge aus. Wie man schon an den Anfangsgliedern des Aggregationsvorganges erkennt, sind in den Riesenmolekülen die Sauerstoffatome nicht mit beiden Valenzen an dasselbe Siliciumatom gebunden, sondern verbinden brückenartig 2 Siliciumatome miteinander. Die Alkalipolysilicate ($1\ Na_2O \cdot x\,SiO_2 \cdot aq$) sind noch löslich bis herauf zu den Salzen der Tetrakieselsäure ($x = 1, \ldots 4$). Solche Alkalipolysilicatlösungen bezeichnet man als Wasserglas.

Wir haben oben gesagt, daß man nacheinander zu Polykieselsäuren mit immer größeren Molekulargewichten gelangt, wenn man die Hydroxylionenkonzentration einer Alkalisilicatlösung allmählich vermindert. Das kann geschehen dadurch, daß man irgendeine verdünnte Mineralsäure zu der Alkalisilicatlösung zusetzt, z. B.:

$$x\,Na_2H_2SiO_4 + 2\,xHCl \rightarrow 2\,x\,NaCl + H_{2x+2}Si_xO_{3x+1} + (x-1)\,H_2O.$$

Eine Erhöhung der Wasserstoffionenkonzentration der Lösung und damit die Ausfällung der Kieselsäure läßt sich aber auch schon durch Zugabe von Ammoniumsalzen erzielen. Um diese Reaktion zu verstehen, erinnern wir uns der hydrolytischen Spaltung der Silicate:

$$Na_2H_2SiO_4 + 2\,H_2O \rightleftharpoons H_4SiO_4 + 2\,Na^+ + 2\,(OH)^-.$$

Die Konzentration der bei der Hydrolyse gebildeten Hydroxylionen, die außerordentlich groß ist, wird nun durch die Zugabe eines Ammonsalzes vermindert, da sich Ammoniumhydroxyd bildet:

$$Na^+ + OH^- + NH_4{}^+ + Cl^- \rightarrow NH_4OH + Na^+ + Cl^-.$$

Setzt man Ammonsalzlösungen geeigneter Konzentration zu nicht zu verdünnten Natriumsilicatlösungen, so kann man es erreichen, daß in mehr oder weniger kurzer Zeit die gesamte Lösung zu einer schwach getrübten, zusammenhängenden Kieselsäuregallerte erstarrt.

Zu ähnlichen Ausfällungen gallertartiger „Siliciumdioxydhydrate" gelangt man auch auf einem anderen Wege, der allerdings sehr viel langsamer als der eben beschriebene durchlaufen wird. Leitet man durch Luft verdünntes, gasförmiges Siliciumtetrachlorid in Wasser ein, so hydrolysiert das Siliciumtetrachlorid:

$$SiCl_4 + 4\,HOH \rightarrow 4\,HCl + Si(OH)_4.$$

Dabei bildet sich hydratisiertes Siliciumdioxyd, das längere Zeit, wie experimentell festgestellt werden konnte, im monomolekularen Zustand verteilt in Lösung bleibt; allmählich jedoch kondensiert dieses Si(OH)$_4$ gleichfalls unter Wasseraustritt zu höhermolekularen Produkten, und schließlich wird auch aus diesen Lösungen — wenn auch manchmal erst nach Tagen oder Wochen — Polykieselsäure abgeschieden. Zu der gleichen Lösung eines monomolekularen Siliciumdioxydhydrates gelangt man, wenn man Alkalisilicatlösungen schnell unter Umrühren in eine überschüssige Mineralsäure hineingießt. Offenbar ist eine bestimmte Wasserstoffionenkonzentration der Siliciumdioxydhydratlösung wesentlich dafür, daß der Aggregationsvorgang verhindert oder verzögert wird; denn bei der Hydrolyse des Siliciumtetrachlorids entsteht ja neben dem hydratisierten Siliciumdioxyd ein beträchtlicher Überschuß an freier Salzsäure.

♂) Silicate.

Die Silicate sind in der Natur weitverbreitet, sie stellen Verbindungen von SiO$_2$ mit einem oder mehreren Metalloxyden dar. Die natürlichen

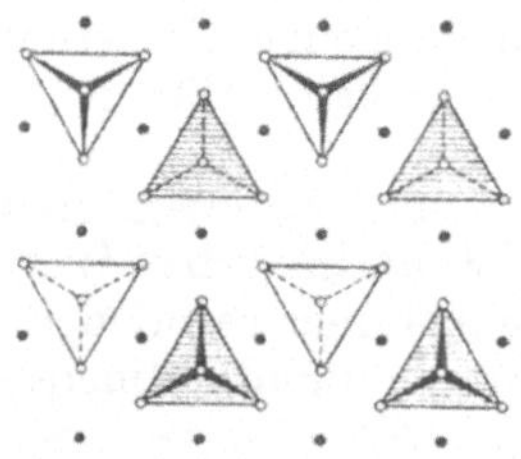

Silicate sind sehr verschiedenartig zusammengesetzt und können als Salze der verschiedensten Kieselsäuren (Orthokieselsäure, Dikieselsäure, Polykieselsäuren) aufgefaßt werden.

Silicate, die sich von der Orthokieselsäure H$_4$SiO$_4$ durch Ersatz der 4 Wasserstoffatome gegen Metalle (Magnesium, Beryllium, Zink, Eisen oder andere) ableiten, sind u. a. der Phenacit (Be$_2$SiO$_4$), der Olivin ([Mg, Fe]$_2$SiO$_4$) und der Zirkon (ZrSiO$_4$). Die Kristalle dieser Orthosilicate sind aus Metallionen und einzelnen SiO$_4$-Tetraedern aufgebaut, d. h. jedes Siliciumatom befindet sich im Mittelpunkt eines Tetraeders, dessen 4 Ecken von 4 Sauerstoffatomen besetzt sind. Die Abb. 75 zeigt den Kristallbau des Olivins, die schwarzen Kreise sollen die Magnesiumionen, die nichtausgefüllten Kreise die Sauerstoffatome darstellen. Die Siliciumatome sind nicht eingezeichnet, sie sind in der Mitte der Tetraeder zu denken. Die Tetraederspitzen sind abwechselnd nach oben und unten gerichtet, die schraffierten Tetraeder liegen nicht in der Zeichenebene.

Abb. 75. Aufbau des Olivins.

Derivate der „Metakieselsäure" (H$_2$SiO$_3$) sind der Enstatit, ein Magnesiummetasilicat (MgSiO$_3$) und der Wollastonit, das Calciummetasilicat (CaSiO$_3$). Auch Salze der Pyrokieselsäure (H$_2$Si$_2$O$_5$) kommen in der Natur vor, z. B. der Petalit (NaLiSi$_2$O$_5$). Von einer wasserreicheren Dikieselsäure (H$_6$Si$_2$O$_8$) leitet sich der Kalkfeldspat (CaAl$_2$Si$_2$O$_8$) ab, während der Natronfeldspat (NaAlSi$_3$O$_8$) und der Kalifeldspat (KAlSi$_3$O$_8$) Salze der Trikieselsäure (H$_4$Si$_3$O$_8$) sind. Der Kristallaufbau all dieser höheren Silicate unterscheidet sich von dem der Orthosilicate dadurch, daß keine isolierten SiO$_4$-Tetraeder vorhanden sind; vielmehr sind in den höheren Silicaten mehrere solcher SiO$_4$-Tetraeder aneinandergelagert, wobei je zwei benachbarte Tetraeder ein Sauerstoffatom gemeinsam haben, also mit je einer Ecke zusammenhängen. Die Silicium-

atome zweier benachbarter Tetraeder sind durch ein „Brückensauerstoffatom" verbunden. Je nachdem, ob nun in einem Tetraeder 2 oder 3
oder alle 4 Sauerstoffatome solche Brückensauerstoffatome sind, erhält
man eine kettenartige (Abb. 76a), schichtenartige (Abb. 76b) oder
räumliche Verknüpfung (Abb. 76c) der SiO_4-Tetraeder. Diese kristall-
innere Anordnung bedingt natürlich die äußere Form der Silicate: Der
faserige Asbest besitzt eine Kettenstruktur, der blättrige und in dünnen

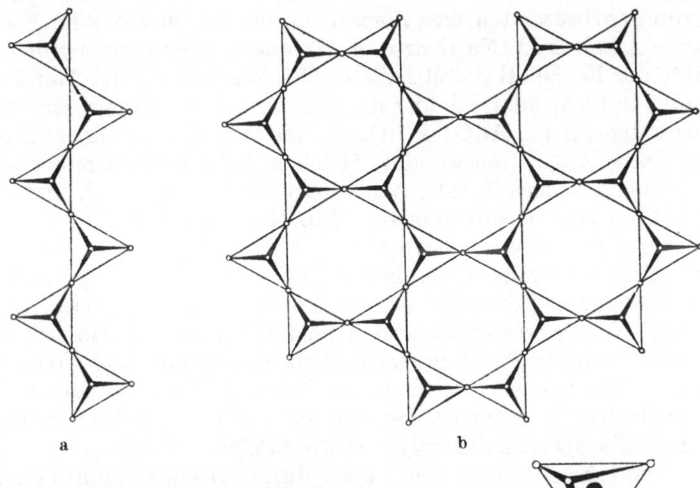

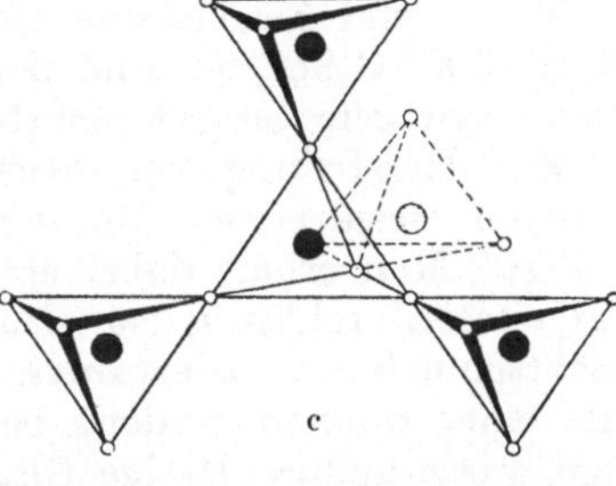

Abb. 76. Strukturelle Anordnung der Polysilicate.
   a) Kette aus SiO_4-Tetraedern (Asbest).
   b) Ebenes Netz aus SiO_4-Tetraedern (Glim-
      mer).
   c) Raumnetz aus SiO_4-Tetraedern (Feldspat).

Blättchen spaltbare Glimmer ein
Schichtengitter, die Feldspate haben
ein Raumnetzgitter.

Von den Silicaten sind nur die
Alkalisilicate in Wasser löslich, alle übrigen sind in Wasser unlöslich.
Einige von diesen werden durch Salzsäure zersetzt, d. h. das Kation geht
in Lösung, während die Kieselsäure ungelöst zurückbleibt, andere (z. B.
die Feldspate, Glimmer) werden aber auch von Salzsäure nicht angegriffen.
Versetzt man eine Alkalisilicatlösung, z. B. Natriummetasilicat
($Na_2H_2SiO_4 \cdot$ aq), mit irgendeiner Schwermetallsalzlösung, so erhält man
einen meist gefärbten Niederschlag des betreffenden Schwermetall-
silicates. Diese Niederschläge sind stets anfänglich gallertartig; manche
von ihnen, z. B. das Barium- und das Bleisilicat, gehen aber bei längerem
Stehen oder beim Kochen aus dem amorphen in den kristallinen Zustand über. Die aus wäßrigen Lösungen ausgefällten Silicate unterscheiden sich von den entsprechenden natürlichen Silicaten dadurch,
daß ihr Molekül reichlich Kristallwasser enthält, welches erst bei starkem
Glühen abgegeben wird.

16*

Tonwaren. Zu den Silicaten gehören mehrere technisch wichtige Produkte, wie Glas, Porzellan, Steingut, Ziegelstein und Zement. Für die meisten dieser Fabrikationserzeugnisse dient der Ton als Ausgangsmaterial. Ton ist eine erdige Masse und besteht aus einem Gemisch mehrerer kompliziert gebauter Mineralien von wechselnder Zusammensetzung, die durch die Verwitterung der Gesteinsmineralien, u. a. der Feldspäte, entstanden sind. Unter der Einwirkung der Atmosphärilien (Wasser, Kohlensäure, Humussäure usw.) erleiden die Feldspäte im Laufe von Jahrtausenden eine Zersetzung derart, daß das im Feldspat enthaltene Alkalioxyd (Na_2O bzw. K_2O) langsam herausgewaschen wird und dabei der Feldspatkristall zerfällt. Es hinterbleibt der Ton, in dem der Kaolin in mehr oder weniger großem Anteil vorkommt, ein Mineral der Zusammensetzung $Al_2O_3 \cdot 2\,SiO_2 \cdot 2\,H_2O$. Er wird in reinem Zustand für keramische Zwecke verwendet. Meist enthält der Ton außer Aluminiumoxyd noch andere Metalloxyde, namentlich Eisenoxyd, und ist daher gelb, grau oder braun gefärbt. Ein Gemenge von Ton und Sand heißt Lehm. Alle diese Tonarten haben die Eigenschaft, mit Wasser versetzt, plastische Massen zu bilden. Gibt man dem angefeuchteten Ton eine bestimmte Form und erhitzt ihn dann auf hohe Temperatur, so gibt er das Wasser wieder ab und behält dabei seine Form bei. Diese Eigenschaft bedingt die Verwendbarkeit des Tones zur Herstellung keramischer Erzeugnisse. Je nach der Reinheit des verwendeten Tones und je nach der Temperatur, bei der die Tonwaren gebrannt werden, erhält man die verschiedenartigsten Produkte.

Back- und Ziegelsteine stellt man durch Brennen von Lehm bei etwa 1000° C her, sie sind porös, grobkörnig und durch beigemengtes Eisenoxyd gelb bis rot gefärbt.

Zur Herstellung von Steingut und Fayence benutzt man einen reineren, eisenfreieren Ton, den man nach dem Formen auf etwa 1200° erhitzt. Man erhält dabei eine poröse, weiße, undurchsichtige Masse, die wasserdurchlässig ist. Man taucht die Gegenstände nun in eine leichtschmelzende Glasurmasse, die die Oberfläche der Gegenstände mit einer dünnen Schicht bedeckt und bei einem zweiten Brennen eine wasserundurchlässige Glasur erzeugt.

Brennt man ein Gemisch aus reinstem Kaolin, Feldspat und Quarz bei 1450° C, so erhält man ein weißes, durchscheinendes, völlig dichtes, wasserundurchlässiges Produkt, das Porzellan.

Silicatgläser. Bei der Besprechung des Siliciumdioxyds wurde bereits darauf hingewiesen, daß das SiO_2 nach dem Erhitzen über seinen Schmelzpunkt beim Abkühlen nicht wieder kristallin erstarrt, sondern eine glasartige Masse, das Quarzglas, bildet. Diese gleiche Eigenschaft besitzen auch eine Reihe von Doppelsilicaten. Da sie nicht auskristallisieren, hat man sie als unterkühlte Schmelzen aufzufassen; sie besitzen keinen bestimmten Erstarrungspunkt mit sprunghaften Eigenschaftsänderungen, sondern es existiert ein breites Temperaturgebiet, innerhalb dessen sie allmählich erstarren bzw bei Temperatursteigerung erweichen. Dieses Erstarrungsintervall liegt für die glasartigen Doppelsilicate bei wesentlich niedrigeren Temperaturen als das des Quarzglases.

Die verschiedenen Silicatgläser, die man herstellt, haben im allgemeinen die folgende Zusammensetzung:

$$Me_2^IO \cdot Me^{II}O \cdot 6\,SiO_2,$$

d. h. auf 6 Moleküle SiO_2 kommt je ein Oxyd eines zweiwertigen und eines einwertigen Metalls. Das gewöhnliche Fensterglas ist ein Natron-Kalk-Glas ($Na_2O \cdot CaO \cdot 6\,SiO_2$); man fabriziert es, indem man ein Gemisch entsprechender Teile Natriumcarbonat, Calciumcarbonat und Sand bei etwa 1200° zusammenschmilzt, das Kohlendioxyd der Carbonate entweicht:

$$Na_2CO_3 + CaCO_3 + 6\,SiO_2 \rightarrow Na_2O \cdot CaO \cdot 6\,SiO_2 + 2\,CO_2.$$

Das Natron-Kalk-Glas benutzt man zur Herstellung der Gebrauchsgläser wie Fensterglas, Spiegelglas und Flaschenglas. Es hat einen sehr niedrigen Schmelzpunkt und ist gegen chemische Agenzien nicht sehr widerstandsfähig; besonders Laugen greifen es an, selbst Wasser löst beim Kochen etwas Alkali heraus. Einen wesentlich höheren Erweichungspunkt und eine größere chemische Widerstandsfähigkeit besitzt das Kali-Kalk-Glas ($K_2O \cdot CaO \cdot 6\,SiO_2$). Ersetzt man außerdem das Calciumoxyd durch Bleioxyd, so erhält man ein für optische Instrumente sehr geeignetes Glas, das Kali-Blei-Glas ($K_2O \cdot PbO \cdot 6\,SiO_2$), das durch ein starkes Lichtbrechungsvermögen ausgezeichnet ist.

Gefärbte Gläser entstehen dadurch, daß man zur Glasschmelze eine geringe Menge eines solchen Schwermetalloxyds, dessen Silicat gefärbt ist, hinzusetzt. So ist die grüne Farbe der Bierflaschen auf beigemengtes Eisensilicat zurückzuführen. Durch Zusatz von Kobaltoxyd erhält man blaue Gläser, von Chromoxyd oder Kupferoxyd grüne Gläser, von Uranoxyd gelbe Gläser. Die rote Farbe des Rubinglases wird indessen nicht durch ein gefärbtes Silicat hervorgerufen, sondern es ist die Farbe fein verteilten metallischen Goldes, das im Glas „kolloidal" gelöst ist.

Zement. Als letztes der technisch wichtigen Silicate sei noch kurz der Zement besprochen. Unter Zement versteht man ein Produkt, das durch Brennen eines innigen Gemisches von Ton und Kalk erhalten und das dann fein gemahlen wird. Der Zement besitzt die Eigenschaft, mit Wasser zu einem Brei verrührt, langsam bei gewöhnlicher Temperatur zu erhärten. Man nimmt an, daß das Hartwerden des Zementbreies auf der Bildung wasserhaltiger Calciumsilicate und Calciumaluminate beruht. In der Praxis setzt man dem feingemahlenen Zement die 3- bis 6fache Menge Sand hinzu, der den „Abbinde"-Prozeß des Zementes nicht stört. Ein Gemisch aus Zement, Sand und grobem Kies bezeichnet man als Beton; der Beton ist nach dem Abbinden mit Wasser eine äußerst harte, feste Masse. Durch Einlage von Eisenstäben kann die Festigkeit des Betons noch erhöht werden (Eisenbeton), da der Beton an den Eiseneinlagen fest haftet.

ε) Halogenverbindungen des Siliciums.

Die Siliciumtetrahalogenide bilden sich durch direkte Vereinigung aus den Elementen bei etwas erhöhten Temperaturen. Diese Substanzen der Zusammensetzung $Si(Hal)_4$ können einerseits als Halogensubstitutionsprodukte des Monosilans SiH_4 und andererseits als Halogenide der Orthokieselsäure $Si(OH)_4$ aufgefaßt werden. Die letztere Auffassung liegt näher, da die Siliciumtetrahalogenide wie andere Säurechloride durch Einwirkung von Wasser hydrolytisch gespalten werden, eine Reaktion, die bereits auf S. 241 eingehend besprochen ist. Wie wir sahen, entsteht bei der Hydrolyse zunächst Siliciumdioxydhydrat in monomolekularer Verteilung, $Si(OH)_4$. Die Siliciumtetrahalogenide sind exotherme, beständige Verbindungen. Bei Zimmertemperatur ist das Siliciumtetrafluorid gasförmig, das Tetrachlorid und Tetrabromid flüssig, das Tetrajodid ein fester Körper.

Unter den Fluorverbindungen des Siliciums ist außer dem SiF_4 noch die Hexafluokieselsäure oder Kieselfluorwasserstoffsäure $H_2[SiF_6]$ von Wichtigkeit. Sie entsteht durch Reaktion zwischen Fluorwasserstoff und Siliciumtetrafluorid nach der Gleichung:

$$SiF_4 + 2\,HF = H_2[SiF_6].$$

1. Siliciumtetrafluorid (SiF_4). Außer dem für die Siliciumhalogenide allgemeinen Darstellungsverfahren entsteht Siliciumtetrafluorid durch Einwirkung von Fluorwasserstoff auf Siliciumdioxyd und auf Silicate:

$$SiO_2 + 4\,HF = SiF_4 + 2\,H_2O.$$

Auf dieser Reaktion beruht der qualitative Nachweis der Kieselsäure. Die auf SiO_2 zu prüfende Substanz wird mit Calciumfluorid vermischt und in einem Bleitiegel mit konzentrierter Schwefelsäure versetzt. Die Schwefelsäure setzt aus dem Calciumfluorid die Flußsäure in Freiheit, die dann ihrerseits mit der etwa vorhandenen Kieselsäure das gasförmige Siliciumtetrafluorid bildet. In die entweichenden Gase bringt man einen kleinen Wassertropfen; ist nun SiF_4 vorhanden, so hydrolysiert es, und der Wassertropfen trübt sich infolge der ausgeschiedenen Kieselsäure.

Bei der Hydrolyse des Siliciumtetrafluorids entsteht zunächst wie bei allen Tetrahalogeniden des Siliciums Kieselsäure und Halogenwasserstoffsäure, hier also Fluorwasserstoff:

$$SiF_4 + 4\,HOH \rightarrow Si(OH)_4 + 4\,HF.$$

Die Flußsäure reagiert aber nun sekundär mit weiterem Siliciumtetrafluorid unter Bildung der Kieselfluorwasserstoffsäure:

$$4\,HF + 2\,SiF_4 \rightarrow 2\,H_2[SiF_6].$$

2. Hexafluokieselsäure (H_2SiF_6). Die Kieselfluorwasserstoffsäure wird — wie oben formuliert wurde — durch Hydrolyse des Siliciumtetrafluorids dargestellt. Da H_2SiF_6 in Wasser sehr gut löslich ist, ist die Trennung von der gleichzeitig entstehenden Kieselsäure, die als Polykieselsäure ausfällt, durch Filtration möglich. Nach dem Abfiltrieren der Kieselsäure reagiert die wäßrige Lösung stark sauer, wesentlich stärker sauer als eine gleich konzentrierte Flußsäure. Hinsichtlich ihrer Säurestärke ist die Kieselfluorwasserstoffsäure mit der Schwefelsäure zu vergleichen, sie ist in verdünnter Lösung zu annähernd 100% dissoziiert. Die elektrolytische Dissoziation erfolgt in Wasserstoffionen und in ein 2fach negativ geladenes, komplexes SiF_6-Anion:

$$H_2SiF_6 \rightarrow 2\,H^+ + [SiF_6]^{--}.$$

Die Kieselfluorwasserstoffsäure ist nur in wäßriger Lösung bekannt. Durch Eindampfen einer solchen Lösung erhält man keine wasserfreie Hexafluokieselsäure, da sie beim Erhitzen in SiF_4 und 2 HF zerfällt.

Unter den Salzen der Kieselfluorwasserstoffsäure ist das Barium- und Kaliumfluosilicat durch große Schwerlöslichkeit in Wasser ausgezeichnet; man benutzt daher in der analytischen Chemie Barium- oder Kaliumsalzlösungen zum Nachweis des $[SiF_6]$-Ions:

$$[SiF_6]^{--} + Ba^{++} \rightarrow Ba[SiF_6]$$
$$[SiF_6]^{--} + 2\,K^+ \rightarrow K_2[SiF_6].$$

Das Bariumsilicofluorid fällt als weißer, kristalliner Niederschlag, das Kaliumsilicofluorid als weißer, irisierender Niederschlag, der nur äußerst langsam zu Boden sinkt.

3. Siliciumtetrachlorid ($SiCl_4$) und Trichlorsilan ($SiHCl_3$). Siliciumtetrachlorid bildet sich, wenn man Chlor- über erhitztes, elementares Silicium oder ein Gemisch von Siliciumdioxyd und Kohle leitet:

$$Si + 2\,Cl_2 = SiCl_4$$
$$SiO_2 + 2\,C + 2\,Cl_2 = SiCl_4 + 2\,CO.$$

Die Neigung des $SiCl_4$, mit Wasser zu reagieren und dabei in Kieselsäure und Chlorwasserstoff zu zerfallen, ist sehr groß; es entzieht der Luft die Feuchtigkeit und raucht an feuchter Luft. Man benutzt daher das Siliciumtetrachlorid gelegentlich zur Erzeugung dichter Tarnnebel.

Beim Überleiten von Chlorwasserstoffgas über erhitztes Silicium entstehen nebeneinander zwei Chlorverbindungen des Siliciums, $SiCl_4$ und Trichlorsilan ($SiHCl_3$), eine dem Chloroform ($CHCl_3$) analoge Siliciumverbindung, die man auch „Silicochloroform" genannt hat. Das chemische Verhalten des Trichlorsilans entspricht aber nicht dem des Chloroforms, so wird es z. B. im Gegensatz zum Chloroform durch Wasser hydrolytisch gespalten:

$$SiHCl_3 + 4\,HOH \rightarrow Si(OH)_4 + 3\,HCl + H_2.$$

c) Zinn.

Vorkommen und Gewinnung. Das Zinn kommt in der Natur als „Zinnstein", Zinndioxyd (SnO_2), vor. Der Zinnstein ist meist in andere Mineralien eingebettet und wird nach mechanischer Trennung von diesen Verunreinigungen durch Kohle zu metallischem Zinn reduziert:

$$SnO_2 + 2\,C \rightarrow Sn + 2\,CO.$$

Eigenschaften und Verhalten. Metallisches Zinn ist silberweiß glänzend. Sein Schmelzpunkt liegt ziemlich niedrig (231,8°), der Siedepunkt dagegen verhältnismäßig hoch (2362°). Es ist weich und dehnbar. Zinn kommt in drei enantiotropen Modifikationen vor, deren Umwandlungspunkte bei 161 bzw. 13° C liegen. Die bei Zimmertemperatur beständige Modifikation besitzt eine tetragonale Struktur, oberhalb 161° wandelt sie sich in rhombisches Zinn um. Von diesen beiden Modifikationen unterscheidet sich sehr wesentlich die dritte, bei tiefen Temperaturen beständige Art: das „graue Zinn". Es ist nicht silberweiß, sondern grau gefärbt, es hat keine metallische, glänzende Oberfläche, sondern ist matt und pulvrig und besitzt eine geringere Dichte (5,7 statt 7,3). Die Umwandlung des gewöhnlichen in das graue Zinn geht bei den entsprechenden tiefen Temperaturen nicht momentan, sondern sehr langsam vor sich. Wird aber gewöhnliches Zinn längere Zeit auf tiefer Temperatur gehalten, so stellt man zunächst an einigen Stellen eine Veränderung der Oberfläche fest: sie bläht sich auf, wird grau und pulvrig. Ausgehend von diesen Stellen schreitet die Umwandlung fort, bis schließlich das ganze Zinnstück in graues Pulver zerfallen ist. Diese Umwandlungserscheinung ist unter dem Namen „*Zinnpest*" bekannt.

Zinn wird bei Zimmertemperatur von der Luft nicht angegriffen; beim Erwärmen bedeckt es sich mit einer Oxydschicht, durch starkes Erhitzen läßt es sich vollständig zum Zinndioxyd oxydieren. Mit den Halogenen reagiert das Zinn bei Temperaturen, die wenig über Zimmertemperatur liegen, sehr lebhaft. Zinn verbindet sich ferner mit den Nichtmetallen Schwefel, Selen, Tellur und Phosphor, wenn man sie zusammen erhitzt.

Zinn wird von Wasser überhaupt nicht, von verdünnten Säuren nur äußerst langsam angegriffen, da es in der Spannungsreihe nur wenig oberhalb des Wasserstoffs steht. In starker Salzsäure löst es sich unter Bildung von Zinn(II)-chlorid:

$$Sn + 2\,HCl = SnCl_2 + H_2.$$

In sehr kleinen Mengen kann sich hierbei Zinnwasserstoff SnH_4 bilden, welcher reichlicher durch Zersetzung einer Zinn-Magnesiumlegierung der Zusammensetzung Mg_2Sn mit Salzsäure gebildet wird.

$$Mg_2Sn + 4\,HCl = 2\,MgCl_2 + SnH_4.$$

Zinnwasserstoff ist ein stark endothermes, äußerst zersetzliches, gasförmiges Hydrid. Konzentrierte Salpetersäure wirkt dagegen nicht lösend, sondern oxydierend auf das Zinn ein, wobei Zinndioxydhydrate entstehen:

$$3\,Sn + 4\,HNO_3 = 3\,SnO_2 \cdot aq + 4\,NO.$$

In heißen Alkalien löst sich Zinn unter Bildung von Stannaten:

$$Sn + 2\,NaOH + 4\,H_2O \rightarrow Na_2[Sn(OH)_6] + 2\,H_2.$$

Verwendung. Zinn in reiner Form wurde früher zur Herstellung von Gebrauchsgegenständen, wie Tellern, Schüsseln usw., verwendet. Auch Stanniolpapier ist reines Zinn. Heute gebraucht man große Mengen Zinn, um Weißblech herzustellen, d. h. Eisenblech mit einem dünnen zusammenhängenden Überzug von Zinn zu versehen, um dadurch das Eisen vor dem Angriff von Luft, Wasser oder verdünnten Säuren zu schützen. Zinn ist ferner in einer Reihe wichtiger Legierungen enthalten; so ist die Bronze eine Legierung aus Zinn und Kupfer, das Weichlot eine niedrig schmelzende Zinn-Blei-Legierung und die Lagermetalle sind Legierungen aus Zinn, Blei, Kupfer und Antimon.

α) Verbindungen des zweiwertigen Zinns.

Zinn-II-chlorid, Zinndichlorid oder Zinnchlorür ($SnCl_2$) entsteht beim Erhitzen von Zinn im Chlorwasserstoffstrom. Wenn man Zinn mit warmer konz. Salzsäure behandelt, erhält man eine Lösung von Zinnchlorür, aus welcher beim Eindunsten das Zinn-II-chlorid mit 2 Molekülen Kristallwasser auskristallisiert: $SnCl_2 \cdot 2H_2O$. Dieses Salz ist in wenig Wasser gut löslich; verdünnt man aber die Lösung mit viel Wasser, so findet eine Hydrolyse statt, es bildet sich basisches Zinn-II-chlorid, das als Niederschlag ausfällt:

$$SnCl_2 + H_2O = Sn{\Big\langle}{}^{OH}_{Cl} + HCl.$$

Aus dem Massenwirkungsgesetz folgt, daß die Anwesenheit von überschüssiger Salzsäure das Gleichgewicht nach links verschiebt, also die Hydrolyse zurückdrängt.

Zinnchlorür zeigt wie die meisten Verbindungen des zweiwertigen Zinns große Neigung, in den vierwertigen Zustand überzugehen. Es ist daher ein vielgebrauchtes Reduktionsmittel. Die wäßrige Lösung wird schon durch Luft langsam oxydiert, wobei Zinndioxydhydrate ausfallen. Diese Oxydation durch Luft kann dadurch verhindert werden, daß man die Lösung stets in Berührung mit metallischem Zinn verwahrt. Als Reduktionsmittel wird Zinnchlorür benutzt, z. B. zur Reduktion von Quecksilber-II-salzen, die je nach den angewandten Mengenverhältnissen bis zum metallischen Quecksilber oder nur bis zum Salz des einwertigen Quecksilbers führt:

$$2\,HgCl_2 + SnCl_2 = Hg_2Cl_2 + SnCl_4$$
$$HgCl_2 + SnCl_2 = Hg + SnCl_4.$$

Zinn-II-hydroxyd [Sn(OH)₂] entsteht als weißer Niederschlag, wenn man Zinn-II-salzlösungen mit Alkalihydroxyden oder -carbonäten oder Ammoniak versetzt:

$$Sn^{++} + 2\,OH^- \rightarrow Sn(OH)_2.$$

Das Zinn ist wie das Zink und Aluminium ein amphoteres Element, d. h. der Niederschlag von Stannohydroxyd löst sich im Überschuß von Alkalihydroxyden unter Bildung von Alkalistanniten wieder auf:

$$Sn(OH)_2 + NaOH \rightarrow Na[Sn(OH)_3].$$

Zinn-II-sulfid (SnS) fällt als brauner, in Säuren· unlöslicher Niederschlag aus, wenn man Schwefelwasserstoff in Zinn-II-salzlösungen einleitet. Auf trockenem Wege erhält man SnS durch Erhitzen eines Gemisches von Zinn und Schwefel.

β) Verbindungen des vierwertigen Zinns.

Die am häufigsten vorkommende Zinnverbindung ist das Zinndioxyd SnO_2, das in seinen Eigenschaften und Verhalten dem Siliciumdioxyd ähnlich ist. So löst sich Zinn-IV-oxyd nicht in Wasser, verdünnten Säuren und Laugen, wohl aber in Alkalihydroxydschmelzen, wobei die Alkalistannate, Alkalisalze der Zinnsäure, entstehen, z. B.:

$$SnO_2 + 2\,NaOH \rightarrow Na_2SnO_3 + H_2O.$$

Diese Alkalistannate sind in Wasser gut löslich; aus der konzentrierten wäßrigen Lösung scheiden sich Kristalle aus, die 3 Moleküle Wasser enthalten und denen man die Konstitutionsformel $Me_2^I[Sn(OH)_6]$ zuschreibt.

Das Natriumhexahydroxostannat $Na_2[Sn(OH)_6]$ wird in der Färberei-technik als „Präpariersalz" verwendet.

Genau so, wie man aus Alkalisilicatlösungen durch Erhöhung der Wasserstoffionenkonzentration Niederschläge von Siliciumdioxydhydra-ten erhält, werden aus Alkalistannatlösungen durch Zugabe von Säure gallertartige Zinndioxydhydrate ausgefällt:

$$Na_2SnO_3 + 2\ HCl \rightarrow SnO_2 \cdot aq + 2\ NaCl.$$

Die Halogenide des vierwertigen Zinns entstehen durch direkte Ver-einigung aus den Elementen. Von gewisser praktischer Bedeutung ist das Zinntetrachlorid ($SnCl_4$); die Aufarbeitung alten Weißbleches auf das nur in geringen Mengen darin enthaltene, wertvolle Zinn geschieht nämlich derart, daß man das Weißblech mit Chlorgas behandelt; von den Weißblechbestandteilen reagiert nur das Zinn mit dem Chlor unter Bildung von Zinn-IV-chlorid. Stannichlorid ist bei Zimmertemperatur eine wasserklare Flüssigkeit, die an der Luft raucht. In Wasser ist Zinntetrachlorid gut löslich, erleidet aber dabei hydrolytische Spaltung:

$$SnCl_4 + 2\ H_2O \rightleftharpoons SnO_2 \cdot aq + 4\ HCl,$$

also ganz analog der Hydrolyse des Siliciumtetrachlorids:

$$SiCl_4 + 4\ H_2O \rightleftharpoons Si(OH)_4 + HCl.$$

Das dabei entstandene Zinndioxydhydrat fällt in diesem Fall wie das Siliciumdioxyhydrat nicht sofort als Niederschlag aus, sondern bleibt zunächst in Lösung.

Zinn-IV-chlorid reagiert mit Chlorwasserstoff unter Bildung einer komplexen Säure, der Hexachlorozinnsäure:

$$SnCl_4 + 2\ HCl \rightleftharpoons H_2[SnCl_6].$$

Diese Säure erhält man z. B. in kristallisierter Form, wenn man Chlor-wasserstoff in eine konzentrierte wäßrige Zinntetrachloridlösung ein-leitet. Die Hexachlorozinnsäure hat eine gewisse Bedeutung, weil ihr Ammoniumsalz, das sog. „Pinksalz" $(NH_4)_2[SnCl_6]$, als Beize in der Färberei verwendet wird.

Wenn man in irgendeine saure Lösung vierwertigen Zinns, z. B. in die Lösung eines Hexachlorozinnsalzes, Schwefelwasserstoff einleitet, so entsteht ein gelb gefärbter Niederschlag von Zinndisulfid oder Stannisulfid SnS_2, Dieses Zinn(IV)-sulfid verhält sich gegenüber Alkali-sulfidlösungen genau so wie die Sulfide des Arsens und Antimons: es geht unter Bildung von Thiostannaten in Lösung:

$$\begin{aligned} SnS_2 + \quad Na_2S &= Na_2[SnS_3] \\ SnS_2 + 2\ Na_2S &= Na_4[SnS_4]. \end{aligned}$$

oder

d) Blei.

Vorkommen und Gewinnung. In der Natur kommt das Blei haupt-sächlich in Form des Sulfids (PbS) als Bleiglanz vor. Außerdem findet man es als Carbonat, Weißbleierz ($PbCO_3$), als Chromat, Rotbleierz ($PbCrO_4$), als Sulfat ($PbSO_4$) und in anderen Salzen, deren Menge und Bleigehalt aber verhältnismäßig gering ist. Für die Gewinnung des metallischen Bleis kommt fast ausschließlich der Bleiglanz in Frage.

Außer dem für die Verhüttung sulfidischer Erze allgemein üblichen Verfahren der Röstung und anschließenden Reduktion mit Kohle:

$$2\,PbS + 3\,O_2 \rightarrow 2\,PbO + 2\,SO_2$$
$$2\,PbO + C \rightarrow 2\,Pb + CO_2$$

existieren noch zwei besondere Methoden. Wenn man das Bleisulfid unvollständig röstet und dann unter Luftabschluß weiter erhitzt, so kann sich das primär entstandene Bleioxyd mit dem noch unveränderten, restlichen Bleisulfid zu metallischem Blei und Schwefeldioxyd umsetzen:

$$2\,PbO + PbS \rightarrow 3\,Pb + SO_2.$$

Schließlich reagiert metallisches Eisen direkt mit Bleisulfid bei höheren Temperaturen, wobei Schwefeleisen und Blei entsteht:

$$PbS + Fe \rightarrow Pb + FeS.$$

Eigenschaften und **Verhalten.** Blei ist ein sehr weiches, dehnbares Metall. Es ist von matter grauer Oberflächenbeschaffenheit; schafft man eine frische Oberfläche, so ist diese zunächst glänzend, läuft aber bald wieder unscheinbar grau an. Blei ist durch ein großes spezifisches Gewicht (11,4) ausgezeichnet.

Von der Luft wird Blei, wie schon erwähnt, ein wenig angegriffen, indem es an seiner Oberfläche oxydiert wird. Auch durch Wasser wird Blei oberflächlich verändert. Es bilden sich in beiden Fällen zusammenhängende dünne Oxyd- oder Hydroxydhäute, die das darunter befindliche Blei vor einem weiteren Angriff schützen. Etwas ähnliches beobachtet man auch, wenn man Schwefelsäure, Salzsäure, Flußsäure oder kohlensäurehaltiges Wasser auf Blei einwirken läßt; in diesen Fällen bilden sich auf der Bleioberfläche Schutzschichten von schwer löslichem Bleisulfat, Bleichlorid, Bleifluorid oder Bleicarbonat. In Salpetersäure löst sich dagegen Blei auf; zunächst wird das Blei zum PbO oxydiert und dieses reagiert dann mit weiterer Salpetersäure unter Bildung von Bleinitrat:

$$3\,Pb + 2\,HNO_3 \rightarrow 3\,PbO + 2\,NO + H_2O$$
$$PbO + 2\,HNO_3 \rightarrow Pb(NO_3)_2 + H_2O.$$

In Gegenwart von Luftsauerstoff wirken einige organische Säuren wie Essigsäure auf Blei lösend ein.

In der Hitze wird Blei durch Luftsauerstoff vollständig oxydiert. Ferner verbindet sich Blei bei höheren Temperaturen mit den Halogenen und Chalkogenen sowie vielen Metallen.

Das Blei ist wie die anderen Elemente der 4. Gruppe in seinen Verbindungen zwei- oder vierwertig. Gegenüber dem Kohlenstoff, Silicium und Zinn ist aber die zweiwertige Form des Bleis die beständige und daher häufigere. Alle Bleiverbindungen sind giftig.

Verwendung. Das Blei und auch die meisten seiner Verbindungen finden in der Praxis vielfältige Verwendung. Metallisches Blei benutzt man für Geschosse und Flintenschrot, als Rohre für Wasserleitungen, als Schutzhülle für elektrische Kabel, als Gefäßmaterial bei der Schwefelsäurefabrikation (Bleikammer) und als Akkumulatorenplatten. An Bleilegierungen seien genannt das Weichlot, eine Legierung aus Blei und Zinn mit sehr niedrigem Schmelzpunkt und das Letternmetall, eine Antimon-Blei-Legierung. Eine Reihe von Bleisalzen werden als Anstrichfarben benutzt, z. B. die rote Mennige (Pb_3O_4), das Bleiweiß $Pb_3(OH)_2(CO_3)_2$ und das gelbe Bleichromat ($PbCrO_4$).

α) Die Oxyde des Bleis.

Vom Blei sind drei verschiedene Oxyde bekannt, das Bleimonoxyd (PbO), das Bleidioxyd (PbO_2) und die Mennige (Pb_3O_4). Das letztere Oxyd ist ein gemischtes Oxyd, insofern als eines der drei Bleiatome vierwertig und die anderen beiden zweiwertig vorliegen.

Blei-II-oxyd, die sog. „Bleiglätte", erhält man als gelbes Pulver, wenn man Luft über geschmolzenes Blei bläst. Ferner entsteht Bleimonoxyd durch Entwässern von Bleihydroxyd:

$$Pb(OH)_2 = PbO + H_2O.$$

Bleioxyd ist in Wasser unlöslich, löst sich aber in allen Säuren, die keine schwerlöslichen Bleisalze bilden, also z. B. in Salpetersäure und Essigsäure.

Bleidioxyd ist das Oxyd des vierwertigen Bleis: $Pb{<}^O_O$; die Bezeichnung Bleisuperoxyd, die gelegentlich noch gebraucht wird, ist falsch, da das Bleidioxyd kein Derivat des Wasserstoffsuperoxyds ist. Man gewinnt es durch Behandeln von Blei-(II)verbindungen mit Oxydationsmittel. Es ist ein dunkelbraunes, wasserunlösliches Pulver; es zeigt große Neigung, unter Sauerstoffabgabe in Bleimonoxyd überzugehen, z. B. schon beim schwachen Erwärmen:

$$2\,PbO_2 \rightarrow 2\,PbO + O_2.$$

Bleidioxyd ist daher ein starkes Oxydationsmittel, das z. B. Salzsäure zu Chlor oxydiert:

$$PbO_2 + 4\,HCl \rightarrow PbCl_2 + Cl_2 + 2\,H_2O.$$

Blei-IV-oxyd ist ein Säureanhydrid; die dem PbO_2 zugehörige Säure, die Orthobleisäure (H_4PbO_4), die man sich rein formal folgendermaßen entstanden denken kann:

$$O = Pb = O + 2\,H_2O \rightarrow {HO \atop HO}{>}Pb{<}{OH \atop OH}$$

ist allerdings nicht in freier Form, sondern nur in Form einiger ihrer Salze, der Plumbate, bekannt. Erhitzt man z. B. Bleidioxyd zusammen mit Calciumoxyd, so bildet sich Calcium-orthoplumbat: $Ca_2[PbO_4]$.

Mennige. Auch die rote Mennige (Pb_3O_4) ist ein Salz der Orthobleisäure, nämlich das Blei-orthoplumbat:

$$Pb{<}^O_O{>}Pb{<}^O_O{>}Pb.$$

Daß diese Konstitutionsformel richtig ist, erkennt man, wenn man Mennige mit verdünnter Salpetersäure behandelt: das zweiwertige Blei geht nämlich als Bleinitrat in Lösung, während das vierwertige Blei als Bleidioxyd zurückbleibt:

$$Pb_3O_4 + 4\,HNO_3 \rightarrow 2\,Pb(NO_3)_2 + PbO_2 + 2\,H_2O.$$

Dargestellt wird die Mennige durch Oxydation von Bleiglätte mittels Luftsauerstoff bei etwa 500° C. Es ist ein kräftig rotes Pulver, das als Anstrichfarbe und Rostschutz für Eisengegenstände verwendet wird.

β) Salze des Bleis.

Im folgenden werden nur die wichtigsten salzartigen Verbindungen des zweiwertigen Bleis, die Plumbosalze, kurz besprochen. Die wegen ihrer Unbeständigkeit schwierig darzustellenden Plumbiverbindungen sollen nicht behandelt werden, da sie keine praktische Bedeutung besitzen.

In Wasser gut lösliche Blei-II-salze sind das Bleinitrat $Pb(NO_3)_2$ und das Bleiacetat $Pb(CH_3COO)_2$. Eine Lösung von Bleinitrat erhält man durch Einwirkung von Salpetersäure auf metallisches Blei oder auf Bleioxyd. Bleiacetat entsteht beim Auflösen von Bleiglätte in Essigsäure:

$$PbO + 2\,CH_3COOH \rightarrow H_2O + Pb(CH_3COO)_2.$$

Im Gegensatz zu diesen beiden gut löslichen Bleisalzen sind die meisten anderen Bleiverbindungen in Wasser schlecht löslich. So sind in der analytischen Chemie von Bedeutung das schwarze Bleisulfid (PbS), das beim Einleiten von Schwefelwasserstoff in Bleisalzlösungen ausfällt, das weiße Bleisulfat $(PbSO_4)$, das weiße Bleihydroxyd $Pb(OH)_2$, das weiße Bleichlorid $PbCl_2$, das gelbe Bleichromat $PbCrO_4$ und das gelbe Bleijodid PbJ_2. Erwähnt sei noch, daß das Bleihydroxyd amphoter ist, sich also im Überschuß von Alkalilaugen unter Bildung von Plumbiten wieder auflöst

$$Pb(OH)_2 + 2\,NaOH \rightarrow Na_2[Pb(OH)_4]$$

und daß sich das Bleijodid in überschüssigem Kaliumjodid unter Komplexsalzbildung löst:

$$PbJ_2 + 2\,KJ \rightarrow K_2[PbJ_4].$$

Von praktischem Interesse ist das Bleichromat, da es unter dem Namen Chromgelb als Malerfarbe benutzt wird. Eine andere wichtige bleihaltige Farbe ist das Bleiweiß, das basische Bleicarbonat, das beim Versetzen von Bleisalzlösungen mit Natriumcarbonat ausfällt.

e) Das Bor.

Im Anschluß an die 4. Gruppe des periodischen Systems soll ein Element besprochen werden, das in seinem Verhalten dem Kohlenstoff und Silicium ähnelt: das Bor (B). Es steht in der 1. Periode und 3. Gruppe des periodischen Systems, ist also das Nachbarelement des Kohlenstoffs. Im Gegensatz zu den übrigen Elementen der 3. Gruppe, dem Aluminium, Gallium, Indium, Thallium, die typische Metalle sind, besitzt das Bor die Eigenschaften eines Metalloids; so ist elementares Bor ein schlechter Leiter für Elektrizität und das Oxyd des Bors, B_2O_3, ein Säureanhydrid.

Vorkommen und Darstellung. Das Bor findet man in der Natur nicht in elementarer Form, sondern als Borsäure (H_3BO_3) bzw. Salze der Borsäure, besonders häufig als Borax $(Na_2B_4O_7 \cdot 10\,H_2O)$ und Kernit $(Na_2B_4O_7 \cdot 4\,H_2O)$. Zur Darstellung des elementaren Bors benutzt man das aluminothermische Verfahren, indem man Bortrioxyd mit metallischem Aluminium oder Magnesium erhitzt. Dabei ist zu beachten, daß bei einem Überschuß des reduzierenden Metalls — analog den Siliciden bei der Siliciumdarstellung — Verbindungen zwischen dem betreffenden Metall und Bor, sog. Boride, z. B. AlB_{12}, entstehen können.

Eigenschaften und **Verhalten.** Das auf aluminothermischem Wege gewonnene Bor ist ein braunes Pulver; man bezeichnet es als „amorphes Bor", zum Unterschied von dem „kristallisierten Bor", das man mit grauschwarzer Farbe und größerer Dichte unter gewissen Versuchsbedingungen erhalten kann. Bor reagiert mit vielen Elementen beim Erhitzen, wobei die „Boride" entstehen. Die bisher bekannten Boride sind in der Tabelle 64 zusammengestellt.

Tabelle 64. Die Borverbindungen der Elemente.

I	II	III	IV	V	VI	VII	VIII
			a) Hauptgruppen				
	Be_xB_y	—	C_3B_4	NB	O_3B_2	F_3B	
	Mg_3B_2	AlB_{12}	SiB_3	PB	S_3B_2	Cl_3B	
	CaB_6				Se_3B_2	Br_3B	
	SrB_6					J_3B	
	BaB_6						
			b) Nebengruppen				
Cu_3B_2			Ti_xB_y	VB	CrB	MnB	Fe_xB_y, Co_xB_y, Ni_xB_y
			Zr_3B_4		Mo_3B_4		
		LaB_6			WB_2		
			ThB_4		UB_2		

Die Boride der Gruppen I—III haben salzartigen Charakter; im rechten oberen Teil der Tabelle finden wir die homöopolaren Metalloidboride und im rechten unteren Teil die metallischen Boride.

Außer den in der Tabelle aufgeführten Boriden kennt man noch Verbindungen des Bors mit Wasserstoff. Diese Borwasserstoffe oder *Borane* lassen sich aber nicht durch direkte Vereinigung der Elemente gewinnen, sondern nur auf dem Umweg über die salzartigen Boride, die mit Säuren unter Entwicklung von Wasserstoff und Borwasserstoff reagieren, z. B.:

$$2\,Mg_3B_2 + 12\,HCl \rightarrow 6\,MgCl_2 + B_4H_{10} + H_2.$$

Es existieren zwei homologe Reihen von Borwasserstoffen, welche die allgemeinen Formeln B_nH_{n+4} (mit $n \geqq 2$) und B_nH_{n+6} ($n \geqq 4$) haben. Die einfachsten Vertreter dieser Reihen sind die beiden Borane B_2H_6 und B_4H_{10}. Alle Borane sind leicht oxydierbar, wenig beständig, haben ungesättigten Charakter und zeigen saure Eigenschaften; die meisten sind bei Zimmertemperatur gasförmig.

Von größerer Bedeutung als die Borane sind die Sauerstoffverbindungen des Bors. Beim Verbrennen von Bor in einer Sauerstoffatmosphäre oder auch in Luft entsteht ein weißes Produkt, das *Bortrioxyd* (B_2O_3). Das Bortrioxyd ist in Wasser gut löslich, beim Lösen findet eine Reaktion mit dem Wasser statt, wobei Borsäure gebildet wird:

$$B_2O_3 + 3\,H_2O \rightarrow 2\,H_3BO_3.$$

B_2O_3 ist also ein Säureanhydrid. Die **Borsäure** läßt sich durch Einengen ihrer Lösung in Form schön kristallisierter Blättchen gewinnen. In wäßriger Lösung ist die Borsäure gemäß der Gleichung:

$$H_3BO_3 \rightleftharpoons H^+ + H_2BO_3{}^-$$

nur zu einem äußerst geringen Bruchteil dissoziiert und somit eine sehr schwache Säure. Beim Erhitzen verliert die Borsäure Wasser und wandelt sich dabei zunächst in „Metaborsäure" (HBO_2) um:

$$H_3BO_3 \rightarrow H_2O + HBO_2.$$

Die Metaborsäure gibt bei stärkerem Erhitzen weiter Wasser ab, wobei Tetraborsäure ($H_2B_4O_7$) und schließlich Bortrioxyd entstehen:

$$4\,HBO_2 \rightarrow H_2O + H_2B_4O_7$$
$$H_2B_4O_7 \rightarrow H_2O + 2\,B_2O_3.$$

Von der Tetraborsäure leiten sich die meisten borsauren Salze ab, z. B. der Borax ($Na_2B_4O_7 \cdot 10\,H_2O$) und der Kernit ($Na_2B_4O_7 \cdot 4\,H_2O$). Die Alkaliborate sind in Wasser gut löslich; da die Borsäure eine schwache Säure ist, reagieren die Alkaliboratlösungen infolge Hydrolyse stark alkalisch:

$$Na_2B_4O_7 + 2\,H_2O \rightleftharpoons H_2B_4O_7 + 2\,Na^+ + 2\,OH^-.$$

Die Alkaliborate besitzen die Eigenschaft, Wasserstoffsuperoxyd in ihr Molekül aufzunehmen und Alkaliperborate zu bilden. Das Natriumperborat hat die Formel: $NaBO_3$; es unterscheidet sich vom Natriummetaborat dadurch, daß ein Sauerstoffatom durch eine —O—O-Gruppe ersetzt ist.

Natriummetaborat: $\quad O{=}B{-}O{-}Na$

Natriumperborat: $\quad O{=}B{-}O{-}O{-}Na$.

In wäßriger Lösung entwickeln die Perborate Wasserstoffsuperoxyd und wirken daher bleichend. Aus diesem Grunde sind Perborate Bestandteile mancher Waschmittel (Persil).

Alle flüchtigen Borverbindungen färben die Flamme charakteristisch grün. Auf dieser Eigenschaft beruht der analytische Nachweis der Borsäure und der Borate: Man versetzt die auf Borsäure zu prüfende Substanz mit konzentrierter Schwefelsäure und Methylalkohol und erwärmt; brennen die entweichenden Alkoholdämpfe mit grüner Flamme, so ist die Anwesenheit von Borsäure nachgewiesen. Man benutzt hierbei den flüchtigen Borsäuremethylester, der aus Borsäure und Methylalkohol entsteht:

$$B(OH)_3 + 3\,CH_3OH \rightleftharpoons B(OCH_3)_3 + 3\,H_2O.$$

Die konzentrierte Schwefelsäure dient dabei als wasserentziehendes Mittel und verschiebt das Gleichgewicht nach der rechten Seite.

Verwendung. Eine wäßrige Lösung von Borsäure wird unter dem Namen Borwasser als Antisepticum benutzt. Die Anwendung der Perborate bei der Herstellung von Waschmitteln wurde bereits erwähnt.

13. Die Alkalien.

Zur 1. Hauptgruppe des periodischen Systems gehören die Elemente Lithium (Li), Natrium (Na), Kalium (K), Rubidium (Rb) und Caesium (Cs). Man bezeichnet sie mit dem gemeinsamen Namen „Alkalimetalle". Diese fünf Elemente sind unedle Leichtmetalle von geringer Härte; sie sind so weich, daß man sie leicht mit einem Messer zerschneiden kann. Ihr unedler Charakter zeigt sich darin, daß sie bei Zimmertemperatur mit dem Luftsauerstoff reagieren: Eine eben noch metallisch glänzende Schnittfläche ist schon nach wenigen Sekunden mit einer Oxydschicht bedeckt, wenn sie der Einwirkung der Luft ausgesetzt ist. Auch gegenüber Wasser sind die Alkalimetalle nicht beständig, sie gehen unter Wasserstoffentwicklung in Form von Alkalihydroxyden in Lösung, z. B.:

$$2\,K + 2\,H_2O \rightarrow 2\,KOH + H_2.$$

Die Reaktion mit Wasser ist sogar außerordentlich heftig; die Wärmetönung ist so groß, daß das Metall schmilzt und sich der Wasserstoff entzündet. Wegen ihres Verhaltens gegenüber Luft und Wasser bewahrt man die Alkalimetalle unter Petroleum auf, einer Flüssigkeit, in der sie sich weder lösen, noch mit der sie reagieren.

Der unedle Charakter der Alkalimetalle und ihre große Reaktionsfähigkeit folgt aus der Stellung innerhalb des periodischen Systems, also aus dem Bau ihrer Atome. Jedes von ihnen ist das Nachfolgeelement eines Edelgases, enthält somit in seiner äußersten Elektronenschale nur ein Elektron. Das Bestreben aller Elemente, eine edelgasähnliche Elektronenanordnung herzustellen, kann also bei den Alkalimetallen sehr leicht verwirklicht werden, da ja nur ein einziges Valenzelektron abgegeben zu werden braucht. Die Abspaltung des Valenzelektrons erfolgt leichter als beim Wasserstoff, wie die obige Gleichung der Reaktion mit Wasser zeigt; als Ionengleichung lautet die Reaktion nämlich folgendermaßen:

$$2\,K + 2\,H^+ \rightarrow 2\,K^+ + H_2.$$

Das Alkalimetall gibt also sein Valenzelektron an das Wasserstoffion ab und bildet ein einfach positiv geladenes Ion. Demgemäß stehen die Alkalimetalle in der elektrochemischen Spannungsreihe am Anfang der Kationenreihe (vgl. S. 127). Die Elemente der ersten Hauptgruppe sind in all ihren Verbindungen stets einwertig.

Vorkommen. Lithium, Rubidium und Caesium sind Elemente, die zu den selteneren gehören, Natrium und Kalium sind dagegen sehr verbreitet. Wegen ihrer großen Reaktionsfähigkeit kommen die Alkalimetalle in der Natur nicht elementar, sondern nur in Form von Verbindungen vor. Fast alle Silicatmineralien enthalten Natrium oder Kalium, daneben gelegentlich auch in kleineren Mengen die seltenen Alkalimetalle. Aus diesen Urgesteinen werden bei der Verwitterung — worauf bei der Besprechung der Silicate bereits hingewiesen wurde — die Alkalioxyde im Laufe von Jahrtausenden herausgelöst und gelangen durch die Flüsse ins Meerwasser. So ist allmählich der hohe Natriumchloridgehalt der Meere entstanden, der etwa 2,5% beträgt. Der

Kaliumchloridgehalt des Meeres ist wesentlich geringer, was man darauf zurückführt, daß der Boden die Kalisalze stärker als die Natriumsalze adsorbiert und die Pflanzen die Kalisalze, die sie als Nährstoffe benötigen, aufnehmen. Durch Eintrocknen prähistorischer Meere sind an manchen Stellen der Erde, z. B. in der norddeutschen Tiefebene, große Salzlager entstanden; sie bestehen hauptsächlich aus Natriumchlorid; darüber befindet sich eine Schicht geringerer Dicke, die Kalium- und Magnesiumsalze enthält. Bei der Entstehung der Salzlager haben sich also die in geringerer Menge im Meerwasser enthaltenen und auch leichter löslichen Kalium- und Magnesiumsalze zuletzt abgeschieden.

Ferner kommt Natrium in zwei wichtigen Salzen vor im Chilesalpeter ($NaNO_3$) und im Kryolith (Na_3AlF_6). Allerdings interessiert man sich für diese Stoffe nicht wegen ihres Natriumgehaltes, sondern wegen der anderen in ihnen enthaltenen Komponenten.

Lösungen von Natrium- und Kaliumsalzen spielen in der Physiologie des tierischen Organismus eine große Rolle. Hauptsächlich finden sie sich hier in Form von Chloriden vor, das Kalium vorwiegend als ein Baustein der Zellen, das Natrium in den Körpersäften und -flüssigkeiten gelöst. Sie haben vor allem die Regulation des osmotischen Druckes auszuführen. Außerdem dient das NaCl als Ausgangsprodukt für die Salzsäurebildung des Magensaftes. Während Kaliumsalze in genügender Menge in den Nahrungsmitteln enthalten sind, muß die Zufuhr an Natriumchlorid durch besondere Zulage von Kochsalz zu der Nahrung gedeckt werden.

Lithium ist im Tabak enthalten und daher in der Tabakasche angereichert.

Darstellung. Da die Alkalimetalle am Anfang der Spannungsreihe stehen, können sie aus ihren Verbindungen nicht durch andere Elemente in Freiheit gesetzt werden. Die Gewinnung der Alkalimetalle ist daher nur auf elektrolytischem Wege möglich. Eine Elektrolyse wäßriger Alkalisalzlösungen führt indessen ebenfalls nicht zu den freien Metallen, da diese sofort in sekundärer Reaktion mit dem Wasser unter Bildung von Hydroxyden reagieren. Man muß also die Alkalisalze im wasserfreien, geschmolzenen Zustand durch den elektrischen Strom zerlegen. Als Ausgangssubstanzen für die *Schmelzflußelektrolyse* benutzt man entweder die Hydroxyde oder die Chloride. Die letzteren werden heutzutage meist vorgezogen, da sie leicht zugänglich sind, während die Alkalihydroxyde selbst erst auf elektrolytischem Wege aus den Chloriden dargestellt werden müssen. Andererseits haben die Chloride gegenüber den Hydroxyden den Nachteil, daß sie erst bei höheren Temperaturen schmelzen und dadurch der technischen Durchführung gewisse Schwierigkeiten bereiten. Als Elektroden verwendet man Eisenkathoden und Kohleanoden. An der Kathode sammelt sich das Alkalimetall, an der Anode Chlor bei der Chloridelektrolyse bzw. Sauerstoff bei der Elektrolyse der Hydroxyde. Wegen der Reaktionsfähigkeit der freien Alkalimetalle muß man dafür sorgen, daß das Metall weder mit Wasser noch mit Luft in Berührung kommt.

Physikalische Eigenschaften. Die wichtigsten physikalischen Daten sind in der folgenden Tabelle 65 zusammengestellt.

Tabelle 65.

Metall	Atomgewicht	Spez. Gewicht	Schmelzpunkt ° C	Siedepunkt ° C
Lithium	6,94	0,534	179	1340
Natrium	22,997	0,971	97,8	883
Kalium	39,096	0,862	63,5	760
Rubidium	85,48	1,53	39,0	696
Caesium	132,91	1,87	28,5	708

Es sei noch einmal darauf hingewiesen, daß alle Alkalimetalle ein kleines spezifisches Gewicht haben, also zur Klasse der Leichtmetalle gehören. Lithium, Natrium und Kalium sind sogar leichter als Wasser. Die Schmelz-- und Siedepunkte liegen verhältnismäßig niedrig.

Von Bedeutung sind die Flammenspektren der Alkalimetalle, da sie zum qualitativen Nachweis dieser Elemente benutzt werden. Die Alkalimetalle sind nämlich in ihrem chemischen Verhalten recht gleichartig und durch eine große Löslichkeit fast aller Salze ausgezeichnet, so daß man kaum charakteristische Fällungsreaktionen kennt. Demgegenüber sind die Spektren sehr unterschiedlich, so daß die Alkalien nebeneinander im Spektrum leicht nachgewiesen werden können. Bringt man irgendeine Natriumverbindung in die entleuchtete Bunsenflamme, so leuchtet die Flamme gelb, und im Spektroskop sieht man eine gelbe Linie. Lithiumverbindungen färben die Flamme rot und zeigen eine starke Linie im roten Teil des Spektrums und eine schwächere orange Linie. Die übrigen drei Alkalien färben die Flamme violett, unterscheiden sich aber im Spektrum, Kalium besitzt eine rote und eine violette Linie, Rubidium mehrere rote, zwei orange und zwei violette Linien und schließlich Caesium zwei blaue und eine rote Linie. Es sei noch erwähnt, daß der spektralanalytische Nachweis des Natriums überaus empfindlich ist; die gelbe Natriumlinie ist nämlich bei Anwesenheit von nur $3 \cdot 10^{-10}$ g Natrium noch zu erkennen.

Recht interessant ist die Beobachtung, daß die Alkalimetalle, besonders das Kalium und Caesium, bei Bestrahlung mit kurzwelligem Licht Elektronen aussenden und infolgedessen ihrer Umgebung eine erhöhte elektrische Leitfähigkeit erteilen. Daß diese Erscheinung, die man als „äußeren lichtelektrischen Effekt" bezeichnet, gerade bei den Alkalimetallen auftritt, ist verständlich, da bei ihnen die Neigung, in den Ionenzustand überzugehen, sehr groß ist und die Energie, die zur Abtrennung der Valenzelektronen von den Lichtstrahlen aufgebracht werden muß, verhältnismäßig klein ist.

Chemisches Verhalten. Die Alkalimetalle, sind außerordentlich reaktionsfähige Stoffe. Ihr Verhalten gegenüber Luft und Wasser wurde bereits kurz besprochen. Bei der Reaktion mit Luftsauerstoff, also bei der Verbrennung der Metalle, entstehen meist Oxyde, deren Sauerstoffgehalt höher ist, als den Formeln der normalen Verbindungen (Me_2O) entspricht, d. h. es entstehen Peroxyde. Die Neigung, sauerstoffreiche Verbindungen zu bilden, nimmt mit steigendem Atomgewicht zu: Das Verbrennungsprodukt des Lithiums besteht noch zum größten Teil aus dem normalen Oxyd (Li_2O) und enthält daneben nur wenig Lithiumperoxyd (Li_2O_2); das Natrium verbrennt zum Natrium-peroxyd (Na_2O_2), dem Natriumsalz des Wasserstoffsuperoxyds, während sich Kalium, Rubidium und Caesium sogar mit 2 Sauerstoffatomen pro Metallatom verbinden (KO_2, RbO_2 bzw. CsO_2).

Auch mit anderen Nichtmetallen vereinigen sich die Alkalimetalle zum Teil sehr lebhaft. Leitet man z. B. trockenes Chlorgas über metallisches Natrium, so entzündet sich das Natrium und verbrennt zu Natriumchlorid. Erhitzt man Lithium, Natrium oder Kalium in einem Wasserstoffstrom, so bilden sich Hydride, z. B.:

$$2\,Li + H_2 = 2\,LiH.$$

Diese Alkalihydride sind insofern interessante Verbindungen, als in ihnen der Wasserstoff der elektronegative Bestandteil ist, während er in fast allen übrigen heteropolaren Verbindungen, z. B. allen Säuren, die positive Ladung trägt.

Mit molekularem Stickstoff verbindet sich nur das Lithium direkt zum Lithiumnitrid (Li_3N). Die Trägheit des Stickstoffs in molekularem Zustand ist die Ursache dafür, daß die übrigen Alkalimetalle nicht mit ihm reagieren, was daraus folgt, daß mit atomarem Stickstoff eine Reaktion stattfindet.

Lithium vereinigt sich auch direkt mit Kohlenstoff und Silicium; das dabei entstehende Lithiumcarbid bzw. -silicid hat die Formel Li_2C_2 bzw. Li_6Si_2.

Bei der Besprechung der Spektren haben wir bereits gesagt, daß es bei den Alkalien nur wenige Fällungsreaktionen gibt, welche für den analytischen Nachweis geeignet sind, und daß die Unterscheidung der Alkalimetalle mit Hilfe der Flammenspektren weit einfacher und daher vorzuziehen ist. Trotzdem soll kurz auf einige Fällungsreaktionen eingegangen werden.

Versetzt man eine Lösung, die Lithiumionen enthält, mit Dinatrium-phosphat (Na_2HPO_4) und Natronlauge und erhitzt diese Lösung zum Sieden, so entsteht ein weißer Niederschlag von Trilithiumphosphat (Li_3PO_4), z. B.:

$$3\,LiCl + Na_2HPO_4 + NaOH = Li_3PO_4 + 3\,NaCl + H_2O.$$

Dabei muß so viel Natronlauge zugesetzt werden, daß die Lösung alkalisch reagiert, da das Trilithiumphosphat in Säuren löslich ist.

Eine Fällungsreaktion, die man zur Erkennung von Natriumionen benutzt, ist bei der Besprechung des Antimons erwähnt worden. Es soll daher hier nur kurz daran erinnert werden, daß Natriumionen mit Kaliumantimonat ($K[Sb(OH)_6]$) bei Anwesenheit von Hydroxylionen einen kristallinen Niederschlag von Natriumantimonat ($Na[Sb(OH)_6]$) geben:

$$Na^+ + [Sb(OH)_6]^- \rightarrow Na[Sb(OH)_6].$$

Aber auch Lithiumsalze bilden unter analogen Voraussetzungen ein ähnliches, wenig lösliches Lithiumantimonat.

Verhältnismäßig schwer lösliche Kaliumsalze sind das Kaliumper-chlorat ($KClO_4$), das Kaliumsalz der Platinchlorwasserstoffsäure, $H_2[PtCl_6]$, das Kaliumchloroplatinat, $K_2[PtCl_6]$ und ferner das Kaliumhexanitrokobaltiat, $K_3[Co(NO_2)_6]$. Die entsprechenden Salze des Rubidiums und Caesiums sind denen des Kaliums sehr ähnlich und daher kaum von diesen zu unterscheiden.

Verwendung. Metallisches Lithium ist in manchen neuen Legierungen enthalten; zwar ist Lithium ein ziemlich seltenes Element, aber es genügen sehr kleine Mengen, um die Eigenschaften der betreffenden Legierungen in gewünschter Weise zu verbessern. In der Medizin werden Lithiumsalze einiger organischer Säuren als Heilmittel gegen Gicht benutzt. Natrium, besonders in Form seiner Verbindungen, wird sowohl im Laboratorium als auch in der Industrie in großer Menge gebraucht. Metallisches Natrium verwendet man als kräftiges Reduktionsmittel sowie gelegentlich als Trockenmittel für solche Flüssigkeiten (z. B. Äther), die nur Spuren von Wasser enthalten. Natrium wird ferner in der Beleuchtungstechnik zur Herstellung von Natriumdampflampen benutzt. Die technisch wichtigen Natriumverbindungen werden noch im einzelnen besprochen. Metallisches Kalium und Caesium finden wegen ihres lichtelektrischen Effektes beim Bau von Photozellen Verwendung. Gewisse Kaliumsalze sind als Düngemittel von großer Wichtigkeit (vgl. S. 265).

a) Die wichtigsten Verbindungen des Natriums.

Natriumhydroxyd, Ätznatron oder Seifenstein (NaOH) ist ein fester weißer Stoff, der sich in Wasser sehr leicht und unter bedeutender Wärmeentwicklung löst. Ätznatron ist außerordentlich hygroskopisch, beim Liegen an der Luft zieht es Wasserdampf und auch Kohlendioxyd an. Daß die Lösung von Natriumhydroxyd in Wasser eine der stärksten Laugen ist, die wir kennen, ist bereits früher besprochen. Konzentrierte Natronlauge wirkt stark ätzend auf organische Gewebe und greift bei längerer Einwirkung auch Glas und Porzellan an. Die amphoteren Metalle wie Aluminium, Zink und Blei werden durch Natronlauge gelöst, wobei sich Aluminate, Zinkate und Plumbate bilden.

Die technische Darstellung des Natriumhydroxyds geschieht meist durch Elektrolyse von Natriumchloridlösungen. Bei der *Kochsalzelektrolyse* entwickelt sich an der Anode Chlor, während das Natrium an die Kathode wandert, hier entladen wird und in sekundärer Reaktion mit dem Wasser reagiert, wobei Wasserstoff entwickelt wird und eine Lösung von Natriumhydroxyd entsteht. Das Natriumhydroxyd sammelt sich also zunächst in der Umgebung der Kathode an, würde sich aber bald infolge Diffusion und Thermoströmung mit der übrigen Kochsalzlösung vermischen, sofern nicht besondere Vorrichtungen getroffen werden, um diese Durchmischung zu verhindern. Es gibt zwei verschiedene Möglichkeiten, um den Kathodenraum von dem übrigen Teil der elektrolytischen Zelle zu trennen; die eine bedient sich einer porösen Trennungswand (Diaphragma), die andere einer glockenartigen Haube, die über die Anode geschoben ist (Glockenverfahren). Die Wirkungsweise des Diaphragmaverfahrens ist sehr einfach, die poröse Wand bietet dem elektrischen Strom keinen großen Widerstand, verhindert aber den Durchtritt der Natronlauge. Das Glockenverfahren beruht auf der Tatsache, daß die Natronlauge ein größeres spezifisches Gewicht hat als die Kochsalzlösung und sich daher am Boden des Gefäßes sammelt. Durch Nachfüllen der spezifisch leichteren Kochsalzlösung in den Anodenraum wird — wie die Abb. 77 erkennen läßt — die Natronlauge an der Außenseite der Glocke hochgehoben und fließt ab. Schließlich hat man für die Kochsalzelektrolyse noch ein drittes Verfahren ausgearbeitet, das Quecksilberverfahren (Abb. 78). Man arbeitet hier mit zwei hintereinander geschalteten Zellen; in der Zelle *I* befindet sich die Kochsalzlösung; als Anode benutzt man wie üblich eine Kohleelektrode, während als Kathode eine am Boden des Gefäßes befindliche Quecksilberschicht dient. Die Quecksilberkathode besitzt die Eigenschaft, das an der Kathode primär gebildete Natrium als Amalgam zu lösen. Dieses Natriumamalgam ist gleichzeitig die Anode der benachbarten Zelle, die nur Wasser enthält; in der Zelle *II* geht nun das Natrium wieder in Lösung und an der eisernen Kathode entwickelt sich Wasserstoff. Im Gefäß *II* sammelt sich also allmählich die Natronlauge an.

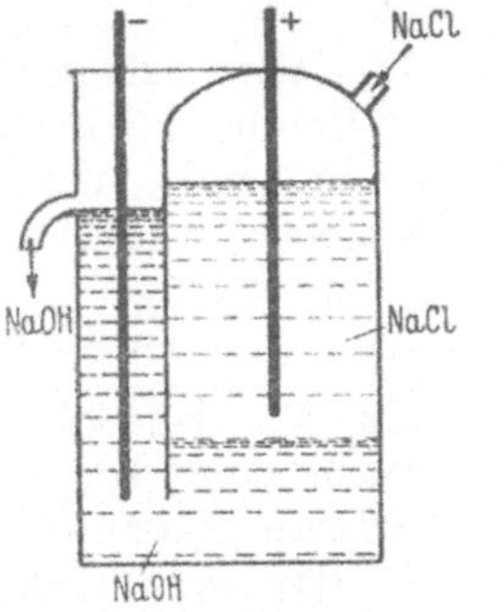

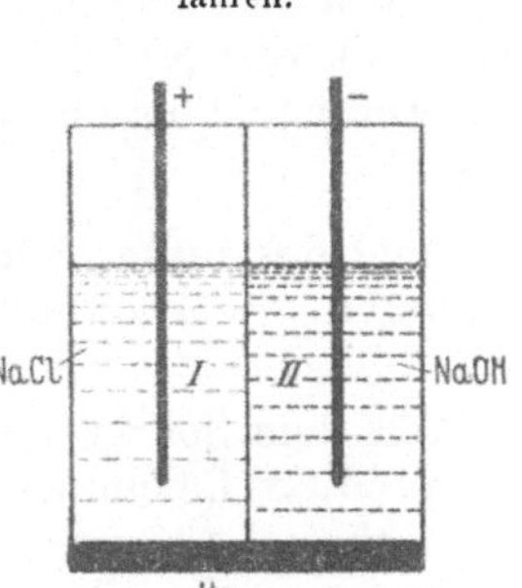

Abb. 77. Glockenverfahren.

Neben der Kochsalzelektrolyse wird in der Technik noch ein anderes Verfahren zur Gewinnung von Natronlauge angewandt: das *„Kaustifizieren der Soda"*. Man setzt Natriumcarbonat mit gelöschtem und suspendiertem Kalk, $Ca(OH)_2$, um; dabei entsteht schwer lösliches Calciumcarbonat, das zu Boden sinkt, und die Lösung enthält nur Natriumhydroxyd:

$$Na_2CO_3 + Ca(OH)_2 \rightarrow 2\,NaOH + CaCO_3.$$

Beide Ausgangsstoffe dieses Verfahrens sind technische Stoffe, deren Darstellung unten bzw auf S. 272 beschrieben ist.

Natriumhydroxyd ist ein in der Technik und im Laboratorium viel gebrauchter Stoff. An Industrien, die große Mengen Ätznatron verarbeiten, seien die Seifen-, die Farbstoff- und die Zellstoffindustrie genannt.

Abb. 78. Quecksilberverfahren.

Natriumcarbonat oder Soda (Na_2CO_3) ist in wasserfreier Form ein weißes Pulver, das sich leicht in Wasser löst und dabei infolge Hydrolyse dem Wasser alkalische Reaktion erteilt:

$$Na_2CO_3 + H_2O \rightleftharpoons NaHCO_3 + Na^+ + OH^-.$$

Aus der wäßrigen Lösung kristallisiert die Soda unterhalb $32°\,C$ mit 10 Molekülen Kristallwasser aus (kristallisierte Soda, $Na_2CO_3 \cdot 10\,H_2O$).

Die technische Gewinnung der Soda erfolgt heute fast ausschließlich nach dem *Ammoniaksodaverfahren* von E. Solvay. Man leitet in eine gesättigte Natriumchloridlösung gleichzeitig Ammoniak und Kohlendioxyd ein; die beiden Gase vereinigen sich in wäßriger Lösung zu Ammoniumhydrogencarbonat:

$$(1) \qquad NH_3 + CO_2 + H_2O = (NH_4)HCO_3.$$

Da das Natriumhydrogencarbonat $NaHCO_3$ eine geringere Löslichkeit besitzt als das Ammoniumhydrogencarbonat und erst recht als das Kochsalz, fällt Natriumhydrogencarbonat aus:

$$(2) \qquad NaCl + (NH_4)HCO_3 = NaHCO_3 + NH_4Cl.$$

Das Natriumhydrogencarbonat wird von der überstehenden Lösung getrennt und erhitzt; beim Erhitzen entsteht nämlich unter Abspaltung von Wasser und Kohlendioxyd das neutrale Natriumcarbonat, die Soda:

$$(3) \qquad 2\,NaHCO_3 \rightarrow Na_2CO_3 + H_2O + CO_2.$$

Das entweichende Kohlendioxyd wird natürlich zur Herstellung von weiterem Natriumhydrogencarbonat verwendet. Die nach Gleichung (2) entstehende Ammoniumchloridlösung wird mit Kalkmilch, $Ca(OH)_2$, gekocht, wodurch das Ammoniak des Ammonchlorids in Freiheit gesetzt wird:

$$(4) \qquad 2\,NH_4Cl + Ca(OH)_2 = CaCl_2 + 2\,H_2O + 2\,NH_3.$$

Das für das Solvay-Verfahren notwendige Ammoniak wird also nicht verbraucht, sondern restlos zurückgewonnen und kann von neuem in weitere Natriumchloridlösung eingeleitet werden. Als Ausgangsstoffe für das Ammoniak-Soda-Verfahren benötigt man also Kochsalz, Kohlendioxyd und Calciumhydroxyd. Das Natriumchlorid findet ·man als solches in der Natur, während die übrigen beiden Ausgangsstoffe aus Kalkstein $(CaCO_3)$, der in riesiger Menge natürlich vorkommt, gewonnen werden. Calciumcarbonat spaltet beim Erhitzen Kohlendioxyd ab:

$$CaCO_3 \rightarrow CaO + CO_2$$

und das hinterbleibende Calciumoxyd bildet mit Wasser Calciumhydroxyd, die Kalkmilch:

$$CaO + H_2O \rightarrow Ca(OH)_2.$$

Bei dem Solvay-Verfahren entsteht neben der Soda als einziges Nebenprodukt Calciumchlorid [Gleichung (4)], ein Stoff, für den man keine technische Verwendung hat und der daher in Form von Calciumchloridlauge in die Flüsse abgelassen wird.

Zum Schluß sei noch kurz auf die Bedeutung des Ammoniaks beim Ammoniak-Soda-Verfahren hingewiesen. Man könnte vielleicht der Meinung sein, statt Ammoniak und Kohlendioxyd in die gesättigte Natriumchloridlösung einzuleiten, genüge es, wenn man Kohlendioxyd allein einleite. Das Einleiten von CO_2 allein führt aber nicht zum Ziel, da die Löslichkeit der Kohlensäure — zum Unterschied von der des Ammoniumbicarbonats — viel zu klein ist, als daß ᴛas Löslichkeitsprodukt des Natriumbicarbonats überschritten würde.

Ein zweites Verfahren, nach welchem früher das Natriumcarbonat gewonnen wurde, das aber heute fast überall durch den Solvay-Prozeß verdrängt ist, ist das *Verfahren von LEBLANC*. Es ist bedeutend umständlicher als die Ammoniak-Soda-Gewinnung und soll in seinen einzelnen Phasen nur kurz angedeutet werden. Das eine Ausgangs-produkt ist das gleiche, das Kochsalz, das man zunächst durch Um-setzen mit warmer konzentrierter Schwefelsäure in Natriumsulfat über-führt:

$$(1) \qquad 2\,NaCl + H_2SO_4 \rightarrow Na_2SO_4 + 2\,HCl\,.$$

Nun wird das Natriumsulfat durch Glühen mit Kohle zu Natriumsulfid reduziert:

$$(2) \qquad Na_2SO_4 + 2\,C \rightarrow Na_2S + 2\,CO_2\,.$$

Das Natriumsulfid wird durch Schmelzen mit Calciumcarbonat zu Natriumcarbonat und Calciumsulfid umgesetzt:

$$(3) \qquad Na_2S + CaCO_3 = Na_2CO_3 + CaS\,.$$

Die Reaktionen (2) und (3) werden in einem Arbeitsgang nebeneinander durchgeführt, indem man ein Gemisch von Natriumsulfat, Kohle und Calciumcarbonat stark erhitzt. Das Reaktionsgemisch der Gleichung (3) wird durch Behandeln mit Wasser getrennt, da die Soda in Lösung geht, während das Calciumsulfid ungelöst zurückbleibt. Aus der soda-haltigen Lösung wird durch Eindampfen die kristallisierte Soda ge-wonnen. Außer den Ausgangsprodukten des Solvay-Verfahrens, Koch-salz und Kalkstein, benötigt man also für den Leblanc-Prozeß noch konzentrierte Schwefelsäure und Kohle. Außerdem muß auf einem um-ständlichen Wege der im Kalziumsulfid enthaltene Schwefel wieder auf Schwefelsäure verarbeitet werden. Der Leblanc-Prozeß ist also unwirt-schaftlicher und wird daher heute in der Praxis nicht mehr durchgeführt. Wie das Ammoniak-Soda-Verfahren etwa vom Jahre 1870 an das Leb-lanc-Verfahren verdrängt hat, zeigen die Zahlen der folgenden Tabelle.

Tabelle 66. Die Soda-Weltproduktion. (Zahlen in 1000 t.)

Jahr	Weltproduktion jährlich	Davon Ammoniaksoda	Jahr	Weltproduktion jährlich	Davon Ammoniaksoda
1864—1868	375	0,3	1894—1898	1250	700
1869—1873	550	2,6	1899—1900	1500	900
1874—1878	525	20	1900—1903	1750	1600
1879—1883	675	90	1908—1910	2000	1900
1884—1888	800	285	1913	2800	2700
1889—1893	1000	500	1935	4800	4800

Die obigen Zahlen geben auch gleichzeitig ein anschauliches Bild von der Bedeutung der Sodafabrikation. Die hauptsächlichsten In-dustrien, die Soda in großen Mengen als Rohstoff benötigen, sind die Seifen- und die Glasindustrie. Auf die Darstellung von Ätznatron aus Soda ist bereits bei der Besprechung des Natriumhydroxyds hinge-wiesen. Auch in vielen anderen chemischen und technischen Betrieben ist die Soda ein wichtiger Stoff, genannt seien nur noch die Verwendung in der Farbenindustrie, in den Wäschereien und bei der Wasserent-härtung (vgl. S. 274).

Natriumnitrat ($NaNO_3$) findet sich in der Natur in großen Lagern in Chile (Chilesalpeter). Seitdem man Salpetersäure großtechnisch dar-stellt, wird Natriumnitrat synthetisch durch Umsetzung von Soda mit

Salpetersäure gewonnen. Das Natriumnitrat findet wegen seines Stickstoffgehaltes als Düngemittel Verwendung.

Natriumsulfat (Na_2SO_4) entsteht als Nebenprodukt bei der Darstellung der Salzsäure aus Kochsalz und Schwefelsäure:

$$2\,NaCl + H_2SO_4 \rightarrow Na_2SO_4 + 2\,HCl.$$

Es ist wie die meisten Natriumsalze in Wasser leicht löslich. Konzentriert man die wäßrigen Lösungen, so kristallisiert das Natriumsulfat mit 10 Molekülen Kristallwasser aus ($Na_2SO_4 \cdot 10\,H_2O$); allerdings muß dabei die Temperatur unter 32,38° C liegen, da oberhalb dieser Temperatur das 10-Hydrat nicht beständig ist, sondern wasserfreies Natriumsulfat auskristallisiert. Das 10-Hydrat bezeichnet man meist als Glaubersalz. Interessant sind die Löslichkeitsverhältnisse des Natriumsulfats in Abhängigkeit von der Temperatur: Unterhalb des Umwandlungspunktes nimmt die Löslichkeit in Wasser mit steigender Temperatur zu, während sie über 32,38° mit steigender Temperatur fällt (vgl. Abb. 79).

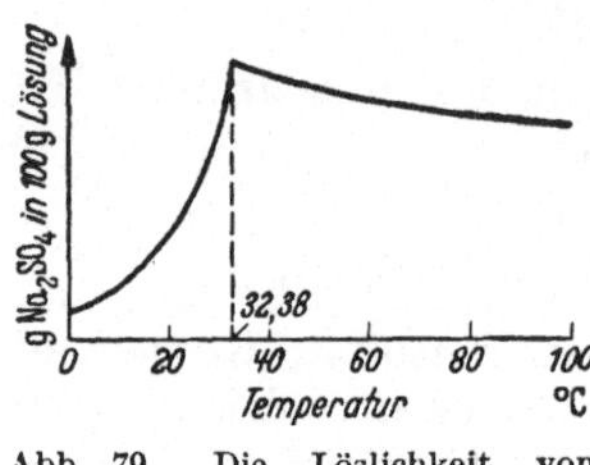

Abb. 79. Die Löslichkeit von Natriumsulfat.

b) Die wichtigsten Verbindungen des Kaliums.

Kaliumhydroxyd, Ätzkali (KOH), ist wie das Natriumhydroxyd in wäßriger Lösung eine sehr starke Lauge. Es ist gleichfalls stark hygroskopisch und entzieht der Luft außer der Feuchtigkeit auch das Kohlendioxyd. Die Darstellung erfolgt durch Elektrolyse wäßriger Kaliumchloridlösungen und Eindampfen der dabei entstandenen Kaliumhydroxydlösungen. Ätzkali wird hauptsächlich in der Seifenindustrie gebraucht; bei der Behandlung von Fetten mit Kaliumhydroxyd erhält man weiche Seife (Schmierseife). Außerdem benutzt man KOH als wasserentziehendes Mittel und als Absorptionsmittel für Kohlendioxyd.

Kaliumcarbonat, Pottasche (K_2CO_3), wird durch Einleiten von Kohlendioxyd in Kalilauge („Carbonisieren der Kalilauge") dargestellt:

$$2\,KOH + CO_2 \rightarrow K_2CO_3 + H_2O.$$

Früher gewann man es durch Auslaugen von Holzasche mit Wasser und Eindampfen dieser Lösung; Kalisalze sind nämlich wichtige Nährstoffe der Pflanze und daher in allen Pflanzen enthalten. Dieses alte Verfahren hat dem Kaliumcarbonat den Namen Pottasche eingebracht. In der Technik verwendet man Kaliumcarbonat hauptsächlich in der Glas- und Seifenindustrie.

Kaliumnitrat, Kalisalpeter (KNO_3), kann durch Umsetzung von Kaliumhydroxyd oder Kaliumcarbonat mit Salpetersäure gewonnen werden:

$$KOH + HNO_3 \rightarrow KNO_3 + H_2O.$$

Meist stellt man es jedoch aus Natriumnitrat und Kaliumchlorid dar, indem man eine heiß gesättigte Lösung von Natriumnitrat mit einer gleichkonzentrierten, heißen Lösung von Kaliumchlorid versetzt. Dabei fällt Kochsalz aus, da in der Siedehitze die Löslichkeit von Natriumchlorid bedeutend geringer als die des Kaliumchlorids ist. Man filtriert das Kochsalz ab und läßt die Lösung erkalten. Beim Abkühlen kristallisiert nun Kaliumnitrat aus, weil die Löslichkeit des Kalisalpeters mit fallender Temperatur außerordentlich stark abnimmt. Das Gleichgewicht, das sich in der Lösung zwischen Natriumnitrat und Kaliumchlorid einerseits und Kaliumnitrat und Natriumchlorid andererseits einstellt:

$$NaNO_3 + KCl \rightleftharpoons KNO_3 + NaCl$$

wird also sowohl in der Hitze (wegen des Ausfallens des $NaCl$) als auch in der Kälte (wegen des Auskristallisierens des KNO_3) ganz zugunsten der Reaktionspartner der rechten Seite verschoben. Man bezeichnet diesen Vorgang als *Konversion des Salpeters.*

Kaliumnitrat ist der Hauptbestandteil des Schießpulvers (vgl. S. 206). Natriumnitrat ist für diesen Zweck an Stelle des Kalisalpeters nicht zu gebrauchen, da es hygroskopisch ist, während KNO_3 keine Feuchtigkeit anzieht. Um einen Eindruck von den Mengen Salpeter, die in Kriegszeiten zu Schießpulver verarbeitet werden, zu geben, sei darauf hingewiesen, daß der Verbrauch an KNO_3 im Weltkrieg jährlich etwa 2—4 Millionen Tonnen betrug.

Kaliumsulfat (K_2SO_4) findet neben Kaliumchlorid hauptsächlich als kaliumhaltiges Düngemittel Verwendung. Es läßt sich durch doppelte Umsetzung aus Kaliumchlorid und Magnesiumsulfat, also aus den Bestandteilen der obersten Schichten der norddeutschen Salzlager gewinnen.

c) Kaliumhaltige Düngemittel.

Die Pflanze braucht zu ihrer Ernährung eine Reihe von anorganischen Salzen, die in löslicher Form durch die Wurzeln der Pflanze aufgenommen werden. Die drei wichtigsten Pflanzennährstoffe sind Phosphate, Kalisalze und stickstoffhaltige Salze. Daneben spielen der Schwefel und das Calcium noch eine wichtige Rolle. Da der Boden allmählich an diesen Stoffen verarmt, müssen sie bei intensiver Bewirtschaftung dem Boden wieder künstlich zugeführt werden. Den jährlichen Verbrauch der deutschen Landwirtschaft an künstlichen Düngemitteln zeigt die Tabelle 67, in welcher jeweils der Reingehalt der Düngesalze an den wirksamen Bestandteilen (N, P_2O_5 und K_2O) in 1000 Tonnen angegeben ist.

Tabelle 67. Belieferung der deutschen Landwirtschaft mit Handelsdünger. (Zahlen in 1000 t.)

Jahr	N	P_2O_5	K_2O
1913	200	630	550
1925	290	430	700
1928	390	510	700
1932	340	400	560
1937	630	690	1150

Die stickstoff- und phosphorhaltigen Düngemittel sind bereits an anderer Stelle besprochen worden, hier sollen nur die Kalidünger interessieren. Der Kaligehalt des Bodens in Form von Silicatmineralien kommt als Pflanzennährstoff nicht in Frage, da das K_2O der Silicate nicht in nennenswerter Menge in Lösung geht und daher von der Pflanze nicht aufgenommen werden kann. Ein technischer Aufschluß der Silicate zur Gewinnung des Kaliumoxyds wird nicht durchgeführt, weil man in den Salzlagern der norddeutschen Tiefebene in ausreichender Menge lösliche Kalisalze findet. Wie schon erwähnt, enthalten die obersten Schichten dieser Salzlager Kalium- und Magnesiumsalze, für welche man vor der Einführung der künstlichen Düngung keine praktische Verwendung hatte. Da man sie abräumen mußte, um zu den darunter befindlichen Kochsalzlagern zu gelangen, bezeichnete man die Kalium- und Magnesiumsalze als „Abraumsalze“. Erst gegen Ende des 19. Jahrhunderts erkannte man die große Bedeutung der Abraumsalze; sie bestehen zur Hauptsache aus zwei Doppelsalzen des Kaliums und Magnesiums, dem „Carnallit“, $KCl \cdot MgCl_2 \cdot 6H_2O$ und dem „Kainit“ $KCl \cdot MgSO_4 \cdot 3H_2O$. Von Wichtigkeit ist auch der Sylvin KCl. Während der Kainit mit einem K_2O-Gehalt von etwa 15% direkt als streufähiger Dünger verwendet wird, ist der Carnallit wegen seines hohen Chlorgehaltes nicht ohne weiteres als Dünger zu gebrauchen, sondern wird erst auf reines Kaliumchlorid verarbeitet.

Bei der Gewinnung von Kalisalzen steht Deutschland an erster Stelle; unvergleichlich gering ist dagegen die Kaliproduktion in Frankreich und den Vereinigten Staaten, die an 2. und 3. Stelle folgen (vgl. die Tabelle 68).

Tabelle 68. Die Gewinnung von Kalisalzen in den drei wichtigsten Ländern. (Zahlen in Millionen Tonnen.)

Jahr	Deutschland		Frankreich		Vereinigte Staaten	
	Rohsalz	K_2O Gehalt	Rohsalz	K_2O-Gehalt	Rohsalz	K_2O-Gehalt
1913	12	1,2				
1919	8	0,8	0,6	0,1	0,1	0,03
1929	13,3	1,5	3,1	0,5	0,1	0,06
1932	6,5	0,8	1,9	0,3	0,13	0,06
1937	14,5	1,7	2,9	0,5	0,4	0,25

14. Zweite Hauptgruppe des periodischen Systems.

Die Elemente der 2. Hauptgruppe des periodischen Systems sind die sechs Elemente Beryllium (Be), Magnesium (Mg), Calcium (Ca), Strontium (Sr), Barium (Ba) und Radium (Ra). Man bezeichnet diese Gruppe auch als „Erdalkaligruppe“, da die zugehörigen Elemente rein formal infolge der Anordnung des periodischen Systems und damit auch in ihren Eigenschaften sowie denen ihrer Verbindungen eine Mittelstellung zwischen den Alkalimetallen und den Elementen der 3. Gruppe, den „Erdmetallen“, einnehmen. Die fünf ersten Vertreter der Erdalkaligruppe sind Leichtmetalle, das Radium dagegen ein Schwermetall. In ihren Verbindungen treten die Erdalkalimetalle stets zweiwertig positiv auf, was auf Grund ihres Atomaufbaues verständlich ist; enthält doch ihre Elektronenhülle zwei Elektronen mehr als das im periodischen

System jeweils voranstehende Edelgas. Diese beiden Valenzelektronen werden fast so leicht wie das eine Valenzelektron der Alkalimetalle abgegeben. So reagieren alle Erdalkalimetalle mit Wasser unter Wasserstoffentwicklung, d. h. sie verdrängen den Wasserstoff aus seinen Verbindungen, z. B.: $Ca + 2 H_2O \rightarrow Ca(OH)_2 + H_2$.

Innerhalb der Reihe der Erdalkalimetalle geht die Reaktion mit Wasser um so lebhafter vor sich, je größer das Atomgewicht ist; demgemäß nimmt das Normalpotential von $-1,7$ Volt beim Beryllium bis zu $-2,9$ Volt für das Barium stetig ab. Die Metalle der 2. Gruppe folgen also in der elektrochemischen Spannungsreihe auf die Alkalimetalle, und zwar beginnend mit dem Barium und Strontium. Die Erdalkalimetalle sind als sehr unedel zu bezeichnen; einige von ihnen reagieren schon bei Zimmertemperatur mit dem Luftsauerstoff und bedecken sich bei mehr oder weniger langem Liegen an der Luft mit einer Oxydschicht, während sich die übrigen beim Erhitzen mit Sauerstoff vereinigen.

Die beiden Anfangselemente der 2. Hauptgruppe und auch das Radium nehmen in mancher Beziehung eine Sonderstellung ein. Das Beryllium zeigt nämlich eine gewisse Verwandtschaft zum Aluminium, dem zweiten Element der 3. Gruppe des periodischen Systems. Das ist eine Erscheinung, die man in jeder der Gruppen I—III beobachtet und die man als „Schrägbeziehung" bezeichnet: Das Anfangselement einer jeden dieser Gruppen ähnelt dem zweiten Element der nächstfolgenden Gruppe. So ist das erste Element der 3. Gruppe, das Bor, in den Eigenschaften seiner Verbindungen dem Silicium ähnlicher als den Elementen seiner eigenen Gruppe, als z. B. dem Aluminium. Wir hatten deshalb auch das Bor im Anschluß an die Besprechung der 4. Gruppe behandelt. Ebenso hat das Lithium gewisse Eigenschaften mit dem Magnesium gemein.

Das zweite Element der Erdalkaligruppe, das Magnesium, steht dem ersten Element der 2. Nebengruppe, dem Zink, näher als dem Calcium. Das schwerste Erdalkalimetall, das Radium, zeigt zwar ein chemisches Verhalten, das dem Barium entspricht, nimmt aber insofern eine Sonderstellung ein, als es ein außerordentlich seltenes und radioaktives Element ist. Es wird daher im Abschnitt über die Radioaktivität besprochen (vgl. S. 276).

Die restlichen drei Elemente der 2. Hauptgruppe, das Calcium, Strontium und Barium, sind daher die eigentlichen Erdalkalimetalle.

Vorkommen. Die Erdalkalimetalle kommen wegen ihres unedlen Charakters nicht im freien Zustand, sondern nur in Form ihrer Verbindungen vor. Wie schon erwähnt, ist das Radium ein sehr seltenes Element; in kleiner Menge findet man es als Begleiter des Urans, z. B. in der Uranpechblende. Auch das Beryllium ist wenig verbreitet, sein Hauptvorkommen ist das im Beryll, einem Beryllium-Aluminium-Silicat der Zusammensetzung $Be_3Al_2[Si_6O_{18}]$. Die übrigen vier Elemente der 2. Hauptgruppe sind verhältnismäßig häufig, namentlich das Calcium und Magnesium, die unter den in der Erdrinde vorkommenden Elementen ihrer Menge nach an 5. und 9. Stelle stehen. Die wichtigsten Magnesiumvorkommen sind die der Carbonate, als reines Magnesiumcarbonat, Magnesit $(MgCO_3)$, und als Calcium-Magnesium-Carbonat,

Dolomit ($CaCO_3 \cdot MgCO_3$), ferner die der Sulfate und Chloride, vornehmlich in den Abraumsalzen als Kainit ($KCl \cdot MgSO_4 \cdot 6H_2O$) und Carnallit ($KCl \cdot MgCl_2 \cdot 6H_2O$), und schließlich die einiger Silicate. Auch das Meerwasser enthält Magnesiumsalze in beträchtlicher Menge gelöst, nämlich etwa 0,5%.

Von den weitverbreiteten Calciummineralien seien außer dem bereits obenerwähnten Dolomit genannt: das reine Calciumcarbonat ($CaCO_3$) in Form von schön kristallinen, Doppelbrechung zeigenden Kalkspat, von Marmor, Kalkstein und Kreide, das Calciumsulfat in Form von Gips ($CaSO_4 \cdot 2H_2O$) oder Anhydrit ($CaSO_4$), die Silicate, Phosphate und Fluoride, z. B. der Wollastonit ($Ca_2Si_2O_6$), der Kalkfeldspat ($CaAl_2Si_2O_8$), der Apatit ($3Ca_3(PO_4)_2 \cdot 1CaF_2$) und der Flußspat ($CaF_2$).

Die Hauptvorkommen des Strontiums und Bariums sind die als Carbonate und Sulfate: Strontianit ($SrCO_3$), Witherit ($BaCO_3$), Cölestin ($SrSO_4$) und Schwerspat ($BaSO_4$).

Dem Calcium kommt auch eine große physiologische Bedeutung zu. Von den anorganischen Salzen sind die Calciumsalze im tierischen Organismus am häufigsten. Vor allem ist der Aufbau der Knochensubstanz aus einem Gemisch von Hydroxylapatit [$3Ca_3(PO_4)_2 \cdot 1Ca(OH)_2$] mit etwas Calciumcarbonat $CaCO_3$ und geringen Mengen Magnesiumphosphat hervorzuheben. Außerdem kommt Calcium auch im Blutplasma vor.

Darstellung. Da die Erdalkalimetalle sehr unedel sind und die Bildungswärmen der Metalloxyde sogar noch größer sind als die der Alkalioxyde (vgl. Tabelle 21), müssen die Metalle durch Elektrolyse der geschmolzenen Salze dargestellt werden. Man verwendet dabei im allgemeinen Schmelzen der Erdalkalichloride oder -fluoride, denen man gewisse Mengen anderer Halogenide (meist Alkalichloride) zusetzt, um die hohen Schmelzpunkte der reinen Salze herabzusetzen.

In den letzten Jahren ist die Gewinnung von metallischem Magnesium von großer praktischer Bedeutung geworden, da Magnesium neben Aluminium der wichtigste Bestandteil der Leichtmetallegierungen (Magnalium, Elektronmetall u. a.) ist. Man elektrolysiert eine Schmelze von entwässertem Carnallit ($MgCl_2 \cdot KCl$); an der Kohleanode entwickelt sich Chlor, an der Eisenkathode scheidet sich Magnesium ab, und zwar wegen der hohen Temperatur der Schmelze in flüssiger Form. Das flüssige Magnesium schwimmt auf der Oberfläche der Salzschmelze und wird von Zeit zu Zeit abgelassen. Das anodisch entwickelte Chlor benutzt man, um Magnesiumcarbonat in Magnesiumchlorid überzuführen, das von Zeit zu Zeit zum Ersatz des bei der Elektrolyse verbrauchten $MgCl_2$ in die Schmelze nachgefüllt wird. Die gewaltige Steigerung der Magnesiumerzeugung im Laufe der letzten 10 Jahre mögen die folgenden Zahlen veranschaulichen:

Das Bitterfelder Magnesiumwerk, das größte Magnesiumwerk der Welt, produzierte im Jahre 1929 rund 1800 t, im Jahre 1935 etwa 6000 t und im Jahre 1938 über 12000 t Magnesium. Für 1938 wird die gesamte Weltproduktion auf 25000 t Magnesium geschätzt. Im gleichen Jahr wurden in England rund 4000 t und in den Vereinigten Staaten rund 2200 t Magnesium hergestellt.

Physikalische Eigenschaften.

Metall	Atomgewicht	Spez. Gewicht	Schmelzpunkt ° C	Siedepunkt ° C
Beryllium	9,02	1,86	1285	2970
Magnesium	24,32	1,74	650	1100
Calcium	40,08	1,54	845	1440
Strontium	87,63	2,60	757	1366
Barium	137,36	3,74	710	1696
Radium	226,05	etwa 6	etwa 700	

Das Beryllium und Magnesium kristallisieren hexagonal, die übrigen Metalle regulär. Die Atomanordnung im Gitter des Magnesiums bzw Berylliums ist die der hexagonalen dichtesten Kugelpackung (vgl. Abb. 34, S. 73). Die Gitterstruktur vom Calcium und Strontium ist die des flächenzentrierten Würfelgitters, während Barium schließlich kubisch raumzentriert kristallisiert. Diese Änderungen im Kristallaufbau sind vermutlich die Ursache dafür, daß sich die physikalischen Eigenschaften wie das spezifische Gewicht und die Fixpunkte innerhalb der Reihe der Erdalkalimetalle mit steigendem Atomgewicht nicht stetig ändern.

Alle Erdalkalimetalle werden an der Luft oberflächlich oxydiert, daher besitzen sie — wenn sie nicht gerade frisch angeschnitten sind — eine matte, schmutziggraue bis grauweiße Oberfläche.

Einige der Erdalkalimetalle zeigen ähnlich den Alkalimetallen charakteristische Flammenfärbungen bzw. Flammenspektren, wenn man ihre flüchtigen Verbindungen in die Bunsenflamme hält. Da die Spektren in der analytischen Chemie gelegentlich zum qualitativen Nachweis der Erdalkaliionen zu Hilfe genommen werden, seien sie kurz besprochen. Beryllium- und Magnesiumverbindungen färben die Flamme nicht. Die Salze des Calciums erteilen der Flamme eine ziegelrote, die des Strontiums eine carminrote und die des Bariums eine gelblichgrüne Farbe. Die Linien, die man im Spektralapparat erkennt, sind bei diesen drei Ionen untereinander sehr verschieden und unterscheiden sich auch von denen der Alkalien. Das Calciumspektrum ist gekennzeichnet durch eine rote und eine grüne Linie, die annähernd den gleichen Abstand von der gelben Natriumlinie haben. Betrachtet man eine durch Strontiumsalze gefärbte Flamme im Spektroskop, so sieht man mehrere dicht beieinander liegende Linien im rotorange Spektralgebiet. Die Flamme von Bariumsalzen ist durch 4—5 grüne Linien charakterisiert. Bei der Ausführung derartiger spektral-analytischer Untersuchungen hat man darauf zu achten, daß die betreffenden Stoffe, die man in die Flamme hält, eine genügende Flüchtigkeit besitzen. Sind sie nämlich sehr schwer flüchtig, so können sie der Flamme keine Farbe erteilen. Chloride sind im allgemeinen leicht flüchtig und daher zur Untersuchung von Spektren besonders geeignet. Man befeuchtet deshalb die zu untersuchende Substanz mit konzentrierter Salzsäure, um schwer flüchtige Salze wenigstens teilweise in Chloride überzuführen.

Chemisches Verhalten. Die Reaktionsfähigkeit der Erdalkalimetalle ist fast so groß wie die der Alkalimetalle. Mit Wasser reagieren sie unter Bildung von Erdalkalihydroxyden und Entwicklung von Wasserstoff, z. B.:

$$Ca + 2\,HOH \rightarrow Ca(OH)_2 + H_2.$$

Die Hydroxyde sind in Wasser bedeutend schlechter löslich als die Alkalihydroxyde, ihre Löslichkeit steigt innerhalb der Reihe vom fast unlöslichen Berylliumhydroxyd zum Bariumhydroxyd regelmäßig an. Je größer die Löslichkeit ist, um so stärker alkalisch reagieren die Hydroxydlösungen, so daß eine Bariumhydroxydauflösung, die unter dem Namen „Barytwasser" bekannt ist, als starke Lauge zu bezeichnen ist. Die Erdalkalihydroxyde lösen sich in allen solchen Säuren, mit deren Anion sie keine schwer löslichen Verbindungen bilden, also z. B. in Salzsäure, Salpetersäure und Essigsäure. Das Berylliumhydroxyd löst sich außerdem auch in Alkalihydroxyden unter Bildung von Alkali-Beryllaten auf:

$$Be(OH)_2 + 2\,NaOH \rightarrow 2\,H_2O + Na_2BeO_2.$$

Be(OH)$_2$ muß demnach wenigstens zu einem geringen Bruchteil nach folgendem Schema dissoziiert sein:

$$Be(OH)_2 \rightleftharpoons BeO_2{}^{2-} + 2\,H^+,$$

es ist also wie das Aluminiumhydroxyd ein amphoteres Hydroxyd.

Mit dem Luftsauerstoff reagieren die Metalle zum Teil schon bei Zimmertemperatur, bei höherer Temperatur werden sie vollständig oxydiert. Dabei entstehen im allgemeinen die gewöhnlichen Oxyde und nicht wie bei den Alkalien Peroxyde. Nur das Oxyd des Bariums läßt sich durch Luftsauerstoff verhältnismäßig leicht zum Bariumperoxyd (BaO$_2$) oxydieren; man erhält diese Verbindung durch Überleiten von Luft über Bariumoxyd, das auf 500° erhitzt ist. Beim Erhitzen auf 800° gibt das Bariumperoxyd ein Sauerstoffatom wieder ab. Dieses Verhalten des BaO$_2$ hatte man früher zur Gewinnung von reinem Sauerstoff aus Luft benutzt. Heutzutage hat das Bariumperoxyd nur noch eine andere technische Bedeutung, nämlich für die Herstellung von Wasserstoffsuperoxyd. Bariumperoxyd reagiert mit verdünnter Schwefelsäure unter Bildung von Bariumsulfat und Wasserstoffsuperoxyd:

$$BaO_2 + H_2SO_4 \rightarrow BaSO_4 + H_2O_2.$$

Da das Bariumsulfat außerordentlich schwer löslich ist, ist es von der wasserstoffsuperoxydhaltigen Lösung leicht zu trennen; beim Umsatz äquivalenter Mengen erhält man also eine reine Lösung von H$_2$O$_2$.

Mit Wasserstoff vereinigen sich Calcium, Strontium und Barium, wenn man die Metalle in einer Wasserstoffatmosphäre auf etwa 500° erhitzt; es entstehen dabei die Erdalkalihydride, weiße salzartige Massen. Beim Calcium verläuft die Hydridbildung besonders lebhaft: Hat die Reaktion erst an einer Stelle unter Aufglühen eingesetzt, so schreitet sie infolge der frei werdenden Reaktionswärme durch das ganze Metall fort, ohne daß weitere Energie von außen zugeführt zu werden braucht. Für das Calcium sei die Reaktionsgleichung formuliert:

$$Ca + H_2 \rightarrow CaH_2 + 46\,kcal.$$

Durch Wasser wird das Calciumhydrid und auch die anderen Hydride zersetzt:

$$CaH_2 + 2\,H_2O \rightarrow Ca(OH)_2 + 2\,H_2.$$

Die Wasserstoffentwicklung ist bedeutend lebhafter als diejenige, die bei der Reaktion des Calciummetalls mit Wasser zu beobachten ist. Ferner sei darauf hingewiesen, daß das Calciumhydrid pro Atom Calcium die doppelte Menge Wasserstoff entwickelt als metallisches Calcium. Aus diesen Gründen wird CaH_2 gelegentlich zur Erzeugung von Wasserstoff für Ballonfüllungen verwendet.

Erhitzt man ein Erdalkalimetall in einem Stickstoffstrom, so bildet sich unter Aufglühen der ganzen Masse das betreffende Nitrid, z. B.:

$$3\,Mg + N_2 \rightarrow Mg_3N_2$$

oder

$$3\,Ca + N_2 \rightarrow Ca_3N_2.$$

Die Nitride bilden sich um so leichter, je schwerer das Erdalkalimetall ist; bei den Endgliedern der Reihe findet sogar schon bei Zimmertemperatur eine langsame Vereinigung mit dem Luftstickstoff statt. Durch Wasser werden die Erdalkalinitride hydrolytisch gespalten, wobei Ammoniak entwickelt wird:

$$Ca_3N_2 + 6\,HOH \rightarrow 3\,Ca(OH)_2 + 2\,NH_3.$$

Sämtliche Erdalkalimetalle verbinden sich mit Kohlenstoff zu Carbiden, wenn man ein Gemisch des betreffenden Metalls mit Kohlenstoff auf hohe Temperaturen erhitzt. Bei der praktischen Darstellung der Carbide geht man nicht von den Metallen, sondern den leichter zugänglichen Metalloxyden aus. Auf die großtechnische Gewinnung von Calciumcarbid, auf seine Verwendung in der Kalkstickstoffindustrie und zur Erzeugung von Acetylen ist bereits bei der Besprechung des Ammoniaks (S. 192) und des Kohlenstoffs (S. 232) hingewiesen worden. Es seien nur noch einige Zahlen, die die Bedeutung des Calciumcarbids zeigen, angeführt: Im Jahre 1934 wurden in Deutschland 600000 t Carbid hergestellt, die Welterzeugung betrug im Jahre 1935 rund 2 Millionen Tonnen.

Während die Salze der Alkalimetalle in Wasser fast sämtlich leicht löslich sind, und es unter ihnen nur außerordentlich wenige schwer lösliche, zum analytischen Nachweis geeignete gibt, sind unter den Erdalkalisalzen eine ganze Reihe in Wasser schwer löslich, z. B. die Carbonate, die Sulfate, die Phosphate, die Fluoride u. a. Einen Überblick über die Löslichkeitsverhältnisse dieser Salze gibt uns die folgende Tabelle, in welcher angegeben ist, wieviel Gramm der betreffenden Substanz in 100 g Lösung maximal gelöst sind.

Tabelle 70.

	Mg^{++}	Ca^{++}	Sr^{++}	Ba^{++}
OH^-	0,0008	0,12	0,69	3,4
F^-	0,09	0,0016	0,012	0,16
CO_3^{2-}	0,02	0,0015	0,0011	0,0017
PO_4^{3-}	0,0066	0,0004	—	0,01
SO_4^{2-}	26,2	0,20	0,011	0,0002
CrO_4^{2-}	42,0	2,2	0,12	0,0004

Vergleicht man jeweils alle Verbindungen der Erdalkalien mit gleichem Anion, so erkennt man in manchen Fällen eine regelmäßige Entwicklung in der Reihe von Magnesium zum Barium. So nimmt die Löslichkeit der Hydroxyde vom Magnesium bis zum Barium zu, umgekehrt sinkt die Löslichkeit der Sulfate und Chromate mit steigendem Molekulargewicht. Bei den Fluoriden, Carbonaten und Phosphaten ist kein regelmäßiger Gang festzustellen. Man entnimmt weiter aus der Tabelle, daß zum analytischen Nachweis für das Magnesium der Hydroxyd- und Phosphatniederschlag, für das Calcium der Phosphat-, Carbonat- und Fluoridniederschlag, für das Strontium das Carbonat und das Sulfat und schließlich für das Barium das Sulfat, Chromat und Carbonat geeignet sind.

Technisch wichtige Erdalkalisalze. Unter den Salzen der Erdalkalimetalle haben die Carbonate und Sulfate praktische Bedeutung, so daß auf sie noch näher eingegangen werden muß. Wie schon besprochen, finden sich die Erdalkalicarbonate in großen Mengen in der Natur, ganze Gebirgszüge (Dolomiten) sind aus den Carbonaten des Calciums und Magnesiums aufgebaut. Erhitzt man die Carbonate auf höhere Temperatur, so spalten sie Kohlendioxyd ab. Dieser thermische Zerfall erfolgt bei um so niedrigeren Temperaturen, je kleiner das Molekulargewicht des zugrunde liegenden Erdalkalioxydes ist. Für die vier wichtigsten Erdalkalicarbonate ist die Dissoziation in Abhängigkeit von der Temperatur in der Abb. 80 graphisch dargestellt. Auf der Abszisse ist die Temperatur und auf der Ordinate der Kohlendioxyddruck aufgetragen. Wenn man also ein Erdalkalicarbonat erhitzt, so fängt es bei einer bestimmten Temperatur an, merklich Kohlendioxyd abzuspalten. Mit weiterer Temperatursteigerung gelangt man zu einem Punkt, bei dem der Dissoziationsdruck 1 at erreicht. Bei dieser Temperatur, die für Magnesiumcarbonat etwa 550° C, für $CaCO_3$ etwa 900° und für $BaCO_3$ etwa 1350° beträgt, ist das betreffende Carbonat vollständig zerfallen.

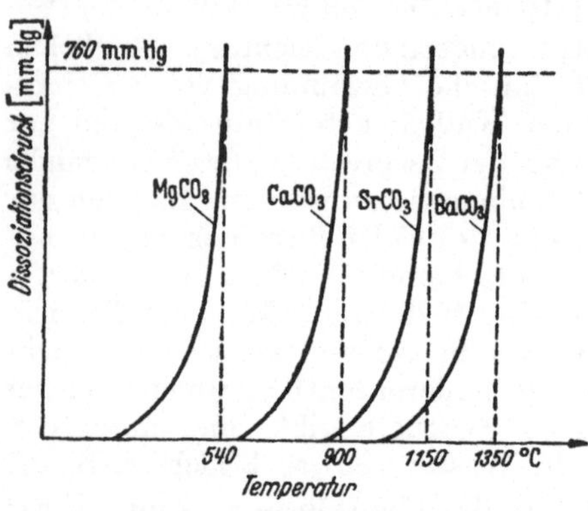

Abb. 80. Thermische Dissoziation der Erdalkalicarbonate.

Den Vorgang der thermischen Kohlendioxydabspaltung nennt man das „Brennen" der Carbonate. Es entstehen dabei die Erdalkalioxyde, z. B.:

$$MgCO_3 \rightarrow MgO + CO_2$$

oder

$$CaCO_3 \rightarrow CaO + CO_2.$$

Das Magnesiumoxyd wird vielfach als „Magnesia usta", das Calciumoxyd als „gebrannter Kalk" bezeichnet.

Der durch die zweite Gleichung dargestellte Prozeß des Kalkbrennens ist ein im großen Maßstab durchgeführtes technisches Verfahren. Der gebrannte Kalk wird nämlich zu verschiedenen Zwecken gebraucht, er ist z. B. das Ausgangsmaterial für die Calciumcarbidherstellung. Ferner ist Calciumoxyd als wesentlicher Bestandteil des Mörtels ein wichtiger Rohstoff für das Baugewerbe. Der gebrannte Kalk vereinigt sich sehr lebhaft mit Wasser zu Calciumhydroxyd:

$$CaO + H_2O = Ca(OH)_2 + 15 \text{ kcal.}$$

Die Wärmetönung dieser Reaktion ist so groß, daß ein Teil des zugegebenen Wassers in Form von Wasserdampf entweicht. Gibt man einen Überschuß von Wasser hinzu, so erhält man eine dicke breiige Masse, den sog. „gelöschten Kalk". Der gelöschte Kalk läßt sich mit viel Wasser zu einer dünnflüssigen Suspension anrühren, die als „Kalkmilch" bezeichnet wird. Unter „Kalkwasser" versteht man eine klare gesättigte Lösung von Calciumhydroxyd, die also von den suspendierten festen Teilchen filtriert ist. Daß gelöschter Kalk eine Lauge ist, wurde schon weiter oben betont. $Ca(OH)_2$ hat mit den Alkalihydroxyden ferner die Eigenschaft gemein, Kohlendioxyd zu absorbieren. Auf dieser Eigenschaft beruht die Verwendung des Kalkmörtels. *Kalkmörtel* ist eine breiige Masse, die man durch Anrühren eines Gemisches von gelöschtem Kalk und Sand mit Wasser erhält. Dieser Brei wird unter der Einwirkung der Atmosphäre allmählich hart, indem er Kohlendioxyd aus der Luft aufnimmt und Wasser abgibt; beim Prozeß des Erhärtens des Mörtels spielt sich also folgende Reaktion ab:

$$Ca(OH)_2 + CO_2 = CaCO_3 + H_2O.$$

Das gebildete Calciumcarbonat bildet mit dem beigemengten Sand eine feste zusammenhängende Masse. Wesentlich für das Hartwerden des Mörtels ist die Anwesenheit von Kohlendioxyd; der Erhärtungsprozeß läßt sich also dadurch beschleunigen, daß man künstlich den Kohlendioxydgehalt der Luft erhöht, z. B. dadurch, daß man Kohle verbrennt und die Abgase auf den Mörtel einwirken läßt; man macht hiervon gelegentlich in Neubauten Gebrauch, indem man Koksöfen aufstellt. Es braucht nicht besonders betont zu werden, daß der Kalkmörtel ein Luftmörtel ist, also nicht unter Wasser erhärtet. Ein Mörtel, der sich auch unter Wasser verfestigt, ist der Zementmörtel (vgl. S. 245); bei diesem ist das Erhärten wesentlich an das Vorhandensein von Wasser und nicht von Kohlendioxyd geknüpft.

Unter den Erdalkalisulfaten haben ebenfalls die des Calciums gewisse Bedeutung. Nach ihrem Gehalt an Kristallwasser unterscheidet man zwei Calciumsulfate, das Dihydrat, den Gips ($CaSO_4 \cdot 2 H_2O$) und das wasserfreie Salz, den Anhydrit ($CaSO_4$). Diese beiden Salze sind in ihren Eigenschaften verschieden, woraus sich die praktische Verwendung des ersteren und die Unbrauchbarkeit des letzteren ergibt. Erhitzt man Gips auf 100° C, so wird ein Teil des Kristallwassers abgespalten, er enthält dann nur noch 1 Molekül Wasser auf 2 Moleküle $CaSO_4$; dieses Hemihydrat ($CaSO_4 \cdot \frac{1}{2} H_2O$), das man auch als „gebrannten Gips" bezeichnet, besitzt die Eigenschaft, bei Zimmertemperatur allmählich Wasser aufzunehmen und das Dihydrat zurückzubilden. Wenn man daher gebrannten Gips mit Wasser zu einem Brei anrührt, so wird das Wasser in Form von Kristallwasser gebunden und die Masse wird hart. Dieser Vorgang verläuft verhältnismäßig schnell, unvergleichlich viel schneller als der des Erhärtens von Kalkmörtel. Man verwendet daher den gebrannten Gips, um Gegenstände, Holzstücke oder Eisenstäbe, in Steinmauern zu befestigen („einzugipsen") oder um genaue Abdrücke irgendwelcher Gegenstände herzustellen (Gipsabdrücke). Bei stärkerem Erhitzen gibt das Hemihydrat sein Kristallwasser ab und es hinterbleibt Anhydrit, der nun nicht mehr mit Wasser reagiert. Derartigen, zu hoch erhitzen Gips bezeichnet man als „totgebrannten Gips".

Eine ziemliche Bedeutung haben die Calcium- und Magnesiumsalze noch aus dem Grunde, weil sie im Wasser der Flüsse, im Grundwasser und damit auch im Leitungswasser unserer Städte in gewissen, wechselnden Mengen (meist zwischen 200 und 600 mg im Liter) gelöst enthalten sind. Je nach dem Gehalt des Wassers an Erdalkalisalzen bezeichnet man es als weiches oder hartes Wasser. Das Flußwasser und Grundwasser enthalten vorwiegend gelöst: Carbonate des Calciums und Magnesiums und Sulfate dieser beiden Erdalkalien. Daß gerade die Carbonate in größerer Menge in Lösung vorliegen, mag zunächst auf Grund der geschilderten Löslichkeitsverhältnisse (vgl. Tabelle 70) verwunderlich erscheinen, findet aber seine Erklärung in der Tatsache, daß es sich nicht um neutrale, sondern um saure Carbonate handelt. Die sauren Carbonate oder „Bicarbonate" der Erdalkalien sind nämlich bedeutend löslicher als die neutralen Carbonate. Das zeigt z. B. folgender Versuch: Leitet man einen Strom von Kohlendioxyd durch eine Waschflasche mit Kalkwasser, so fällt anfangs ein Niederschlag von Calciumcarbonat aus, da die Löslichkeit des $CaCO_3$ wesentlich geringer ist als die des $Ca(OH)_2$:

$$Ca(OH)_2 + CO_2 = CaCO_3 + H_2O.$$

Bei weiterem Einleiten von Kohlendioxyd verschwindet der Niederschlag von $CaCO_3$ wieder, weil sich nun beim CO_2-Überschuß das Calciumbicarbonat bildet, das eine fast 100 mal so große Löslichkeit besitzt:

$$CaCO_3 + CO_2 + H_2O \rightleftharpoons Ca(HCO_3)_2.$$

Solche Bicarbonate des Calciums und Magnesiums sind also im Leitungs- und Flußwasser enthalten; das erkennt man, wenn man das Wasser zum Sieden erhitzt. Es entweicht dann Kohlendioxyd, das Gleichgewicht der obigen Gleichung verschiebt sich nach der linken Seite, und es fällt neutrales Calciumcarbonat bzw. Magnesiumcarbonat aus. Diese durch die Erdalkalicarbonate hervorgerufene Härte des Wassers bezeichnet man als „vorübergehende" oder *„temporäre" Härte des Wassers*, da sie durch Kochen verschwindet. Auch durch Zugabe von Calciumhydroxyd kann dem Wasser die vorübergehende Härte genommen werden, denn es bildet sich dabei das neutrale unlösliche Carbonat:

$$Ca(HCO_3)_2 + Ca(OH)_2 \rightarrow 2\,CaCO_3 + 2\,H_2O.$$

Die im Wasser gelösten Erdalkalisulfate lassen sich im Gegensatz zu den Bicarbonaten durch Kochen nicht ausfällen; die durch die Sulfate bedingte Härte ist die „bleibende" oder *„permanente" Härte*. Auf chemischem Wege läßt sich natürlich auch die bleibende Härte zum Verschwinden bringen, z. B. durch Zugabe von dem „Enthärtungsmittel" Soda; dabei fällt das Calcium und Magnesium als Carbonat aus und es bleibt das leicht lösliche Natriumsulfat in Lösung:

$$CaSO_4 + Na_2CO_3 \rightarrow CaCO_3 + Na_2SO_4.$$

Andere wichtige Enthärtungsmittel sind Natriumsalze einiger Phosphorsäuren und die Permutite (vgl. S. 290). Warum legt man überhaupt Wert darauf, die Härte des Wassers herabzusetzen? Man verwendet Fluß- bzw. Grundwasser im wesentlichen zu folgenden Zwecken: als Trinkwasser, als Kesselspeisewasser, als Reinigungsmittel in Wäschereien und als Rohstoff in chemischen Industrien. Für Trinkwasserzwecke ist der Gehalt des Wassers an Erdalkalisalzen nicht störend. Im Gegenteil! Chemisch reines Wasser ist als Trinkwasser nicht zu gebrauchen, da es fade schmeckt. Demgegenüber ist bei allen übrigen Verwendungszwecken die Härte des Wassers von Nachteil und muß daher beseitigt werden. Würde man für die Kesselspeisung hartes Wasser verwenden, so würden die Erdalkalisalze beim Erhitzen ausfallen und sich an den Wänden absetzen; es käme zur Bildung von „Kesselstein", der ein schlechter Wärmeüberträger ist, der von Zeit zu Zeit — meist auf mechanischem Wege durch Abklopfen — entfernt werden muß, und der leicht zu Schädigungen des Kessels führen kann. Wäschereien brauchen weiches Wasser, da Calcium- und Magnesiumionen mit dem wirksamen Bestandteil der Seifen, den Fettsäuren, unlösliche Verbindungen bilden, die keine reinigende Wirkung mehr besitzen.

Verwendung. Metallisches Beryllium wird in kleiner Menge als Zusatz zu manchen Legierungen verwendet, da es die mechanische und chemische Widerstandsfähigkeit dieser Legierungen erheblich zu erhöhen vermag.

Außerordentlich stark ist die Bedeutung und der Verbrauch metallischen Magnesiums im Laufe der letzten 20 Jahre gestiegen. Weiter oben wurde bereits auf die Leichtmetallegierungen hingewiesen, die besonders für den Flugzeugbau von größter Wichtigkeit sind. Wegen des geringen spezifischen Gewichtes des Magnesiums (1,74 gegenüber 2,70 beim Aluminium) geht das Bestreben dahin, möglichst magnesiumreiche Legierungen herzustellen, die aber trotz des hohen Magnesiumgehaltes von Luft und Meerwasser nicht angegriffen werden dürfen. Metallisches Magnesium gebraucht man ferner zur Herstellung von Blitzlichtpulvern und bei gewissen Synthesen der organischen Chemie (GRIGNARD-Synthesen).

Das durch Brennen von Magnesiumcarbonat dargestellte Magnesiumoxyd dient wegen seines außerordentlich hohen Schmelzpunktes zur Herstellung feuerfester Materialien.

Die weitgehende Verwendung des Calciums ist bereits bei der Besprechung des chemischen Verhaltens angedeutet. Metallisches Calcium spielt im Gegensatz zum Magnesium als Zusatz für Legierungen eine viel geringere Rolle. Einige Lagermetalle enthalten kleine Zusätze an Calcium. Dagegen sind die Calciumverbindungen, insbesondere der Kalkstein als Ausgangsmaterial, von um so größerer praktischer Bedeutung. So wird Kalkstein in großen Mengen für die Zement- sowie für die Glasfabrikation gebraucht. Der durch Brennen von Calciumcarbonat entstehende gebrannte Kalk dient einerseits zur Herstellung von Kalkmörtel, andererseits ist er einer der Rohstoffe für die Calciumcarbidindustrie.

Barium- und Strontiumverbindungen finden als Reagenzien im Laboratorium und wegen ihrer schönen Flammenfärbungen in der Feuerwerkerei Verwendung. Ferner gebraucht man wie schon erwähnt, das

Bariumperoxyd zur Herstellung von Wasserstoffsuperoxyd; Strontiumoxyd findet ausgedehnte Verwendung in der Zuckerindustrie.

15. Die radioaktiven Elemente.
a) Die natürliche Radioaktivität.

Bei der Besprechung der Elemente der 2. Hauptgruppe haben wir festgestellt, daß der schwerste Vertreter dieser Gruppe, das Radium, auf Grund gewisser Eigenschaften zur Klasse der radioaktiven Elemente gehört, ohne daß wir damals allerdings näher erläutert haben, was unter dem Begriff der Radioaktivität zu verstehen ist. Die Radioaktivität ist eine Eigenschaft, durch die noch manche andere schwere Elemente, z. B. das Uran, das Thorium und das Aktinium, ausgezeichnet sind. Im folgenden sollen nun die Radioaktivität und die radioaktiven Elemente im Zusammenhang besprochen werden.

Die Erscheinung, die wir heute mit Radioaktivität bezeichnen, ist 1896 von BECQUEREL bei der Erforschung der verschiedenen Strahlungsarten entdeckt worden. Er machte die Beobachtung, daß Uransalze Strahlen aussenden, die eine photographische Platte durch undurchsichtiges Papier hindurch zu schwärzen vermögen. Eine zweite Eigenschaft dieser Strahlung ist ihr Vermögen, die Luft zu ionisieren und sie so leitend zu machen. Beide Eigenschaften kommen auch den Röntgenstrahlen zu. Ein wesentlicher Unterschied zwischen diesen

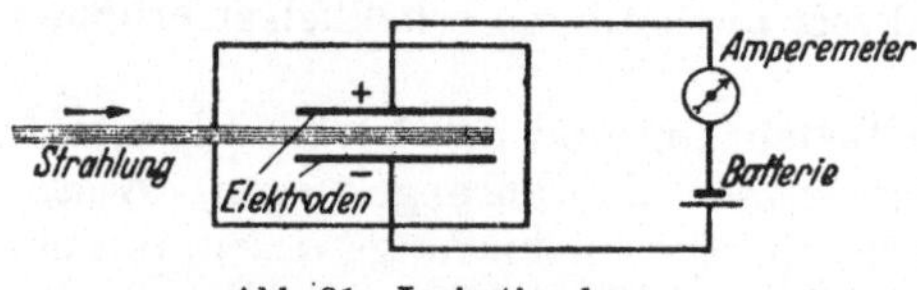

Abb. 81. Ionisationskammer.

und der neuen Strahlungsart besteht jedoch darin, daß die Becquerel-Strahlen keiner äußeren Energiezufuhr zu ihrer Anregung bedürfen. Das Uran strahlt gewissermaßen von selbst. Die Strahlungsintensität wird durch elektrische oder thermische Einflüsse oder auch durch irgendwelche anderen Strahlen überhaupt nicht beeinflußt.

Zum quantitativen Vergleich der Intensitäten der Röntgenstrahlen und der Becquerel-Strahlen benutzt man die Eigenschaft beider Strahlenarten, die Luft leitend zu machen. Als Hilfsmittel dient die Ionisationskammer (Abb. 81). Man läßt die Strahlen durch eine Öffnung in einen sonst für die Strahlen undurchlässigen Kasten eintreten. Der Kasten ist mit Luft oder einem anderen Gas gefüllt und innen mit zwei Elektroden versehen. Man mißt die Leitfähigkeit der Luft, die proportional der Strahlungsintensität zu setzen ist. Bei der Untersuchung der verschiedenen Uranmineralien mit der Ionisationskammer konnten ebenfalls noch im Jahre 1896 M. und P. CURIE feststellen, daß die Strahlungsintensität gewisser Uranmineralien, besonders der Uranpechblende, um vieles größer ist als die des reinen Urans. Es mußte demnach in dem Mineral ein Stoff enthalten sein, der gleichfalls Becquerel-Strahlen, aber in erheblich stärkerem Maße aussandte als das Uran. Da alle bisher bekannten Elemente bereits auf Becquerel-Strahlen untersucht worden waren, mußte ein neuer Stoff vorliegen. Es gelang dem Ehepaar CURIE auch, in einem sehr langwierigen Aufarbeitungsverfahren mit fraktionierten Fällungen aus der Pechblende zwei bisher unbekannte Elemente abzutrennen. Das eine Element erhielt den Namen Polonium (P) — Frau CURIE war Polin, eine geborene SKLODOWSKA — und das andere, dessen Strahlungsintensität eine Million mal größer als die des Urans war, wurde wegen dieser besonders ausgeprägten neuen Strahlung Radium (Ra) genannt. Polonium ist ein homologes Element des Tellurs und Radium eines des Bariums. Die Strahlung wurde von nun an als Radioaktivität bezeichnet und die Elemente, die diese Eigenschaft zeigen, unter dem Namen Radioelemente zusammengefaßt. Heute kennt man über 40 Radioelemente.

Die radioaktiven Strahlenarten. Nähere Aufklärung über die Natur der radioaktiven Strahlung gibt ihr Verhalten im magnetischen oder elektrischen Feld. Um einen engbegrenzten Strahlenkegel zu haben, schließt man die aktiven Elemente in eine dickwandige Bleikapsel ein, die von der Strahlung nicht durchdrungen wird. Der Austritt der Strahlung erfolgt nur durch eine enge, röhrenartige Öffnung in einer Richtung. Bringt man diese Kapsel in ein magnetisches Feld, so zeigt die photographische Aufnahme eine Aufspaltung des Strahlenbüschels in drei vollständig getrennte Teile. Ein Teil erfährt eine geringe magnetische Ablenkung nach links, ein anderer Teil geht unabgelenkt hindurch, der dritte Teil wird stark nach rechts abgelenkt. Es muß sich also um drei, ihrem Wesen nach verschiedene Strahlungsarten handeln, welche die radioaktiven Elemente aussenden. Man bezeichnet sie als α-, β- und γ-Strahlen.

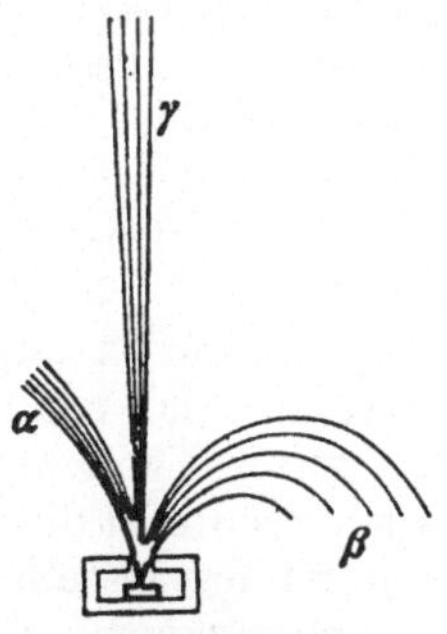

Abb. 82. Aufspaltung der radioaktiven Strahlung im Magnetfeld (Magnetfeld $\perp$ zur Zeichenebene).

Die α-*Strahlen* verhalten sich wie materielle Teilchen mit positiver Ladung. Um quantitative Aussagen über sie machen zu können, untersuchte man die Strahlen in kombinierten magnetischen und elektrischen Feldern. Man erhielt auf diese Weise für das Verhältnis aus Ladung und Masse der Teilchen (e/m) einen Wert, der halb so groß ist wie derjenige des Protons. Es konnte sich also um Teilchen handeln, welche die doppelte Masse und die gleiche Ladung wie das Proton hatten, oder auch um Teilchen von doppelter Ladung und 4facher Masse oder schließlich um noch schwerere Teilchen. Um zwischen diesen Möglichkeiten eine Entscheidung treffen zu können, mußte die Ladung e eines Teilchens für sich bestimmt werden. Dazu bediente man sich der Szintillationsmethode: wenn α-Strahlen auf einen ZnS-Schirm treffen, so beobachtet man das ständige Aufblitzen einzelner Lichtpunkte. Man hat Grund, anzunehmen, daß jeder Lichtblitz durch ein einzelnes α-Teilchen verursacht wird. Es ist mit dieser Methode möglich, die Anzahl der in einer bestimmten Zeit auftretenden α-Teilchen zu zählen, andererseits läßt sich die Gesamtladung dieser α-Teilchen leicht ermitteln. Aus diesen beiden Messungen läßt sich die Ladung, die ein einzelnes α-Teilchen mit sich führt, errechnen, und zwar ergab sich für sie der doppelte

Wert des elektrischen Elementarquantums. Somit war entschieden, daß die α-Strahlen die Ladung $2 \cdot e$ und die Masse $4 \cdot m_H$ besitzen. Es handelt sich demnach um 2fach positiv geladene Teilchen der Masse 4, also offensichtlich um doppelt positiv geladene Heliumatome. Es ist in der Tat auch gelungen, spektroskopisch in der Nähe der radioaktiven Substanzen Helium nachzuweisen. Die α-Strahlen sind somit nichts anderes als Heliumkerne, die mit großer Geschwindigkeit von den radioaktiven Substanzen ausgeschleudert werden.

Ganz ähnliche Messungen, die mit den *β-Strahlen* ausgeführt wurden, führten zu dem Ergebnis, daß es sich bei ihnen um Teilchen handelt, die eine negative Ladung tragen und genau die Masse des Elektrons besitzen. Die Geschwindigkeit, mit der die β-Strahlen die radioaktive Substanz verlassen, ist noch viel größer als die der α-Strahlen, sie erreicht nahezu die Lichtgeschwindigkeit. Die β-Strahlen sind also sehr schnell fliegende Elektronen.

Die gleichfalls untersuchte *γ-Strahlung*, die vom magnetischen Feld nicht beeinflußt wurde, ist eine Wellenstrahlung von sehr hoher Frequenz, gewissermaßen eine sehr harte Röntgenstrahlung.

Die Zerfallstheorie. Von besonderem Interesse ist nun die Frage nach der Energiequelle für die Strahlung. Die Energiequelle muß in dem Element selbst zu suchen sein, da ja jede äußere Energiezufuhr unnötig und unwirksam ist. Mit der Aufklärung dieser Frage beschäftigten sich: BECQUEREL, RUTHERFORD und SODDY.

RUTHERFORD stellte in seiner kühnen Theorie der Strahlung die Hypothese auf, daß die Energie der Strahlung durch einen Zerfall der Atome, und zwar — genauer gesagt — durch einen Zerfall der Atomkerne geliefert wird. Heute ist diese Anschauung experimentell fest begründet. Man hat nämlich festgestellt, daß sich die radioaktiven Elemente beim Aussenden der radioaktiven Strahlung in ʼandere Elemente umwandeln, und daß diese neu entstandenen Stoffe in ihrem chemischen Verhalten mit denjenigen, welche die Theorie fordert, tatsächlich übereinstimmen.

Nehmen wir einmal an, das radioaktive Element A möge α-Strahlen aussenden, und machen wir weiter die Annahme, daß dabei von jedem beliebigen, zerfallenden Atom genau ein α-Teilchen abgespalten wird. Was für eine Substanz muß unter diesen Voraussetzungen aus A entstehen? Da ein Heliumkern aus dem Atomkern von A ausgestoßen wird, muß das Atomgewicht, die Masse (M), um 4 abnehmen, zugleich wird die positive Ladung des Kerns um 2 erniedrigt, letzteres bedeutet eine Erniedrigung der Ordnungszahl Z um 2 Einheiten. Der durch den Zerfall von A neu gebildete elementare Stoff B hat also die Masse ($M - 4$) und die Ordnungszahl ($Z - 2$). Es steht demnach im periodischen System 2 Stellen links vom Ausgangsstoff A. Es entsteht aber zunächst kein neutrales Atom, da die Zahl der Elektronen von B, die ja die gleiche wie die von A, also gleich Z ist, die Kernladungszahl ($Z - 2$) um 2 Einheiten übertrifft. Der neue Stoff B ist also ein doppelt negativ geladenes Ion. Somit können wir für den Zerfall des Stoffes A die folgende Gleichung aufstellen:

$$ {}^{M}_{Z}A \rightarrow {}^{4}_{2}\text{He}^{++} + {}^{(M-4)}_{(Z-2)}B^{--} $$

Ein paar Worte zur Schreibweise! Es ist üblich, die Massenzahl eines Elementes als Index an die linke obere Seite des Elementsymbols und die zugehörige Kernladungszahl als Index an die linke untere Seite zu setzen. Wie schon gesagt, hat sich das oben angegebene Reaktionsschema in der Praxis für alle Substanzen, die α-Strahlen aussenden, bestätigen lassen. Als ein Beispiel hierfür sei das Radium angeführt. Da das Radium in der 2. Hauptgruppe steht, muß es also unter Aussendung von α-Strahlen in ein Element der 0. bzw. der 8. Gruppe, in ein Edelgas, die Emanation, umgewandelt werden, das auch tatsächlich entsteht:

$$^{226}_{88}\text{Ra} \rightarrow {}^{4}_{2}\text{He}^{++} + {}^{222}_{86}\text{Em}^{--}.$$

Für den β-Zerfall läßt sich theoretisch die folgende Gleichung aufstellen:

$$^{M}_{Z}C \rightarrow {}^{0}_{-1}e^- + {}^{M}_{(Z+1)}D^+.$$

Das zerfallende Element sei das Element C mit der Masse M und der Ordnungszahl Z. Wir nehmen wieder an, daß beim Zerfall 1 Atom von C genau 1 Elektron aus seinem Kern ausstößt, eine Annahme, die sich stets als richtig herausgestell hat. Durch den Verlust eines Elektrons ändert sich die Masse M von C praktisch nicht, nur die Kernladung muß um eine negative Ladung abnehmen, also um eine positive Ladung zunehmen. Die Kernladungszahl, die Ordnungszahl des neu entstehenden Stoffes D, ist demgemäß gleich $(Z + 1)$. Die Zahl der Elektronen in der Elektronenhülle ist unverändert gleich Z, d. h. D ist ein einfach positiv geladenes Ion. Beim Aussenden von β-Teilchen rückt also das radioaktive Element im periodischen System um eine Stelle nach rechts. Eine derartige Verschiebung ist beim β-Zerfall auch stets beobachtet worden. Als Beispiel für den β-Zerfall wählen wir das Rubidium, dessen Isotop mit der Masse 87 sich unter Aussendung von β-Strahlen in Strontium der Masse 87 umwandelt. Wir formulieren die Reaktionsgleichung statt für den Zerfall des Rubidiumatoms für den Zerfall des Rubidiumions:

$$^{87}_{37}\text{Rb}^+ \rightarrow {}^{0}_{-1}e^- + {}^{87}_{38}\text{Sr}^{++}.$$

Es entsteht also aus dem einfach positiv geladenen Rubidiumion das doppelt positiv geladene Strontiumion.

Die beiden Gesetzmäßigkeiten, die beim α- und β-Zerfall auftreten, werden als die **radioaktiven Verschiebungsgesetze** von SODDY-FAJANS bezeichnet; sie lauten:

1. Ein durch α-Strahlung gebildetes neues Element ist im periodischen System um 2 Stellen nach links von dem Element, aus dem es hervorgegangen ist, verschoben.
2. Ein durch β-Strahlung gebildetes Element ist gegenüber dem Zerfallselement um 1 Stelle nach rechts verschoben.

Die neu gebildeten Elemente sind nun meist nicht stabil, sondern selbst radioaktiv; sie zerfallen weiter, so daß man zu ganzen **Zerfallsreihen** oder Stammbäumen kommt. Man kennt drei solcher radioaktiver Reihen, die Uran-Radiumreihe, die Thoriumreihe und die Aktiniumreihe. Die Uran-Radiumreihe wollen wir etwas näher betrachten. Man hat beobachtet, daß das Verhältnis von Uran zu Radium in allen Uranmineralien immer dasselbe ist. Hieraus zog man den Schluß, daß das Radium aus dem Uran gebildet wird. Ein Vergleich der Atomgewichte beider Stoffe (U = 238; Ra = 226) zeigt, daß sie sich um 12 unterscheiden. Nimmt man α-Zerfall an, so müssen aus den Uranatomen nacheinander 3 α-Teilchen ausgestoßen werden, der Zerfall muß demnach noch über 2 α-strahlende Zwischenstufen gehen, wobei der β-Zerfall nicht berücksichtigt ist. Wie der Zerfall der Uranreihe nun tatsächlich verläuft, zeigt die Tabelle 71. Der Zerfall erfolgt über eine ganze Anzahl Zwischenelemente, die alle radioaktiv sind, und findet seinen Abschluß bei einem Element der Kernladungszahl $Z = 82$, dem RaG, das inaktiv ist. Ebenso verhalten sich die beiden anderen Zerfallsreihen. Die Aktinium- und die Thoriumreihe enthalten ebenfalls eine ganze Anzahl instabiler Elemente und enden im ThD bzw. AcD, welche beide die Kernladungszahl $Z = 82$ haben. Die Kernladungszahl $Z = 82$ kommt aber dem Element Blei zu. Die Massenzahlen der drei Endglieder der Zerfallsreihen sind verschieden: Das Radium G hat die Masse 206, das Aktinium D die Masse 207 und das Thorium D die Masse 208, während das gewöhnliche Blei das Atomgewicht 207,2 hat. Durch den radioaktiven Zerfall des Urans, des Aktiniums und des Thoriums entstehen also drei verschiedene Isotope des Bleis. Durch die Betrachtung der radioaktiven Reihen wird auch verständlich, daß Radium sowohl α- als auch β-Strahlen auszusenden scheint: Radium ist ein α-Strahler, aber seine Zerfallsprodukte, die zum Teil in dem Radiumpräparat eingeschlossen bleiben, senden β-Strahlen aus.

Außer den Radioelementen, die sich in die Zerfallsreihen einordnen lassen, kennt man noch drei Elemente, K, Rb und Sa, die schwache Radioaktivität zeigen. Man hat Grund anzunehmen, daß die Strahlung auch bei allen übrigen Elementen vorhanden ist, und daß sie nur mit dem gewöhnlichen Meßverfahren nicht nachweisbar ist, sei es, daß die Intensität der Strahlung zu gering ist, oder sei es, daß die Zerfallsgeschwindigkeit zu klein ist, denn die einzelnen Radioelemente unterscheiden sich nicht nur durch die verschiedene Intensität ihrer Strahlungen, sondern ebenso charakteristisch ist die Geschwindigkeit ihres Zerfalls.

Das Zerfallsgesetz. Um die Zerfallsgeschwindigkeit einer radioaktiven Substanz festzustellen, hat man experimentell untersucht, wie sich die Menge der zerfallenden Substanz im Laufe der Zeit ändert. Es ergab sich in allen Fällen, daß die Anzahl der zur Zeit t noch vorhandenen, unzerfallenen Atome N durch das folgende Exponentialgesetz als Funktion der Zeit t dargestellt werden kann:

$$- \frac{dN_t}{dt} = k \cdot N_0 \text{ oder } N_t = N_0 \cdot e^{-kt}.$$

In diesem „Zerfallsgesetz", das man auch theoretisch ableiten und begründen kann, treten zwei Konstanten, N_0 und k, auf; sie haben folgende Bedeutung: N_0 ist die Ausgangsmenge des Radioelementes, d. h. die Anzahl der unzerfallenen Atome zur Zeit $t = 0$, bei welcher unsere

Untersuchung des Zerfalls beginnt. k ist eine Konstante, die für verschiedene Radioelemente verschiedene Werte hat, die also für jedes einzelne Radioelement eine charakteristische Größe ist. Man bezeichnet k als die **„Zerfallskonstante"** der betreffenden radioaktiven Substanz; sie ist ein Maß für die Geschwindigkeit des Zerfalls. Je größer der Wert von k ist, in um so kürzerer Zeit ist der radioaktive Stoff zerfallen. Eine graphische Darstellung des obigen Zerfallsgesetzes gibt uns die Abb. 83. An Stelle der Zerfallskonstanten k gibt man häufig eine andere Größe an, die sog. **„Halbwertzeit"** T, die in gleicher Weise wie k für die Geschwindigkeit des radioaktiven Zerfalls charakteristisch ist. Unter der Halbwertszeit versteht man diejenige Zeit, die vergeht, bis von einer beliebigen Menge des betreffenden Stoffes gerade die Hälfte zerfallen ist. Wenn wir in die obige Zerfallsgleichung $N = N_0/2$ und $t = T$ einsetzen, so erhalten wir als Beziehung, die zwischen Zerfallskonstanten und der Halbwertszeit besteht:

$$T = \frac{\ln 2}{k}\,.$$

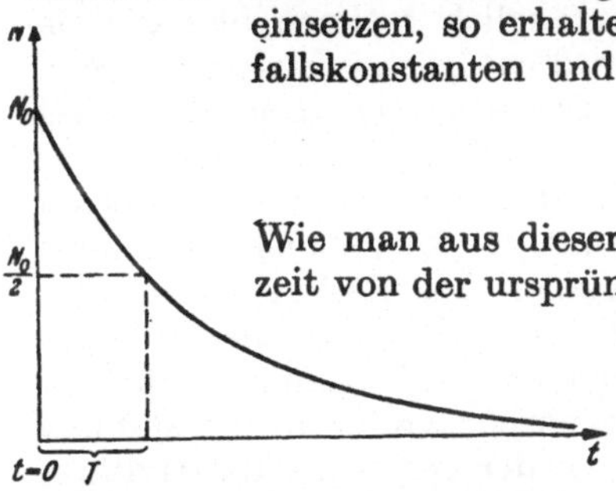

Wie man aus dieser Gleichung erkennt, ist die Halbwertszeit von der ursprünglich vorhandenen Menge der Ausgangssubstanz unabhängig. Die einzelnen Radioelemente unterscheiden sich nun außerordentlich stark hinsichtlich der Geschwindigkeit ihres Zerfalls. So ist z. B. die Halbwertzeit des Thoriums $1,8 \cdot 10^{10}$ Jahre, die des Radiums beträgt 1590 Jahre, die der Radiumemanation 3,8 Tage und die des Thoriums C′ nur 10^{-9} Sek.

Abb. 83. Das radioaktive Zerfallsgesetz.

Die Energie der Strahlung. Nachdem wir bisher untersucht haben, welcher Art die Strahlen sind, die eine radioaktive Substanz aussendet, und wie die Entstehung der Strahlung zu erklären ist, wollen wir uns jetzt mit der Frage befassen, was aus den Strahlen und ihrer Energie wird, wenn sie den Kern des Radioelements verlassen haben. Die Strahlen führen infolge ihrer hohen Geschwindigkeit eine große Energie mit sich. Die kinetische Energie der radioaktiven Strahlung ist natürlich um so größer, einerseits je schneller sich die Teilchen bewegen und andererseits je größer ihre Masse ist. Da die Masse eines α-Teilchens rund das 7000fache der Masse eines β-Teilchens beträgt, ist die Energie der α-Teilchen trotz ihrer geringeren Geschwindigkeit beträchtlich größer als die der β-Teilchen. Die gewaltige Energie der α-Teilchen äußert sich z. B. darin, daß α-Strahlen sogar imstande sind, dünne Metallfolien zu durchdringen. Die Geschwindigkeit, mit welcher die Strahlen von den einzelnen Radioelementen emittiert werden, ist außer von der Art der Strahlung auch von dem Zerfallselement abhängig. Infolgedessen ist auch die kinetische Energie der Strahlung für ein jedes Radioelement verschieden, aber für alle α-Teilchen, die von demselben Zerfallselement gebildet werden, die gleiche. Mit zunehmender Entfernung von dem radioaktiven Präparat büßt das α-Teilchen allmählich seine Energie ein; so ist z. B. beim Radium beobachtet worden, daß nach 3,4 cm Luftweg (1 at) die α-Strahlung durch Szintillation nicht mehr feststellbar war. Man bezeichnet daher als *„Reichweite"* der Strahlen denjenigen Luftweg, den sie gerade noch zu durchdringen vermögen. Die Reichweite der α-Strahlen beträgt beim Uran 2,53 cm, bei der Emanation 3,9 cm und beim Radium C' sogar 6,6 cm. Die Abhängigkeit der Reichweite R der α-Strahlen von ihrer Anfangsgeschwindigkeit v_0, also von der Geschwindigkeit, mit der sie vom Kern des Radioelementes ausgestoßen werden, wird durch die folgende Beziehung wiedergegeben:

$$v_0^3 = a \cdot R,$$

in welcher a eine Konstante bedeutet.

Die Energie, welche die Teilchen anfänglich besitzen und die sie beim Zurücklegen ihrer Bahn verlieren, wird natürlich in andere Energie, hauptsächlich in Wärme, umgewandelt. Das zeigt sich darin, daß jedes radioaktive Präparat und seine nähere Umgebung eine höhere Temperatur hat als die weitere Umgebung, die ständig weiter ansteigen würde, wenn man den Wärmeausgleich mit der Umgebung verhindern könnte. Aus der Reichweite der α-Strahlen des Radiums errechnet sich, daß je Mol α-Teilchen eine Energie frei wird, die einer Wärmemenge von 10^8 kcal entspricht. Die Energiewerte, die beim radioaktiven Zerfall auftreten, sind also ganz außerordentlich groß. Woher stammt nun eigentlich diese Zerfallsenergie? Nach der speziellen Relativitätstheorie besteht zwischen Masse und Energie die Gleichung:

$$m = \frac{E}{c^2} \quad (c = \text{Lichtgeschwindigkeit}).$$

Der gewaltigen Zerfallsenergie würde also eine gewisse, wenn auch kleine Masse entsprechen. Um vom U zum RaG zu kommen, sind 8 α-Übergänge nötig. 8 α-Teilchen haben eine Masse von 32; also sollte man das Atomgewicht vom RaG berechnen können dadurch, daß man 32 vom Atomgewicht des Urans (238,1) abzieht. Man erhält dann 206,1. In Wahrheit hat aber das entstandene Radium G das Atomgewicht 206,0, also ein um 0,1 Atomgewichtseinheiten kleineres Atomgewicht als das errechnete. Errechnet man nun diejenige Masse, die gemäß der obigen Gleichung der Energie der insgesamt ausgesendeten Strahlung entspricht, so ergibt sich tatsächlich $m = 0,1$. Der „Massendefekt" ist also durch die gewaltige Zerfallsenergie gedeckt. Bei der Aufstellung exakter Zerfallsgleichungen muß man natürlich diese Energie berücksichtigen; so lautet z. B. die exakte Gleichung für den Zerfall des Urans bis zum Radium G folgendermaßen:

$$\mathrm{U} \rightarrow 8\,\mathrm{He}^{++} + \mathrm{RaG} + \frac{E}{c^2}.$$

Der *Massendefekt* und seine Erklärung als in Energie umgewandelte Materie spielt übrigens nicht nur bei radioaktiven Prozessen eine Rolle. Die Tatsache, daß das Atomgewicht des Heliums nicht genau 4mal so groß ist wie dasjenige des Wasserstoffs, läßt sich ebenfalls durch eine Umwandlung von Masse in Energie erklären. Da der Heliumkern, wie wir früher besprochen haben, aus 2 Protonen und 2 Neutronen aufgebaut ist, berechnet man für das Helium das Atomgewicht: $4 \cdot 1{,}008 = 4{,}032$. Das wirkliche Atomgewicht des Heliums ist indessen 4,002. Der Unterschied dieser beiden Zahlen, der Massendefekt des Heliums, läßt sich nur durch die Annahme deuten, daß eine große Energie bei der Vereinigung der vier Elementarteile zu einem einzigen neuen Teilchen, dem Heliumkern, frei wird, und daß das Freiwerden dieses Energiebetrages durch den Massenverlust zum Ausdruck kommt.

Tabelle 71. Die Zerfallsreihe des Urans.

Element	Atomgewicht M	Ordnungszahl Z	Gruppennummer des periodischen Systems	Strahlung	Halbwertszeit T	Reichweite R
Uran I	238,07	92	6	α	$4{,}4 \cdot 10^9$ Jahre	2,53 cm
Uran X$_1$	(234)	90	4	β	24,5 Tage	
Uran X$_2$	(234)	91	5	β	1,14 Min.	
Uran II	(234)	92	6	α	$3 \cdot 10^5$ Jahre	2,96 cm
Ionium	(230)	90	4	α	$8{,}3 \cdot 10^4$ Jahre	3,03 cm
Radium	226,05	88	2	α	1590 Jahre	3,21 cm
Rad. Emanation .	222	86	8	α	3,83 Tage	3,91 cm
Radium A . . .	(218)	84	6	α	3,05 Min.	4,48 cm
Radium B . . .	(214)	82	4	β	26,8 Min.	
Radium C . . .	(214)	83	5	β	19,7 Min.	
Radium C . . .	(214)	84	6	α	10^{-5} Sek.	6,6 cm
Radium D . . .	(210)	82	4	β	22 Jahre	
Radium E . . .	(210)	83	5	β	5 Tage	
Polonium . . .	(210)	84	6	α	140 Tage	3,67 cm
Radium G . . . (Uranblei)	206,0	82	4	—		

b) Die künstliche Radioaktivität.

Eine außerordentliche Vermehrung erfuhr die Zahl der bekannten Radioelemente durch die Entdeckung der künstlichen Radioaktivität durch J. Curie und Joliot und ihre weitere Erforschung, die in Deutschland besonders durch Arbeiten von O. Hahn gefördert ist. Die natürliche Radioaktivität hatten wir als einen freiwilligen Dissoziationsvorgang der Atomkerne kennengelernt, wobei die einzelnen radioaktiven Elemente sich ineinander umwandelten. Neben diesen von selbst verlaufenden Kernumwandlungen sind nun eine große Zahl künstlicher Umwandlungen bekannt, wobei Atome mit geeigneten Projektilen, besonders Protonen, Deuteronen (Kerne des Deuteriums, des schweren Wasserstoffisotops), Neutronen, α-Teilchen, beschossen wurden und dabei eine Umwandlung in eine andere Atomart erlitten. Diese Umwandlungen oder Kernreaktionen lassen sich genau wie chemische Reaktionen durch Formeln wiedergeben, wobei der beschossene Bestandteil und das Projektil auf der einen Seite, das Reaktionsprodukt oder die Reaktionsprodukte auf der anderen Seite stehen, z. B.:

$$^{7}_{3}\mathrm{Li} + ^{1}_{1}\mathrm{H}^+ \rightarrow 2\,^{4}_{2}\mathrm{He}.$$

Hierbei muß die Summe der oberen Indices (Massenzahlen) sowie die Summe der unteren (Ordnungszahlen) auf beiden Seiten gleich sein. In dem oben formulierten Beispiel wurde also Lithium der Masse 7 und der Ordnungszahl 3 mit einem schnellen Protonenstrahl beschossen; dabei entsteht Helium. Eine notwendige Voraussetzung dafür, daß eine solche Reaktion stattfinden kann, ist die, daß ein Proton mit hoher Geschwindigkeit mit einem Lithiumkern zusammenstößt. Ein Zusammenprall erfolgt nun aber nicht sehr häufig, da die Atomkerne nur ein außerordentlich kleines Volumen besitzen, nämlich weniger als ein Zehntausendstel desjenigen Raumes, den das ganze Atom einnimmt, und da die Atomkerne überdies infolge ihrer positiven Ladung auf die Protonen abstoßend wirken. Wenn also ein Protonenstrahl auf ein Lithiumsalz geschossen wird, so wird nur ein verschwindend kleiner Bruchteil der Wasserstoffkerne auf einen Lithiumkern stoßen und somit zur Reaktion gelangen, während die überwiegende Mehrzahl der Protonen durch die Elektronenhülle fliegt, ohne den Kern zu treffen. Die Ausbeute bei derartigen Kernreaktionen ist also außerordentlich gering.

Bei den von uns bisher betrachteten chemischen Reaktionen beobachtet man häufig, daß zunächst unbeständige Stoffe entstehen, die sich dann nachträglich in die beständigen endgültigen Stoffe umwandeln (OSTWALDsche Stufenregel). Diese Erscheinung hat man nun auch bei manchen Kernreaktionen beobachtet. Es entstehen bei diesen Reaktionen zunächst Reaktionsprodukte, die instabil sind und dann allmählich in die stabilen umgewandelt werden. Diese Beobachtung wurde zuerst bei der Bestrahlung des Aluminiums mit α-Teilchen gemacht; beim Zusammenstoß eines α-Teilchens mit einem Aluminiumkern entsteht unter gleichzeitiger Aussendung eines Neutrons $\left(^1_0 n\right)$ ein Kern der Masse 30 und der Ordnungszahl 15, also ein Isotop des Phosphors. Wir müssen demgemäß für die Kernreaktion die folgende Gleichung aufstellen:

$$^{27}_{13}\text{Al} + {}^{4}_{2}\text{He}^{++} \rightarrow {}^{30}_{15}\text{P} + {}^{1}_{0}n.$$

Die Aussendung der Neutronenstrahlung ist mit der Darstellung des Phosphorkerns aus dem Aluminiumkern gekuppelt. Die Neutronenstrahlung hat also in dem Augenblick ein Ende, in dem die Beschießung des Aluminiums abgebrochen wird. Nun macht man aber die überraschende Feststellung, daß das Reaktionsgemisch keineswegs aufhört, eine Strahlung auszusenden, wenn das Poloniumpräparat, welches zur Erzeugung der α-Strahlen diente, entfernt wird. Vielmehr dauert die Strahlung unter allmählichem Abklingen noch etwa $^1/_4$ Stunde lang nach. Wie dann eine genauere Untersuchung dieser sekundären Strahlung gezeigt hat, handelt es sich bei ihr um eine Strahlung von Positronen, d. h. von positiv geladenen Teilchen mit der Masse des Elektrons $\left(^0_1 e^+\right)$.

Die Positronenstrahlung klingt nach einem Exponentialgesetz ab, also nach genau dem gleichen Gesetz, dem auch die radioaktive Strahlung unterliegt. Diese Tatsache legt den Schluß nahe, daß die Positronenemission durch ein neues, künstlich entstandenes, radioaktives Element hervorgerufen wird. Man hat auch die Halbwertzeit dieses Elementes genau ermitteln können, sie ergab sich zu 3 Min. 15 Sek. Bei der Aussendung der Positronen muß sich der Phosphor in ein Element umwandeln, dessen Masse die gleiche ist (30), und dessen Ordnungszahl um eins niedriger ist als die des Phosphors; es muß ein Siliciumisotop entstehen:

$$^{30}_{15}\text{P} \rightarrow ^{30}_{14}\text{Si} + ^{0}_{1}e^{+}.$$

Der ursprünglich entstandene Phosphor ist ein instabiles Isotop des gewöhnlichen Phosphors, der sog. Radiophosphor mit der Massenzahl 30 statt 31. $^{30}_{15}\text{P}$ ist also ein Zwischenstoff, dessen Anreicherung nach demselben Exponentialgesetz erfolgt wie sein Zerfall.

Den Beweis dafür, daß der angenommene Ablauf der Reaktion tatsächlich so erfolgt, wie wir ihn oben formuliert haben, wurde durch chemische Trennungsverfahren erbracht. Das bestrahlte Al wurde in Salzsäure gelöst, dabei ging die Radioaktivität zusammen mit dem sich entwickelten Wasserstoff in das entweichende Gas über. Es liegt nahe, daß etwa beigemengter PH_3 mit dem H_2 entwichen ist. Das entweichende Gas besitzt wiederum die Halbwertzeit 3 Min. 15 Sek., der Rückstand erwies sich als inaktiv. Löst man dagegen das Aluminiumblech in einer oxydierenden Säure, so entsteht ein inaktives Gas, der zur Phosphorsäure oxydierte Phosphor kann als Zirkonphosphat gefällt werden, so daß diesmal ein radioaktiver Rückstand auftritt. Dadurch ist bewiesen, daß bei der Beschießung des Aluminiums mit α-Strahlen primär Phosphor entstanden sein muß. $^{30}_{15}P$ ist ein positronenaktives Radioelement. Ähnlich wie das Al können auch B, N, Na, Mg, P durch Reaktionen mit α-Teilchen in radioaktive Atomarten übergeführt werden, die unter Austritt von Positronen in beständige Atomarten zerfallen.

Neben diesen positronenaktiven Atomarten sind auch solche mit Elektronenaktivität beobachtet worden. So entsteht z. B. bei der Beschießung von Magnesium mit α-Teilchen radioaktives Aluminium, das sich unter Aussetzung von β-Strahlen, also von Elektronen, in Silicium umwandelt.

$$^{25}_{12}\text{Mg} + ^{4}_{2}\text{He}^{++} \rightarrow ^{28}_{13}\text{Al} + ^{1}_{1}\text{H}^{+}$$

$$^{28}_{13}\text{Al} \longrightarrow ^{28}_{14}\text{Si} + ^{0}_{1}e^{-}.$$

Künstliche Radioaktivität läßt sich auch durch Beschießung mit Protonen, Deuteronen und Neutronen erzeugen. Bei allen bisher untersuchten Vorgängen sind die entstandenen neuen Radioelemente immer nur elektronen- oder positronenaktiv. Künstliche α-strahlende Radioelemente sind bisher nicht beobachtet worden. Die neuen künstlichen Radioelemente weisen Massenzahlen auf, die keinem bekannten stabilen Isotop zukommen. Die Massenzahlen sind entweder kleiner als die kleinste oder größer als die größte sonst bei dem Element festgestellte Massenzahl. Die schließlich entstandenen stabilen Endprodukte konnten wegen ihrer geringen Menge bisher chemisch nicht nachgewiesen werden.

Die künstlichen Radioelemente, unter denen besonders das Radio-natrium $^{24}_{11}$Na zu nennen ist, haben für therapeutische Zwecke in der Medizin große Bedeutung erlangt. Physiker, Chemiker, Biologen und Mediziner sind ständig bemüht, die Energien, die in den radioaktiven Vorgängen stecken, auszunützen, so daß neben dem Beitrag, den die Erforschung der Radioaktivität zur Aufklärung der Atomvorgänge ge-bracht hat, auch ein praktischer Nutzen der radioaktiven Elemente besteht. Erwähnt sei nur die Verwendung der Radiumpräparate für die Behandlung des Krebses und mancher Hautkrankheiten. Für die Nachbarwissenschaften Mineralogie und Geologie besteht die Bedeutung darin, daß Altersbestimmungen der Gesteine mit Hilfe des radioaktiven Zerfallsgesetzes gemacht werden können. Für die Chemie selbst sei erwähnt, daß es möglich ist, aus radioaktiven Messungen die LOH-SCHMIDTsche Zahl N genau zu bestimmen. Heute verwendet man radioaktive Elemente auch als Indikatoren in der Chemie und Physiologie.

16. Dritte Hauptgruppe des periodischen Systems.

Zur 3. Hauptgruppe rechnet man die Elemente Bor (B), Aluminium (Al), Gallium (Ga), Indium (In) und Thallium (Tl). Entsprechend der Zahl ihrer Außenelektronen treten diese 5 Elemente in ihren Verbin-dungen meist dreiwertig auf; das schwerste von ihnen, das Thallium, zeigt allerdings eine ebenso große Neigung, einwertig positiv geladen aufzutreten. Während Aluminium, Gallium, Indium und Thallium typische Metalle sind, besitzt das Anfangselement der Reihe, das Bor, alle Eigenschaften eines Nichtmetalls. So hat das Bor ein äußerst geringes elektrisches Leitvermögen, es bildet wie die übrigen Nicht-metalle gasförmige Wasserstoffverbindungen und das Oxyd des Bors, B_2O_3, ist ein Säureanhydrid. Demgegenüber sind die Oxyde der übrigen Elemente die Anhydride von Basen, deren Stärke vom amphoteren Aluminiumhydroxyd bis zur mittelstarken Base Thallium(1)-hydroxyd mit steigendem Atomgewicht zunimmt. Wegen dieser Sonderstellung, die das Bor innerhalb der Elemente der 3. Hauptgruppe einnimmt, und wegen seiner Verwandtschaft zum Silicium haben wir das Bor und seine Verbindungen bereits im Anschluß an die 4. Hauptgruppe be-sprochen. Wir brauchen uns daher nur noch mit den metallischen Elementen etwas näher zu befassen. Ihre physikalischen Daten sind in der folgenden Tabelle zusammengestellt:

Element	Atomgewicht	Spez. Gewicht	Schmelzpunkt °C	Siedepunkt °C
Aluminium	26,97	2,70	659	2270
Gallium . ·	69,72	5,9	29,75	2300
Indium	114,76	7,25	154	2000
Thallium	204,39	11,85	302	1306

Auffallend sind die verhältnismäßig niedrig liegenden Schmelzpunkte des Galliums und Indiums. Das Aluminium ist ein auf der Erde sehr verbreitetes Element, während die übrigen drei zu den seltenen gehören.

Da Gallium, Indium und Thallium weder von größerem praktischen noch theoretischen Interesse sind, erübrigt sich eine eingehendere Besprechung ihrer Verbindungen. Anders steht es mit dem Aluminium, welches von größter praktischer Bedeutung ist, so daß wir uns mit dem Aluminium und seinen Verbindungen ausführlich beschäftigen müssen. Über das Gallium und Indium sei nur noch gesagt, daß sie in ihren Reaktionen und den Eigenschaften ihrer Salze den entsprechenden Aluminiumverbindungen sehr ähnlich sind. Bedeutend geringer ist die Ähnlichkeit zwischen dem Thallium und dem Aluminium; die bereits erwähnte Neigung des Thalliums, einwertig aufzutreten, und der ziemlich stark basische Charakter des Hydroxyds weisen schon eine gewisse Beziehung zu den Elementen der 1. Gruppe hin, die auch in manchen anderen Eigenschaften besteht. Vom Thallium ist noch zu nennen sein charakteristisches Flammenspektrum, das aus einer einzigen, scharfen und intensiven Linie im grünen Spektralbereich besteht, und die leichte Reduzierbarkeit der dreiwertigen zu den einwertigen Verbindungen.

Das Aluminium.

Vorkommen. Aluminium gehört zu denjenigen Elementen, die auf der Erde am häufigsten vorkommen; in der Erdrinde ist es zu etwa 7% enthalten und steht damit in der Anordnung der Elemente nach ihrer Häufigkeit hinter dem Sauerstoff und dem Silicium an dritter Stelle. In elementarer Form findet man das Aluminium nicht, sondern nur in Form von Verbindungen, in denen es fast immer an Sauerstoff gebunden ist. Die am meisten verbreiteten Aluminiumverbindungen sind die Silicate, Feldspate und Glimmer u. ä. (z. B. Orthoklas, $KAlSi_3O_8$, Albit, $NaAlSi_3O_8$ und Anorthit, $CaAl_2Si_2O_8$), ferner die Verwitterungsprodukte der obigen Mineralien, die Tone, die hauptsächlich aus Aluminiumoxyd, Kieselsäure und Wasser bestehen und meist gewisse Mengen Eisenoxyd enthalten. Zu den Tonen gehört auch der Kaolin, $Al_2O_3 \cdot 2SiO_2 \cdot 2(H_2O)$. Weniger häufig findet sich das Aluminium als Bauxit, $AlO(OH)$, der meist reichlich Eisenoxyd und wenig Kieselsäure enthält. Wegen seiner Bedeutung für die Aluminiumgewinnung sei hier auch der Kryolith genannt, Na_3AlF_6 dessen einzige Fundstätte Grönland ist.

Darstellung. Die Gewinnung metallischen Aluminiums erfolgt wegen der hohen Bildungswärme des Aluminiumoxyds ausschließlich auf elektrolytischem Wege. Man verwendet dabei eine Schmelze von Kryolith, in der reines Aluminiumoxyd, Al_2O_3, gelöst ist. Na_3AlF_6 dient als Lösungsmittel für das Aluminiumoxyd und soll die Schmelztemperatur des Al_2O_3 herabsetzen; der durch den elektrischen Strom zerlegte Bestandteil der Schmelze ist das Aluminiumoxyd. Demgemäß wird an der Kohleanode Sauerstoff entladen, welcher mit dem Elektrodenmaterial unter Bildung von Kohlenoxyd und Kohlendioxyd reagiert, während an der Kathode das Aluminium abgeschieden wird, das wegen seines hohen spezifischen Gewichtes zu Boden sinkt. Der Kryolith wird also bei der Elektrolyse nicht verbraucht, sondern nur das Aluminiumoxyd, das von Zeit zu Zeit in die Schmelze nachgefüllt werden muß. Das reine Aluminiumoxyd wird aus Bauxit durch Abscheidung des darin als Verunreinigung enthaltenen Eisenoxyds gewonnen.

Die Erzeugung metallischen Aluminiums ist wie die des Magnesiums in den letzten 10 Jahren infolge des ständig wachsenden Bedarfs an Leichtmetallegierungen außerordentlich stark gestiegen. Besonders groß ist die Produktionssteigerung in Deutschland mit dem Ergebnis, daß Deutschland im Jahre 1938 mit 31,1% der Weltproduktion unter den Aluminiumerzeugern an erster Stelle steht. Die Abb. 84 zeigt die Entwicklung der Aluminiumproduktion der vier wichtigsten Länder seit 1929.

Bedauerlicherweise findet man in Deutschland Bauxit nicht in nennenswerter Menge, so daß sämtlicher Bauxit eingeführt werden muß; unsere Hauptlieferanten sind Ungarn und Jugoslawien, von denen wir im Jahre 1937 fast 1 Million Tonnen Bauxit bezogen haben. Man bemüht sich daher um Verfahren, die es ermöglichen, das zur Elektrolyse erforderliche reine Aluminiumoxyd statt aus ausländischem Bauxit aus deutschem Ton herzustellen. Dabei besteht die Schwierigkeit in der Trennung des im Ton enthaltenen Al_2O_3 von dem zweiten Hauptbestandteil des Tones, der Kieselsäure.

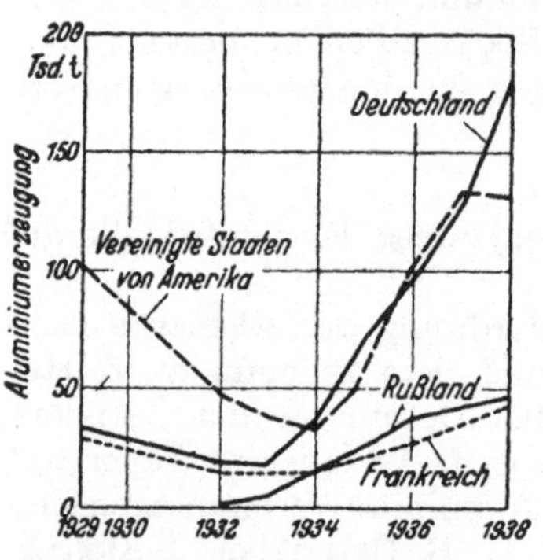

Abb. 84. Die Aluminiumerzeugung in Deutschland, den Vereinigten Staaten von Amerika, Frankreich und Rußland in den Jahren 1929—1938.

Physikalische Eigenschaften. Das Atomgewicht, das spezifische Gewicht und die Fixpunkte des Aluminiums sind bereits in der Tabelle 72 (S. 286) enthalten. Es sei nur noch auf das verhältnismäßig gute elektrische Leitvermögen des Aluminiums hingewiesen, es beträgt rund 60% der elektrischen Leitfähigkeit eines gleich dicken und gleich langen Kupferdrahtes (vgl. Tabelle 19). Da ein Aluminiumdraht wegen des geringen spezifischen Gewichtes des Aluminiums bedeutend leichter ist als ein Kupferdraht von gleicher Stärke, ist Aluminium als Material für elektrische Leitungen, Kabel usw. dem Kupfer vorzuziehen. Daher wird auch Kupfer in demselben Maße, wie die Aluminiumerzeugung gestiegen ist, durch Aluminium verdrängt. Allerdings sind die mechanischen Eigenschaften des Aluminiums nicht so gut wie die des Kupfers.

Chemisches Verhalten. Obwohl die Bildungswärme des Aluminiumoxyds außerordentlich groß ist, nämlich pro Sauerstoffäquivalent 67,2 kcal beträgt, wird Aluminium vom Luftsauerstoff bei Zimmertemperatur kaum angegriffen und verändert. Das hat seine Ursache in der Tatsache, daß — wie auch beim Magnesium — die Metalloberfläche oxydiert wird, und daß eine zwar nur sehr dünne, aber zusammenhängende Oxydschicht entsteht, die das darunterbefindliche Metall vor einem weiteren Angriff des Luftsauerstoffs schützt. Auch mit Wasser findet scheinbar keine Reaktion statt, es bildet sich eine Schutzschicht von Aluminiumhydroxyd, das in Wasser unlöslich ist. Diese natürlichen Schutzschichten sind außerordentlich dünn und daher mechanisch leicht zu verletzen. Um die Widerstandsfähigkeit von Aluminiumgegenständen zu erhöhen, versieht man sie künstlich mit einer bedeutend dickeren Oxydschicht, die man durch elektrolytische Oxydation leicht erzeugen kann . Die natürlichen Schutzschichten kann man zerstören dadurch, daß man das Aluminium mit Quecksilber amalgamiert; Aluminiumamalgam reagiert nämlich sowohl mit dem Luftsauerstoff als auch mit Wasser, wobei keine zusammenhängenden neuen Oxyd- oder Hydroxydschichten gebildet werden. Durch Säuren und auch durch Alkalilaugen wird die Hydroxydschutzschicht gelöst und daher das gesamte Metall in Lösung gebracht. Bei Einwirkung der Säuren entstehen unter Wasserstoffentwicklung Lösungen von Aluminiumsalzen, in denen das Aluminium als Kation vorliegt, z. B.:

$$Al + 3 (H^+ + Cl^-) = Al^{+++} + 3 Cl^- + {}^3/_2 H_2 \,.$$

Mit Alkalilaugen reagiert Aluminium gleichfalls unter Entwicklung von Wasserstoff, die entstehenden Lösungen enthalten aber zum Unterschied gegenüber den sauren Lösungen das Aluminium im Anion, sind also Lösungen von „Alkalialuminaten“:

$$Al + (Na^+ + OH^-) + 3 H_2O = (Na^+ + Al(OH)_4{}^-) + {}^3/_2 H_2 \,.$$

Auch Sodalösungen vermögen infolge der Hydrolyse des Natriumcarbonats und der basischen Reaktion metallisches Aluminium in Lösung zu bringen; man darf demgemäß Aluminiumgefäße nicht mit Sodalösung reinigen.

Bei starker Erhitzung reagiert Aluminium mit dem Sauerstoff sehr lebhaft, und zwar nicht nur mit dem Luftsauerstoff, sondern auch mit gebundenem Sauerstoff. Die zum Einleiten der Reaktion erforderliche hohe Temperatur kann man z. B. durch Verbrennen von Bariumsuperoxyd herstellen. So vermag Aluminium die meisten Metalloxyde zu reduzieren, eine Eigenschaft, die man zur technischen Darstellung mancher Metalle ausnutzt. Das „aluminothermische“ oder „Thermit“-verfahren ist bereits ausführlich im Abschnitt über die Metalle besprochen, worauf wir hier verweisen können (vgl. S. 72).

Mit den Halogenen reagiert Aluminium bei Zimmertemperatur oder wenig darüberliegenden Temperaturen, mit Brom sogar unter Feuererscheinung.

Von den Verbindungen des Aluminiums seien nur die wichtigsten kurz besprochen. Allgemein kann über die Aluminiumsalze gesagt werden, daß sie als Salze der sehr schwachen Base $Al(OH)_3$ in wäßriger Lösung hydrolytisch gespalten sind; Aluminiumsalze starker Säuren reagieren demgemäß sauer. In Wasser schwer löslich ist das Aluminiumphosphat ($AlPO_4$), ferner die Aluminiumsilicate und -borate. Zum analytischen Nachweis benutzt man meist das Aluminiumhydroxyd und sein Verhalten gegenüber Natronlauge und Ammoniak. Wie schon erwähnt, ist das Aluminiumhydroxyd in Wasser unlöslich, es kann aus Aluminiumsalzlösungen durch Ammoniak, wenig Alkalihydroxyd oder wenig Natriumcarbonat ausgefällt werden:

$$Al^{+++} + 3 OH^- = Al(OH)_3 \,.$$

[1] Eloxal-Verfahren.

Als amphoteres Hydroxyd löst sich $Al(OH)_3$ in einem Überschuß von Hydroxylionen unter Bildung von Aluminationen wieder auf:

$$Al(OH)_3 + OH^- \rightarrow [Al(OH)_4] \; .$$

So wird Aluminiumhydroxyd durch die stark basischen Alkalilaugen und Alkalicarbonate wieder in Lösung gebracht, nicht aber durch Ammoniak, da die $[OH^-]$ des letzteren zu gering ist.

Von praktischem Interesse sind die Natrium-Aluminiumsilicate, da sie die Eigenschaft besitzen, ihr Natrium sehr leicht gegen andere Kationen auszutauschen. Dieser Kationenaustausch ist umkehrbar (reversibel) und hängt davon ab, mit was für Lösungen die *„Permutite"*, wie man derartige Aluminiumsilicate nennt, jeweils behandelt werden. Läßt man z. B. Leitungswasser über einen Permutit bzw. besser durch ein Permutitfilter fließen, so wird das im Wasser enthaltene Calcium und Magnesium gebunden und eine entsprechende Menge Natriumionen geht dafür in Lösung. Ist alles Natrium des Permutits durch Calcium bzw. Magnesium ersetzt, so können die im Permutit gebundenen Erdalkaliionen durch Behandlung mit konzentrierten Natriumchloridlösungen wieder vollständig gegen Natrium ausgetauscht werden; der regenerierte Permutit ist dann von neuem zur Bindung von Erdalkaliionen geeignet. Man benutzt daher häufig Natrium-Aluminiumsilicate, um Leitungswasser zu enthärten.

Verwendung. Metallisches Aluminium wird sehr vielfältig verwendet. Die wichtigste Anwendung ist wohl die als Bestandteil der Leichtmetallegierungen in der Luftschiff- und Flugzeugindustrie. Von den zahlreichen neueren Aluminiumlegierungen, die außer Aluminium meist mehr oder weniger große Mengen Magnesium und geringe Zusätze von Schwermetallen (Kupfer, Mangan, Eisen) enthalten, seien genannt das „Duraluminium", das „Hydronalium" und das „Magnalium".

Manche Gebrauchsgegenstände, wie Kochtöpfe, Eimer usw., werden aus Aluminium hergestellt, in neuerer Zeit wird es auch häufiger an Stelle von Messing zur Herstellung von Türklinken, Griffen, Schildern u. ä. benutzt. Die Verwendung des Aluminiums als Material für elektrische Leitungsdrähte und Kabel wurde schon oben erwähnt, desgleichen die als Reduktionsmittel bei der Gewinnung mancher Metalle (Thermitverfahren).

Von den Aluminiumverbindungen haben praktische Bedeutung das bereits genannte Natrium-Aluminiumsilicat für die Enthärtung von Kesselwasser, wasserfreies Aluminiumchlorid $(AlCl_3)$ als Katalysator bei der Herstellung gewisser organischer Präparate und schließlich Aluminiumsulfat und Aluminiumacetat als Beizen in der Woll- und Baumwollfärberei. Die Wirksamkeit dieser Salze als Beize beruht auf ihrer hydrolytischen Spaltung und der Abscheidung von fein verteiltem Aluminiumhydroxyd auf der betreffenden Faser. Das auf der Faser abgeschiedene $Al(OH)_3$ besitzt die Eigenschaft, gewisse organische Farbstoffe, die auf der ungebeizten Faser nicht haften, fest zu binden. Basisches Aluminiumacetat gebraucht man in der Medizin unter dem Namen „essigsaure Tonerde".

17. Die Nebengruppen des periodischen Systems.

Im Laufe der gruppenweisen Besprechung der chemischen Elemente haben wir bisher sämtliche Hauptgruppen behandelt; wir hatten dabei mit der 8. Hauptgruppe, den Edelgasen, begonnen, darauf folgten diejenigen Hauptgruppen, deren Vertreter vornehmlich Metalloide waren, also die Hauptgruppen 7—4, und den Abschluß bildeten die Hauptgruppen 1—3, die Gruppen der Leichtmetalle. In den folgenden Kapiteln müssen wir uns nun etwas mit den Elementen der Nebengruppen befassen. Zunächst sei kurz daran erinnert, wie wir zur Unterteilung des periodischen Systems in Haupt- und Nebengruppen gekommen sind und welches die Unterschiede der Vertreter dieser beiden Gruppenarten sind. Das formale Einteilungsprinzip, das man bei der Betrachtung des periodischen Systems (S. 172) sofort erkennt, ist das folgende: Alle Elemente, deren Ordnungszahl um 0—2 Einheiten größer ist als die Atomnummer des jeweils vorhergehenden Edelgases, und alle Elemente, deren Ordnungszahl um 1—5 kleiner ist als diejenige des nächstfolgenden Edelgases, sind Elemente der Hauptgruppen. Alle übrigen Elemente gehören zu Nebengruppen. Die innere Ursache, die dieser äußerlich formalen Einteilung zugrunde liegt und die die physikalischen und chemischen Unterschiede im Verhalten der Elemente der Haupt- und Nebengruppen bedingt, ist im Atombau oder genauer gesagt im Aufbau der Elektronenhülle zu suchen. Bei den Elementen der Hauptgruppen weisen sämtliche „inneren Schalen" eine Elektronenbesetzung auf, wie sie entweder das jeweils vorhergehende oder das folgende Edelgas besitzt, und nur die „äußerste Schale" hat keine edelgasähnliche Elektronenanordnung. Demgegenüber ist für die Elemente der Nebengruppen charakteristisch, daß bei ihnen nicht nur die äußerste, sondern auch eine innere Schale keine edelgasähnliche Anordnung besitzt. Wir haben früher besprochen, daß mit steigender Ordnungszahl der Aufbau der Elektronenhülle innerhalb der ersten beiden Perioden so erfolgt, daß ein Elektron nach dem anderen in die jeweils äußerste Schale eingebaut wird so lange, bis in dieser acht Elektronen vorhanden sind, und daß jedesmal, wenn eine Achterschale voll besetzt ist, das nächstfolgende Elektron in eine neue äußere Schale geht. Dieses Aufbauprinzip wird in der 3. Periode in gewissem Grade durchbrochen, insofern nämlich, als das beim Scandium neu hinzukommende Elektron nicht in die äußerste Schale, die N-Schale, sondern in eine innere Schale, die M-Schale, geht und bei den 9 folgenden Elementen die M-Schale erst ganz aufgefüllt wird (vgl. Tabelle 47, S. 179). Diese 10 Elemente vom Scandium bis zum Zink besitzen also in der äußeren N-Schale die gleiche Anzahl von Elektronen, nämlich 2, und unterscheiden sich durch die Zahl der Elektronen in der M-Schale, die zwischen 9 und 18 variiert. Diese Elemente sind also gemäß unserer obigen Definition Elemente der Nebengruppe, sie sind die Anfangselemente der Nebengruppen. Etwas Ähnliches wiederholt sich in der 4., 5. und 6. Periode. Hier sind es die 10 Elemente Yttrium bis Cadmium (Atomnummer 39—48) bzw. die 24 Elemente Lanthan bis Quecksilber (Ordnungszahl 57—80) und schließlich die 4 schwersten Elemente Aktinium, Thorium, Protaktinium und Uran (Ordnungszahlen 89—92), deren innere Schalen nicht sämtlich edelgasähnlich besetzt sind und die daher Nebengruppen angehören. Daß in der 5. Periode sogar 24 Elemente in Nebengruppen einzuordnen sind, hat seine Ursache in der Tatsache, daß nicht nur 10 Elektronen nachträglich in die O-Schale, sondern weitere 14 Elektronen in die ebenfalls noch nicht gesättigte N-Schale eingebaut werden. Die letzteren 14 Elemente sind die „Lanthaniden", die alle an eine Stelle in der 3. Nebengruppe des periodischen Systems zu setzen sind. Die 3. Nebengruppe enthält also unverhältnismäßig viel Elemente; auch in der 8. Nebengruppe werden mehr Elemente als in den übrigen Nebengruppen angeordnet, es sind das die untereinander sehr ähnlichen Elemente der Eisengruppe, Eisen, Kobalt, Nickel, und der Platingruppe, Ruthenium, Rhodium, Palladium, Osmium, Iridium und Platin. Alle übrigen Nebengruppen bestehen jeweils aus 3 oder 4 Elementen.

Über die physikalischen Eigenschaften und das chemische Verhalten der Elemente der Nebengruppen kann zusammenfassend etwa folgendes gesagt werden: Die Elemente der Nebengruppen sind sämtlich Schwermetalle. Sie gleichen bis zu einem gewissen Grade den Elementen der zugehörigen Hauptgruppe; diese Ähnlichkeit ist am meisten ausgeprägt in der Mitte des periodischen Systems, also bei den Gruppen III—V, und nimmt nach den beiden Seiten zu stark ab. So können die Elemente der ersten Nebengruppe, die Edelmetalle Kupfer, Silber, Gold, kaum noch mit den unedlen Alkalimetallen verglichen werden; noch geringer ist die Verwandtschaft in der 8. Gruppe zwischen den Edelgasen einerseits und den Metallen der Eisen- und Platingruppe andererseits. Für alle Elemente der Nebengruppen ist charakteristisch, daß sie in mehreren Wertigkeitsstufen vorkommen und sich verhältnismäßig leicht von einer in die andere umwandeln können. Zu bemerken ist ferner, daß die beständigste Wertigkeitsstufe bei Elementen derselben Nebengruppe nicht immer die gleiche ist, und daß die maximale Wertigkeit nicht stets mit der Gruppennummer übereinstimmt, sie kann sowohl kleiner als auch größer als diese sein. Als Beispiele hierfür seien die 8. und die 1. Nebengruppe betrachtet! In der 8. Nebengruppe ist die maximale Wertigkeit beim Eisen die Sechswertigkeit, beim Kobalt und Nickel die Dreiwertigkeit, während die größte Beständigkeit die Verbindungen des dreiwertigen Eisens und des zweiwertigen Nickels haben. Der umgekehrte Fall,- daß nämlich die maximale Wertigkeit größer ist als die Gruppennummer, findet sich bei den Elementen der 1. Nebengruppe: Gold tritt maximal dreiwertig und Kupfer zweiwertig auf, diese Wertigkeitsstufen sind sogar ihre beständigsten.

a) Die Metalle der 1. Nebengruppe: Kupfer, Silber, Gold.

In dem voranstehenden einleitenden Abschnitt wurde bereits darauf hingewiesen, daß die Verwandtschaft der Metalle Kupfer, Silber und Gold zu den Metallen der 1. Hauptgruppe recht gering ist. Die einzige Übereinstimmung, die zu nennen ist, ist die Wertigkeit: Kupfer, Silber und Gold treten wie die Alkalimetalle einwertig auf. Allerdings ist diese

Wertigkeitsstufe nicht die einzig mögliche, beim Kupfer und Gold sogar die unbeständigere; Kupfer ist in seinen meisten Verbindungen zweiwertig, das Gold dreiwertig. Den Unterschied in den Eigenschaften und im Verhalten von Kupfer, Silber und Gold gegenüber den Alkalimetallen zeigt die folgende vergleichende Übersicht:

Tabelle 73.
Vergleich von Kupfer, Silber, Gold mit den Alkalimetallen.

	Kupfer, Silber, Gold	Alkalimetalle
Spezifisches Gewicht	groß; Schwermetalle	klein; Leichtmetalle
Schmelzpunkte	hoch; um 1000° C	niedrig; unter 200° C
Wertigkeit	einwertig Cu meist zweiwertig Au „ dreiwertig	einwertig
Stellung in der Spannungsreihe	edler als Wasserstoff	viel unedler als Wasserstoff; am Anfang der Spannungsreihe
Verhalten gegen Luft	bei allen Temperaturen beständig	werden schon bei Zimmertemperatur vollständig oxydiert
Reaktionsfähigkeit	geringe Tendenz, Kationen zu bilden	große Tendenz, Kationen zu bilden
Hydroxyde	schwache Laugen AgOH mittelstarke Base	sehr starke Basen
Chloride, Bromide, Jodide	in Wasser unlöslich	in Wasser leicht löslich
Sulfide	in Wasser schwer löslich	in Wasser leicht löslich
Neigung zur Komplexbildung	groß; beständige Komplexverbindungen	sehr klein; Komplexverbindungen unbeständig

Vorkommen und Darstellung. Von den drei Metallen der 1. Nebengruppe ist das schwerste, das Gold, das edelste. Es kommt in der Natur fast ausschließlich im gediegenen Zustand vor, während das Kupfer und Silber kaum in elementarer Form, sondern meist in sulfidischen Erzen gefunden werden. Die Verfahren der Goldgewinnung sind zum Teil bereits in dem allgemeinen Abschnitt über die Metalle besprochen worden (S. 68). Es sei hier daher nur der Vollständigkeit halber erinnert an das alte Verfahren der „Goldwäscherei", bei dem das in den Ablagerungen mancher Flüsse vorkommende Gold durch Schlämmen von den spezifisch leichteren Beimengungen (Sand, Ton usw.) getrennt wird, und an ein zweites, mehr chemisches Verfahren, welches die Neigung des Goldes, sich mit Quecksilber zu Goldamalgam zu verbinden, in der Weise ausnutzt, daß man das goldhaltige Gestein mit Quecksilber behandelt und aus dem entstandenen Amalgam durch Abdestillieren des Quecksilbers das Gold zurückgewinnt. Neuerdings wendet man meist die „Cyanidlaugerei" an, die gegenüber den obigen beiden Methoden den Vorzug hat, auch bei kleinen Goldvorkommen anwendbar zu sein. Das Verfahren der Cyanidlaugerei beruht auf der Tatsache, daß Gold bei Anwesenheit von Luftsauerstoff in Alkalicyanidlösungen als komplexes Anion $[Au(CN)_2]^-$ in Lösung geht; dieser Vorgang läßt sich durch folgende Gleichung wiedergeben:

$$4\,Au + 8\,NaCN + O_2 + 2\,H_2O = 4\,Na[Au(CN)_2] + 4\,NaOH\,.$$

Aus diesen Lösungen wird das Gold durch metallisches Zink verdrängt und abgeschieden. Da das in der Natur vorkommende Gold im allgemeinen nicht rein, sondern meist durch Silber verunreinigt ist und da metallisches Silber sich gleichfalls in Alkalicyanidlaugen auflöst, muß sich dem Gewinnungsverfahren nach ein Reinigungsprozeß anschließen. Die Reinigung erfolgt fast ausschließlich durch Elektrolyse: Das Rohgold wird als Anode in eine Lösung von Goldchlorwasserstoffsäure $H[AuCl_4]$ eingehängt; an der Kathode scheidet sich reinstes Gold ab, während das Silber als schwer lösliches Silberchlorid zu Boden sinkt.

Die hauptsächlichsten Silber- und Kupfervorkommen sind die in sulfidischen Erzen; die reinen Sulfide des Silbers und Kupfers, die man als Silberglanz (Ag_2S) bzw. Kupferglanz (Cu_2S) bezeichnet, sind selten; man findet sie meist als mehr oder weniger große Beimengungen in anderen Schwermetallsulfiden, so das Silbersulfid zu Bruchteilen von Prozenten im Bleiglanz (PbS), das Kupfersulfid in den Sulfiden des Eisens, Arsens und Antimons, z. B. als Kupferkies $(CuFeS_2)$. Zwei weitere wichtige Kupfererze seien noch genannt, der Malachit, ein basisches Kupfercarbonat der ungefähren Zusammensetzung $CuCO_3\,Cu(OH)_2$ und das Rotkupfererz, das Kupferoxyd Cu_2O.

Die Verfahren zur Gewinnung von metallischem Silber bzw. Kupfer aus diesen Erzen sind im Prinzip dieselben, wie sie bei der Darstellung der anderen Schwermetalle angewandt werden und wie wir sie bereits für das Eisen und Blei besprochen haben, d. h. es sind im wesentlichen zwei Prozesse, das Rösten und die Reduktion mit Kohle, durchzuführen. In der Praxis ist die Darstellung etwas schwieriger und langwieriger, weil ja noch eine Trennung von den in dem Erz vorliegenden übrigen Schwermetallen zu erfolgen hat, die man entweder gleichzeitig mit den Röst- und Reduktionsprozessen oder nachher durchführt.

Beim Silber schließt sich die Trennung von Blei an die Reduktion an. Dabei reichert man zunächst das Silber im Blei nach einem der folgenden beiden Verfahren an. Beim PATTINSON-Prozeß läßt man die Blei-Silber-Schmelze langsam abkühlen und entfernt das anfangs auskristallisierende reine Blei. Dadurch steigt der Silbergehalt der Schmelze bis zu demjenigen des eutektischen Gemisches ($2,5\,\%$ Ag). Durch Messung der Temperatur des Bades läßt sich auf Grund des Zustandsdiagrammes die jeweilige Zunahme des Silbergehaltes feststellen. (Schmelztemperatur des Eutektikums $= 304^0\,C$.) Bei dem zweiten, neueren Verfahren der Silberanreicherung, dem PARKES-Prozeß, behandelt man die silberhaltige Bleischmelze mit Zink. Bei der Temperatur der Schmelze sind Zink und Blei nicht vollständig mischbar, es bilden sich zwei Schichten, die untere ist reich an Blei, die obere reich an Zink. Da nun Zink im festen Zustand eine wesentlich größere Löslichkeit für Silber hat als Blei, geht das Silber in die zinkreiche Schicht. Man schüttelt also gewissermaßen das Silber mit Zink aus. Nach Trennung der beiden Schichten wird aus der zinkreichen Schicht das Zink abdestilliert (nie-

driger Siedepunkt des Zinks!), wobei ein an Ag stark angereichertes
Blei hinterbleibt. Bei beiden Verfahren schließt sich der „Treibprozeß"
an, d. h. die Ag-haltige Bleischmelze wird mit einem kräftigen Luftstrom
so lange behandelt, bis alles Blei zu Bleioxyd, PbO, das man kontinuierlich entfernt, oxydiert ist. So erhält man schließlich reines Silber.

Das durch Reduktion gewonnene Rohkupfer wird im allgemeinen
noch durch Elektrolyse gereinigt. In einem Bad aus Kupfersulfatlösung
hängt als Anode das Rohkupfer, als Kathode ein dünnes Blech aus
reinstem Kupfer; bei Stromdurchgang geht das Rohkupfer der Anode
in Lösung und die gleiche Menge Kupfer scheidet sich gleichzeitig an
der Kathode in reiner Form ab. Daß durch die Elektrolyse eine Reinigung erzielt wird, hat seine Ursache in der Tatsache, daß die Verunreinigungen des Rohkupfers als Anodenschlamm zu Boden sinken
und nicht an der Kathode abgeschieden werden. Das Kupfersulfat
der Lösung wird bei der Elektrolyse nicht verbraucht.

Physikalische Eigenschaften.

	Farbe	Atom-gewicht	Spez. Gewicht	Schmelzpunkt ° C	Siedepunkt ° C	Wertig-keiten
Kupfer	rot	63,57	8,93	1083	2340	I, II
Silber . . .	weiß	107,88	10,50	960,5	2150	I
Gold	gelb	197,2	19,3	1063	2710	I, III

Kupfer, Silber und Gold sind durch ein großes elektrisches Leitvermögen ausgezeichnet. Kupfer wird daher als Material für elektrische
Leitungen verwendet; die Verwendung von Silber und Gold zu derartigen Zwecken verbietet ihr hoher Preis. Alle drei Metalle der 1. Nebengruppe kristallisieren im flächenzentrierten Würfelgitter. In reinem
Zustand sind sie, besonders das Silber und Gold, ziemlich weich; durch
geringe Zusätze anderer Metalle kann ihre Härte allerdings stark heraufgesetzt werden, z. B. schon dadurch, daß sie miteinander legiert werden.
So benutzt man zu Gebrauchs- und Schmuckgegenständen, Münzen
u. dgl nie reines Silber oder Gold, sondern Silber-Kupfer- oder Gold-
Kupfer- bzw. Gold-Silber-Legierungen. Bei Silberlegierungen gibt man
den Silbergehalt meist in Promille an, eine Silberlegierung mit der
Bezeichnung „900" enthält also auf 900 Teile reines Silber 100 Teile
Kupfer. Der Goldgehalt von Goldlegierungen wird ebemalls in Promille
oder in „Karat" angegeben, die alte Bezeichnung in Karat gibt an,
wieviel Teile Gold in 24 Gewichtsteilen der Legierung enthalten sind.
14 karätiges Gold ist also identisch mit der Legierung „585".

Chemisches Verhalten. Die Wertigkeiten, in denen die Metalle der
1. Nebengruppe vorliegen können, sind in der Tabelle der physikalischen
Eigenschaften mit eingetragen: das Silber ist einwertig, das Kupfer
ein- und zweiwertig und das Gold ein- und dreiwertig. Die Salze des
einwertigen Kupfers heißen Cupro- oder Kupfer-(I)-Salze, diejenigen
des zweiwertigen Cupri- oder Kupfer-(II)-Salze. Entsprechend hat man
zwischen den Auro- oder Gold-(I)-Verbindungen und den Auri- oder
Gold-(III)-Verbindungen zu unterscheiden. Wie schon mehrfach betont,
sind die höheren Wertigkeiten vom Kupfer und Gold die beständigeren.

Mit Sauerstoff reagiert von den Metallen der 1. Nebengruppe nur das Kupfer; bei Zimmertemperatur bedeckt es sich langsam mit einer dünnen Oxydschicht, beim Erwärmen kann es durch Sauerstoff vollständig zu schwarzem Kupferoxyd (CuO) oxydiert werden, das allerdings bei weiterer Steigerung der Temperatur, d. h. bei Temperaturen über $1000°$ C, wieder in Kupfer und Sauerstoff thermisch gespalten wird. In feuchter Luft, d. h. unter der gemeinsamen Einwirkung von Sauerstoff, Wasser und Kohlendioxyd, bildet sich allmählich ein Überzug von grün gefärbtem basischem Kupfercarbonat, $Cu(OH)_2 \cdot CuCO_3$, die sog. „Patina". Silber und Gold werden von Luft nicht verändert.

Infolge ihrer Stellung in der Spannungsreihe, d. h. infolge der positiven Werte ihrer Normalpotentiale können metallisches Kupfer, Silber und Gold durch Wasserstoffionen nicht in Lösung gebracht werden. Nur solche Säuren, die stark oxydierend wirken, vermögen diese edlen Metalle zu lösen. So gehen Kupfer und Silber in konzentrierter Salpetersäure oder in warmer konzentrierter Schwefelsäure in Lösung, wobei diese Säuren zum Teil zu Stickstoffmonoxyd bzw. Schwefeldioxyd reduziert werden. Wir formulieren die Reaktionsgleichungen für das Kupfer, und zwar zerlegen wir sie in zwei Phasen, die Oxydation des Metalls zum Oxyd und die Neutralisation des Oxyds durch die Säure:

$$(1\,a) \qquad 3\,Cu + 2\,HNO_3 = 3\,CuO + H_2O + 2\,NO$$

$$(1\,b) \qquad 3\,CuO + 6\,HNO_3 = 3\,Cu(NO_3)_2 + 3\,H_2O$$

$$(2\,a) \qquad Cu + H_2SO_4 = CuO + H_2O + SO_2$$

$$(2\,b) \qquad CuO + H_2SO_4 = CuSO_4 + H_2O.$$

Für Silber sind die Gleichungen völlig analog, man hat lediglich jeweils ein Kupferatom durch zwei Silberatome zu ersetzen.

Gold ist noch edler als Silber und Kupfer und löst sich weder in konzentrierter Schwefelsäure noch in konzentrierter Salpetersäure. Wie schon auf S. 202 besprochen, wird Gold von Königswasser, einer Mischung aus 3 Teilen Salzsäure und 1 Teil Salpetersäure, in Lösung gebracht. Im Königswasser besteht ein Gleichgewicht zwischen Salzsäure und Salpetersäure einerseits und Nitrosylchlorid und Chlor auf der anderen Seite:

$$3\,HCl + HNO_3 \rightleftharpoons NOCl + Cl_2 + 2\,H_2O.$$

Das freie Chlor ist die Ursache dafür, daß sich Gold in Königswasser löst; es bildet sich Goldtrichlorid

$$Au + {}^3/_2\,Cl_2 \rightarrow AuCl_3,$$

das sich mit einem Molekül Salzsäure zur Goldchlorwasserstoffsäure $H[AuCl_4]$ verbindet:

$$AuCl_3 + HCl = H[AuCl_4] \rightleftharpoons H^+ + [AuCl_4]^-.$$

In dieser komplexen Säure ist das Gold im Anion enthalten.

Alle Lösungen, in denen zweiwertige Kupferionen vorliegen, sind blau gefärbt. Die blaue Farbe des Cupriions ist durch seine Hydratation bedingt; in wäßriger Lösung sind nämlich vier Moleküle Wasser fest an das Kupferion gebunden. Daß dieses komplex gebundene Wasser für das Auftreten der blauen Farbe notwendig ist, ergibt sich aus der Tatsache, daß die Salze des zweiwertigen Kupfers gleichfalls blau gefärbt sind, wenn sie aus den wäßrigen Lösungen auskristallisiert sind und daher mindestens 4 Moleküle Kristallwasser enthalten, daß dagegen die wasserfreien Kristalle derselben Salze, z. B. $CuSO_4$ und $Cu(NO_3)_2$, farblos sind. Das nicht hydratisierte Cupriion ist farblos. Gleichfalls ungefärbt sind die Lösungen der Silbersalze, während das Ion des dreiwertigen Goldes den Lösungen und den meisten Salzen eine gelbe Farbe erteilt.

In Wasser schwer lösliche Niederschläge, die zum analytischen Nachweis geeignet sind, bilden die Ionen des Kupfers, Silbers und Goldes mit den Sulfid-, den Hydroxyl- und den meisten Halogenidionen. Alle drei Sulfide, CuS, Ag_2S und Au_2S, sind schwarz gefärbt und in verdünnten Säuren, das Goldsulfid sogar in konzentrierten Säuren, unlöslich. Versetzt man Kupfer-, Silber- oder Goldsalzlösungen mit Hydroxylionen, so fallen die Hydroxyde aus, nämlich das blaue $Cu(OH)_2$, das schwarzbraune $AgOH$ und das rotbraune $Au(OH)_3$. Diese Hydroxyde gehen unter Wasserabspaltung mehr oder weniger schnell in die zugehörigen Oxyde über; das Silberoxyd (Ag_2O) bildet sich schon in der Kälte:

$$2\,AgOH \rightarrow Ag_2O + H_2O;$$

Das Kupferoxyd (CuO), das schwarz gefärbt ist, entsteht erst beim Kochen einer Kupferhydroxydaufschlämmung. Die Hydroxyde des Kupfers und Silbers lösen sich in Ammoniak unter Bildung komplexer Kationen wieder auf:

$$Cu(OH)_2 + 4\,NH_3 = [Cu(NH_3)_4]^{++} + 2\,OH^-$$
$$AgOH + 2\,NH_3 = [Ag(NH_3)_2]^+ + OH^-.$$

Auf diese Weise kann sich aber auch das sog. Knallsilber bilden, welches bei der Einwirkung von Ammoniak auf Silberoxyd oder auch Silbersalze entsteht und eine äußerst explosive Verbindung von der Zusammensetzung Ag_3N oder Ag_2NH darstellt. Die explosionsartige Zersetzung kann sogar unter der Mutterlauge schon einsetzen. Das Gold bildet ebenfalls (sogar noch leichter) ähnliche labile Verbindungen. Dieses von BERTHOLLET zuerst hergestellte Knallsilber ist nicht mit dem oft ebenso bezeichneten Silberfulminat, dem Silbersalz der Knallsäure ($HONC$) zu verwechseln, ebenfalls nicht mit dem explosiblen Silberazid AgN_3.

Das Tetramincupriion, $[Cu(NH_3)_4]^{++}$, ist durch seine charakteristische tiefblaue Farbe ausgezeichnet, die Farbe ist bedeutend kräftiger und tiefer als diejenige des hydratisierten Cupriions, des Tetraquocupriions, $[Cu(H_2O)_4]^{++}$. Das Aurihydroxyd löst sich in überschüssiger Alkalilauge, wobei ein komplexes Anion, das Auration, das Ion der Goldsäure $H[Au(OH)_4]$, entsteht:

$$Au(OH)_3 + NaOH \rightleftharpoons [Au(OH)_4]^- + Na^+.$$

Bemerkenswert ist, daß der Basencharakter dieser drei Hydroxyde recht verschieden ist. Die geringen, in Wasser löslichen Anteile der Hydroxyde sind beim Kupfer und Gold kaum in ihre Ionen zerfallen, beim Silber dagegen zu etwa 40% dissoziiert. $Cu(OH)_2$ und $Au(OH)_3$ sind also schwache Basen, während das Silberhydroxyd den Charakter einer mittelstarken Lauge hat. Dieser Unterschied zeigt sich z. B. in dem Verhalten der wäßrigen Lösungen ihrer neutralen Salze; so reagiert eine Kupfersulfatlösung infolge Hydrolyse sauer, eine Silbernitratlösung dagegen neutral.

Von den Halogeniden des Kupfers, Silbers und Golds sind fast alle diejenigen, welche sich von den einwertigen Ionen ableiten, in Wasser unlöslich oder schwer löslich. Dabei gilt allgemein eine Regelmäßigkeit, die wir schon früher für den Spezialfall der Silberhalogenide festgestellt haben, daß nämlich die Löslichkeit innerhalb der Reihen vom Fluorid zum Jodid mit steigendem Atomgewicht des Halogens abnimmt.

Charakteristisch ist für die Kupfer-, Silber- und Goldionen die große Neigung, Komplexsalze zu bilden. Außer den bereits erwähnten Tetraquo- und Tetramincupriionen sei noch auf das Tetracyano-cuproion hingewiesen, das für den analytischen Chemiker aus dem Grunde von Interesse ist, weil aus diesem Komplex $[Cu(CN)_4]^{3-}$ das Kupfer nicht durch Schwefelwasserstoff ausgefällt wird, im Gegensatz zu dem Verhalten des Cadmiums in dem analogen Komplex $[Cd(CN)_4]^{2-}$. Zwei Komplexsalze des Kupfers haben ferner in der organischen Chemie gewisse Bedeutung erlangt: Eine Lösung von Tetramincuprihydroxyd, die man auch als „Schweitzers Reagens" bezeichnet, besitzt die Eigenschaft, Cellulose aufzulösen; durch Zusatz von Säuren kann die Cellulose aus diesen Lösungen wieder ausgefällt werden. Man benutzt daher $[Cu(NH_3)_4](OH)_2$ in der Zellwolle- und Kunstseideindustrie. Die zweite in der organischen Chemie häufiger gebrauchte Kupferverbindung ist ein komplexes Cuprisalz der Weinsäure, das in alkalischer Lösung unter dem Namen „FEHLINGsche Lösung" als Reagens auf leicht oxydierbare Stoffe, wie Aldehyde, Zucker u. a., verwendet wird. Versetzt man nämlich z. B. eine Zuckerlösung mit FEHLINGscher Lösung und erhitzt sie, so entsteht ein Niederschlag von gelbem Cuprohydroxyd CuOH oder von rotem Cuprooxyd Cu_2O, d. h. der betreffende oxydierbare Stoff reduziert das zweiwertige zum einwertigen Kupfer, wobei gleichzeitig der Weinsäurekomplex zerstört wird.

Auch vom Silber kennt man eine große Zahl von Komplexverbindungen. Ein Kationenkomplex ist der Diaminkomplex $[Ag(NH_3)_2]^+$, er ist unter den bekannten Komplexverbindungen des Silbers der am wenigsten beständige, d. h. die sekundäre Dissoziation

$$[Ag(NH_3)_2]^+ \rightleftharpoons Ag^+ + 2\,NH_3$$

ist verhältnismäßig groß; die Silberionenkonzentration ist so groß, daß beim Versetzen mit Bromid- oder Jodidionen das Löslichkeitsprodukt des Silberbromids bzw. Silberjodids überschritten wird und Niederschläge von AgBr oder AgJ entstehen, wodurch natürlich das obige Gleichgewicht vollständig nach der rechten Seite verschoben wird und der Ammoniakkomplex vollständig zerstört wird. Viel beständiger sind dagegen zwei Anionenkomplexe des Silbers:

$$[Ag(CN)_2]^- \quad \text{und} \quad [Ag(S_2O_3)_2]^{3-}.$$

Die Dissoziation des Cyanid- und des Thiosulfatkomplexes ist so gering daß weder Bromid- noch Jodidionen Fällungen ergeben. Vielmehr werden umgekehrt alle Silberhalogenidniederschläge durch Kaliumcyanid oder Natriumthiosulfat wieder in Lösung gebracht, z. B.

$$AgBr + 2\,CN^- = [Ag(CN)_2]^- + Br^-$$
$$AgBr + 2\,S_2O_3{}^{2-} = [Ag(S_2O_3)_2]^{3-} + Br^-.$$

Von dieser letzten Reaktion macht man in der Photographie beim Prozeß des Fixierens Gebrauch (vgl. S. 147).

Die wichtigsten Komplexsalze des Goldes, der Cyanidkomplex, $[Au(CN)_2]^-$, der Tetrachlorokomplex, $[AuCl_4]^-$, in den Verbindungen der Goldchlorwasserstoffsäure und der Auratkomplex $[Au(OH)_4]^-$, sind bereits oben erwähnt worden.

Verwendung. Metallisches Kupfer wird teils in reinem Zustand, teils. in Form von Legierungen in großer Menge verarbeitet. Das reine Kupfer dient hauptsächlich als Leitungsmaterial in der Elektrotechnik. Von den Legierungen seien genannt: die Bronze, eine Kupfer-Zinn-Legierung, die besonders als Material zur Herstellung von Waffen und Glocken benutzt wird; das Messing, eine Kupfer-Zink-Legierung und das Neusilber, eine Legierung aus Kupfer, Zink und Nickel, die — wie ihr Name schon andeutet — die weiße Farbe des Silbers besitzt und an Stelle des teueren Silbers gelegentlich verwendet wird. Schließlich sei noch auf die mehr oder weniger großen Kupferzusätze zu den Edelmetallen Silber und Gold hingewiesen, die diesem eine größere Härte geben sollen.

Von den Kupferverbindungen finden manche als blaue oder grüne Farbe Verwendung; die Benutzung ammoniakalischer Kupferhydroxydlösungen als Lösungsmittel für Cellulose ist bereits besprochen.

Metallisches Silber und Gold verwendet man zur Herstellung von Schmuck, Münzen u. dgl. Silberbromid gebraucht man wegen seiner Lichtempfindlichkeit in der Photographie bei der Herstellung von Platten und Filmen.

b) Die 2. Nebengruppe des periodischen Systems: Zink (Zn). Cadmium (Cd), Quecksilber (Hg).

Vorkommen und Gewinnung. Alle drei Metalle der 2. Nebengruppe findet man in der Natur in Form ihrer Sulfide, als Zinkblende (ZnS), als Zinnober (HgS) und als Greenockit (CdS); letzteres ist allerdings ein sehr seltenes Mineral. Weitere Zinkvorkommen sind Zinkspat. oder Galmei $(ZnCO_3)$, Zinkoxyd (ZnO) und Zinksilicat (Zn_2SiO_4). Die Zinkerze enthalten fast alle gewisse Mengen entsprechender Cadmiumverbindungen.

Die Gewinnung des Quecksilbers aus dem Zinnober ist sehr einfach: Man erhitzt das Quecksilbersulfid im Luftstrom oder zusammen mit Eisen; dabei verbindet sich der Schwefel mit dem Luftsauerstoff bzw. dem Eisen:

$$HgS + O_2 \rightarrow Hg + SO_2$$
$$HgS + Fe \rightarrow Hg + FeS.$$

Das Quecksilber ist ein derart edles Metall, daß es bei den hier vorliegenden Temperaturen nicht mit dem Sauerstoff reagiert. Wegen seines niedrigen Siedepunktes destilliert das Quecksilber ab und kann in Vorlagen kondensiert werden.

Da Zink und Cadmium in den Erzen gemeinsam vorkommen, verläuft ihre Gewinnung parallel. Die Zinkblende wird zunächst geröstet:

$$2\,ZnS + 3\,O_2 \rightarrow 2\,ZnO + 2\,SO_2.$$

Der Zinkspat wird durch Erhitzen ebenfalls zunächst in Zinkoxyd übergeführt: $$ZnCO_3 \rightarrow ZnO + CO_2.$$

Das hierbei anfallende Zinkoxyd oder auch das Zinksilicat werden mit Kohle zu metallischem Zink reduziert:

$$ZnO + C \rightarrow Zn + CO$$

oder

$$Zn_2SiO_4 + 2\,C \rightarrow 2\,Zn + SiO_2 + 2\,CO.$$

Die Temperaturen sind bei diesem Reduktionsprozeß so hoch, daß das niedrigsiedende Zink (und Cadmium) verdampft; es wird in geeigneten Vorlagen kondensiert. Aus diesem Rohprodukt, das also gewisse Mengen Cadmium enthält, erfolgt die Trennung des Cadmiums vom Zink durch fraktionierte Destillation.

Physikalische Eigenschaften.

Metall	Atomgewicht	Spez. Gewicht	Schmelzpunkt ° C	Siedepunkt ° C	Wertigkeit
Zink	65,38	7,14	419,4	907	II
Cadmium	112,41	8,64	321	767	II
Quecksilber	200,61	13,59	−38,9	357	I, II

Zink, Cadmium und Quecksilber sind also Schwermetalle mit verhältnismäßig niedrigliegenden Schmelz- und Siedepunkten. Der Schmelzpunkt des Quecksilbers liegt sogar so tief, daß es bei Zimmertemperatur flüssig ist.

Chemisches Verhalten. Entsprechend ihrer Stellung in der 2. Gruppe des periodischen Systems treten Zink, Cadmium und Quecksilber in ihren Verbindungen zweiwertig auf. Beim Quecksilber kennt man außerdem Verbindungen, in denen es einwertig erscheint, z. B. im Quecksilberoxydul Hg_2O und im Quecksilberchlorür, dem Kalomel, Hg_2Cl_2. In Wahrheit besitzt das Quecksilber aber auch in diesen Verbindungen zwei Wertigkeiten, da in den Molekülen stets 2 Quecksilberatome untereinander gebunden sind und die zweite Bindung gegen die betreffenden anderen Atome betätigt wird, z. B.: Cl—Hg—Hg—Cl.

Alle drei Metalle werden von trockener Luft bei Zimmertemperatur nicht angegriffen; befinden sie sich dagegen in feuchter Luft, so bedecken sie sich oberflächlich mit einer dünnen Oxyd- oder Hydroxydschicht. Bei starkem Erhitzen verbrennen Zink und Cadmium vollständig zu den Oxyden ZnO bzw. CdO. Auch Quecksilber läßt sich durch Reaktion mit Luftsauerstoff in sein Oxyd überführen, wenn man es auf Temperaturen etwas unterhalb seines Siedepunktes erhitzt. Der edlere Charakter des Quecksilbers zeigt sich einmal darin, daß die Oxydation ungleich träger verläuft als beim Zink oder Cadmium, und zweitens in der Tatsache, daß das entstandene Oxyd bei etwas stärkerem Erhitzen wieder zerfällt gemäß der Gleichung:

$$2\,HgO \rightarrow 2\,Hg + O_2.$$

Die Beständigkeit der Metalle gegen Säuren nimmt ebenfalls innerhalb der Reihe vom Zink zum Quecksilber zu. Das Zink und Cadmium stehen in der Spannungsreihe vor dem Wasserstoff, und zwar das Zink vor dem Cadmium, während das Quecksilber hinter dem Wasserstoff steht. Zink und Cadmium sind daher in verdünnten Säuren unter Wasserstoffentwicklung leicht löslich; Quecksilber löst sich dagegen nur in solchen Säuren auf, die gleichzeitig oxydierend wirken, also wie seine beiden Nachbarelemente in der Spannungsreihe, das Kupfer und Silber, in warmer konzentrierter Schwefelsäure oder Salpetersäure. Da Zink ein amphoteres Element ist, kann es auch durch starke Laugen in Lösung gebracht werden; bei der Einwirkung der Lauge auf das Zink entwickelt sich Wasserstoff, und es entsteht die Lösung eines Zinkats, z. B.:

$$Zn + 2\,(Na^+ + OH^-) = 2\,Na^+ + (ZnO_2)^{2-} + H_2.$$

Mit den Halogenen vereinigen sich Zink und Cadmium, wenn man sie zusammen erhitzt; Quecksilber reagiert sogar schon bei Zimmertemperatur. Auch mit Schwefel und den meisten Metallen verbindet sich das Quecksilber durch einfaches Zusammenreiben bei Zimmertemperatur. Die entstehenden Metall-Quecksilber-Verbindungen bezeichnet man als Amalgame.

Von den Salzen des Zinks, Cadmiums und Quecksilbers sind in Wasser leicht löslich die Sulfate, Nitrate und Chloride mit Ausnahme des Quecksilberchlorürs. Durch Schwerlöslichkeit sind dagegen ausgezeichnet die Sulfide und die Hydroxyde bzw. Oxyde. Das Zinksulfid (ZnS) ist weiß gefärbt und in verdünnten Säuren löslich; das Cadmiumsulfid (CdS) ist gelb und nur in konzentrierten Säuren löslich; das schwarze Quecksilbersulfid (HgS) löst sich dagegen nur in Königswasser auf. Versetzt man eine Zinksalz-, eine Cadmiumsalz- und eine Quecksilbersalzlösung mit einer starken Lauge, so wird in allen Fällen das Löslichkeitsprodukt der Hydroxyde überschritten und es fallen Niederschläge aus:

$$Zn^{++} + 2\,OH^- = Zn(OH)_2$$
$$Cd^{++} + 2\,OH^- = Cd(OH)_2$$
$$Hg^{++} + 2\,OH^- = Hg(OH)_2 \rightleftharpoons HgO + H_2O.$$

Die Hydroxyde von Zink und Cadmium sind weiß, das Quecksilberhydroxyd ist nicht beständig, sondern geht unter Wasserabspaltung in gelbes, unlösliches Quecksilberoxyd (HgO) über. Alle drei durch Hydroxylionen hervorgerufenen Niederschläge lösen sich natürlich in Säuren wieder auf. Das Zinkhydroxyd als amphoteres Hydroxyd geht indessen ebenfalls wieder in Lösung, wenn man einen Überschuß von Hydroxylionen anwendet; es entsteht dann das leicht lösliche Zinkatanion:

$$Zn(OH)_2 + 2\,(Na^+ + OH^-) = 2\,Na^+ + (ZnO_2)^{2-} + 2\,H_2O.$$

Zinkhydroxyd und Cadmiumhydroxyd sind ferner — ähnlich den Hydroxyden des Kupfers und Silbers — in Ammoniak unter Komplexsalzbildung löslich:

$$Zn(OH)_2 + 6\,NH_3 = [Zn(NH_3)_6]^{2+} + 2\,OH^-$$
$$Cd(OH)_2 + 6\,NH_3 = [Cd(NH_3)_6]^{2+} + 2\,OH^-.$$

Die Hydroxyde des Zinks, Cadmiums und Quecksilbers sind sehr schwache Laugen; ihr Basencharakter ist bedeutend geringer als derjenige der Hydroxyde der Metalle der 2. Hauptgruppe. Daher reagieren die Lösungen aller ihrer neutralen Salze, die sich von starken Säuren ableiten, z. B. $ZnCl_2$, $HgCl_2$, $Hg(NO_3)_2$ u. a. infolge Hydrolyse stark sauer. Bei den Quecksilbersalzen ist die Hydrolyse sogar so groß, daß es beim Verdünnen mit viel Wasser zur Ausscheidung von Quecksilberoxyd oder von unlöslichen basischen Salzen kommt, z. B.:

$$Hg(NO_3)_2 + H_2O \rightleftharpoons HgO + 2\,H^+ + 2\,NO_3{}^-\,.$$

Weitere Niederschläge, die für die betreffenden Ionen charakteristisch sind, geben Zinksalze mit Kaliumferrocyanid:

$$3\,Zn^{++} + 2\,K_4[Fe(CN)_6] = K_2Zn_3[Fe(CN)_6]_2 + 6\,K^+$$

und Cadmiumsalze mit Kaliumcyanid:

$$Cd^{++} + 2\,(K^+ + CN^-) = Cd(CN)_2 + 2\,K^+$$

und schließlich Quecksilbersalze mit Kaliumjodid:

$$Hg^{++} + 2\,(K^+ + J^-) = HgJ_2 + 2\,K^+\,.$$

Die beiden letzteren in Wasser schwer löslichen Salze, das weiße Cadmiumcyanid und das rote Quecksilberjodid, lösen sich im Überschuß des Fällungsmittels unter Komplexsalzbildung leicht wieder auf:

$$Cd(CN)_2 + 2\,(K^+ + CN^-) = [Cd(CN)_4]^{2-} + 2\,K^+$$

$$HgJ_2 + 2(K^+ + J^-) = [HgJ_4]^{2-} + 2\,K^+\,.$$

Der Cadmiumcyanidkomplex spielt in der analytischen Chemie eine gewisse Rolle, nämlich bei der Trennung des Cadmiums vom Kupfer; die sekundäre Dissoziation des Cadmiumkomplexes ist so groß, daß beim Einleiten von Schwefelwasserstoff in eine Kalium-Cadmiumcyanidlösung das gelbe Cadmiumsulfid ausgefällt wird, während bei dem entsprechenden Versuch mit Kalium-Kupfercyanidlösung kein Kupfersulfidniederschlag entsteht.

Das obengenannte Quecksilberjodid (HgJ_2) existiert übrigens in zwei Modifikationen, die sich u. a. durch ihre Farbe und ihre Kristallstruktur unterscheiden. Bei Zimmertemperatur ist das rote, tetragonale Quecksilberjodid beständig, oberhalb 130° dagegen die gelbe, rhombische Modifikation. Beim Erhitzen über 130° wandelt sich das rote in das gelbe Jodid um, beim vorsichtigen Abkühlen bleibt scheinbar die gelbe Form erhalten, wandelt sich aber bei Berührung unter Wärmeentwicklung in die rote Form zurück.

Daß Zink, Cadmium und Quecksilber ähnlich dem Kupfer, Silber und Gold eine große Neigung haben, beständige komplexe Ionen zu bilden, ist auf Grund der oben besprochenen Reaktionsbeispiele bereits genügend ersichtlich. Es soll nur noch besonders hervorgehoben werden, daß sie sich in dieser ihrer Neigung zur Komplexbildung von den Elementen der 2. Hauptgruppe unterscheiden, von denen man überhaupt keine beständigen komplexen Ionen kennt.

Von den Verbindungen des einwertigen Quecksilbers soll nur eine einzige kurz besprochen werden, das Quecksilberchlorür oder Kalomel (Hg_2Cl_2). Es ist ein in Wasser und verdünnten Säuren schwer lösliches weißes Salz, das aus Lösungen, die Hg_2^{2+}-Ionen enthalten, beim Zusatz von Chlorionen ausfällt:

$$Hg_2^{2+} + 2\,Cl^- = Hg_2Cl_2\,.$$

Technisch wird es durch Erhitzen eines Gemisches von Quecksilber und Quecksilberchlorid hergestellt:

$$Hg + HgCl_2 = Hg_2Cl_2\,.$$

Zum Schluß sei noch auf die Giftigkeit aller Quecksilberverbindungen hingewiesen. Schon geringste Mengen Quecksilberdampf können, wenn sie längere Zeit eingeatmet werden, sehr unangenehme Krankheitserscheinungen hervorrufen. Da metallisches Quecksilber einen niedrigen Siedepunkt besitzt und daher bei Zimmertemperatur einen merklichen Dampfdruck hat, ist in Räumen, in denen Quecksilber in offenen Gefäßen steht, eine Quecksilberdampfkonzentration in der Luft, die bereits gefährlich ist. Man hat daher darauf zu achten, daß unvorsichtig verschüttetes Quecksilber wieder eingesammelt wird und nicht etwa in den Ritzen und Fugen des Fußbodens liegenbleibt. Die durch Einatmen quecksilberdampfhaltiger Luft hervorgerufenen Krankheitserscheinungen sind Kopfschmerzen, Müdigkeit, Gedächtnisschwäche, Blutung des Zahnfleisches, Lockerung und Ausfall der Zähne.

Verwendung. Zink findet in Form von Zinkblech Verwendung zur Herstellung von Haus- und Küchengeräten, Dachrinnen u. ä. m. Wichtige Legierungen des Zinks sind das Messing, eine Kupfer-Zink-Legierung, und das Neusilber, das aus Zink, Kupfer und Nickel zusammengesetzt ist. Eine Reihe von Zinkverbindungen werden als weiße Anstrichfarben benutzt, so das Zinkoxyd, das „Zinkweiß" und die „Lithopone", ein Gemisch aus Zinksulfid und Bariumsulfat.

Ferner wird reinstes Zinksulfid wegen seiner Eigenschaft, nach Belichtung nachzuleuchten, als Leuchtfarbe verwendet (vgl. S. 136). Man bezeichnet ein derartiges Zinksulfidpräparat als „SIDOTsche Blende". Das Leuchten wird auch durch radioaktive Strahlung hervorgerufen. Setzt man also eine geringe Menge eines Radioelementes zu dem Zinksulfid hinzu, so klingt das Leuchten nicht ab, sondern bleibt konstant, wenigstens solange der radioaktive Stoff noch nicht vollständig zerfallen ist. Die durch Zusatz eines Radioelementes zu Zinksulfid hergestellten „Radiumleuchtmassen" sind also selbstleuchtend und werden für Uhrzeiger, Zifferblätter usw. verwendet.

Metallisches Cadmium ist ein wichtiger Bestandteil der niedrig schmelzenden Metallegierungen, z. B. des WOODschen Metalls, des LIPOWITZ-Metalls und des Schnellots.

Metallisches Quecksilber dient als Füllflüssigkeit für Thermometer, Barometer und Manometer. Eine Legierung aus Silber und Quecksilber, das Silberamalgam, wird als Material für Zahnfüllungen gebraucht. In der Medizin ist Quecksilbersalbe ein viel benutztes Mittel gegen Hautkrankheiten. Von den Verbindungen des Quecksilbers ist Zinnober als Farbe und Knallquecksilber, $Hg(ONC)_2$, als Initialzünder von praktischer Bedeutung.

c) Die 3. Nebengruppe des periodischen Systems:
Die Elemente der seltenen Erden.

α) Allgemeines über die seltenen Erden und ihre Verbindungen.

Zwischen dem der Gruppe der Erdalkalien angehörenden Barium und dem der 4. Vertikalreihe angehörenden Metall Hafnium — einem Analogon des Siliciums bzw. Zirkons — ist in der 3. Vertikalreihe des periodischen Systems ein Element zu erwarten, welches ein entfernteres

Analogon des Aluminiums vorstellt. Dieses Element sollte dreiwertig sein und einen Oxydtyp $Me_2^{III}O_3$ bilden. Von dem Hydroxyd $Me(OH)_3$ müßte man erwarten, daß es etwa in demselben Verhältnis stärker basisch ist als das Aluminiumhydroxyd $Al(OH)_3$, wie das Bariumhydroxyd stärker basisch ist als das Magnesiumhydroxyd, wobei aber natürlich die allgemeine Abnahme des Basencharakters der Hydroxyde beim Übergang von korrespondierenden Elementen der 1., 2. und 3. Vertikalreihe, z. B. $Na(OH)$, $Mg(OH)_2$, $Al(OH)_3$, berücksichtigt werden muß. Die Salze des Typus $Me^{III}Cl_3$, $Me_2^{III}(SO_4)_3$ usw. sollten also in wäßriger Lösung weniger weitgehend hydrolytisch gespalten sein als die entsprechenden Aluminiumsalze. Für die fragliche Stelle des periodischen Systems hat man aber nun nicht nur ein Element mit den zu erwartenden Eigenschaften gefunden, sondern eine ganze Gruppe — eben die Elemente der seltenen Erden. Die Tatsache, daß man gezwungen war, eine ganze Gruppe ähnlicher Elemente auf eine Stelle des periodischen Systems zu setzen, wenn man nicht die durch die periodische Anordnung erzielte und bewährte, natürliche Systematik der anorganischen Chemie wieder von Grund auf umgestalten wollte, ferner die Tatsache, daß hier eine Gruppe von Elementen und dazugehörenden Verbindungen vorliegt, welche wegen ihrer chemischen Ähnlichkeit feinere Abstufungen im chemischen Verhalten und die Ursachen dafür zu studieren gestatten, haben schon frühzeitig das Interesse der Chemiker an den seltenen Erden erweckt und bis in die jüngste Zeit immer wieder aufrechterhalten. Dazu kommt, daß einige Vertreter der seltenen Erden auch eine gewisse praktische Bedeutung erlangt haben.

Der finnische Chemiker GADOLIN fand 1788 in einem schwarzen, schweren Mineral, das von der Schäreninsel Ytterby bei Stockholm stammte und später nach ihm Gadolinit genannt wurde, „eine neue Erde, die in vielem der Tonerde, in anderem der Kalkerde ähnelte". Diese neue Erde war das Gemisch der „Yttererden". Der große schwedische Forscher BERZELIUS und der deutsche Chemiker KLAPROTH fanden 1803 in einem ebenfalls aus Schweden stammenden, schweren Mineral eine Erde, welcher der Name Ceroxyd gegeben wurde. Es handelte sich aber auch hier, wie später erkannt wurde, um ein Gemisch verschiedener seltener Erden, der „Ceriterden". Heute kennt man ungefähr 110 verschiedene Mineralien der seltenen Erden, von denen die meisten in Skandinavien vorkommen. Für die Bedürfnisse der Praxis jedoch sind die skandinavischen Mineralien nicht von großer Bedeutung. Das hauptsächlichste Ausgangsmaterial für die Darstellung der seltenen Erden und ihrer Verbindungen ist der Mónazitsand, den man auf sekundärer Lagerstätte marinen und fluviatilen Ursprungs in Indien und Südamerika findet. Chemisch ist der Monazit Cero-Orthophosphat $Ce(PO_4)$, doch ist er niemals rein, sondern enthält mehr oder weniger Beimengungen der anderen seltenen Erden; der technisch wichtigste Bestandteil ist das Thorium, das zu 5—10% beigemengt ist. Die Bezeichnungsweise „seltene" Erden besteht heute nicht mehr zu Recht, ist aber erhalten geblieben; die meisten seltenen Erden kommen häufiger vor als z. B. Zinn, Arsen oder Jod.

Im Laufe der Zeit hat man für die Stelle zwischen Barium und Hafnium 15 seltene Erden festgestellt. Zu ihnen rechnet man außerdem noch die beiden Elemente der 3. Vertikalreihe des periodischen Systems, welche den seltenen Erden vorhergehen, das Scandium (Atomnummer 21) und das Yttrium (Atomnummer 39) und häufig auch noch das unter dem Hafnium in der 4. Vertikalreihe des periodischen Systems stehende Thorium (Atomnummer 90). Die Zusammendrängung so vieler Elemente auf einen Platz im periodischen System muß natürlich — darauf wurde ja auch schon aufmerksam gemacht — zunächst befremdend erscheinen. Eine Erklärung für diese Unregelmäßigkeit läßt sich aber auf Grund der modernen Anschauungen über den Atomaufbau geben. Die um den Atomkern kreisenden Elektronen sind, wie wir wissen, in gewissen Schalen verschiedenen Abstandes angeordnet, die an Elektronen gesättigt sind, wenn die Anzahl der Elektronen $2 \cdot (n^2)$ beträgt, wobei n die Anzahl der vorhandenen Schalen bedeutet. Die nachfolgende Übersicht über die seltenen Erden läßt das Gesagte besser erkennen. Das seltene Erdmetall 61, Illinium, ist noch nicht mit voller Sicherheit aufgefunden und identifiziert worden.

Aus der folgenden Übersicht ist ersichtlich, daß das von Element zu Element neu hinzutretende Elektron vom Cer ab nicht mehr in die äußerste P-Schale der Valenzelektronen eingebaut wird, sondern in

Name des Elementes	Chemisches Symbol	Atom-nummer	K	L	M	N	O	P	Ionenradius r in Å
Scandium · ⎰Ytter-	Sc	21	2	8	8+1	2			0,83
Yttrium · · ⎱ erden	Y	39	2	8	18	8+1		2	1,06
Barium · · · · ·	Ba	56	2	8	18	18	8	2	
Lanthan · ·	La	57	2	8	18	18	8+1	2	1,22
Cer · · · ·	Ce	58	2	8	18	18+1	8+1	2	1,18
Praseodym ·	Pr	59	2	8	18	18+2	8+1	2	1,16
Neodym · ·	Nd	60	2	8	18	18+3	8+1	2	1,15
Cerit-erden		61	2	8	18	18+4	8+1	2	
Samarium ·	Sm	62	2	8	18	18+5	8+1	2	1,13
Europium ·	Eu	63	2	8	18	18+6	8+1	2	1,13
Gadolinium ·	Gd	64	2	8	18	18+7	8+1	2	1,11
Terbium · ·	Tb	65	2	8	18	18+8	8+1	2	1,09
Dysprosium	Dy	66	2	8	18	18+9	8+1	2	1,07
Holmium · Ytter-	Ho	67	2	8	18	18+10	8+1	2	1,05
Erbium · · erden	Er	68	2	8	18	18+11	8+1	2	1,04
Thulium · ·	Tm	69	2	8	18	18+12	8+1	2	1,04
Ytterbium ·	Yb	70	2	8	18	18+13	8+1	2	1,00
Cassiopeium	Cp	71	2	8	18	18+14	8+1	2	0,99
Hafnium · · · · ·	Hf	72	2	8	18	32	8+2	2	0,87

die noch ungesättigte, kernnähere N-Schale eintritt. Dadurch, daß nun bei den „Lanthaniden" — so nennt man die seltenen Erdmetalle 57 bis 71, also vom Lanthan bis zum Cassiopeium einschließlich — die Elektronen in eine kernnähere Schale eingebaut werden, können die CouLOMBschen Kräfte, die der Kern auf die Elektronen ausübt, stärker wirksam werden. Das wirkt sich dahin aus, daß die Ionenradien mit steigender Ordnungszahl kleiner werden, ganz im Gegensatz zu den Homologen in der Hauptgruppe. Diese Erscheinung hat V. M. GOLDSCHMIDT untersucht und mit „*Lanthanidenkontraktion*" bezeichnet. Der fast gleiche Ionenradius vom Yttrium und Holmium erklärt die Tarnung des Holmiums durch das Yttrium, eine Erscheinung, die auch beim Hafnium gefunden worden ist, welches mit dem Zirkon einen fast gleichen Ionenradius hat (0,87 bzw. 0,86 Å).

Nach ihrem mineralogischen Zusammenvorkommen teilt man die seltenen Erden in Cerit- und Yttererden ein. Unter den *Ceriterden* versteht man die Elemente Lanthan bis Europium, während man zu den *Yttererden* die Elemente Gadolinium bis Cassiopeium sowie Scandium und Yttrium rechnet. Bei den Yttererden hat man noch Untergruppen eingeführt, und zwar die Terbinerden mit Gadolinium und Terbium, die Erbinerden mit Dysprosium, Holmium, Erbium und Thulium und die Ytterbinerden mit Ytterbium und Cassiopeium.

Obwohl die seltenen Erden sozusagen Homologe des Aluminiums sind, sind die Verwandtschaftsbeziehungen keine besonders ausgeprägten. Die Dreiwertigkeit ist — wie bereits hervorgehoben — zwar auch für die seltenen Erden typisch, aber außer beim Scandium findet sich kein amphoterer Charakter der Hydroxyde. Die Sulfide sind dem Aluminiumsulfid Al_2S_3 ähnlich. Sie lassen sich nur im trockenen Zustand darstellen und werden von Wasser sofort hydrolysiert. Die Oxyde aber lassen sich auch in geglühtem Zustande, falls nicht andere Wertigkeitsstufen vorliegen, im Gegensatz zum Aluminiumoxyd glatt wieder durch Säuren in Lösung bringen. Eine Alaunbildung, wie wir sie vom Aluminiumsulfat z. B. als Kalialaun $K[Al(SO_4)_2] \cdot 12\,H_2O$ kennen, ist zwischen den Sulfaten der seltenen Erden und den Alkalisulfaten nicht beobachtet worden.

Eine gewisse Ähnlichkeit zeigt sich jedoch im Verhalten der seltenen Erden mit dem der Vertreter der benachbarten Erdalkaligruppe, wie das ja schon Gadolin in der früher wiedergegebenen Bemerkung zum Ausdruck brachte. Die Beständigkeit und Schwerlöslichkeit der Carbonate ist beiden Gruppen gemeinsam. Die Oxalate sind bei den seltenen Erden sogar noch unlöslicher wie die der Erdalkalien. Geglühtes Lanthanoxyd verbindet sich mit Wasser mit erheblicher Wärmetönung fast wie das Calciumoxyd. Auch die Stärke der Basizität der Hydroxyde kommt der der Erdalkalien nahe.

Ein sehr charakteristischer Unterschied einiger seltener Erdmetalle liegt in der verschiedenen Färbung ihrer Salze, die zwar erst oft nach hinreichender Isolierung für das Auge sichtbar wird und durch eine typische Lichtabsorption von häufig linienartig eng begrenzten Strahlengattungen hervorgerufen wird. Dieser periodisch wiederkehrenden starken Färbung innerhalb der Reihe der Lanthaniden geht die Stärke des Paramagnetismus parallel. Die am stärksten gefärbten Ionen zeigen den größten Paramagnetismus. Allerdings scheinen bei tiefen Temperaturen auch die farblosen Erden paramagnetisch zu werden, z. B. hat URBAIN nachgewiesen, daß das metallische Gadolinium unterhalb $+16\,°C$ sogar ferromagnetische Eigenschaften besitzt, die mit sinkender Temperatur gegen den absoluten Nullpunkt stark ansteigen.

Die reinen Erdmetalle selber können nach der WÖHLERschen Methode aus den Chloriden durch Reduktion derselben mit metallischem Natrium bei höherer Temperatur — allerdings nur in kleinen Flittern — erhalten werden. Die Darstellung durch Schmelzelektrolyse der Salze erzielt bedeutend bessere Ausbeuten. Die Oxydationswärme der Metalle in Pulverform ist noch größer wie die von Aluminiumgrieß, so daß man sie in Fällen, wo selbst die hohe Oxydationswärme des Aluminiums zu Reduktionszwecken bei aluminothermischen Verfahren nicht mehr ausreicht, noch zur Anwendung bringen kann.

β) Die Grundlagen für die Trennung der seltenen Erden voneinander.

Im Gange der systematischen qualitativen Analyse auf nassem Wege kann man die gesamten seltenen Erden zusammen mit Thorium nach Abscheidung der Schwefelwasserstoffgruppe (As_2S_3, HgS, CuS, PbS usw.) und vor der Fällung der Schwefelammoniumgruppe [FeS, MnS, ZnS, $Al(OH)_3$ usw.] aus ziemlich stark saurer Lösung als Oxalate niederschlagen, die ja auch in saurer Lösung unlöslich sind.

Was nun die analytisch und vor allen Dingen auch präparativ wichtige Trennung der seltenen Erden voneinander anbetrifft, so ist sie durch die außerordentlich große chemische Ähnlichkeit derselben sehr erschwert. Es hat sehr lange gedauert und sehr mühsame und langwierige Arbeit gekostet, bis man die Trennungsverfahren zu dem heutigen Stand hat entwickeln können. Ein Verfahren, welches allerdings praktisch nicht die wichtigste Rolle spielt, ist die Trennung auf Grund der Basizitätsunterschiede. Die Basizität der Lanthaniden nimmt nämlich vom Lanthan bis zum Cassiopeium ab, wobei Yttrium hinter das Neodym und Scandium hinter das Cassiopeium zu setzen ist. Das Lanthanhydroxyd $La(OH)_3$ ist also am stärksten löslich und auch am stärksten basisch — es macht aus Ammonsalzen sogar Ammoniak frei wie Calciumhydroxyd — und das Hydroxyd des Cassiopeiums $Cp(OH)_3$ ist die schwächste Base; d. h. das Löslichkeitsprodukt und die Basizität fallen vom Lanthanhydroxyd zum Cassiopeiumhydroxyd. Wird nun eine Lösung der Lanthaniden mit NH_3 versetzt, so fällt ein Hydroxydgemisch aus, welches die Endglieder stark angereichert enthält, während sich die Lanthansalze im Filtrat anreichern. Durch wiederholte fraktionierte Fällung kann also eine mehr oder weniger weitgehende Trennung erzielt werden. Mit abnehmender Basizität nimmt auch die thermische Empfindlichkeit der Nitrate zu, so daß man auch auf diesem Wege der fraktionierten thermischen Zersetzung eine Scheidung herbeiführen kann.

Die bekanntesten und auch wohl am besten ausgearbeiteten Trennungsverfahren beruhen auf geringen Löslichkeitsunterschieden gewisser Doppelsalze der seltenen Erden, besonders mit den Alkalinitraten und -sulfaten und mit Magnesiumnitrat und Magnesiumsulfat, die man fraktioniert kristallisieren läßt. Meistens führt aber auch hier nur eine sehr große Anzahl von Fraktionierungen zum Ziel, wobei auch noch das Fraktionierverfahren gewechselt werden muß, wenn schließlich eine vollständige Trennung erzielt werden soll.

Eine sehr wirksame und weitgehende Trennung gelingt bei denjenigen Elementen der Lanthaniden, die sich in eine andere Wertigkeitsstufe als die dreiwertige überführen lassen. Folgendes Schema (Abb. 85) veranschaulicht die abweichenden Valenzen der Lanthaniden, wobei die Länge der Striche die mehr oder weniger große Ausprägung des abweichenden Wertigkeitszustandes zum Ausdruck bringen soll. Außer dem Cerdioxyd CeO_2, in dem das vierwertige Cer vorliegt, kennt man noch das dunkelblau gefärbte Ce_4O_7, sicher ein Doppeloxyd von der Form $Ce_2O_3 \cdot 2\,CeO_2$. Ähnlich liegen die Verhältnisse beim schwarzen Pr_6O_{11} und beim dunkelbraunen Tb_4O_7. Die intensive Färbung dieser Oxyde bestätigt wieder die Erfahrungstatsache, nach der Verbindungen, die dasselbe Element in verschiedenen Wertigkeitsstufen enthalten, starke Färbung. aufweisen.

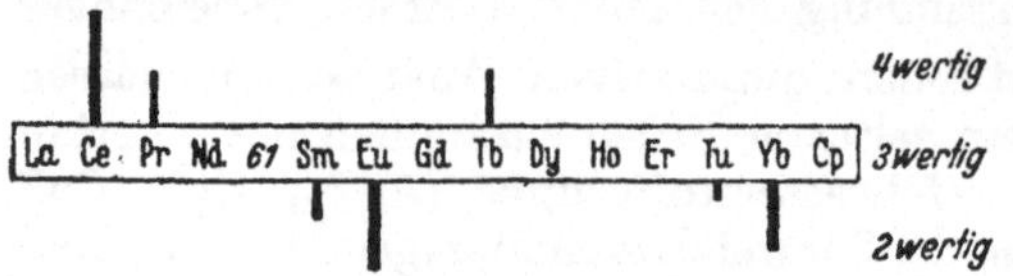

Abb. 85. Die Wertigkeiten der Lanthaniden.

Von zweiwertigen Verbindungen des Samariums, Europiums, Thuliums und Ytterbiums existieren hauptsächlich die Chloride.

Wenn man nun z. B. Cerocarbonat $Ce_2(CO_3)_3$ in Salpetersäure löst, so wird das Cer gleichzeitig oxydiert und liegt dann als Cerinitrat $Ce(NO_3)_4$ vor. Bei Gegenwart von Ammonnitrat kristallisiert dann beim Eindampfen Ammoniumcerinitrat $(NH_4)_2[Ce(NO_3)_6]$ aus, dessen bichromatfarbigen Kristalle in konzentrierter Salpetersäure schwer löslich sind. Nach der Verarbeitung über die vierwertige Stufe enthält das Cersalz dann kaum noch andere seltene Erden beigemengt. Liegt ein geglühtes Gemisch der Ceriterden vor, so ist das Cer als Cerdioxyd CeO_2 vorhanden. Dieses wird von verdünnter Salpetersäure nicht gelöst, so daß man also das Cer vom Lanthan, Praseodym und Neodym auf diese Weise getrennt hat.

Eine Beurteilung über den Fortschritt der Trennung kann durch die Beobachtung der Emissions- und Absorptionsspektra gegeben werden. Die Absorptionsspektra beobachtet man an der gelösten Substanz oder an dem von den farbigen Oxyden reflektierten Licht. Diese Spektren weisen charakteristische scharfe Banden auf.

Von den Emissionsspektren werden die Flammenspektren ebenfalls zur Erkennung der farbigen, seltenen Erden angewandt. Die Linien entsprechen der Lage nach ungefähr den Absorptionsspektren. Die farblosen Erden geben in diesem Falle kontinuierliche Spektren. Zur Erkennung der farblosen Erden sind mehr die Funkenspektra geeignet. Die Bogenspektra wendet man an, um insbesondere den ultravioletten Strahlenbereich von 3000—4000 Å zu beobachten. Diese Spektra werden mit einem Vergleichseisenspektrum photographiert und dann ausgemessen.

Auch die Beobachtung der Röntgenspektra hat für die seltenen Erden in bezug auf die qualitative und quantitative Analyse eine besondere Bedeutung, da die Röntgenspektralanalyse die einzige Methode darstellt, um die Elemente eines Gemisches der seltenen Erden festzustellen und annähernd quantitativ zu bestimmen.

γ) Die praktische Bedeutung der seltenen Erden.

In Europa werden im Jahr etwa 6000 t Monazitsand verarbeitet, und zwar hauptsächlich ihres Thoriumgehalts wegen. Thoriumoxyd ist der Hauptbestandteil der sog. Auer-Gasglühlichtstrümpfe. Der österreichische Chemiker AUER VON WELSBACH nutzte die Beobachtung, daß die Oxyde der seltenen Erden in fein verteilter Form in die entleuchtete Bunsenbrennerflamme gebracht, ein kräftiges, tageslichtähnliches Leuchten besitzen, praktisch aus. Er tränkte kleine strumpfartige Gebilde aus natürlichem Gewebe oder Kunstfasern mit Thoriumnitratlösung, verglühte sie und stellte oder hängte sie in geeigneter Weise in die entleuchtete Flamme eines brennenden Gases (Leuchtgas, Wassergas usw.). So entstand das allgemein bekannte Gasglühlicht mit stehendem oder hängendem Leuchtkörper. Man beobachtete jedoch, daß nicht die reinen Oxyde der seltenen Erden allein bei der Temperatur des verbrennenden Leuchtgases die optimale Lichtausbeute ergaben, sondern daß gewisse Mischungen diesbezüglich sehr viel günstiger wirkten. Bei systematischen Untersuchungen wurde gefunden, daß ein Gemisch aus 0,9% Ceroxyd und 99,1% Thoriumoxyd — das ist die Grenze der Löslichkeit von festem Ceroxyd in festem Thoriumoxyd — die beste Lichtausbeute ergab. Und so bestehen die Gasglühlichtstrümpfe heute aus einem mit Kollodium verfestigten Strumpfgerüst von 99,1% Thoriumoxyd und 0,9% Ceroxyd. Die ausgezeichnete Ökonomie des Auer-Gasglühlichtes bewirkt, daß das Leuchtgas mit der elektrischen Beleuchtung hinsichtlich Lichtstärke und Preis konkurrieren kann.

Bei der technischen Gewinnung des Thoriumnitrats aus dem Monazitsand fallen als verhältnismäßig billiges Nebenprodukt Cerverbindungen an. Durch Elektrolyse dieser in einer Kalium-Natrium-Chlorid-Schmelze gelangt man zu metallischem Cer, das für sich allein und auch mit etwas Eisen legiert „pyrophore" Eigenschaften besitzt. Abgefeilte oder abgeschlagene kleine Teilchen der Legierung entzünden sich an der Luft von selbst und verbrennen unter lebhafter Licht- und Wärmeentwicklung. Diese Eigenschaft nutzt man bei der Herstellung von Anzündern für Leuchtgas und für kleine Benzinfeuerzeuge aus.

Es wurde bereits darauf hingewiesen, daß bei der Bildung der Oxyde der seltenen Erdmetalle aus Element und Sauerstoff eine ungewöhnlich große Wärmeentwicklung zu beobachten ist:

$$\tfrac{1}{3}\,\mathrm{Me^{III}} + \tfrac{1}{4}\,O_2 = \tfrac{1}{6}\,\mathrm{Me_2^{III}O_3} + Q.$$

In der nachfolgenden kleinen Übersicht sind die Bildungswärmen der Oxyde einiger Erdmetalle, bezogen auf das Sauerstoffäquivalent $\tfrac{1}{4}\,O_2$, zusammengestellt. Zum Vergleich wurden die ausgesprochen hohen Bildungswärmen des Magnesiums und des Aluminiums mit angeführt.

Erdoxyd	La_2O_3	ThO_2	MgO	Nd_2O_3	Pr_2O_3	Al_2O_3	CeO_2
Bildungswärme	89,8	81,5	72,9	72,5	68,7	67,2	58,2

Diese sehr hohe Bildungswärme der Oxyde benutzt man zu Reduktionszwecken. Mit Pulvern von seltenen Erdmetallen kann man in vielen Fällen schwer reduzierbare Oxyde besser reduzieren als aluminothermisch, also mit Aluminiumgrieß. Natürlich arbeitet man praktisch nicht mit Grießen der reinen Erdmetalle, die sehr teuer sind, sondern mit dem erheblich billigeren „Cermischmetall", das etwa 50% Ce, 40% La, 7% Fe und 3% andere Erdmetalle der Ceriterden enthält.

Die Deutsche Gasglühlicht-Auergesellschaft ist bestrebt, weitere Verwendungen für die bei der Herstellung der Glühstrümpfe als Nebenprodukte anfallenden seltenen Erden, namentlich Cer und Lanthan, zu finden.

d) Die Elemente der 4. Nebengruppe: Titan (Ti), Zirkonium (Zr), Hafnium (Hf) und Thorium (Th).

Das Titan steht in der Anordnung der Elemente nach ihrer Häufigkeit an 10. Stelle, es ist also ziemlich weit verbreitet, allerdings meist als kleine Beimengung in Silicatgesteinen und ihren Verwitterungsprodukten. Verhältnismäßig reine Titanmineralien sind der Rutil, das Titandioxyd (TiO_2), und die Calcium- und Eisentitanate, $CaTiO_3$ bzw. $FeTiO_3$. Die drei übrigen Elemente sind seltener, aber auch in geringen Mengen weitverbreitet, namentlich in Sanden zusammen mit den seltenen Erden enthalten.

Die Reindarstellung der Metalle bereitet ziemliche Schwierigkeiten, da einerseits die Bildungswärme ihrer Oxyde außerordentlich groß ist, für das ThO_2 z. B. 82 kcal pro Grammäquivalent beträgt, und andererseits die Metalle eine große Affinität zu Kohlenstoff, Stickstoff und Wasserstoff haben. Die Reindarstellung ist aber für die Technik auch von geringem Interesse, denn man gebraucht diese Metalle — wenn überhaupt — so nur als kleine Zusätze zu anderen Gebrauchsmetallen.

Die physikalischen Eigenschaften sind in der Tabelle 78 zusammengestellt, bemerkenswert sind die sehr hohen Schmelz- und Siedepunkte.

Tabelle 78.

Metall	Atomgewicht	Spez. Gewicht	Schmelzpunkt ° C	Siedepunkt	Wertigkeit
Titan	47,90	4,5	1800	sehr hoch	4 (3, 2)
Zirkonium	91,22	6,5	1930	„	4
Hafnium	178,60	12,1	2230	„	4
Thorium	232,12	11,0	1700	„	4

Zirkonium, Hafnium und Thorium sind in allen ihren Verbindungen vierwertig; das Titan tritt ebenfalls hauptsächlich vierwertig auf, außerdem kennt man Verbindungen des dreiwertigen und zweiwertigen Titans, die allerdings wenig beständig sind und sich leicht zur vierwertigen Stufe oxydieren lassen. Bezüglich der möglichen Wertigkeitsstufen besteht also ein Unterschied zwischen den Elementen der 4. Nebengruppe und denen der 4. Hauptgruppe. Die letzteren konnten ja — wie wir früher gesehen haben — sowohl vier- als auch zweiwertig auftreten, wobei mit steigendem Atomgewicht die Beständigkeit der Verbindungen der niedrigeren Stufe zunahm. In der Nebengruppe kommen gerade die schwersten Vertreter, das Hafnium und das Thorium, nie zweiwertig vor.

Das Oxyd des Titans ist amphoter, es hat allerdings vorwiegend den Charakter .eines Säureanhydrids; mit Alkalihydroxyden vereinigt es sich zu Titanaten:

$$TiO_2 + 2\,NaOH = Na_2TiO_3 + H_2O\,.$$

Durch viel Wasser oder durch Zugabe von Säuren erleiden die Titanate Hydrolyse:

$$Na_2TiO_3 + x\,H_2O \rightarrow TiO_2 \cdot aq + 2\,(Na^+ + OH^-)\,.$$

Es entsteht also ein Niederschlag von Titandioxydhydrat, eine Reaktion, die die Verwandtschaft des Titans zum Silicium zeigt. Wie wir früher besprochen haben, bilden sich die Siliciumdioxydhydrate nicht nur bei der Hydrolyse der Alkalisilicate, sondern auch durch hydrolytische Spaltung der Siliciumhalogenide. In analoger Weise hydrolysieren ebenfalls die Halogenide und auch das Sulfat des Titans, z. B.:

$$TiCl_4 + x\,H_2O = TiO_2 \cdot aq + 4\,HCl$$

$$Ti(SO_4)_2 + x\,H_2O = TiO_2 \cdot aq + 2\,H_2SO_4\,.$$

Dieser Hydrolysevorgang wird natürlich durch Zugabe solcher Stoffe, welche die Wasserstoffionen der hydrolytisch gebildeten Säure binden, also durch Laugen, gefördert.

Die Oxyde der übrigen Elemente der 4. Nebengruppe haben mehr den Charakter von Basenanhydriden; wie üblich, nimmt der basische Charakter innerhalb der Vertikalreihe mit steigendem Atomgewicht zu. Allerdings ist selbst das Thoriumhydroxyd, $Th(OH)_4$, noch eine sehr schwache Base, so daß die Salze des Zirkoniums, Hafniums und Thoriums in wäßriger Lösung hydrolytisch gespalten werden, wobei basische Salze gebildet werden oder bei vollständiger Hydrolyse die Dioxydhydrate ausfallen, z. B.:

$$ZrCl_4 + H_2O = ZrOCl_2 + 2\,HCl\,.$$

Eine für Titansalze charakteristische Reaktion, die zum analytischen Nachweis des Titans und auch zum Nachweis von Wasserstoffsuperoxyd angewandt wird, ist die Bildung der Peroxytitanschwefelsäure, die durch eine kräftige orangerote Farbe ausgezeichnet ist. Die Peroxytitanschwefelsäure entsteht beim Versetzen schwefelsaurer Titanylsalzlösungen mit Wasserstoffsuperoxyd:

$$(TiO)SO_4 + H_2SO_4 + H_2O_2 = \begin{bmatrix} O \\ | \\ O \end{bmatrix}\!\!>\!Ti\!<\!\!\begin{matrix} SO_4 \\ SO_4 \end{matrix}\,H_2 + H_2O\,.$$

Daß Thorium das Anfangsglied einer der radioaktiven Zerfallsreihen ist, wurde bereits im Abschnitt über die Radioaktivität besprochen.

Titan findet bei der Herstellung von Stählen als Zusatzstoff Verwendung; die Titanstähle besitzen eine große Festigkeit. Zirkondioxyd und Thoriumdioxyd haben die Eigenschaft, Röntgenstrahlen stark zu absorbieren. Da diese beiden Stoffe physiologisch unschädlich sind, benutzt man sie bei Röntgendurchleuchtungen zur Erzeugung eines Wandbelages der Verdauungsorgane, um diese bei der Durchleuchtung sonst nicht zu erkennenden Organe sichtbar zu machen. Thoriumoxyd ist ferner der Hauptbestandteil der Gasglühstrümpfe (vgl. S. 309).

e) Die Elemente der 5. Nebengruppe: Vanadin (V), Niob (Nb), Tantal (Ta).

Diese drei Elemente sind verhältnismäßig selten (vgl. Tabelle 101). Als geringfügige Nebenbestandteile sind sie zwar in manchen Gesteinen enthalten, als reine Vanadin-, Niob- oder Tantalerze kommen sie aber nur an einigen wenigen Stellen der Erde vor; das Vanadin findet man als Sulfid, das Niob und Tantal als Eisenerze der Niob- oder Tantalsäure, $Fe(NbO_3)_2$ bzw. $Fe(TaO_3)_2$, die meist zusammen in demselben Mineral vorkommen und die nach dem jeweils überwiegenden Metall als „Niobit" oder „Tantalit" bezeichnet werden.

Die Schmelz- und Siedepunkte dieser Metalle liegen wie diejenigen der Metalle der beiden benachbarten Nebengruppen außerordentlich hoch, viel höher als die der Elemente der 5. Hauptgruppe. Wie die Tabelle 79 weiter zeigt, sind die Metalle maximal fünfwertig; diese

Tabelle 79.

Element	Atomgewicht	Spez. Gewicht	Schmelzpunkt °C	Siedepunkt	Wertigkeit
Vanadin	50,95	5,69	1715	sehr hoch	5, 4, 3, 2
Niob	92,91	12,7	1950	,,	5, 4, 3
Tantal	180,88	16,6	3030	,,	5

Wertigkeitsstufe ist zugleich die beständigste. Vanadin und Niob kommen außerdem noch in niedrigeren Wertigkeitsstufen vor. Die Beständigkeit der maximalen Wertigkeit nimmt innerhalb der 5. Nebengruppe mit steigendem Atomgewicht zu, zum Unterschied von den Elementen der 5. Hauptgruppe. Ein weiterer Unterschied zwischen den Elementen der 5. Haupt- und Nebengruppe ist ihr Verhalten gegen Wasserstoff; Vanadin, Niob und Tantal bilden keine gasförmigen Hydride, sondern zeigen nur ein gewisses Lösungsvermögen für Wasserstoff.

Die Pentoxyde des Vanadins, Niobs und Tantals sind feste, schwer flüchtige, beständige Substanzen, die als Säureanhydride zu bezeichnen sind. Mit Alkalien verbinden sie sich zu Vanadaten, Niobaten und Tantalaten, die in Wasser gut löslich sind. Beim Ansäuern derartiger Lösungen finden Reaktionen statt, die denen der Silicate analog sind: Es erfolgt eine Aggregation unter Wasserabspaltung, wobei sich zunächst lösliche Salze von Polysäuren bilden, z. B. Divanadate $(Na_4V_2O_7)$, Tetravanadate $(Na_4H_2V_4O_{13})$, Pentavanadate $(Na_3H_4V_5O_{16})$, und dann schließlich unlösliche, hydratisierte Oxyde ausfallen. (Näheres vgl. S. 374.)

Die Halogenide der fünfwertigen Stufe sind flüchtige Säurechloride, die durch Wasser leicht hydrolytisch gespalten werden. Bei der Hydrolyse können — analog der Hydrolyse der Phosphorpentahalogenide — als Zwischenprodukte zunächst Oxyhalogenide entstehen, z. B. $VOBr_3$ oder $NbOCl_3$, die dann ihrerseits weiter hydrolysieren, wobei die unlöslichen, hydratisierten Oxyde ausfallen:

$$2\,NbOCl_3 + x\,H_2O = Nb_2O_5 \cdot aq + 6\,HCl.$$

Es sei nur noch kurz auf die leichte Reduzierbarkeit der Vanadinsalze eingegangen. Schwache Reduktionsmittel, wie Schwefelwasserstoff, Schwefeldioxyd, Bromwasserstoff u. a., reduzieren die Verbindungen des fünfwertigen Vanadins, die im allgemeinen farblos sind, in saurer Lösung zu blau gefärbten, sog. „Vanadyl"verbindungen; die blaue Färbung dieser Lösungen rührt von dem $(VO)^{2+}$-Ion her, es liegt also vierwertiges Vanadin vor. Bei Einwirkung kräftiger wirkender Reduktionsmittel, wie nascierenden Wasserstoffs, wird die Lösung zunächst ebenfalls blau infolge Bildung von Vanadylionen, dann wird sie aber grün und schließlich violett. Die grüne Farbe ist charakteristisch für die Ionen des dreiwertigen Vanadins (V^{3+}), während die violette Färbung den Ionen des zweiwertigen Vanadins (V^{2+}) eigen ist.

Vanadate lassen sich durch Einwirkung von Wasserstoffsuperoxyd in saurer Lösung leicht in Peroxyvanadate überführen. Das Peroxyvanadation, das seinen Lösungen eine charakteristische rotbraune Farbe erteilt, enthält wahrscheinlich wie das Vanadation fünfwertiges Vanadin; sein Sauerstoffüberschuß gegenüber den normalen Vanadaten ist durch peroxydartige Bindungen zu erklären. Diese Reaktion mit Wasserstoffsuperoxyd ist den Vanadaten gemeinsam mit den entsprechenden Verbindungen der beiden Nachbarelemente des Vanadins, den Titanaten, welche in die orangeroten Pertitanate umgewandelt werden, und den Chromaten, die zu den blauen Perchromaten oxydiert werden.

Metallisches Vanadin verwendet man als Zusatz zu manchen Eisen- und Stahlsorten, da die Festigkeit und Elastizität des Stahls schon durch geringe Vanadinzusätze stark heraufgesetzt werden. Vanadinoxyd gebraucht man als Katalysator bei dem Schwefelsäurekontaktverfahren. Tantal findet wegen seines hohen Schmelzpunktes als Glühdraht in der Glühlampenindustrie und wegen seiner großen Härte und Widerstandsfähigkeit zur Herstellung zahnärztlicher Geräte, z. B. Bohrer, Verwendung.

f) Die 6. Nebengruppe: Chrom (Cr), Molybdän (Mo), Wolfram (W) und Uran (U).

Vorkommen und Darstellung. Die Elemente der 6. Nebengruppe gehören zwar nicht zu den häufigen Elementen — das Uran ist sogar sehr selten —, sie sind aber wegen ihrer technischen Verwendung von Wichtigkeit und Interesse. Das Chrom findet man hauptsächlich als „Chromeisenstein"; einer Verbindung aus Eisenoxyd und Chromoxyd $(FeO \cdot Cr_2O_3)$, und gelegentlich als Bleichromat $(PbCrO_4)$, das sog. „Rotbleierz". Molybdän kommt als Sulfid (MoS_2), das als „Molybdänglanz" bezeichnet wird, und als Bleimolybdat $(PbMoO_4)$, als „Gelbbleierz", vor. Die wichtigsten Wolframerze enthalten das Wolfram. meist in Form des Wolframats; der „Wolframit" ist ein Eisen-Mangan-Wolframat, der „Scheelit" ein Calciumwolframat $(CaWO_4)$ und der „Stolzit" ein Bleiwolframat $(PbWO_4)$. Die Pechblende, das wichtigste Uranerz, ist ein Oxyd des Urans der Zusammensetzung U_3O_8.

Die Darstellung des Urans kann auf dem üblichen Wege durch Reduktion des Oxyds mit Kohle erfolgen, wird aber in der Praxis nicht durchgeführt, da man für metallisches Uran keine technische Verwendung hat. Zur Gewinnung des Chroms, Molybdäns oder Wolframs werden die entsprechenden Erze zunächst mit Alkalioxyden oder Alkalicarbonaten geschmolzen; man erhält dadurch die wasserlöslichen Alkalichromate, -wolframate bzw. -molybdate, z. B. nach der Gleichung

$$CaWO_4 + Na_2CO_3 = Na_2WO_4 + CaO + CO_2.$$

Die Alkalisalze werden aus der Schmelze mit Wasser herausgelöst. Aus diesen Lösungen fallen bei Zusatz von Mineralsäuren die reinen Metalloxyde aus, die dann der Reduktion unterworfen werden. Die Oxyde des Wolframs und Molybdäns können mit Wasserstoff reduziert werden; die Reduktion des Chromoxyds gelingt auf aluminothermischem Wege:

$$Cr_2O_3 + 2\,Al \rightarrow Al_2O_3 + 2\,Cr.$$

Physikalische Eigenschaften.

Metall	Atomgewicht	Spez. Gewicht	Schmelzpunkt °C	Siedepunkt °C	Wertigkeit
Chrom	52,01	7,2	1700	2200	2, 3, 6
Molybdän	95,95	10,2	2600	3560	2, 3, 4, 5, 6
Wolfram	183,92	19,1	3370	4800	2, 3, 4, 5, 6
Uran	238,07	18,7	1400		4, 6

Die Metalle der 6. Nebengruppe haben außerordentlich hohe Schmelz- und Siedepunkte, die von einer ganz anderen Größenordnung als die der Elemente der 6. Hauptgruppe sind. Das Wolfram hat von allen Metallen den höchsten Schmelzpunkt; diese Eigenschaft des Wolframs bestimmt seine Anwendung als Material für Glühdrähte in den Metallfadenlampen. Da bekanntlich bei Temperaturstrahlern die Lichtausbeute um so größer ist, je höher die Temperatur des strahlenden Körpers ist, und da der Nutzeffekt der Glühlampen ohnehin sehr klein ist, hat man als Material für die Glühdrähte solche Metalle zu wählen, die möglichst hoch erhitzt werden können, ohne zu schmelzen oder merklich zu verdampfen. Anfangs hatte man Osmium- und Tantaldrähte benutzt, da diese sich ohne technische Schwierigkeiten leicht herstellen ließen. Seitdem man aber genügend dünne und doch feste Wolframdrähte fabrizieren kann, gibt man Wolframdrähten den Vorzug.

Das Uran besitzt die höchste Ordnungszahl und das größte Atomgewicht aller Elemente. Es ist das Anfangselement einer radioaktiven Zerfallsreihe, der Uran-Radium-Reihe.

Chemisches Verhalten. Die Elemente der 6. Nebengruppe sind maximal sechswertig; diese Wertigkeitsstufe ist zugleich beim Molybdän, Wolfram und Uran die beständigste. Beim Chrom kennt man ferner Verbindungen, in denen es zweiwertig ist, und solche, in denen es dreiwertig vorliegt; die letzteren sind beständig, während die Chrom-2-verbindungen unbeständig sind und sehr leicht zu Chrom-3-salzen oxydiert werden. Molybdän und Wolfram können außer sechswertig noch zwei-, drei-, vier- und fünfwertig auftreten. Uran kommt gelegentlich auch vierwertig vor.

Zunächst seien die Verbindungen der Wertigkeitsstufe 6 kurz besprochen! Sie leiten sich von den Trioxyden ab, dem CrO_3, MoO_3, WO_3 bzw. UO_3. Ebenso wie das Schwefeltrioxyd das Anhydrid der Schwefelsäure ist, sind die Trioxyde des Chroms, Molybdäns und Wolframs Säureanhydride, während das Urantrioxyd die Eigenschaften eines amphoteren Oxyds zeigt. Die Hydrate der Trioxyde, die ihrer Zusammensetzung nach der Schwefelsäure entsprechen, sind die Chromsäure (H_2CrO_4), die Molybdänsäure (H_2MoO_4), die Wolframsäure (H_2WO_4) und die Uransäure (H_2UO_4). Mit Ausnahme der Chromsäure sind diese Säuren in Wasser schwer löslich. Die Salze dieser Säuren bezeichnet man als Chromate, Molybdate, Wolframate bzw. Uranate. Sämtliche Uranate sind in Wasser unlöslich, unter den Chromaten, Molybdaten und Wolframaten sind die Alkali- und Ammoniumsalze in Wasser gut löslich; diese Lösungen reagieren infolge Hydrolyse stark basisch; daraus folgt, daß die Chromsäure, die Molybdänsäure und die Wolframsäure schwache Säuren sind und bezüglich ihrer Säurestärke keineswegs mit der ihnen analogen Schwefelsäure verglichen werden können. Durch Zugabe einer Mineralsäure wird die Hydrolyse begünstigt, wobei parallelgehend mit dem Fortschritt der Hydrolyse eine Aggregation der Säure beobachtet wird. So entsteht unter der Einwirkung der Wasserstoffionen z. B. aus der Chromsäure die Bichromsäure ($H_2Cr_2O_7$):

$$2\,CrO_4{}^{2-} + 2\,H^+ = Cr_2O_7{}^{2-} + H_2O.$$

Die Bildung des Bichromations erkennt man an einer Farbänderung der Lösung; wäßrige Lösungen von Alkalichromaten sind gelb gefärbt; wenn man zu solchen gelben Lösungen Säure zusetzt, so schlägt die Farbe nach Rotorange um, zur Farbe des Bichromations. In sehr stark sauren Lösungen geht die Aggregation über die Bichromatstufe hinaus noch weiter zum Trichromat und Tetrachromat. Der Vorgang, der bei der Hydrolyse der Molybdate und Wolframate stattfindet, ist im Prinzip derselbe, nur sind die Reaktionsgleichungen komplizierter. Die Hydrolyse und Aggregation der Molybdate und Wolframate werden in einem späteren Kapitel (S. 370) noch genauer besprochen.

Das Bichromation ist ein kräftiges, viel gebrauchtes Oxydationsmittel. In saurer Lösung läßt es sich leicht zu Verbindungen des dreiwertigen Chroms reduzieren. So oxydiert es u. a. Schwefelwasserstoff, schweflige Säure, Jodwasserstoff; wir formulieren die Reaktionsgleichung für den Fall der Oxydation der Jodide:

$$K_2Cr_2O_7 + 6\,KJ + 7\,H_2SO_4 = Cr_2(SO_4)_3 + 3\,J_2 + 4\,K_2SO_4 + 7\,H_2O.$$

Ein Bichromation oxydiert also mit den 3 O-Atomen, die es abgibt, 6 Jodidionen zu elementarem Jod. Auch zahlreiche organische Stoffe werden durch saure Bichromatlösung leicht oxydiert, wovon man in der präparativen organischen Chemie häufig Gebrauch macht.

Bei der Reduktion des Bichromations entstehen also die Ionen des dreiwertigen Chroms, die Chromiionen. Sie sind in saurer Lösung beständig und zeigen eine große Neigung, Komplexsalze zu bilden; in wäßriger Lösung liegen meistens Aquokomplexe vor, die je nach der

Zahl der komplex gebundenen Wassermoleküle den Lösungen eine grüne oder violette Farbe erteilen. Die violetten Chromikomplexe sind Hexaquokomplexe $[Cr(H_2O)_6]^{+++}$, während die grünen nur 4 oder 5 Moleküle Wasser im Komplex enthalten, z. B. $[Cr(H_2O)_4Cl_2]^+$. Aus Chromisalzlösungen wird durch Hydroxylionen ein grünlichgrauer Niederschlag von Chrom-(III)-hydroxyd ausgefällt.

Während die Ionen des dreiwertigen Chroms in saurer Lösung beständig sind, werden sie in alkalischer Lösung leicht oxydiert, wobei Chromat entsteht. Versetzt man z. B. eine Chromisalzlösung mit Wasserstoffsuperoxyd und Natronlauge, so geht die violette Farbe der Lösung in Gelb über; die Reaktion, die sich dabei abspielt, wird durch die folgende Gleichung wiedergegeben:

$$Cr_2(SO_4)_3 + 3\,H_2O_2 + 10\,NaOH = 2\,Na_2CrO_4 + 3\,Na_2SO_4 + 8\,H_2O.$$

Schließlich muß noch das Chromperoxyd genannt werden, eine Sauerstoffverbindung des Chroms, die mehr Sauerstoff enthält, als den Chromaten entspricht, nämlich 5 Atome Sauerstoff pro Chromatom. Das Chromperoxyd bildet sich, wenn man Bichromate in saurer Lösung mit Wasserstoffsuperoxyd behandelt; es ist durch seine blaue Farbe ausgezeichnet, sowie durch die Eigenschaft, daß es sich in Äther außerordentlich gut löst und somit aus wäßrigen Lösungen mittels Äther ausgeschüttelt werden kann. Das Chromperoxyd enthält peroxydartig gebundenen Sauerstoff, man hat für das CrO_5 folgende Konstitutionsformel vorgeschlagen:

$$\begin{array}{ccc} O\diagdown & & \diagup O \\ | & Cr & | \\ O\diagup & \| & \diagdown O \\ & O & \end{array}$$

Das Chromperoxyd ist nicht sehr beständig, die blaue Farbe geht allmählich in Grün oder Violett über, unter Sauerstoffabgabe werden also schließlich Chromiionen gebildet. Die eben besprochenen Beziehungen und Umwandlungen der verschiedenen Chromverbindungen ineinander sind in dem folgenden Schema noch einmal zusammengestellt:

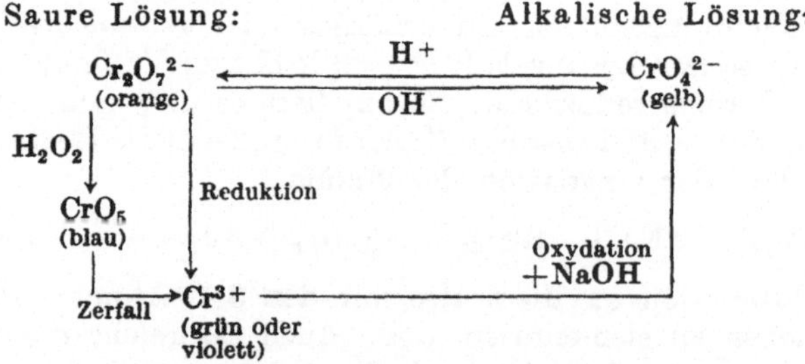

Oben wurde gesagt, daß das Urantrioxyd zum Unterschied von den Trioxyden des Chroms, Molybdäns und Wolframs kein Säureanhydrid, sondern ein amphoteres Oxyd ist. D. h. also, UO_3 verbindet sich nicht nur mit Metalloxyden zu Uranaten, sondern reagiert auch mit Säuren unter Bildung von sog. Uranylsalzen. Die Uranylsalze enthalten als Kation stets die Gruppe $(UO_2)^{2+}$. Sie entstehen also da\-durch, daß man Urantrioxyd in der betreffenden Säure löst, z. B.:

$$UO_3 + 2\,HNO_3 = UO_2(NO_3)_2 + H_2O\,.$$

Das Uranylnitrat, -sulfat, -chlorid und -acetat sind in Wasser leicht löslich. Aus diesen Lösungen fällt auf Zusatz von Schwefelammonium ein brauner Niederschlag von Uranylsulfid:

$$UO_2^{2+} + S^{2-} = UO_2S\,.$$

Das Uranylsulfid löst sich in Säuren wieder auf. Mit Alkalilaugen oder Ammoniak reagieren die Uranylsalze unter Bildung der wasserunlös\-lichen Uranate.

Verwendung. Während Uran weder als Metall noch als Verbindung bisher irgendeine nennenswerte Verwendung gefunden hat, haben Chrom, Molybdän und Wolfram eine ziemlich große praktische Be\-deutung, besonders für die Stahlindustrie. Man benutzt alle drei Metalle entweder allein oder zusammen mit anderen Metallen als Zusätze zum Eisen bei der Herstellung von Sonderstählen, die durch große Härte und chemische Widerstandsfähigkeit ausgezeichnet sind. Genannt seien die nichtrostenden und säurebeständigen Chrom-Nickel-Stähle, z. B. der „V 2 A-Stahl", der etwa 74% Eisen, 18% Chrom und 8% Nickel enthält. Chrom verwendet man ferner, um Eisengegenstände zu verchromen, d. h. mit einem Chromüberzug zu versehen, der die Einwirkung der Luft auf das Eisen, also das Rosten, verhindert. Die Verwendung des Wolframs zur Herstellung der Heizdrähte von Glüh\-lampen wurde schon besprochen.

Ferner spielen manche Verbindungen des Chroms in der Praxis eine gewisse Rolle, sei es als Farben wie das „Chromgelb" $(PbCrO_4)$ und das „Chromgrün" (Cr_2O_3), sei es als Gerbmittel in der Lederindustrie oder sei es als Oxydationsmittel (Chromate und Bichromate).

g) Die Elemente der 7. Nebengruppe: Mangan (Mn), Masurium (Ma), Rhenium (Re).

Von den drei Elementen der 7. Nebengruppe ist das Mangan ver\-hältnismäßig weitverbreitet, in der Erdrinde kommt es zu etwa 0,1% vor. Die anderen beiden Metalle sind dagegen außerordentlich selten, der Gehalt der Erdrinde an jedem von ihnen beträgt nur etwa $1 \cdot 10^{-7}$%; wegen ihrer Seltenheit sind sie auch erst sehr spät entdeckt. Rein dargestellt und untersucht sind aber bisher nur das Rhenium und seine Verbindungen; Rhenium hat noch keine nennenswerte praktische An\-wendung gefunden; soweit es bisher untersucht ist, hat es sich dem Mangan als ähnlich erwiesen. Wir wollen uns aus diesen beiden Gründen damit begnügen, von den Elementen der 7. Nebengruppe nur das Mangan, seine Eigenschaften und Verbindungen zu besprechen.

Das Mangan.

Vorkommen und Darstellung. Das Mangan findet man in der Natur in Form verschiedener Oxyde, z. B. als Braunstein (MnO_2), als Braunit ($nMn_2O_3 \cdot mMnSiO_3$), als Manganit ($MnOOH$) und als Hausmannit (Mn_3O_4), ferner als Carbonat ($MnCO_3$). Außer in diesen reinen Manganerzen kommt Mangan in kleinen Mengen in vielen Eisenerzen vor. Die Darstellung des Mangans wird im allgemeinen aluminothermisch durchgeführt; bei der Reduktion mit Aluminium geht man zweckmäßig von demjenigen der obengenannten Manganoxyde, das den geringsten Sauerstoffgehalt besitzt, aus, also vom Mn_3O_4, weil nämlich die höheren Oxyde mit Aluminium zu heftig reagieren. Durch Glühen lassen sich die höheren Oxyde leicht in Mn_3O_4 umwandeln, z. B.:

$$3\,MnO_2 \rightarrow Mn_3O_4 + O_2\,.$$

Die Reduktion mit Aluminium verläuft nach folgender Gleichung:

$$3\,Mn_3O_4 + 8\,Al \rightarrow 9\,Mn + 4\,Al_2O_3\,.$$

Physikalische Eigenschaften. Das Mangan ist ein weißes Metall von der Härte 7,3, dem Schmelzpunkt 1250° und dem Siedepunkt 2030°. Es ist hart und spröde. In der elektrochemischen Spannungsreihe folgt das Mangan auf das Aluminium; es ist verhältnismäßig unedel und löst sich daher leicht in Säuren unter Wasserstoffentwicklung und Bildung zweiwertiger Manganionen auf.

Chemisches Verhalten. In feuchter Luft oxydiert sich Mangan oberflächlich. Mit den meisten Metalloiden, wie Fluor, Chlor, Schwefel, Stickstoff, Phosphor, Kohlenstoff, Silicium und Bor, verbindet sich das Mangan bei höheren Temperaturen sehr lebhaft unter Wärmeentwicklung, teilweise sogar unter Feuererscheinung. Entsprechend seiner Stellung in der 7. Gruppe des periodischen Systems tritt das Mangan maximal siebenwertig auf; es kann, ähnlich den Elementen der zugehörigen Hauptgruppe, den Halogenen, in den verschiedensten niederen Wertigkeiten vorliegen. Die Vielzahl der möglichen Verbindungstypen des Mangans erkennt man an der folgenden Übersicht:

Tabelle 82. Verbindungen des Mangans.

	Mn^{II}	Mn^{III}	Mn^{IV}		Mn^{VI}	Mn^{VII}
Oxyde . .	MnO	Mn_2O_3	MnO_2		$[MnO_3]$	Mn_2O_7
Name . .	Mangan(II)-oxyd	Mangan(III)-oxyd	Mangandioxyd Braunstein		Mangantrioxyd	Manganheptoxyd
Farbe . .	grün	schwarz	dunkelbraun			dunkelgrünes Öl
Charakter des Oxyds bzw. Hydroxyds	schwach basisch	sehr schwache Base	amphoter		schwache Säure	starke Säure
Salze, Name	Manganosalze	Manganisalze	Mangan(IV)-salze	Manganite	Manganate	Permanganate
Beispiel . .	$MnSO_4$	$Mn_2(SO_4)_3$	$Mn(SO_4)_2$	$Ca(MnO_3)$	K_2MnO_4	$KMnO_4$
Farbe . .	rosa	grün	schwarz	schwarz	grün	violett

Von den in der Tabelle 82 eingetragenen Oxyden ist das Trioxyd noch nicht mit Sicherheit dargestellt worden, es ist daher eingeklammert worden. Wenn es auch sehr unbeständig ist, so ist es doch für uns von Interesse, da es das Anhydrid der Mangansäure (H_2MnO_4) ist, deren Kaliumsalz in der Tabelle enthalten ist. Außer den obengenannten Oxyden kennt man noch ein weiteres, das rote Manganoxyd Mn_3O_4, das seinem Sauerstoffgehalt nach zwischen dem Manganooxyd und dem Manganioxyd steht; es ist als eine Verbindung dieser beiden Oxyde aufzufassen:

$$Mn_3O_4 = MnO + Mn_2O_3 .$$

Der Charakter der Manganoxyde ändert sich regelmäßig vom schwach basischen Manganooxyd bis zum stark sauren Manganheptoxyd. Demgemäß tritt das zwei- und dreiwertige Mangan stets als Kation auf; das vierwertige Mangan kann in seinen Verbindungen sowohl als Kation als auch als Anion vorliegen, während die Derivate des sechs- und siebenwertigen Mangans das Mangan stets im Anion enthalten. Man hat also Salze von drei verschiedenen Säuren des Mangans zu unterscheiden: die Manganite, die Salze der manganigen Säure, Manganate, die Salze der Mangansäure, und die Permanganate, die Salze der Permangansäure. Von den Manganiten, Manganaten und Permanganaten sind die letzteren die beständigsten. Die Manganite werden in wäßriger und saurer Lösung hydrolytisch gespalten, wobei das in Wasser außerordentlich unlösliche Mangandioxyd ausfällt:

$$MnO_3{}^{2-} + H_2O = MnO_2 + 2\,OH^- .$$

Die Manganate, die grün gefärbt sind, sind ebenfalls in wäßrigen und sauren Lösungen unbeständig, sie erleiden eine „Disproportionierung", d. h. die Manganationen oxydieren und reduzieren sich gegenseitig zu der Stufe des siebenwertigen bzw. vierwertigen Mangans:

$$3\,MnO_4{}^{2-} + 2\,H_2O = MnO_2 + 2\,MnO_4{}^- + 4\,OH^- .$$

Die violetten Permanganate sind dagegen sowohl im festen Zustand als auch in Lösung beständig. Sie geben allerdings leicht Sauerstoff ab, wenn sie mit oxydierbaren Stoffen zusammentreffen. Und zwar verläuft die Reduktion der Permanganate in alkalischer Lösung bis zum Mangandioxyd, also zur 4-wertigen Stufe, z. B.:

$$2\,KMnO_4 + 3\,Na_2SO_3 + H_2O = 2\,MnO_2 + 3\,Na_2SO_4 + 2\,KOH .$$

In saurer Lösung ist die oxydierende Wirkung des Kaliumpermanganats noch stärker, die Reduktion geht bis zum Salz des zweiwertigen Mangans, z. B.:

$$2\,KMnO_4 + 8\,H_2SO_4 + 10\,KJ = 2\,MnSO_4 + 6\,K_2SO_4 + 5\,J_2 + 8\,H_2O .$$

1 Permanganation gibt also bei der Reduktion in alkalischer Lösung $^3/_2$ O-Atome, d. h. 3 Äquivalente O, in saurer Lösung dagegen $^5/_2$ O-Atome, d. h. 5 Äquivalente O, ab.

Da das Kaliumpermanganat als viel gebrauchtes Oxydationsmittel von Wichtigkeit ist, sei auf seine Darstellung kurz eingegangen. Man gewinnt es technisch durch elektrolytische Oxydation von Kaliummanganat, also analog der Darstellung von Perchloraten aus den Chloraten, die anodische Oxydation des Manganats verläuft nach der folgenden Gleichung:

$$2\,K_2MnO_4 + O + H_2O = 2\,KMnO_4 + 2\,KOH .$$

Das hierbei als Ausgangsstoff benutzte Kaliummanganat wird durch Oxydation einer Schmelze von Braunstein und Kaliumhydroxyd dargestellt:

$$2\,MnO_2 + 4\,KOH + O_2 = 2\,K_2MnO_4 + 2\,H_2O\,.$$

Diese Oxydation des vierwertigen zum sechswertigen Mangan wird im Laboratorium durch Zugabe von Oxydationsmitteln wie KNO_3 zur Schmelze, in der Technik allein durch Zuführen von Luftsauerstoff bewirkt.

Betrachten wir jetzt etwas genauer diejenigen Verbindungen, in welchen das Mangan als Kation gebunden ist, also die der niedrigeren Wertigkeitsstufen! Wir haben oben bereits festgestellt, daß die Reduktion des Permanganats in saurer Lösung bis zum Manganosalz geht. Daraus folgt, daß die Manganosalze in saurer Lösung beständige Stoffe sein müssen. Beim Eindampfen solcher sauren Manganosalzlösungen gewinnt man die festen Salze, die ebenfalls beständig sind. Sie sind wie ihre Lösungen schwach rosa gefärbt. Wenig beständig sind dagegen die Manganoionen in alkalischer Lösung. Beim Versetzen von Mangan(II)-salzlösungen mit Alkalilaugen fällt zunächst ein weißer Niederschlag von Manganohydroxyd, $Mn(OH)_2$, aus. Dieses Hydroxyd neigt sehr dazu, Sauerstoff aufzunehmen und sich in braunes Mangandioxydhydrat umzuwandeln. Schon der Luftsauerstoff vermag diese Oxydation durchzuführen:

$$2\,Mn(OH)_2 + O_2 \rightarrow 2\,MnO_2 \cdot aq\,.$$

In Wasser leicht lösliche Mangan(II)-salze sind das Chlorid, Sulfat, Nitrat, Acetat, schwer löslich sind das Sulfid, Phosphat und Carbonat.

Die Mangan(III)-salze entstehen beim Auflösen von Manganioxyd in den betreffenden Säuren. Sie sind dunkel gefärbt und wenig beständig. In neutraler Lösung erleiden sie als Salze der schwachen Base Mn_2O_3 hydrolytische Spaltung:

$$Mn_2(SO_4)_3 + 6\,H_2O = 2\,Mn(OH)_3 + 3\,(SO_4)^{2-} + 2\,H^+\,.$$

Durch Laugenzugabe wird die Hydrolyse selbstverständlich begünstigt bei der Hydrolyse fällt zunächst graues Mangan(III)-hydroxyd aus, das — analog dem Mangan(II)-hydroxyd — leicht zu Mangandioxydhydrat oxydiert wird. In saurer Lösung lassen sich die Manganisalze leicht zu den Manganosalzen, die ja — wie wir gesehen haben — in saurer Lösung sehr beständig sind, reduzieren.

Salze des vierwertigen Mangans sind außerordentlich unbeständig. Das Mangan(IV)-ion bildet sich, wenn man Braunstein in konzentrierten Säuren löst. Aus solchen Lösungen kristallisieren unter gewissen Voraussetzungen auch die festen Salze aus. Die Mangan(IV)-salze zeigen eine derartig starke hydrolytische Spaltung, daß nicht nur in Wasser, sondern sogar schon beim Lösen in verdünnten Säuren eine Ausscheidung von Mangandioxydhydrat eintritt, nach der Gleichung:

$$Mn(SO_4)_2 + 2\,H_2O = MnO_2 \cdot aq + 2\,H_2SO_4\,.$$

Das Mangandioxyd ist also, offenbar infolge seiner Unlöslichkeit eine der stabilsten Manganverbindungen. Die Beständigkeitsverhältnisse und die Oxydations- und Reduktionsreaktionen der verschiedenen Manganverbindungen sind in den folgenden beiden Tabellen noch einmal übersichtlich zusammengestellt.

Tabelle 83. Die Beständigkeit der verschiedenen Manganverbindungen.

	Mn^{2+}	Mn^{3+}	Mn^{4+}	Mn^{6+}	Mn^{7+}
In saurer Lösung	beständig	unbeständig, Reduktion zu Mn^{2+}	nur in sehr stark saurer und in sehr stark alkalischer Lösung beständig; sonst Hydrolyse und Bildung von MnO_2	unbeständig, Disproportionierung	beständig
In neutraler Lösung					
In alkalischer Lösung	unbeständig, Oxydation zu MnO_2	unbeständig, Oxydation zu MnO_2		beständig	

Tabelle 84.
Oxydations- und Reduktionsreaktionen der Manganverbindungen.

Mn^{2+}	Mn^{3+}	Mn^{4+}	Mn^{6+}	Mn^{7+}

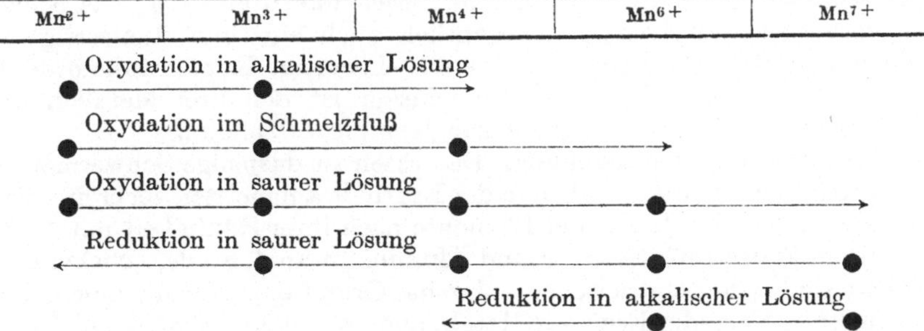

Verwendung. Mangan ist ein wichtiger Bestandteil mancher Legierungen. Ferromangan ist eine Eisen-Mangan-Legierung, die durch große Härte ausgezeichnet ist. Jedes Eisen und jeder Stahl enthält kleine Mengen von Mangan, die aus den Verunreinigungen der Eisenerze herstammen und die im Hochofen zusammen mit dem Eisen reduziert sind. Man entfernt das Mangan aus dem Eisen im allgemeinen nicht, da es als „Desoxydationsmittel" für das Eisen dient; wegen der höheren Bildungswärme seines Oxyds ist das Mangan nämlich in der Lage, etwa an Eisen gebundenen Sauerstoff dem Eisen zu entziehen. Eine Kupfer-Mangan-Nickel-Legierung (Manganin) wird zur Herstellung temperaturunabhängiger Präzisionswiderstände benutzt.

Manganverbindungen werden in der Glas- und Porzellanindustrie zur Erzeugung von mancherlei Farbtönungen verwendet. Die Manganoxyde finden auch sonst gelegentlich als braune Farbe Verwendung. Kaliumpermanganat benutzt man häufig als Oxydationsmittel in der präparativen und analytischen Chemie sowie in der Medizin als Desinfektionsmittel.

h) Die Metalle der Eisengruppe: Eisen (Fe), Kobalt (Co) und Nickel (Ni).

Zur 8. Nebengruppe des periodischen Systems gehören neun Elemente, die man zweckmäßig in zwei Gruppen unterteilt. Man unterscheidet die Gruppe der Eisenmetalle, welche die Elemente Eisen, Kobalt und Nickel enthält, und die Gruppe der Platinmetalle, zu der man die übrigen sechs Metalle der 8. Nebengruppe rechnet. Die Elemente der Eisengruppe sind Nachbarelemente und weisen als solche in ihrem Verhalten und in den Eigenschaften ihrer Verbindungen einerseits gewisse Ähnlichkeiten, andererseits aber auch eine gewisse Entwicklung auf. Die Entwicklung geht vom Mangan, das auf Grund seiner Atomnummer dem Eisen voransteht, über das Eisen, Kobalt und Nickel hin zum Kupfer, dem Nachfolgeelement des Nickels. Das Mangan hatten wir als ein Element kennengelernt, das in den verschiedensten Wertigkeitsstufen bis herauf zur Siebenwertigkeit vorliegen kann, während das Kupfer nur ein- und zweiwertig auftritt. So nimmt denn auch die Zahl der möglichen Wertigkeitsstufen und die Größe der maximalen Wertigkeit innerhalb der Eisengruppe mit wachsender Ordnungszahl ab: Das Eisen kann in seinen Verbindungen zwei-, drei- und sechswertig sein, das Kobalt nur zwei- und dreiwertig; das Nickel ist vorwiegend zweiwertig, gelegentlich auch ein- und dreiwertig; in diesen Verbindungen ist es aber wie das einwertige Kupfer außerordentlich unbeständig und selten. Gemeinsam ist den drei Metallen der Eisengruppe die große Neigung zur Komplexsalzbildung.

Vorkommen und **Darstellung.** Das Eisen ist dasjenige Schwermetall, das unter allen Schwermetallen in der Erdrinde am meisten verbreitet ist; es steht in der Anordnung der Elemente nach ihrer Häufigkeit mit 4,7.% nach dem Sauerstoff, Silicium und Aluminium an 4. Stelle. Nickel und Kobalt sind bedeutend seltener. Man hat Grund dazu, anzunehmen, daß der innerste Kern der Erde aus Metall, und zwar hauptsächlich aus Eisen und Nickel, besteht (Näheres hierüber vgl. im Abschnitt Geochemie, S. 407). In der Erdrinde sind Eisen, Nickel und Kobalt wegen ihrer großen Affinität zum Sauerstoff natürlich nicht in elementarer Form vorhanden. Lediglich die Eisenmeteorite, die man gelegentlich findet, bestehen aus metallischem Eisen mit einem geringen Prozentgehalt von Nickel.

Die wichtigsten Eisenerzvorkommen sind die der verschiedenen Oxyde, des Carbonats und des Sulfids; das Eisen(III)-oxyd bezeichnet man als „Roteisenstein", wenn es die Zusammensetzung Fe_2O_3 hat, und als „Brauneisenstein" oder „Goethit", wenn es die Formel $FeO(OH)$ besitzt; „Magneteisenstein" ist das Ferroferrioxyd (Fe_3O_4), ein gemischtes Oxyd aus zweiwertigem und dreiwertigem Eisen:

$$Fe_3O_4 = Fe_2O_3 + FeO.$$

Das Eisen(II)-carbonat wird mineralogisch „Spateisenstein" genannt und schließlich das Sulfid FeS_2 „Eisenkies" oder „Pyrit".

Eisen ist außerdem in der Farbstoffkomponente des Hämoglobins komplex gebunden, in geringen Mengen kommt es außerdem auch in allen anderen Zellen vor.

Nickel und Kobalt findet man als Sulfide, Arsenide und Antimonide, z. B.: NiS (Gelbnickelkies), NiAs (Rotnickelkies), $NiAs_2$ (Weißnickelkies), NiSb (Antimonnickel), $CoAs_2$ (Speiskobalt), CoAsS (Kobaltglanz). Ein wichtiges Nickelerz ist ferner der Garnierit, ein Nickel-Magnesiumsilicat.

Die technische Gewinnung des Eisens, der Hochofenprozeß, ist bereits besprochen (S. 69), desgleichen die weitere Verwendung des Roheisens zu Guß- und Schmiedeeisen oder zu Stahl; der Bessemer-Prozeß, welcher der Veredelung des Eisens, d. h. der Entfernung des beigemengten Kohlenstoffs, Phosphors und Mangans dient und der das am meisten angewandte Verfahren zur Erzeugung von Stahl ist, wurde ebenfalls bereits eingehend behandelt (vgl. S. 221). Zum Bessemer-Prozeß sei noch ergänzend bemerkt, daß man je nach den jeweils vorliegenden Verunreinigungen des Eisens die Bessemer-Birne mit einem sauren Futter, d. h. mit Kieselsäure, oder mit einem basischen Futter, d. h. mit gebranntem Kalk oder Dolomit, auskleidet. Bei der Verwendung von saurem Futter, wie es das ursprüngliche Bessemer-Verfahren vorschreibt, kann nur der Kohlenstoff-, Mangan- und Siliciumgehalt des Eisens herabgesetzt werden, während bei Verwendung von basischem Futter vornehmlich der Phosphorgehalt vermindert wird. Das letztere Verfahren, das sog. „Thomas-Verfahren", wendet man daher bei der Stahlerzeugung aus phosphorreichem Roheisen an.

Die Darstellung der Metalle Nickel und Kobalt verläuft analog der des Eisens: Die Erze werden zunächst durch Rösten in die Oxyde übergeführt und die Oxyde dann reduziert. Für Nickel benutzt man Kohle als Reduktionsmittel, während man Kobalt meist nach dem aluminothermischen Verfahren darstellt. Für die Herstellung reinsten Nickels nutzt man die Tatsache aus, daß metallisches Nickel bzw. Nickelsulfid unter geeigneten Versuchsbedingungen mit Kohlenoxyd reagieren, wobei eine leichtflüchtige Nickel-Kohlenoxyd-Verbindung, das Nickeltetracarbonyl, entsteht, und daß das Nickelcarbonyl in seine Komponenten, metallisches Nickel und Kohlenoxyd, sehr leicht wieder thermisch gespalten werden kann (Näheres hierüber im Abschnitt über das chemische Verhalten, S. 326).

Physikalische Eigenschaften.

Metall	Atomgewicht	Spez. Gewicht	Schmelzpunkt ° C	Siedepunkt ° C	Wertigkeit
Eisen	55,84	7,88	1525	3250	2, 3, 6
Kobalt	58,94	8,83	1490	3200	2, 3
Nickel	58,69	8,9	1455	3075	1, 2

Die hochliegenden Schmelz- und Siedepunkte haben Eisen, Kobalt, Nickel mit den Metallen der 5., 6. und 7. Nebengruppe gemeinsam. Alle drei Metalle, wie auch manche ihrer Verbindungen, sind durch starken Magnetismus ausgezeichnet, sie sind ferromagnetisch. Bei einer bestimmten Temperatur, dem „Curie-Punkt", verschwindet der starke Magnetismus sprunghaft; oberhalb dieser Temperatur sind die Metalle paramagnetisch. Die Curie-Temperatur ist für die einzelnen Metalle verschieden, für das Eisen ist sie z. B. 768° C. Hinsichtlich des magnetischen Verhaltens unterscheiden sich reines Eisen und kohlenstoffhaltiges Eisen; während das letztere permanenten Magnetismus besitzt, zeigt reines Eisen nur temporären Magnetismus, d. h. es verhält sich nur unter der Einwirkung eines äußeren Magnetfeldes wie ein Magnet; entfernt man das äußere Magnetfeld, so verliert reines Eisen sofort seinen Magnetismus. Bei Zimmertemperatur ist Eisen im raumzentrierten Würfelgitter, Nickel im flächenzentrierten Würfelgitter und Kobalt im Gitter der hexagonalen dichtesten Kugelpackung kristallisiert.

Chemisches Verhalten. Nickel und Kobalt sind etwas edler als Eisen; es bestehen gewisse Unterschiede im Verhalten gegenüber Sauerstoff und Wasser: Eisen wird von feuchter Luft allmählich angegriffen, es rostet; Nickel und Kobalt verändern sich dagegen in feuchter Luft bei gewöhnlicher Temperatur nicht. Von der Beständigkeit des Nickels und Kobalts macht man praktischen Gebrauch, indem man gelegentlich Eisengegenstände zum Schutz gegen das Rosten mit einem Überzug von Nickel óder Kobalt versieht. Beim Glühen werden Nickel und Kobalt ebenso wie das Eisen oxydiert, es entstehen dabei die Oxyde Fe_3O_4, Co_3O_4 bzw. NiO.

Auch im Verhalten gegenüber Säuren unterscheidet sich Eisen von den anderen beiden Metallen seiner Gruppe, es löst sich unter lebhafter Wasserstoffentwicklung leicht in verdünnter Salzsäure, verdünnter Salpetersäure und verdünnter Schwefelsäure, während Nickel und Kobalt nur in verdünnter Salpetersäure schnell in Lösung gehen. Auf die Passivierungserscheinung durch konzentrierte Salpetersäure, die schon auf S. 203 besprochen ist, sei kurz hingewiesen: Alle drei Metalle der Eisengruppe werden von konzentrierter Salpetersäure nicht angegriffen.

Mit den meisten Nichtmetallen verbinden sich Eisen, Kobalt und Nickel bei höheren Temperaturen direkt. Besonders lebhaft sind die Reaktionen mit den Halogenen und dem Schwefel. Beim Zusammenschmelzen mit Phosphor entstehen die Phosphide, mit Silicium die Silicide, mit Kohlenstoff die Carbide (Fe_3C, Co_3C, Ni_3C).

In den Eisenverbindungen liegt das Eisen zwei-, drei- oder sechswertig vor. In den Verbindungen der beiden niedrigen Wertigkeitsstufen ist das Eisen als Kation gebunden, im sechswertigen Zustand ist dagegen das Eisen ein Bestandteil des Anions. Die Salze unterscheidet man entsprechend als Eisen(II)- oder Ferrosalze, als Eisen(III)- oder Ferrisalze und als Ferrate; die letzteren enthalten das zweifach negativ geladene Ferration $[FeO_4]^{2-}$, ein Ion, welches dem Sulfation analog aufgebaut ist. Die Ferrate sind ziemlich unbeständig; sie geben leicht Sauerstoff ab und wandeln sich dabei in Verbindungen des dreiwertigen Eisens um. Auch die Ferrosalze sind nicht sehr beständig, da sie sich sehr leicht — z. B. schon durch Luftsauerstoff — zu Ferrisalzen oxydieren lassen; Ferrosalze benutzt man daher als Reduktionsmittel. Die größte Beständigkeit besitzen die Eisen(III)-salze; durch kräftig wirkende Reduktionsmittel, wie nascierenden Wasserstoff, kann man sie zu Ferrosalzen reduzieren.

Vom Kobalt kennt man nur zwei- und dreiwertige Ionen, deren Beständigkeitsverhältnisse gerade umgekehrt liegen als die der Eisenionen: Die Kobalto- oder Kobalt(II)-salze sind sehr beständig, während normale Kobalt(III)-salze außerordentlich unbeständig und daher kaum bekannt sind. Interessant ist die Tatsache, daß in den Komplexsalzen des Kobalts dreiwertiges Kobalt vorliegt, und daß diese Komplexverbindungen beständig sind.

Wie schon erwähnt, ist das Nickel in seinen meisten Verbindungen zweiwertig; die wenigen bisher dargestellten Salze des einwertigen Nickels sind außerordentlich unbeständig.

Von den Salzen des Eisens, Kobalts und Nickels haben in der analytischen Chemie die Hydroxyde, die Sulfide und die Cyanide eine gewisse Bedeutung. Wenn man zu Lösungen, die Fe^{2+}-, Fe^{3+}-, Co^{2+}- oder Ni^{2+}-Ionen enthalten, Hydroxylionen zusetzt, so entstehen in allen Fällen Niederschläge der in Wasser unlöslichen Hydroxyde. Das Eisen(II)-hydroxyd, $Fe(OH)_2$, ist weiß, es färbt sich aber an der Luft infolge Oxydation und Bildung von Eisen(III)-hydroxyd rasch braun. Der Niederschlag von Kobalthydroxyd, $Co(OH)_2$, ist blau, derjenige des Nickelhydroxyds, $Ni(OH)_2$, grün gefärbt. Alle drei Sulfide, FeS, CoS und NiS, sind schwarze, in Wasser und ammoniakalischen Lösungen unlösliche Stoffe; die Sulfide des Kobalts und Nickels können vom Eisensulfid durch ihr Verhalten gegenüber verdünnter Salzsäure unterschieden werden: Während Kobalt- und Nickelsulfid nämlich nicht in Lösung gehen, löst sich Eisensulfid unter Entwicklung von Schwefelwasserstoff und Bildung von Eisenchlorid auf.

$$FeS + 2\,HCl = (Fe^{++} + 2\,Cl^-) + H_2S.$$

Versetzt man Eisen-, Nickel- oder Kobaltsalzlösungen mit wenig Natriumcyanidlösung, so entstehen Ausfällungen der entsprechenden Schwermetallcyanide. Alle drei Cyanide, das braune $Fe(CN)_2$, das rotbraune $Co(CN)_2$ und das graue $Ni(CN)_2$, gehen aber im Überschuß des Fällungsmittels wieder in Lösung, wobei komplexe Metall-cyan-Anionen gebildet werden:

$$Fe(CN)_2 + 4\,NaCN \rightleftharpoons Na_4[Fe(CN)_6]$$
$$Co(CN)_2 + 4\,NaCN \rightleftharpoons Na_4[Co(CN)_6]$$
$$Ni(CN)_2 + 2\,NaCN \rightleftharpoons Na_2[Ni(CN)_4].$$

Der Cyankomplex des zweiwertigen Kobalts wandelt sich schnell infolge Oxydation in den entsprechenden, beständigen Komplex des dreiwertigen Kobalts um:

$$2\,Na_4[Co(CN)_6] + O + H_2O = 2\,Na_3[Co(CN)_6] + 2\,NaOH.$$

Das Verhalten der komplexen Eisencyanide, der Ferro- und Ferricyanwasserstoffsäuren und ihrer Salze ist bereits auf S. 236 ausführlich besprochen, so daß auf diesen früheren Abschnitt verwiesen werden kann.

Wie wir oben gesehen haben, läßt sich Eisen vom Kobalt und Nickel auf Grund der unterschiedlichen Löslichkeiten der Sulfide in verdünnter Salzsäure leicht trennen. Die Trennung des Nickels und Kobalts mag nach dem bisherigen wegen der großen Ähnlichkeit ihrer Salze unmöglich oder schwierig erscheinen. Es gibt indessen einen organischen Stoff, das Dimethylglyoxim, der mit Nickel einen charakteristischen roten, in

Wasser außerordentlich schwer löslichen Niederschlag bildet und der die Trennung des Nickels vom Kobalt ermöglicht. Das Dimethylglyoxim wird auch als TSCHUGAEFFs Nickelreagens bezeichnet.

Eisen, Kobalt und Nickel zeigen eine große Neigung zur Bildung von Komplexsalzen. Die komplexen Cyanide wurden bereits genannt; auch das Nickelsalz des Dimethylglyoxims ist ein Komplexsalz. Man kennt ferner komplexe Hydrate, Ammoniakate u. a. m. Besonders groß ist die Zahl wie auch die Beständigkeit der Komplexverbindungen beim Kobalt.

Als Komplexverbindungen hat man auch die sog. Metallcarbonyle aufzufassen, eine interessante Klasse von Verbindungen, die aus Schwermetallatomen und mehreren Kohlenoxydmolekülen aufgebaut sind. Derjenige Vertreter dieser Stoffklasse, der am einfachsten darzustellen ist und die größte praktische Bedeutung hat, ist das Nickeltetracarbonyl, $Ni(CO)_4$. Es bildet sich, wenn man einen Kohlenoxydstrom über fein verteiltes metallisches Nickel leitet, das auf $50-100°$ erwärmt ist. Das Nickeltetracarbonyl ist bei diesen Temperaturen gasförmig und daher in dem entweichenden überschüssigen Kohlenoxyd enthalten. Die Trennung der beiden Gasbestandteile ist sehr einfach, da ihre Siedepunkte weit auseinanderliegen — $Ni(CO)_4$ siedet bei $+43°$, CO bei $-190° C$ — und also das Nickeltetracarbonyl beim Durchleiten durch ein mit einer Kältemischung gekühltes Gefäß verflüssigt wird. Das $Ni(CO)_4$ ist bei Zimmertemperatur eine farblose Flüssigkeit, die bei $-25° C$ fest wird. Erhitzt man Nickeltetracarbonyl auf $180-200°$, so zerfällt es in seine Komponenten, in metallisches Nickel und Kohlenoxyd.

Außer dem Nickeltetracarbonyl kennt man noch weitere Metallcarbonyle, deren Eigenschaften und Verhalten in den letzten Jahren besonders durch W. HIEBER aufgeklärt wurden. Die meisten Metalle der 8. und auch der 6. Nebengruppe vermögen Carbonyle zu bilden. Allerdings ist die Darstellung des Nickeltetracarbonyls wesentlich einfacher als die der übrigen Carbonyle, die in nennenswerter Menge nur dann entstehen, wenn man bei hohen Drucken und meist auch höheren Temperaturen arbeitet. Auf Grund ihrer Eigenschaften lassen sich die Carbonyle in zwei Gruppen einteilen, in solche, die wie das Nickeltetracarbonyl leicht flüchtig sind, sich in indifferenten organischen Lösungsmitteln weitgehend lösen und die 1 Metallatom pro Molekül enthalten, und andererseits in solche, die schwer flüchtig sind, die sich überhaupt nicht oder nur sehr wenig im organischen Lösungsmittel lösen und die bi- oder höhermolekular sind. Entsprechend dieser Einteilung ist die folgende Tabelle 86 der bisher bekannten Metallcarbonyle aufgestellt.

Für die Gruppe der monomolekularen Carbonyle läßt sich eine einfache Gesetzmäßigkeit bezüglich ihrer Zusammensetzung erkennen. Da nur 2 der insgesamt 4 Außenelektronen des Kohlenstoffs für die Bindung des Sauerstoffs verbraucht sind, kann also das Kohlenstoffatom für die Bindung Metall-Kohlenstoff 2 Elektronen zur Verfügung stellen. Die Metalle gewinnen also pro gebundenes CO-Molekül 2 Elektronen.

Tabelle 86. **Metallcarbonyle.**

	6. Gruppe des periodischen Systems	8. Gruppe des periodischen Systems	
I. monomolekular, leicht flüchtig, löslich in organischen Lösungsmitteln	$Cr(CO)_6$ $Mo(CO)_6$ $W(CO)_6$	$Fe(CO)_5$ $Ru(CO)_5$	$Ni(CO)_4$
	farblose Kristalle, leicht sublimierend	Flüssigkeiten, niedrige Siedepunkte	
II. höhermolekular, schwer flüchtig, unlöslich in organischen Lösungsmitteln		$Fe_2(CO)_9$ $[Fe(CO)_4]_3$ $Ru_2(CO)_9$ $[Ru(CO)_4]_x$	$Co_2(CO)_8$ $[Co(CO)_3]_4$

Rechnen wir einmal die Gesamtelektronenzahl der Metalle aus! Das Chrom hat die Ordnungszahl 24 und somit in seiner Elektronenschale 24 Elektronen; zu diesen 24 Elektronen sind die $6 \cdot 2 = 12$ Elektronen, die von den gebundenen CO-Gruppen herrühren, zu addieren, so daß die Gesamtelektronenzahl des Chroms im Chromhexacarbonyl 36 beträgt. Beim Eisenpentacarbonyl haben wir zu den 26 Elektronen des Metalls $2 \cdot 5 = 10$ Elektronen des Kohlenoxyds zu addieren; wir berechnen also für die Gesamtelektronenzahl des Eisens im Pentacarbonyl wieder die Zahl 36. Schließlich erhalten wir ebenso für die Gesamtelektronenzahl des Nickels im Tetracarbonyl die Zahl 36. In allen diesen Verbindungen haben also die Metalle dieselbe Elektronenanordnung wie das nächstfolgende Edelgas Krypton. Durch analoge Rechnungen findet man, daß die Gesamtelektronenzahl des Molybdäns und Rutheniums in ihren Carbonylen mit der des Edelgases Xenon übereinstimmt und daß schließlich das Wolfram im $W(CO)_6$ die gleiche Elektronenanordnung wie das Edelgas Emanation besitzt. Auf Grund dieser edelgasähnlichen Elektronenanordnung der Metalle wird die Tatsache verständlich, daß die Zahl der gebundenen CO-Moleküle vom Chrom über das Eisen zum Nickel abnimmt, und daß die jeweils übersprungenen Elemente Mangan und Kobalt keine monomolekularen Carbonyle zu bilden vermögen. Auch für die Bindung der CO-Gruppen in den höhermolekularen Carbonylen dürften ähnliche Gesichtspunkte maßgebend sein.

Ebenso wie das Nickeltetracarbonyl werden auch die übrigen Carbonyle thermisch gespalten: Beim Erhitzen auf höhere Temperaturen zerfallen sie in das betreffende Metall und Kohlenoxyd:

$$Me_x(CO)_y \rightarrow x\,Me + y\,(CO).$$

Das ist verständlich, da die Metallcarbonyle exotherme Verbindungen sind:

$$x\,Me + y\,(CO) = Me_x(CO)_y + Q.$$

Auch durch Licht werden die Carbonyle zersetzt.

Die CO-Gruppen der Carbonyle können zum Teil oder auch vollständig gegen andere Gruppen, wie Halogene, Wasserstoff, Ammoniak,

Alkohol u. a. ausgetauscht werden. Von diesen Verbindungen seien nur die Metallcarbonylwasserstoffe noch kurz erwähnt. Unter der Einwirkung von Laugen entstehen aus dem Eisenpentacarbonyl bzw. dem Kobaltcarbonyl $Co_2(CO)_8$ die beiden höchst interessanten Verbindungen $Fe(CO)_4H_2$ bzw. $Co(CO)_4H$; die Umsetzung zwischen Eisenpentacarbonyl und Barytlauge sei formuliert:

$$Fe(CO)_5 + (Ba^{2+} + 2\,OH^-) = Fe(CO)_4H_2 + BaCO_3\,.$$

Dieser Eisencarbonylwasserstoff ist im Gegensatz zum reinen Carbonyl in Wasser löslich. Die wäßrige Lösung ist unter Luftabschluß haltbar. In reinem Zustand sind die Wasserstoffverbindungen nur bei tiefen Temperaturen beständig, schon bei $0°$ zerfallen sie in Wasserstoff und verschiedene Carbonyle. Bemerkt sei noch, daß in beiden Metallcarbonylwasserstoffen die Gesamtelektronenzahl der Metalle wiederum 36 ist, daß es sich also ebenfalls um Verbindungen mit abgeschlossener Elektronenkonfiguration handelt, und daß durch die Einfügung des Wasserstoffatoms das sonst unbekannte und instabile monomolekulare Kobaltcarbonyl stabilisiert wird.

Verwendung. Über die Verwendung und Bedeutung des Eisens als unseres wichtigsten Gebrauchsmetalls braucht nicht viel gesagt zu werden. Es genügt, auf die riesigen Zahlen der Eisenproduktion zu verweisen (vgl. Abb. 33). Metallisches Kobalt hat dagegen keine nennenswerte Bedeutung. Kobaltsilicate werden unter dem Namen Smalte als blaue Farbstoffe, besonders in der Glas- und keramischen Industrie benutzt. Metallisches Nickel wird in reinem Zustand als Katalysator, besonders für Hydrierungen, verwendet. Ferner sind eine Reihe von Nickellegierungen wegen ihrer charakteristischen mechanischen, chemischen oder elektrischen Eigenschaften von Wichtigkeit. So sind die Chrom-Nickel-Stähle durch ihre Widerstandsfähigkeit gegen Säuren ausgezeichnet. Konstantan, Nickelin, Manganin sind Legierungen aus Nickel, Kupfer und Mangan, die hohe elektrische Widerstände und dabei eine geringe Temperaturabhängigkeit des Widerstandes besitzen und daher als Material für Präzisionswiderstände benutzt werden. Neusilber ist eine in mancher Beziehung silberähnliche Legierung, die aus Nickel, Kupfer und Zink besteht. Auf das Vernickeln von Eisengegenständen ist schon an anderer Stelle aufmerksam gemacht worden.

i) Die Metalle der Platingruppe.

Zur Platingruppe rechnen wir diejenigen Elemente der 8. Nebengruppe, welche in der 4. und 5. Periode stehen, also die sechs Elemente Ruthenium (Ru), Rhodium (Rh), Palladium (Pd), Osmium (Os), Iridium (Ir) und Platin (Pt). Alle diese sechs Metalle sind Edelmetalle, sie sind durch ihre große Beständigkeit gegen Säuren ausgezeichnet. Wie in der Eisengruppe nimmt innerhalb jeder der beiden Perioden der edle Charakter zu, so daß Palladium und Platin die edelsten der Platinmetalle sind. In weiterer Analogie zur Eisengruppe machen wir die Feststellung, daß die beständigste wie auch die maximale Wertigkeitsstufe in beiden Perioden mit steigender Ordnungszahl abnimmt. So ist das Ruthenium in der Mehrzahl seiner Verbindungen vierwertig, das Rhodium dreiwertig und das Palladium zweiwertig; Osmium tritt hauptsächlich sechs- und achtwertig auf, Iridium drei- und vierwertig und Platin zwei- und vierwertig.

Vorkommen und **Darstellung.** Die Metalle der Platingruppe findet man im gediegenen Zustand an einigen Stellen der Erde, besonders im Ural und in Kolumbien. Es handelt sich bei diesem Vorkommen aber nie um ein einziges reines Metall, sondern stets um eine Legierung der verschiedenen Platinmetalle miteinander, in denen der Gehalt der einzelnen Komponenten in weiten Grenzen schwankt. Als weitere Beimengungen sind meistens noch Eisen, Kupfer und Gold vorhanden. Die Trennung der einzelnen Legierungsbestandteile voneinander ist wegen der großen Verwandtschaft der Platinmetalle verhältnismäßig schwierig. Die Reindarstellung der Metalle ist so umständlich und speziell, daß wir darauf hier nicht näher eingehen können.

Physikalische Eigenschaften.

Metall	Atom-gewicht	Spez. Gewicht	Schmelzpunkt ° C	Siedepunkt ° C	Wertigkeiten	
					beständige	maximale
Ruthenium . . .	101,7	12,30	2000°	sehr hoch	4	8
Rhodium . . .	102,9	12,47	1970	,,	3	4
Palladium . . .	106,7	11,90	1557	,,	2	4
Osmium	190,2	22,5	2500	,,	6, 8	8
Iridium	193,1	22,4	2350	,,	3, 4	6
Platin	195,23	21,4	1770	3800	2, 4	6

Die Schmelz- und Siedepunkte der Platinmetalle liegen sehr hoch; unter ihnen hat das Osmium den höchsten Schmelzpunkt und auch das größte spezifische Gewicht. Die spezifischen Gewichte der Platinelemente der 4. Periode gruppieren sich um den Wert 12, diejenigen der 5. Periode um den Wert 22.

Chemisches Verhalten. Bei Zimmertemperatur reagieren die Platinmetalle nicht mit Luftsauerstoff: beim Erhitzen auf Rotglut entstehen folgende Oxyde: das Osmiumtetroxyd (OsO_4), das Ruthentetroxyd und Ruthendioxyd (RuO_4 bzw. RuO_2), das Iridiumdioxyd (IrO_2), das Rhodiumsesquioxyd (Rh_2O_3) und das Palladiummmonoxyd (PdO). Das Platin als das edelste Metall der Platingruppe verbindet sich auch bei höheren Temperaturen nicht direkt mit dem Luftsauerstoff. An den Formeln der Oxyde erkennt man sehr schön die Abnahme der Wertigkeit innerhalb der Perioden von links nach rechts. Bemerkenswert sind die große Flüchtigkeit und die niedrigen Schmelz- und Siedepunkte der beiden Tetroxyde. In verdünnten und konzentrierten Säuren sind die Platinmetalle nicht löslich, sofern sie nicht — sei es durch Luftsauerstoff oder infolge der Oxydationswirkung der Säure — vorher zum Oxyd oxydiert sind. In Königswasser lösen sich auch die beiden edelsten, das Palladium und Platin, auf; dabei entstehen die Hexachlorosäuren des vierwertigen Palladiums oder Platins, $H_2[PdCl_6]$ bzw. $H_2[PtCl_6]$. In oxydierenden alkalischen Schmelzen werden die meisten Platinmetalle in wasserlösliche Salze verwandelt, die das betreffende Platinmetall im Anion enthalten, z. B. Osmate (K_2OsO_4), Ruthenate (K_2RuO_4) usw. Mit den Halogenen und mit Schwefel verbinden sich die Platinmetalle beim Erhitzen zu den Halogeniden und Sulfiden.

Von großem praktischem Interesse ist die Eigenschaft des Palladiums und Platins, große Mengen Wasserstoff aufzunehmen; der adsorbierte Wasserstoff ist sehr aktiv und reagiert mit vielen Stoffen, mit welchen er unter normalen Bedingungen nicht reagiert. Man benutzt daher metallisches Palladium oder Platin als Katalysatoren für Hydrierungen.

In noch größerem Maße als die Metalle der Eisengruppe zeigen die Platinmetalle die Tendenz, Komplexverbindungen zu bilden. In dieser Eigenschaft stimmen sie auch überein mit ihren Folgeelementen, den Metallen der 1. und 2. Nebengruppe. Für die Komplexsalze der Platinmetalle kann ganz allgemein festgestellt werden, daß die Zahl der komplex gebundenen Gruppen meist 6 beträgt; in einigen Fällen, nämlich den Komplexverbindungen des zweiwertigen Palladiums und Platins, ist die Koordinationszahl 4. Einige der Komplexsalze der Platinmetalle seien kurz genannt! Wenn man die Chloride der Platinmetalle in Salzsäure oder in Alkalichloridlösungen auflöst, so bilden sich die komplexen Chlorwasserstoffsäuren bzw. ihre Alkalisalze, z. B.:

$$OsCl_4 + 2\,NaCl \rightleftharpoons Na_2[OsCl_6]$$
$$IrCl_3 + 3\,NaCl \rightleftharpoons Na_3[IrCl_6]$$
$$PtCl_2 + 2\,HCl \rightleftharpoons H_2[PtCl_4]$$
$$PtCl_4 + 2\,HCl \rightleftharpoons H_2[PtCl_6].$$

Die in der letzten Gleichung formulierte Platinverbindung bezeichnet man als „Hexachloroplatesäure" oder einfacher „Platinchlorwasserstoffsäure". Die Platinchlorwasserstoffsäure ist für die analytische Chemie von gewissem Interesse, da ihre Ammonium-, Kalium-, Rubidium- und Caesiumsalze in Wasser verhältnismäßig schwer löslich sind. Durch Ersatz der sechs Chloratome gegen sechs Hydroxylgruppen kommt man zur Hexahydroxoplatesäure, $H_2[Pt(OH)_6]$; ihre Alkalisalze entstehen durch Reaktion der Platinchlorwasserstoffsäure mit Alkalihydroxydlösungen:

$$H_2[PtCl_6] + 8\,NaOH = Na_2[Pt(OH)_6] + 2\,H_2O + 6\,NaCl.$$

Von den Ammoniakkomplexen nennen wir das Hexamin-iridi-chlorid, $[Ir(NH_3)_6]Cl_3$, und das Tetramin-pallado-chlorid, $[Pd(NH_3)_4]Cl_2$. Dem gelben Blutlaugensalz, $K_4[Fe(CN)_6]$, entsprechen ihrer Zusammensetzung nach das Kalium-Hexacyanoruthenoat, $K_4[Ru(CN)_6]$, und das Kalium-hexacyanoosmoat, $K_4[Os(CN)_6]$.

Verwendung. Von allen Platinmetallen wird das Platin selbst in der Praxis am meisten gebraucht. Wegen seiner großen Widerstandsfähigkeit gegen chemische Agenzien und wegen seines hohen Schmelzpunktes ist Platin das geeignetste Material zur Herstellung chemischer Geräte, wie Tiegel, Schalen, Elektroden. Platin läßt sich auch ohne Schwierigkeiten in Glas einschmelzen, da es zufällig denselben Ausdehnungskoeffizienten hat. Die wichtigste Verwendung des Platins ist wohl die als Katalysator in Form von kolloider Platinlösung oder von feinverteiltem Platin (Platinschwarz und Platinasbest). An großtechnischen Verfahren, bei denen Platinkatalysatoren benutzt werden, seien genannt: Die Schwefelsäuredarstellung nach dem Kontaktverfahren (vgl. S. 141) und die Ammoniakverbrennung (S. 199). Palladium findet ebenfalls hauptsächlich Verwendung als Katalysator, und zwar besonders für Hydrierungen. Osmium wurde früher zur Herstellung der Glühdrähte in den Metallfadenlampen benutzt, ist aber jetzt durch das höher schmelzende Wolfram verdrängt. Legierungen aus Platin und Rhodium oder Platin und Iridium oder Iridium und Ruthenium sind in Kombination mit reinem Platin- oder Iridiumdrähten sehr geeignet als Material für Thermoelemente, die man zur Messung hoher Temperaturen benutzen will.

18. Komplexverbindungen und Koordinationslehre.

a) Ausgangstatsachen und allgemeine Grundlagen.

Im Laufe unserer Besprechungen über die Chemie der elementaren Stoffe und ihrer Verbindungen sind wir wiederholt darauf gestoßen, daß viele von den einfachen, valenzchemisch abgesättigt erscheinenden Substanzen mit gewissen anderen Molekülen oder Ionen noch weiterhin zu reagieren und komplizierter aufgebaute Stoffe zu bilden vermögen.

Das Wasser z. B. lagert sich an eine ganze Reihe von anorganischen und organischen Substanzen an und bildet mit ihnen *Hydrate*. Dabei ist die Anzahl der Wassermoleküle, welche mit einem Molekül der jeweils vorliegenden Substanz in Verbindung tritt, eine außerordentlich verschiedene. Einige willkürlich herausgegriffene Salze mit Kristallwasser mögen hierfür als Beispiel gelten.

Das Dinatriumphosphat $Na_2HPO_4 \cdot 12\,H_2O$ kristallisiert mit 12, die Soda $Na_2CO_3 \cdot 10\,H_2O$ und das Glaubersalz $Na_2SO_4 \cdot 10\,H_2O$ mit 10 und das Natriumsulfid $Na_2S \cdot 9\,H_2O$ mit 9 Molekülen Kristallwasser. Bittersalz $MgSO_4 \cdot 7\,H_2O$, Zinkvitriol $ZnSO_4 \cdot 7\,H_2O$, Nickelsulfat $NiSO_4 \cdot 7\,H_2O$ u. a. m. enthalten 7 Moleküle Kristallwasser. Mit 6 Molekülen Kristallwasser kristallisieren $MgCl_2 \cdot 6\,H_2O$, $CaCl_2 \cdot 6\,H_2O$, $SrCl_2 \cdot 6\,H_2O$, $MgBr_2 \cdot 6\,H_2O$, $SrBr_2 \cdot 6\,H_2O$, $Mg(ClO_3)_2 \cdot 6\,H_2O$, $Zn(ClO_3)_2 \cdot 6\,H_2O$, $Mg(BrO_3)_2 \cdot 6\,H_2O$, $Zn(BrO_3)_2 \cdot 6\,H_2O$, $Zn(NO_3)_2 \cdot 6\,H_2O$, $CoCl_2 \cdot 6\,H_2O$, $Co(ClO_3)_2 \cdot 6\,H_2O$, $Co(S_2O_3) \cdot 6\,H_2O$, $NiCl_2 \cdot 6\,H_2O$, $NiJ_2 \cdot 6\,H_2O$, $Ni(NO_3) \cdot 6\,H_2O$, $AlCl_3 \cdot 6\,H_2O$, $AlBr_3 \cdot 6\,H_2O$, $AlJ_3 \cdot 6\,H_2O$, $FeCl_3 \cdot 6\,H_2O$ und viele weitere Verbindungen. 5 Moleküle Wasser enthalten Kupfersulfat $CuSO_4 \cdot 5\,H_2O$ und Natriumthiosulfat $Na_2S_2O_3 \cdot 5\,H_2O$, 2 der Gips $CaSO_4 \cdot 2\,H_2O$. Die Zahl der Salzhydrate läßt sich beliebig vermehren.

Die Verbindungen mit Kristallwasser sind einheitlich und definiert, jeder von ihnen ist für eine bestimmte Temperatur und für einen bestimmten Druck eine charakteristische Wasserdampftension eigentümlich, so daß jede von ihnen das Wasser, bei gleichbleibendem Druck (z. B. Atmosphärendruck) bei einer ganz bestimmten Temperatur und bei gleichbleibender Temperatur bei ganz bestimmter, meist niedriger

Wasserdampftension abgibt. Dabei kann das Wasser vollständig abgebaut werden oder auch zunächst nur teilweise. Die nachstehenden schematischen Darstellungen veranschaulichen das Gesagte noch einmal.

Ferner lagert sich Ammoniak NH_3 leicht an sehr viele Substanzen an; die Zahl der so entstehenden, definierten *Ammoniakate* ist überaus groß. Die Verhältnisse bei den Ammoniakaten liegen ähnlich wie die bei den Hydraten, d. h. auch jedem Ammoniakat kommt eine charakteristische Ammoniaktension zu. Bei konstant erhaltenem Druck wird also das Ammoniak vollständig oder teilweise bei einer ganz bestimmten Temperatur abgegeben und bei konstant erhaltener Temperatur bei einem ganz bestimmten Druck. Zahlreiche Ferro-, Kobalto-, Nickel-, Zink-, Cadmiumsalze usw. bilden Ammoniakate von der allgemeinen Formel $Me^{II}X_2 \cdot 6\,NH_3$, in der Me^{II} ein zweiwertiges Metall und X einen einwertigen Säurerest bedeutet, ebenso geben die Salze des dreiwertigen Chroms und Kobalts Ammoniakate von der Formel $Me^{III}X_3 \cdot 6\,NH_3$. 4 Moleküle Ammoniak lagern bevorzugt die Salze

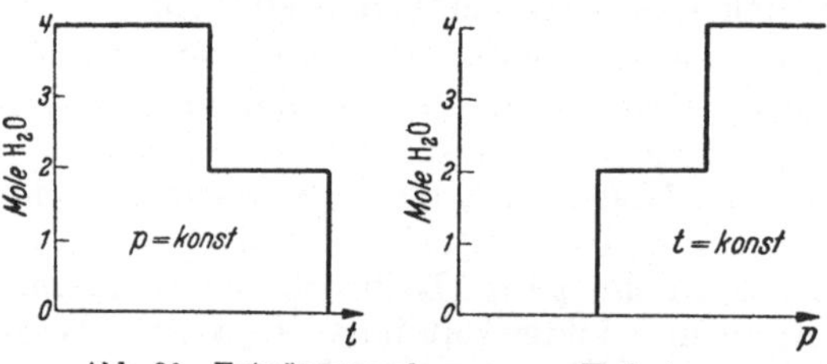

des zweiwertigen Palladiums, des Platins, des Kupfers u. a. m. an, z. B.

$$PdX_2 \cdot 4\,NH_3 \quad \text{oder}$$

$$CuSO_4 \cdot 4\,NH_3 \,.$$

Bei den Ammoniakaten der Silber und Cuprosalze herrschen solche mit 1 oder 2 Molekülen

Abb. 86. Entwässerungskurven von Hydraten.

Ammoniak vor. Auch Ammoniakate mit 8 Molekülen Ammoniak sind namentlich bei tieferen Temperaturen existenzfähig. Alle Ammoniakate bilden sich verhältnismäßig leicht entweder in wäßriger Lösung bei Gegenwart von Ammoniak oder beim Überleiten von gasförmigem Ammoniak über die trockenen Salze. Bekannt ist die schnelle Auflösung sonst schwer löslicher Silbersalze wie AgCl, AgBr, Ag_3PO_4 u. a. m. nach Zugabe von Ammoniak. Wie wir sehen, tritt bei den Ammoniakaten stärker als bei den Hydraten die Verbindungszahl 6, in schwächerem Maße 4 in den Vordergrund.

In ähnlicher Weise wie Ammoniak verhalten sich seine anorganischen und organischen Abkömmlinge wie Hydrazin $H_2N—NH_2$, die substituierten Amine wie Triäthylamin $(C_2H_5)_3N$, Äthylendiamin $H_2N—CH_2—CH_2—NH_2$ (abgekürzt vielfach als „en" bezeichnet), Pyridin C_6H_5N u. a. m.

Auch die an und für sich valenzchemisch abgesättigten Verbindungen Kohlenmonoxyd CO und Stickoxyd NO haben die Fähigkeit, sich an andere anzulagern; so bildet das Kohlenoxyd mit Kupferchlorür eine Verbindung $CO \cdot CuCl \cdot 2\,H_2O$ und das farblose Stickoxyd mit dem flaschengrünen Ferrosulfat das schwarze Ferronitrososulfat $NO \cdot FeSO_4$.

Fast unübersehbar ist die Zahl der *Verbindungen „höherer Ordnung"* — so werden die Verbindungen bezeichnet, die aus zwei oder mehr Bestandteilen bestehen, von denen jede valenzchemisch eigentlich bereits abgesättigt erscheint —, welche sich von vielen Halogeniden, Cyaniden, Rhodaniden, Nitriten, Sulfiten usw. ableiten. Durch Hinzubringen z. B. von Bortrifluorid BF_3, Aluminiumfluorid AlF_3 oder Siliciumtetrafluorid SiF_4 zu Lösungen der Fluoride von Metallen, wie Natrium, Kalium, Barium oder anderen, lassen sich als schwer lösliche Niederschläge oder beim Einengen einheitliche Verbindungen des Typus $Me^{I}F \cdot BF_3$, $3\,Me^{I}F \cdot AlF_3$ bzw. $2\,Me^{I}F \cdot 1\,SiF_4$ erhalten; bekannt sind das Kaliumborfluorid $KF \cdot BF_3$, das Natriumaluminiumfluorid $3\,NaF \cdot 1\,AlF_3$, der für die Aluminiumherstellung wichtige „Kryolith“, und das Kalium- und Bariumsilicofluorid $2\,KF \cdot SiF_4$ bzw. $BaF_2 \cdot SiF_4$. Beim Zugeben einer Auflösung von Platinchlorid $PtCl_4$ in verdünnter Salzsäure zu einer Kalium- oder Ammoniumsalzlösung entsteht das gelbe, schwer lösliche, charakteristisch kristallisierende Kalium- oder Ammoniumplatinchlorid $2\,KCl \cdot 1\,PtCl_4$ bzw. $2\,NH_4Cl \cdot 1\,PtCl_4$. Beim Einengen einer salzsauren Lösung, die Ammoniumsalze und Zinntetrachlorid enthält, kann das zum Beizen benutzte Pinksalz $2\,NH_4Cl \cdot 1\,SnCl_4$ erhalten werden. Beim Versetzen einer Ferrosalzlösung mit einer Auflösung von Kaliumcyanid fällt zunächst Ferrocyanid aus $Fe(CN)_2$, das jedoch durch einen Überschuß wieder in Lösung geht, wobei eine gelbe Lösung resultiert, aus der beim Einengen das einheitliche, sog. „gelbe Blutlaugensalz“ der analytischen Zusammensetzung $4\,KCN \cdot 1\,Fe(CN)_2$ auskristallisiert. Gibt man zu einer Kaliumnitritlösung, die schwach sauer ist, eine Kobaltsalzlösung, so scheidet sich bald das einheitliche gelbe Kalium-Kobalti-Nitrit der analytischen Zusammensetzung $3\,KNO_2 \cdot 1\,Co(NO_2)_3$ ab.

Diese Beispiele, die beliebig vermehrt werden könnten, mögen einstweilen genügen, um darzulegen, wie außerordentlich häufig die Erscheinung zu beobachten ist, daß valenzchemisch abgesättigt erscheinende Verbindungen noch weiterhin miteinander zu reagieren und einheitliche Verbindungen „höherer Ordnung“ zu bilden vermögen. Es erhebt sich nunmehr naturgemäß die Frage nach dem Wesen dieser Erscheinungen.

b) Der Begriff „Komplexsalz“ und die Charakteristika der Komplexsalze.

Durch das Zusammenbringen der Bestandteile von Systemen der vorliegenden Art sind die chemischen und physikalischen Eigenschaften der jeweiligen Ausgangsstoffe bzw. ihrer Lösungen vollständig geändert. Es haben sich neue Atomgruppierungen gebildet, die zuvor nicht vorhanden waren. Diese neuen Atom- oder auch Ionengruppierungen erweisen sich vielfach als außerordentlich fest; sie sind, wie man sich ausdrückt, stark „komplex“; ihr Zusammenhalt ist so beständig, daß er bei zahlreichen präparativen oder analytischen Operationen bewahrt bleibt. Wie die im vorhergehenden Abschnitt angeführten Beispiele erkennen lassen, sind es vor allen Dingen schwache Elektrolyte, die zur Komplexsalzbildung befähigt sind.

Reaktionen der Komplexverbindungen. Während z. B. aus Auflösungen von Nickelsalzen nach Zugabe von Lauge oder Alkalicarbonat

Niederschläge von Nickelhydroxyd $Ni(OH)_2$ bzw. Nickelcarbonat $NiCO_3$ gefällt werden,
$$NiSO_4 + Na_2CO_3 = NiCO_3 + Na_2SO_4,$$
ist das nicht mehr der Fall, wenn eine ammoniakalisch-wäßrige Nickelsalzlösung vorliegt. Auf der anderen Seite ist Nickelperchlorat leicht löslich und wird daher beim Versetzen einer rein wäßrigen Nickelsalzlösung mit Natriumperchlorat nicht abgeschieden; bei Zugabe aber von Natriumperchlorat zu einer nicht zu verdünnten ammoniakalisch-wäßrigen Nickelsalzlösung fällt ein schön kristallisierendes, einheitliches Perchlorat der Zusammensetzung $[Ni(NH_3)_6](ClO_4)_2$ aus. Salze der gleichen Zusammensetzung hinsichtlich des Verhältnisses von kationischem Nickel und Ammoniak, aber mit anderen Säureresten lassen sich nun in großer Zahl aus ammoniakalisch-wäßrigen Lösungen, z. B. durch Einengen derselben, darstellen. Aus allem ergibt sich die enge Zusammengehörigkeit der 6 Ammoniakmoleküle mit dem Nickelkation, der Charakter als „Komplex“. In den Formulierungen drückt man das durch eine den Komplex umschließende Klammer aus, so wie es bei der Formulierung des Hexamin-Nickel-Perchlorates bereits geschehen ist. Das Nickelion liegt in den ammoniakalisch-wäßrigen Lösungen also nicht mehr in derselben Form vor, wie in den rein wäßrigen; der Unterschied im Verhalten wird dadurch verständlich:

$$Ni^{++} + 6\,NH_3 \rightarrow [Ni(NH_3)_6]^{++}.$$

Ganz entsprechend liegen die Verhältnisse bei den Kobalto-, Zinn-, Cadmium-, Chrom-, Kobalti-, Kupfer-, Silbersalzen u. a. m., nur mit dem Unterschied, daß bei einigen von ihnen an das Kation nicht 6 Moleküle NH_3, sondern z. B. 4 oder 2 getreten sind

$$Cu^{++} + 4\,NH_3 \rightarrow [Cu(NH_3)_4]^{++}$$
$$Ag^+ \;\;\; + 2\,NH_3 \rightarrow [Ag(NH_3)_2]^+.$$

In ähnlicher Weise wie die Ammoniakate Komplexsalze der eben geschilderten Art sind, müssen auch viele Hydrate als Komplexverbindungen aufgefaßt werden. Die Eigenschaften der wasserfreien Halogenide des Aluminiums, des dreiwertigen Eisens und Chroms z. B. sind ganz andere als die der wasserhaltigen. Beim Eintragen der wasserfreien Salze in Wasser findet zum Teil heftige Reaktion zwischen ihnen und dem Wasser statt unter Wärmeentwicklung. Aus Gründen der Analogie ferner zu den Ammoniakaten und wegen zahlreicher weiterer Feststellungen müssen die eben angeführten als Komplexverbindungen aufgefaßt werden, in denen sich die Wassermoleküle jeweils an das Kation angelagert haben, z. B.:

$$[Al(H_2O)_6]Cl_3, \qquad [Al(H_2O)_6]Br_3, \qquad\qquad [Al(H_2O)_6]J_3,$$
$$[Fe(H_2O)_6]Cl_3, \qquad [Fe(H_2O)_6](ClO_4)_3, \qquad [Cr(H_2O)_6](NO_3)_3 \;\; usw.$$

Wasserfreies Kupfersulfat ist farblos. Erst beim Auflösen in Wasser bildet sich die bekannte blaue Lösung des Kupfersalzes, aus der beim Einengen das wasserhaltige blaue Kupfersulfat auskristallisiert. In ihm liegt der kationische Kupfertetraaquokomplex vor. In wäßrigen Lösungen sind also keineswegs die nichthydratisierten Kationen, z. B.

Al^{3+}, Fe^{3+}, Cr^{3+} und Cu^{2+} vorhanden, sondern die hydratisierten Kationen $[Al(H_2O)_6]^{3+}$, $[Fe(H_2O)_6]^{3+}$, $[Cr(H_2O)_6]^{3+}$ und $[Cu(H_2O)_4]^{2+}$. Das gleiche gilt für außerordentlich viele andere Hydrate. Es soll aber nicht verschwiegen werden, daß die Verhältnisse bei den Hydraten insgesamt nicht so einfach und übersichtlich gelagert sind wie bei den Ammoniakaten.

Wie schon vorhin dargelegt wurde, fällt beim Zugeben von Kaliumcyanid zu einer Ferrosalzlösung zunächst schwer lösliches Ferrocyanid aus:

$$FeSO_4 + 2\,KCN = Fe(CN)_2 + K_2SO_4,$$

das aber durch einen Überschuß von Kaliumcyanidlösung wieder in Lösung gebracht wird, aus der sich beim Einengen das einheitliche, gelbe Blutlaugensalz der analytischen Zusammensetzung $4\,KCN \cdot 1\,Fe(CN)_2$ in schönen gelben Kristallen erhalten läßt. Die Auflösungen dieses gelben Blutlaugensalzes sind nun grundsätzlich verschieden von denen der anderen Eisensalze. Während aus Ferrosalzlösungen durch Schwefelammonium $(NH_4)_2S$, durch Alkalicarbonat Na_2CO_3, durch Alkaliphosphat Na_3PO_4 Niederschläge von Eisensulfid FeS, Eisencarbonat $FeCO_3$ oder Eisenphosphat $Fe_3(PO_4)_2$ ausgefällt werden:

$$FeSO_4 + (NH_4)_2S = FeS + (NH_4)_2SO_4,$$

treten bei Lösungen des gelben Blutlaugensalzes diese Fällungen nicht ein. Auf der anderen Seite aber geben diese mit einer ganzen Reihe von Kationen, wie Calcium, Zink, Kupfer, Uranyl, Nickel, Eisen in der Ferriform usw. charakteristische Niederschläge, welche alle das zweiwertige Eisen zusammen mit sechs, Cyangruppen als einheitlichen, komplexen Säurerest und das betreffende Metallion als kationischen Bestandteil enthalten. Es ist also bei der Bereitung des gelben Blutlaugensalzes nicht eine Verbindung entstanden, welche $4\,KCN$ und $1\,Fe(CN)_2$ unbeeinflußt nebeneinander enthält, sondern die Komplexverbindung Kalium-Ferrocyanid:

$$4\,KCN + Fe(CN)_2 = K_4[Fe(CN)_6].$$

Es ist verständlich, daß das komplexe Anion $[Fe(CN)_6]^{4-}$ andere Eigenschaften und Reaktionen haben muß als das Kation Fe^{++} einer Ferrosulfatlösung.

In ganz ähnlicher Weise läßt sich nachweisen, daß die im ersten Abschnitt angeführten Fluoride mit Bor, Aluminium oder Silicium und die Halogenide mit Platin und Zinn als Komplexverbindungen mit komplexem Anion aufzufassen sind, z. B.:

$K[BF_4]$	Kalium-Borfluorid
$Na_3[AlF_6]$	Natrium-Aluminiumfluorid oder Kryolith
$Ba[SiF_4]$	Barium-Silicofluorid
$K_2[PtCl_6]$	Kalium-Platinchlorid
$(NH_4)_2[SnCl_6]$	Ammonium-Zinnchlorid oder Pinksalz.

Noch zahlreiche andere Verbindungen „höherer Ordnung“ gehören ebenso wie die ebengenannten zur Klasse der Komplexverbindungen,

z. B. folgende, welche weiterhin die Cyanid-, aber auch die Rhodanid-, Nitrit-, Sulfitgruppe u. a. m. enthalten

$K_3[Co(NO_2)_6]$ Kalium-Kobaltinitrit
$K_3[Fe(SCN)_6]$ Kalium-Ferrirhodanid
$Ba[Hg(SO_3)_2]$ Barium-Quecksilbersulfit
$K_3[Co(CN)_6]$ Kalium-Kobalticyanid
$Na_2[Ni(CN)_4]$ Natrium-Nickelcyanid.

Elektrolyse von Komplexverbindungen. Die Bildung komplexer Verbindungen oder Ionen erkennt man aber nicht nur an ihren besonderen Reaktionen, die von denen der Bestandteile abweichen, sondern auch durch mancherlei andere Feststellungen. So folgt z. B. aus den bisherigen Darlegungen, daß bei der Elektrolyse der Auflösungen von Komplexsalzen eine Anreicherung der Komplexionen im Raum um die Kathode oder Anode stattfinden müßte je nach dem Vorzeichen der Ladung des Komplexions. Und das ist auch tatsächlich der Fall! Während bei der Elektrolyse einer Ferrosulfatlösung das Ferroion Fe^{++} zur Kathode hinwandert und sich im Kathodenraum anreichert, wandert das zweiwertige Eisen des gelben Blutlaugensalzes bei der Elektrolyse seiner Lösung zur Anode und reichert sich im Anodenraum an, da es in den vierfach negativ geladenen Komplex $[Fe(CN)_6]^{4-}$ eingebaut ist. In einer Tetramin-Cupri-Sulfat-Lösung $[Cu(NH_3)_4]SO_4$ wandert nicht etwa das zweiwertige Kupferion Cu^{++} allein zur Kathode und reichert sich im Kathodenraum an, sondern das komplexe Tetramin-Cupriion $[Cu(NH_3)_4]^{++}$ in seiner Gesamtheit. Diese wichtigen Befunde sind eine große Stütze für die Richtigkeit der Vorstellungen, die über den Aufbau und Zusammenhalt der komplexen Ionen entwickelt worden sind.

Leitfähigkeit von Komplexsalzlösungen. Die Beobachtung des Leitvermögens von Lösungen für den elektrischen Strom bietet in vielen Fällen gleichfalls die Möglichkeit, zu entscheiden, ob die Bildung eines Komplexes stattgefunden hat oder nicht. Wenn man eine gegebene Menge Natriumnitrat und Kaliumchlorid zusammen in einem bestimmten Volumen Wasser auflöst und die Leitfähigkeit der Lösung feststellt, so ergibt sich im großen ganzen ein Leitvermögen, das sich additiv zusammensetzt aus dem Leitvermögen des Natriumnitrats und des Kaliumchlorids. Eine stärkere gegenseitige Beeinflussung der Ionen dieser Systeme findet nicht statt. Wenn man aber zu einer Kaliumcyanidlösung bestimmten Leitvermögens Ferrocyanid $Fe(CN)_2$ im Verhältnis 4 KCN zu 1 $Fe(CN)_2$ hinzugibt, so ist nach Auflösung des Ferrocyanids die resultierende neue Leitfähigkeit nicht gleich der Summe von 4 K^+-Ionen $+$ 1 Fe^{++}-Ion $+$ 6 $(CN)^-$-Ionen, sondern erheblich geringer, da die 6 Cyanionen mit dem einen Eisenion zu dem einheitlichen, komplexen Ferrocyanion $[Fe(CN)_6]^{4-}$ zusammengetreten sind.

Nachweis durch Löslichkeitsänderungen. Unerwartete Löslichkeitserhöhungen geben vielfach Hinweise auf das Eintreten von Komplexsalzbildungen. Silberjodid ist schwer löslich, demgemäß sollte man erwarten, daß beim Zugeben eines Überschusses von Kaliumjodidlösung zu einer Silbersalzlösung die Löslichkeit des Silberjodides noch weiter herabgedrückt wird:

$$AgNO_3 + KJ = AgJ + KNO_3.$$

Das ist auch der Fall, solange die Überschußkonzentration des Kaliumjodides sehr gering bleibt. Mit Zunahme der Kaliumjodidkonzentration aber tritt der umgekehrte Effekt ein: Silberjodid wird immer stärker löslich. Es bildet sich die lösliche Komplexverbindung Kalium-Silberjodid

$$KJ + AgJ = K[AgJ_2].$$

Viele Abweichungen, die man bei der Anwendung des Massenwirkungsgesetzes auf chemische Gleichgewichte feststellt, haben ihre Ursache in Komplexsalzbildungen.

Nachweis durch Farbänderungen. Auch das Eintreten von Farbänderungen erlaubt mitunter Rückschlüsse auf die Bildung von Komplexverbindungen. Beim Einleiten von gasförmigem Stickoxyd NO in eine schwach grünliche Ferrosulfatlösung wird diese tiefdunkel. An das Ferrosulfat $FeSO_4$ lagert sich das Neutralteilchen NO an und es entsteht Ferronitrososulfat $[Fe(NO)]SO_4$, das schwarz gefärbt ist. Die grünlichen Ferrosalzlösungen werden gelb durch Zugabe eines Überschusses von farblosem Kaliumcyanid, weil das Ferroion Fe^{++} in komplexe Ferrocyanion $[Fe(CN)_6]^{4-}$ übergegangen ist. Die grüne Auflösung von Nickelsalzen in Wasser wird beim Versetzen mit farblosem Ammoniak blau, da sich aus dem Ni^{++}-Ion das $[Ni(NH_3)_6]^{++}$-Ion bildet, und die Farbe einer hellblauen, wäßrigen Cuprisulfatlösung schlägt bei Zugabe von Ammoniak in tiefkornblumenblau um, weil aus den Cupriionen Tetramincupriionen geworden sind.

c) Komplexsalze und Doppelsalze.

Wir haben gesehen, daß man u. a. die Bildung einer Komplexverbindung daran erkennen kann, daß der Komplex die für seine Bestandteile bekannten analytischen Nachweisreaktionen nicht zeigt, sondern neue ergibt, die für die Atomgruppierung als einheitliche Gesamtheit charakteristisch sind. So hat eine Auflösung von Kaliumferrocyanid $K_4[Fe(CN)_6]$ nicht die Reaktionen des Ferroeisens oder der Cyanidionen, sondern besondere, dem anionischen Ferrocyanidkomplex $[Fe(CN)_6]^{4-}$ eigentümliche. Primär ist Kaliumferrocyanid dissoziiert in 4 K-Ion und 1 $[Fe(CN)_6]^{4-}$-Ion. Selbstverständlich aber ist auch sekundär dieser Ferrocyanidkomplex dissoziiert:

$$[Fe(CN)_6]^{4-} \rightleftharpoons Fe^{++} + 6\,(CN)^{-}.$$

Dieser Gleichgewichtszustand ist jedoch so weit nach links verschoben und die Konzentration an Ferroionen und Cyanionen so gering, daß die gebräuchlichen analytischen Nachweisreaktionen nicht ansprechen. Selbst mit Ammoniumsulfid wird das recht geringe Löslichkeitsprodukt des Ferrosulfids FeS nicht erreicht und das Eisen daher nicht gefällt.

Wendet man das Massenwirkungsgesetz auf den vorliegenden Gleichgewichtszustand an, so kommt man zur **Beständigkeitskonstanten**

$$\frac{[\{Fe(CN)_6\}^{4-}]}{[Fe^{++}] \cdot [CN^-]^6} = k.$$

Sie hat beim Ferrocyanidkomplex und auch sonst mitunter einen außerordentlich hohen Wert. So wird z. B. auch aus einer Kalium-Cuprocyanid-Lösung $K_3[Cu(CN)_4]$ durch S^{--}-Ionen kein Cuprosulfid Cu_2S gefällt. In anderen Fällen aber ist die Beständigkeitskonstante nicht mehr so groß, daß nicht doch wenigstens die empfindlichsten Nachweisreaktionen ansprechen würden. So wird aus einer Kalium-Cadmiumcyanid-Lösung $K_2[Cd(CN)_4]$ durch Kalilauge oder Natriumcarbonat zwar kein Cadmiumhydroxyd $Cd(OH)_2$ oder Cadmiumcarbonat $CdCO_3$ abgeschieden, wohl aber durch Schwefelwasserstoff gelbes Cadmiumsulfid CdS, und aus einer ammoniakalischen Nickelsalzlösung $[Ni(NH_3)_6]Cl_2$ wird zwar durch Hydroxylionen oder Carbonationen ebenfalls kein Nickelhydroxyd $Ni(OH)_2$ oder Nickelcarbonat $NiCO_3$ gefällt, wohl aber durch Schwefelionen das schwarze Nickelsulfid NiS und durch Dimethylglyoxim das charakteristische, rote Nickel-Dimethylglyoxim. In noch anderen Fällen erreicht die Beständigkeitskonstante bereits einen so geringen Wert, daß die Nachweisreaktionen auf alle Bestandteile der Verbindung ansprechen. Das ist z. B. bei den Alaunen der Fall, z. B. dem Ammoniumaluminiumalaun $(NH_4)\,[Al(SO_4)_2] \cdot 12\,H_2O$ oder dem Kaliumeisenalaun $K[Fe(SO_4)_2] \cdot 12\,H_2O$. Zweifellos liegen bei den Auflösungen der Alaune in Wasser bis zu einem gewissen Grade Komplexionen wie

$$[Al(SO_4)_2]^- \quad \text{oder} \quad [Fe(SO_4)_2]^-$$

vor, aber die sekundäre Dissoziation

$$[Al(SO_4)_2]^- \rightleftharpoons Al^{+++} + 2\,SO_4^{--}$$

ist so weit nach rechts verschoben, daß Aluminiumalaunauflösungen auch alle Reaktionen, die für das Aluminiumion Al^{+++} oder das Sulfation SO_4^{--} charakteristisch sind, zeigen. Solche Verbindungen „höherer Ordnung" wie die Alaune bezeichnet man daher auch nicht mehr als Komplexverbindungen, sondern als Doppelsalze und formuliert sie dementsprechend häufig anders, Kaliumaluminiumalaun z. B. $K_2SO_4 \cdot Al_2(SO_4)_3 \cdot 24\,H_2O$. Zwischen Doppelsalzen und Komplexverbindungen besteht aber kein prinzipieller Unterschied, sondern nur ein gradueller; beide sind Verbindungen höherer Ordnung. Doppelsalze haben eine verhältnismäßig kleine, Komplexverbindungen eine recht große Beständigkeitskonstante. Die nachfolgende kleine Zusammenstellung gibt eine Vorstellung von der Größe der Beständigkeitskonstanten bei einigen komplexen Cyaniden.

Komplexes Anion	Beständigkeitskonstante k
$[Zn(CN)_4]^{2-}$	10^9
$[Hg(CN)_4]^{2-}$	10^{20}
$[Ag(CN)_2]^{1-}$	10^{21}
$[Cu(CN)_4]^{3-}$	10^{27}
$[Au(CN)_2]^{1-}$	10^{29}

d) Nebenvalenzbindung, Zentralatom, Koordinationszahl, Nomenklatur.

Es erhebt sich nunmehr die Frage, wie es zustande kommt, daß an eine valenzchemisch abgesättigt erscheinende Verbindung oder an ein Ion noch neutrale Moleküle wie H_2O, NH_3, NO und CO oder auch Ionen wie $(OH)^-$, Cl^-, $(CN)^-$, $(SCN)^-$, $(NO_2)^-$, $(SO_3)^{2-}$ usw. herantreten und einen festen „Komplex" bilden können. A. WERNER, dem wir die fundamentalen, theoretischen und präparativen Arbeiten über die Chemie und Struktur der Komplexverbindungen verdanken, sprach seinerzeit ($\sim$1900) von „*Nebenvalenzen*", welche gewisse Atome — auch nach Absättigung der von der Wertigkeitslehre her bekannten „Hauptvalenzen" — noch betätigen könnten. Der Grund dafür, daß Nebenvalenzbindungen in Funktion treten, ist darin zu suchen, daß Atome bzw. Ionen von kleinerem Volumen, also solche von gleichsam hoher Ladungskonzentration, wie Cr^{3+}, Fe^{3+}, Co^{3+}, Ni^{2+}, Cu^{2+}, Zn^{2+}, Ag^+, Cd^{2+}, Pt^{4+} usw., durch ihr elektrisches Feld auf leichter polarisierbare oder deformierbare Moleküle und Ionen wie H_2O, NH_3, $H_2N\!-\!H_2C\!-\!CH_2\!-\!NH_2$, Cl^-, $(CN)^-$, $(NO_2)^-$ so stark anziehend wirken, daß eine feste Anlagerung entsteht. Hierbei fungiert das polarisierende, kleinvolumige Ion als „*Zentralatom*", um das sich je nach den räumlichen und energetischen Verhältnissen die polarisierbaren Moleküle oder Ionen,— auch „*Liganden*" (gebundene Gruppen) genannt — in geeigneter Weise herumgruppieren. Die Liganden werden danach also durch einfache elektrostatische Kräfte an das Zentralatom gebunden. Das ist z. B. bei den Hydraten und Ammoniakaten der Fall. Die Nebenvalenzbindung kann aber auch übergehen in eine Bindung homöopolarer Natur, bei der Zentralatom und Ligand Elektronenpaare gemeinsam haben. So liegen die Verhältnisse innerhalb des Ferrocyankomplexes $[Fe(CN)_6]^{4-}$ und bei vielen anderen Komplexionen, die wir bei den früheren Darlegungen stillschweigend als einfache Ionen haben gelten lassen: $ClO_4{}^-$, $NO_3{}^-$, $CO_3{}^{--}$, $SO_4{}^{--}$, $PO_4{}^{---}$ usw.

Der sechsfach positive Schwefel der Schwefelsäure oder das siebenfach positive Chlor der Überchlorsäure können nicht für sich allein existieren. Sie binden auf Grund ihrer Ladung und Größe je vier zweifach negativ geladene Sauerstoffionen zu den stabilen Komplexionen $SO_4{}^{--}$ bzw. $ClO_4{}^-$.

Es wurde bereits darauf hingewiesen, daß vor allen Dingen die energetischen und räumlichen Verhältnisse dafür verantwortlich zu machen sind, ob ein Ion als Zentralatom einer Komplexverbindung fungieren kann und wieviel Liganden es anzulagern vermag. Die gleichsinnig geladenen Liganden, z. B. die negativ geladenen Cyangruppen $(CN)^-$ des Ferrocyankomplexes $[Fe(CN)_6]^{4-}$, üben aufeinander abstoßende Kräfte aus, und diese abstoßenden Kräfte müssen überkompensiert werden durch die anziehenden Kräfte zwischen dem geladenen Zentralatom Fe^{++} und den Liganden, eben diesen CN^--Gruppen. Ferner ist maßgeblich für das Quantitative innerhalb des Komplexes das Verhältnis der Volumina von Zentralatom und Ligand. Ein relativ kleines Zentralatom kann nur wenige Liganden größeren Volumens um sich gruppieren, aber ein relativ großes Zentralatom vermag viel mehr Liganden kleineren Volumens um sich zu scharen. Die maximale Zahl von Liganden, welche einem Zentralatom zugeordnet (koordiniert) sein können, nennt man die *„maximale Koordinationszahl"*. Sie beträgt, das geht schon aus den bisherigen Darlegungen klar hervor, in außerordentlich vielen Fällen 6, häufiger auch 4. Auch andere „Koordinationszahlen", wie 8 oder 3 und 2, werden beobachtet, sind aber seltener. Übrigens hängt sie — das liegt in der Natur der Sache — auch von der Temperatur ab. Bei tieferer Temperatur ist einem bestimmten Zentralatom häufig eine größere Anzahl Liganden, z. B. Ammoniakmoleküle oder Wassermoleküle, koordiniert als bei höherer. Im allgemeinen besetzen Liganden kleineren Volumens (H_2O, NH_3, NO) und solche mit einer elektrischen Ladung, wie OH^-, Cl^-, CN^-, NO_2^- usw., auch eine Koordinationsstelle beim jeweils vorliegenden Zentralatom. Liganden mit größerem Volumen (Äthylendiamin $H_2N\text{—}H_2C\text{—}CH_2\text{—}NH_2$) und solche mit zwei elektrischen Ladungen, wie CO_3^{--}, SO_4^{--}, $C_2O_4^{--}$, aber besetzen meistens — von einigen Ausnahmen abgesehen — zwei Koordinationsstellen des Zentralatoms.

Was nun die Frage nach der Wertigkeit und dem Vorzeichen der elektrischen Ladung eines Komplexes anbelangt, so ergibt sich deren Beantwortung nach den bisherigen Ausführungen eigentlich von selbst. Wenn dem zweiwertig positiven Eisen sechs negative Cyangruppen koordiniert werden, dann berechnet sich die Wertigkeit und das Vorzeichen der elektrischen Ladung des Ferrocyankomplexes nach

$$2(+) + 6(-) = 4(-).$$

Der Ferrocyankomplex $[Fe(CN)]^{4-}$, als Ganzes genommen, betätigt also nach außen hin vier negative Ladungen und kann daher z. B. mit vier positiven Kaliumionen eine Verbindung, das Kaliumferrocyanid $K_4[Fe(CN)_6]$, bilden. Die vier positiven Kaliumatome sind — im Gegensatz zu den koordinativ, nicht abdissoziierend angelagerten Cyangruppen — ionogen gebunden und dissoziieren in wäßriger Lösung ab. Wenn sich aber an das zweiwertig positive Eisenion des Ferrosulfats die neutrale NO-Gruppe anlagert und den Ferronitrosokomplex bildet $[Fe(NO)]SO_4$, dann bleibt die positive Zweiwertigkeit erhalten und wenn dem dreiwertig positiven Kobaltiion sechs neutrale Ammoniakmoleküle koordiniert sind, dann tritt auch keine Änderung bezüglich des Ladungssinnes und der Wertigkeit ein:

$$Co^{+++} + 6\,NH_3 \rightarrow [Co(NH_3)_6]^{3+}.$$

Es können also mit dem Hexaminkobaltiion z. B. drei negative Chlorionen in Verbindung treten und das Salz Hexaminkobalti-Chlorid $[Co(NH_3)_6]Cl_3$ bilden. Auch hier sind die drei Chlorionen ionogen an den Gesamtkomplex mit dem dreiwertigen Kobalt als Zentralatom gebunden und dissoziieren in wäßriger Lösung ab im Gegensatz zu den sechs koordinativ an den Kobaltiion angelagerten, in wäßriger Lösung nicht abdissoziierten Ammoniakmolekülen.

Die Klasse der vielfach ähnlichen Komplexverbindungen ist ungeheuer umfangreich. Um Verwechslungen und Irrtümer auszuschalten, ist eine Nomenklatur notwendig, die es erlaubt, schon nach der Bezeichnungsweise das Formelbild, das ja schon viele Eigenschaften erkennen läßt, aufzustellen. Die am meisten vorkommenden elektrisch geladenen oder ungeladenen Liganden und ihre Bezeichnungsweise sind in der folgenden Übersicht zusammengestellt:

Ligand	Bezeichnungsweise	Ligand	Bezeichnungsweise
HO^-	Hydroxo	CO_3^{--}	Carbonato
F^-	Fluoro	SO_3^{--}	Sulfito
Cl^-	Chloro	SO_4^{--}	Sulfato
Br^-	Bromo	$C_2O_4^{--}$	Oxalato
CN^-	Cyano	H_2O	Aquo
SCN^-	Rhodanato	H_3N	Amin
NO_2^-	Nitrito	H_2N-CH_2	Äthylendiamin
NO_3^-	Nitrato	H_2N-CH_2	
		NO	Nitroso

Für die kationischen Komplexe hat sich die Nomenklatur eingebürgert, daß man die Anzahl (in griechischer Bezeichnungsweise) und die Beschaffenheit der koordinativ gebundenen Liganden vor das Zentralatom setzt und dessen Wertigkeit durch eine geeignete Endung oder durch eine römische Zahl ausdrückt. Die Charakterisierung des abdissoziierend gebundenen Anions folgt am Schluß.

$[Co(NH_3)_6]Cl_3$	Hexaminkobalti-Chlorid oder Hexaminkobalt-III-Chlorid
$[Co(NH_3)_4(NO_2)_2]Cl$	Dinitrotetraminkobalti-Chlorid oder Dinitrotetraminkobalt-III-Chlorid
$[Cr(NH_3)_5H_2O]Cl_3$	Monoaquopentaminchromi-Chlorid oder Monoaquopentaminchrom-III-Chlorid
$[Fe(NO)]SO_4$	Nitrosoferro-Sulfat.

Eine besondere Kennzeichnung der Anzahl der abdissoziierend gebundenen Anionen erübrigt sich in den allermeisten Fällen.

Bei den Verbindungen mit anionischem Komplex wird zunächst das ionogen und abdissoziierend gebundene Kation genannt, und zwar ohne besondere Kennzeichnung der Anzahl. Dann folgen — in ähnlicher Anordnung wie bei den Kationenkomplexen — die Bestandteile des Anionenkomplexes; mitunter erlaubt man sich hierbei nicht ganz korrekte Vereinfachungen, namentlich wenn allgemein bekannte Verbindungen vorliegen, über deren Formulierungen kaum Zweifel bestehen

$K_4[Fe(CN)_6]$	Kalium-Hexacyanoferroat, auch Kalium-Eisen-II-cyanid (gelbes Blutlaugensalz)
$(NH_4)[Co(NH_3)_2(NO_2)_4]$	Ammonium-Tetranitrodiaminkobaltiat (ERDMANNsches Salz)
$Na_3[Co(NO_2)_6]$	Natrium-Hexanitrokobaltiat
$[Co(NH_3)_3(NO_2)_3]$	Trinitrotriaminkobalt.

Die zuletzt genannte Verbindung ist eine elektrisch neutrale Komplexverbindung ohne Kation und Anion, da alle elektrischen Ladungen bereits innerhalb des Komplexes ausgeglichen sind.

e) Der räumliche Bau der Komplexverbindungen.

Die beim Studium der Komplexverbindungen von A. WERNER entwickelte „Koordinationslehre" hat nicht nur zur Kenntnis der Chemie und der Struktur dieser besonderen Klasse von Stoffen geführt, sie ist darüber hinaus für das gesamte Gebiet der Chemie von ganz außerordentlich großer Bedeutung geworden. Sie hat großen Einfluß auf die Vorstellungen vom Wesen der chemischen Bindung gehabt. Sie hat die Strukturlehre der anorganischen Verbindungen allgemein

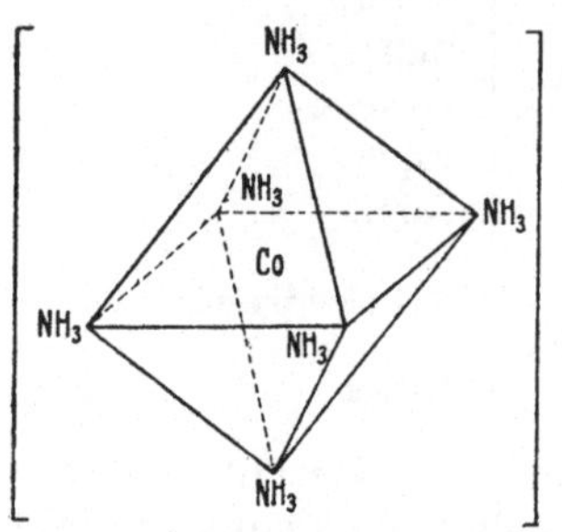

Abb. 87. Das Hexaminkobaltiion
Co(NH₃)₆ + + +

gefördert. Sie hat namentlich wichtige Bedeutung gewonnen für die Kenntnis vom Aufbau der Stoffe im festen, kristallisierten Zustande, lange bevor die Röntgenspektroskopie so weit ausgebildet und vorgeschritten war, daß ihre Anwendung den Aufbau fester Stoffe direkt aufzunehmen gestattete.

In Anlehnung an die von den Organikern für die Chemie der Kohlenstoffverbindungen entwickelten Strukturformeln wurde für die Komplexverbindungen ebenfalls ein räumlicher Bau angenommen. Diejenigen Zentralatome, die wie Cr^{+++}, Fe^{++}, Fe^{+++}, Ni^{++}, Co^{++}, Co^{+++}, Zn^{++}, Cd^{++}, Sn^{++++}, Pt^{++++} u. a. m. die Koordinationszahl 6 zeigen, also sechs Liganden anzulagern vermögen, bilden den Mittelpunkt eines regulären Oktaeders, die sechs Liganden sitzen an den sechs Ecken, z. B. Abb. 87.

Bei den Zentralatomen mit der Koordinationszahl 4 kann dieses entweder in der Mitte eines Tetraeders sitzen — wie der Kohlenstoff

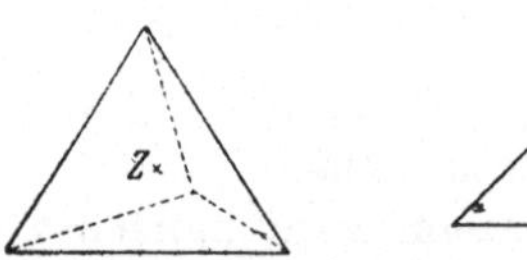

Abb. 88. Die Anordnung der Liganden in einem Komplex mit der Koordinationszahl 4.

bei den Kohlenstoffverbindungen —. oder es kann auch plane Anordnung vorliegen und das Zentralatom in der Mitte eines Quadrates, die Liganden aber an den vier Ecken desselben angeordnet sein.

Diese Vorstellungen von der räumlichen Anordnung der komplexen Bestandteile von Komplexverbindungen wurden durch zahlreiche neuere Untersuchungen unter Zuhilfenahme der Röntgenspektroskopie vollauf bestätigt. Es ergab sich hierbei auch, daß z. B. die an den Oktaederecken sitzenden Liganden dem Zentralatom näherstehen als die Ionen, die etwa sonst noch mit dem komplexbildenden Ion verbunden sind. Die nichtionogenen Liganden befinden sich also vom Standpunkt des Zentralatoms aus in einer „ersten Sphäre", die ionogenen Reste in einer „zweiten Sphäre" gebunden. Den Aufbau einer vollständigen Komplexverbindung, z. B. des Kalium-Hexachoroplateats (Kalium-Platinchlorids) $K_2[PtCl_6]$, das schwer löslich ist und in schönen gelb gefärbten Oktaedern kristallisiert, haben wir uns nunmehr also in folgender Weise vorzustellen. Es liegt eine heteropolare Verbindung vor, wie z. B. KCl eine ist, die Gitterpunkte des Kristalls sind abwechselnd besetzt von den positiven Kaliumionen und den Schwerpunkten des negativen, komplexen Hexachloroplateations $[PtCl_6]^{2-}$.

Die dargelegten Anschauungen vom räumlichen Aufbau bergen nun einige bemerkenswerte Schlußfolgerungen hinsichtlich des Verhaltens bestimmter Komplexverbindungen in sich. Diese Folgerungen beziehen sich auf ,,Isomerie''erscheinungen. Unter *,,isomeren''* Stoffen versteht man solche, die trotz gleicher, durch die chemische Analyse ermittelter Zusammensetzung doch verschiedene Eigenschaften haben. So sind z. B. isomer:

$$\text{Hydroxylaminnitrit} \qquad \text{und} \qquad \text{Ammoniumnitrat}$$

$$O\!=\!N\!\!-\!\!O\!\!-\!\!H \cdot H_2NOH \qquad\qquad {}^{O}_{O}\!\!>\!\!N\!\!-\!\!O\!\!-\!\!NH_4.$$

Beide Substanzen haben die Summenformel $N_2H_4O_3$, die eine aber ist das Salz aus der Base Hydroxylamin $(HO \cdot NH_2 \cdot H)OH$ und der salpetrigen Säure $O\!=\!N\!\!-\!\!OH$, die andere das Ammoniumsalz der Salpetersäure $HONO_2$. Derartige Isomerieerscheinungen, die sonst bei den anorganischen Stoffen verhältnismäßig selten auftreten, können und müssen nun infolge der besonderen Art des räumlichen Aufbaues bei den Komplexverbindungen viel häufiger zu beobachten sein. Und das ist auch tatsächlich der Fall, wie eingehende präparative und physikochemische Untersuchungen gelehrt haben.

f) Isomerieerscheinungen bei Komplexverbindungen.

Bei zahlreichen Komplexverbindungen gelingt es auf präparativem Wege verhältnismäßig leicht, an einem Zentralatom ein, zwei oder auch noch mehr Liganden durch andere geeignete Gruppen zu ersetzen.

Nimmt man diese Operation an einem Komplex in der Oktaederkonfiguration der allgemeinen Form $Me(A)_6$ vor und führt an Stelle von einer Gruppe A den Liganden B ein, dann gelangt man zu einem Komplex $Me(A)_5B$. Von ihm existiert nur eine Form; da alle sechs Ecken des Oktaeders gleichwertig sind, entstehen keine unterschiedlichen Gebilde, welche der sechs A-Gruppen auch immer durch einen B-Liganden ersetzt wird. ,,Isomere'' Komplexverbindungen des Typus $Me(A)_5B$ existieren nicht! Es gibt z. B. nur ein Chloropentaminkobalti-Chlorid $[Co(NH_3)_5Cl]Cl_2$ und nur ein Natrium-Pentacyannitrosoferriat (Nitroprussidnatrium) $Na_2[Fe(CN)_5NO]$, das man sich aus dem Natrium-Hexacyanoferriat (Natriumferricyanid) $Na_3[Fe(CN)_6]$ dadurch entstanden denken kann, daß man eine von den sechs oktaedrisch um das dreiwertige Eisen angeordneten negativen Cyangruppen durch eine neutrale Nitrosogruppe ersetzt denkt.

Anders aber liegen die Verhältnisse, wenn man in einem Komplex der allgemeinen Form $Me(A)_6$ zwei A-Liganden durch zwei B-Liganden ersetzt und den Komplex $Me(A)_4(B)_2$ bildet. Wie die schematische Darstellung (Abb. 89) erkennen läßt, können zwei Anordnungen der B-Liganden im oktaedrischen Komplex resultieren. Einmal sind die beiden B-Liganden benachbart und Ecken ein und derselben Kante;

diese Anordnung nennt man die „Cis-Form". Ferner aber können die beiden *B*-Liganden sich gegenüberstehen und die Enden einer Achse bilden; diese Anordnung nennt man die „Trans-Form". Weitere unterschiedliche Komplexe lassen sich nicht konstruieren. Von einem Komplex der allgemeinen Form $Me(A)_4(B)_2$ müßten also zwei „Isomere" existieren, nicht mehr und nicht weniger. Und das ist in der Tat der Fall! Die experimentelle Bestätigung dieser Überlegungen war eine wichtige Stütze für die Berechtigung der Vorstellungen vom räumlichen

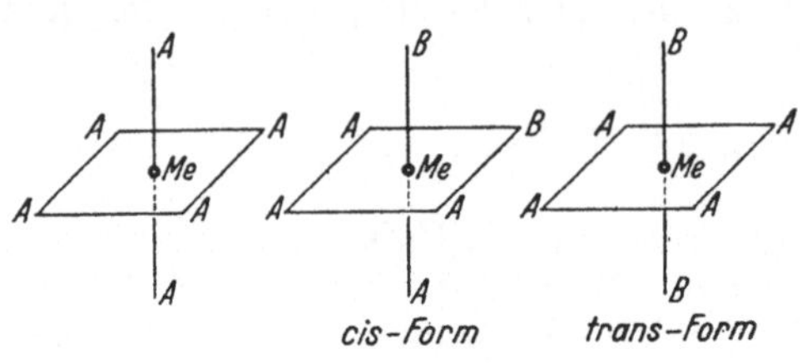

Abb. 89. Cis-Trans-Isomerie.

Aufbau der Komplexverbindungen, die dann später — wie schon erwähnt — durch die Röntgenspektroskopie in so glänzender Weise bestätigt wurden. So existieren z. B. zwei isomere Dinitro-tetraminkobalti-Chloride $[Co(NH_3)_4(NO_2)_2]Cl$, die im Verhältnis der „*Stereoisomerie*", auch „*Cis-Trans-Isomerie*" genannt, zueinander stehen. Aber auch viele andere komplexe Kobalt- und Chromverbindungen mit der Koordinationszahl 6 zeigen diese Stereoisomerie bzw. Cis-Trans-Isomerie, wenn ihr Komplex die allgemeine Form $Me(A)_4(B)_2$ besitzt.

Bei diesen Verbindungen kann man häufig sogar auf einem sehr eleganten, chemischen Wege zeigen, welche der beiden Isomeren die Cis-Form und welche die Trans-Form besitzt. Es ist leicht zu verstehen, daß die beiden näher beieinanderliegenden *B*-Liganden der Cis-Form

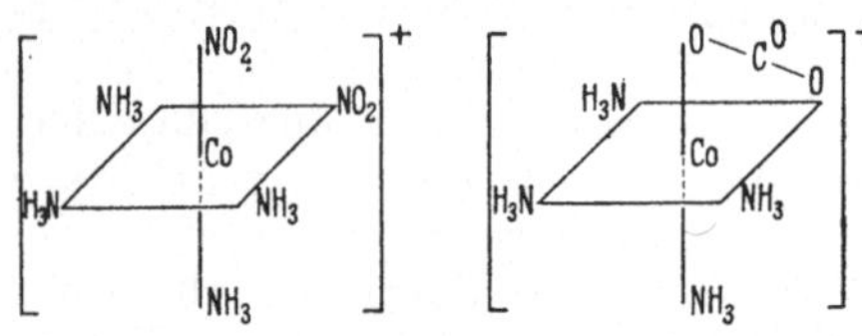

Abb. 90. Das Cis-Dinitrotetraminkobalti-Ion und das Carbonatotetraminkobalti-Ion.

verhältnismäßig leicht durch einen zwei Koordinationsstellen besetzenden zweiwertigen Liganden; wie CO_3^{--}, SO_4^{--}, $C_2O_4^{--}$ usw., ersetzt werden können, die beiden ferner voneinanderliegenden *B*-Liganden der Trans-Form aber nicht! So läßt sich die Cis-Form des Dinitrotetraminkobalti-Chlorids $[Co(NH_3)_4(NO_2)_2]\cdot Cl$ leicht in das Carbonatotetraminkobalti-Chlorid $[Co(NH_3)_4(CO_3)]Cl$ und umgekehrt überführen, nicht aber die Trans-Form.

Ganz ähnliche Überlegungen gelten für Komplexe der allgemeinen Form $Me(A)_3(B)_3$; auch sie konnten experimentell bestätigt werden. Es soll aber auf diese Klasse von Komplexverbindungen nicht näher eingegangen werden; prinzipiell neue Gesichtspunkte würden wir dabei nicht gewinnen.

Mit den Vorstellungen von einer räumlichen Anordnung der Liganden, z. B. in Oktaederform um ein Zentralatom, steht noch eine zweite Isomerieerscheinung in Einklang, die man die *Spiegelbildisomerie* oder „*optische Isomerie*" nennt. Sie ergibt sich, wenn man die sechs Koordinationsstellen eines Zentralatoms mit drei Liganden besetzt, welche je zwei Koordinationsstellen einnehmen, z. B. mit Äthylendiamin $H_2N-CH_2-CH_2-NH_2$ (en), mit dem Oxalatorest $C_2O_4^{--}$ usw. Hierbei sind räumliche Anordnungen um das Zentralatom möglich, die sich zueinander verhalten wie Gegenstand und Spiegelbild, die nicht zur Deckung gebracht werden können, also verschieden sind. Solche Verbindungen können die Ebene des polarisierten Lichtes verschieden drehen, die eine Form ist z. B. linksdrehend, die andere entsprechend rechtsdrehend. Die schematisch dargestellten beiden Raumformeln des Triäthylendiaminkobalti-Komplexes $[Co(H_2N-H_2C-CH_2-NH_2)_3]^{+++}$ veranschaulichen das Gesagte.

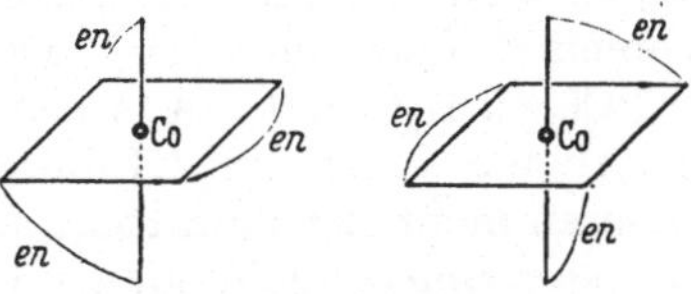

Abb. 91.   Spiegelbildisomerie.

In diesem Zusammenhang sei noch auf einige weitere Isomerieerscheinungen bei Komplexsalzen eingegangen, deren näheres Studium die Kenntnis von der Struktur anorganischer Verbindungen und von der Beschaffenheit der Bindung der an ein Zentralatom angelagerten Gruppen erheblich erweitert hat. Es handelt sich um die *„Struktur-Isomerie“* und die ihr wesensgleiche „Hydrat-Isomerie“, die nur wegen ihres häufigen Auftretens bei einer Klasse von Komplexverbindungen einen besonderen Namen erhalten hat.

Man kennt z. B. zwei Verbindungen des sechswertigen Platins, die 1 Atom Platin, 4 Moleküle Ammoniak, zwei Hydroxogruppen und einen Sulfatorest enthalten. Das eine Isomere verhält sich wie eine stärkere Base und hat zweifellos Hydroxylionen; es zieht Kohlendioxyd aus der Luft an und fällt aus den Salzlösungen schwer löslicher Metallhydroxyde diese aus, bringt hingegen nicht aus Bariumsalzlösungen Bariumsulfat zur Abscheidung. Die Hydroxylgruppen sind also ionogen, die Sulfatogruppe nichtionogen (koordinativ) gebunden. Die Formulierung als Sulfatotetraminplate-Hydroxyd $[Pt(NH_3)_4SO_4](OH)_2$ gibt alle Eigenschaften der Substanz wieder. Die zweite der isomeren Verbindungen verhält sich wie ein neutrales Salz, und zwar wie ein Sulfat, sie fällt keine schwer löslichen Metallhydroxyde aus den Salzlösungen derselben aus, wohl aber sofort Bariumsulfat aus einer Bariumsalzlösung. Die Formulierung als Dihydroxotetraminplate-Sulfat $[Pt(NH_3)_4(OH)_2]SO_4$ wird den Eigenschaften dieser Komplexverbindung gerecht. Die gleiche Art der Strukturisomerie liegt bei einer ganzen Reihe von Komplexverbindungen vor. Es sei noch angeführt die Isomerie des Bromopentaminkobalti-Sulfats $[Co(NH_3)_5Br]SO_4$ und des Sulfatopentaminkobalti-Bromids $[Co(NH_3)_5SO_4]Br$. Beide Isomere sind Salze, beim ersten ist Brom durch Silbernitratlösung nicht als Silberbromid fällbar — es ist nichtionogen, also in erster Sphäre, gebunden —, wohl aber der Sulfatrest durch Bariumsalzlösung als Bariumsulfat, beim zweiten liegen die Verhältnisse gerade umgekehrt.

Die der Strukturisomerie wesensgleiche *„Hydratisomerie“* trifft man bei komplexen Aquosalzen an. Was man darunter versteht, sei am Beispiel der Hexahydrate des Chromchlorids dargelegt. Man kennt mehrere Hexahydrate des Chromtrichlorids der allgemeinen analytischen

Zusammensetzung 1 $CrCl_3 \cdot 6 H_2O$, das eine ist violett, das zweite grün gefärbt; auch ein drittes, grauviolettes, allerdings schwieriger präparativ rein darzustellendes ist bekannt. Das violette Hydrat enthält drei ionogen gebundene Chloratome, die alle drei durch Silberionen als Silberchlorid gefällt werden können. Die 6 Wassermoleküle innerhalb der Verbindung spielen die gleiche Rolle wie die Ammoniakmoleküle bei den Ammoniakaten. Diese violette Form des Salzes ist also ein Hexaaquochromi-Chlorid $[Cr(H_2O)_6]Cl_3$. Die konzentrierte Lösung dieses Salzes wird allmählich grün, und aus ihr läßt sich ein grünes, kristallisierendes Salz erhalten, welches gleichfalls die Zusammensetzung 1 $CrCl_3 \cdot 6 H_2O$ hat. Aus seiner frisch bereiteten Auflösung läßt sich jedoch nur eines der 3 Chloratome als Silberchlorid fällen, die beiden anderen nicht; 2 Chloratome sind also bei dem grünen Salz nichtionogen in erster Sphäre gebunden und nur 1 Chloratom ist noch ionogen vorhanden. Da dem Chrom die maximale Koordinationszahl 6 eigentümlich ist, entspricht die Formulierung als Dichlorotetraaquochromi-Chlorid-Dihydrat $[Cr(H_2O)_4Cl_2]Cl \cdot 2 H_2O$ am besten den Eigenschaften der Verbindung. Dem dritten Isomeren, dem grauvioletten Salz, wird seinem Verhalten nach am besten die Formulierung als Chloropentaaquochromi-Chlorid-Monohydrat $[Cr(H_2O)_5Cl]Cl_2 \cdot H_2O$ gerecht.

Die drei isomeren Hexahydrate des Chromtrichlorids lassen deutlich erkennen, wie schwierig es ist, die wasserhaltigen Verbindungen in das allgemeine Schema der Komplexverbindungen einzureihen. Die Wassermoleküle können in verschiedener Weise gebunden sein: koordinativ wie Ammoniak NH_3, Stickoxyd NO, Kohlenoxyd CO usw., aber sie können auch in der Art in die Kristalle eingebaut sein, die man als „Kristallwasser" bezeichnet.

g) Weiteres über das Verhalten und die Struktur einiger Komplexverbindungen.

Zum Abschluß seien noch einige Eigentümlichkeiten besonders hervorgehoben, deren Studium die Kenntnis vom Verhalten und vom Aufbau der Komplexverbindungen erheblich beeinflußte und sicherstellte. Es gelingt z. B., das Hexaminkobalti-Chlorid $[Co(NH_3)_6]Cl_3$ überzuführen in ein Mononitropentaminkobalti-Chlorid $[Co(NH_3)_5(NO_2)]Cl_2$ und dieses weiter in ein Dinitrotetraminkobalti-Chlorid $[Co(NH_3)_4(NO_2)_2]Cl$. Ferner läßt sich darstellen das Trinitrotriaminkobalt $[Co(NH_3)_3(NO_2)_3]$. Es werden also im Hexaminkobalti-Chlorid $[Co(NH_3)_6]Cl_3$ sukzessiv die Ammoniakmoleküle der ersten Sphäre durch die Nitrogruppen ersetzt. Während aber die elektrisch neutralen Ammoniakmoleküle die Dreiwertigkeit des Zentralatoms Kobalt nicht beeinflussen, so daß auch der Hexaminkobalti-Komplex Kation und dreiwertig positiv ist und drei einwertig negative Ionen, z. B. Chlorionen, zu binden vermag, ändern sich die Ladungsverhältnisse jedesmal, wenn an Stelle eines Ammoniak-Liganden eine einfach negative Nitrogruppe $(NO_2)^-$ tritt. Im Dinitrotetraminkobalti-Komplex sind bereits von den vorhandenen drei positiven Ladungen des Zentralatoms Kobalt durch die negativen Ladungen der beiden einwertigen Nitrogruppen der ersten Sphäre zwei kompensiert, so daß der gesamte Komplex nach außen hin nur noch eine positive Ladung betätigen und nur noch ein einwertig negatives Ion, z. B. Chlorion, zu binden vermag. Während das Hexaminkobalti-Chlorid $[Co(NH_3)_6]Cl_3$ in wäßriger Lösung, wie z. B. das Certrichlorid $CeCl_3$, in vier Ionen zerfällt und in 0,1 molarer Lösung daher eine ausgezeichnete Leitfähigkeit besitzt, kann des Dinitrotetraminkobalti-Chlorid $[Co(NH_3)_4(NO_2)_2]Cl$ wie das Chlornatrium $NaCl$ nur in zwei Ionen dissoziieren und hat demgemäß in 0,1 molarer Lösung eine geringere Leitfähigkeit, wenn sie auch immer noch gut ist. Im Trinitrotriamin-kobalt $[Co(NH_3)_3(NO_2)_3]$ sind bereits innerhalb des Komplexes alle drei positiven Ladungen des Zentralatoms Kobalt durch die negativen der drei einwertigen Nitrogruppen kompensiert; der Komplex ist nach außen hin nullwertig und kann keine Ionen mehr binden. Die wäßrige Auflösung leitet den elektrischen Strom praktisch nicht mehr, da die Komplexverbindung nicht dissoziiert.

Beim weiteren Ersatz der Ammoniakmoleküle durch Nitrogruppen ändert sich nunmehr das Vorzeichen der Ladung des Kobaltkomplexes. Im Tetranitrodiaminkobalt-Komplex $[Co(NH_3)_2(NO_2)_4]^-$ sind von den vier Ladungen der einwertig negativen Nitrogruppen drei durch das dreiwertig positive Kobalt kompensiert, der Komplex hat also eine negative Überschußladung, ist Anion geworden und kann ein einwertig positives Metallion, z. B. Natrium, binden. Die Auflösung des Natrium-Tetranitrodiaminkobaltiats $Na[Co(NH_3)_2(NO_2)_4]$ leitet den elektrischen Strom wie z. B. $Na(ClO_4)$. Das Natrium-Hexanitrokobaltiat $Na_3[Co(NO_2)_6]$ hat entsprechend ein dreiwertig negatives Komplexion, vermag drei kationische Metallionen zu binden, zerfällt in wäßriger Lösung, wie z. B. das Na_3PO_4, in vier Ionen und hat demgemäß ein vorzügliches Leitvermögen. Die nachfolgende Tabelle stellt das Gesagte noch einmal übersichtlich zusammen.

Tabelle 89.

Name der Komplexverbindung.	Konstitutionsformel	Zahl der Ionen in wäßriger Lösung	Leitvermögen der wäßrigen Lösung
Hexaminkobalti-Chlorid . . .	$[Co(NH_3)_6]Cl_3$	4	ausgezeichnet
Nitropentaminkobalti-Chlorid.	$[Co(NH_3)_5(NO_2)]Cl_2$	3	sehr gut
Dinitrotetraminkobalti-Chlorid	$\cdot[Co(NH_3)_4(NO_2)_2]Cl$	2	gut
Trinitrotriaminkobalt	$[Co(NH_3)_3(NO_2)_3]$	0	praktisch nicht leitend
Natrium-Tetranitrodiamin-kobaltiat	$Na[Co(NH_3)_2(N\hat{O}_2)_4]$	2	gut
Natrium-Hexanitrokobaltiat .	$Na_3[Co(NO_2)_6]$	4	ausgezeichnet

Man hat noch zahlreiche analoge Verbindungsreihen präparativ dargestellt, die alle dasselbe Zentralatom enthalten und mehr oder weniger vollständige Übergänge von komplexen Kationen zu komplexen Anionen sind, so z. B. eine vom Hexaminplate-Chlorid $[Pt(NH_3)_6]Cl_4$ zum Kalium-Hexachloroplateat $K_2[PtCl_6]$.

19. Die Hydride.

a) Allgemeines über die verschiedenen Arten von Hydriden.

Die Hydride, die Verbindungen des Wasserstoffs mit den anderen Elementen, sind zwar teilweise bereits in den früheren Kapiteln besprochen worden, einzelne wichtige, wie z. B. das Wasser H_2O, der Schwefelwasserstoff H_2S oder das Ammoniak NH_3, sogar ausführlich; wegen der außerordentlich großen Bedeutung aber, die in theoretischer und nicht minder in praktischer Hinsicht den Hydriden zukommt, erscheint es notwendig, die große Klasse der Wasserstoffverbindungen noch einmal im Zusammenhang und übersichtlich zu behandeln.

Die Hydride lassen sich in drei größere Gruppen unterteilen: 1. in die salzartigen, 2. in die metallartigen und 3. in die gasförmigen Hydride. Bei den drei Gruppen liegt der Wasserstoff in verschiedener Bindungsart vor. Im großen ganzen kann man feststellen, daß die Beschaffenheit des jeweils vorliegenden Elementhydrids von der Stellung des betreffenden Elementes im periodischen System abhängt. Da sich die drei Gruppen von Hydriden aber nicht scharf voneinander trennen lassen, sind unter Zugrundelegung einer auseinandergezogenen Anordnung der Elemente des periodischen Systems verschiedene ähnliche Übersichten gegeben worden, in denen die gruppenweise zusammengehörigen Elemente bzw. deren Hydride in Erscheinung treten. Hier sei nur eine gebracht und kurz diskutiert.

Tabelle 90.

Salzartige Hydride		Metallartige Hydride										Gasförmige Hydride				
Li	Be											B	C	N	O	F
Na	Mg											Al	Si	P	S	Cl
K	Ca	Sc	Ti	V	Cr	Mn	Fe	Co	Ni	Cu	Zn	Ga	Ge	As	Se	Br
Rb	Sr	Y	Zr	Nb	Mo	Ma	Ru	Rh	Pd	Ag	Cd	In	Sn	Sb	Te	J
Cs	Ba	La*	Hf	Ta	W	Re	Os	Ir	Pt	Au	Hg	Tl	Pb	Bi	Po	—
—	Ra	Ac	Th	Pa	U											

* Lanthan $+$ seltene Erden.

Die Elemente der ersten beiden Vertikalreihen (Hauptreihen) bilden wie das Lithium und das Calcium salzartige Hydride vom Typus LiH bzw. CaH_2. In diese Gruppen von Elementen sind allerdings auch Beryllium und Magnesium mit aufgenommen, obwohl man von ihnen bis heute keine Wasserstoffverbindungen kennt. Die Elemente der 7., 6., 5. und 4. Vertikalreihe (Hauptreihe) einschließlich des zur 3. Vertikalreihe gehörenden Bors bilden gasförmige Hydride, wie H_2S und H_3N, die übrigen Elemente hauptsächlich metall- bzw. legierungsartige Wasserstoffverbindungen, wie Palladium- und Platinwasserstoff.

Die salzartigen Hydride sind ausgesprochene heteropolare Verbindungen, in denen der Wasserstoff das negative Ion bildet. Dies kann man durch die Schmelzelektrolyse des Lithiumwasserstoffs LiH nachweisen, bei welcher sich der Wasserstoff an der Anode abscheidet. Die metallartigen Verbindungen sind im wesentlichen feste Lösungen, bei denen der Wasserstoff gleichsam im Metall gelöst vorliegt. Die gasförmigen Hydride endlich sind homöopolare Verbindungen, in denen der Wasserstoff einen mit der Elektroaffinität des jeweils vorliegenden Elementes steigenden positiven Charakter besitzt. Die Dissoziation in Ionen erfolgt aber nur in Lösungen, nicht bei den Gasen selbst. Diese dissoziieren nur thermisch in die Atome.

Daß der Wasserstoff sowohl negative wie auch positive Ionen zu bilden vermag, verdankt er seiner Sonderstellung im periodischen System. Wie KOSSEL gezeigt hat, streben die Atome danach, möglichst ihre äußere Elektronenschale der Elektronenkonfiguration eines benachbarten Edelgases anzugleichen. Dies geschieht durch Aufnahme oder Abgabe von Elektronen, wodurch das Atom dann natürlich in einen geladenen Zustand, in ein Ion übergeht. Der Wasserstoff hat die Kernladungszahl 1 und damit ein Außenelektron. Da die erste Elektronenschale nur zwei Elektronen aufnehmen kann, braucht der Wasserstoff nur ein Elektron aufzunehmen, um in den Zustand überzugehen, der dem benachbarten Helium entspricht. In diesem Zustand befindet sich das negative Wasserstoffion, z. B. des Lithiumhydrids LiH. Da aber auf der anderen Seite neben dem Wasserstoff wieder gewissermaßen ein Edelgas, nämlich das Neutron mit der Kernladungszahl 0 und der Masse 1, steht, das keine Außenelektronen hat, so braucht nur das eine Außenelektron des Wasserstoffs abgespalten zu werden und die Edelgaskonfiguration ist wieder erreicht, der Wasserstoff ist in den positiv geladenen Zustand übergegangen.

b) Die salzartigen Hydride.

Die salzartigen Hydride kann man leicht durch Erhitzen des Metalles, z. B. des Lithiums oder Calciums, im Wasserstoffstrom darstellen. Dabei spielt sich folgende Reaktion ab:

$$\text{Li} + {}^1\!/_2\,\text{H}_2 = \text{LiH} + Q.$$

Die Bildungswärme Q ist recht erheblich. Das Lithiumhydrid ist wie die übrigen Alkali- und Erdalkalihydride eine weiße, kristalline Substanz. LiH kristallisiert im Steinsalzgitter, und zwar sind in ihm die Natriumionen durch Lithiumionen ersetzt, während die negativen Wasserstoffatome an den Stellen der Chlorionen sitzen, aber bis zu einem gewissen Grade frei beweglich sind. So ist es erklärlich, daß man der Verbindung den Wasserstoff langsam durch Absaugen entziehen kann, und daß doch der Rückstand eine homogene Phase bleibt. Erst wenn eine größere Menge Wasserstoff entzogen worden ist, tritt Entmischung in eine wasserstoffreichere und eine -ärmere Phase ein.

In der Klasse der salzartigen Hydride liegt das Affinitätsmaximum in der 2. Vertikalreihe (Hauptgruppe). Die Erdalkalihydride sind also die beständigeren Hydride. Eine Ausnahme aber macht das Lithiumhydrid, das noch stabiler ist. Wie in vielen anderen chemischen Eigenschaften weicht auch hierin das Lithium von den anderen Alkalimetallen ab und ist dem Calcium verwandt. Innerhalb der einzelnen Vertikalreihen nimmt die Stabilität der Hydride mit steigendem Atomgewicht des Metalls ab. Obwohl alle salzartigen Hydride bei Zimmertemperatur ziemlich beständig sind, ist der Dissoziationsdruck doch schon so groß, daß sie merklich hinter der theoretisch zu erwartenden stöchiometrischen Zusammensetzung zurückbleiben. Gegen chemische Einflüsse sind sie sehr unbeständig. Schon mit Wasser zersetzen sie sich heftig, z. B. das Lithiumhydrid und das Calciumhydrid:

$$LiH + H_2O = LiOH + H_2 \, .$$

Oder als Ionenreaktion geschrieben:

$$Li^+ + H^- + H^+ + OH^- = H_2 + Li^+ + OH^- \, .$$

Die ganze Reaktion beruht also darauf, daß das positive und das negative Wasserstoffion nebeneinander in Lösung nicht beständig sind.

c) Die Übergangshydride und die metallartigen Hydride.

Es wurde schon darauf hingewiesen, daß die Grenzen zwischen den einzelnen drei Hauptklassen der Hydride nicht ganz scharf sind. Das ist z. B. der Fall, wenn man von der Elementengruppe, die salzartige Hydride bildet, übergeht zu den Elementen, von denen sich metallartige bzw. legierungsartige Hydride ableiten. Die nächsten Elemente, welche den Nebengruppen der 3., 4., 5. und 6. Vertikalreihe angehören (vgl. die tabellarische Übersicht), bilden Hydride, die teils noch Ähnlichkeit mit den salzartigen Hydriden der Alkali- und Erdalkalimetalle haben, teils aber schon den typischen metallartigen Hydriden nahestehen, die sich von den Elementen der Nebengruppen der 7., 8., 1., 2. und 3. Vertikalreihe des periodischen Systems ableiten.

Die Darstellung der Hydride dieser Untergruppe vollzieht sich im wesentlichen ebenso wie die der Alkali- und Erdalkalimetalle, nämlich durch Erhitzen der Elemente im Wasserstoffstrom. Die Hydride sind farbige, meist schwarze pulverförmige Substanzen. Ihr Wasserstoffgehalt bleibt fast immer erheblich hinter einer theoretisch zu erwartenden stöchiometrischen Zusammensetzung zurück. Lanthan- und Cerwasserstoff allerdings kommen der Formel $Me^{III}H_3$ noch recht nahe. Sehr viel größer ist dagegen die Abweichung beim Titanhydrid, das statt 4 Atomen Wasserstoff maximal nur noch 1,76 Atome pro 1 Atom Titan enthält. Diese Tatsache wird als Beweis dafür angeführt, daß diese Hydride nicht mehr zu den salzartigen Hydriden gehören, ebenso auch die Tatsache, daß der Wasserstoffgehalt des Hydrids ungefähr als Funktion der Quadratwurzel aus dem Partialdruck des jeweils über dem Hydrid befindlichen Wasserstoffs dargestellt werden kann. Einige Hydride, besonders die des Lanthans und Cers, haben noch eine beträchtliche positive Bildungswärme, die nur wenig niedriger ist als die der Erdalkalihydride. Die Beständigkeit dieser Hydride ähnelt der der salzartigen Hydride. Die Widerstandsfähigkeit gegen Wasser und Luft wird verschieden angegeben. Gegen Wasser sind sie aber meist viel beständiger als die salzartigen Hydride, zum Teil sogar völlig indifferent. Bei Gegenwart von Luftsauerstoff entzünden sich manche von ihnen und verbrennen unter Funkensprühen zu Oxyd und Wasser.

Die metallartigen Hydride sind als feste Lösungen aufzufassen. Das Gitter des Metalles bleibt bei dem Auflösungsvorgang des gasförmigen Wasserstoffs im Metall unverändert, so daß nur eine beschränkte Anzahl von kleinsten Wasserstoffteilchen eingebaut werden können. Mit steigender Temperatur nimmt zwar der Lösungsdruck des Wasserstoffes ab, gleichzeitig aber wird·das Gitter der Metalle mit steigender Temperatur erheblich erweitert, so daß mit steigender Temperatur meist doch noch eine weitere Absorption von Wasserstoff erfolgen kann. Beim Palladium allerdings wird das Metallgitter durch die Aufnahme von Wasserstoff schon bei tiefen Temperaturen so vollständig erweitert, daß eine darüber hinausgehende Ausdehnung, und damit eine weitere Aufnahme von Wasserstoff, nicht mehr möglich ist. Vielmehr überwiegt beim Palladium-Wasserstoff der Einfluß des mit der steigenden Temperatur verminderten Lösungsdrucks, und der Wasserstoffgehalt des Metallhydrids nimmt bei höheren Temperaturen stark ab. In der folgenden Übersicht ist die Zusammensetzung einiger Hydride bei Atmosphärendruck und bei verschiedenen Temperaturen zusammengestellt, und zwar von Hydriden der Elemente der Übergangsgruppen und von Elementen, die typische metall- bzw. legierungsartige Hydride bilden.

Tabelle 91. Absorption von Wasserstoff durch Metalle bei verschiedenen Temperaturen

in Grammatomen Wasserstoff auf 1 Grammatom Metall.

Temperatur °C	Ti	V	Ta	Fe	Ni	Pd	Pt	Cu
20	1,75	0,56	0,75	nicht nachweisbar	nicht nachweisbar		nicht nachweisbar	nicht nachweisbar
100						0,44		
500	1,56	0,051	0,33	0,000039	0,00023	0,0088	0,000014	0,0000095
1000	0,25	0,011	0,02.	0,00028	0,00055	0,0073	0,000039	0,000095
1500				0,00067	0,0021	0,0066	0,00019	
Schmelztemperatur				0,0013	0,0027			0,00078

Aus der Übersicht ist deutlich zu ersehen, daß bei den Hydriden der Elemente der Übergangsgruppe (Titan, Vanadin und Tantal) mindestens bis zu einem gewissen Grade die chemische Bindung des Wasserstoffs mitsprechen dürfte. Bei ihnen nimmt mit steigender Temperatur die Aufnahmefähigkeit für Wasserstoff erheblich ab. Weiterhin geht hervor, daß das volumenmäßig nicht geringe Absorptionsvermögen der typischen Überträgermetalle für Wasserstoff (Palladium, Platin und Nickel) im Atomverhältnis ausgedrückt recht wenig ausmacht. Bei diesen Metallen mit typisch legierungsartigen Hydriden nimmt, wie schon erwähnt, die Aufnahmefähigkeit in bezug auf Wasserstoff mit steigender Temperatur zu — abgesehen vom Palladium. Außer der Abhängigkeit des Wasserstoffgehaltes der Metalle von der

Temperatur besteht auch noch eine Druckabhängigkeit; bei höherem Wasserstoffdruck wird auch mehr Wasserstoff aufgenommen.

Einige Metalle dieser Gruppe können auch unter bestimmten Versuchsbedingungen Hydride bilden, die einer stöchiometrischen Zusammensetzung sehr nahekommt. So kann man durch Schütteln der wasserfreien Chloride einiger Metalle mit trockenem Wasserstoffgas in ätherischer Phenyl-Magnesiumbromid-Lösung Chromwasserstoff CrH_3, Nickelwasserstoff NiH_2 und zwei Eisenhydride FeH_2 und FeH_6 darstellen. Ferner läßt sich aus einer Kupfersalzlösung bei Reduktion derselben mit unterphosphoriger Säure ein Kupferhydrid CuH_2 als rotbraunes Pulver fällen. Diese Hydride sind äußerst unbeständige Substanzen und zerfallen leicht nach Art einer autokatalytisch beschleunigten Reaktion in ihre Bestandteile.

d) Die gasförmigen Hydride.

Wir wenden uns nunmehr der Besprechung der gasförmigen Hydride zu. Gasförmige Wasserstoffverbindungen werden von den Elementen der Hauptgruppen der 4., 5., 6. und 7. Vertikalreihe des periodischen Systems und außerdem vom Bor gebildet. Von allen Nichtmetallen leiten sich demnach gasförmige Hydride ab, dazu noch von einigen Metallen, wie Germanium, Zinn, Blei, Antimon und Wismut.

Ihre Darstellung kann vielfach direkt aus den Elementen erfolgen, namentlich dann, wenn die entstehende Wasserstoffverbindung stärker exotherm ist, z. B.:

$$Cl_2 + H_2 \; = 2\,HCl + Q_1$$

oder

$$S \; + H_2 \; = \; H_2S + Q_2$$

$$C \; + 2\,H_2 = \; CH_4 + Q_3.$$

Diese Art der Synthese ist beim Methan CH_4, beim Ammoniak NH_3, beim Wasser OH_2 und Schwefelwasserstoff SH_2 sowie beim Fluorwasserstoff FH, Chlorwasserstoff ClH, Bromwasserstoff BrH und Jodwasserstoff JH möglich.

Die Darstellung der endothermen gasförmigen Hydride, welche natürlich nur in bezug auf molekularen Wasserstoff endotherm sind,

$$2\,As + 3\,H_2 = 2\,AsH_3 - Q,$$

kann in der Weise vorgenommen werden, daß man den energiereicheren, atomaren, nascierenden Wasserstoff benutzt, den man in einer gleichzeitig im Versuchssystem verlaufenden Reaktion, z. B. aus Zink und verdünnter Salz- oder Schwefelsäure oder elektrolytisch an der Kathode entwickelt und auf das Element oder eine seiner Verbindungen einwirken läßt:

$$As \; + 3\,H = \; AsH_3 + \; Q_1$$

$$As_2O_3 + 12\,H = 2\,AsH_3 + 3\,H_2O + Q_2$$

$$SbCl_5 + \; 8\,H = \; SbH_3 + 5\,HCl + Q_3.$$

Natürlich entsteht nebenher meist sehr viel molekularer Wasserstoff, von dem sich aber die Wasserstoffverbindung, z. B. Arsin AsH_3 oder Stibin SbH_3, durch Verflüssigung bei tiefen Temperaturen abtrennen läßt.

Viel allgemeiner ist das Verfahren der Darstellung gasförmiger Hydride durch Einwirken von leicht zugänglichen Wasserstoffverbindungen, wie Wasser oder Säuren, auf Metall-Element-Verbindungen

z. B.
$$Al_4C_3 + 12 H_2O = 4 Al(OH)_3 + 3 CH_4$$
oder
$$CaF_2 + H_2SO_4 = CaSO_4 + 2 HF$$
oder
$$Mg_3Bi_2 + 6 HCl = 3 MgCl_2 + 2 BiH_3.$$

Die gasförmigen Hydride haben ihren Namen daher, daß die Angehörigen dieser Gruppe von Wasserstoffverbindungen bei Zimmertemperatur fast alle im gasförmigen Aggregatzustande vorliegen oder verhältnismäßig leicht flüchtige Flüssigkeiten sind (H_2O, HF).

Die Formel des jeweils vorliegenden Hydrids ergibt sich aus der Stellung des Elementes, von dem sich das Hydrid ableitet, innerhalb des periodischen Systems. Die Wasserstoffverbindungen dieser Gruppe von Elementen sind stöchiometrisch zusammengesetzt; es kommt also nicht, wie besonders bei den legierungsartigen Hydriden, vor, daß in Abhängigkeit von Temperatur und Druck jedes beliebige Verhältnis der Komponenten im anfallenden Endprodukt angetroffen werden kann. Durch eine besondere Eigenart zeichnen sich manche Vertreter dieser Klasse von Bildnern gasförmiger Hydride aus, die sich um den Kohlenstoff gruppieren. Außer der einfachsten Wasserstoffverbindung gibt es vielfach noch „höhere Hydride", die im Molekül mehrere Atome des hydridbildenden Elementes enthalten. Bei ihnen sind die hydridbildenden Elemente untereinander gebunden. So kennen wir außer der einfachsten Wasserstoffverbindung des Sauerstoffs, dem Wasser HOH, noch das Wasserstoffsuperoxyd $H_2O_2 = HO—OH$ und außer dem Schwefelwasserstoff $H_2S = HSH$ noch u. a. das Wasserstoffpersulfid $H_2S_2 = HS—SH$ und andere höhere Polyschwefelwasserstoffe H_2S_x. Neben dem Ammoniak NH_3 existiert das Hydrazin $N_2H_4 = H_2N—NH_2$ und neben dem Phosphin PH_3 bestehen noch höhere Phosphine, wie der flüssige Phosphorwasserstoff $P_2H_4 = H_2P—PH_2$ und der feste Phosphorwasserstoff $P_{12}H_6$. Besonders ausgeprägt ist die Fähigkeit, höhere Hydride zu bilden, bei den Anfangselementen der 4. Gruppe des periodischen Systems, z. B. dem Silicium und vor allen Dingen dem Kohlenstoff. Die Atome des letzteren können — wie auf S. 230 besprochen wurde — untereinander einfach, doppelt und dreifach gebunden sein, sie können dabei zu kurzen und langen, unverzweigten und verzweigten Ketten sich anordnen und zu ringförmigen Gebilden mit 3 und 4, besonders aber mit 5 und 6 Atomen zusammentreten. Auf die Chemie der überaus zahlreichen und wichtigen Kohlenwasserstoffe kann hier nicht näher eingegangen werden, das ist Aufgabe der organischen Chemie. Vom Silicium leiten sich im Gegensatz zur ungeheuer großen Zahl von Kohlenwasserstoffen sehr viel weniger Siliciumwasserstoffe, „Silane" genannt, ab. Man kennt außer dem Silicomethan SiH_4 das Silicoäthan $Si_2H_6 = H_3Si—SiH_3$, das Silicopropan $Si_3H_8 = H_3Si—SiH_2—SiH_3$ u. a. m. Sie sind aber viel unbeständiger als die entsprechenden Kohlenwasserstoffe und zersetzen sich z. B. schon mit Wasser unter Wasserstoffentwicklung zu Kieselsäure. An der Luft sind sie selbstentzündlich. In ihrem Verhalten ähneln sie mehr den „Boranen", den Wasserstoffverbindungen, die sich vom Bor ableiten. Unter den Boranen ist die einfachste Borwasserstoffverbindung B_2H_6, das Borhydrid der Formel BH_3 ist unbekannt. Außer dem B_2H_6 existieren noch andere höhere Borane, z. B. B_4H_{10}, B_5H_{11} u. a. m.

Die Eigenschaften und das Verhalten der wichtigsten und technisch bedeutungsvollen gasförmigen Hydride, wie Fluorwasserstoff FH, Chlorwasserstoff ClH, Bromwasserstoff BrH, Jodwasserstoff JH, Wasser H_2O, Wasserstoffperoxyd H_2O_2, Schwefelwasserstoff H_2S, Ammoniak NH_3, Hydrazin N_2H_4, Phosphorwasserstoff PH_3, Arsenwasserstoff AsH_3, wie der einfacheren Kohlenwasserstoffe und Silane, sind in den früheren Kapiteln des Lehrbuches bereits behandelt worden. Es sei hier nur noch auf einige Übersichten und Zusammenhänge kurz eingegangen. In der nachfolgenden kleinen Tabelle sind die Schmelzpunkte und Siedepunkte der einfachen gasförmigen Hydride in Gradangaben der absoluten Temperaturskala zusammengestellt.

Tabelle 92.

Hydrid.	CH_4	SiH_4	GeH_4	SnH_4	NH_3	PH_3	AsH_3	SbH_3
Schmelzpunkt.	89°	88°	108°	123°	196°	140°	158°	185°
Siedepunkt.	112°	161°	185°	221°	240°	186°	218°	256°

Hydrid.	OH_2	SH_2	SeH_2	TeH_2	FH	ClH	BrH	JH
Schmelzpunkt.	273°	190°	207°	225°	181°	161°	186°	222°
Siedepunkt.	373?	213°	232°	274°	293?	188°	205°	237°

Wie wir sehen, steigen die Schmelzpunkte und Siedepunkte der Wasserstoffverbindungen innerhalb der Vertikalreihen des periodischen Systems mit steigender Atomnummer der Hydridbildner regelmäßig an. Eine Ausnahme hiervon machen nur die Anfangsglieder der Reihen, die sich von dem kleinvolumigen Hydridbildner Kohlenstoff und besonders Stickstoff, Sauerstoff und Fluor ableiten; die Hydride Fluorwasserstoff FH, Wasser OH_2 und Ammoniak NH_3 neigen infolgedessen zur Assoziation.

Alle gasförmigen Hydride sind farblos oder höchstens ganz schwach gefärbt.

Die Beständigkeit nimmt in der Richtung auf die Wasserstoffverbindungen von den Elementen der 7. Vertikalreihe des periodischen Systems zu, innerhalb der Vertikalreihen wiederum mit fallendem Atomgewicht des Hydridbildners, so daß also der Bleiwasserstoff PbH_4 das am leichtesten zersetzliche und der Fluorwasserstoff das beständigste Hydrid dieser Gruppe ist. Während der Bleiwasserstoff schon bei etwas erhöhten Temperaturen vollständig in die Elemente zerfällt, kann beim Fluorwasserstoff selbst bei den höchsten Temperaturen noch nicht die geringste thermische Dissoziation nachgewiesen werden.

In wäßriger Lösung neigen viele gasförmige Hydride dazu, Wasserstoffionen abzuspalten und als Säuren zu fungieren; diese Neigung ist am ausgeprägtesten beim Hydrid des schwersten Elementes der 7. Vertikalreihe, also beim Jodwasserstoff und am geringsten beim Hydrid des leichtesten Elementes der 4. Vertikalreihe, also beim Methan CH_4. In Übereinstimmung damit steht, daß von den Salzen, die man sich durch Ersatz der Wasserstoffatome der Hydride durch Metalle abgeleitet denken kann, die Jodide, Bromide, Chloride und Telluride gar nicht oder verhältnismäßig wenig hydrolytisch gespalten werden, stark dagegen die Phosphide, Nitride, Silicide, Carbide und Boride.

20. Intermetallische Verbindungen, intermetallische Phasen.

a) Ausgangstatsachen und allgemeine Grundlagen.

Wie wir bereits in einem früheren, allgemeinen Kapitel über die Metalle kennengelernt haben, werden innige Gemische mehrerer Metalle als Legierungen bezeichnet. Man kann sie meist leicht durch Erhitzen der metallischen Komponenten in bestimmten Mengenverhältnissen bis zur Schmelze, gutes Durchmischen und darauffolgendes Abkühlenlassen der Schmelze darstellen. In den so bereiteten Legierungen können nun die Metallkomponenten entweder feinst verteilt, aber völlig unbeeinflußt nebeneinander liegen, oder sie können feste Lösungen bzw. Mischkristalle bilden oder sie können auch zu chemischen Verbindungen zusammengetreten sein. Früher ist auch schon mitgeteilt worden, daß mit Hilfe der Meßmethoden der thermischen Analyse, durch mikroskopische Beobachtung angeätzter Legierungsschliffe, besonders auch durch röntgenographische Untersuchungen, ferner durch Leitfähigkeitsmessungen, durch dilatometrische Beobachtungen u. a. Verfahren mehr Einblicke in diese undurchsichtigen und meist nur bei höheren Temperaturen reagierenden Metallsysteme gewonnen werden können. So läßt sich feststellen, ob Mischkristallbildung eingetreten ist oder nicht, ob die Komponenten der Legierung miteinander chemisch reagiert haben oder nicht und welche Produkte gegebenenfalls entstanden sind.

Verbindungen zwischen Metallen, die uns hier besonders interessieren sollen, sind ziemlich häufig, sie stimmen jedoch keineswegs mit den bisher erkannten und bewährten Gesetzmäßigkeiten der Valenzlehre überein, Gesetzmäßigkeiten, die wir bei den Verbindungen zwischen Metalloiden untereinander (z. B. NO_2), zwischen Metallen und Metalloiden (z. B. NaCl), bei den Komplexverbindungen und bei den überaus zahlreichen Kohlenstoffverbindungen immer wieder beobachtet und bestätigt gefunden haben. Allerdings wurde gelegentlich schon angedeutet, daß Verbindungen von Metallen mit Elementen, die wie Arsen, Phosphor, Selen, Schwefel, Kohlenstoff bezüglich ihres Verhaltens den Metallen näherstehen, Verbindungsverhältnisse beobachtet werden können, die von den nach der Valenzlehre zu erwartenden abweichen. Bei intermetallischen Verbindungen ist dieses Abweichen der Verbindungsverhältnisse von den aus der Wertigkeit sich ergebenden allgemein, und schon frühzeitig wurde von G. Tammann darauf hingewiesen, daß die Feststellung eines mit den Salzvalenzen in Einklang stehenden Verbindungsverhältnissen bei intermetallischen Verbindungen als zufällig bezeichnet werden muß. Man spricht deswegen auch heute weniger von intermetallischen Verbindungen als von intermetallischen Phasen, um damit eine gewisse Variabilität und Breite um eine exakt stöchiometrische Zusammensetzung herum auszudrücken. Die nachfolgende tabellarische Übersicht über die intermetallischen Verbindungen zwischen den Alkalimetallen und dem Quecksilber gibt einmal die zahlreichen Verbindungsverhältnisse, die beobachtet wurden, wieder und enthält außerdem die Schmelzpunkte (in Celsiusgraden) der jeweils vorliegenden intermetallischen Verbindungen; die unzersetzt schmelzenden intermetallischen Phasen sind fett gedruckt.

Tabelle 93. Die Schmelzpunkte (in Celsiusgraden) von Alkaliamalganen bestimmten Verbindungsverhältnisses.

Metallsystem / Verbindungsverhältnis Me/Hg	6/1	3/1	5/2	3/2	2/1	1/1	7/8	3/4	1/2	1/3	2/7	5/18	1/4	2/9	1/6	1/9	1/10
Li—Hg . . .	165	**375**			375	**590**			340	325							
Na—Hg . .		35	66	119		212	222		**354**				156				
K—Hg . . .						178			**279**	204				173		70	
Rb—Hg . .							157	170	**256**		**197**	194		162	132	67	
Cs—Hg . . .									208				**164**		158		?

Wie man sieht, bilden die leichteren Alkalimetalle vorzugsweise quecksilberärmere, die schwereren Alkalimetalle quecksilberreichere intermetallische Phasen. Die Schmelzpunkte entsprechender Alkali-Amalgame sinken mit steigender Ordnungszahl des verbindungsbildenden Alkalimetalls. Zwischen den Grenzen Li_6Hg und $CsHg_{10}$ existieren etwa 30 Alkalimetall-Quecksilber-Verbindungen mit recht verschiedenen Verbindungsverhältnissen; von einer valenzmäßigen Zusammensetzung kann nur in wenigen Fällen, nämlich bei den vier Amalgamen LiHg, NaHg, KHg und Li_2Hg, gesprochen werden; das Gesetz der konstanten und multiplen Proportionen hat hier wie bei zahllosen anderen intermetallischen Verbindungen keine Gültigkeit.

Ein wesentliches Merkmal der valenzmäßig zusammengesetzten Verbindungen zwischen Metalloiden untereinander, z. B. P_2O_5 und zwischen Metallen und Metalloiden, z. B, $MgCl_2$, ist der krasse Unterschied in den allgemeinen Eigenschaften der Komponenten einerseits und der Verbindung andererseits. Während Magnesium ein Metall ist und metallische Eigenschaften hat, u. a. also den elektrischen Strom leitet, und Chlor ein reaktionsfähiges grüngelbes Gas ist, hat Magnesiumchlorid ganz andere Eigenschaften, es ist ein Salz, das im festen Zustande bei Zimmertemperatur vorliegt und den elektrischen Strom nicht leitet. Ein solcher ausgeprägter Unterschied zwischen den Eigenschaften der Komponenten und der Verbindung ist bei intermetallischen Phasen nicht vorhanden. Es ist weiterhin das Charakteristikum einer valenzmäßig zusammengesetzten Verbindung, z. B. eines Salzes wie Kaliumchlorid, daß sie unzersetzt schmilzt, einheitliche Kristalle bildet und aus Lösungen oder Schmelzen rein — also ohne Überschuß an einem der Verbindungspartner — auskristallisiert. Vom Kochsalz weiß man, daß in seinem Kristallgitter eine geordnete Verteilung der Atome bzw. Ionen vorliegt, ganz bestimmte Gitterpunkte werden von den Natriumionen und andere von den Chlorionen eingenommen. Für das Vorhandensein eines Überschusses an Natriumionen oder Chlorionen im Kochsalzgitter besteht keine Möglichkeit. Bei den intermetallischen Verbindungen liegen jedoch außerordentlich häufig andere Verhältnisse vor, sie können noch — ohne Störung der Homogenität — in einem engeren oder weiteren Bereiche in ihr Gitter eine ihrer Komponenten im Überschuß einbauen. Die Komponenten können sich bis zu einem gewissen Grade im Gitter gegenseitig vertreten, so daß in manchen intermetallischen Verbindungen eine ziemlich unregelmäßige Atomverteilung vorliegt. So kann z. B. die intermetallische Phase AuZn, welche sich von ihren Komponenten Gold und Zink durch den Gittertypus und die physikalischen Eigenschaften unterscheidet und ohne Zweifel eine intermetallische Verbindung ist, im ganzen Bereich zwischen $Au_{59}Zn_{41}$ und $Au_{42}Zn_{58}$ über das Verbindungsverhältnis AuZn hinaus jede der beiden Komponenten homogen einbauen. Das Auftreten derartig breiter Homogenitätsbereiche ist in dem Kristallaufbau der Metalle und der Legierungen begründet; es handelt sich hier nicht wie bei den Salzen um Ionengitter, auch nicht wie bei den homöopolaren Verbindungen um Molekülgitter, sondern um Atomgitter. Die einzelnen Gitterpunkte sind von Metallatomen besetzt, wobei die Valenzelektronen im Gitter frei beweglich sind („Elektronengas“). Wegen des Fehlens elektrischer Ladungen im Gitter ist es verständlich, daß z. B. in einem Gold-Zink-Kristall an irgendeinem Gitterpunkt ein Goldatom ohne Schwierigkeit durch ein Zinkatom ersetzt werden kann oder umgekehrt. In dem Maße, in dem die beiden Komponenten einer intermetallischen Verbindung einander unähnlicher sind, weil z. B. eine von ihnen weniger typisch metallisch ist, werden solche Homogenitätsbereiche immer kleiner. Im Grenzfall liegen dann chemische Verbindungen vor von der Art, wie wir sie bei den Salzen kennengelernt haben. Das ist z. B. so beim Lithiumbismutid Li_3Bi. Solche intermetallischen Verbindungen ohne Homogenitätsbereich bezeichnet man als „singuläre“ Kristalle.

b) Faktoren, die auf die Bildung bestimmter Typen intermetallischer Verbindungen von Einfluß sind.

Die intermetallischen Phasen verdanken ihre Existenz Bindungskräften unterschiedlicher Natur. Wenn es auch im Einzelfall oft nicht möglich sein wird, eindeutige Aussagen zu machen, so lassen sich doch schon viele Verbindungen zu Gruppen zusammenfassen, für welche besondere Merkmale charakteristisch sind. Im Wesentlichen lassen sich heute vier Hauptgruppen unterscheiden:

1. Verbindungen mit heteropolaren Bindungstendenzen.
2. HUME-ROTHERY-Phasen.
3. Verbindungen, deren Zusammensetzung wesentlich geometrisch bedingt ist.
4. Überstrukturen in Mischkrystallreihen und ähnliche Verbindungen.

Klassifikationen lassen sich oft nicht ohne Willkür durchführen. So ist es auch hier. Es wird manche intermetallische Phase geben, bei welcher man zweifelhaft ist, zu welcher Gruppe sie gehört. Denn es liegt in der Natur der metallischen Phasen, daß ihre Existenz und Stabilität durch verschiedene Faktoren beeinflußt wird. Es überlagern sich stets mehrere Bindungstendenzen. Es wirken hier nicht nur Anziehungskräfte zwischen verschiedenen Atomsorten, sondern auch zwischen gleichen. Zum Beispiel sind bei der Verbindung Li_3Bi besonders die zwischen Li^+ und Bi^{3-} herrschenden Kräfte von Bedeutung. Bei der Verbindung Cu_3Au hingegen müssen außer den zwischen Cu und Au herrschenden Kräften die Kräfte berücksichtigt werden, welche lediglich zwischen den Cu-Atomen bestehen. Zwischen derartigen Extremfällen gibt es alle Übergänge.

Es sollen jetzt die Gruppen im einzelnen besprochen werden.

1. Verbindungen mit heteropolaren Bindungstendenzen.

Sie sind besonders von E. ZINTL untersucht worden. Er hat bei seinen systematischen Arbeiten über die in Frage stehende Gruppe intermetallischer Verbindungen auch die Magnesiumverbindungen untersucht und die Grenze zwischen den Legierungsphasen und denjenigen intermetallischen Verbindungen gezogen, die zwar noch metallische Eigenschaften haben, wie gutes elektrisches Leitvermögen u. ä. m., die aber kaum noch rein metallische Bindung besitzen. Das äußert sich auch deutlich in deren Krystallstruktur. Sie kristallisieren in Typen, die sonst für salzartige Stoffe charakteristisch sind (NaCl-Typ, ZnS-Typ, Mn_2O_3-Typ, La_2O_3-Typ, CaF_2-Typ).

Wie die nachfolgend wiedergegebene tabellarische Übersicht erkennen läßt, liegt diese Grenze zwischen der 3. und 4. Vertikalreihe des periodischen Systems. Die Magnesiumverbindungen mit den Metallen der 1. bis 3. Vertikalreihe einschließlich sind nicht valenzmäßig zusammengesetzt und kristallisieren in Legierungsstrukturen. Die Verbindungen des Magnesiums mit den Metallen und Elementen aber, die bis zu vier

Tabelle 94.

Zusammensetzung und Konstitution von Magnesiumverbindungen.

Echte Metalle: Intermetallische Phasen bildet Magnesium mit den Metallen der Vertikalreihen			Anionenbildner: Valenzchemisch zusammengesetzte Verbindungen bildet das Magnesium mit den Elementen der Vertikalreihe			
1	2	3	4	5	6	7
		Mg_4Al_3, MgAl Mg_3Al_4, $MgAl_3$	Mg_2Si	Mg_3P_2	MgS	$MgCl_2$
Mg_2Cu, $MgCu_2$	Mg_7Zn_3, MgZn Mg_2Zn_3, $MgZn_2$ Mg_2Zn_{11}	Mg_3Ga_2, Mg_2Ga MgGa, $MgGa_2$	Mg_2Ge	Mg_3As_2	MgSe	$MgBr_2$
Mg_3Ag, MgAg	Mg_3Cd, MgCd $MgCd_3$	Mg_5In_2, Mg_2In MgIn, $MgIn_3$	Mg_2Sn	Mg_3Sb_2	MgTe	MgI_2
Mg_3Au, Mg_5Au_2	Mg_3Hg, Mg_2Hg	Mg_5Tl_2, Mg_2Tl	Mg_2Pb	Mg_3Bi_2		
Mg_2Au, MgAu	MgHg, $MgHg_2$	MgTl				
Legierungsstrukturen			Nichtmetallische Strukturen			

Stellen vor einem Edelgas stehen, sind entsprechend der Valenzlehre zusammengesetzt und besitzen nichtmetallische Bindungen. Sie besitzen auch nichtmetallische Strukturen: Das Magnesiumplumbid Mg_2Pb und das Magnesiumstannid Mg_2Sn kristallisieren im Calciunffluoridgitter, das Magnesiumantimonid Mg_3Sb_2 und das Magnesiumbismutid Mg_3Bi_2 im Gitter der Oxyde der seltenen Erden vom Typus $Me_2^{III}O_3$.

Auch bei den Verbindungen des Lithiums, Natriums, Kaliums und Calciums einerseits mit den anderen Metallen und mit den Elementen des periodischen Systems andererseits lassen sich dieselben Regelmäßigkeiten wie bei den Magnesiumverbindungen feststellen, wenigstens wenn man bei den Verbindungen der Alkalimetalle mit den Vertretern der 4., 5., 6. und 7. Vertikalreihe des periodischen Systems jeweils nur die an Alkalimetall reichste zum Vergleich heranzieht. Allerdings kann die valenzmäßige Zusammensetzung dieser Verbindungen nicht immer erreicht werden. So existiert z. B. eine Verbindung der Formel Na_4Sn nicht, hingegen eine solche der Zusammensetzung $Na_{15}Sn_4$. Ähnlich verhalten sich manche Germanium- und Bleiverbindungen. Hieraus kann auf ein Nachlassen der heteropolaren Bindungskräfte geschlossen werden, je mehr sich der Anionenbildner bezüglich seiner Stellung im periodischen System von den Edelgasen entfernt.

Diese valenzmäßig zusammengesetzten Metallverbindungen sind nun auch nach ihren Eigenschaften ausgesprochene Übergangsglieder zwischen den typisch heteropolar zusammengesetzten Salzen und den Legierungsphasen mit rein metallischer Bindung. Sie sehen zwar noch wie die Legierungen metallisch aus, sind aber in ihren mechanischen Eigenschaften bereits den Salzen ähnlich. Bei der Bildung aus ihren Komponenten vereinigen sie sich mit stark positiver Wärmetönung, häufig mit explosionsartiger Heftigkeit. Ihre Schmelzpunkte liegen gewöhnlich recht hoch. Magnesiumantimonid Mg_3Sb_2 schmilzt bei 1230°, Lithiumbismutid Li_3Bi bei 1145°, während Mg bei 650°, Sb bei 620°, Bi bei 271° und Li bei 186° sich verflüssigen. Auf Grund der durch röntgenographische Untersuchungen ermittelten Atomabstände beim Lithiumbismutid Li_3Bi kam E. ZINTL zu dem Schluß, daß Li_3Bi zweckmäßig als Ionengitter aufzufassen ist, bestehend aus positiven Li^+-Ionen und negativen Bi_3^{--}-Ionen.

Wie schon erwähnt, sind die Bildungswärmen bei metallischen Verbindungen zum Teil häufig ziemlich erheblich und kommen denen der salzartigen Verbindungen recht nahe. In großen Zügen scheinen sie ganz ähnlich, wie es bei den Verbindungen der Nichtmetalle der Fall ist, mit dem elektrochemischen Gegensatz der Bildungspartner zu wachsen. Es wird also von ein und demselben Vergleichsmetall ein anderes mit um so größerer Affinität gebunden, je unedler dieses zweite ist. So beträgt z. B. die Bildungswärme für AuZn 11 kcal, für AuSn 8 kcal. Addiert dagegen ein Metall mehrere Atome von einer zweiten Metallart, so werden die frei werdenden Wärmemengen von Atom zu Atom immer kleiner. Z. B. bilden Ca und Zn zusammen die Verbindungen Ca_4Zn, Ca_2Zn_3, $CaZn_4$ und $CaZn_{10}$. Bei diesen Verbindungen, bei denen auf 4 Atome Ca 1 bzw. 6 bzw. 16 bzw. 40 Atome Zn kommen, betragen die Bildungswärmen pro Grammatom Zn 32, 13, 7,4 und 4,8 kcal. Je mehr Atome Zink schon gebunden sind, um so geringer ist die Wärmeentwicklung bei der weiteren Aufnahme von Zinkatomen. Ähnlich liegen die Verhältnisse bei anderen Metallverbindungen.

Eine sehr interessante Gruppe intermetallischer Verbindungen zwischen den Alkalimetallen einerseits und den Metallen bzw. Elementen andererseits, die wie Zinn, Blei, Antimon, Wismut bis vier Stellen vor einem Edelgas stehen und als Anionenbildner fungieren können, wurden von E. ZINTL aufgefunden, untersucht und ihrer Beschaffenheit nach aufgeklärt. Sie bilden sich bei tieferen Temperaturen durch Einwirkung von metallischem Alkalimetall, gelöst in wasserfreiem, verflüssigtem Ammoniak, auf Lösungen der Metallhalogenide, die vielfach ebenfalls in verflüssigtem Ammoniak löslich sind. Außer den schon besprochenen sog. Grundkörpern, wie Na_3As, Na_3Sb, Na_3Bi, die streng valenzmäßig zusammengesetzt sind, wurden auch Salze gefunden, die erheblich weniger Alkali enthalten, als der valenzmäßigen Zusammensetzung entspricht, wie z. B. die Verbindungen Na_4Sn_9, Na_4Pb_7, Na_4Pb_9, Na_3Sb_3, Na_3Sb_7, Na_3Bi_3, Na_3Bi_5 usw. Diese intermetallischen Verbindungen sind in verflüssigtem Ammoniak meist löslich. Die Lösungen besitzen charakteristische, intensive Farben und leiten den elektrischen Strom. Für die Lösung des Na_4Pb_9 konnte die Gültigkeit des FARADAYschen Gesetzes nachgewiesen werden. Die Verbindungen haben häufig eine ganz andere Zusammensetzung als die aus der Schmelze erhältlichen; so wurden im System Na-Pb in Ammoniak lediglich die Verbindungen Na_4Pb_7 und Na_4Pb_9 gefunden, hingegen kannte man als Legierung die intermetallischen Phasen Na_4Pb, Na_5Pb_2, Na_2Pb, $NaPb$ und Na_2Pb_5. Die in Ammoniak erhältlichen löslichen Verbindungen zeigen den Bautypus der Polyhalogenide und Polysulfide und werden daher als „polyanionige Salze" bezeichnet. Sie leiten sich also z. B. vom Natriumplumbid Na_4Pb dadurch ab, daß an das vierfach negative Bleianion Pb^{4-} sich etwa 6 oder 8 Bleiatome angelagert haben. Sie sind also zu formulieren $Na_4[Pb \cdot (Pb)_6]$ oder $Na_4[Pb \cdot (Pb)_8]$. Das ist der gleiche Vorgang, den wir von der Bildung des Kaliumtrijodids aus Jod und Kaliumjodid kennen:

$$KJ + J_2 = K[J \cdot (J)_2] = KJ_3.$$

Läßt man die polyanionigen Salze durch Entzug des Lösungsmittels auskristallisieren, so zeigt sich, daß die festen Rückstände noch Ammoniak enthalten, also Ammine darstellen. Die festen Ammine haben kein metallisches Aussehen und sind wahrscheinlich noch salzartig gebaut. Entzieht man den Amminen weiterhin Ammoniak etwa durch Abpumpen, so hinterbleiben schließlich graue luftempfindliche Pulver, die unter Druck Metallglanz annehmen. Bei diesem Prozeß findet der Übergang der salzartigen Verbindung in eine intermetallische Phase statt. Röntgenographisch sind in den Metallpulvern jetzt keine Polyanionenkomplexe mehr nachweisbar. Die für das Metallpulver der Zusammensetzung Na_4Pb_9 ermittelte Kristallstruktur ist zum Beispiel die gleiche, wie sie die intermetallische Phase $AuCu_3$ besitzt, und ist identisch mit der Phase Na_2Pb_5, deren Homogenitätsbereich sich von

28 bis 32 Atomprozent Na erstreckt und somit die Zusammensetzung Na$_4$Pb$_9$ mit einschließt. Der Übergang der polyanionigen Salze in Legierungsphasen beim Entzug des Ammoniaks wird leicht verständlich, wenn man mit ZINTL annimmt, daß die Natriumionen in flüssigem Ammoniak von NH$_3$-Molekülen umgeben sind und somit die Verbindung Na$_4$Pb$_9$ z. B. als [Na(NH$_3$)$_n$]$_4$[Pb · (Pb)$_8$] zu formulieren ist. Durch das umgebende Ammoniak wird der Radius der Natriumionen vergrößert und eine stärkere Annäherung von Kation zu Anion verhindert. Infolgedessen ist die polarisierende oder deformierende Wirkung der Natriumionen auf das komplizierte Polyanion nur gering. Sobald aber das Ammoniak entfernt ist, äußert sich der deformierende Einfluß der freien Natriumionen im Abbau des Komplexes unter Bildung eines Atomgitters.

Beim Versuch, solche polyanionigen Salze auch von Elementen, die 5 bis 7 Stellen vor den Edelgasen stehen, zu gewinnen, wurden immer nur in Ammoniak unlösliche Produkte erhalten, die sich röntgenographisch mit solchen identisch erwiesen, die man durch Zusammenschmelzen entsprechender reiner Metalle erhielt. Diese Legierungen weisen demgemäß keine Komplexstruktur wie die polyanionigen Salze auf, sondern stellen intermetallische Phasen mit Atomgittern dar. Auch im Bereich der intermetallischen Verbindungen, die man in flüssigem Ammoniak darstellen kann, macht sich somit, ähnlich wie bei den Magnesiumverbindungen, der Unterschied zwischen den Elementen, die 1 bis 4 Stellen vor den Edelgasen stehen und als Anionenbildner fungieren können, und den sog. „echten Metallen" deutlich bemerkbar.

2. HUME-ROTHERY-Phasen.

Die unter 1. behandelten Verbindungen konnten auf Grund normaler Valenzvorstellungen gedeutet werden. Einen ebenfalls bedeutenden, aber bislang ungewohnten und noch nicht ganz geklärten Einfluß der Valenzelektronen auf die Bildung von Verbindungen erkannte HUME-ROTHERY bei Legierungen von Cu, Ag und Au einerseits, mit Zn, Cd, Hg, Al, Ga, Si, Ge und Sn andererseits.

Er fand folgende merkwürdige Gesetzmäßigkeit: Gewisse, zum Teil sehr komplizierte (sowohl bezüglich Kristallstruktur als auch chemischer Zusammensetzung) Verbindungen bilden sich bei solchen Konzentrationen der Komponenten, bei welchen das Verhältnis der gesamten Valenzelektronenzahl (V) der Verbindung zu der Zahl der Atome (A) in der Nähe bestimmter, nicht ganzzahliger Werte liegt. Z. B. ist bei der Verbindung Cu$_5$Zn$_8$ dies Verhältnis V/A = (5 · 1 + 8 · 2)/(5 + 8) = 21/13. Bei diesem Verhältnis wird oft die komplizierte γ-Messingstruktur (kubische Riesenzelle mit 52 Atomen) gebildet. Steigt das Verhältnis V/A auf ~ 21/12 (= 7/4), so findet man oft Verbindungen mit der Struktur der dichtesten hexagonalen Kugelpackung, fällt es auf ~ 21/14 (= 3/2), so ergeben sich oft Verbindungen mit der Struktur des kubisch raumzentrierten Gitters. Die nachfolgend wiedergegebene tabellarische Übersicht läßt das Gesagte klar hervortreten.

Tabelle 95. Beispiele zur Regel von HUME-ROTHERY.

Intermetallische Verbindung, kristallisierend im kubisch-raumzentrierten Gitter β-Phasen	Verhältnis von: Valenzelektronenzahl/Zahl der Atome $\frac{21}{14}=\frac{3}{2}$	Intermetallische Verbindung, kristallisierend als kubische „Riesenzelle" γ-Phasen	Verhältnis von: Valenzelektronenzahl/Zahl der Atome $\frac{21}{13}=\frac{21}{13}$	Intermetallische Verbindung, kristallisierend als hexagonal dichteste Kugelpackung ε-Phasen	Verhältnis von: Valenzelektronenzahl/Zahl der Atome $\frac{21}{12}=\frac{7}{4}$
$CuZn$		Cu_5Zn_8		$CuZn_3$	
$AgZn$		Ag_5Zn_8		$AgZn_3$	
$AuZn$	$\frac{1+2}{2}=\frac{3}{2}$	Au_5Zn_8		$AuZn_3$	$\frac{1+6}{4}=\frac{7}{4}$
$AgCd$		Cu_5Cd_8	$\frac{5+16}{13}=\frac{21}{13}$	$CuCd_3$	
$AuCd$		Ag_5Cd_8		$AgCd_3$	
		Ag_5Hg_8		Cu_3Sn	
Cu_5Sn	$\frac{5+4}{6}=\frac{3}{2}$	Cd_5Au_8		Ag_3Sn	$\frac{3+4}{4}=\frac{7}{4}$
				Cu_3Si	
Cu_3Al	$\frac{3+3}{4}=\frac{3}{2}$	Cu_9Al_4	$\frac{9+12}{13}=\frac{21}{13}$	Cu_3Ge	
				Ag_5Al_3	$\frac{5+9}{8}=\frac{7}{4}$
		$Cu_{31}Sn_8$	$\frac{31+32}{39}=\frac{21}{13}$	Au_5Al_3	
				$Ag_{13}Sb_3$	$\frac{13+15}{16}=\frac{7}{4}$
				$Cu_{13}Sb_3$	

Vielleicht hätten auch einige Verbindungen des Magnesiums und Berylliums mit CsCl-Struktur in die Tabelle mit aufgenommen werden können. Jedoch erscheint es nach den Untersuchungen ZINTLs über die Beteiligung von Alkali- und Erdalkalimetallen an Legierungsphasen zweifelhaft, ob diese Verbindungen (AgMg, AuMg, CuBe) als charakteristische HUME-ROTHERY-Phasen anzusehen sind. Denn der CsCl-Typ, in welchem die erwähnten Verbindungen kristallisieren, ist eine geometrisch derart ausgezeichnete Atomanordnung, daß er sich auch bei wesentlich anders gearteten Bindungsarten einstellen kann, wie es ja schon das Beispiel des CsCl selber zeigt.

Anders liegen jedoch die Verhältnisse bei Verbindungen mit der Atomanordnung des γ-Messingtyps. Diese Struktur ist außerordentlich kompliziert und ordnet sich keiner der sonst an häufig realisierten Kristallstrukturtypen abgeleiteten geometrischen Gesetzmäßigkeiten (z. B. hochsymmetrische Koordination der einzelnen Atomsorten) unter. Man darf daher erwarten, daß all den in diesem Strukturtyp kristallisierenden Verbindungen ein gemeinsames Bindungsprinzip zugrunde liegt. Wie oben auseinandergesetzt, entdeckte HUME-ROTHERY, daß für diese Verbindungen das Verhältnis der Valenzelektronen: Atome $=V/A$ ungefähr gleich 21/13 ist. Man kann nun umgekehrt aus der Tatsache, daß Ni_5Zn_{21} die Atomanordnung des γ-Messingtyps besitzt, schließen, daß sich in dieser Verbindung das Ni nullwertig verhält, damit $V/A=21/13$ wird. Genau so verhalten sich die übrigen Eisen- und Platinmetalle der 8. Vertikalreihe des periodischen Systems.

Die tiefere Bedeutung dieser Erscheinung ist offenbar die, daß die für die HUME-ROTHERY-Bindung benötigten (freien?) Elektronen im Metallgitter dieser intermetallischen Phasen nur von den Legierungspartnern Zn, Cd, Al usw. herrühren, nicht aber von den Übergangsmetallen Ni, Fe, Pt usw. Interessant ist, daß sich die Legierungen unter außerordentlich starker Volumenkontraktion bilden. Die intermetallischen Phasen FeAl, NiAl und CoAl entstehen beispielsweise unter einer Volumenverminderung des Systems um mehr als 15%. Wenn die Atome der Übergangsmetalle in der Legierung ihre Elektronen fester an sich gebunden halten, nehmen sie selbstverständlich nicht so viel Raum, ein, als wenn sie bei der Kombination mit anderen Legierungspartnern einige ihrer Valenzelektronen in einem etwas größeren Abstande frei beweglich besitzen. Die nachfolgende tabellarische Übersicht enthält einige intermetallische Phasen mit den Übergangsmetallen der 8. Vertikalreihe.

Tabelle 96.

Intermetallische Verbindung, kristallisierend im kubisch-raumzentrierten Gitter β-Phasen	Verhältnis von: Valenzelektronenzahl/Zahl der Atome $\dfrac{21}{14}=\dfrac{3}{2}$	Intermetallische Verbindung, kristallisierend als kubische „Riesenzelle" γ-Phasen	Verhältnis von: Valenzelektronenzahl/Zahl der Atome $\dfrac{21}{13}=\dfrac{21}{13}$	Intermetallische Verbindung, kristallisierend als hexagonal dichteste Kugelpackung ε-Phasen	Verhältnis von: Valenzelektronenzahl/Zahl der Atome $\dfrac{21}{12}=\dfrac{7}{4}$
CoAl NiAl FeAl	$\dfrac{0+3}{2}=\dfrac{3}{2}$	Fe_5Zn_{21} Co_5Zn_{21} Ni_5Zn_{21} Rh_5Zn_{21} Pd_5Zn_{21} Pt_5Zn_{21} Ni_5Cd_{21}	$\dfrac{0+42}{26}=\dfrac{21}{13}$	$FeZn_7$	$\dfrac{0+14}{8}=\dfrac{7}{4}$

Abschließend sei bemerkt, daß die Anzahl der Verbindungen, welche der HUME-ROTHERY-Regel in ihrer bisherigen Form folgen, gering ist gegenüber den übrigen intermetallischen Verbindungen. Auch sind die in vorstehenden Tabellen gegebenen stöchiometrischen Formeln nur Idealwerte, welche singuläre, d. h. formelmäßige Zusammensetzungen der entsprechenden Verbindungen vortäuschen. Meist handelt es sich um Mischkristalle, deren Zusammensetzung in weiten Grenzen variieren kann. Allerdings liegt die durch die Formel angegebene Zusammensetzung in den allermeisten Fällen innerhalb des Mischkristallgebietes. Die Erkenntnis jedoch, daß stöchiometrische Formel und Kristallstruktur in vielen Fällen beeinflußt wird von der Gesamtzahl der Elektronen, gleichgültig von welchem der Verbindungspartner sie geliefert werden, ist von größter Bedeutung.

3. Verbindungen, deren Zusammensetzung wesentlich geometrisch bedingt ist.

Während bei den unter 1. und 2. behandelten intermetallischen Verbindungen gewisse von der allgemeinen Chemie her bekannte Vorstellungen zur Deutung herangezogen werden konnten, sollen in diesem Abschnitt Verbindungen besprochen werden, bei denen Valenzeinflüsse der einzelnen Verbindungspartner nicht mehr (oder höchstens unter-geordnet) erkennbar sind. Als Beispiel seien die Verbindungen $MgZn_2$, $CaMg_2$, $CaLi_2$, KNa_2 usw. genannt. Die als Beispiel genannten Ver-bindungen kristallisieren alle gleich, und zwar im $MgZn_2$-Typ. Sehr ähnlich kristallisieren das $MgCu_2$ und $MgNi_2$ sowie eine große Anzahl von Vertretern der beiden zuletzt genannten Typen. Ein Valenzeinfluß ist nicht zu bemerken. Auch können größere oder kleinere Unterschiede der elektrochemischen Eigenschaften der Verbindungspartner von be-stimmendem Einfluß sein. Das sieht man daraus, daß im KNa_2 nur ein geringer Edelkeitsunterschied vorliegt, im $MgZn_2$ ein größerer und im $NaAu_2$ (kristallisiert im $MgCu_2$-Typ) ein ganz großer.

Das einzige, was all diesen Verbindungen gemeinsam ist, ist eine rein geometrische Eigenschaft, welche sich natürlich physikalisch inter-pretieren lassen muß. (Wir kommen darauf noch zurück.) Diese geo-metrische Eigenschaft läßt sich folgendermaßen ausdrücken: Sei AB_2 das allgemeine Symbol derartiger Verbindungen, so finden sich dann oft Verbindungen dieser Zusammensetzung mit Kristallstrukturen des $MgCu_2$-, $MgZn_2$- und $MgNi_2$-Typs, wenn das Radienverhältnis der Part-ner $R_A/R_B \sim \sqrt{3}/\sqrt{2} \sim 1{,}23$ ist. R_A (R_B) bedeuten den Radius der A-(B-)Atome, ermittelt aus den Kristallstrukturen der reinen Elemente.

Die intermetallischen Verbindungen vom $MgCu_2$- bzw. $MgNi_2$- oder $MgZn_2$-Typ sind hauptsächlich von F. Laves untersucht worden und werden daher auch als „Laves-Phasen" bezeichnet. In der folgenden Tabelle sind einige Vertreter der drei verschiedenen Typen der Laves-Phasen aufgeführt, und gleichzeitig ist das Radienverhältnis der jeweils beteiligten reinen Elemente angegeben.

Tabelle 97. Laves-Phasen.

$MgZn_2$-Typ	R_A/R_B	$MgCu_2$-Typ	R_A/R_B	$MgNi_2$-Typ	R_A/R_B
KNa_2	1,23	$GaAl_2$	1,38	$MgNi_2$	1,29
$MgZn_2$	1,17	$MgCu_2$	1,25	$Mg(CuAl)$	1,18
$Mg(CuAl)$	1,18	$Mg(NiZn)$	1,23	$Mg(ZnCu)$	1,21
$Mg(Cu_{1,5}Si_{0,5})$	1,24	$Mg(Ni_{1,8}Si_{0,2})$	1,30	$Mg(Ag_{0,4}Zn_{1,6})$	1,16
$Mg(Ag_{0,9}Al_{1,1})$	1,12	$CeAl_2$	1,27	$Mg(Cu_{1,4}Si_{0,6})$	1,23
$CaMg_2$	1,23	$LaAl_2$	1,30	$TiCo_2$	1,15
$Ca(AgAl)$	1,37	$TiBe_2$	1,28	$Zr_{0,8}Fe_{2,2}$	1,26
$CrBe_2$	1,13	$(Fe_{0,5}Be_{0,5})Be_2$	1,06	$Nb_{0,8}Co_{2,2}$	1,17
$MnBe_2$	1,16	$(Pd_{0,5}Be_{0,5})Be_2$	1,11	$Ta_{0,8}Co_{2,2}$	1,16
$MoBe_2$	1,24	$AgBe_2$	1,27		
$ReBe_2$	1,21	$Cd(CuZn)$	1,15		
ZrV_2	1,18	$TiCo_2$	1,15		
$ZrOs_2$	1,20	ZrW_2	1,13		
$TaFe_2$	1,15	$BiAu_2$	1,26		
$NbMn_2$	1,12	$NaAu_2$	1,33		
$CaLi_2$	1,25	KBi_2	1,30		
$BaMg_2$	1,40	$CeCo_2$	1.44		

Die nähere Diskussion der betreffenden Kristallstrukturtypen zeigt (auf eine ausführliche Wiedergabe dieser Überlegungen sei hier ver-zichtet) folgendes:

1. Die Atomanordnungen sind hochsymmetrisch. 2. Jedes Atom ist von vielen Atomen in hochsymmetrischer Weise umgeben, d. h.: es liegen hohe Koordinationszahlen vor. 3. Bezeichnet d_A den kürzesten Abstand zweier A-Atome, d_B den kürzesten Abstand zweier B-Atome, d_{AB} den kürzesten Abschnitt zwischen A- und B-Atomen, so gilt: $d_A + d_B < 2\,d_{AB}$. Das heißt, daß die gleichen Atomsorten näher einander benachbart sind als die verschiedenartigen. Hieraus kann geschlossen werden, daß diese Strukturtypen geometrisch die Möglichkeit zur Auswirkung von Kräften zwischen gleichartigen Atomen geben. 4. Stellt man sich die Atome als sich berührende Kugeln vor, so zeichnen sich diese Typen durch eine gute Raumerfüllung aus.

Zusammenfassend läßt sich sagen, daß die Typen des $MgCu_2$, $MgZn_2$ und $MgNi_2$ eine Kombination geometrischer Eigenschaften besitzen, welche sie als Strukturtypen für metallische Verbindungen als besonders geeignet erscheinen lassen. Denn es können in diesen Typen neben den allgemein metallischen Kräften (wegen der hohen Koordinationszahlen und guten Raumerfüllung) solche heteropolarer wie homöopolarer Natur (wegen der speziellen Atomabstandsverhältnisse $d_A : d_B : d_{AB}$) zur Auswirkung kommen. Wenn also zwei Atomsorten ein Radienverhältnis $R_A : R_B \sim 1,2$ besitzen und wenn zwischen diesen Atomsorten irgendeine Neigung zur Verbindungsbildung besteht, so wird durch die speziellen geometrischen Eigenschaften der genannten Typen Verbindungsbildung mit der chemischen Zusammensetzung AB_2 begünstigt.

4. Überstrukturen in Mischkristallen.

Einen ebenfalls weitgehenden Einfluß der Geometrie auf die stöchiometrische Zusammensetzung von Verbindungen findet man bei den sog. „Überstrukturen". Unter Überstruktur versteht man folgendes: Viele Metalle haben die Fähigkeit, im festen Zustand eine lückenlose Reihe von Mischkristallen zu bilden, bzw. weitgehende gegenseitige Mischbarkeit zu zeigen. Lückenlose Mischbarkeit liegt z. B. im System CuAu vor. Oft beobachtet man lückenlose Mischbarkeit nur bei hohen Temperaturen, bei tieferen Temperaturen tritt Entmischung in die beiden Komponenten auf. Oft beobachtet man aber auch bei Temperaturerniedrigung statt bzw. neben einer Entmischung einen Übergang von der statistisch regellosen Atomverteilung des Mischkristalles in einen geordneten Zustand. Der geordnete Zustand unterscheidet sich vom ungeordnet regellosen dadurch, daß die Schwerpunktlage der Atome zwar gleich (oder wenigstens sehr ähnlich) geblieben sind, daß hingegen die Verteilung der Atome auf diese Schwerpunktlage nicht mehr statistisch regellos ist, sondern geordnet. Derart geordnete Atomverteilungen nennt man Überstrukturen. Wegen der geometrischen (Symmetrie-) Eigenschaften des kristallisierten Zustandes sind einfache Überstrukturen nicht bei allen stöchiometrischen Zusammensetzungen möglich, sondern nur bei einigen wenigen ausgezeichneten Werten, und zwar bei 1:1 und 1:3. Man wird also durch Überstruktur bedingte Verbindungen vorwiegend bei den ungefähren Zusammensetzungen AB und AB_3 zu erwarten haben Das ist auch tatsächlich der Fall. Folgende Tabelle zeigt eine Zusammenstellung der bisher bekannt gewordenen Verbindungen, deren Atomschwerpunkte die Anordnung des kubisch flächenzentrierten Gitters besitzen. Die unter a) genannten gehen bei Temperaturerhöhung, bevor sie schmelzen, in den statistisch regellosen Zustand über; die unter b) genannten schmelzen direkt als geordnete Überstrukturphasen.

Tabelle 98.

	Typus AB$_3$ Überstruktur des kubisch flächenzentrierten Gitters	Typus AB Überstruktur des kubisch flächenzentrierten Gitters, tetragonal deformiert
a)	AgPt$_3$; AlFe$_3$ (mit C-Gehalt); AlNi$_3$; AuCu$_3$; FeNi$_3$; PdCu$_3$; PtCu$_3$	AuCu
b)	AuTi$_3$; CaPb$_3$; CaSn$_3$; GaTl$_3$; CdLi$_3$; CePb$_3$; CeSn$_3$ LaPb$_3$; LaSn$_3$; MgIn$_2$ (!) NaPb$_3$; PrPb$_3$; PrSn$_3$; SiNi$_3$ (?) SrPb$_3$; (tetr. def.); TiPt$_3$; TiZn$_3$: TlHg$_3$	FePd; MgIn; NiZn; LiBi; NaBi

Einen weiteren geometrischen Einfluß auf die spezielle stöchiometrische Formel erkennt man aus der Tabelle dann, wenn man die Größenverhältnisse der Legierungspartner mit berücksichtigt: In allen Fällen gilt bei den bisher gefundenen Verbindungen der Formel AB$_3$ dieses Typs, daß der Radius von A größer ist als der Radius von B. Dies kann kein Zufall sein und kann nicht durch gewöhnliche chemische Affinitätsvorstellungen gedeutet werden. [Unter Atomradius versteht man den halben Atomabstand in den Strukturen der reinen Elemente. Um eine Vergleichsbasis zu haben, werden zur Radienermittlung nur die Strukturtypen mit der Koordinationszahl 12 benutzt; d. h. die kubische (Cu-Typ) oder hexagonale (Mg-Typ) dichteste Kugelpackung. Die Radien der Elemente, die nicht in diesen beiden Typen kristallisieren können durch geeignete Korrektionen ermittelt werden.] Unter den Überstrukturphasen des kubisch-raumzentrierten Gitters sind die von Zintl entdeckten intermetallischen Phasen des NaTl-Typs zu erwähnen, der eine der interessantesten Strukturen darstellt, die wir kennen. Im NaTl-Typ kristallisieren die Verbindungen LiZn, LiCd, LiAl, LiGa, LiIn und NaIn. Auch bei diesen Verbindungen macht sich ein erheblicher Einfluß der Größenverhältnisse der Bausteine auf die Struktur dieser intermetallischen Verbindungen bemerkbar. Die Atomradien der beiden Komponenten in diesen Verbindungen sind gleich groß. Die großen unedlen Atome des Lithiums oder Natriums erleiden beim Eintritt in die Verbindung eine starke Kontraktion, die sich in einer Radienverbindung bis zu 15% ausdrückt. Die Gitterkonstanten der NaTl-Strukturen werden durch die Atomgrößen der edleren Komponenten, deren Radius bei der Verbindungsbildung praktisch konstant bleibt, bestimmt. Die Ergebnisse der Radienbestimmungen bei diesen Verbindungen sind in der nebenstehenden Tabelle zusammengefaßt und mit den von V. M. Goldschmidt für die unverbundenen, reinen Elemente ermittelten Atomradien verglichen.

Tabelle 99. Atomradien einiger Metalle in NaTl-Gittern und in unverbundenem Zustande.

In der Verbindung	ist der Radius des Elementes gefunden zu A°		Radius des unverbundenen Elementes nach GOLDSCHMIDT	Differenz in %
LiZn	Li	1,34	1,52	12
LiCd		1,45	1,52	5
LiAl		1,38	1,52	9
LiGa		1,34	1,52	12
LiIn		1,47	1,52	3
NaIn	Na	1,58	1,86	15
NaTl		1,62	1,86	13
LiZn	Zn	1,34	1,34	0
LiCd	Cd	1,45	1,47	1
LiAl	Al	1,38	1,39	1
LiGa	Ga·	1,34	1,34	0
LiIn	In	1,47	1,52	3
NaIn		1,58	1,52	4
NaTl	Tl	1,62	1,66	2

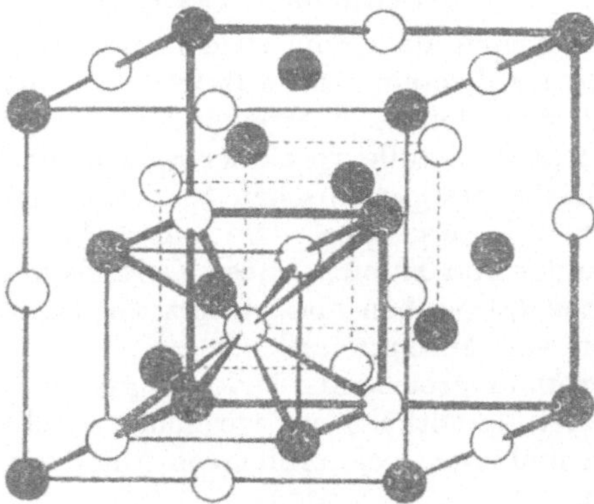

Abb. 92. Struktur des NaTl.

Ein weiteres Merkmal des NaTl-Gitters besteht darin, daß die Thalliumatome für sich betrachtet ein Diamantgitter bilden Sie scheinen die Vierwertigkeit des Kohlenstoffes dadurch nachzuahmen, daß sie je ein Elektron der leicht elektronenabgebenden Natriumatome in ihren Bereich ziehen und dann die Elektronenkonfiguration des Kohlenstoffes erreichen. Ebenso weisen die Zn- und Cd-Atome im LiZn und LiCd Diamantstruktur auf, obwohl in diesen Verbindungen auf jedes Zn- oder Cd-Atom nur 3 Valenzelektronen kommen. Hier sind die Elektronenniveaus der Diamantbindung anscheinend nur unvollständig besetzt, und dieser Mangel macht sich auch in einer besonderen Eigenschaft, der roten Farbe, von LiZn und LiCd auffällig bemerkbar.

c) Ternäre Verbindungen.

Die Erfahrung hat gezeigt, daß es relativ wenige ternäre metallische Verbindungen gibt. Man versteht unter ternären Verbindungen metallische Phasen, die aus drei Elementen bestehen und folgender Bedingung genügen: Es dürfen keine kontinuierlichen Mischkristallreihen bestehen zwischen der ternären Verbindung und irgendwelchen binären oder Elementphasen des betreffenden Dreistoffsystems.

Bei den wenigen bislang bekannt gewordenen und röntgenographisch untersuchten ternären Verbindungen hat sich gezeigt, daß ternäre Verbindungen meist in den Strukturtypen binärer Verbindungen kristallisieren.

Z. B.: $MgNiZn$ wie $MgCuCu = MgCu_2$, $MgCuAl$ wie $MgZnZn = MgZn_2$, $MgLiAs$ wie $MgMgSn = Mg_2Sn$, $MgNi_2Sn$ wie $CuCu_2Sn = Cu_3Sn$ und $Mg_4Cu_{11}Al_{11}$ wie $Mg_4Zn_{11}Zn_{11} = Mg_2Zn_{11}$.

In analoger Weise kristallisieren oft binäre Verbindungen in Strukturtypen der Elemente. Als Beispiel sei auf die Tabelle 98 im Abschnitt über die Überstrukturen verwiesen. Als weiteres Beispiel sei noch erwähnt, daß die Verbindung Mg_3Al_2 in der sehr komplizierten Struktur des α-Mangan (kubische Zelle mit 58 Atomen) kristallisiert.

d) Schlußbemerkung.

Es gibt nun natürlich auch sehr viele Legierungssysteme, in denen keine Verbindungen auftreten. G. TAMMANN hat hinsichtlich der Verbindungsfähigkeit der Metalle untereinander eine häufig zutreffende Regel aufgestellt: „Die Metalle verbinden sich nicht mit Metallen der gleichen Vertikalreihe des periodischen Systems, vor allem nicht mit solchen der gleichen Untergruppe". So bilden die Eisen- und Platinmetalle untereinander und Kupfer, Silber, Gold ebenfalls untereinander keine Verbindungen (abgesehen von „Überstrukturen"), sondern meist lückenlose Reihen von Mischkristallen.

Das ungeheuer umfangreiche und bedeutungsvolle Gebiet der Chemie und Physik der Metalle enthält, wie wir sehen, noch eine große Fülle von interessanten und wichtigen Problemen, die noch der endgültigen Klärung bedürfen.

21. Der kolloide Verteilungszustand der Materie.

a) Allgemeines über kolloide Systeme und ihre Charakteristika.

Wir haben kennengelernt, daß sich eine große Anzahl von Substanzen in Wasser und anderen Flüssigkeiten auflösen kann, und daß dabei Lösungen resultieren, in denen der aufgelöste Stoff so weitgehend verteilt („dispergiert") ist, daß von ihm nur noch Einzelmoleküle und nicht mehr Molekülverbände im Raume des Lösungsmittels vorliegen. Das ist z. B. der Fall bei den wäßrigen Lösungen von Wasserstoffsuperoxyd H_2O_2, Borsäure H_3BO_3, Quecksilbercyanid $Hg(CN)_2$, Essigsäure $H(CH_3COO)$, Zucker u. a. m. Die genannten und unzählige weitere Stoffe sind also moleculardispers bzw. molekularverteilt in Lösung, sie bilden echte Lösungen. Der Durchmesser solcher Einzelmoleküle in echten Lösungen hängt natürlich von der Größe der jeweils vorliegenden Molekülart ab und beträgt etwa zwischen 1 und 20 bis 30 Å (1 Å $= 0,1$ mμ $= 10^{-8}$ cm). Solche moleculardispersen Lösungen zeigen ganz bestimmte Charakteristika, die durch die außerordentlich weitgehende Verteilung (Dispersion) des gelösten Stoffes bedingt sind: Die kleinen Teilchen des gelösten Stoffes sind völlig unsichtbar auch für das schärfste Mikroskop und beste Ultramikroskop; sie werden weder von weitporigen Filtrierpapieren noch von engporigeren Gebilden, wie Membranen (Schweinsblase, Pergamentpapier, Kollodiummembranen), zurückgehalten, sie dringen durch diese wie das Lösungsmittel hindurch; sie befinden sich in lebhaftester BROWNscher Molekularbewegung, erteilen der Lösung einen erheblichen osmotischen Druck und rufen im Gefolge davon eine starke Siedepunktserhöhung und Gefrierpunktserniedrigung im Vergleich zum reinen Lösungsmittel hervor.

Auf der anderen Seite stehen die Suspensionen und Emulsionen unlöslicher Stoffe. Sand, Ton, Schwefel, Metallpulver, Schwermetallsulfide, Schwermetalloxyde und viele andere Substanzen lösen sich nicht erheblich in Wasser. Schüttelt man sie kräftig mit dem Lösungsmittel durch, so erhält man Aufschlämmungen, *„Suspensionen"*, die je nach dem Grad der Feinteiligkeit, *„Dispersitätsgrad"*, mehr oder weniger rasch sedimentieren. Sand setzt sich schnell zu Boden, feinstverteilte Tonsuspensionen halten sich stunden-, ja oft tagelang in der Schwebe. Ist der so in Wasser oder einer anderen Flüssigkeit verteilte Stoff keine feste Substanz, sondern eine unlösliche Flüssigkeit wie Öl, dann spricht man von *„Emulsionen"*. Die suspendierten Teilchen solcher grobdispersen Systeme können mit dem Mikroskop sichtbar gemacht werden, sie sind also größer als $100\,m\mu = 1000\,\text{Å}$; sie werden sowohl von Filtrierpapieren als auch erst recht von den viel engerporigen Membranen zurückgehalten; sie erteilen dem System keinen osmotischen Druck und rufen demnach auch keine Siedepunktserhöhung und Gefrierpunkts-erniedrigung im Vergleich zum reinen Lösungsmittel hervor; nur die allerfeinsten Teilchen von Suspensionen zeigen als verhältnismäßig schwache BROWNsche Molekularbewegung ein Hin- und Herzittern.

Zwischen diesen beiden extremen Verteilungszuständen ist natürlich keine breite Lücke vorhanden. Unter bestimmten Versuchsbedingungen, die wir noch näher kennenlernen werden, gelingt es, an sich unlösliche Stoffe in einer Flüssigkeit (Wasser, Alkohol, Äther, Benzol, Benzin usw.) so weitgehend zu verteilen, daß ihre Teilchen einen Durchmesser von etwa $20—1000\,\text{Å}$ (oder $2—100\,m\mu$) besitzen. Wegen seiner besonderen Eigenschaften hat man diesem Verteilungszustand der Materie auch einen besonderen Namen gegeben, man nennt ihn den kolloiden Verteilungszustand der Materie. Kolloid bedeutet eigentlich leimähnlich; Lösungen von Leim in Wasser sind typische kolloide Lösungen, an denen zuerst die bemerkenswerten Eigentümlichkeiten dieser Art von Lösungen von GRAHAM dargelegt sind. Teilchen dieses Verteilungszustandes sedimentieren nicht mehr, ihre BROWNsche Molekularbewegung ist bereits so groß, daß durch sie die Neigung zur Sedimentation überboten wird. Mit dem Mikroskop können sie im durchfallenden Licht nicht mehr wahrgenommen werden, wohl aber, wenn man die Teilchen durch das mittels Linsensystem parallel gerichtetes Licht einer starken Lichtquelle (Sonnenlicht, Bogenlampe) in der Lösung anstrahlt und

sie mit dem Mikroskop senkrecht zur Lichtrichtung betrachtet; das
Licht wird an den feinst dispersen Kolloidteilchen gebeugt, und man
kann im Mikroskop die Beugungsscheibchen beobachten — diese Art
der Beobachtung wird „Ultramikroskopie" genannt; den eine kolloide
Lösung durchsetzenden Lichtstrahl kann man bei seitlicher Betrachtung
mit bloßem Auge als milchige Aufhellung erkennen (Tyndall-Phänomen).
Die kolloiden Teilchen werden von den verhältnismäßig weiten Poren
eines Papierfilters nicht zurückgehalten, gelangen also bei einer Filtration
mit dem Lösungsmittel ins Filtrat, wohl aber von den Membranen,
die ja von einem sehr viel engerporigen Kanalsystem durchsetzt sind.
Sie erteilen dem Lösungssystem keinen deutlich meßbaren osmotischen
Druck und rufen demnach auch keine erhebliche Siedepunktserhöhung
und Gefrierpunktserniedrigung im Vergleich zum reinen Lösungsmittel
hervor. Viele kolloide Lösungen sehen bei der Betrachtung gegen das
durchfallende Licht klar wie echte Lösungen aus und unterscheiden sich
— natürlich nur rein äußerlich — kaum von ihnen, sie werden daher
vielfach auch „Pseudolösungen" genannt.

In kolloiden Lösungen befindet sich der kolloidverteilte Stoff im
„Sol"zustand; man hat den besonderen Namen geprägt, um gleich durch
diese Bezeichnung den Charakter der Lösung und den Gegensatz zur
echten Lösung herauszustellen. Man spricht von Hydrosol, Alkosol,
Äthersol, Benzinsol usw., je nachdem, ob das Dispersionsmittel Wasser,
Alkohol, Äther, Benzin usw. ist.

Aber nicht nur Flüssigkeiten können Dispersionsmittel für einen
Stoff in kolloidem Verteilungszustand sein, auch in Gasen oder festen
Körpern sind vielfach Substanzen als Kolloide dispergiert. Aerosole
nennt man Systeme, bei denen eine große Menge Gas Dispersionsmittel
ist, in dem ein Stoff in feinster Verteilung mehr oder weniger lange
schwebt; insbesondere spricht man von Stäuben, wenn der kolloid
disperse Stoff in fester Phase vorliegt, und von Nebel, wenn der kolloid
disperse Stoff als kleinster Flüssigkeitstropfen vorhanden ist. Auch
Rubingläser sind kolloide Systeme; in viel Glas ist wenig Gold im
kolloiden Verteilungszustand dispergiert.

Wir sehen also, daß es sich bei dem kolloiden Verteilungszustand
der Materie um eine wichtige und weitest verbreitete Erscheinung
handelt. Um die Aufklärung der Erscheinungen der Kolloid-Chemie
haben sich besonders R. ZSIGMONDY und Wo. OSTWALD verdient gemacht.

b) Die Darstellung und Reinigung kolloider Systeme.

Aus den bisherigen Darlegungen ergeben sich ohne weiteres die
Möglichkeiten für die Darstellung kolloider Systeme nach zwei verschiedenen Methoden. Man kann entweder ausgehen von einer löslichen,
molekulardispersen Verbindung desjenigen Stoffes, der wesentlicher Bestandteil des gewünschten Kolloids ist, und aus ihr durch geeignete
Operationen (Umsetzung, Reduktion, Oxydation, Bestrahlung usw.) das
Kolloid bereiten. Diese Art der Darstellung nennt man *Kondensations-
methode*. Man muß nur durch passende Versuchsbedingungen dafür
sorgen, daß der gebildete schwer lösliche Stoff in der Teilchengröße

des kolloiden Verteilungszustandes anfällt — also d etwa 20—1000 A —
und nicht weiter aggregiert bis zur Größe von Suspensionen und Ausfällungen. Wie sich gezeigt hat, begünstigen im allgemeinen außerordentlich weitgehende Verdünnung, möglichste Ausschaltung von
Elektrolyten und niedrigere Temperaturen die Bildung schwer löslicher
Stoffe im kolloiden Verteilungszustand; die entgegengesetzten Versuchsbedingungen, wie hohe Konzentration, Anwesenheit von Elektrolyten und höhere Temperaturen bewirken die Bildung von gröberen
Suspensionen.

Man kann auch den umgekehrten Weg einschlagen und bei der Be-
reitung kolloider Systeme von gröber verteilter Materie ausgehen. Diese
muß dann durch passende Versuchsverfahren (Mahlen, Zerstäuben,
Schütteln, Anätzen usw.) so weitgehend zerkleinert werden, bis die
Größe ihrer Teilchen in den Bereich der kolloiden Dimensionen fallen.
Die eben angedeuteten Methoden nennt man *Dispersionsverfahren.*

Zunächst seien einige Beispiele für die Bereitung kolloider Systeme
nach Kondensationsverfahren mitgeteilt. Edelmetallhydrosole kann
man in der Weise darstellen, daß man die geringe Menge eines Edel-
metallsalzes in viel Wasser löst (z. B. 10—20 mg Goldchlorid in 500 ccm
Wasser) und mit einem Reduktionsmittel wie Hydrazin, phosphorige
Säure, Formaldehyd behandelt

$$(1) \qquad 4\,AuCl_3 + 3\,H_2N\!-\!NH_2 \cdot HOH = 4\,Au + 3\,N_2 + 3\,H_2O + 12\,HCl.$$

So entstehen je nach dem verwendeten Edelmetallsalz und je nach dem
Dispersitätsgrad, in welchem das Edelmetall anfällt, prächtig gefärbte,
blaue, rote, braune, gelbe oder auch dunkle Edelmetallsole.

Durch Oxydationsprozesse kann man entsprechend aus Schwefelwasserstoff eine Lösung von kolloidem Schwefel bereiten

$$(2) \qquad H_2S + 2\,FeCl_3 = S + 2\,FeCl_2 + 2\,HCl.$$

Durch Umsetzungsreaktionen gelangt man leicht zu kolloiden
Lösungen von Schwermetallsulfiden, z. B. zu solchen des gelben Arsen-
trisulfids oder des roten Antimontrisulfids

$$(3) \qquad 2\,H_3AsO_3 + 3\,H_2S = As_2S_3 + 6\,H_2O$$

$$(4) \qquad 2\,SbF_3 + 3\,H_2S = Sb_2S_3 + 6\,HF.$$

Hydrolysierende Stoffe, wie die Salze schwacher, mehrwertiger
Säuren oder Basen, ergeben unter geeigneten Versuchsbedingungen
kolloide Lösungen der Oxydhydrate bzw. Hydroxyde oder der freien
Säuren, wenn diese schwer löslich sind. Durch Zugabe von löslichen
Basen oder Säuren läßt sich die Hydrolyse vervollständigen. So kann
man leicht zu Lösungen des kolloiden Eisen-, Chrom- oder Aluminiumhydroxyds und der Kieselsäure gelangen:

$$(5) \qquad 2\,FeCl_3 + 3\,(NH_4)_2CO_3 + 3\,H_2O = 2\,Fe(OH)_3 + 6\,NH_4Cl + 3\,CO_2$$

$$(6) \qquad Na_2H_2SiO_4 + 2\,HCl = SiO_2 \cdot aq + 2\,NaCl.$$

Es wurde schon darauf hingewiesen, daß die Anwesenheit von
Elektrolyten in den meisten Fällen bewirkt, daß das jeweils vorliegende
kolloiddisperse System gröber wird und in eine Fällung übergeht. Um

das zu verhindern, muß man bei der Bildung des kolloiden Systems durch geschickte Wahl der Reaktionspartner wie bei Reaktion 3 dafür sorgen, daß überhaupt kein Elektrolyt gebildet wird oder, wenn das nicht möglich ist, muß man dafür Sorge tragen, den gleichfalls entstehenden Elektrolyten baldigst zu entfernen. Das kann geschehen durch den Dialysator: Wir sahen, daß molekulardisperse Stoffe und Elektrolyte ebenso wie das Lösungsmittel durch feinstporige Gebilde, wie sie in den Membranen verschiedener Herkunft vorliegen, hindurchzutreten (zu dialysieren) vermögen, nicht aber Stoffe des kolloiden Verteilungszustandes. Auf dieser Grundlage sind Dialysatoren recht verschiedener Ausführungsform konstruiert, mit deren Hilfe sich kolloiddisperse Systeme von Elektrolyten befreien und reinigen lassen. Ein ringförmiges Gefäß A, dessen Boden aus einer darüber gespannten Membran besteht, hängt in einem weiteren Gefäß B mit Zufluß und

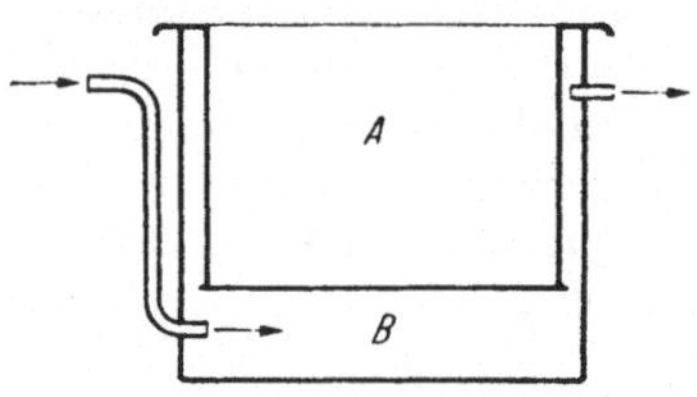

Abb. 93. GRAHAMscher Dialysator.

Abfluß für reines Wasser. In den Zylinder A gießt man das kolloid-disperse System, z. B. die salzsaure Natriumsilicatlösung (Reaktion 6) und läßt außen um A herum durch B langsam destilliertes Wasser fließen. Die überschüssige Salzsäure und das gebildete Natriumchlorid treten durch die Membran von A nach B hindurch, nicht aber die kolloid disperse Kieselsäure. Nach einiger Zeit ist in A kein Natriumchlorid mehr vorhanden, sondern nur noch Kieselsäure, das Kolloid ist von Elektrolyten befreit und gereinigt.

Zum Schluß sei noch die Herstellung von Aerosolen nach einem Kondensationsverfahren beschrieben. Wenn man bestimmte Dämpfe metallorganischer Flüssigkeiten, wie Quecksilberdimethyl $Hg(CH_3)_2$ oder Eisenpentacarbonyl $Fe(CO)_5$, mit viel Luft mischt und mit ultraviolettem Licht bestrahlt, dann kann man Nebel oder Stäube von Metallen oder Metalloxyden erhalten:

$$4\,Fe(CO)_5 + 13\,O_2 = 2\,Fe_2O_3 + 20\,CO_2$$
$$Hg(CH_3)_2 \longrightarrow Hg + C_2H_6.$$

Nach Dispersionsverfahren lassen sich in verschiedener Weise kolloide Systeme darstellen. Es sind sog. „Kolloidmühlen" konstruiert, welche manche, zunächst gröber verteilt vorliegende Stoffe so fein zu vermahlen vermögen, daß ihre Teilchen an die kolloiden Dimensionen heranreichen. Man kann auch zwischen Metallelektroden (Silber, Gold, Platin) unter Wasser oder einer anderen Flüssigkeit einen kleinen Gleichstrom-Lichtbogen herstellen, dann schießt von der negativen Elektrode aus das feinst zerstäubte Metall in dunklen Wolken in die Flüssigkeit und verteilt sich zu einer kolloiden Lösung allerdings uneinheitlicher Teilchengröße. Auch können Metallstückchen auf dem Boden eines Gefäßes unter Flüssigkeit verteilt und mit Wechselstrom behandelt werden; bei dem Überspringen der Elektrizität zwischen den Metallstücken entstehen ebenfalls Metallsole. Manche festen Stoffe, wie Leim, Gelatine, Seife,

Eiweiß, Stärke, Tusche usw., lösen sich von selbst in Wasser auf und dispergieren nur bis zu Teilchen kolloider Dimensionen. Öle lassen sich durch kräftiges Schütteln mit Wasser zu Emulsionen verteilen, die allerdings nicht lange haltbar sind, sondern sich bald wieder in die Einzelbestandteile trennen. Wenn man aber dem Wasser etwas Alkalilauge hinzusetzt, so entstehen recht haltbare, feinteilige Emulsionen. Niederschläge von Schwermetallsulfiden gehen beim Auswaschen mit reinstem Wasser häufig kolloid in Lösung.

c) Stabilität kolloid disperser Systeme. Koagulation. Schutzkolloide.

Es erhebt sich mit Recht die Frage, warum denn bei dem Prozeß des Zusammentretens der kleinsten Teilchen dieser mitunter beendet ist, wenn der jeweils vorliegende unlösliche Stoff gerade kolloid verteilt in Lösung ist, und warum nicht wie in zahlreichen anderen Fällen darüber hinaus weitere Zusammenballung (Koagulation) bis zur sichtbaren Niederschlagsbildung eintritt. Es müssen also die Kohäsionskräfte zwischen den kolloid dispersen Teilchen in irgendeiner Weise stark herabgesetzt oder gar aufgehoben sein.

Bei einer Anzahl von Systemen muß man als Grund für das Zustandekommen der kolloiden Lösung annehmen, daß die Kohäsionskräfte zwischen den einzelnen Teilchen des Kolloids geringer sind als die Anziehungskräfte zwischen den Molekülen des Lösungsmittels und den Teilchen des Kolloids. Die Lösungsmittelmoleküle schieben sich dann gleichsam zwischen die Kolloidteilchen, welche solvatisiert werden. Solche Kolloide sind z. B. Leim, Gelatine, Eiweiß, Stärke, Seife u. a. mehr in wäßriger Pseudolösung, ferner auch Kautschuk in ätherischer Pseudolösung. Man nennt diese Art von Kolloiden *lyophil*. Die lyophilen Kolloide sind von selbst in dem jeweiligen Lösungsmittel löslich. Zum Unterschied von ihnen bezeichnet man die kolloiden Metalle oder Schwermetallsulfide, die nicht von selbst durch Hydratation in Lösung gehen, als *lyophobe* Kolloide.

Bei der Mehrzahl kolloider Systeme jedoch muß man das Vorhandensein von elektrischen Ladungen für die Stabilität verantwortlich machen. Die Teilchen sind entweder alle positiv oder alle negativ aufgeladen. Unter dem Einfluß einer angelegten Spannung wandern sie entweder zum Kathodenraum oder zum Anodenraum, verhalten sich also wie sehr große und schwer bewegliche, langsam wandernde Ionen, „Kolloidionen". Natürlich sind in entsprechender Anzahl kompensierende, echt gelöste Ionen vorhanden, denn auch eine Kolloidlösung ist wie eine echte Lösung nach außen elektrisch neutral. Die abstoßenden, elektrischen Kräfte der gleichsinnig geladenen Kolloidionen bewirken, daß sie nicht bis zur Koagulation weiter aggregieren. Metallkolloide und Schwermetallsulfidkolloide sind gewöhnlich negativ geladen, die kolloiden Hydroxyde dagegen positiv. Der Ursprung dieser elektrischen Aufladung der Kolloidteilchen ist verschieden, läßt sich aber in vielen Fällen von der Darstellung des Systems her leicht verstehen. Wir wollen uns daraufhin die Darstellung eines typischen kolloiden Hydroxyds des positiv geladenen Eisenhydroxyds ansehen. Eisensalze hydrolysieren nicht gleich quantitativ zum Ferrihydroxyd:

$$n\ Fe(NO_3)_3 + 3n\ HOH = [Fe(OH)_3]_n + 3n\ HNO_3.$$

Vielmehr sind bei dem hochaggregierten Hydrolyseprodukt $[Fe(OH)_3]_n$ auch noch geringe Anteile der vorhergehenden sekundären Hydrolysestufe $Fe(OH)_2NO_3$ dabei, so daß also das Kolloidteilchen etwa folgende Zusammensetzung hat:

$$\{[Fe(OH)_3]_n \cdot Fe(OH)_2NO_3\} = \{[Fe(OH)_3]_n \cdot Fe(OH)_2\}^+ + NO_3^-.$$

Seine Nitrationen dissoziieren ab und lassen das Eisenhydroxyd-Kolloidion positiv geladen zurück. In ähnlicher Weise kann man die negative Ladung der kolloid gelösten Metalle und Schwermetallsulfide entwickeln und verstehen.

Es leuchtet ein, daß der Ausgleich, die Kompensation, der elektrischen Ladung der Kolloidteilchen zur Folge hat, daß nunmehr dem weiteren Aggregationsprozeß keine abstoßenden Kräfte mehr entgegenwirken; die entladenen Kolloidionen koagulieren und fallen als Niederschlag aus. Das kolloide System geht von dem „*Sol*"- in den „*Gel*"-zustand über. Diese Ausflockung, **Koagulation,** kann durch Zugabe von Elektrolyten bewirkt werden oder auch durch Zugabe eines entgegengesetzt geladenen Kolloids. Gibt man zu einem Arsentrisulfidsol Salzsäure, eine Kochsalz- oder Bariumchloridlösung, so flockt das Arsentrisulfid aus und fällt nach kurzer Zeit als gelber Niederschlag zu Boden. Feine Tonsuspensionen in Wasser, die sich lange halten, setzen sich ziemlich schnell ab, wenn man diesem Wasser etwas von einer konzentrierten Natriumchlorid- oder Magnesiumchloridlösung hinzusetzt. So unscheinbar diese Reaktion zunächst auch aussehen mag, so ist sie doch von ungeheurer Bedeutung für die Gestaltung der Flußmündungen und hat damit Einfluß auf die Gestaltung unserer Erdoberfläche. Wenn das Flußwasser mit all seinen feinen Suspensionen mit dem salzhaltigen Meerwasser zusammentrifft und sich mischt, setzen sich die Suspensionen ab und veranlassen im Laufe der Zeit die Deltabildungen.

Manche von den ausgeflockten Gelen sind nach Filtration und Reinigung durch Auswaschen wieder von selbst in Wasser löslich, man nennt sie „*reversible*" Gele, andere, wie die stark lyophoben Metallkolloide, sind nicht wieder löslich, sie sind „*irreversibel*" ausgeflockt.

Die vorhin behandelten ausgeprägt lyophilen Kolloide, wie Leim, Gelatine, Eiweiß, Stärke u. a. m., sind überhaupt sehr viel weniger empfindlich, wenn ihre Lösungen mit Elektrolyt versetzt werden. Sie flocken nicht aus. Ja sogar üben diese lyophilen Kolloide, wenn sie zugegen sind, auf die lyophoben, durch Elektrolyte ausflockbaren Kolloidsysteme eine Schutzwirkung aus. Man nennt sie deswegen auch „*Schutzkolloide*". Wenn man z. B. eine Lösung von kolloidem Gold bei Gegenwart von etwas Gelatine oder Eiweiß bereitet und dann Elektrolytlösung hinzusetzt, dann wird die meist schön rote Goldlösung nicht bläulich — das wäre ein Zeichen für die Teilchenvergröberung — und läßt auch bei längerem Stehen keinen Goldniederschlag zu Boden fallen, sie bleibt vielmehr hochrot. Es haben sich die Goldteilchen an die Teilchen des Schutzkolloids angelagert und werden dadurch vor der weiteren Zusammenballung geschützt. Durch Zugabe von Schutzkolloiden kann man, was sonst unmöglich ist, auch höher- und höchstkonzentrierte Metallhydrosole herstellen, die beim Eindunsten einen gelatineähnlichen Rückstand hinterlassen, der sich beim erneuten Zugeben von Wasser wieder von selbst zu einer kolloiden Lösung verteilt, also nunmehr „reversibel" löslich ist. Auf diese Weise werden die für medizinische Zwecke und als Katalysatoren viel verwendeten löslichen Metallkolloide bereitet, wie Silber, Platin oder Palladium.

d) Adsorption. Quellung. Verbreitung kolloider Systeme.

Wie eben schon angedeutet wurde, werden kolloiddisperse. Stoffe vielfach mit allerbestem Erfolg als Katalysatoren verwendet. Die Eigenschaft hängt aufs engste zusammen mit der durch die weitgehende Feinteiligkeit bedingten starken Oberflächenentwicklung. Mit der gleichen charakteristischen Eigenschaft hängt auch das ausgeprägte Adsorptionsvermögen vieler Kolloide gegenüber Gasen oder gelösten Stoffen zusammen. Torf ist z. B. ein kolloides System; der Torf vermag große Mengen von Wasser aufzunehmen, ohne beim Anfühlen feucht zu erscheinen. Wenn man trocken erscheinenden Torf in einen Destillationskolben bringt und auf ein siedendes Wasserbad setzt, dann entweicht ein erheblicher Teil des adsorbierten Wassers dampfförmig und kann nach Passieren eines Kühlers in einer Vorlage aufgefangen werden. Auch die Gele von Oxydhydraten bzw. Hydroxyden, wie das Kieselsäuregel, das Zinnsäuregel, das Aluminiumhydroxydgel und viele andere mehr, sind in gleicher Weise durch ein starkes Adsorptionsvermögen ausgezeichnet. Das Kieselsäuregel (Silicagel) wird in großen Mengen zu diesen Zwecken technisch hergestellt.

Bei dem Adsorptionsvorgang erfolgt die Aufnahme des adsorbierten Stoffes (z. B. Wasser) ohne Bildung definierter, chemischer Verbindungen (z. B. Hydrate), die den stöchiometrischen Gesetzen entsprechen. Wie weit z. B. ein Farbstoff oder Phosphorsäure durch Silicagel oder kolloide Zinnsäure adsorbiert wird, hängt ganz davon ab, wie feinteilig das jeweils vorliegende, adsorbierende Kolloid bei der Präparation angefallen ist. Die nähere Untersuchung der Bindung von Wasser, Alkohol, Benzol u. a. Substanzen mehr durch Kieselsäure- und Zinnsäuregele hat zu wichtigen Aufschlüssen über den physikalischen Aufbau der Gele geführt. Darüber wird noch ausführlicher gesprochen werden (S. 393 u. f.). Die Gele sind danach durchsetzt mit einem umfangreichen, weitverzweigten System feinster Kanälchen.

Manche kolloiden Systeme quellen außerordentlich stark auf, wenn man sie mit Flüssigkeiten in Berührung bringt. Tischlerleim und Gelatine vervielfachen dabei ihr Volumen, wenn man sie in Wasser legt. Ein Gummistopfen quillt bei der Aufbewahrung unter Äther oder Benzin gewaltig auf; er büßt dabei allerdings seine zähe Elastizität ein. Diese Erscheinung zeigen insbesondere die lyophilen Kolloide. Die Flüssigkeit dringt in das Gel ein und erweitert den Abstand der Kolloidteilchen. Starkes Quellen ist häufig das Vorstadium des späteren Inlösunggehens, dabei wird das Gel dann zum Sol.

Ohne den kolloiden Verteilungszustand und seine besonderen Erscheinungen ist das Leben auf der Erde undenkbar. Die Eiweißstoffe, die Stärke, die Cellulose, die Zellmembranen, der Zellinhalt, die tierische Milch, sind kolloide Systeme. Der Ackerboden besteht größtenteils aus einer Mischung kolloiddisperser Stoffe. Die Ausgangsmaterialien für die Ton-Steinzeugindustrie sind Substanzen im kolloiden Verteilungszustand. Bei der Bierbrauerei, bei der Ledergerbung und bei der Färberei spielen kolloidchemische Vorgänge eine große Rolle. Unentbehrliche technische Produkte, wie Zellwolle, Kunstseide, Kautschuk und viele andere mehr, gehören in den Bereich der Kolloidchemie, deren Bedeutung daher kaum überschätzt werden kann.

22. Die Chemie der Hydrolyse und der höhermolekularen Hydrolyseprodukte (Polysäuren und Polybasen). Hochmolekulare anorganische Verbindungen.

a) Hydrolyse und Aggregation.

Wie früher bereits dargelegt wurde (S. 164), reagieren ganz allgemein die Salze schwacher Basen mit starken Säuren (und umgekehrt) mit Wasser unter Auftreten von freier Säure (oder Base), z. B.:

$$\text{oder} \quad \begin{aligned} NH_4^+ + Cl^- + H_2O &\rightleftharpoons NH_4OH + H^+ + Cl^- \\ K^+ + CN^- + H_2O &\rightleftharpoons HCN + OH^- + K^+. \end{aligned}$$

Derartige Hydrolyseprozesse sind Gleichgewichtsreaktionen und daher wie jedes chemische Gleichgewicht durch Zugabe solcher Stoffe, die in den Gleichungen als Komponenten auftreten, bezüglich ihrer Gleichgewichtslage willkürlich zu beeinflussen. Komponenten, die notwendigerweise bei jedem Hydrolysevorgang auftreten müssen, sind die Wasserstoff- bzw. Hydroxylionen. Die Zugabe einer Säure oder Base zu einem hydrolysierenden System muß also die Einstellung des Gleichgewichts verschieben, eine Tatsache, die für die obigen Beispiele bereits früher ausführlich besprochen ist (Verdrängung einer schwachen Base aus ihren Salzen durch eine starke Lauge bzw. Verdrängung einer schwachen Säure aus ihren Salzen durch eine starke Säure).

Für jeden Hydrolysevorgang kann man eine charakteristische Größe, die Hydrolysenkonstante, definieren dadurch, daß man das M.W.G. auf das jeweilige Hydrolysengleichgewicht anwendet, z. B. für die Hydrolyse des Ammoniumchlorids:

$$K_{\text{Hydrolyse}} = \frac{[NH_4OH] \cdot [H^+]}{[NH_4^+] \cdot [H_2O]} .$$

Die Hydrolysenkonstante steht in Beziehung zur Dissoziationskonstanten des Wassers (K_W):

$$K_W = \frac{[OH^-] \cdot [H^+]}{[H_2O]}$$

und zur Dissoziationskonstanten der betreffenden schwachen Base, K_{Base}, bzw. schwachen Säure, $K_{Säure}$:

$$K_{Base} = \frac{[NH_4{}^+] \cdot [OH^-]}{[NH_4OH]} \; .$$

Wie man durch Vergleich dieser Formeln leicht bestätigt, ist:

$$K_{Hydrolyse} = \frac{K_W}{K_{Base}} \; .$$

Entsprechend gilt für die Hydrolysenkonstante einer schwachen ein-basischen Säure:

$$K_{Hydrolyse} = \frac{K_W}{K_{Säure}} \; .$$

Da K_W eine Konstante ist, kann auf die Hydrolysenkonstante nur die Dissoziationskonstante der Lauge bzw. Säure von Einfluß sein; von der Verdünnung muß $K_{Hydrolyse}$ dagegen unabhängig sein. Die experimentelle Nachprüfung dieser Forderung ergab ihre uneingeschränkte Gültigkeit etwa für die oben angeführten Beispiele.

Sobald man aber derartige Hydrolysemessungen auf Lösungen der Salze schwacher anorganischer, mehrsäuriger Basen oder mehrbasischer Säuren übertrug, ergab sich häufig eine starke Konzentrationsabhängigkeit der Hydrolysenkonstante, die sich überdies vielfach sogar noch mit der Zeit stark änderte. Der Grund für dieses auffällige Abweichen von den Gesetzen der normalen Hydrolyse besteht darin, daß sich hier dem primären, als Ionenreaktion schnell verlaufenden Hydrolyseprozeß, z. B.

$$(BeNO_3 \cdot aq)^+ + H_2O \rightleftharpoons (BeOH \cdot aq)^+ + H^+ + NO_3{}^- \, ,$$

ein zweiter chemischer Vorgang anschließt bzw. überlagert, nämlich eine Reaktion von zwei oder mehr primären Hydrolyseprodukten miteinander, die unter „Verolung" (Bindung durch zwei Hydroxylgruppen) oder weitergehend unter Wasseraustritt bei gleichzeitiger Ausbildung von Sauerstoffbrücken (Kondensation) zu höhermolekularen Verbindungen zusammentreten, z. B.:

$$2 (BeOH \cdot aq)^+ + NO_3{}^- \rightleftharpoons (Be{-}O{-}Be{-}NO_3 \cdot aq)^+ + H_2O \, .$$

Diese Aggregation kann als typische Molekülreaktion mit sehr verschiedener Geschwindigkeit verlaufen. Ihr Fortschreiten beeinflußt wesentlich den Gleichgewichtszustand des primären Vorganges.

Solche Hydrolyseprozesse, in deren Gefolge Kondensationsreaktionen beobachtet werden, lassen sich durch Messungen der $[H^+]$ allein nicht umfassend genug aufklären. Hier müssen vor allem direkte Molekulargewichtsbestimmungen der Hydrolyseprodukte durchgeführt werden, die es gestatten, den gesamten Verlauf des Aggregationsprozesses in Abhängigkeit vom Fortschritt der Hydrolyse (der durch systematische Änderung der $[H^+]$ der untersuchten Lösung erreicht wird) zu verfolgen. Molekulargewichtsbestimmungen nach den allgemein üblichen osmotischen Methoden sind jedoch meist undurchführbar, da die bei der Hydrolyse stets in großer Menge vorhandenen Begleitelektrolyte, wie freie Säure oder Base, nicht genau genug bestimmt und in Rechnung gesetzt werden können. Es muß vielmehr eine Methode benutzt werden, die unabhängig von der Gesamtzahl der gelösten Teilchen eine Eigenschaft der untersuchten Hydrolyse- und Kondensationsprodukte zu messen gestattet, die zu deren Molekulargewicht in direkter Beziehung steht. Eine solche Eigenschaft bietet sich in der Diffusion dieser Teilchen (vgl. S. 107). Es ist ohne weiteres einleuchtend, daß ein Stoff um so langsamer diffundieren wird, je schwerer er ist. Ein Maß für die Diffusionsgeschwindigkeit ist der „Diffusionskoeffizient" D, der leicht experimentell zu bestimmen ist. Es gilt nun die RIECKEsche Beziehung $D_1 \cdot \sqrt{M_1} = D_2 \cdot \sqrt{M_2}$. In ihr sind D_1 und D_2 die Diffusionskoeffizienten zweier chemisch ähnlicher Stoffe mit den Molekulargewichten M_1 und M_2. Hat man also D_1 und D_2 gemessen und kennt man M_1, so kann man M_2 berechnen.

Ist die gelöste Substanz ein Elektrolyt, so haben im allgemeinen Anion und Kation verschiedene Wanderungsgeschwindigkeiten, also auch verschiedene Diffusionskonstanten. Trotzdem wandern sie aber in wäßriger Lösung mit der gleichen, mittleren Geschwindigkeit, da anderenfalls infolge ihrer entgegengesetzten elektrischen Ladung ein Potential in der Lösung entstehen würde. Man spricht daher von einer elektrostatischen Verkettung der Ionen. Durch einen Kunstgriff gelingt es, die elektrostatische Verkettung von Anion und Kation zu lösen, und zwar dadurch, daß man den diffundierenden Elektrolyten nicht in reinem Wasser, sondern in der wäßrigen Lösung eines anderen Elektrolyten wandern läßt. Dieser indifferente „Fremdelektrolyt" muß mindestens im zehnfachen Überschuß vorliegen, damit Anion und Kation unabhängig voneinander mit der ihnen eigenen Wanderungsgeschwindigkeit diffundieren. Die Aufhebung der elektrostatischen Verkettung ist deshalb von Wichtigkeit, weil in den Lösungen hydrolysierender Salze nicht nur die normalen Ionen, sondern auch die höhermolekularen Hydrolyseprodukte elektrische Ladungen tragen.

Auch die Untersuchung der Farbe im weiteren Sinne, also der Lichtabsorption, solcher Lösungen liefert ein gutes Kriterium für das Eintreten von Kondensationsvorgängen, denn das Absorptionsspektrum ändert sich in sehr charakteristischer Weise mit der Zunahme des Molekulargewichtes der Hydrolyseprodukte: der Beginn der Absorption verschiebt sich nach längeren Wellen hin, und die ganze Kurve erhält einen flacheren und ausgeglicheneren Verlauf. Für das Gesagte ist die Farbänderung, die eintritt, wenn man eine gelbe Alkalichromatlösung ($Alk_2CrO_4 \cdot aq$) durch allmählich immer stärkeres Ansäuern zunächst in eine orangerote Alkalidichromatlösung ($Alk_2Cr_2O_7 \cdot aq$) und schließlich in eine noch dunkler gefärbte Alkalipolychromatlösung ($Alk_2Cr_3O_{10} \cdot aq$ oder $Alk_2Cr_4O_{13} \cdot aq$) überführt, ein charakteristisches Beispiel:

$$4\,CrO_4^{--} + 6\,H^+ \rightleftharpoons 2\,Cr_2O_7^{--} + 2\,H^+ + 2\,H_2O \rightleftharpoons Cr_4O_{13}^{--} + 3\,H_2O.$$

Aus Lösungen hydrolysierender Salze kristallisieren ferner häufig definierte Verbindungen, aus deren Zusammensetzung wichtige Schlüsse auf den Zustand der gelösten Hydrolyseprodukte gezogen werden können. Und endlich liefern andere physikalisch-chemische Meßmethoden, wie konduktometrische, potentiometrische und thermometrische Titrationen, wichtige Beiträge zu dem aus den Ergebnissen aller dieser Untersuchungsmethoden erwachsenden, vielfach recht abgerundeten Gesamtbild der komplizierteren Hydrolysevorgänge.

b) Beispiele typischer Kondensationsvorgänge in hydrolysierenden Systemen von Salzen schwacher Säuren. Die Bildung von Isopolysäuren.

Mit Hilfe der genannten Methoden ist nun eine größere Zahl hydrolysierender Systeme untersucht worden. Dabei hat sich ergeben, daß sich die schwachen, mehrwertigen Säuren bei fortschreitender Hydrolyse wesentlich anders verhalten als die schwachen, mehrwertigen Basen. Zunächst soll das charakteristische Verhalten der schwachen Säuren am Beispiel der Hydrolyse der Alkaliwolframate ganz kurz geschildert werden.

Unterwirft man Natriumwolframatlösungen von gleicher Wolframationenkonzentration (0,1 n) fortschreitend der Hydrolyse dadurch, daß man steigende Mengen von Salpetersäure hinzusetzt, und stellt man dann die in den einzelnen Lösungen nach dem Abwarten der Gleichgewichtseinstellung für die Wolframsäureteilchen gemessenen Diffusionskoeffizienten. in Abhängigkeit von der [H$^+$] graphisch dar, so erhält man die in der Abb. 94 dargestellte Kurve.

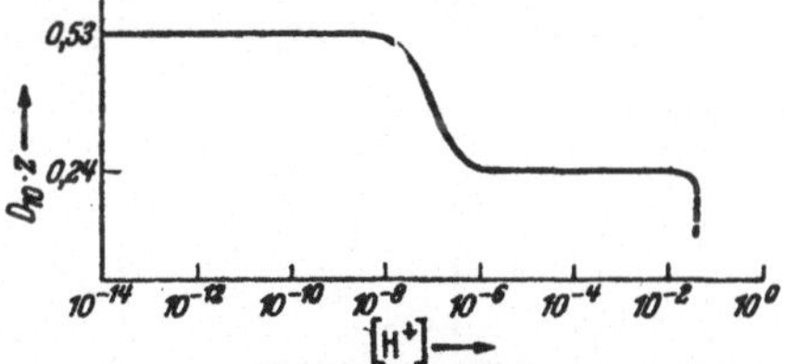

Abb. 94. Die Diffusionskoeffizienten der Wolframate in Abhängigkeit von [H+].

In allen alkalischen Lösungen, bis zu [H$^+$] ∞ 10^{-8}, diffundieren also die Wolframsäureteilchen mit der gleichen, verhältnismäßig hohen Geschwindigkeit. Das beweist, daß hier stets ein und dieselbe Wolframsäure vorliegt, die man als einfach-molekular annehmen darf. Beim Einengen solcher Lösungen kristallisieren aus ihnen auch die normalen Alkaliwolframate (Alk$_2$WO$_4$ · aq) aus. In allen sauren Lösungen, von [H$^+$] ∞ 10^{-6} bis zu [H$^+$] ∞ $10^{-1,5}$, ist der Diffusionskoeffizient wesentlich kleiner, aber ebenfalls konstant. Hier existiert überall ein und dasselbe höhermolekulare Hydrolyseprodukt, und zwar eine Hexawolframsäure. Beim Einengen solcher Lösungen, deren [H$^+$] < 10^{-4} ist, kristallisieren die auch als „Parawolframate" bezeichneten Alkalihexawolframate [Alk$_5$(HW$_6$O$_{21}$ · aq.)] aus, während im Bereich der [H$^+$] ∞ $10^{-4} - 10^{-1,5}$ in den Lösungen Ionen eines saureren Typs der Hexawolframsäure von der Fornel [H$_3$W$_6$O$_{21}$ · aq]$^{3-}$ beständig sind. Diese saureren Hexawolframsäureanionen sind die Bausteine der Metawolframate und Heteropolywolframate, die unter geeigneten Versuchsbedingungen aus derartigen Lösungen präparativ dargestellt werden können. Erhöht man aber durch Zusatz starker Säuren die [H$^+$] der Alkaliwolframatlösungen über $10^{-1,5}$ hinaus, dann liegen instabile Lösungssysteme vor, aus denen je nach der Wolframat- und Wasserstoffionenkonzentration mehr oder weniger schnell über kolloide Verteilungszustände hinweg Wolframsäurehydrat ausfällt. Nur in dem verhältnismäßig engen Bereich der [H$^+$] zwischen 10^{-8} und 10^{-6} ändert sich der Diffusionskoeffizient, also das Molekulargewicht der wolframhaltigen Teilchen stark mit der $[H^+]$. Hier vollzieht sich die Umwandlung der im alkalischen Gebiet allein beständigen Monowolframsäure in die in den sauren Lösungen allein existierende Hexawolframsäure, die, wie eingehende Untersuchungen gezeigt haben, folgendermaßen zu formulieren ist:

$$6\,(WO_4 \cdot aq)^{2-} + 7\,H^+ \rightleftharpoons (HW_6O_{21} \cdot aq)^{5-} + 3\,H_2O.$$

$$(HW_6O_{21} \cdot aq)^{5-} + 2\,H^+ \rightleftharpoons (H_3W_6O_{21} \cdot aq)^{3-}.$$

Tabelle 100.

Name und System der Grundsäure	Beschaffenheit der Lösung bzw. $-\log[H^+]$	Molekularzustand in Lösung	Bezeichnung der Säure bzw. ihrer Salze
Kieselsäure . . .	stark alkalisch 14	monomolekular	Orthosilicate (gelegentlich auch Metasilicate genannt), z. B. $Na_2[H_2SiO_4 \cdot aq]$
	13,5—10,9	dimolekular	Disilicate, z. B. $Na_2[H_2Si_2O_6 \cdot aq]$
	10,9	höhermolekular, instabil	
Zinnsäure . . .	stärker alkalisch 14	monomolekular	Orthostannate, z. B. $Na_2[Sn(OH)_6 \cdot aq]$
	14—11,6	dimolekular	
	11,6—9,4	höher molekular, instabil	
Vanadinsäure . .	alkalisch bis 13	monomolekular	Orthovanadate, z. B. $Na_3[VO_4 \cdot aq]$
	11—9,2	dimolekular	Pyrovanadate, z. B. $Na_4[V_2O_7 \cdot aq]$
	8,8—7	tetramolekular	Meta- oder Tetravanadate, z. B. $Na_4[H_2V_4O_{13} \cdot aq]$
	6,5—2,3	pentamolekular	Pentavanadate, z. B. $Na_4[H_3V_5O_{16} \cdot aq]$
	bei Gegenwart von Phosphorsäure 6—1	oktomolekular	Oktovanadinsäure
Tantalsäure. . .	alkalisch	pentamolekular	Pentatantalate, z. B. $K_7[Ta_5O_{16} \cdot aq]$
Molybdänsäure .	14—6,5	monomolekular	Normale Molybdate $Na_2[MoO_4 \cdot aq]$.
	5,5—2,0	hexamolekular	Hexa- oder Paramolybdate $Na_5[HMo_6O_{21} \cdot aq]$ Metamolybdate $Na_3[H_3Mo_6O_{21} \cdot aq]$
	1,25	dodekamolekular	Dodekamolybdate $Na_3[H_7Mo_{12}O_{41} \cdot aq]$
	0,9		Molybdänylverb. $(MoO_2)(NO_3)_2$
Wolframsäure. .	alkalisch —8	monomolekular	Normale Wolframate, z. B. $Na_2[WO_4 \cdot aq]$
	6—1,5	hexamolekular	Hexa- oder Parawolframate, z. B. $Na_5[HW_6O_{21} \cdot aq]$

Quantitativ verschieden, aber qualitativ gleich sind nun die Verhältnisse in den Lösungen der Salze zahlreicher schwacher, mehrbasischer, anorganischer Säuren gelagert. Für den Verlauf der Kondensationsvorgänge in den Lösungen fortschreitend hydrolysierender Salze schwacher Säuren ist also charakteristisch, daß in bestimmten, wohldefinierten Gebieten der [H$^+$] stets ein und dasselbe Hydrolyseprodukt beständig ist, und daß sich dieses innerhalb bestimmter, engerer Bereiche der [H$^+$] im Verlauf einer Gleichgewichtsreaktion in die nächst höher oder niedriger molekulare, nunmehr wieder allein beständige Verbindung umwandelt. Solche höhermolekularen. Säuren, die wie die Bichromsäure oder die Hexawolframsäure durch Zusammentritt mehrerer gleichartiger Säuren zu einem einheitlichen Komplex entstehen, nennt man „Isopolysäuren".

Bezüglich der Zahl und des Kondensationsgrades ihrer Isopolysäuren sowie bezüglich der Gebiete der [H$^+$], innerhalb deren diese beständig sind, unterscheiden sich die einzelnen Systeme sehr erheblich voneinander. Die vorstehende tabellarische Zusammenstellung gibt eine Übersicht über einige weitere mehrbasische, schwache Säuren, deren Salze in wäßriger Lösung der Hydrolyse unterworfen sind. Die Hydrolyseprodukte sind Isopolysäuren, die innerhalb bestimmter Bereiche der [H$^+$] beständig sind und von denen sich eine unübersehbare Zahl definierter Salze ableiten. Das aq in den Klammern der Isopolyverbindungen deutet an, daß eine im einzelnen nicht immer bekannte Zahl von Wassermolekülen für den Aufbau des Komplexes lebensnotwendig ist.

c) Heteropolysäuren.

Die systematische Untersuchung der Hydrolysevorgänge in den Lösungen der Salze mehrbasischer schwacher Säuren ergab nicht nur eine erhebliche Bereicherung unserer Kenntnisse vom Wesen der Isopolysäuren und ihrer Salze, sondern sie hat auch Aufklärung gegeben über die Bildungsweise einer anderen Klasse sehr aparter, hochmolekularer Verbindungen, nämlich der „Heteropolysäuren". Unter Heteropolysäuren versteht man solche hochmolekularen Säuren, bei denen zwei oder mehr *verschieden*artige, sauerstoffhaltige Säuren zu einer Komplexsäure zusammengetreten sind. Als Komponenten von Heteropolysäuren treten immer einerseits eine mehrbasische sauerstoffhaltige schwache Metallsäure, andererseits eine ebenfalls mehrbasische sauerstoffhaltige, schwache bis höchstens mittelstarke Metalloidsäure auf; die letztere pflegt man als *Stammsäure* zu bezeichnen. Die bekannteren Heteropolysäuren werden durch die Wolframsäure, Molybdänsäure oder Vanadinsäuren und durch die Borsäure, Kieselsäure, Phosphorsäure, Arsensäure, Tellursäure und Perjodsäure als Stammsäuren aufgebaut.

Die bekannteste Heteropolyverbindung ist das schwer lösliche gelbe Ammoniumsalz der 1-Phosphor-12-Molybdänsäure

$$(NH_4)_3[PO_4(Mo_3O_9)_4 \cdot aq],$$

das sich leicht bildet, wenn man eine stark salpetersaure Lösung eines Phosphats mit einer durch Salpetersäure angesäuerten Ammonium-

Tabelle 101. Typische Heteropolysäuren des Molybdäns und des Wolframs.

Verbindungs-gruppe	Zusammensetzung und Bezeichnung der Heteropolysäure	Beobachtete Basizität der Säure
I	1-Arsen-3-Molybdänsäure	1, 2, 3
	1-Phosphor-3-Wolframsäure	3
II	1-Perjod-6-Molybdänsäure	5
	1-Perjod-6-Wolframsäure	5
	1-Tellur-6-Molybdänsäure	5, 6
	1-Tellur-6-Wolframsäure	6
III	1-Phosphor-9-Molybdänsäure	2, 3, 6
	1-Phosphor-9-Wolframsäure	1, 3, 5
	1-Arsen-9-Molybdänsäure	1, 2, 3, 6
	1-Arsen-9-Wolframsäure	3, 5
IV	1-Phosphor-12-Molybdänsäure	2, 3, 7
	1-Phosphor-12-Wolframsäure	1, 2, 3, 7
	1-Arsen-12-Molybdänsäure	3
	1-Arsen-12-Wolframsäure	3
	1-Silico-12-Molybdänsäure	3, 4, 8
	1-Silico-12-Wolframsäure	2, 3, 4, 8
	1-Bor-12-Wolframsäure	5, 6, 9

molybdatlösung versetzt. Wegen seiner charakteristischen gelben Farbe und seiner Schwerlöslichkeit wird es in der analytischen Chemie zum Nachweis und zur Bestimmung der Phosphorsäure benutzt.

Alle diese Heteropolysäuren bzw. ihre Salze können nur aus wässerigen Lösungen gewonnen werden, und zwar in grundsätzlich gleichartiger Weise. Sie bilden sich immer dann, wenn man gemischte Lösungen der Ausgangssalze, z. B. Natriumphosphat und Natriummolybdat oder Natriumsilikat und Natriumwolframat, mehr oder weniger stark ansäuert und durch Einengen, Eindunsten oder Zugabe von Aceton zur Kristallisation bringt.

Im vorigen Abschnitt wurde am Beispiel von gelösten Alkaliwolframaten gezeigt, daß diese bei steigendem Zusatz starker Säuren mehr und mehr der Hydrolyse unterliegen, als Isopolysäure eine Hexawolframsäure bilden und schließlich schwer lösliches Wolframsäurehydrat ausscheiden. Außerordentlich interessant ist nun die Frage, wie die Kondensations- und Aggregationsvorgänge der Wolframationen verlaufen, wenn eine Metalloidsäure zugegen ist, die, wie z. B. die Phosphorsäure, zur Bildung einer Heteropolywolframsäure befähigt ist. Die Kurve I der Abbildung 95 zeigt das Diffusionsdiagramm, das man erhält, wenn man die wolframhaltigen Teilchen in Gegenwart überschüssiger Phosphorsäure in Lösungen verschiedener [H^+] diffundieren läßt. Es gleicht fast vollständig der Abb. 94. Nur ist der Beständigkeitsbereich der Hexawolframationen bis weit in das stärker saure Gebiet ausgedehnt, da schon geringe Mengen einer zur Heteropolysäurebildung befähigten Metalloidsäure die Ausfällung von Wolframsäurehydrat verhindern. Die wässerigen Lösungen bleiben klar! Kurve II gibt das Diffusionsvermögen der Phosphationen für sich alleine in alkalischen und sauren Lösungen wieder, in Lösungen also, die keine Metallsäure enthalten. Sie zeigt, daß die Phosphorsäure stets einfach molekular verteilt ist und mit verhältnismäßig großer Geschwindigkeit diffundiert. Kurve III der Abbildung 95 zeigt, wie die phosphorsäurehaltigen Teilchen bei verschiedener [H$^+$] diffundieren, wenn in den Lösungen Phosphorsäure und Wolframat im Molverhältnis 1:12 zugegen sind. In allen alkalischen Lösungen, bis zur [H$^+$] $\sim 10^{-8}$, diffundiert die Phosphorsäure unabhängig von der Wolframsäure (vgl. Kurve I) mit der ihr eigenen Diffusionskonstanten. Phosphat und Wolframationen beeinflussen einander nicht. Sobald aber mit allmählich zunehmender [H$^+$] die Diffusionskonstante der wolframhaltigen Teilchen (vgl. Kurve I) infolge der fortschreitenden Hexawolframsäurebildung abnimmt, sinkt auch die Diffusionskonstante der Phosphorsäure, um endlich den Wert $D_{10} \cdot z = 0{,}23$, also die Diffusionskonstante der Hexawolframsäure, zu erreichen. Die Kurven I und III werden nunmehr praktisch identisch. Das kann aber nur bedeuten, daß die Hexawolframsäure in dem Maße, wie sie sich aus der Monowolframsäure bildet, gleichzeitig mit der Phosphorsäure zu einer neuen, offenbar außerordentlich festen und als geschlossenen Einheit diffundierenden Verbindung, nämlich einer 1-Phosphor-6-Wolframsäure zusammentritt. In verdünnten Lösungen von Phosphorsäure und Wolframsäure, wie sie bei Diffusionsversuchen vorliegen, können bei einer [H$^+$] oberhalb 10^{-7} je nach den Versuchsbedingungen — der [H$^+$], der Konzentration der Komponenten und deren Konzentrationsverhältnis — folgende drei Verbindungen vorliegen: die Phosphorsäure, die Hexawolframsäure und die 1-Phosphor-6-Wolframsäure. Sie sind die Bausteine, die in wechselnden aber einfachen und ganzzahligen Verhältnissen zu den verschiedenen Phosphorwolframsäuren zusammentreten. So entsteht die 1-Phosphor-12-Wolframsäure durch Zusammenschluß von einem Molekül Hexawolframsäure mit einem Molekül 1-Phosphor-6-Wolframsäure. Sie ist allerdings in verdünnten Lösungen praktisch vollkommen in ihre Bausteine aufgespalten. Wie Molekulargewichtsbestimmungen nach der Dialysenmethode ergaben, wird die 1-Phosphor-12-Wolframsäure in Lösungen, die stärker als 2 m an Wolframat sind, aber nicht mehr hydrolysiert, sondern bildet dann tatsächlich auch in der Lösung Ionen des Gesamtkomplexes. Die Bildung der Phosphorwolframsäure aus Natriumwolframat und Natriumphosphat kann also durch folgende Teilreaktionen beschrieben werden

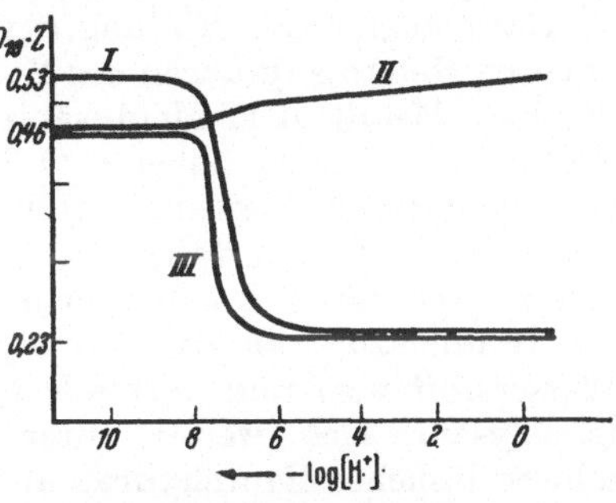

Abb. 95. Diffusion der Wolframsäure (I) und der Phosphorsäure (III) in phosphathaltiger Wolframlösung. Diffusion der Phosphorsäure (II) in Phosphatlösung.

$$PO_4^{3-} + 12(WO_4 \cdot aq)^{2-} + 20\,H^+$$
$$= (H_3W_6O_{21} \cdot aq)^{3-} + [(H_2PO_4)(H_3W_6O_{21} \cdot aq)]^{4-} + 6\,H_2O$$
$$(H_3W_6O_{21} \cdot aq)^{3-} + [(H_2PO_4)(H_3W_6O_{21} \cdot aq)]^{4-} + 4\,H^+$$
$$= [PO_4(W_3O_9)_4 \cdot aq]^{3-} + 6\,H_2O.$$

Die Dialysenmethode ist zur Untersuchung der Ionengewichte in konzentrierten Heteropolysäurelösungen besser geeignet als die Diffusionsmethode. Sie ist mit der Diffusionsmethode nahe verwandt. Bei den Dialyseversuchen erfolgt der Diffusionsvorgang durch die Poren einer genügend weitporigen Membran in die mit einem Fremdelektrolytüberschuß versehene Außenlösung hinein. Als Membran dient meist eine geeignete Cellamembran. Wenn bei den Dialyseversuchen alle Versuchsbedingungen konstant gehalten werden, so besteht zwischen den Dialysekoeffizienten λ_1 und λ_2 zweier Stoffe mit den Molekulargewichten M_1 und M_2 die gleiche Beziehung wie zwischen den Diffusionskoeffizienten und den Molekulargewichten verschiedener Substanzen.

$$\lambda_1\sqrt{M_1} = \lambda_2\sqrt{M_2}.$$

Ganz analog der Bildung der Phosphorwolframsäure entstehen die anderen Heteropolysäuren des Molybdäns und des Wolframs, namentlich die der 1-Metalloid-12-Metallsäurereihe. Die Heteropolysäuren sind also Verbindungen noch höherer Ordnung als die Isopolysäuren, denn sie entstehen durch Zusammenschluß von Isopolyanionen mit der Stammsäure. Stets wirken dabei Wasserstoffionen mit, so daß unter Austritt von Wasser stärker kondensierte Verbindungen entstehen. Die Bindung der Stammsäure an die Isopolysäure erhöht deren Stabilität gegen Wasserstoffionen und verhindert, daß in stärker sauren Lösungen die Isopolysäure sich weiter unter Kondensation polymerisiert und als schwer lösliches Säurehydrat ausfällt.

Eine Zeitlang hat man geglaubt, die Iso- und Heteropolysäuren und ihre Salze unter den Gesichtspunkten der WERNERschen Koordinationsverbindungen, z. B. von der Art der Platinchlorwasserstoffsäure $H_2[PtCl_6]$ betrachten zu müssen, und zwar wegen der Häufigkeit der Zahlen 6 und 12, die bei ihnen als Verbindungsverhältnis beobachtet werden. Wir sehen aber, daß diese Verbindungsverhältnisse 6 oder 12 nicht bedingt sind durch die Koordinationszahlen eines Zentralatoms, sondern durch den der Hexamolybdänsäure · oder Hexawolframsäure eigentümlichen Aggregationsgrad 6. Die Übereinstimmung der Zahlenwerte ist eine ganz zufällige; im System der Vanadinsäuren begegnet man auch ganz anderen Aggregationszahlen: 2, 4, 5 und 8!

Die Heteropolyverbindungen und ihre Salze sind auch hinsichtlich ihrer Eigenschaften sehr bemerkenswerte und eigenartige Verbindungen. Sie sind nur in saurer Lösung beständig und werden von Alkalien in ihre Bestandteile aufgespalten. Alle Heteropolysäuren sind mehrbasisch. Besonders die Verbindungen der 1-Metalloid-12-Metallsäurereihe (Tabelle 101, Gruppe IV) zeigen eine auffallend hohe Basizität. Sie bilden 7-basische Guanidinsalze, und gelegentlich sind auch höherbasische Hg (I)- und Ag (I)-Salze dargestellt worden. Die analytische Zusammensetzung der Heteropolyverbindungen ist außerordentlich mannigfaltig. Stets aber hat sich ergeben, daß die Metallsäurekomponente der Stammsäure gegenüber stark überwiegt: 3, 6, 9 oder gar 12 Moleküle Metallsäure sind an 1 Molekül Stammsäure gebunden. Die Heteropolyverbindungen sind daher zum Teil recht hochmolekular, eine Tatsache, die sich unter anderem darin äußert, daß sie wie andere polymere anorganische Verbindungen, z. B. die Polymetaphosphorsäuren, Eiweiß zu fällen vermögen. Trotz ihres hohen Molekulargewichtes kristallisieren viele Vertreter ausgezeichnet, und zwar mit sehr viel Kristallwasser, das zum Aufbau der Komplexverbindung unbedingt notwendig ist. Meist bilden die Heteropolysäuren mehrere definierte Hydrate. Die gleichen Hydratstufen der verschiedenen Heteropolysäuren sind häufig miteinander isomorph und bilden lückenlose Reihen von Mischkristallen. Auch Isomorphie zwischen Säure und zugehörigem Salz ist vielfach beobachtet worden. Die freien Heteropolysäuren sind außerordentlich gut löslich, nicht nur in Wasser, sondern auch in Alkohol und anderen sauerstoffhaltigen organischen Lösungsmitteln. Die in den verdünnten Lösungen vorliegenden 6-Heteropolysäuren stellen verhältnismäßig starke Säuren dar, und zwar ist die $[H^+]$ der Lösungen etwa doppelt so groß, wie die einer äquivalenten Lösung von Phosphorsäure. Im allgemeinen weisen praktisch alle Lösungen die gleiche $[H^+]$ auf. Auch scheint die Stärke der Stammsäure die Dissoziationsfähigkeit der 6-Heteropolysäuren nur unwesentlich zu beeinflussen. Sehr wichtig ist die Reaktion einiger Heteropolysäuren mit Äther, sie ermöglicht die Darstellung und Reinigung der freien Säuren. Äther bildet mit den 1-Metalloid-12-Metallsäuren schwere ölige Anlagerungsprodukte oxoniumsalzartigen Charakters, die weder in Wasser noch in Äther merklich löslich sind, aus denen aber der Äther leicht entfernt werden kann.

Die weitgehenden Isomorphiebeziehungen und die große Ähnlichkeit namentlich der 12-Heteropolyverbindungen hinsichtlich ihres chemischen Verhaltens finden ihre Erklärung in dem völlig gleichartigen symmetrischen Aufbau des Komplexions, bei dem der spezifische Einfluß der Stammsäure auf die Kristallform und die chemischen Eigenschaften völlig zurücktritt. So enthält das einzelne Anion der Phosphorwolframsäure, wie röntgenographische Untersuchungen der kristallisierten Verbindung erkennen lassen, ein zentrales Phosphorion, um das regulär tetraedrisch vier Sauerstoffionen angeordnet sind. Jedes der 12 Wolframionen sitzt inmitten einer Gruppe von 6 Sauerstoffionen, deren Mittelpunkte die Ecken eines Oktaeders bilden. Die 12 WO_6-Oktaeder umgeben gleichsam in Form einer Schale das zentrale PO_4-Tetraeder; sie sind miteinander und mit dem PO_4-Tetraeder durch gemeinsame Sauerstoffionen verknüpft, erscheinen aber in vier Gruppen von je drei enger zusammengehörenden WO_6-Oktaedern angeordnet. Jedes dieser drei WO_6-Oktaeder, die besonders fest miteinander verbunden sind, hat mit den beiden benachbarten zwei Kanten gemeinsam. Alle drei Oktaeder haben miteinander und mit dem PO_4-Tetraeder ein gemeinsames Sauerstoffion. Die vier Gruppen zu je drei WO_6-Oktaedern sind über gemeinsame Ecken miteinander verbunden. Abb. 96 zeigt die Vereinigung von drei WO_6-Oktaedern zur W_3O_{10}-Gruppe und ihre Verbindung mit dem PO_4-Tetraeder durch eine gemeinsame Ecke, d. h. durch ein gemeinsames Sauerstoffion. Abb. 97 veranschaulicht den Aufbau des gesamten Anions. Man erkennt deutlich die vier W_3O_{10}-Gruppen, die die Stammsäure räumlich umschließen. So ergibt sich ein komplexes Heteropolyanion, das sich am besten durch folgende Formulierungen wiedergeben läßt

$$[PO_4(W_3O_9)_4]^{3-} \quad \text{oder} \quad [P(W_3O_{10})_4]^{3-}.$$

Das komplexe Anion ist ein recht sperriges Gefüge, das noch viel Raum für Wassermoleküle (aq.) aufweist, die ja für die Beständigkeit des Komplexions unbedingt erforderlich sind. Eine der Phosphorwolframsäure analoge Struktur weisen die anderen Heteropolysäuren der 12-Reihe auf.

Abb. 96.. Verknüpfung der Triwolframatgruppe mit dem Phosphattetraeder im Molekül der 1-Phosphor-12-Wolframsäure· nach I. F. KEGGIN

Abb. 97.   Bau der 1-Phosphor-12-Wolframsäure nach I. F. KEGGIN

d) Isopolybasen.

Wenden wir uns nun den Hydrolysevorgängen in den wäßrigen Lösungen der Salze mehrsäuriger, schwacher Basen, z. B. des Aluminium-, Eisen- oder Chromhydroxyds, zu. Typisch hierfür ist die mit sinkender $[H^+]$ fortschreitende Hydrolyse des Ferriperchlorates $[Fe(H_2O)_6](ClO_4)_3$. Zu Auflösungen des Eisenperchlorates in Wasser kann man unter Umrühren und in der Kälte bis reichlich 2,5 Mol NaOH pro 1 Mol $[Fe(H_2O)_6](ClO_4)_3$ hinzusetzen, ohne daß eine bleibende Fällung von Eisenhydroxyd $Fe(OH)_3$ entsteht. Die Farbe des im stabilen Lösungsgleichgewicht befindlichen Systems wird mit fallender $[H^+]$ nur immer dunkelbrauner. Erst bei Zusatz von mehr als 2,5 Mol Natriumhydroxyd pro 1 Mol Eisenperchlorat entstehen bleibende Niederschläge.

In der Abb. 98 sind die speziellen Diffusionskoeffizienten der Hydrolyseprodukte des Eisenperchlorats in Abhängigkeit von der $[H^+]$ seiner Lösungen graphisch dargestellt worden. Die Kurve läßt folgendes erkennen: Das Diffusionsvermögen der eisenhaltigen Teilchen nimmt mit steigendem Hydrolysegrad, also mit sinkender $[H^+]$, von Anfang an mehr und mehr ab. Im stärker sauren Gebiet, von $[H^+]$ 10^{-0} bis $10^{-1,75}$ ist diese Abnahme der Diffusionskoeffizienten nur geringfügig. Dann aber verläuft die Kurve immer steiler, bis das Diffusionsvermögen schließlich von $[H^+]$ $10^{-2,2}$ an wieder etwas langsamer abnimmt. Unterhalb $[H^+]$ 10^{-4} fällt das gesamte Eisen als Ferrioxydhydrat aus. An diesem Kurvenverlauf erscheint besonders auffällig, daß das Diffusionsvermögen der Kationen in den Ferriperchloratlösungen mit steigendem Laugezusatz ganz kontinuierlich absinkt. Die Molekülgröße dieser Ionen nimmt also mit steigendem Hydrolysegrad mehr und mehr zu, und zwar ohne daß die den Diffusionsverlauf wiedergebende Kurve in irgendeinem Lösungsbereich parallel der x-Achse verliefe, d. h. einen konstant bleibenden Diffusionskoeffizienten und damit ein gleichbleibendes Molekulargewicht der Hydrolyseprodukte erkennen ließe. Es gibt keinen Lösungsbereich, in dem ein und nur ein eisenhaltiges Kation definierter Molekülgröße beständig wäre. In allen Lösungen existieren vielmehr Teilchen verschiedener Molekülgröße, die miteinander und mit den Wasserstoffionen im Lösungsgleichgewicht stehen. Der jeweils gemessene Diffusionskoeffizient ergibt daher nur die mittlere Molekülgröße der in der Lösung existierenden Hydrolyseprodukte.

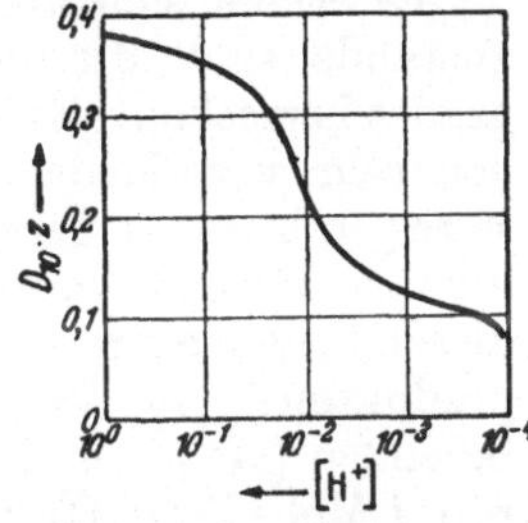

Abb. 98. Die Diffusionskoeffizienten des Eisenperchlorats.

Aus den Diffusionsversuchen ergibt sich also, daß die in stärker sauren Lösungen beständigen, einfach molekularen Ferriionen $[\mathrm{Fe(H_2O)_6}]^{+++}$ mit fortschreitender Hydrolyse mehr und mehr aggregieren. Je geringer die $[\mathrm{H}^+]$ der Lösung ist, um so höher ist das mittlere Molekulargewicht der in ihr existierenden basischen Eisenverbindungen. Es bestehen Gleichgewichte in den Lösungen, die sich sehr leicht, und zwar auch schon bei kleinen Änderungen der $[\mathrm{H}^+]$, verschieben. In den stärker sauren Lösungen erfordert die Gleichgewichtseinstellung nur Stunden und Tage, in den weniger sauren, stärker- hydrolysierten dagegen einige Wochen.

Wenn man nun nicht nur die Abhängigkeit des Diffusionsvermögens von der fallenden $[\mathrm{H}^+]$ der Lösung betrachtet, sondern dabei das Hauptaugenmerk richtet auf die Abhängigkeit des Diffusionsvermögens der Hydrolyseprodukte von der wachsenden Anzahl Mole NaOH pro 1 Mol $[\mathrm{Fe(H_2O)_6}](\mathrm{ClO_4})_3$, so ergibt sich, daß nach Zusatz von etwa 2 Molen Lauge, wenn also gerade zwei Säurereste durch Hydroxylgruppen ersetzt sind und in der Lösung nunmehr Hydrolyseprodukte vom Typus

$$\left[\mathrm{Fe}\!<^{\mathrm{ClO_4}}_{\mathrm{O}}\right]_x$$

existieren müssen, die weitere Aggregation eine gewisse Verzögerung erleidet. Daraus muß man wohl schließen, daß der Verlauf der Aggregations- und Kondensationsprozesse in Ferriperchloratlösungen geringeren Hydrolysegrades ein anderer ist als in stärker hydrolysierten Lösungen mit basischen Eisenverbindungen höheren Molekulargewichts.

Nimmt man an, daß das Ferriperchlorat in stärker perchlorsaurer Lösung als einfach molekulare Hexa-Aquo-Verbindung vorliegt, so muß man den Diffusionskoeffizienten $D_{10} \cdot z = 0{,}37$ dem Kation $\{[\mathrm{Fe(H_2O)_6}] \cdot (\mathrm{ClO_4})_2\}^+$ mit dem Molekulargewicht $M = 363$ zuordnen. Unter dieser Voraussetzung erlaubt die Anwendung der Beziehung $D_1 \cdot \sqrt{M_1} = D_2 \cdot \sqrt{M_2}$ die Berechnung der mittleren Molekulargewichte der in den Lösungen jeweils beständigen Hydrolyseprodukte. Für die Teilchen, die nach Zusatz von 2 Molen Lauge pro 1 Mol Ferriperchlorat in Lösung beständig sind, ergibt sich so ein durchschnittliches Molekulargewicht von etwa 2500, d. h. sie enthalten durchschnittlich 14—15 Eisenatome $(FeO \cdot ClO_4)_{\sim 14}$. In den am stärksten hydrolysierten, aber noch stabilen Lösungen, denen 2,6 Mole Lauge pro Mol Ferriperchlorat zugegeben sind, existieren dagegen eisenhaltige Kationen, deren mittleres Molekulargewicht 6000—7000 beträgt, in denen also etwa 40 Eisenatome miteinander vereinigt sind. Auch durch Bestimmung der Gefrierpunktserniedrigung eines kolloiden Ferrihydroxydsols ist ein Molekulargewicht von etwa 6000 gefunden worden. Es braucht aber wohl kaum besonders betont zu werden, daß diese Zahlen selbstverständlich nur die Größenordnung richtig wiedergeben können.

Es erhebt sich nun die Frage, von welcher Art die Gleichgewichtszustände sind, die in Ferriperchloratlösungen steigenden Hydrolysegrades herrschen. Existieren etwa in den Lösungen nur zwei Verbindungen sehr verschiedener Molekulargröße, etwa das einfach molekulare Ferriperchlorat einerseits und ein sehr hochbasisches und hochmolekulares Hydrolyseprodukt andererseits, oder aber besteht zwischen diesen beiden extremen Gliedern noch eine größere Anzahl von Zwischenprodukten? Der Verlauf der Kurve des Diffusionsvermögens von der fallenden $[H^+]$ der Lösung bzw. der wachsenden Anzahl Mole NaOH pro 1 Mol $[Fe(H_2O)_6](ClO_4)_3$ gibt darüber keinen Aufschluß: er kann ebensowohl durch eine im Verlauf der Hydrolyse sich ändernde, mengenmäßig verschiedene Mischung der beiden extremen Glieder erklärt werden wie durch die Existenz zahlreicher Zwischenprodukte verschiedenen Molekulargewichtes.

Durch Lichtabsorptionsmessungen dagegen konnte diese Frage völlig geklärt werden. Ferriperchloratlösungen, die mehr und mehr hydrolysieren, nehmen, wie schon der Augenschein lehrt, eine immer dunklere Farbe an. Die exakte Messung des Absorptionsspektrums bis ins Ultraviolett hat nun eindeutig ergeben, daß in den Eisenperchloratlösungen verschiedener $[H^+]$ eine sehr große Anzahl — also nicht nur zwei — verschiedenartiger Hydrolyseprodukte vorhanden sein müssen, sonst könnte die Mannigfaltigkeit der zu beobachtenden Absorptionsbilder nicht erklärt werden. Hieraus folgt aber in eindrucksvoller Weise, daß zwischen dem in saurer Lösung beständigen, einfachmolaren Ferriperchlorat und dem in schwach saurer Lösung beständigen, höchstbasischen und höchstmolekularen Ferrioxyperchlorat alle Zwischenstufen existieren müssen, die zwischen 2 und etwa 50 Eisenatome enthalten. Kein Hydrolyseprodukt hat über einen größeren Bereich der $[H^+]$ eine besondere Beständigkeit. Mit sinkender $[H^+]$ werden die Verbindungen immer höher basisch, aber auch immer höher molekular.

Schon aus dem Verlauf der Diffusionskurve mußte geschlossen werden, daß die Diffusionskoeffizienten nur ein mittleres Molekulargewicht zu berechnen erlauben. Die Lichtabsorptionsmessungen lassen darüber hinaus erkennen, daß in jeder Lösung die Molekülart mit dem durchschnittlichen Molekulargewicht bei weitem in der größten Konzentration vorhanden sein muß. Die im Vergleich zu dieser Molekülart jeweils

saueren Hydrolyseprodukte niedrigeren Molekulargewichtes oder die
basischeren Hydrolyseprodukte höheren Molekulargewichtes werden
ihrer Zahl nach um so mehr zurücktreten, je mehr sie sich in ihrer
Molekülgröße von dem mittleren Molekulargewicht entfernen.

Die Feststellung, daß in Ferriperchloratlösungen, deren $[H^+]$ mehr
und mehr verringert wird, eine kontinuierliche Reihe von immer höher
molekularen Ferrioxyperchloraten auftritt, deren Perchlorsäuregehalt
naturgemäß — dem fortschreitenden Hydrolysegrad entsprechend —
mehr und mehr abnimmt, führt nun zu ganz bestimmten Vorstellungen
über die Art der Aggregationsvorgänge und die Struktur der zahlreichen,
den Ferrioxyperchloraten zugrunde liegenden Isopolybasen.

Das mit sinkender $[H^+]$ der Lösung zunächst entstehende primäre
Hydrolyseprodukt:

$$Fe(ClO_4)_2 \cdot aq^+ + OH' \rightleftharpoons [Fe(ClO_4)_2(OH) \cdot aq]$$

besitzt eine sehr viel kleinere Dissoziationstendenz als das Ferriperchlorat, $Fe(ClO_4)_3 \cdot aq$, selbst. Die durch das Vorhandensein stärkerer elektrischer Ladungen bedingte gegenseitige Abstoßung der Kationen des
Ferriperchlorats dürfte dadurch stark gesunken sein, so daß nunmehr
leichter eine unter Austritt von Wasser (Kondensation) erfolgende Vereinigung zweier primärer Hydrolyseprodukte erfolgen kann:

$$2\,[Fe(ClO_4)_2 \cdot OH \cdot aq] \rightleftharpoons [(ClO_4)_2 \cdot Fe{-}O{-}Fe \cdot (ClO_4)_2 \cdot aq] + H_2O.$$

Im doppelt aggregierten Molekül, das zwei durch eine Sauerstoffbrücke
verbundene Eisenatome enthält, befinden sich nunmehr vier Perchloratgruppen in größerer gegenseitiger Nähe, so daß die elektrolytische
Dissoziation wieder verstärkt ist. Der weitere Fortgang der Hydrolyse
führt dann schrittweise von neuem zum Ersatz von Perchloratgruppen
durch Hydroxylgruppen, so daß die Aggregation in dem Maße, wie sich
dadurch das Dissoziationsbestreben des Moleküls wieder vermindert,
in der angedeuteten Weise weitergeht, z. B.:

$$\begin{array}{c}
{ClO_4 \atop ClO_4}{\Large>}Fe{-}O{-}Fe{\Large<}{OH \atop ClO_4} \cdot aq + {HO \atop ClO_4}{\Large>}Fe{-}ClO_4 \\[2ex]
= {ClO_4 \atop ClO_4}{\Large>}Fe{-}O{-}\underset{\underset{ClO_4}{|}}{Fe}{-}O{-}Fe{\Large<}{ClO_4 \atop ClO_4} \cdot aq.
\end{array}$$

So entsteht also dadurch, daß sich die Eisenatome, durch Sauerstoff
verbunden, kettenartig aneinander reihen, eine kontinuierliche Reihe
von Verbindungen des Typus:

$$
{ClO_4 \atop ClO_4}{\Large>}Fe{-}O{-}\underset{\underset{ClO_4}{|}}{Fe}{-}O{-}\overset{\overset{ClO_4}{|}}{Fe} \cdots O{-}\underset{\underset{ClO_4}{|}}{Fe} \cdots O{-}Fe{\Large<}{ClO_4 \atop ClO_4} \cdot aq.
$$

Stets wird sich in der Lösung ein Gleichgewichtszustand einstellen, der
erreicht ist, wenn in dem kondensierten Molekül die durch die elektrischen Ladungen bedingten abstoßenden Kräfte der Aggregations-
tendenz die Waage halten. Für eine bestimmte $[H^+]$ und für eine bestimmte Verdünnung liegt aber der Gehalt des Moleküls an Hydroxyl-

gruppen und damit infolge des davon abhängigen Dissoziationsgrades auch die durchschnittliche Molekülgröße fest.

Mit steigendem Hydrolysegrad nimmt die mittlere Kettenlänge der isopolybasischen Ferriverbindungen und damit auch ihr durchschnittliches Molekulargewicht mehr und mehr zu. Die Menge des Hydratationswassers aber, bezogen auf ein Ferriatom, nimmt mit steigender Kettenlänge ab; das Wasser wird aus dem Molekül gleichsam herausgedrängt. Je höher aggregiert die Hydrolyseprodukte sind, um so mehr nähert sich schließlich ihre Zusammensetzung der Durchschnittsformel

$$Fe{\scriptstyle\diagup}^{O}_{\diagdown ClO_4}\;.$$

Die Moleküle brauchen dabei natürlich nicht aus einer einzigen Kette zu bestehen. Im Gegenteil! Je höhermolekular die Hydrolyseprodukte werden, um so wahrscheinlicher ist es, daß sich statt einer einzigen langen Kette eine Reihe kürzerer Parallelketten ausbilden, die fest miteinander verbunden sind. Darauf scheint auch der Verlauf der Diffusionskurve hinzudeuten: In Lösungen, denen etwa 2 Mole Lauge pro 1 Mol Ferriperchlorat zugegeben waren, befinden sich Hydrolyseprodukte vom Typus

$$\left[Fe{\scriptstyle\diagup}^{O}_{\diagdown ClO_4}\right]_{\sim 14},$$

die eine deutlich verringerte Tendenz zur weiteren Kondensation erkennen lassen. Es wäre nun durchaus verständlich, wenn bis zu diesem Verbindungstyp hauptsächlich die kettenförmige Verknüpfung der Hydrolyseprodukte einträte, darüber hinaus aber die bündelförmige Aneinanderlagerung stärker bemerkbar würde.

Für diese Auffassung von der Entstehung und dem Aufbau der Hydrolyseprodukte des Ferriperchlorats spricht nun auch noch eine Reihe weiterer interessanter. Beobachtungen. Es ist nachgewiesen worden, daß die Eisenhydroxydteilchen Stäbchen- oder Lamellenform besitzen, denn sie zeigen starken Strömungsdichroismus. Auch Ferrihydroxydsole zeigen im magnetischen Feld deutlich die Erscheinung der Doppelbrechung: die Lösung verhält sich wie ein optisch einachsiger Kristall. Diese Erscheinung kann nur so gedeutet werden, daß durch das magnetische Feld eine Orientierung der vorher ungeordneten Moleküle bewirkt wird. Diese müssen also eine stark anisodimensionale Struktur besitzen. Analoge Beobachtungen konnten sogar an Ferrihydroxydgelen gemacht werden.

Auch die Eisenhydroxydsole, die durch weitgehende Hydrolyse von Ferriperchlorat gewonnen worden waren, zeigten starken Strömungsdichroismus. Aus diesen Solen fallen, besonders wenn sie konzentrierter und reicher an Natriumperchlorat sind, nach einiger Zeit sehr feinkristalline Substanzen aus, die beim Schütteln der Lösungen starke Schlierenbildung zeigten. Schon daraus läßt sich entnehmen, daß es sich um Kristallaggregate von gestreckter Form handeln muß: Unter dem Mikroskop ergab sich dann auch bei tausendfacher Auflösung, daß diese Produkte Stäbchenform besitzen. Es sind, wie die Analyse

beweist, reine Hydroxyde, keine basischen Perchlorate. Diese Eisen-
hydroxyde ergaben nun eindeutig das Debye-Scherrer-Diagramm des
Goethits, also eines Ferrihydroxyds von der Zusammensetzung

$$Fe\!\!<^{O}_{OH} \; .$$

Es handelt sich um das durch schrittweisen Ersatz der Perchlorat-
durch Hydroxylgruppen aus den basischen Ferrioxyperchloraten vom
Typus

$$\left[Fe\!\!<^{O}_{ClO_4} \right]_x$$

entstandene, schwer lösliche Endprodukt der Hydrolyse.

Ganz ähnliche Hydrolyse- und Aggregationsvorgänge, wie sie sich
mit sinkender [H^+] in Ferriperchloratlösungen abspielen, konnten auch
in den Lösungen der Salze zahlreicher anderer schwacher, mehrsäuriger,
anorganischer Basen (z. B. des Aluminium- und des Chromihydroxyds)
beobachtet werden. Nirgends lassen sich hier bestimmte Bereiche der
[H^+] feststellen, in denen das Molekulargewicht der Hydrolyseprodukte
— mit steigendem Hydrolysegrad, also mit sinkender [H^+] — konstant
bleibt. Im Gegenteil! Je geringer die [H^+] der Lösung wird, um so
höher basisch, aber gleichzeitig auch um so höher molekular werden die
Hydrolyseprodukte. Es führt gleichsam eine ununterbrochene Reihe
von Verbindungen vom einfachmolekularen Kation im stärker sauren
Gebiet bis zum höchstbasischen und höchstmolekularen Hydrolyseprodukt, das überhaupt noch in wäßriger Lösung beständig ist, und
alle diese Verbindungen stehen miteinander im chemischen Gleichgewicht.

In jeder Lösung ist zwar eine Molekülart bestimmter Molekülgröße
in überwiegender Menge vorhanden, aber neben ihr sind auch niedriger-
und höhermolekulare Hydrolyseprodukte beständig. Doch treten diese
ihrer Zahl nach um so mehr zurück, je mehr sie sich in ihrer Molekülgröße von dem mittleren — z. B. durch den Diffusionskoeffizienten
meßbaren — Molekulargewicht entfernen. Das ist typisch für die Mehrzahl der schwachen, mehrsäurigen Basen. Salze ihrer höhermolekularen
Hydrolyseprodukte, der Isopolybasen, sind daher auch, im Gegensatz
zu den zahlreichen definierten Salzen der Isopolysäuren, nur selten und
schwer rein darstellbar.

Der Umstand, daß im Verlauf der Hydrolyse schwacher, mehrsäuriger Basen nicht nur einige wenige, sondern meist eine Vielzahl
von Hydrolyseprodukten auftreten, und daß in jeder einzelnen Lösung
nicht nur eine, sondern mehrere Isopolybasen nebeneinander beständig
sind, macht die in den hydrolysierenden Lösungen der Salze schwacher
Basen herrschenden Verhältnisse im allgemeinen recht kompliziert.
Ihre Untersuchung und Aufklärung ist daher vielfach ungleich schwieriger
als die der Hydrolysevorgänge in den Lösungen der Salze schwacher
Säuren.

23. Oxydhydrate und Hydroxyde.

a) Die Stoffklasse und ihr besonderes Verhalten.

Es gibt einige Nichtmetalle und eine große Anzahl von Metallen, deren Hydroxyde bzw. Oxydhydrate trotz aller Verschiedenheiten gewisse bemerkenswerte Übereinstimmungen zeigen. Hierher gehören das Aluminiumhydroxyd $Al(OH)_3$, das Chromhydroxyd $Cr(OH)_3$, das Eisenhydroxyd $Fe(OH)_3$, die Zinnsäure $(SnO_2 \cdot aq)$, die Kieselsäure $(SiO_2 \cdot aq)$ und viele andere Stoffe mehr. Die schwachbasischen oder schwachsauren Hydroxyde sind alle schwer löslich, und wenn man sie aus der wäßrigen Auflösung ihrer salzartigen, hydrolysierenden Verbindungen (z. B. $AlCl_3$, $Na_2[H_2SiO_4]$, $Fe(ClO_4)_3$, $SnCl_4$ usw.) durch Zugabe von Alkalilaugen oder Säuren — je nachdem — in Freiheit setzt, fallen sie als nichtkristalline, voluminöse, geleeartige, häufig durchscheinende Gebilde aus, welche in ihrem Aussehen gequollener Gelatine oder gequollenem Tischlerleim ähneln und ungewöhnlich wasserreich sind. So z. B. kann man bei geeigneten Versuchsbedingungen durch Zugabe von Salzsäure zu Natriumsilicatlösungen Kieselsäureabscheidungen erhalten, welche nach der Filtration und dem Reinigen durch Auswaschen nur zu wenigen Prozenten aus Siliciumdioxyd SiO_2 bestehen und 90 und mehr Prozente Wasser enthalten können.

Diese nichtkristallinen oder flockigen Abscheidungen stellen nun keine stabilen Gebilde dar. Im Laufe einer mehr oder weniger kurzen Zeit erleiden sie von selbst Veränderungen, und zwar sowohl beim Verbleiben unter der Flüssigkeit, aus der sie gefällt wurden, als auch beim Liegenlassen an der Luft, wenn man sie abfiltriert und durch Auswaschen oder Dialyse gereinigt hat. Bei manchen Gallerten der vorliegenden Art (z. B. Chromhydroxyd, Kieselsäureabscheidungen) allerdings nimmt der Umwandlungsprozeß ungewöhnlich lange Zeiten — Wochen, Monate und Jahre — in Anspruch, so daß man ihn kaum beobachten kann. Die Veränderungen, welche mit den Oxydhydraten mit der Zeit vor sich gehen, bestehen darin, daß sie weniger voluminös werden, das viele Wasser, welches sie enthalten, allmählich verlieren und wasserärmer werden, und daß sie in reaktionsträgere Zustände übergehen. Während z. B. frisch gefälltes Aluminiumhydroxyd sich außerordentlich leicht wieder in Säuren und auch Alkalilaugen zu Lösungen der Aluminiumsalze $(AlCl_3)$ oder Aluminate $(Na_3[AlO_3])$ auflöst, tut dies Aluminiumhydroxyd, welches längere Zeit gestanden hat, nicht mehr. Man muß schon höhere Säure- oder Laugenkonzentrationen anwenden oder gar längere Zeit bis zum Kochen erhitzen. Möglicherweise gelingt auch dann ein Wieder-in-Lösung-Bringen nicht. Dieser Umwandlungsprozeß, den man auch das *„Altern" der Gallerten* nennt, verläuft, wie erwähnt, von selbst, woraus hervorgeht, daß das Gel allmählich von einem energiereicheren, also reaktionsfähigeren, in einen energieärmeren, also reaktionsträgeren, Zustand übergeht. Das Altern läßt sich durch Steigerung der Temperatur, durch Veränderung der Wasserstoffionenkonzentration der Lösung — mitunter um geringe

Beträge — und durch andere Faktoren mehr beschleunigen. So z. B. ist die bereits erwähnte Aluminiumhydroxydabscheidung nach längerem Kochen in der Flüssigkeit, aus der man sie gefällt hat, nicht mehr so leicht in Säuren oder Alkalilaugen löslich, wie eine solche, die man bei Zimmertemperatur frisch bereitet hat. Das Endprodukt des Alterungsprozesses ist nun in vielen Fällen ein kristallisiertes Oxyd oder Hydroxyd definierter Art und Beschaffenheit.

Es ist selbstverständlich, daß das geschilderte eigenartige Verhalten einer großen und wichtigen Klasse anorganischer Verbindungen die Chemiker schon immer und bis in die jüngste Zeit hinein aufs höchste interessiert hat, zumal viele von diesen Hydroxyden bzw. Oxydhydraten praktisch bedeutungsvoll sind, z. B. als Ausgangsstoffe für die Herstellung von technisch wertvollen Katalysatoren und von Absorptionsmaterialien. Es ist die Frage gestellt worden nach dem Aufbau und der Struktur der Gallerten in physikalischer Hinsicht, nach der Art, in der das Wasser in den Gallerten chemisch oder physikalisch gebunden ist, nach der chemischen Beschaffenheit der ein solches Gel aufbauenden Substanz (Oxyd oder Hydroxyd) und nach dem Wesen des Alterungsprozesses dieser voluminösen Fällungen. Viele Forscher, z. B. van Bemmelen, Zsigmondy, Bachmann, Böhm, Thiessen, Simon, Hüttig, R. Fricke u. a. m. haben sich durch die Durchführung systematischer Untersuchungsreihen um die Aufklärung der bei den Oxydhydraten und Hydroxyden obwaltenden besonderen Verhältnisse verdient gemacht. Wegen der Instabilität und der großen Empfindlichkeit dieser Stoffklasse ist das aber mit außerordentlichen Schwierigkeiten verbunden. Vor allen Dingen haben die zielbewußte Anwendung röntgenographischer Untersuchungsmethoden und calorimetrischer Messungen sowie Untersuchungen über die Wirkung als Katalysatoren unsere Kenntnis vom Wesen der Umwandlungsvorgänge und von den die Gele aufbauenden Grundsubstanzen, ferner von ihren Energiebeziehungen zueinander beträchtlich erweitert.

b) Art der Wasserbindung. Bau der Gallerten. Absorptionsvermögen. Verwendung.

Charakteristisch für die Oxydhydrat- bzw. Hydroxydgallerten ist die Art der Abgabe und Bindung des in ihnen enthaltenen Wassers, wenn man sie bei bestimmter, konstant erhaltener Wasserdampftension (p) der Umgebung durch langsame Temperatursteigerung entwässert. Die Art der Entwässerung steht im Gegensatz zu der definierter Hydrate und ist aus der nachstehenden schematischen Darstellung zu ersehen (ausgezogene Kurve), gleichzeitig ist der typische Entwässerungsverlauf eines definierten Hydrates (gestrichelt gezeichnete Kurve) eingezeichnet. Während eine bestimmte Menge von diesem (etwa 1 Mol) beim Erwärmen das Gewicht zunächst praktisch nicht ändert, werden z. B. bei einer Temperatur t_1 einige der vorhandenen Wassermoleküle vollständig und bei einer Temperatur t_2 die restlichen abgegeben. Zwischen t_1 und t_2 bleibt die Substanz wieder praktisch gewichtskonstant. So resultiert der charakteristische, stufenförmige Verlauf der Ent-

wässerungskurve definierter Hydrate. Bei den Oxydhydratfällungen
jedoch wird das Wasser kontinuierlich abgegeben, zuerst verhältnismäßig
reichlich, allmählich aber bei gesteigerter Temperatur immer spärlicher;
es existieren keine bestimmten Bereiche der Temperatur, in denen ein
Hydrat definierter Zusammensetzung beständig wäre. So resultiert der
kontinuierliche hyperbelartige Verlauf der Entwässerungskurve von Gallerten.

Die sorgfältige Beobachtung der Erscheinungen und
Vorgänge während der Entwässerung von Oxydhydrat-
bzw. Hydroxydgelen bei konstant gehal-
tener Temperatur (z. B. bei 20° C) durch
systematische Herabsetzung des Wasser-
dampfdruckes p der Umgebung und
während der darauf folgenden Wiederbewässerung hat Resultate ergeben, die
außerordentlich bemerkenswert sind und
die einen tiefen Einblick in den physikalischen Aufbau der Gele ermöglichten.
Die interessanten Erscheinungen sind von

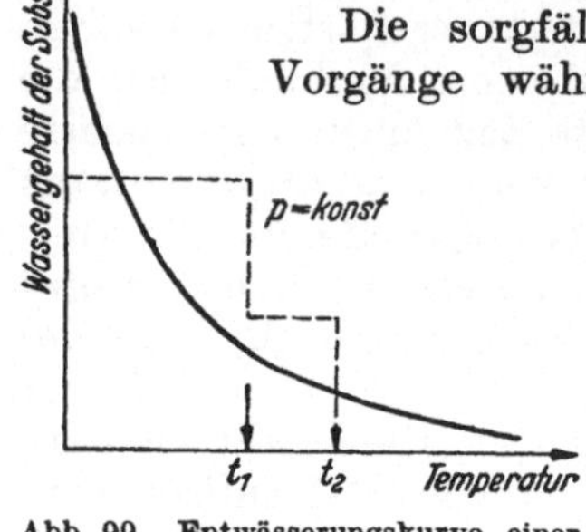

Abb. 99.   Entwässerungskurve einer
Oxydhydratgallerte.

ZSIGMONDY gedeutet worden und haben ihn veranlaßt, sich die Gele
als vollkommen durchsetzt mit einem System von feinsten Capillaren
vorzustellen, die je nach den Versuchsbedingungen mit Flüssigkeit
oder mit Luft angefüllt sind. Man kann danach also den Aufbau
der Gele mit einem Gebilde vergleichen, wie wir es beim Gummi-
schwamm vor uns sehen; alles muß hierbei überaus stark verkleinert
und unelastisch vorgestellt werden.

In der nachstehenden schematischen Skizze ist die Abhängigkeit
des Wassergehaltes eines Geles von der Wasserdampftension p der das
Gel umgebenden Atmosphäre graphisch
dargestellt. Wegen der großen theoretischen und praktischen Bedeutung sei
der Entwässerungs- und Wiederbewässe-
rungsvorgang am Beispiel einer klaren,
durchsichtigen Kieselsäuregallerte geschildert und gedeutet. Eine solche Kieselsäuregallerte kann man unschwer durch
Versetzen einer Natriumsilicatlösung mit
verdünnter Salzsäure bei bestimmten
Konzentrations- und Temperaturbedin-

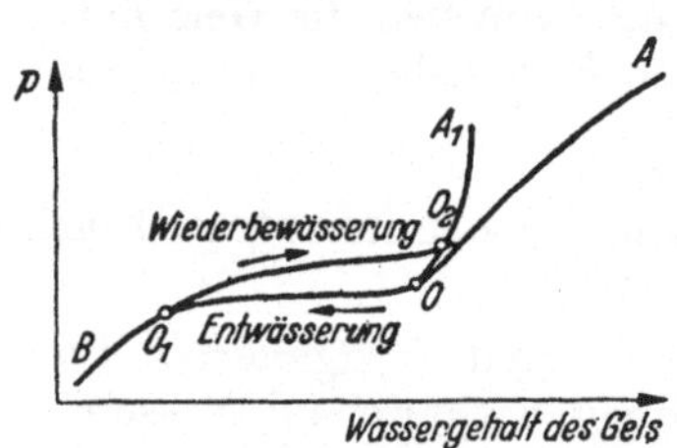

Abb. 100. Entwässerung und Wiederbewässerung von Kieselsäuregallerten.

gungen erhalten und mittels nachträglicher ergiebiger Dialyse reinigen.
Diese Kieselsäuregallerte wird nun der Reihe nach in verschiedene
größere Exsiccatoren gebracht, auf deren Boden sich Schwefelsäure-
Wasser-Gemische bestimmter abnehmender bzw. zunehmender Wasserdampftension p befinden, und in dem Raume darüber in einem offenen
Wägegläschen jeweils so lange belassen, bis sie praktisch gewichtskonstant bleibt.

Längs AO findet zunächst die erste reichliche Wasserabgabe des
stark wasserhaltigen Gels bei fallender Wasserdampftension p der Um-

gebung statt. Es handelt sich um die Abgabe des locker anhaftenden Wassers in dem stark gequollenen Gel, wobei das Gel stark schrumpft, und zwar „irreversibel". Es verliert seine gallertartige Konsistenz und wird hart, bleibt aber glasig klar. Irreversibel bedeutet in diesem Zusammenhang, daß das teilweise entwässerte Gel bei seiner Wiederbewässerung — z. B. indem man es in Wasser legt — nicht wieder zum ehemaligen großen Volumen mit dem reichlichen Wassergehalt aufquillt. Beim Punkte O ist der Prozeß der irreversiblen Volumenverkleinerung beendet, von nun an ist und bleibt das Gel volumenkonstant. Es ist, wie gesagt, durchsetzt mit einem System haarfeiner Kanälchen, die aber noch alle mit Wasser angefüllt sind. Bei weiterer Verringerung der Wasserdampftension der Umgebung verdunstet nun auch das Wasser aus den Capillaren, wobei sich nach außen konkave Flüssigkeitsoberflächen in den benetzten Capillarröhrchen ausbilden. Konkave Flüssigkeitsoberflächen zeigen, wie man von der Physik her weiß, einen niedrigeren Dampfdruck als völlig ebene oder gar konvexe Oberflächen derselben Flüssigkeit. Gleichzeitig entstehen bei der zunächst unvollständigen Entleerung der Kanälchen längs OO_1 (unterer Kurvenzug) optische Diskontinuitäten und das Gel wird milchig trübe. Man nennt daher O den „Umschlagspunkt". Bei O_1 sind die Kanälchen alle vollständig von Wasser entleert und nunmehr nur noch mit Luft gefüllt. Die optischen Diskontinuitäten sind verschwunden, das Gel sieht wieder glasig und klar aus. O_1 ist also ein zweiter „Umschlagspunkt". Längs O_1B wird noch durch erneute Herabsetzung der Wasserdampftension p das an den Capillarwandungen und in noch feineren Kanälchen befindliche letzte Wasser entfernt.

Beim umgekehrten Vorgang, nämlich dem der Wiederbewässerung durch systematische Erhöhung der Wasserdampftension, sind die Erscheinungen und Vorgänge von O_1—O_2 (oberer Kurvenzug) besonders interessant. Bei O_1 beginnen sich die capillaren Kanälchen des Gels wieder mit Wasser zu füllen, ihre trockenen, zunächst nicht benetzenden Wandungen bilden nach außen konvexe Flüssigkeitsoberflächen aus, die also einen höheren Dampfdruck zeigen müssen, wie völlig plane oder gar konkave Oberflächen derselben Flüssigkeit. Daher erfolgt die Wiederfüllung des capillaren Hohlraumsystems und die Erzielung des gleichen Wassergehaltes vom Gel bei einer höheren Dampftension der Umgebung als bei der Entwässerung. Gleichzeitig stellen sich wegen der zunächst unregelmäßigen Anfüllung der Kanälchen mit Wasser von O_1 an wieder die optischen Diskontinuitäten ein, das Gel erscheint milchigtrübe. Bei O_2 sind alle Capillaren gleichmäßig mit Wasser angefüllt, und das Gel erscheint wieder glasigklar. Eine weitere Erhöhung der Wasserdampftension bewirkt keine wesentliche Vermehrung des Wassergehaltes vom volumenkonstant bleibenden Oxydhydratgel (O_2A_1).

Bei einer wiederholten Entwässerung und Wiederbewässerung werden alle geschilderten Erscheinungen längs $A_1O_2OO_1BO_1O_2A_1$ abermals beobachtet. Die Kurve der Entwässerung und Wiederbewässerung eines Gels bildet also eine Schleife und schließt ein Gebiet ein, das man

„Hysteresis“-Gebiet[1] nennt. Ob die Längsachse der Schleife nahezu horizontal liegt oder mehr oder weniger zur X-Achse geneigt ist, hängt davon ab, ob die Porendurchmesser der Capillaren des Gels sich alle nicht allzuweit von einem mittleren Porendurchmesser entfernen. Sind Capillaren recht verschiedenen Durchmessers vorhanden, dann liegt die Hysteresisschleife stärker zur X-Achse geneigt.

Man kann auch aus dem Dampfdruck, bei welchem der Umschlag klartrübe liegt — also aus dem Dampfdruck bei Punkt O —, den Durchmesser der Capillaren des Hohlraumsystems, welches das jeweils vorliegende Gel durchsetzt, berechnen. Man hat u. a. für ein Kieselsäuregel $d = 5\,\mathrm{m}\mu$ gefunden, das ist also ein Durchmesser der Kanälchen, welcher bereits in der Größenordnung des Durchmessers sehr großer Moleküle liegt. Um im Anschluß daran auch eine Vorstellung von dem gesamten Hohlraumvolumen zu geben, welches pro 1 g Kieselsäuregel vorhanden ist, so seien einige Ergebnisse diesbezüglicher Messungen mitgeteilt; es ergaben sich pro 1 g Substanz Kieselsäuregel Hohlraumvolumina zwischen 0,3 und 0,6 ccm. Es handelt sich also bei den Oxydhydrat- bzw. Hydroxydgelen um sehr poröse Gebilde mit einer außerordentlich großen Gesamtoberfläche pro Mol oder pro 1 g Substanz.

Beim „Altern“ oder auch beim Erwärmen auf höhere Temperatur verlieren die Oxydhydrat- bzw. Hydroxydgele die geschilderten typischen Geleigenschaften immer mehr; schließlich geben sie entweder direkt oder auf dem Umwege über definierte Hydroxyde in die dem jeweiligen System zugrunde liegenden kristallisierten Oxyde (Al_2O_3, SiO_2, Cr_2O_3, Fe_2O_3 usw.) über.

Die Tatsache, daß zahlreiche Oxydhydrate bzw. Hydroxyde bei der Darstellung unter bestimmten Versuchsbedingungen als Gebilde mit einer ungemein großen relativen Oberfläche und durchsetzt mit einem Hohlraumsystem feinster Capillaren anfallen, bedingt ihre weitverbreitete Verwendung als Absorptionsmaterialien, als Träger für Katalysatorensubstanzen und als Katalysatoren selbst. Das sog. Silicagel ist im wesentlichen Kieselsäuregel und besitzt in mancher Beziehung ein Absorptionsvermögen gegenüber schwereren Gasen und Dämpfen sowie gegenüber gelösten, höhermolekularen Stoffen, welches das der aktiven Kohle noch übertrifft. Es wird daher vielfach benutzt zur Wiedergewinnung und Reinigung von Flüssigkeitsdämpfen, zum Raffinieren von Flüssigkeiten und für katalytische Zwecke. Kieselsäuregel findet auch Anwendung zur Herstellung pharmazeutischer Präparate. Die Eigenschaft des trockenen Gels, Flüssigkeiten intensiv aufzusaugen und festzuhalten, benutzt man, um allerlei desinfizierende oder heilende Flüssigkeiten aufsaugen zu lassen und um sie in Form staubfeiner Pulver zu verwenden.

---

[1] Hysteresis-Gebiet deswegen, weil bei der graphischen Darstellung des Vorganges der Magnetisierung und Entmagnetisierung von Eisen ein ähnlicher Kurvenzug entsteht, der eine Hysteresisschleife bildet. Natürlich haben innerlich die beiden Vorgänge nicht das geringste miteinander zu tun.

c) Das Wesen des Alterungsvorganges bei Gelen und die chemische Beschaffenheit der gelaufbauenden Grundsubstanz.

Es muß nun die Frage nach der chemischen Beschaffenheit der solche Oxydhydrat- oder Hydroxydgele aufbauenden Stoffe gestellt werden. Liegen in ihnen die Metalloxyde bzw. Nichtmetalloxyde vor, die in nicht erkennbar kristalliner, ungeordneter und unregelmäßiger Form aneinandergelagert sind und das Gerüst des Gels bilden, von dem das Wasser nur mehr oder weniger weitgehend aufgenommen und durch Capillarkräfte festgehalten wird, oder besteht die gelaufbauende Gerüstsubstanz aus Hydroxyd? Handelt es sich also um Oxydhydratgele oder um Hydroxydgele? Mit dieser Frage ist gleichzeitig eine zweite verknüpft, nämlich die nach dem Wesen des Alterungsvorganges. Durch eine große Zahl gewissenhaftester Untersuchungen wurde an die Klärung der hier vorhandenen Probleme herangegangen. Namentlich die Benutzung der Röntgenoskopie hat vorzügliche Dienste geleistet, aber auch andere Verfahren der Untersuchung, wie tensimetrische, thermochemische, magnetochemische Messungen und solche der Dielektrizitätskonstanten wurden herangezogen. Es ergaben sich nach R. Fricke[1] mehrere Gruppen von Oxydhydraten bzw. Hydroxyden und verschiedene Wege der Alterung vom ursprünglich ausgefällten Gel zum Endprodukt, die kurz besprochen sein mögen.

In einer ersten Gruppe von Gelen kann man eine Alterung in Richtung auf Oxyd und Wasser beobachten. Es liegen also Oxydhydrate vor. Hierher gehören die Oxydhydrate des Kupfers (Cuprostufe), Silbers, Quecksilbers, Thalliums (Thallistufe), Arsens, Antimons (beide in der dreiwertigen Oxydationsstufe), Siliciums, Titans, Zirkons, Zinns u. a. m. Für einige von diesen ist eine große Langsamkeit des Alterungsprozesses charakteristisch, z. B. bei den Oxydhydraten des Siliciums, Titans, Zirkons, Zinns, andere Oxydhydrate dieser Gruppe, wie die des Silbers, des Quecksilbers (Mercuristufe), des dreiwertigen Arsens, altern außerordentlich rasch zum definierten Oxyd.

In einer zweiten Gruppe findet man die Gele, welche mehr oder weniger rasch zum kristallinen Hydroxyd und Wasser altern. Bei den Hydroxydgelen des zweiwertigen Eisens, Nickels, Kobalts, Kupfers, Mangans, Bleis sowie des Magnesiums, Calciums, Strontiums, Bariums, Cadmiums und Wismuts ist der Alterungsprozeß ein so rasch verlaufender, daß es schwer ist, durch Fällungen Präparate ohne kristalline Beimengungen zu erhalten. Hier findet die Alterung zum Teil durch Wachsen der kleinen Kriställchen auf Kosten der Bestandteile kolloider Dimensionen statt. Bei den Hydroxydgelen des Berylliums, Zinks, Aluminiums, der Lanthaniden sowie des dreiwertigen Eisens, Nickels und Kobalts erfolgt die Alterung viel langsamer. Mitunter treten beim Alterungsprozeß nacheinander verschiedene Kristallarten auf, so z. B. beim Aluminiumhydroxydgel drei und beim Zinkhydroxydgel gar fünf. Auch kann man bei einigen beobachten, daß zunächst ein definiertes, kristallisiertes Hydroxyd entsteht und anschließend eine Umwandlung in Oxyd und Wasser eintritt.

---

[1] Fricke, R., u. G. Hüttig: Hydroxyde und Oxydhydrate. Leipzig 1937.

In einer dritten Gruppe endlich sind Hydroxydgele anzutreffen, welche beim einfachen Sichselbstüberlassen einen nachweisbar kristallinen Zustand überhaupt nicht erreichen. Hierher gehören die Hydroxydfällungen des dreiwertigen Chroms, des fünfwertigen Niobs und Tantals. Gleichwohl aber altern auch diese Niederschläge, wie man u. a. aus der starken Löslichkeitsabnahme des Chromihydroxyds in Laugen mit fortschreitender Zeit entnehmen muß.

Es sei jedoch noch besonders hervorgehoben, daß die von R. FRICKE gegebene Einteilung in die drei Gruppen vornehmlich sich auf röntgenographische Untersuchungen und auf Phasenbefunde aufbaut, welche nur Aggregate aus einer größeren Anzahl von Molekülen, die zu einem geordneten Kristallverband zusammengetreten sind, erkennen lassen, Einzelmoleküle aber, auch wenn sie definiert sind, nicht erfassen. Es ist also z. B. wohl möglich, daß einige Angehörige der 1. Gruppe, deren Gele zu Oxyd und Wasser — mehr oder weniger schnell — altern, ursprünglich als Hydroxyde ausfallen, nur sind diese als solche eindeutig definierbar mit den angewandten Untersuchungsverfahren nicht zu erkennen.

Wie man also sieht, ergibt sich eine interessante und außerordentlich große Mannigfaltigkeit von Stoffen und von mitunter recht verwickelten Erscheinungen.

Um die Faktoren, welche die geschilderten Umwandlungen in den Oxyhydrat- bzw. Hydroxydgelen beeinflussen können, noch ein wenig näher kennenzulernen und zu illustrieren, sei die Alterung einer in der Kälte gefällten Aluminiumhydroxydgallerte näher besprochen. Sie altert beim Lagern unter kaltem Wasser unter intramolekularer Anhydrisierung zum kristallinen, rhombischen Böhmit $Al\diagdown_{OH}^{O}$, dieser wandelt sich in den trigonal kristallisierenden Bayerit $Al(OH)_3$ um und dieser wiederum — allerdings sehr langsam — in den monoklin-pseudohexagonalen Hydrargyllit, der ebenfalls der Formel $Al(OH)_3$ entspricht. Durch Temperaturerhöhung bildet sich als Entwässerungsprodukt kubisch kristallisierendes γ-Aluminiumoxyd γ-Al_2O_3.

Durch Variation der physikalischen und chemischen Bedingungen können die Alterungsgeschwindigkeiten und häufig auch die eingeschlagenen Wege variiert werden.

Die Umwandlung von der einen Stufe in die andere geht um so schneller vor sich, je feinteiliger bzw. energiereicher die betreffende Ausgangsstufe anfällt. Im gröber kristallinen Zustand sind die einzelnen Stufen längere Zeit beständig.

Schon bei 40° C geht die Umwandlung der Aluminiumhydroxydgallerte in Böhmit $AlO(OH)$ erheblich schneller vor sich als bei Zimmertemperatur, und bei 100° C bildet sich unter Wasser in ziemlich kurzer Zeit verhältnismäßig stabiler Böhmit. Bei noch höheren Temperaturen (bei 200° im zugeschmolzenen Bombenrohr) verläuft die Umwandlung in dem Böhmit außerordentlich rasch, es wird aber nunmehr aus dem Böhmit weiterhin kein Bayerit und Hydrargyllit gebildet, da deren Wasserdampftensionen bei dieser Temperaturlage bereits zu hoch sind.

Unter diesen Versuchsbedingungen ist also der Böhmit das Endziel der Alterung.

Auch durch Veränderung der Wasserstoffionenkonzentration der über dem Gel befindlichen Lösung kann der Alterungsablauf modifiziert werden. Unter Lauge geht die Alterung schneller als unter Wasser vor sich. Offenbar hängt das mit der größeren Löslichkeit des Aluminiumhydroxyds in Lauge als in Wasser zusammen und mit der dadurch gegebenen Möglichkeit einer rascheren Umkristallisation.

Durch geeignete andere Versuchsbedingungen ist man in der Lage, bestimmte Alterungsstufen in der Reihe vom frisch ausgefällten Aluminiumhydroxydgel bis zum Hydrargyllit gleichsam zu überspringen. Fällt man Aluminiumhydroxyd unter Eiskühlung aus verdünnter Alkalialuminatlösung K_3AlO_3 durch schnelles Einleiten von Kohlendioxydgas $2 K_3AlO_3 + 3 CO_2 + x H_2O = 3 K_2CO_3 + 2 Al(OH)_3 \cdot aq$, so erhält man ein röntgenographisch amorph erscheinendes Präparat, welches direkt zum trigonalen Bayerit $Al(OH)_3$ altert. Es wird hierbei also gleichsam die Böhmitstufe übersprungen. Nimmt man jedoch die Abscheidung des Aluminiumhydroxyds aus einer Alkalialuminatlösung sehr langsam und allmählich oder bei etwas höheren Temperaturen vor, so entsteht sofort der monoklinpseudohexagonale Hydrargyllit $[Al(OH)_3]$. Es wird also hierbei gleichsam die Böhmit- und die Bayeritstufe in der Alterungsreihe übersprungen.

In der Natur kommt noch ein weiteres Aluminiumhydroxyd vor, der rhombische Diaspor, α-AlO(OH), er liefert bei der Entwässerung bei höheren Temperaturen das hexagonal-rhomboedrisch kristallisierende α-Aluminiumoxyd, den Korund, also nicht wie der Böhmit, Bayerit und Hydrargyllit das kubisch kristallisierende γ-Aluminiumoxyd. Die künstliche Herstellung des Diaspors ist bisher noch nicht gelungen, auch sind die genetischen Beziehungen des Diaspors und des Korunds zu den Aluminiumhydroxyden und dem Oxyd der γ-Reihe bislang ungeklärt.

Man ersieht aus den speziellen Darlegungen über die Aluminiumhydroxyde die eminent große theoretische und praktische Bedeutung der systematischen Untersuchungen über Oxydhydrate und Hydroxyde. U. a. kann man nunmehr beim Auffinden der Mineralien Böhmit, Hydrargillit usw. die Bedingungen rekonstruieren, welche zur Zeit ihrer Entstehung an der Fundstelle geherrscht haben müssen.

Die Untersuchungen über Oxydhydrate und Hydroxyde schließen sich auf der einen Seite eng an an die Untersuchungen über die Chemie der hochmolekularen Hydrolyseprodukte (vgl. S. 376), die ja in Lösung befindliche Vorstufen der Oxydhydrate und Hydroxyde vor ihrer Abscheidung vorstellen. Viele für den Zustand junger und jüngster Gele geschilderten Erscheinungen der Alterung und hinsichtlich der molekularen Verteilung sowie deren Abhängigkeit von der Beschaffenheit der Lösung sind im Solzustand der Erforschung leichter zugänglich. Auf der anderen Seite greifen die Untersuchun gen über Oxydhydrate und Hydroxyde hinüber in den Bereich der Forschungen über die Reaktionsfähigkeit fester Stoffe, von denen im nächsten Kapitel die Rede sein wird.

24. Reaktionen im festen Aggregatzustand.

Die meisten chemischen Untersuchungen und die meisten präparativen Darstellungen von Substanzen oder technischen Produkten, die wir bisher kennengelernt haben, basieren auf Reaktionen zwischen gasförmigen, flüssigen, gelösten oder auch geschmolzenen Stoffen. Soweit Substanzen dabei im festen, kristallinen Aggregatzustand aufgetreten sind, waren sie entweder die Lieferanten für weitere Moleküle bestimmter Reaktionspartner des Systems oder die anfallenden, gewünschten Reaktionsprodukte bzw. deren reinere Umkristallisate. Des weiteren wurden die Substanzen im festen, kristallinen Zustand zur Charakterisierung und Identifizierung von Stoffen benutzt, da sich die Kristallform, der Schmelzpunkt, die Farbe, der Brechungsindex und andere Eigenschaften bei Kristallen häufig besonders bequem feststellen lassen. Nur gelegentlich sind auch Reaktionen zwischen festen Stoffen auf der einen Seite und gasförmigen oder gelösten bzw. flüssigen auf der anderen Seite näher untersucht worden. Es hatte sich daher die lange Zeit herrschende Ansicht gebildet, daß die Substanzen nur im flüssigen Zustand miteinander in Reaktion treten („corpora non agunt, nisi fluida").

Jedoch schon verhältnismäßig frühzeitig sind einige Beobachtungen gemacht worden, welche mit dieser Ansicht nicht in Einklang standen. Schon lange vor 1900 konnte gezeigt werden, daß beim Zusammenpressen eines Gemisches von Kupfer- und Zinkpulver und darauf folgendem schwachen Erhitzen Messing entsteht. Ferner erkannte man, daß die technisch wichtige Oberflächenhärtung des Eisens darin besteht, daß Kohlenstoff in das feste Eisen hineindiffundiert, wobei sich Zementit, Fe_3C, bildet. Weiterhin wurde beobachtet, daß Calciumoxyd und Kieselsäure ohne Anwesenheit von irgendwelchen Flüssigkeiten in Calciumsilicat überzugehen vermögen. Aber erst etwa vom Jahre 1912 an sind (besonders durch HEDVALL, G. TAMMANN und W. JANDER) systematische Untersuchungen über die Reaktionsfähigkeit der Stoffe im festen Zustande, zwischen pulverförmigen Gemengen, durchgeführt worden. Dabei wurde erkannt, daß fast alle Metalle und anorganischen Verbindungen die Fähigkeit besitzen, unter geeigneten Temperaturbedingungen, aber jedenfalls weit unterhalb des Schmelzpunktes eines jeden Partners Reaktionen in fester Phase einzugehen.

Eisenpulver und Zinkpulver können die „intermetallische" Verbindung Eisen-Zink bilden:

$$3\,Fe + Zn \rightarrow Fe_3Zn.$$

Aus Calciumoxyd und Kieselsäure entsteht Calciumsilicat, aus Magnesiumoxyd und Wolframsäure bildet sich Magnesiumwolframat und aus Silberjodid und Quecksilberjodid Silber-Quecksilber-Jodid:

$$2\,CaO + SiO_2 \rightarrow Ca_2SiO_4$$
$$MgO + WO_3 \rightarrow MgWO_4$$
$$2\,AgJ + HgJ_2 \rightarrow Ag_2[HgJ_4].$$

Unedle Metalle, z. B. Eisen, vermögen edlere Metalle, wie z. B. Kupfer, aus ihren Oxyden bzw. Sulfiden zu verdrängen:

$$Fe + CuO \rightarrow Cu + FeO$$
$$Fe + Cu_2S \rightarrow FeS + 2\,Cu.$$

Beim Erwärmen eines Gemisches aus bestimmten Oxyden mit Salzen findet „Säureplatzwechsel" statt; das Säureanhydrid des Salzes wechselt von einem zum anderen Oxyd herüber:

$$CaO + CuSO_4 \rightarrow CaSO_4 + CuO.$$

Viele doppelte Umsetzungen, z. B. zwischen Carbonaten und Sulfaten oder solche zwischen Jodiden und Sulfiden, wurden beobachtet:

$$Na_2CO_3 + BaSO_4 \rightarrow Na_2SO_4 + BaCO_3$$
$$2\,AgJ + Cu_2S \rightleftharpoons 2\,CuJ + Ag_2S.$$

Bei all diesen Typen von Reaktionen konnte nachgewiesen werden, daß die Umsetzungen zwischen den gepulverten Substanzen stattfinden können ohne Anwesenheit von Flüssigkeiten oder von Gasen. Eine gewisse Temperaturerhöhung ist hierbei natürlich häufig Voraussetzung für den Eintritt und Ablauf der Reaktion.

a) Die Grundlagen der Reaktionen im festen Zustand.

Es handelt sich nunmehr zunächst um die wichtige Frage, wann überhaupt eine Reaktion im festen Zustand eintreten kann. Theoretische (thermodynamische) Überlegungen haben dabei zu folgenden Schlüssen geführt, die auch durch die Praxis bestätigt wurden:

Beteiligen sich nur feste Stoffe an der Umsetzung, wie das bei den obigen Beispielen der Fall ist, und bilden diese miteinander keine Mischkristalle, dann muß die Reaktion bei genügender Geschwindigkeit quantitativ nach der Seite hin verlaufen, bei der Wärme frei wird. Es ist also nicht möglich, daß z. B. CaO und SiO_2 neben Ca_2SiO_4 bestehen bleibt, vorausgesetzt, daß die Beweglichkeit zur Reaktion eine merkliche ist.

Anders allerdings liegen die Verhältnisse bei solchen Gemischen, bei denen „Mischkristalle" (feste Lösungen!) auftreten, wie im Falle der Reaktion: $2\,AgJ + Cu_2S \rightleftharpoons 2\,CuJ + Ag_2S$. Sowohl AgJ und CuJ als auch Cu_2S und Ag_2S mischen sich miteinander. Hier kann die Reaktion bis zu einem Gleichgewicht sowohl von rechts nach links als auch von links nach rechts verlaufen. Ebenso können heterogene Gleichgewichte bei solchen Umsetzungen sich einstellen, an denen sich Gase beteiligen, z. B.:

$$BaCO_3 + SiO_2 \rightleftharpoons BaSiO_3 + CO_2$$
oder
$$CaC_2 + N_2 \rightleftharpoons CaNCN + C$$
oder
$$Cu_2S + 2\,Cu_2O \rightleftharpoons 6\,Cu + SO_2.$$

Die zweite dieser Reaktionen ist von Bedeutung im Hinblick auf die technische Darstellung des wichtigen Düngemittels „Kalkstickstoff"; die dritte bildet die Grundlage der in der Technik durchgeführten „Röstreaktionsarbeit".

Diese Art von Reaktionen ist genau so anzusehen und zu behandeln wie der Zerfall eines einfachen, festen Stoffes in einen anderen festen und einen gasförmigen:

$$CaCO_3 \rightleftharpoons CaO \quad + CO_2$$

oder

$$2\,BaO_2 \rightleftharpoons 2\,BaO + O_2.$$

Wie uns geläufig, herrscht hierbei bei einer bestimmten Temperatur ein bestimmter Gasdruck, dessen Größe von der Wärmetönung abhängt. Unterhalb dieses Druckes muß die Reaktion quantitativ von links nach rechts, oberhalb umgekehrt verlaufen.

Selbstverständlich gelten alle Darlegungen hinsichtlich der Umsetzungen nur für den Fall, daß die Reaktionsgeschwindigkeit nicht zu langsam ist. Das trifft jedoch bei festen Stoffen recht häufig nicht zu. Ein Kristall ist ja ein Gebilde, in dem die Atome, Ionen oder Moleküle bestimmte Plätze einnehmen und höchstens um eine Ruhelage Wärmeschwingungen ausführen können, namentlich wenn man sich hinsichtlich der Temperaturlage ausreichend vom Schmelzpunkt entfernt befindet. Bei Erwärmung dagegen werden die Schwingungen infolge der zugeführten Wärmeenergie immer größer, und es kann dann der Fall eintreten, daß einzelne Gitterbausteine ihre Plätze verlassen und zu diffundieren vermögen. Das kann man an einer Reihe von Erscheinungen erkennen. So leiten viele Salze bei höherer Temperatur im festen Zustande den elektrischen Strom unter Materialtransport. Außerdem kann man bei Salzen und anderen Verbindungen die Beweglichkeit daran erkennen, daß man der Substanz einen Indicator beimengt, der eine Atomart im Kristall zu ersetzen vermag, und zwar so, daß seine Konzentration in den einzelnen Teilen verschieden ist. Es findet dann ein Konzentrationsausgleich mit der Zeit statt. Preßt man z. B. einen Mischkristall von Silberjodid (AgJ) mit etwa 10% Cuprojodid (CuJ) auf reines Silberjodid und erwärmt auf etwa 200°, so ist nach längerer Zeit die Kupferkonzentration in beiden Kristallpillen gleichgeworden. Schließlich soll noch erwähnt werden, daß Pulver beim Erhitzen sehr häufig fest zusammenbacken, bevor irgendein Schmelzen auftritt. Auch dieser Vorgang ist ein Beweis für die Beweglichkeit von Kristallbausteinen.

Die Häufigkeit des inneren Platzwechsels nimmt mit der Temperatur, wie aus dem Gesagten hervorgeht, zu. Diese Zunahme geht nach einer e-Funktion vor sich, und zwar lautet die mathematische Formulierung:

$$n = K \cdot e^{-\frac{Q}{RT}},$$

dabei bedeuten n die Anzahl Teilchen, die diffundieren können, Q die Mindestenergie, die notwendig ist, um einen Gitterbaustein zum Platzwechsel anzuregen, R die Gaskonstante, T die absolute Temperatur und K eine Konstante. Zeichnet man sich die Zunahme graphisch auf, wie es in Abb. 101 geschehen ist, so sieht man, daß in einem verhältnismäßig kleinen Temperaturintervall, $t_1 - t_2$, ein schnellerer Anstieg der Häufigkeit des inneren Platzwechsels einsetzt.

Wenn nun in einer Substanz von einer bestimmten Temperatur an einzelne Gitterbausteine beweglicher werden, dann ist zu erwarten, daß sie an der Oberfläche auch mit denen einer benachbarten, anderen Substanz zu reagieren vermögen. Es bildet sich dadurch zwischen den beiden Komponenten das Reaktionsprodukt aus. Wenn jetzt weitere Umsetzung eintreten soll, so muß zum mindesten eine der Komponenten in diesem beweglich sein und diffundieren können. Solche Diffusionsschicht kann man recht häufig gut beobachten. Als Beispiel ist in Abb. 102 die Einwanderung von Cu in Al wiedergegeben. Man erkennt sehr schön am Rand die Bildung der neuen Kristallart von Cu_2Al. Das gleiche ist auch aus Abb. 103 zu entnehmen. Hier handelt es sich um die Reaktion MgO

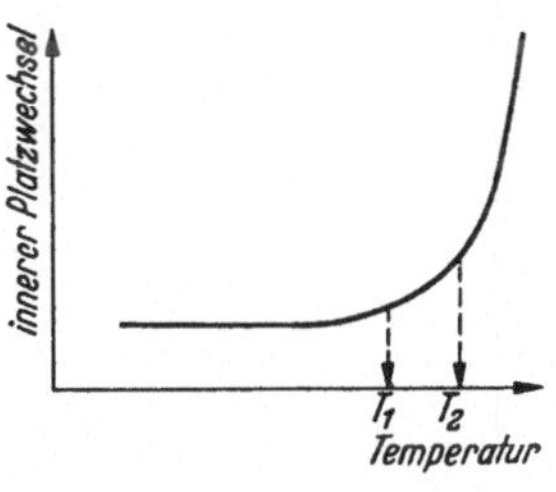

Abb. 101.

$+ MgTiO_3 \rightarrow Mg_2TiO_4$ in einem Pulvergemisch. Magnesiummetatitanat ($MgTiO_3$) ist anisotrop, leuchtet daher im Polarisationsmikroskop hell auf. Magnesiumorthotitanat (Mg_2TiO_4) ist optisch isotrop, bleibt daher dunkel. Man sieht deutlich die dunklen Ränder von Magnesiumorthotitanat um die hellen Kerne von Metatitanat.

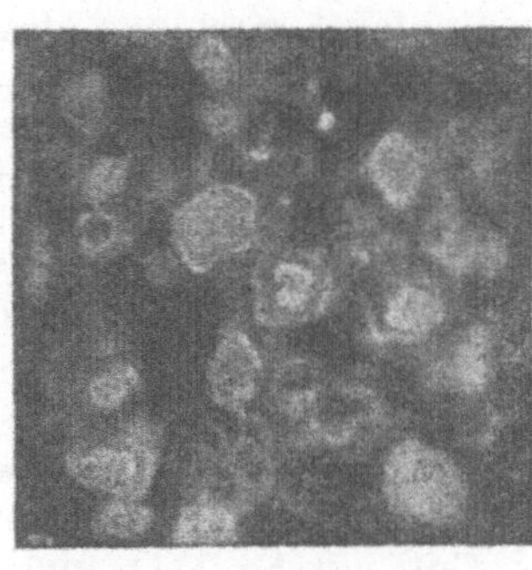

Abb. 102 u. 103.

b) Die Ermittlung einer Reaktion im festen Zustand.

Da der innere Platzwechsel und damit ebenso auch die Reaktionsgeschwindigkeit mit der Temperatur exponentiell zunimmt und da weiterhin alle Reaktionen, die ohne Gasabgabe verlaufen, exotherm vor sich gehen müssen, wird ein Pulvergemisch beim gleichmäßigen Erhitzen in einem bestimmten, relativ kleinem Temperaturintervall zu reagieren anfangen. Dadurch wird Wärme frei, die die Substanz erhitzt. Damit steigt die Reaktionsgeschwindigkeit an, und die Temperatur wird noch mehr gesteigert. Der Prozeß wird damit autokatalytisch beschleunigt.

Darauf gründet sich eine sehr einfache Bestimmung, ob eine Reaktion in fester Phase vor sich geht. Man heizt das Pulvergemisch in einem geeigneten Ofen stetig an und liest die Temperatur in bestimmten Intervallen ab. Dann erhält man je nach der Reaktionsgeschwindigkeit und der Reaktionswärme Erhitzungskurven, wie sie in Abb. 104 schema-

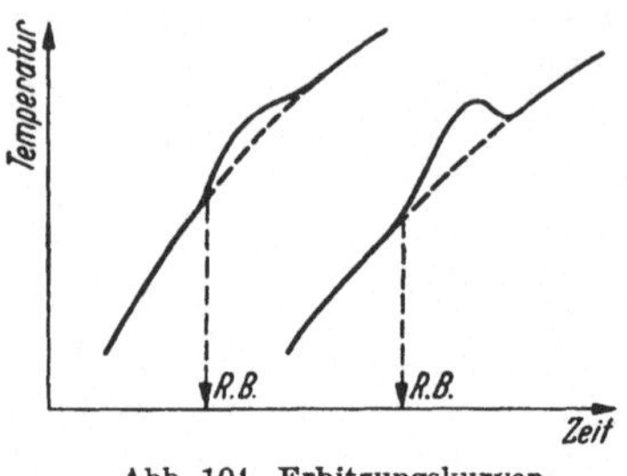

Abb. 104. Erhitzungskurven.

tisch wiedergegeben sind, und zwar links ein Gemisch mit mittlerer Wärmetönung, rechts mit starker Wärmetönung; RB bedeutet bei den Kurvenzügen den Beginn merklicher Reaktion.

Selbstverständlich kann man auch viele andere Methoden zur Erkennung einer Reaktion im festen Zustand heranziehen, rein analytische, mikroskopisch-optische, röntgenographische Methoden, das Auftreten von Farbänderungen usw. Die Aufnahme einer Erhitzungskurve ist aber ,meist das einfachste und das bequemste Verfahren, wenn Wärmetönung und Reaktionsgeschwindigkeit nicht zu klein sind.

c) Der Reaktionsbeginn.

Eine Beobachtung hat zum Verständnis der bei den Reaktionen im festen Zustand obwaltenden Verhältnisse wesentlich beigetragen: Es wurde nämlich gefunden, daß verschiedene Gemische, in denen jedoch immer ein und dieselbe Komponente enthalten ist, auch alle in ein und demselben engen Temperaturintervall zu reagieren anfangen. So liegt der Reaktionsbeginn bei Umsetzungen eines Gemisches von BaO mit $MgCO_3$ oder $MgSO_4$ bzw. $ZnSO_4$, $CuSO_4$, $CoSO_4$, $PbSO_4$, $Pb_3(PO_4)_2$, $Co_3(PO_4)_2$, $CrPO_4$, Ag_3PO_4, $MgSiO_3$, $MnSiO_3$ oder $Al_2(SiO_3)_3$ bei rund 350°. Läßt man dagegen SrO mit irgendeinem dieser Salze reagieren, so setzt die Umsetzung bei einer Temperatur von rund 450° ein; untersucht man schließlich die Umsetzungen von CaO mit den obigen Salzen, so findet man als Reaktionsbeginn stets Temperaturen, die in der Nähe von 530° liegen. PbO reagiert mit $ZnSO_4$, $CuSO_4$, Fe, WO_3 ab etwa 480°, CuO mit Fe, WO_3 und MoO_3 ab 600°, WO_3 mit Fe, MgO, $BaCO_3$ ab 300°, MoO_3 mit BeO, MgO, CaO ab etwa 400°. Diese Zusammenstellung zeigt uns, daß nicht nur gleichartige Reaktionen, wie die z. B. zwischen BaO und den Sulfaten oder den Phosphaten, sondern auch ganz verschiedenartige die gleiche Temperaturlage des Reaktionsbeginns besitzen. So sind beim PbO Umsetzungen mit Sulfatsalzen unter Bildung von $PbSO_4$, mit metallischem Eisenpulver unter Entstehung von Blei und Eisenoxyd und schließlich Umsetzungen mit Oxyden, wie WO_3 und MoO_3, beschrieben.

Die Erklärung für diese wichtige Beobachtung geht aus dem bereits Gesagten hervor. Es ist leicht einzusehen, daß der Beginn merklicher Reaktion erst bei einer Temperatur eintreten kann, bei der mindestens bei *einer* der Komponenten die Fähigkeit zum inneren Platzwechsel stärker hervortritt. Wir dürfen also einen Zusammenhang zwischen beiden Erscheinungen vermuten. Und das ist tatsächlich der Fall! So liegt der Beginn des merklichen Platzwechsels von PbO bei 466°, der Reaktionsbeginn bei etwa 480°. Für CuO sind die entsprechenden Zahlen 566 und 600°, für WO_3 300 und 300°, für MoO_3 435 und 425°, für ZnS 390 und 400°.

Da die zunehmende Beweglichkeit der Gitterbausteine innerhalb eines Kristalls die Reaktionen hervorruft, ist zu erwarten, daß alle Effekte, die die Beweglichkeit vergrößern bzw. sie positiv beeinflussen, reaktionsbeschleunigend wirken. Besonders interessant ist in diesem Zusammenhang die Tatsache, daß Substanzen beim Übergang von einer Kristallart in eine andere, also beim Umwandlungspunkt, über ein erhöhtes Reaktionsvermögen verfügen. So geht das rhombische $AgNO_3$ bei 160° in die rhomboedrische Kristallform über. Mit BaO, SrO, CaO und PbO reagiert nun in der Tat $AgNO_3$ zwischen 160 und 170°. Ag_2SO_4 hat bei 410° einen Umwandlungspunkt, und der Beginn merklicher Reaktion von Gemischen aus Ag_2SO_4 mit SrO, CaO oder PbO liegt bei etwa 420°. Ebenso beginnt die Reaktion zwischen $BaCO_3$ und $CaSO_4$ beim Umwandlungspunkt des ersteren (810°).

Auch wenn man dafür sorgt, daß sich in den Kristallen Fehler befinden, sei es, daß sie von Hohlräumen und Rissen atomarer Dimension durchsetzt sind, sei es, daß durch Einbau fremder Ionen Gitterauflockerung eintritt oder sei es, daß Gitterstörungen vorhanden sind, immer tritt in solchen Fällen eine starke Beschleunigung der Reaktion ein. So reagieren hochgeglühte, aus Oxydhydraten gebildete Oxyde, wie Al_2O_3, Fe_2O_3 oder SiO_2, wesentlich schlechter als nur wenig erhitzte, weil durch das Glühen die Gitterfehler ausheilen. $CaCO_3$ setzt sich mit SiO_2, Al_2O_3 oder Fe_2O_3 wesentlich leichter zum Silicat, Aluminat oder Ferrit um als hochgeglühtes CaO, weil das aus dem Carbonat beim Erhitzen entstehende Oxyd zunächst mit vielen Fehlern behaftet ist. Ein Mischkristall von $PbCl_2$ mit 10% $BaCl_2$ zeigt ein wesentlich größeres Reaktionsvermögen als reines $PbCl_2$, weil in dem Mischkristall ein stärkerer innerer Platzwechsel möglich ist. Schließlich sei noch erwähnt, daß auch amorphe Kieselsäure leichter mit basischen Oxyden Silicate bildet als Quarz.

d) Das Anlaufen von Metallen.

Wenn wir in das Verständnis der Reaktionen im festen Zustand tiefer eindringen wollen, müssen wir jetzt einige Reaktionstypen betrachten, bei denen der eine Reaktionsteilnehmer fest, der andere aber gasförmig oder flüssig ist.

Erhitzt man ein unedles, zunächst blankes Metall mit glatter Oberfläche an der Luft, so nimmt es mehr oder weniger schnell verschiedene Färbungen an. Das Stahlblau der Uhrfedern ist eine der bekanntesten dieser „Anlauffarben“. Das „Anlaufen“ beruht darauf, daß sich eine festhaftende, langsam dicker werdende Oxydhaut auf der glatten Metalloberfläche ausbildet, und daß durch Reflexion des Lichtes an der oberen und unteren Seite der Haut die bekannten Interferenzfarben dünner Blättchen auftreten. Etwas ganz Ähnliches findet man, wenn

Metalle jod- und schwefelhaltigen Dämpfen ausgesetzt werden. Es bildet sich zunächst durch Reaktion zwischen dem Metall und dem Gas (oder etwa auch einer Flüssigkeit) eine nur wenige Molekülschichten betragende Reaktionshaut aus. Damit jetzt weitere Umsetzung stattfinden kann, muß einer der Reaktionspartner durch diese hindurchdiffundieren. Dieser Diffusionsvorgang ist also völlig der gleiche, wie wir ihn bei den eigentlichen Reaktionen zwischen zwei festen Stoffen antreffen.

Die nähere Untersuchung des Anlaufvorganges und entsprechender Reaktionen hat nun ergeben, daß nicht, wie man zunächst rein gefühlsmäßig annahm, die Gas- oder Flüssigkeitsmoleküle diffundieren, sondern im wesentlichen die Metallatome. Das hängt mit der Beweglichkeit der Gitterbausteine zusammen. Bei den Halogeniden, Oxyden und Sulfiden von Schwermetallen bleiben die großen Anionen — auch bei Erhöhung der Temperatur bis nahe an den Schmelzpunkt — auf ihren Plätzen und nur die kleinen Schwermetallionen können wandern. Sehr schön kann man das an folgendem Versuch erkennen: Legt man, wie Abb. 105 zeigt, auf eine Silberplatte zwei Pastillen von Ag_2S, stellt auf die obere ein Glasrohr mit Schwefel und erhitzt auf 120° 1 Stunde lang; dann hat die Ag_2S-Schicht I sich nicht verändert, während die Ag_2S-Schicht II um den Betrag zugenommen hat, der der Abnahme der Silberplatte und dem dazugehörigen Schwefel entspricht. Außerdem ist in das Glasrohr die Ag_2S-Schicht II hineingewachsen. Es kann also nur das metallische Silber gewandert bzw. diffundiert sein, nicht aber der Schwefel, da anderenfalls die Pastille I auch ihr Gewicht hätte verändern müssen.

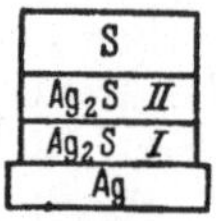

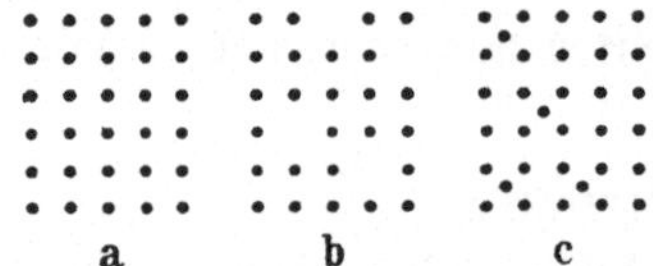

Abb. 105.
Diffusion
von Silber.

e) Zur Atomistik der Reaktionen im festen Zustande.

Es erhebt sich nun die Frage, in welcher Weise die Wanderung einzelner Teilchen durch einen Kristall vor sich geht. Einigermaßen klare Vorstellungen kann man hierüber bisher nur bei solchen Kristallen machen, die aus Atomen oder Atomionen aufgebaut sind. Das ist der Fall bei den Metallen und den einfachen binären Salzen und ihren Abkömmlingen, wie AgJ, $NaCl$, $Ag_2[HgJ_4]$ u. a. m.

Man sollte annehmen, daß in einem idealen Kristallgitter völlig regelmäßig alle Gitterpunkte besetzt sind, wie es für eine Netzebene in Abb. 106a angedeutet ist. Das trifft vielleicht für einen Kristall beim absoluten Nullpunkt auch zu. Bei höheren Temperaturen ist das aber nicht mehr der Fall. Es sind vielmehr im Kristall einige *Fehlstellen* vorhanden; z. B. sind einzelne Gitterplätze gar nicht besetzt (s. Abb. 106 b). Man nennt sie Leerstellen. Teilweise auch, wo die Ionen auf Grund ihrer Größenverhältnisse genügend große Zwischenräume aufweisen, können einzelne Ionen auf sog. Zwischengitterplätze übergehen, wie es in Abb. 106c angedeutet ist. Diese Theorie hat sich bisher auf das beste bewährt.

a   b   c

Abb. 106. Idealer Kristall und Kristalle mit Fehlordnung.

Nunmehr können wir allgemein die Wanderung der Atomionen verstehen. Sie findet über die Leerstellen oder über die Zwischengitterplätze statt. So wandern bei der eben ausführlicher diskutierten Reaktion:

$$2\,Ag + S \rightarrow Ag_2S$$

die Silberionen und Elektronen über solche Defektstellen.

Ähnlich ist es bei der Bildung des Doppelhalogenids $Ag_2[HgJ_4]$ aus AgJ und HgJ_2. Die großen Jodionen bleiben praktisch fest an ihren Plätzen sitzen und die Ag-Ionen tauschen mit den Hg-Ionen ihre Plätze aus. An der Phasengrenze AgJ—$Ag_2[HgJ_4]$ wandern $2\,Ag^+$ in Richtung des HgJ_2 und umgekehrt $1\,Hg^{++}$, so daß hier die Reaktion:

$$4\,AgJ - 2\,Ag^+ + Hg^{++} \rightarrow Ag_2[HgJ_4]$$

stattfindet. An der Phasengrenze HgJ_2—$Ag_2[HgJ_4]$ dagegen wird Hg^{++} durch $2\,Ag^+$ ersetzt nach:

$$2\,HgJ_2 - Hg^{++} + 2\,Ag^+ \rightarrow Ag_2[HgJ_4].$$

Manche Austauschreaktionen und doppelte Umsetzungen kann man mit Hilfe eines Kreisstromes erklären, so z. B.:

$$Co + Cu_2O \rightarrow CoO + 2\,Cu.$$

Hier entstehen nebeneinanderlagernd zwischen den Ausgangskomponenten Co und Cu_2O die beiden Endprodukte $CoO + 2\,Cu$. Man hat festgestellt, daß die Reaktion in der Weise vor sich geht, daß an der Grenze Co—CoO Elektronen und Co^{++} entstehen. Die Elektronen wandern durch das Kobalt und Kupfer, während Co^{++}-Ionen durch das CoO diffundieren, an der Grenze CoO—Cu_2O zwei Cu^+ ersetzen, die zum Kupfer gehen, und dort durch die Elektronen entladen werden.

Wir sehen schon an diesem Beispiel, daß selbst so einfach erscheinende Reaktionen in Wirklichkeit recht komplizierte Vorgänge sind. Aber nicht nur kleine Atomionen sind zum Platzwechsel geeignet, sondern auch ganze Molekülbruchstücke, und zwar dann, wenn die Salze oder Verbindungen nicht mehr aus Atomionen bestehen, wie Sulfate, Carbonate, Wolframate, Silicate, Phosphate u. dgl. Soweit man bisher genauere Untersuchungen angestellt hat, hat sich bisher stets herausgestellt, daß sich bei den Reaktionen im festen Zustand diese Stoffe so verhalten, als wenn sie aus Einzeloxyden aufgebaut wären. Bei der Reaktion

$$CuO + WO_3 \rightarrow CuWO_4$$

wandert das WO_3 zum CuO, und bei dem Säureplatzwechsel, z. B.

oder
$$BaO + CuSO_4 \rightarrow BaSO_4 + CuO$$
$$MgO + ZnWO_4 \rightarrow MgWO_4 + ZnO,$$

springt das Säureanhydrid, also SO_3 bzw. WO_3, von dem einen Oxyd zum anderen.

f) Einige technisch wichtige Reaktionen.

α) Reaktionen in Metallegierungen.

In starkem Maße werden Reaktionen im festen Zustande bei der Einsatzhärtung und Abscheidungshärtung angewandt. Die erstere besteht darin, daß man kohlenstoffarmes, weiches Eisen in kohlenstoffabgebende Substanzen einbettet und erhitzt. Es bildet sich an der Oberfläche des Eisens das äußerst harte Eisencarbid, Fe_3C.

Ebenso wichtig, besonders für das Gebiet der Aluminiumlegierungen, ist der in umgekehrter Richtung verlaufende Zerfall von Verbindungen oder Mischkristallen in festem Zustande. Die Mischkristalle, die Aluminium mit wenig Kupfer, Magnesium, Silicium und anderen Elementen bildet, zerfallen beim langsamen Abkühlen auf Zimmertemperatur. Der Zerfall geht dabei über eine Reihe von Zwischenzuständen vor sich, bei denen teilweise die Legierungen sehr hart und widerstandsfähig sind. Durch Abschrecken kann man den Ablauf der inneren Vorgänge unterbinden und durch Wiedererwärmen die Aushärtung hervorrufen.

β) Röstreaktionen.

Röstet man ein Sulfid teilweise ab, so daß Mischungen von Oxyden bzw. Sulfaten und Sulfiden entstehen und erhitzt man dann unter Luftabschluß, so reagieren die Schwermetallverbindungen durchweg unter Metallbildung:

$$PbSO_4 + PbS \rightleftharpoons 2\,Pb + 2\,SO_2$$
$$2\,PbO + PbS \rightleftharpoons 3\,Pb + SO_2.$$

Diese Umsetzungen, die für die Darstellung von Schwermetallen, wie Blei, Kupfer, Nickel usw., von großer Bedeutung sind, verlaufen mindestens zum Teil in fester Phase.

γ) Zementdarstellung.

Die Rohstoffe für die Zementherstellung sind vor allem Kalkspat ($CaCO_3$) und der im Ton befindliche Kaolinit ($Al_2O_3 \cdot 2\,SiO_2 \cdot 2\,H_2O$) sowie andere Aluminiumhydrosilicate. Kalkspat spaltet bei genügend hohen Temperaturen CO_2 unter Bildung von CaO ab, während Ton von 500° an Wasser abgibt und in ein Gebilde übergeht, das wie ein Gemisch von Al_2O_3 und SiO_2 reagiert. Diesem Zerfallvorgang der Ausgangsstoffe folgen von ungefähr 650° an eine Reihe voneinander unabhängig verlaufender Vorgänge:

1. Es verbindet sich CaO mit Al_2O_3 zu der Verbindung $CaO \cdot Al_2O_3$.
2. Es reagiert auch CaO mit SiO_2 zu $2\,CaO \cdot SiO_2$.
3. Das $CaO \cdot Al_2O_3$ vermag noch weiteres CaO unter Bildung von $3\,CaO \cdot Al_2O_3$ zu binden.
4. Ebenso entsteht aus dem $2\,CaO \cdot SiO_2$ in sekundärer Reaktion mit noch vorhandenem CaO das höherbasische $3\,CaO \cdot SiO_2$.

Erst wenn die Bildung der Tricalciumverbindungen vor sich geht, tritt teilweise Sintern und Schmelzen ein, wobei die Reaktion schnell zu Ende geht.

δ) Keramische Verfahren.

Ein weiteres technisch und wirtschaftlich wichtiges Gebiet, in dem Reaktionen im festen Zustande verlaufen, umschließen keramische Verfahren. Wird Kaolin erhitzt, so spaltet er zunächst Wasser ab:

$$Al_2O_3 \cdot 2\,SiO_2 \cdot 2\,H_2O \rightarrow Al_2O_3 \cdot 2\,SiO_2 + 2\,H_2O.$$

Es findet anschließend eine Reaktion im festen Zustande statt, deren
Natur man noch nicht kennt. Bei weiterem Erhitzen entsteht aus diesem
Zwischenzustand Mullit $3 Al_2O_2 \cdot 2 SiO_2$, der Grundstoff vieler keramischen Massen. Erst die letzte Reaktion geht in gesintertem Zustand
vor sich.

Zur Keramik gehört aber nicht nur die Herstellung der rohen Grund-
massen, sondern auch die Verbesserung der Geräte durch Glasuren und
die Verschönerung durch die Unter- und Überglasurmalerei. Das Auf-
bringen von Glasuren auf die rohe Form und wohl auch die gesamte
Überglasurmalerei sind Reaktionen, die beim Brennen in geschmolzenen
Schichten verlaufen und deshalb bei dieser Betrachtung ausscheiden.
Anders jedoch ist es bei den Reaktionen, die im Anschluß an die Unter-
glasurmalerei eintreten. Hier wird auf den aus Ton geformten gebrannten Scherben das gewünschte Ornament mittels entsprechend
gefärbten Oxyden aufgetragen und im Ofen eingebrannt, wobei aus dem
aufgetragenen Oxyd und dem im Scherben enthaltenen Al_2O_3, Fe_2O_3,
Cr_2O_3 die entsprechenden Spinelle in einem ausschließlich in fester
Reaktion verlaufenden Vorgang entstehen.

25. „Wasserähnliche“, anorganische Lösungsmittel.

a) Allgemeines über anorganische Lösungsmittel.

Wenn wir uns bisher mit Lösungen und ihren Eigenschaften beschäftigt haben, so handelt es sich in der bei weitem überwiegenden Zahl
von Fällen immer um Auflösungen von elementaren Stoffen, wie Chlor,
Brom, Jod, Stickstoff, Sauerstoff usw., oder von anorganischen Verbindungen, wie z. B. Säuren, Basen, Salzen, in Wasser. Das Wasser
als Lösungsmittel ist durch eine ganze Reihe charakteristischer Merkmale
ausgezeichnet, die seine überragende Bedeutung bedingen: es ist außerordentlich weitverbreitet; es ist bemerkenswert durch sein großes
Lösungsvermögen für anorganische und organische Substanzen; es besitzt im reinen Zustande eine sehr geringe Eigenleitfähigkeit, aber ein
ausgeprägtes Dissoziationsvermögen auf viele aufgelöste Stoffe; die
Lösungen leiten den elektrischen Strom häufig sehr gut unter Zersetzung
der aufgelösten Substanzen; es ist ausgezeichnet durch ein besonders
stark hervortretendes Anlagerungsvermögen an bereits abgesättigt erscheinende Verbindungen (Hydratbildung) usw. Die ungeheuer weite
Verbreitung und Verwendung des Wassers als Lösungsmittel haben es
mit sich gebracht, daß man bis zum Ende des vorigen Jahrhunderts
die Aufmerksamkeit hauptsächlich wäßrigen Lösungen zuwandte.

Es gibt aber noch eine ganze Anzahl anderer anorganischer Verbindungen, die wie das Wasser ein mehr oder weniger gutes Lösungsvermögen haben und die im reinen, flüssigen Zustande den elektrischen
Strom kaum leiten, während nach Auflösung von Substanzen in ihnen
vielfach Elektrizitätstransport unter Zersetzungserscheinungen stattfindet (elektrolytisches Leitvermögen der Lösungen). Zu solchen nichtwäßrigen, aber in gewissem Sinne „wasserähnlichen“ Lösungsmitteln

gehören z. B. reine Fluorwasserstoffsäure HF (Sdp. $+19,5°$), verflüssigter Chlorwasserstoff HCl (Sdp. $-85°$), Zyanwasserstoff HCN (Sdp. $+26,5°$), Schwefelwasserstoff H_2S (Sdp. $-61°$) u. a. m., besonders aber verflüssigtes Ammoniak NH_3 (Sdp. $-33°$) und flüssiges Schwefeldioxyd SO_2 (Sdp. $-10°$). Wie wir sehen, bestehen alle Lösungsmittel wie das Wasser HOH aus einem Wasserstoffatom H und einem Rest (F, Cl, CN, HS, NH_2), der in der Wertigkeit, im Verhalten, im Aufbau mehr oder weniger Ähnlichkeit mit der OH-Gruppe hat; nur das Schwefeldioxyd macht hiervon eine bemerkenswerte Ausnahme.

Das Studium der Lösungen mit solchen nichtwäßrigen, aber wasserähnlichen Lösungsmitteln hat seit der Jahrhundertwende viel Interesse erweckt und tiefere Einblicke in das Wesen der Lösungen überhaupt, in die Beziehungen zwischen den kleinsten Teilchen des gelösten Stoffes und des Lösungsmittels gegeben. Im folgenden sollen deswegen die Verhältnisse, die in den Auflösungen von Stoffen in verflüssigtem Ammoniak und in verflüssigtem Schwefeldioxyd vorliegen, kurz besprochen und mit den in wäßrigen Lösungssystemen herrschenden verglichen werden.

b) Die Chemie in verflüssigtem Ammoniak.

Ebenso wie das Wasser in seinen physikalischen Eigenschaften sich gegenüber den anderen Hydriden der Elemente der 6. Gruppe des periodischen Systems abweichend verhält, so nimmt auch das Ammoniak eine Ausnahmestellung unter den Hydriden der Elemente der 5. Vertikalreihe ein. Sein relativ hoher Schmelz- und Siedepunkt, seine abnorm hohe Schmelz- und Verdampfungswärme lassen schließen, daß das Ammoniak wie das Wasser ein stark assoziiertes Lösungsmittel ist. Wie schon hervorgehoben, ist das verflüssigte Ammoniak wie das Wasser ein vorzügliches Lösungsmittel für viele anorganische Stoffe. Die nachfolgende tabellarische Übersicht gibt hierfür einige Anhaltspunkte.

Wie man sieht, sind fast alle Ammoniumverbindungen mit Ausnahme des Sulfats, Carbonats und Phosphats ungewöhnlich stark löslich. Sodann fällt auf, daß meistens die Bromide, besonders aber die Jodide, Rhodanide und Nitrate, sich durch stärkere Löslichkeit auszeichnen. Bemerkenswert ist die Reihe der Löslichkeiten bei den Silberhalogeniden: Silberchlorid ist kaum, Silberjodid ausgezeichnet löslich; in Wasser sind alle drei Silberhalogenide schwer löslich, das Silberjodid aber ist bei weitem das unlöslichste in der Reihe.

Wie die wäßrigen Lösungen leiten die ammoniakalischen den elektrischen Strom. Die Substanzen liegen also auch in verflüssigtem Ammoniak im dissoziierten Zustande als Ionen vor. Demgemäß kann man — wie in wäßriger Lösung — Fällungsreaktionen mancherlei Art vornehmen; sie verlaufen jedoch wegen der Löslichkeitsverhältnisse der verschiedenen Verbindungen in ammoniakalischer Lösung häufig anders, als man es von den wäßrigen Lösungen her gewohnt ist:

$$BaCl_2 + 2\,AgNO_3 = 2\,AgCl + Ba(NO_3)_2 \text{ (in Wasser)}$$
$$Ba(NO_3)_2 + 2\,AgCl = BaCl_2 + 2\,AgNO_3 \text{ (in verfl. Ammoniak).}$$

Unter den anorganischen Substanzen ist noch das Verhalten der elementaren Alkali- und Erdalkalimetalle besonders bemerkenswert. Von völlig wasserfreiem, flüssigem Ammoniak werden sie bei tieferen Temperaturen zu intensiv blau gefärbten Lösungen aufgelöst, ohne daß Zersetzung des Lösungsmittels etwa gemäß $2\,NH_3 + 2\,Na = 2\,Na(NH_2) + H_2$ eintritt, ein Vorgang, der erst bei Gegenwart gewisser Katalysatoren, wie Platindrahtnetz oder Fe_2O_3, in meßbaren Zeiten vor sich geht. Aus diesen Lösungen können die Alkalimetalle beim Verdunsten des Lösungsmittels in unverändertem Zustande wieder gewonnen werden, zunächst allerdings in Form von Ammoniakaten. Außerordentlich interessant ist die Tatsache, daß diese tiefblauen Lösungen den elek-

Tabelle 102. **Löslichkeiten von anorganischen Stoffen in verflüssigtem Ammoniak bei 25°** (also in geschlossener Apparatur unter Überdruck).

Substanz	g Substanz in 100 g NH_3	Substanz	g Substanz in 100 g NH_3
NH_4Cl	102,5	KCl	0,1
NH_4Br	237,9	KBr	13,5
NH_4J	368,5	KJ	182,0
$NH_4(SCN)$	312,0	KNO_3	10,4
NH_4NO_3	390,0	$KClO_3$	2,5
NH_4ClO_4	137,9	$KBrO_3$	0,0
$NH_4(CH_3COO)$	253,2	KJO_3	0,0
NH_4HCO_3	0,0	K_2CO_3	0,0
$(NH_4)_2SO_4$	0,0	K_2SO_4	0,0
$(NH_4)_2HPO_4$	0,0	$K(NH_2)$	3,6
$(NH_4)_2S$	120,0		
		$Ca(NO_3)_2$	80,2
$LiNO_3$	243,7	$Sr(NO_3)_2$	87,1
Li_2SO_4	0,0	$Ba(NO_3)_2$	97,2
		$BaCl_2$	0,0
NaF	0,4		
$NaCl$	3,0	$AgCl$	0,8
$NaBr$	138,0	$AgBr$	5,9
NaJ	162,0	AgJ	206,8
$Na(SCN)$	205,5	$AgNO_3$	86,0
$NaNO_3$	97,6		
Na_2SO_4	0,0	ZnJ_2	0,1
$Na(NH_2)$	0,0	H_3BO_3	1,9

trischen Strom leiten, wobei das Alkalimetall zum negativen Pol wandert, in Lösung also positiv geladen vorliegen muß! Offenbar sind also die in flüssigem NH_3 gelösten Alkalimetalle in das zugehörige Alkali-Kation und ihr Außenelektron dissoziiert, wobei beide Dissoziationsprodukte, besonders die freien Elektronen, solvatisiert sind.

In bezug auf organische Verbindungen übertrifft das verflüssigte Ammoniak als Lösungsmittel das Wasser bei weitem.

Die Chemie der in verflüssigtem Ammoniak gelösten Stoffe ist hauptsächlich von amerikanischen Forschern auf das sorgfältigste untersucht und mit den in wäßriger Lösung vorliegenden Verhältnissen verglichen worden — FRANKLIN gelang die Aufstellung eines „Ammonosystems" der Verbindungen, welche in flüssigem Ammoniak gelöst sich zueinander verhalten wie Säuren, Basen und Salze in Wasser. Die nachfolgenden Abschnitte lassen das Gesagte deutlich erkennen.

1. Es wurde bereits mehrfach hervorgehoben, daß Wasser und verflüssigtes Ammoniak gute Lösungsmittel für zahlreiche anorganische und organische Stoffe sind.

2. Viele derartige Lösungen leiten, worauf gleichfalls schon hingewiesen wurde, den elektrischen Strom. Die gelösten Substanzen liegen also in ihnen elektrolytisch dissoziiert vor. Wasser und Ammoniak hingegen leiten in reinem Zustande den elektrischen Strom nur in außerordentlich geringem Maße.

3. Wasser und Ammoniak besitzen beide ein ausgeprägtes Vermögen, sich an abgesättigt erscheinende Verbindungen oder Atomgruppierungen anzulagern. Man kennt zahllose Hydrate und Ammoniakate im festen Zustande. In den Lösungen liegt vielfach Solvatation der gelösten Stoffe oder Ionen vor (Hydratation, Ammoniaksolvatation).

4. Typisch sind für beide Lösungsmittel Reaktionen von der Art der Neutralisationen, die unter Bildung der wenig dissoziierten Lösungsmittelmoleküle verlaufen. In Wasser reagieren Auflösungen von Stoffen, die — wie Salzsäure und Salpetersäure — den positiven Bestandteil der Lösungsmittelmoleküle abdissoziieren (Säuren), mit Auflösungen von Verbindungen, die — wie Kaliumhydroxyd oder Natriumhydroxyd — den negativen Bestandteil der Lösungsmittelmoleküle abdissoziieren (Basen), und bilden dabei Wasser und Salz. Ebenso reagieren in verflüssigtem Ammoniak Auflösungen von Stoffen, die — wie Ammonchlorid oder Ammonnitrat — den positiven Bestandteil der Lösungsmittelmoleküle $(NH_4)^+$ abdissoziieren, mit Auflösungen von Substanzen, die — wie Kaliumamid oder Natriumamid — den negativen Bestandteil $(NH_2)^-$ abdissoziieren, und es bilden sich Ammoniak und Salz. Es stehen also die Ammoniumverbindungen, die Amide und die Salze, im „Ammonosystem“ der Verbindungen in der gleichen Beziehung zueinander wie Säuren, Basen und Salze im „Aquosystem“ der Verbindungen. Die Ammoniumverbindungen in Ammoniak sind „säurenanaloge“, die Amide „basenanaloge“ Substanzen.

So wie in Wasser:

$$H^+ + Cl^- + K^+ + (OH)^- = K^+ + Cl^- + H_2O$$
$$H^+ + NO_3^- + Na^+ + (OH)^- = Na^+ + NO_3^- + H_2O.$$

Ebenso reagiert in Ammoniak:

$$NH_4^+ + Cl^- + K^+ + (NH_2)^- = K^+ + Cl^- + 2\,H_3N$$
$$NH_4^+ + (NO_3)^- + Na^+ + (NH_2)^- = Na^+ + NO_3^- + 2\,H_3N.$$

Aus allem ergibt sich also zwangsläufig für das reine, verflüssigte Ammoniak ein ganz ähnliches Dissoziationsschema wie für das Wasser:

$$2\,H_2O \rightleftharpoons (H \cdot H_2O)^+ + (OH)^- = (H_3O)^+ + (OH)^-$$
$$2\,H_3N \rightleftharpoons (H \cdot H_3N)^+ + (NH_2)^- = (H_4N)^+ + (NH_2)^-.$$

Diese geringe Dissoziation erklärt auch das sehr schwache Eigenleitvermögen des flüssigen Ammoniaks.

5. So wie zahlreiche, in Wasser gelöste Verbindungen hydrolysiert werden, ebenso kann auch bei Auflösungen bestimmter Verbindungen in verflüssigtem Ammoniak Solvolyse, „Ammonolyse“, stattfinden. In

Abhängigkeit von der Menge des Lösungsmittels und der Temperatur wird bei der Einwirkung von Wasser auf Zinntetrachlorid über ein definiertes Salzhydrat und Stannioxydhydrat schließlich Zinnoxyd gebildet. In entsprechender Weise entsteht bei der Einwirkung von Ammoniak auf Germaniumtetrachlorid über ein Ammoniakat, Amid und Imid schließlich Germaniumnitrid:

$$SnCl_4 + x\ H_2O \rightarrow SnCl_4 \cdot 4\ H_2O \rightarrow Sn(OH)_4 \rightarrow SnO_2$$

$$GeCl_4 + x\ H_3N \rightarrow GeCl_4 \cdot 6\ NH_3 \rightarrow Ge(NH)_2 \rightarrow Ge_3N_4.$$

6. Ebenso wie uns im System wäßriger Lösungen amphotere Hydroxyde, wie Zink- oder Aluminiumhydroxyd, die aus ihren Salzlösungen durch Laugen zunächst als unlösliche Hydroxyde gefällt, dann aber durch einen Überschuß von Lauge als Zinkate bzw. Aluminiate gelöst werden, eine ganz geläufige Erscheinung sind, gibt es auch in verflüssigtem Ammoniak gewissermaßen „amphotere" Amide, z. B. das Zinkamid. So wird Zinkjodid durch Kaliumamid zunächst gefällt, geht dann aber durch einen Überschuß in Kalium-Ammonozinkat über.

In Wasser:

$$ZnJ_2 \quad + 2\ KOH = Zn(OH)_2 + 2\ KJ$$

$$Zn(OH)_2 + 2\ KOH = K_2ZnO_2 \quad + 2\ H_2O.$$

In Ammoniak:

$$ZnJ_2 \quad + 2\ K(NH_2) = Zn(NH_2)_2 \quad + 2\ KJ$$

$$Zn(NH_2)_2 + 2\ K(NH_2) = K_2Zn(NH)_2 + 2\ NH_3.$$

Aus dem bisherigen ergibt sich eine weitgehende Parallelität des Verhaltens der Lösungssysteme mit den Lösungsmitteln „Wasser" und „verflüssigtes Ammoniak". Die Durchführung von Untersuchungen über das Verhalten von Lösungen mit anderen „wasserähnlichen" Lösungsmitteln hat noch weitere und tiefere Einblicke in das Wesen der Lösungen gegeben. Ein anderes Lösungsmittel der hier behandelten Art ist das verflüssigte Schwefeldioxyd, das noch besonders deswegen interessant ist, weil es im Gegensatz zu Wasser und Ammoniak keinen Wasserstoff enthält und keine der Hydroxylgruppe analoge Amidgruppe.

c) Die Grundlagen der Chemie in verflüssigtem Schwefeldioxyd.

Im folgenden seien nun die Grundlagen der Chemie der in verflüssigtem Schwefeldioxyd, mehr oder weniger löslichen Stoffe behandelt. Hierbei ist es wohl am zweckmäßigsten, in ähnlicher Weise darstellend und vergleichend vorzugehen wie im vorhergehenden Kapitel.

1. Verflüssigtes Schwefeldioxyd (Schmp. $-73°$, Sdp. $-10°$) besitzt, wie bereits um 1900 und in der Folgezeit gezeigt worden ist, ein außerordentlich starkes Lösungsvermögen für zahlreiche anorganische und organische Substanzen. Von anorganischen Stoffen sind gut löslich die Jodide, Rhodanide, Bromide, Chloride, Acetate einiger Leicht- und Schwermetalle, ferner die meisten Salze des substituierten Ammoniums, in denen also die Wasserstoffatome des Ammoniumions $NH_4{}^+$ vollständig oder teilweise durch die Methylgruppe ($-CH_3$) oder die Äthylgruppe ($-C_2H_5$) ersetzt sind, u. a. m. Viele von diesen Lösungen haben

gelbliche bis gelbbraune Farbtönungen. Von organischen Substanzen sind im allgemeinen gut löslich die ringförmigen und auch manche ungesättigte, aliphatische Kohlenwasserstoffe, sehr viel schlechter löslich hingegen sind die gesättigten, kettenförmigen Kohlenwasserstoffe, wie z. B. Ligroin. Dieses unterschiedliche Verhalten der Gruppen von Kohlenwasserstoffen flüssigem Schwefeldioxyd gegenüber wird im EDELEANU-Verfahren großtechnisch ausgenutzt. Gut löslich sind weiterhin zahlreiche Alkohole, Aldehyde, Ketone, Äther, Säuren, Ester, viele stickstoffhaltige Basen u. a. m.

2. Während verflüssigtes Schwefeldioxyd — ebenso wie Wasser — in reinem Zustande den elektrischen Strom kaum leitet, leiten viele von den Lösungen mehr oder weniger gut. In diesen Auflösungen liegen also die betreffenden anorganischen Substanzen oder organischen Stoffe elektrolytisch dissoziiert vor.

3. Ebenso wie zahlreiche Salze und andere an und für sich abgesättigt erscheinende Verbindungen mit Wasser zu Hydraten und mit Ammoniak zu Ammoniakaten zusammentreten, so vermag auch das Schwefeldioxyd eine ganze Reihe definierter Solvate zu bilden. Bei den in verflüssigtem Schwefeldioxyd in Lösung befindlichen Stoffen ist vielfach wie bei den in Wasser oder verflüssigtem Ammoniak gelösten Stoffen „Solvatation" anzunehmen.

4. Zweifellos ist also eine weitgehende Parallelität hinsichtlich des Verhaltens der drei Lösungsmittel „Wasser", „verflüssigtes Ammoniak" und „verflüssigtes Schwefeldioxyd" zu beobachten. Es erhebt sich aber nun die Frage, wie die Chemie der in flüssigem Schwefeldioxyd löslichen Substanzen aufzufassen ist und besonders, welches Dissoziationsschema der geringen Eigenleitfähigkeit des flüssigen Schwefeldioxyds zugrunde liegt und wie das Leitvermögen der Lösungen und die Reaktionstypen möglichst widerspruchslos gedeutet werden können. Nimmt man an, daß auch beim Schwefeldioxyd — wie beim Wasser H(OH) und Ammoniak H(H$_2$N) — die primäre Dissoziationsmöglichkeit bei weitem überwiegt, und daß das doppelt negative Sauerstoffion solvatisiert ist, so kommt man zu folgendem Schema:

$$2\,SO_2 \rightleftharpoons (SO)^{++} + (SO_2 \cdot O)^{--} = (SO)^{++} + (SO_3)^{--}\,.$$

Unter diesen Gesichtspunkten müßten also die Verbindungen, welche, in verflüssigtem Schwefeldioxyd gelöst, doppelt positiv geladene SO-Ionen abspalten, also die Thionylverbindungen, „säurenanalog" sein und eine ähnliche Rolle spielen wie die Wasserstoffionen bei wäßrigen Lösungen, und die Sulfite, welche die doppelt negativ geladene SO$_3$-Gruppe abspalten, wären „basenanalog", sie übernehmen die Funktionen der Hydroxylionen bei wäßrigen Lösungen. Die Thionylverbindungen und die Sulfite bzw. Disulfite — sehr viele Sulfite gehen beim Eintragen in verflüssigtes Schwefeldioxyd in Disulfite über, ebenso wie viele Oxyde in Berührung mit Wasser zu Hydroxyden werden — gewinnen also im vorliegenden Zusammenhang besondere Bedeutung. Die nachfolgende tabellarische Zusammenstellung gibt eine Übersicht über einige Thionylverbindungen und Sulfite bzw. Disulfite.

Tabelle 103.

Verbindung	Formel	Angabe über die Löslichkeit in fl. SO_2 von $-19°$ C	Korrespondierende Verbindung im „Aquosystem"
Thionyl-Rhodanid. . .	$SO(SCN)_2$	leicht löslich	$2\,H(SCN)$
Thionyl-Bromid. . . .	$SO(Br)_2$	leicht löslich	$2\,HBr$
Thionyl-Chlorid. . . .	$SO(Cl)_2$	leicht löslich	$2\,HCl$
Thionyl-Acetat	$SO(CH_3COO)_2$	leicht löslich	$2\,H(CH_3COO)$
Natriumdisulfit	$Na_2S_2O_5$		$2\,NaOH$
Kaliumdisulfit	$K_2S_2O_5$	die gesättigte	$2\,KOH$
Rubidiumdisulfit . . .	$Rb_2S_2O_5$	Lösung ist etwa	$2\,RbOH$
Caesiumdisulfit	$Cs_2S_2O_5$	$2\cdot10^{-3}$ m	$2\,CsOH$
Ammoniumdisulfit. . .	$(NH_4)_2S_2O_5$		$2\,NH_4OH$
Silbersulfit	Ag_2SO_3	prakt. unlöslich	$2\,AgOH$
Tetramethylammonium-Disulfit.	$[(CH_3)_4N]_2S_2O_5$	leicht löslich	$2\,[(CH_3)_4N]OH$

Die Auflösungen der Thionylverbindungen leiten den elektrischen Strom mehr oder weniger; die Verbindungen liegen also — wenigstens teilweise — dissoziiert vor. Der verhältnismäßig stärkste Elektrolyt unter den Thionylhalogeniden ist das Thionylrhodanid. Der Charakter als Elektrolyt, als „säurenanaloge Substanz", nimmt über das Bromid zum Thionylchlorid hin ab. Alle bisher untersuchten Thionylverbindungen gehören aber zur Klasse der schwächeren Elektrolyte; sie lassen sich vielleicht mit Auflösungen schwächerer Elektrolyte, wie Essigsäure oder gar Borsäure, in Wasser vergleichen, soweit ein solcher Vergleich wegen der Verschiedenheit der Temperaturverhältnisse, der Zähigkeiten und der Wanderungsgeschwindigkeit der Ionen überhaupt statthaft ist.

Bei den Alkalisulfiten ist die maximale molare Löslichkeit annähernd die gleiche, sie liegt zwischen 10^{-3} und 10^{-2}. Wohl aber steigt in der in der Übersicht aufgeführten Reihe der Dissoziationsgrad, der Charakter als „basenanaloge" Substanz, erheblicher an. Die substituierten Ammoniumsulfite aber sind sehr viel reichlicher in verflüssigtem Schwefeldioxyd löslich. Der bisher verhältnismäßig stärkste Elektrolyt in der Reihe der Sulfite ist Tetramethylammoniumsulfit. Aber auch die bisher untersuchten Sulfite gehören wohl höchstens zu den stärkeren in der Reihe der schwachen Elektrolyte und dürften sich diesbezüglich mit dem Ammoniumhydroxyd in Wasser vergleichen lassen.

Wenn den Auflösungen oder Suspensionen der Sulfite bzw. Thionylverbindungen in verflüssigtem Schwefeldioxyd nun tatsächlich die Bedeutung der Hydroxyde bzw. Säuren in Wasser zukommt, so müßten sie auch beim Zusammengeben eine „neutralisationenanaloge" Reaktion eingehen. Und das ist in der Tat der Fall:

$$(NH_4)_2SO_3 \quad + (SO)Cl_2 \quad = 2\,NH_4Cl \quad + 2\,SO_2$$
$$Cs_2SO_3 \quad + (SO)Cl_2 \quad = 2\,CsCl \quad + 2\,SO_2$$
$$K_2SO_3 \quad + (SO)(SCN)_2 = 2\,K(SCN) \quad + 2\,SO_2$$
$$[(CH_3)_4N]_2SO_3 + (SO)Br_2 \quad = 2\,[(CH_3)_4N]Br + 2\,SO_2.$$

Die Sulfite bzw. Disulfite der Alkalien, das Ammoniumsulfit und die substituierten Ammoniumsulfite reagieren in verflüssigtem Schwefeldioxyd mit den Thionylverbindungen in der angegebenen Weise. Die Suspensionen der nur wenig löslichen Alkalisulfite setzen sich z. B. mit Thionylchlorid zu ebenfalls wenig löslichem Alkalichlorid und dem Lösungsmittel Schwefeldioxyd um, Kaliumsulfit reagiert mit Thionylrhodanid zu löslichem Kaliumrhodanid usw. Die gelbe Auflösung von Tetramethylammoniumsulfit wird beim Eintropfen von Thionylchlorid entfärbt und es bildet sich farbloses Tetramethylammoniumchlorid. Diese „neutralisationenanaloge“ Umsetzung läßt sich bequem demonstrieren. Das Ende der Reaktion erkennt man gut ohne Indikator an dem Verschwinden der gelben Eigenfarbe des Sulfits.

Als generelle Schlußfolgerung ergibt sich die Berechtigung der Annahme des Dissoziationsschemas für das flüssige Schwefeldioxyd:

$$2\,SO_2 \rightleftharpoons (SO)^{++} + (O \cdot SO_2)^{--} = (SO)^{++} + (SO_3)^{--}.$$

Ebenso wie es ein „Aquosystem“ der Verbindungen in bezug auf das Lösungsmittel Wasser und ein „Ammonosystem“ der Verbindungen in bezug auf das Lösungsmittel verflüssigtes Ammoniak gibt, existiert ein „Sulfitosystem“ der Verbindungen in bezug auf das Dissoziationen bewirkende Lösungsmittel verflüssigtes Schwefeldioxyd, in dem die Thionylverbindungen, welche die doppelt positiv geladene SO-Gruppe abdissoziieren, „Säurenanaloga“, die Sulfite, welche die doppelt negativ geladene SO_3-Gruppe abspalten, „Basenanaloga“ sind.

5. Ebenso wie man bei der „hydrolytischen“ Spaltung von z. B. Antimontrichlorid in Wasser und bei der „ammonolytischen Spaltung von Germaniumtetrachlorid in fl. Ammoniak (s. Seite 413) allgemein von Solvolyse sprechen kann, hat auch das Sulfitosystem der Verbindungen Beispiele, die diese Erscheinung der „Sulfitolyse“ zeigen. So reagiert z. B. Phosphorpentachlorid mit flüssigem Schwefeldioxyd nach der Gleichung

$$PCl_5 + SO_2 = POCl_3 + SOCl_2.$$

Das Wolframhexachlorid wird zum Wolframoxychlorid „sulfitolysiert“.

$$WCl_6 + SO_2 = WOCl_4 + SOCl_2.$$

Das Wolframoxychlorid scheidet sich aus der Lösung in flüssigem Schwefeldioxyd in schönen orangeroten Kristallnadeln aus.

6. Die eben dargelegte Auffassung vom Wesen der Chemie der in verflüssigtem Schwefeldioxyd löslichen Substanzen, von einem „Sulfitosystem“ der Verbindungen, findet eine weitere Bestätigung durch das Vorhandensein amphoterer Elektrolyte.

Es ist allgemein bekannt, daß aus Aluminiumchloridlösungen durch Zugabe von wäßrigen Laugen schwer lösliches Hydroxyd gefällt wird und daß durch einen Laugenüberschuß das amphotere Aluminiumhydroxyd zu Aluminat gelöst wird:

$$2\,AlCl_3 \; + 6\,KOH \rightleftharpoons 6\,KCl \;\;\;\; + 2\,Al(OH)_3$$
$$2\,Al(OH)_3 + 6\,KOH = 2\,K_3(AlO_3) + 6\,H_2O.$$

Ähnlich verhält sich Aluminiumchlorid in verflüssigtem Schwefeldioxyd, in dem es gut löslich ist. Beim Versetzen mit einer Auflösung des „basenanalogen“ Tetramethylammoniumsulfits in Schwefeldioxyd fällt

Aluminiumsulfit aus, das beim schnellen Zugeben eines größeren Überschusses vom schwächeren Basenanalogon wieder in Lösung geht. Die Molverhältnisse, in denen die Substanzen miteinander reagieren, haben sich durch konduktometrische Titrationen ermitteln lassen.

$$2\,AlCl_3 + 3\,[(CH_3)_4N]_2SO_3 = 6\,[(CH_3)_4N]Cl + Al_2(SO_3)_3$$
$$Al_2(SO_3)_3 + 3\,[(CH_3)_4N]_2SO_3 = 2\,[(CH_3)_4N]_3 \cdot \{Al(SO_3)_3\}.$$

Die Analogie zwischen dem Verhalten des Aluminiumhydroxyds in Wasser und des Aluminiumsulfits in Schwefeldioxyd ist weitgehend. Beide Niederschläge sind gallertartig und durch ein starkes Sorptionsvermögen ausgezeichnet. Besonders das aus der Sulfitoaluminatlösung durch Zugabe von Thionylchlorid wieder ausgefällte Aluminiumsulfit $Al_2(SO_3)_3 \cdot x\,SO_2$ ist ein voluminöses Gel, das viel Tetramethylammoniumchlorid schwer auswaschbar adsorbiert behält. Beide Niederschläge sind hinsichtlich der Alterungserscheinungen ähnlich. Aluminiumsulfit, das nach seiner Ausfällung einige Zeit unter Schwefeldioxyd aufbewahrt blieb, löst sich in überschüssigem Tetramethylammoniumsulfit nur sehr schwer oder überhaupt nicht mehr auf — ebenso wie gealtertes Aluminiumhydroxyd schwerer mit Laugen reagiert als frisch gefälltes. Aluminiumsulfit unter flüssigem Schwefeldioxyd wird durch schwache „Säurenanaloga“ wie Thionylchlorid ebensowenig gelöst wie Aluminiumhydroxyd, z. B. durch wäßrige Kohlensäure.

26. Geochemie.

Die Geochemie beschäftigt sich mit der besonders reizvollen und wichtigen Aufgabe, die Zusammensetzung der Erdkugel in ihrer Gesamtheit sowohl hinsichtlich der chemischen Beschaffenheit der hauptsächlichen Aufbaukomponenten als auch nach der quantitativen Seite hin zu erforschen. Nur eine verhältnismäßig schmale Hülle — nämlich die Atmosphäre und eine etwa 16 km dicke Erdrinde — sind der direkten Untersuchung zugänglich, das ist ein sehr kleiner Bruchteil der gesamten Erdkugel, deren Radius ohne die Atmosphäre 6370 km beträgt. Um Aufschlüsse über das Erdinnere zu erhalten, muß sich die Geochemie sehr verschiedenartiger, stets nur indirekter Methoden bedienen: Schweremessungen, Feststellung von Lotabweichungen, Beobachtungen über die Art der Fortpflanzung von Erdbebenwellen usw. Auch die Kenntnis von der Zusammensetzung außerirdischer Körper, die wie die Meteorite der direkten Untersuchung

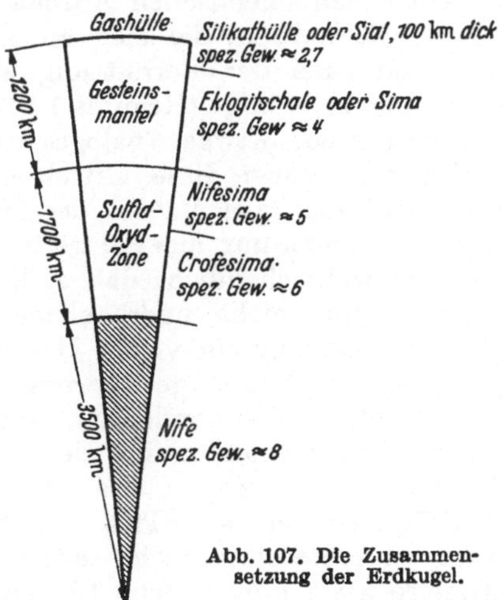

Abb. 107. Die Zusammensetzung der Erdkugel.

zugänglich sind, erlaubt Rückschlüsse auf die Beschaffenheit des Erdinnern. Es ist daher nicht verwunderlich, daß manche Annahmen der Geochemie den Charakter von Hypothesen haben.

Die chemische Zusammensetzung der einzelnen Erdzonen. An Hand der vorstehenden, nicht streng maßstäblich gezeichneten Abb. 107 sei nun die Zusammensetzung der Erdkugel dargelegt und erörtert. Seismographische Messungen, auf die nicht weiter eingegangen werden kann, haben die Tatsache wahrscheinlich gemacht, daß sich im Erdinnern, sowohl in einer Tiefe von 1200 km als auch in einer Tiefe von 2900 km — von der Erdrinde aus gerechnet — zwei Diskontinuitätsflächen befinden, an denen also physikalisch verschiedene Medien aneinanderstoßen. Es ist nun anzunehmen, daß sich an diesen Grenzflächen auch der chemische Charakter sprunghaft ändert. Auf dieser Grundlage hat man das allgemeine Schema des chemischen Aufbaues der Erde aufgestellt. Als Kern haben wir einen beträchtlichen Bereich, der, wie heute allgemein angenommen wird, aus gediegenem Eisen mit 6—8% Nickel besteht und deswegen *Nife* (= Ni + Fe) genannt wird. Auf diese chemische Zusammensetzung schließt man aus den Analysenergebnissen der Meteoriten, die ja auch nichts anderes als Trümmer kleiner, zersprungener Weltkörper unseres Sonnensystems darstellen und gelegentlich vom Schwerefeld unseres Planeten eingefangen werden. Der größte Teil dieser Meteoriten hat eine Zusammensetzung von 90% Fe und 8% Ni, so daß man mit großer Wahrscheinlichkeit eine analoge Zusammensetzung auch für den Erdkern annehmen kann. Die Temperatur des Nifemetallkerns dürfte 4000° kaum überschreiten, befindet sich aber natürlich unter einem ungeheuren Druck. Das spezifische Gewicht der Gesamterde von 5,52 erfordert ebenfalls einen Kern mit hohem spezifischen Gewicht als Ausgleich für das kleine spezifische Gewicht von 2,5 der uns bekannten Erdrinde.

Über den chemischen Aufbau der Zwischenschale sind Ansichten entwickelt worden, die sich an Beobachtungen in der Hüttenkunde anlehnen. Bei der Verhüttung sulfidhaltiger Erze findet eine Entmischung in König- (Regulus-) Stein-Schlacke statt, wie die Fachausdrücke lauten. Etwas Analoges wird nun auch für das Erdinnere angenommen, wobei diese Mittelschicht die Rolle des Steins, also der stark sulfidhaltigen Massen des Hochofens spielt. Sie brauchen aber durchaus nicht nur aus Schwermetallsulfiden zu bestehen, sondern es ist sehr wahrscheinlich, daß z. B. auch das Calciumsulfid als Komponente eine nicht unerhebliche Rolle spielt, da man es auch als Mineral Oldhamit in vielen Meteoriten gefunden hat. Außerdem folgert man noch aus gesichertem geologischem Beobachtungsmaterial ein erhebliches Vorhandensein von Oxyden des Spinelltypus — Spinell ist ein Magnesiumaluminat der Formel $MgO \cdot Al_2O_3$ —, also z. B. des Magnetits $FeO \cdot Fe_2O_3$, des Chromeisenerzes $FeO \cdot Cr_2O_3$ sowie auch des Titaneisenerzes $FeTiO_3$. Sulfidische Ausscheidungen findet man auch an Meteoriten nicht selten, und zwar als Troilit FeS. Dessen Analyse zeigt nun, welche Elemente die Neigung haben, in diese sul-

fidische Phase einzugehen. Die mittlere Zusammensetzung der Troilite
zeigt folgende Tabelle:

Tabelle 104. Mittlere Zusammensetzung der Troilite in Prozenten
(nach BERG).

Fe 61,1	Cr 0,120	V 0,0045
S 34,3	Ge 0,115	Cd 0,0030
Ni 2,88	As 0,102	Ag 0,0021
Cu 0,420	Sn 0,061	Te 0,0017
P 0,305	Mn 0,046	Mo 0,0011
Co 0,208	Se 0,084	Os 0,0010
Zn 0,153	Pb 0,071	Sb 0,00078

Die auf die *Sulfid-Oxyd-Zone* folgende Schicht, die in einer Entfernung von etwa 5200 km vom Erdmittelpunkt beginnt, ist der Gesteinsmantel. Der obere Teil des Gesteinsmantels ist die etwa 100 km
dicke Silicathülle, die eigentliche Erdrinde, die auch *Sial* genannt wird
wegen des überwiegenden Vorkommens von Siliciumdioxyd und Aluminiumoxyd in ihr. Der untere Teil des Gesteinsmantels ist die etwa
1100 km dicke Eklogitschale, auch *Sima* genannt, wegen des überwiegenden Vorkommens von Siliciumdioxyd und Magnesiumoxyd in
ihr. Das Sima ist uns chemisch aus geologisch-petrographischen Beobachtungen schon weniger unbekannt. Wenn unter den immerhin noch
erheblichen Drucken und bei den hohen Temperaturen in dieser Zone
überhaupt geordnete Kristallgitter auftreten können, so werden es
Gitter mit möglichster Raumersparnis sein. Mineralien mit derartig
dichtgepackten Gittern bezeichnet man als „Eklogite" und danach
dieses Gebiet als Eklogitzone. Sehr gut läßt sich der Einfluß des hohen
Druckes auf die Kristallstruktur eines Stoffes am Vorkommen des
Kohlenstoffs zeigen, der in der Eklogitzone im dichtgepackten Gitter
des Diamants und nicht als Graphit vorkommt. Man hat berechnet,
daß der Diamant in den Kimberlitschloten von Südafrika, deren Ge-
steinsmassen ja aus großer Tiefe stammen, bei Annahme einer Temperatur von 1800° bei 17000 at in 60 km Tiefe entstanden sein muß.

Bei der Erdkugel kann die Art der Absonderung in die drei Haupt-
schichten: in die Siderosphäre (Nifekern), in die Chalkosphäre (Sulfid-
Oxyd-Zone) und in die Lithosphäre (Gesteinsmantel) als Entmischung
träger Flüssigkeiten aufgefaßt werden. Über diesen drei Schichten lagert
dann noch als vierte eine Gasphase, die Atmosphäre. Die Lithosphäre
als äußerste Schicht kühlt sich allmählich ab und aus ihr scheiden sich
schließlich bestimmte oxydische und siliciumdioxydhaltige Mineralien
ab. Die Mineralogie, Geologie und die Petrographie haben nun diese
für die Zusammensetzung unserer Erdkruste wichtigen Kristallisations-
erscheinungen gedeutet. V. M. GOLDSCHMIDT hat das nachfolgende
Schema der Kristallisationsdifferentiation gegeben, das die Folge der
Kristallabscheidungen von Mineralien aus dem „Magma", der bei
hohen Temperaturen geschmolzenen Lithosphäre, erkennen läßt. Das
Wesentliche des Vorganges ist die Abscheidung der kieselsäurefreien
und der basenreicheren, kieselsäureärmeren Mineralien mit Magnesium
und Eisen in der Tiefe und der kieselsäurereicheren in den oberen.

Schichten. Die angenäherten Formulierungen einiger Mineralien sind über bzw. unter die Namen gesetzt.

Die Verbreitung der Elemente in der Erdrinde. Den äußeren Teil des Gesteinsmantels bildet — wie schon erwähnt — das Sial. Von der

Tabelle 105. Verbreitung der Elemente in den uns bekannten Teilen der Erdrinde.

	Gewichts-proz.	Atom-proz.
Sauerstoff	49,5	54,4
Silicium	25,3	17,1
Aluminium	7,5	4,75
Eisen	5,08	1,49
Calcium	3,39	1,49
Natrium	2,63	1,41
Kalium	2,40	1,08
Magnesium	1,93	1,41
	97,69	
Wasserstoff	0,87	15,5
Titan	0,63	0,21
Chlor	0,19	
Phosphor	0,12	
	99,50	
Mangan	0,090	
Kohlenstoff	0,080	
Schwefel	0,060	
Barium	0,040	
Chrom	0,038	
Stickstoff	0,030	
Fluor	0,026	
Zirkon	0,023	
Strontium	0,020	
Nickel	0,018	
Zink	0,017	
Vanadin	0,016	
Kupfer	0,010	
	99,96	
Yttrium	$7 \cdot 10^{-3}$	
Wolfram	5	
Lithium	4	
Rubidium	3,5	
Blei	3	
Hafnium	2,5	
Cer	2	
Thorium	1,2	
Neodym	1,2	
Kobalt	1,2	
Bor	1	
	99,992	
Molybdän	$7,5 \cdot 10^{-4}$	
Scandium	6	
Brom	6	
Zinn	6	

	Gewichts-proz.
Beryllium	$5 \cdot 10^{-4}$
Arsen	4,8
Lanthan	4,8
Samarium	4,5
Gadolinium	4,5
Dysprosium	4,5
Uran	4,2
Erbium	4,0
Praseodym	3,5
Ytterbium	3,5
Argon	3,5
Germanium	1
Cassiopejum	$9 \cdot 10^{-5}$
Selen	8
Terbium	7
Holmium	7
Thulium	7
Niob	6
Cadmium	4
Antimon	3
Tantal	2
Gallium	2
Europium	1,5
Indium	1
Thallium	1
Jod	$7 \cdot 10^{-6}$
Silber	6
Platin	5
Palladium	5
Osmium	4
Ruthenium	4
Wismut	3
Quecksilber	3
Iridium	2
Tellur	1
Rhodium	1
Helium	$8 \quad 10^{-7}$
Gold	6
Neon	5
Rhenium	1
Krypton	$2 \cdot 10^{-8}$
Xenon	$3 \cdot 10^{-9}$
Radium	$1,4 \cdot 10^{-10}$

Erdkruste ist uns eine etwa 16 km tiefe Schicht hinsichtlich der Zusammensetzung ihrer Komponenten bekannt. Die Verbreitung der Elemente und den prozentualen Anteil derselben läßt die folgende Tabelle 105 erkennen.

Wir ersehen aus der Tabelle 105, daß 75% der Erdrinde aus Sauerstoff und Silicium bestehen. Sauerstoff, Silicium, Aluminium, Eisen, Calcium, Natrium, Kalium, Magnesium, Wasserstoff, Titan, Chlor und Phosphor machen zusammen bereits 99,5% aus. Das als selten verrufene Element Titan ist viel verbreiteter als der Kohlenstoff, das Grundelement der Pflanzen- und Tierwelt, oder gar die wichtigen Gebrauchsmetalle Nickel, Zink, Kupfer und Blei. Die seltenen Elemente Yttrium, Cer, Thorium und Neodym sind mengenmäßig etwa 1000mal mehr vorhanden als Jod oder Silber. Die in jeder Beziehung so wich-

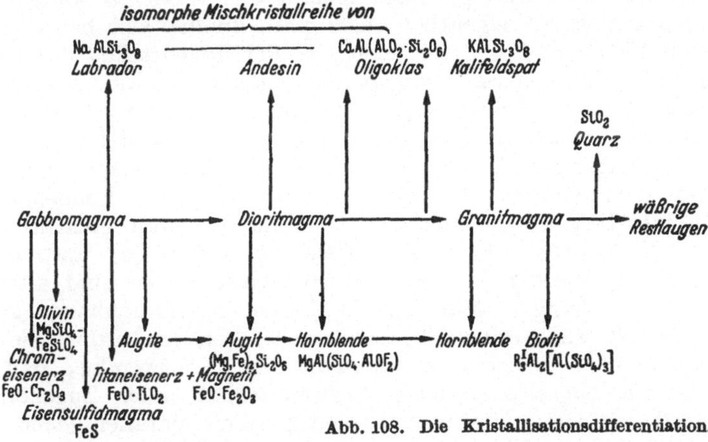

Abb. 108. Die Kristallisationsdifferentiation.

tigen Elemente Schwefel und Stickstoff machen zusammen noch nicht einmal 0,1% der Erdrinde aus, der Wasserstoff, trotz des häufigen Vorkommens von Wasser auf der Erdoberfläche, noch nicht einmal 0,9%.

Die Zahlenverhältnisse verschieben sich allerdings ein wenig, wenn man nicht in Gewichtsprozenten, sondern in Atomprozenten rechnet; nur für den Wasserstoff bringt das eine grundsätzlich andere Bewertung mit sich, er rückt an die dritte Stelle.

Beziehung zwischen geochemischer Verteilung und Ionenradien. Es erhebt sich nun die Frage, welche Faktoren denn das Vorkommen eines Elementes bzw. seiner Verbindungen als Beimengung anderer Mineralien oder als besonderes Mineral beeinflussen. Eine große Rolle im Vorkommen namentlich vieler seltenerer Elemente spielt die *Isomorphie.* Es ist seit langem bekannt, daß beim Eindunsten einer Lösung, die zwei geeignete Salze enthält, diese in einem gemeinsamen Gitter sog. *Mischkristalle* bilden. Hierzu ist erforderlich, daß die Kristallgitter der betreffenden Salze übereinstimmen, die Ionenradien nahezu gleich sind und eine gewisse chemische Ähnlichkeit — also auch gleiche Wertigkeit — zwischen den sich vertretenden Ionen besteht. Charakteristisch tritt diese Erscheinung, die man als Isomorphie bezeichnet, bei den Alaunen auf, die ja bekanntlich Doppelsalze vom Typ

$$Me^I Me^{III} (SO_4)_2 \cdot 12\, H_2O$$

darstellen. Hierin kann Me^I durch die Ionen von K, Rb, Cs, NH_4 und Tl^I und Me^{III} durch Al, Fe, Cr, Mn oder Tl^{III} vertreten werden. Alle diese Alaune bilden untereinander Mischkristalle, sind also isomorph. Es kann nun auch in einem Mineral ein Element durch ein

Tabelle 106. Ionenradien getarnter Elemente.

Mg . . . 0,78	Al . . . 0,57	Si . . . 0,39	Zr . . . 0,87
Ni . . . 0,78	Ga . . . 0,63	Ge . . . 0,44	Hf . . . 0,86

anderes von annähernd gleichem Ionenradius vertreten werden. Das Germanium z. B. ist eigentlich chalkophil, kommt also hauptsächlich in der Sulfid-Oxyd-Zone vor, aber da der Ionenradius des Germaniums mit dem des Siliciums ziemlich gleich ist, ist es in Spuren fast allen Silicaten beigemengt. Obgleich es nun ein relativ seltenes Element ist, weist es doch eine ungeheuer ausgedehnte, spurenhafte Verbreitung auf. Ein weiteres klassisches Beispiel stellt das Hafnium dar, welches überhaupt nur als isomorphe Beimengung in Zirkonmineralien vorkommt. Man spricht hier von getarnten Elementen. VERNADSKY nennt sie „éléments dispersées“ und die Erscheinung „camouflage“. Die Isomorphiebeziehungen sind also vom Ionenradius abhängig. Man hat in diesem Zusammenhange gesagt: „Der Kristall wägt seine Elemente nicht, sondern ordnet sie nach seiner Größe.“ Es ist also durchaus nicht notwendig, daß Isomorphie mit enger chemischer Verwandtschaft oder Zugehörigkeit zu derselben Gruppe des periodischen Systems parallel gehen muß. Die Isomorphie des Magnesiums und des Nickels einerseits sowie die Nichtisomorphie des Lithiums und des Natriums andererseits sind hierfür Beispiele. Der Ionenradius ist eben das Ausschlaggebende! Wenn allerdings noch enge chemische Verwandtschaft hinzukommt, wie es bei den Lanthaniden der Fall ist, dann haben wir eine sehr ausgeprägte Isomorphie. Das gemeinsame Vorkommen der seltenen Erden erklärt sich aus der Ähnlichkeit hinsichtlich der Größe der Ionenradien. Hierauf wurde schon im Kapitel „Chemie der seltenen Erden“ hingewiesen (vgl. S. 303), dort sind auch die Ionenradien der Elemente der seltenen Erden bereits gebracht. Bemerkenswert ist nun, daß das Scandium, welches mit seinem Ionenradius aus dieser Reihe herausfällt, das einzige Element der seltenen Erden ist, welches ein spezifisches Mineral, nämlich den Thortveitit $Sc_2Si_2O_7$, bildet, in welchem die anderen Erden weitgehend zurückgedrängt sind. Soweit sie noch vorhanden, sind es erwartungsgemäß die letzten Elemente der Yttererden, die mit ihren Ionenradien dem Scandium am nächsten kommen. Diese Tatsachen zeigen, daß das angereicherte Vorkommen von Elementen in Form von spezifischen Mineralien weitgehend davon abhängt, ob es durch seinen Ionenradius sich irgendeinem verbreiteten Element anschließt und dann von diesem getarnt wird oder ob es, wie z. B. die Elemente Lithium, Beryllium und Bor, wegen fehlender Isomorphie eigene Mineralien bilden muß bzw. kann.

Die HARKINSche Regel. Weiterhin scheint die Ordnungszahl eines Elementes und damit die Anzahl der um den Kern kreisenden Elektronen mit der Verbreitung eines Elementes im Zusammenháng zu stehen. Der amerikanische Forscher HARKINS fand nämlich, daß die Elemente mit gerader Ordnungszahl fast ausnahmslos häufiger sind wie die benachbarten mit ungerader Ordnungszahl. Besonders gut lassen sich die Verhältnisse bei den Elementen der seltenen Erden übersehen. Aus der graphischen Darstellung (Abb. 109), welche die Abhängigkeit der relativen Häufigkeit der seltenen Erdmetalle von der Ordnungszahl angibt und bei der die Häufigkeit des Yttriums $Y = 100$ gesetzt ist, geht das Gesagte eindrucksvoll hervor. Diese Erscheinung bezeichnet man nach ihrem Entdecker als die HARKINSche Regel. Es sieht danach so aus, als ob die Elemente mit ungerader Ordnungszahl gegenüber denjenigen mit gerader Ordnungszahl einen geringeren Grad von Stabilität besäßen. Da die Ordnungszahl ebenfalls die Anzahl der um den Kern kreisenden Elektronen angibt, ist es denkbar, daß die Stabilität der Elemente mit gerader Ordnungszahl in der symmetrischen Anordnung der Elektronen begründet ist. In Einklang hiermit steht der Befund RUTHERFORDS, der bei seinen Versuchen, Atome aufzuspalten, hauptsächlich Erfolg bei den Elementen mit ungerader Ordnungszahl hatte.

Anreicherung seltener Elemente. Die geschilderten Entmischungsvorgänge beim Gesamtaufbau der Erde und die Kristallisationsdifferentiation in der Silicathülle geben nur über den Verbleib der häufigsten Elemente in allgemeinen Umrissen Auskunft. Im speziellen aber geht die Anreicherung einiger Elemente, besonders einiger seltenerer, vielfach nach besonderen Gesetzen vor sich. Als Beispiel mögen einige Fälle der „biogenen" Anreicherung, also einer Anreicherung durch

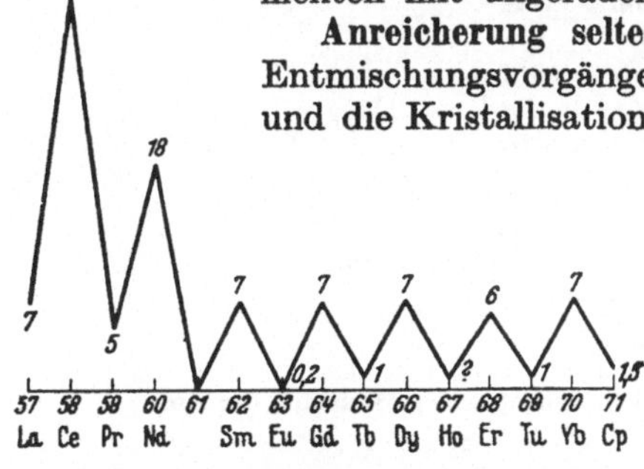

Abb. 109. Relative Häufigkeit der seltenen Erden. $Y = 100$.

Lebewesen, genannt werden. Die Kalkanreicherung, die im Organismus vieler Meerestiere vor sich geht und nach dem Ableben dieser Organismen auch zu Kalkanreicherungen an bestimmten Stellen der Erde oder des Meeres führen kann, ist allgemein bekannt. Es ist nun aber sehr interessant, daß bestimmte Foraminiferen existieren, die ganz selektiv ihre Skelette statt aus Calcium aus dem viel selteneren Barium und Strontium aufbauen und dadurch zu Anreicherungen dieser Elemente beitragen können. Eine große Bedeutung hat ferner die biogene Anreicherung beim Vanadin. Das Vorkommen des Patronits (V_2S_5) von Minas ragra in Peru, das heute den größten Teil der Vanadinweltproduktion deckt, ist nach geologischen

Untersuchungen auf den hohen Vanadingehalt des Blutes mancher
Seetiere zurückzuführen. Man hat z. B. im Hämoglobin von noch
heute lebenden Holothurien bis 18,5% V_2O_5 nachweisen können.

Man ersieht aus allem, was für außerordentlich interessante Probleme
in der Geochemie zur Diskussion stehen.

Zum Schluß sei noch eine graphische Darstellung gebracht, welche
das mengenmäßige Verhältnis der hauptsächlichen Elemente in den
einzelnen Schichten der Erde einschließlich der Atmosphäre sehr schön
übersichtlich (allerdings nicht maßstäblich) erkennen läßt. Man sieht

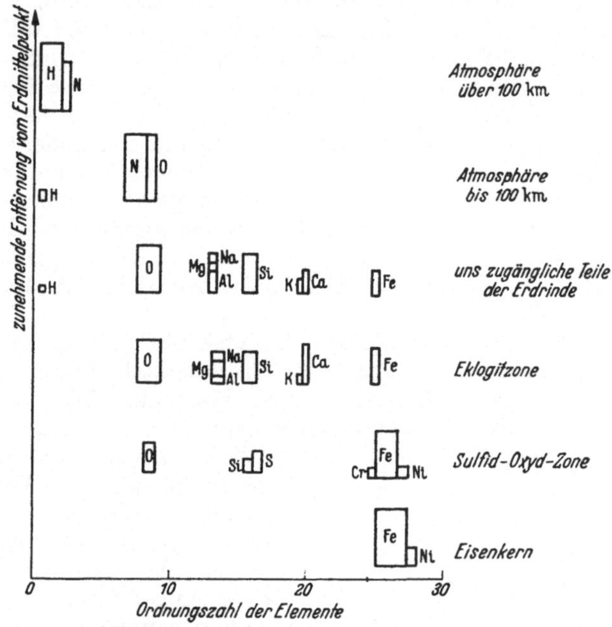

Abb. 110. Verteilung der Elemente in den einzelnen Schichten der Erde.

gleichzeitig, daß die Elemente mit hoher Ordnungszahl vor allen Dingen
in Regionen sich befinden, die dem Erdmittelpunkt nahe sind, mit
zunehmender Entfernung vom Erdmittelpunkt treten die Elemente mit
niedriger Ordnungszahl wie Silicium und Sauerstoff in den Vordergrund.
In den unteren Schichten der Atmosphäre überwiegen Sauerstoff und
Stickstoff, in den oberen Schichten ist vor allen Dingen Wasserstoff
und Stickstoff vorhanden.

Im Zusammenhang mit der Besprechung der Atmosphäre könnten
vielleicht noch die Überlegungen von Interesse sein, die TAMMANN
über die Herkunft des freien Sauerstoffs, ohne den der größte Teil der
Lebewesen nicht existieren könnte, angestellt hat, denn der überwiegende Teil der Komponenten der Erde — abgesehen vielleicht von der
Silicathülle — besteht doch aus reduzierenden Substanzen, die bei der

Abkühlung der Erde den freien Sauerstoff längst in gebundene Form übergeführt haben mußten. Man kann annehmen, daß der freie Sauerstoff in der Atmosphäre aus einem fortgeschritteneren Alter der Erde stammt, als schon die Erdkruste als zusammenhängende Deckschicht erstarrt war, und zwar aus dem Wasserdampf. Wir wissen, daß der Wasserdampf thermisch dissoziiert ist: $2\,H_2O = 2\,H_2 + O_2$. Wenn auch bei niederen Temperaturen der Gleichgewichtszustand fast ganz nach der linken Seite zugunsten des Wassers verlagert ist, so sind doch immerhin Spuren von Wasserstoffgas und Sauerstoffgas vorhanden. Die sehr viel leichteren und daher beweglicheren Wasserstoffmoleküle sind, so kann man diskutieren, im Laufe langer Zeiten in die oberen Schichten der Atmosphäre und in den Weltenraum diffundiert und der schwerere und weniger bewegliche Sauerstoff hat sich in den unteren Schichten angereichert.

Sachverzeichnis.